国家哲学社会科学成果文库

NATIONAL ACHIEVEMENTS LIBRARY
OF PHILOSOPHY AND SOCIAL SCIENCES

秦汉海洋文化研究

王子今 著

北京师范大学出版集团
BEIJING NORMAL UNIVERSITY PUBLISHING GROUP
北京师范大学出版社

作者简介

王子今　1950年12月生于哈尔滨。中国人民大学国学院教授，中国秦汉史研究会顾问，中国河洛文化研究会副会长。出版《秦汉交通史稿》《史记的文化发掘》《秦汉区域文化研究》《睡虎地秦简〈日书〉甲种疏证》《古史性别研究丛稿》《秦汉社会史论考》《秦汉时期生态环境研究》《秦汉史：帝国的成立》《秦汉边疆与民族问题》《秦汉称谓研究》《东方海王：秦汉时期齐人的海洋开发》《秦汉交通考古》《秦汉名物丛考》《匈奴经营西域研究》《汉简河西社会史料研究》《长沙简牍研究》《秦汉儿童的世界》《秦始皇直道考察与研究》等学术专著40余部。先后主持国家社科基金重大项目1项、重点项目1项、一般项目4项，以及国家社科基金特别项目"新疆历史与现状综合研究项目"2007年子课题"匈奴经营西域研究"。学术专著《秦汉交通史稿》获国家社会科学基金项目优秀成果三等奖。学术专著《秦汉称谓研究》入选国家哲学社会科学成果文库及国家社科基金中华学术外译项目。

《国家哲学社会科学成果文库》
出 版 说 明

为充分发挥哲学社会科学研究优秀成果和优秀人才的示范带动作用，促进我国哲学社会科学繁荣发展，全国哲学社会科学工作领导小组决定自 2010 年始，设立《国家哲学社会科学成果文库》，每年评审一次。入选成果经过了同行专家严格评审，代表当前相关领域学术研究的前沿水平，体现我国哲学社会科学界的学术创造力，按照"统一标识、统一封面、统一版式、统一标准"的总体要求组织出版。

全国哲学社会科学工作办公室
2021 年 3 月

目　　录

CONTENTS

绪　说

从秦始皇灭六国实现统一到曹丕代汉，秦汉两朝前后时历 440 余年，推进中国历史迈入新的阶段。其间虽有秦末动荡和楚汉战争，及两汉之际的新莽统治，政论家和史论家们通常习惯统称之为"秦汉"。① 在这一时期，大一统政体成立并得以巩固，经济生产得以进步，管理政策也走向成熟，文化形态也呈示新的面貌。秦汉大一统政治格局形成之后，中央执政机构面临的行政任务包括对漫长的海岸的控制，神秘的海域亦为秦始皇、汉武帝等有作为的帝王所关注。出于不同目的的航海行为，体现了中原居民面向海洋的进取精神。在这一时期，海洋资源的开发实现了新的进展，早期海洋学也取得了新的收获。回顾中国古代海洋探索史、海洋开发史和海洋学史，有必要总结和说明秦汉时期的突出进步。

秦汉时期的文化风格，在英雄主义、进取精神、开放胸怀、科学原则等方面体现出积极的时代特色。这些特点在面对海洋的文化表现中均有所显示。

海洋，在秦汉人的意识中，是财富资源、交通条件，同时也是未知空间、晦暗世界；是时常发生奇异气象的仙居，同时也是往往显现凶恶情境的险地。海洋，是政治权力推行效能的极端边缘；对有些社会人群来说，也是自由生机可能蓬勃发育的优越场所。海上航运的早期开拓，海外联系的初步扩展，海洋文化交流的萌生形态的繁荣，都是秦汉历史文化具有时代特色的最突出

---

① 　王子今：《秦汉时期的历史特征与历史地位》，《石家庄学院学报》2018 年第 4 期。

的现象。

秦汉时期与海洋相关的历史文化现象，是秦汉史研究值得特别关注的重要主题。国内外涉及这一学术主题的研究成果，包括对秦始皇汉武帝出巡海滨、"燕齐海上方士"活动、秦汉沿海区域行政、秦汉滨海文化、秦汉"并海"交通、秦汉海盐生产、秦汉东洋与南洋航运、秦汉海洋渔业、汉代"楼船军"作战等方面的探讨，但是对当时的海洋探索、海洋开发，对当时社会的海洋意识，对这一历史阶段涉及海洋的文化面貌的总体论说，尚未有学术专著问世。

本书作为国家社科基金重点项目"秦汉时期的海洋探索与早期海洋学研究"（项目批准号：13AZS005）的最终成果，从秦汉海洋资源开发、秦汉海洋航运、秦汉沿海区域文化、"海"与秦汉人的世界知识、"海"与秦汉人的神秘信仰、秦汉早期海洋学、秦汉军事史的海上篇章、秦汉社会的海洋观等几个方面进行考察和论说，试图对说明秦汉时期有关海洋的实业开发、行政经营与文化思考这一学术主题有所推进。

"秦汉时期的海洋探索与早期海洋学研究"课题申报论证时的设计，拟从以下几个方向展开工作：（1）政治意识透露的海洋观；（2）行政理念：沿海区域控制与海洋资源开发；（3）秦皇汉武"海上"之行；（4）"楼船""横海"事业；（5）东洋与南洋航运；（6）早期海洋学成就：海人之占与海洋生物学知识。当时论证时曾经说明，本课题研究的创新追求，将主要表现于以下方面：（1）扩展学术视野。除主要依靠中国本土资料外，亦关注朝鲜半岛、日本列岛和东南亚地区的相关学术信息。（2）更新研究方法。研究工作将以文献记载与考古收获相结合的"二重证据法"为主要方法，同时注意借助文化人类学的理论和资料。（3）尝试使用多学科学术方式的综合考察。除传统历史学方式外，也试用与史学手段彼此策应彼此证明的考古学、地理学、海洋水文学、海洋生物学，乃至心理学、军事学和管理学等学科的研究方式。现在看来，当时承诺在研究方法方面的创新，基本实现。而研究内容较课题设计有所扩展，学术收获也较当初的预想有所深化。

我们说"秦汉海洋文化"，其实是说面向海洋的秦汉文化。工作进行到现今的程度，更深切、更具体地意识到这一学术主题的内涵其实非常丰富。分析并说明相关文化现象，指出其发生的背景条件、社会表现、历史影响，还有相当广阔的探索空间。对于以往流行的希腊罗马为代表的西方文明是海洋文明，中国文明是陆地文明或内陆文明的认识，可能有必要区分时段予以理解。对于"海洋文明""海洋文化"与"内陆文明""内陆文化"的分析，也需要进行认真的考察研究。《秦汉海洋文化研究》一书应当说只是进行了初步的工作。继续考察秦汉文化与海洋相关的内容并予以更深学术层次的总结，对于认识中国古代海洋探索和海洋开发的历程的总体倾向的判断，是有积极意义的；对于现今诸多有关海疆问题、海权问题、海洋资源开发问题的解决，也可以提供历史借鉴。

第一章　秦汉海洋资源开发

《禹贡》称说"海物"对地方经济生活的意义。海洋资源的利用，长期成为经济进步的重要条件。先秦经济思想有重视"鱼盐之利"的明智观念。秦汉大一统政治格局的形成，使得海洋资源开发获得利益所惠区域得以扩展。社会经济创造总和中来自海洋"鱼盐"及其他因素的比重有所增加。社会生活逐渐增长的对"海物"的相关需求，又进一步作用于海洋资源的开发。

第一节　"海王之国"："轻重鱼盐之权以富齐"

《管子·海王》提出了重视鱼盐资源以富国强国的理想。先秦时期齐国的成功实践，为秦汉人树立了历史榜样。秦始皇最后灭齐，东巡时对齐文化表现了充分的敬意。西汉建国后，刘邦对齐地贵族多有疑忌的背后，也有对齐地依恃海洋资源形成的经济实力的看重。齐国重视盐业、强化盐政，实现了经济强势。国家对于盐业的所谓"轻重"，所谓"谨正盐筴"，即积极进行行政干预、鼓励开发、强化控制、充分利用的政策，对后来汉武帝时代的盐政也有一定的影响。

一、"海物惟错"

自远古时代起，山东沿海地方的早期文化受到海洋条件的限制，也享用着海洋条件的渥惠。当地居民在以海为邻的环境中创造文明，推进历史，生产形式和生活形式均表现出对海洋资源开发和利用的重视。

据《史记》卷 32《齐太公世家》记载，齐的建国者吕尚原本就是海滨居民：
"太公望吕尚者，东海上人。"①"或曰，吕尚处士，隐海滨。"太公封于齐，即
在"海滨"立国。"于是武王已平商而王天下，封师尚父于齐营丘。东就国，道
宿行迟。逆旅之人曰：'吾闻时难得而易失。客寝甚安，殆非就国者也。'太公
闻之，夜衣而行，犁明至国。莱侯来伐，与之争营丘。营丘边莱。莱人，夷
也，会纣之乱而周初定，未能集远方，是以与太公争国。"建国之初，有与莱
人的生存空间争夺。经过艰苦创业，国家初步形成了强固的基础。"太公至
国，修政，因其俗，简其礼，通商工之业，便鱼盐之利，而人民多归齐，齐
为大国。及周成王少时，管蔡作乱，淮夷畔周，乃使召康公命太公曰：'东至
海，西至河，南至穆陵，北至无棣，五侯九伯，实得征之。'齐由此得征伐，
为大国。都营丘。"②齐为"大国"，控制区域"东至海"。而使得国家稳定的重
要经济政策之一，就是"便鱼盐之利"。

海洋，是齐地重要的自然地理条件，也构成"齐为大国"人文地理条件的
基本要素。"具有许多内陆国家所不能有的海洋文化的特点"③，构成齐文化
的重要基因。

《史记》卷 32《齐太公世家》："既表东海，乃居营丘。"④季札作为吴国的使
节来到鲁国，"请观于周乐"，"歌齐"时，曾经深情感叹道："美哉，泱泱乎，
大风也哉！表东海者，其大公乎？国未可量也。"对于所谓"表东海"，杜预注：
"大公封齐，为东海之表式。"⑤《史记》卷 31《吴太伯世家》："表东海者，其太
公乎？"裴骃《集解》引王肃曰："言为东海之表式。"⑥显然，齐国文化风格之宏

---

① 裴骃《集解》："《吕氏春秋》曰：'东夷之土。'"《史记》，中华书局 1959 年版，第
　　1477 页。《吕氏春秋·首时》："太公望，东夷之士也。"高诱注："太公望，河内人
　　也。于周丰镐为东，故曰'东夷之士'。"许维遹撰，梁运华整理：《吕氏春秋集释》，
　　中华书局 2009 年版，第 322 页。高诱应是未注意到《史记》下文所谓"或曰，吕尚处
　　士，隐海滨"之说。
② 《史记》，第 1478、1480—1481 页。
③ 张光明：《齐文化的考古发现与研究》，齐鲁书社 2004 年版，第 40 页。
④ 《史记》，第 1513 页。
⑤ 《左传·襄公二十九年》，（晋）杜预：《春秋左传集解》，上海人民出版社 1977 年版，
　　第 1121、1124 页。
⑥ 《史记》，第 1454 页。

大，与对"东海"的开发和控制有关。

《禹贡》写道："海岱为青州"，"海滨广斥"，"厥贡盐绨，海物惟错"。
《传》曰"错，杂，非一种"①，"盐"列为贡品第一。而所谓"海物"，可能是指
海洋渔产。宋傅寅《禹贡说断》卷1写道："张氏曰：海物，奇形异状，可食者
众，非一色而已，故杂然并贡。"②宋人夏僎《尚书详解》卷6《夏书·禹贡》也
说："海物，即水族之可食者，所谓蠯蠃蜃蚳之属是也。"③又如元人吴澄《书
纂言》卷2《夏书》："海物，水族排蜃罗池之类。"④这里所谓"海物"，主要是指
"可食"之各种海洋水产。

宋人林之奇《尚书全解》卷8《禹贡·夏书》解释"海物惟错"，则"鱼盐"并
说："此州之土有二种：平地之土则色白而性坟；至于海滨之土，则弥望皆斥
卤之地。斥者，咸也，可煮以为盐者也。东方谓之斥，西方谓之卤。齐管仲
轻重鱼盐之权，以富齐，盖因此广斥之地也。""厥贡盐绨，盐即广斥之地所出
也。……海物，水族之可食者，若蠯蠃蜃之类是也。"⑤宋人陈经《尚书详解》
卷6《夏书·禹贡》也写道："盐即广斥之地所出。""错，杂，非一也。海物，鱼
之类，濒海之地所出，故贡之。"⑥"鱼盐"代表的海洋资源，是齐国经济优势
所在。其中的"鱼"，按照《禹贡》的说法，即"海物"，是包括各种"奇形异状"
的"水族之可食者"的。宋人袁燮《絜斋家塾书钞》卷4《夏书》也说："青州产盐，
故以为贡。……海错，凡海之所产，杂然不一者。"⑦又如宋人蔡沈《书经集
传》卷2《夏书·禹贡》："错，杂也，海物非一种，故曰错。林氏曰：既总谓之

---

① (清)阮元校刻：《十三经注疏》，中华书局据原世界书局缩印本1980年影印版，第
  147—148页。
② (宋)傅寅：《禹贡说断》，《丛书集成初编》第3028册，商务印书馆1936年版，第
  37页。
③ (宋)夏僎：《尚书详解》，《丛书集成初编》第3607册，商务印书馆1936年版，第
  150页。
④ (元)吴澄：《书纂言》，《景印文渊阁四库全书》第61册，台湾"商务印书馆"1986年
  版，第52页。
⑤ (宋)林之奇：《尚书全解》，《景印文渊阁四库全书》第55册，第151页。
⑥ (宋)陈经：《尚书详解》，《景印文渊阁四库全书》第59册，第85页。
⑦ (宋)袁燮：《絜斋家塾书钞》，《景印文渊阁四库全书》第57册，第718页。

海物，则固非一物矣。"①又宋人黄伦《尚书精义》卷 10 写道："海物奇形异状，可食者广，非一色而已。故杂然并贡。错，杂也。"②清人胡渭引林氏曰"海物，水族之可食者"，吴氏曰"海物，水族排蜃罗池之类"，指出，"海中之物，诡类殊形，非止江河鳞介之族，故谓之错"③。

杨宽在总结西周时期开发东方的历史时指出，"新建立的齐国，在'辟草莱而居'的同时，就因地制宜，着重发展鱼盐等海产和衣着方面的手工业"④。《史记》卷 129《货殖列传》写道：

> 太公望封于营丘，地潟卤，人民寡，于是太公劝其女功，极技巧，通鱼盐，则人物归之，襁至而辐凑。故齐冠带衣履天下，海岱之间敛袂而往朝焉。

司马贞《索隐》："言齐既富饶，能冠带天下，丰厚被于他邦，故海岱之间敛袵而朝齐，言趋利者也。"⑤《汉书》卷 28 下《地理志下》：

> 太公以齐地负海潟卤，少五谷而人民寡，乃劝以女工之业，通鱼盐之利，而人物辐凑。⑥

"鱼盐"资源的开发，使齐人得到了走向富足的重要条件。宋人黄度《尚书说》卷 2《夏书》也写道："海滨之地，广阔斥卤，鱼盐所出。……青州无泽薮而擅海滨鱼盐之利，太公尝以辐凑人物，管仲用之，遂富其国。"⑦海滨"鱼盐所

---

① (宋)蔡沈撰，(宋)朱熹授旨，严文儒校点：《书集传》，朱杰人、严佐之、刘永翔主编：《朱子全书外编》，华东师范大学 2010 年版，第 51 页。

② (宋)黄伦：《尚书精义》，《景印文渊阁四库全书》第 58 册，第 242 页。

③ 胡渭又说："惟错有别解。林少颖云：先儒谓海物错杂非一种，此说不然。夫既谓之海物，而不指其名，则固非一种矣，何须更言为错。窃谓此与扬州齿、革、羽、毛、惟木，文势正同。错别是一物，如豫州之磬错也。吴幼清云：……错，石可磨砺者也。《诗》云：他山之石，可以为错。"胡渭指出："此错果为石，则荆何必又贡砺、砥。"(清)胡渭著，邹逸麟整理：《禹贡锥指》，上海古籍出版社 1996 年版，第 104—106 页。

④ 杨宽：《西周史》，上海人民出版社 1999 年版，第 586 页。

⑤ 《史记》，第 3255 页。

⑥ 《汉书》，中华书局 1962 年版，第 1660 页。

⑦ (宋)黄度：《尚书说》，《景印文渊阁四库全书》第 57 册，第 490 页。

出"，"鱼盐之利"，通过执政者的合理经营，即所谓"管仲轻重鱼盐之权"，于是在经济发展中占据领先地位，"遂富其国"。而所谓"太公尝以辐凑人物，管仲用之"，说明包括智才集结与文华融汇在内的文化进程，也因这种经济条件得到了促进。

《史记》卷69《苏秦列传》载苏秦说赵肃侯语："君诚能听臣，燕必致旃裘狗马之地，齐必致鱼盐之海，楚必致橘柚之园，韩、魏、中山皆可使致汤沐之奉，而贵戚父兄皆可以受封侯。"①强调齐国最强势的经济构成是"鱼盐之海"。齐国在海洋资源开发方面的优势，使其在各国间的地位得以提升。《国语·齐语》说管子建议齐桓公推行的政策，不仅据有军事地理意义的海险，"使海于有蔽，渠弭于有渚"，同时，利用海洋开发条件，"通齐国之鱼盐于东莱，使关市几而不征，以为诸侯利，诸侯称广焉"。经济开放的方式，使得诸侯因流通得利，于是得到了他们的赞许和拥护。所谓"通齐国之鱼盐于东莱"，韦昭注："言通者，则先时禁之矣。东莱，齐东莱夷也。"对于"使关市几而不征"的政策，韦昭解释说："几，几异服，识异言也。征，税也，取鱼盐者不征税，所以利诸侯，致远物也。"就是说，齐国竞争力最强的商品"鱼盐"，获得了免税的流通交易条件。所谓"诸侯称广焉"，韦昭注："施惠广也。"②也就是说，齐地"取鱼盐者"的生产收获，通过流通程序，对于滨海地区之外的积极的经济影响也是显著的。

还应当注意到，"海物"即"水族之可食者"的"贡""致远""施惠广"，这种远途运输过程，在当时保鲜技术落后的条件下，往往是需要利用"盐"予以必要加工方可实现的。

考察中国古代盐业史，应当注意到齐地盐业较早开发的历史事实。就海洋资源的开发和利用而言，齐人也是先行者。

《史记》卷32《齐太公世家》记述齐桓公时代齐国的崛起："桓公既得管仲，与鲍叔、隰朋、高傒修齐国政，连五家之兵，设轻重鱼盐之利，以赡贫穷，

---

① 《史记》，第2245页。《太平御览》卷966引《史记》曰："苏秦说燕文侯曰：'君诚能听臣，齐必致鱼盐之海，楚必致橘柚之园。'"（宋）李昉等撰：《太平御览》，中华书局用上海涵芬楼影印宋本1960年复制重印版，第4285页。

② 徐元诰撰，王树民、沈长云点校：《国语集解》（修订本），中华书局2002年版，第231—232、240页。

禄贤能，齐人皆说。"①

所谓"通鱼盐""通鱼盐之利""便鱼盐之利"，指充分利用"鱼盐之海"的资源优势。所谓"设轻重鱼盐之利""轻重鱼盐之权"，则说明对"鱼盐"生产与消费的控制，使国家充盈了经济实力，改善了财政状况。

二、《韩非子》"海大鱼"寓言

虽然秦人崛起于西北，对秦文化形成显著影响的法家学说，其论著已经体现出对遥远的"海"的重视。

《商君书》与战国时期其他一些文化名著一样，已经以"海内"一语指代"天下"，亦表现出"海内"与"天下"共同使用的语言习惯，从一个侧面体现了当时社会海洋意识的初步觉醒。如《商君书·立本》所谓"无敌于海内"，以及《商君书·赏刑》所谓"海内治"，又同篇："汤、武既破桀、纣，海内无害，天下大定。"②后者则"海内"与"天下"并说，这种句式到汉代依然习用。《商君书·兵守》："四战之国贵守战。负海之国贵攻战。四战之国好举兴兵以距四邻者，国危。四邻之国一兴事，而己四兴军，故曰国危。四战之国，不能以万室之邑舍巨万之军者，其国危。故曰：四战之国，务在守战。"③此则从战略学角度比较"四战之国"与"负海之国"，承认"负海之国"在军事地理方面的优越。不过，《商君书》中没有看到涉及海洋资源的文字。

对于秦政影响最为深刻的《韩非子》书中，则可以看到重视海洋资源之经济意义的理念有所表现。例如，《韩非子·外储说右上》：

> 景公与晏子游于少海，登柏寝之台而还望其国，曰："美哉，泱泱乎，堂堂乎，后世将孰有此？"晏子对曰："其田成氏乎？"景公曰："寡人有此国也，而曰田成氏有之，何也？"晏子对曰："夫田成氏甚得齐民，其于民也，上之请爵禄行诸大臣，下之私大斗斛区釜以出贷，小斗斛区釜以收之。杀一牛，取一豆肉，余以食士。终岁，布帛取二制焉，余以衣士。故市木之价不加贵于山，泽之鱼盐龟鳖蠃蚌不加贵于海。君重敛，而田成氏厚施。齐尝大饥，道旁饿死者不可胜数也，父子相牵而趋田成

① 《史记》，第1487页。
② 高亨注译：《商君书注译》，中华书局1974年版，第95、130、127页。
③ 高亨注译：《商君书注译》，第99页。

氏者不闻不生。故周秦之民相与歌之曰：讴乎，其已乎苞乎，其往归田成子乎！《诗》曰：虽无德与女，式歌且舞。今田成氏之德，而民之歌舞，民德归之矣。故曰：其田成氏乎。"公泫然出涕曰："不亦悲乎！寡人有国而田成氏有之，今为之奈何？"晏子对曰："君何患焉！若君欲夺之，则近贤而远不肖，治其烦乱，缓其刑罚，振贫穷而恤孤寡，行恩惠而给不足，民将归君，则虽有十田成氏，其如君何？"①

这是一个讲述执政原则的故事，然而发生在"景公与晏子游于少海"时。而晏子言语涉及"泽之鱼盐龟鳖赢蚌不加贵于海"，明确说到"鱼盐"。《韩非子·说林下》又有说到"海大鱼"的内容：

　　靖郭君将城薛，客多以谏者。靖郭君谓谒者曰："毋为客通。"齐人有请见者曰："臣请三言而已，过三言，臣请烹。"靖郭君因见之，客趋进曰："海大鱼。"因反走。靖郭君曰："请闻其说。"客曰："臣不敢以死为戏。"靖郭君曰："愿为寡人言之。"答曰："君闻大鱼乎？网不能止，缴不能缴也，荡而失水，蝼蚁得意焉。②今夫齐亦君之海也，君长有齐，奚以薛为？君失齐，虽隆薛城至于天犹无益也。"靖郭君曰："善。"乃辍，不城薛。③

《太平御览》卷935引《战国策》曰："靖郭君将城薛，齐人有请一言者，靖郭君见之，趋进曰：'海大鱼。'因反走。君使更言之，曰：'海大鱼，网不能止，钓不能牵，荡而失水，蝼蚁得意。今齐亦君之水也。'靖郭君乃止。"④"客"或说"齐人"的谏言说到"海大鱼""网不能止，缴不能缴也，荡而失水，蝼蚁得意焉"，"网不能止，钓不能牵，荡而失水，蝼蚁得意"，涉及具体的海洋生物学知识。所谓"网""止"、"钓""牵"、"缴""缴"，都体现了对海洋渔业生产方式的了解。

　　《韩非子·大体》强调"望天地""全大体"，"因天命，持大体"。所谓"大人

---

① 陈奇猷校注：《韩非子集释》，上海人民出版社1974年版，第716—717页。
② 《庄子·杂篇·庚桑楚》："吞舟之鱼，砀而失水，则蚁能苦之。"郭庆藩辑，王孝鱼整理：《庄子集释》，中华书局1961年版，第773—774页。
③ 陈奇猷校注：《韩非子集释》，第476页。
④ （宋）李昉等撰：《太平御览》，第4155页。

寄形于天地而万物备，历心于山海而国家富"①，也是有关海洋资源开发的表述。

《吕氏春秋·长利》："昔者，太公望封于营丘，之渚海阻山高，险固之地也，是故地日广，子孙弥隆。"②说到齐国的成功，利用了"海"的条件。

《吕氏春秋·开春》："共伯和修其行，好贤仁，而海内皆以来为稽矣。"③《吕氏春秋·简选》颂扬齐桓公霸业，也使用了"海内""天下"并说语式："齐桓公良车三百乘，教卒万人，以为兵首，横行海内，天下莫之能禁，南至石梁，西至酆郭，北至令支。中山亡邢，狄人灭卫，桓公更立邢于夷仪，更立卫于楚丘。"④《谨听》之"求有道之士，则于四海之内"，《孝行览》之"光耀加于百姓，究于四海"，《遇合》之"孔子周流海内"，《上德》之"古之王者，德回乎天地，澹乎四海"，《爱类》之"贤人之不远海内之路，而时往来乎王公之朝，非以要利也，以民为务故也"⑤，都是相关文例。又《必己》篇说到这样的故事："孔子行道而息，马逸，食人之稼，野人取其马。子贡请往说之，毕辞，野人不听。有鄙人始事孔子者曰：'请往说之。'因谓野人曰：'子不耕于东海，吾不耕于西海也，吾马何得不食子之禾？'其野人大说，相谓曰：'说亦皆如此其辩也，独如向之人？'解马而与之。"⑥此则是对应言及"东海""西海"的文字。《审分览》："神通乎六合，德耀乎海外，意观乎无穷，誉流乎无止……"⑦这里使用了"海外"概念。《士容论》可见"欲服海外"语。《务大》："昔有舜欲服海外而不成，既足以成帝矣。禹欲帝而不成，既足以王海内矣。"⑧所谓"欲服海外"这种政治战略要求的表述，当然是以有关"海外"的地理知识为条件的。

《吕氏春秋》涉及海洋知识的论述，则有《古乐》："禹立，勤劳天下，日夜不懈，通大川，决壅塞，凿龙门，降通漻水以导河，疏三江五湖，注之东海，

---

① 陈奇猷校注：《韩非子集释》，第512—513页。
② 许维遹撰，梁运华整理：《吕氏春秋集释》，第550页。
③ 许维遹撰，梁运华整理：《吕氏春秋集释》，第581页。
④ 许维遹撰，梁运华整理：《吕氏春秋集释》，第184页。
⑤ 许维遹撰，梁运华整理：《吕氏春秋集释》，第296、306、341、517、518、593页。
⑥ 许维遹撰，梁运华整理：《吕氏春秋集释》，第351—352页。
⑦ 许维遹撰，梁运华整理：《吕氏春秋集释》，第436页。
⑧ 许维遹撰，梁运华整理：《吕氏春秋集释》，第677、682页。

以利黔首。"《贵因》:"禹通三江五湖,决伊阙,沟回陆,注之东海,因水之力
也。"《审己》:"水出于山而走于海,水非恶山而欲海也,高下使之然也。"《有
始览》列举"泽有九薮",有"齐之海隅":"何谓九薮?吴之具区,楚之云梦,
秦之阳华,晋之大陆,梁之圃田,宋之孟诸,齐之海隅,赵之巨鹿,燕之大
昭。"又说:"凡四海之内,东西二万八千里,南北二万六千里,水道八千里,
受水者亦八千里,通谷六,名川六百,陆注三千,小水万数。"介绍了当时有
关"四海之内"的知识。《吕氏春秋·听言》甚至有关于海上航行体验的文字:
"夫流于海者,行之旬月,见似人者而喜矣。及其期年也,见其所尝见物于中
国者而喜矣。夫去人滋久,而思人滋深欤!"《遇合》又说到"居海上者"以及"海
上人":"人有大臭者,其亲戚兄弟妻妾知识无能与居者,自苦而居海上。海
上人有说其臭者,昼夜随之而弗能去。说亦有若此者。"《精谕》也说到"海上之
人":"海上之人有好蜻者,每居海上,从蜻游,蜻之至者百数而不止,前后
左右尽蜻也,终日玩之而不去。其父告之曰:'闻蜻皆从女居,取而来,吾将
玩之。'明日之海上,而蜻无至者矣。"①与此说"居海上""之海上"类同的文例,
有《吕氏春秋·恃君览》:"柱厉叔事莒敖公,自以为不知,而去居于海上,夏
日则食菱芡,冬日则食橡栗。"②此说"海上",可能指海滨或海岛上。又《离俗
览》有"入于海"之说,则可排除海滨的可能:"舜让其友石户之农。石户之农
曰:'桊桊乎后之为人也,葆力之士也。'以舜之德为未至也,于是乎夫负妻妻
携子以入于海,去之终身不反。"③《君守》篇所谓"东海之极,水至而反",高
诱注:"反,还。"④大概可以理解为有关海流的知识。《吕氏春秋·慎势》:
"王者之封建也,弥近弥大,弥远弥小,海上有十里之诸侯。以大使小,以重
使轻,以众使寡,此王者之所以家以完也。"高诱注:"近国大,远国小,强干
弱枝。""海上,四海之上,言远也。十里,小国。"⑤言"海上"为"远国"以及所
谓"有十里之诸侯",应透露了有关"海上"人文知识的信息。

---

① 许维遹撰,梁运华整理:《吕氏春秋集释》,第 126、386、208、276、280—281、
　291、345、481—482 页。
② 许维遹撰,梁运华整理:《吕氏春秋集释》,第 547—548 页。
③ 许维遹撰,梁运华整理:《吕氏春秋集释》,第 510 页。
④ 许维遹撰,梁运华整理:《吕氏春秋集释》,第 439 页。
⑤ 许维遹撰,梁运华整理:《吕氏春秋集释》,第 461 页。

关于海洋渔产，《吕氏春秋·本味》说到"东海之鲕"，又说所谓"鳐"的"飞""游"历程从"西海"至于"东海"："鱼之美者：洞庭之鱄，东海之鲕。醴水之鱼，名曰朱鳖，六足，有珠百碧。藿水之鱼，名曰鳐，其状若鲤而有翼，常从西海夜飞游于东海。"①《遇合》篇又有"比目之鱼死乎海"的说法。②

《吕氏春秋》成书于秦，由与秦始皇个人关系曾经十分密切的吕不韦主持编撰。其中言及海洋的内容，应当对这位出身西北、有关海洋的知识相对不足的帝王产生了影响。

三、秦"致帝"齐王与秦始皇"东游海上"

秦统一战争中，对齐国的政策比较特殊。秦昭襄王十九年(前288)甚至在自称"西帝"时，尊齐王为"东帝"。《史记》卷5《秦本纪》："(秦昭襄王)十九年，王为西帝，齐为东帝，皆复去之。"③《史记》卷44《魏世家》："(魏昭王)八年，秦昭王为西帝，齐湣王为东帝，月余，皆复称王归帝。"④《史记》卷46《田敬仲完世家》："(齐湣王)三十六年，王为东帝，秦昭王为西帝。"⑤又《史记》卷72《穰侯列传》："昭王十九年，秦称西帝，齐称东帝。"⑥史籍多称齐王"为东帝"，如《史记》卷15《六国年表》："(齐湣王三十六年)为东帝二月，复为王。"⑦然而事实上是秦人主动。《史记》卷43《赵世家》说："秦自置为西帝。"⑧《史记》卷46《田敬仲完世家》记载齐湣王说："秦使魏冉致帝。"⑨可知秦、齐短暂称帝，是"秦自置为西帝"在先，而秦"致帝"于齐，如司马贞《索隐述赞》所谓"秦假东帝"⑩，这应当是出于战略合作的需要。看起来秦"致帝"齐王符合远交近攻的原则。《史记》卷78《范雎蔡泽列传》："王不如远交而近攻，得寸则

---

① 许维遹撰，梁运华整理：《吕氏春秋集释》，第316—317页。
② 许维遹撰，梁运华整理：《吕氏春秋集释》，第341页。
③ 《史记》，第212页。
④ 《史记》，第1853页。
⑤ 《史记》，第1898页。
⑥ 《史记》，第2325页。
⑦ 《史记》卷15《六国年表》记载同年史事："(秦昭襄王十九年)十月为帝，十二月复为王。"第739页。
⑧ 《史记》，第1816页。
⑨ 《史记》，第1898页。
⑩ 《史记》，第1904页。

王之寸也，得尺亦王之尺也。"①然而此战略原则的提出，在"秦称西帝，齐称东帝"之后。"齐称东帝"的缘由，首先是齐国已经据有强势地位。汉代学者应劭明确提出了这样的认识。《史记》卷8《高祖本纪》裴骃《集解》引应劭曰："齐得十之二，故齐愍王称东帝。后复归之，卒为秦所灭者，利钝之势异也。"②

秦灭六国，齐最后亡。《史记》卷6《秦始皇本纪》记载，在相继灭韩、赵、魏、楚、燕之后，"(秦王政)二十六年，齐王建与其相后胜发兵守其西界，不通秦。秦使将军王贲从燕南攻齐，得齐王建"。张守节《正义》："齐王建之三十四年，齐国亡。"司马贞《索隐》："六国皆灭也。"③两年之后，秦始皇二十八年(前219)，"东行郡县"，至于齐地。琅邪刻石称："东抚东土，以省卒士；事已大毕，乃临于海。"④琅邪刻石宣布："皇帝之明，临察四方。""皇帝之德，存定四极。"又说："六合之内，皇帝之土。西涉流沙，南尽北户。东有东海，北过大夏。人迹所至，莫不臣者。"所谓"四方""四极"之中，对于"东有东海"的特别关切，值得注意。秦始皇在宣传"忧恤黔首，朝夕不懈""方伯分职，诸治经易""事业有常""兴利致福""黔首安宁""各安其宇"的经济政策时，应当注意到齐地久远的重视海洋资源开发的传统。刻石文字强调"上农除末，黔首是富"，同时也说"节事以时，诸产繁殖"⑤，似乎在坚守"上农"原则的同时，也有意发展其他产业，实现"诸产繁殖"。秦始皇泰山刻石："治道运行，诸产得宜，皆有法式。大义休明，垂于后世，顺承勿革。"⑥也说"诸产得宜"。所谓"顺承勿革"者，当然是秦王朝政治的"大义"。但是"诸产得宜，皆有法式"者，如果言"鱼盐"生产，则皆与秦人农学经验无关。"法式"的形成，在于齐人的创造与总结。秦王朝要在齐地发展包括"鱼盐"的"诸产"，无疑应当继承齐人的经济传统，只能"顺承勿革"。

《吕氏春秋·仲冬纪》说到"海"的"祈祀"："……天子乃命有司，祈祀四海

---

① 《史记》，第2409页。
② 《史记》，第384页。
③ 《史记》，第235页。
④ 《史记》，第245页。
⑤ 《史记》卷6《秦始皇本纪》，第245页。
⑥ 《史记》卷6《秦始皇本纪》，第243页。

大川名原渊泽井泉。"高诱注:"皆有功于人,故祈祀之也。"①《礼记·月令》也说:"仲冬之月……天子乃命有司,祈祀四海大川名源渊泽井泉。"郑玄注:"顺其德盛之时祭之也。"②但是"祈祀四海"理念对秦始皇形成影响,很可能源自《吕氏春秋》。《史记》卷28《封禅书》:"始皇遂东游海上,行礼祠名山大川及八神。""八神将自古而有之,或曰太公以来作之。齐所以为齐,以天齐也。其祀绝莫知起时。八神:一曰天主,祠天齐。天齐渊水,居临菑南郊山下者。二曰地主,祠泰山梁父。盖天好阴,祠之必于高山之下,小山之上,命曰'畤';地贵阳,祭之必于泽中圜丘云。三曰兵主,祠蚩尤。蚩尤在东平陆监乡,齐之西境也。四曰阴主,祠三山。五曰阳主,祠之罘。六曰月主,祠之莱山。皆在齐北,并勃海。七曰日主,祠成山。成山斗入海,最居齐东北隅,以迎日出云。八曰四时主,祠琅邪。琅邪在齐东方,盖岁之所始。皆各用一牢具祠,而巫祝所损益,珪币杂异焉。"③"八神"之中,"阴主""阳主""月主""日主""四时主"都在海滨。秦人对齐人礼祀制度的继承,对齐人信仰世界的尊重,透露出对齐文化重视海洋的传统的态度。

秦始皇"东游海上"表现出来的对海洋的热忱,应当也受到齐国君主喜好"游"于"海"的行为传统的影响。

《孟子·梁惠王下》说到齐景公"遵海而南,放于琅邪"的航行计划:"昔者齐景公问于晏子曰:'吾欲观于转附、朝儛,遵海而南,放于琅邪,吾何修而可以比于先王观也?'"赵岐注:"孟子言往者齐景公尝问其相晏子,若此也。转附、朝儛,皆山名也。又言朝,水名也。遵,循也。放,至也。循海而南,至于琅邪。琅邪,齐东南境上邑也。当何修治,可以比先王之观游乎?先王,先圣之王也。"④《韩非子·十过》又载录一则海上"远游","游海而乐之""游海上乐之""游于海上而乐之"的故事:"奚谓离内远游?昔者田成子游于海而乐之,号令诸大夫曰:'言归者死!'颜涿聚曰:'君游海而乐之,奈臣有图国者何?君虽乐之,将安得?'田成子曰:'寡人布令曰言归者死,今子犯寡人之

---

① 许维遹撰,梁运华整理:《吕氏春秋集释》,第240页。
② (清)阮元校刻:《十三经注疏》,第1383页。
③ 《史记》,第1367—1368页。
④ (清)焦循撰,沈文倬点校:《孟子正义》,中华书局1987年版,第119页。

令。'援戈将击之。颜涿聚曰：'昔桀杀关龙逢而纣杀王子比干，今君虽杀臣之身以三之可也。臣言为国，非为身也。'延颈而前曰：'君击之矣！'君乃释戈趣驾而归，至三日，而闻国人有谋不内田成子者矣。田成子所以遂有齐国者，颜涿聚之力也。故曰：离内远游，则危身之道也。"①《说苑·正谏》说同一故事，"田成子"写作"齐景公"。关于"离内远游"之"远"，又有"六月不归"的情节："齐景公游于海上而乐之，六月不归，令左右曰：'敢有先言归者，致死不赦！'颜烛趋进谏曰：'君乐治海上，不乐治国，而六月不归，彼悦有治国者，君且安得乐此海也！'景公援戟将斫之，颜烛趋进，抚衣待之，曰：'君奚不斫也？昔者桀杀关龙逢，纣杀王子比干。君之贤，非此二主也，臣之材，亦非此二子也，君奚不斫？以臣参此二人者，不亦可乎？'景公说，遂归，中道闻国人谋不内矣。"②《太平御览》卷 353 引刘向《新序》曰："齐景公游海上乐之，六月不归，令左右：'敢言归者死！'颜歜谏曰：'君乐治海上，不乐治国。悦有治国者，君且安得出乐海也！'公据戟将斫之，歜抚衣而待之曰：'君奚不斫也？昔桀杀关龙逢，纣杀王子比干。君奚不斫？臣以参此二人，不亦可乎？'公遂归。"③今本《新序》未见此事。所谓"君乐治海上，不乐治国"，《太平御览》卷 468 引刘向《说苑》颜蠋谏语作"君乐治海，不乐治国"。④ "治海"与"治国"的这种直接对照，或许是未曾窜错的原文。⑤

　　《韩非子》还有齐景公"游""海"的直接记录。《韩非子·外储说左上》："齐景公游少海，传骑从中来谒曰：'婴疾甚，且死，恐公后之。'景公遽起，传骑又至。"⑥又《韩非子·外储说右上》："景公与晏子游于少海，登柏寝之台而还望其国，曰：'美哉，泱泱乎，堂堂乎，后世将孰有此？'晏子对曰：'其田成氏乎？'"⑦又《韩非子·难三》可见对齐桓公"去其国而数之海"的批评。⑧《韩非

①　陈奇猷校注：《韩非子集释》，第 192 页。
②　(汉)刘向撰，向宗鲁校证：《说苑校证》，中华书局 1987 年版，第 207 页。
③　(宋)李昉等撰：《太平御览》，第 1623 页。
④　(宋)李昉等撰：《太平御览》，第 2153 页。
⑤　参见王子今：《东方海王：秦汉时期齐人的海洋开发》，中国社会科学出版社 2015 年版，第 26—27 页。
⑥　陈奇猷校注：《韩非子集释》，第 659 页。
⑦　陈奇猷校注：《韩非子集释》，第 716 页。
⑧　陈奇猷校注：《韩非子集释》，第 849—850 页。

子·十过》："奚谓离内远游？昔者田成子游于海而乐之，号令诸大夫曰：'言归者死。'"陈奇猷认为，《外储说左上》与《外储说右上》所言齐景公游"少海"，"当即此所谓海也。（少海省称为海，《说苑》作海上，《史记·田齐世家》：'太公乃迁康公于海上'，《外储说右上》：'齐东海上有居士曰狂矞华士'。少海、海上、海当为一地。）"①可知对"海"的特殊迷恋，是齐国执政者共同的心理。秦始皇读过《韩非子》②，书中有关齐国君"游""海"的故事对他产生影响，是很自然的事情。

四、田肯"东西秦"说

秦灭亡后，西楚霸王分封十八诸侯。齐人田荣首先挑战项羽确定的天下秩序。《史记》卷7《项羽本纪》："田荣闻项羽徙齐王市胶东，而立齐将田都为齐王，乃大怒，不肯遣齐王之胶东，因以齐反，迎击田都。田都走楚。齐王市畏项王，乃亡之胶东就国。田荣怒，追击杀之即墨。荣因自立为齐王，而西杀击济北王田安，并王三齐。"项羽破齐，"多所残灭"。"田荣弟田横收齐亡卒得数万人，反城阳。""项王之救彭城，追汉王至荥阳，田横亦得收齐，立田荣子广为齐王。"③《史记》卷94《田儋列传》记载，刘邦称帝后，"田横惧诛，而与其徒属五百余人入海，居岛中。高帝闻之，以为田横兄弟本定齐，齐人贤者多附焉，今在海中不收，后恐为乱，乃使使赦田横罪而召之。田横因谢曰：'臣亨陛下之使郦生，今闻其弟郦商为汉将而贤，臣恐惧，不敢奉诏，请为庶人，守海岛中。'使还报，高皇帝乃诏卫尉郦商曰：'齐王田横即至，人马从者敢动摇者致族夷！'乃复使使持节具告以诏商状，曰：'田横来，大者王，小者乃侯耳；不来，且举兵加诛焉。'田横乃与其客二人乘传诣雒阳。未至三十里，至尸乡厩置，横谢使者曰：'人臣见天子当洗沐。'止留。谓其客曰：'横始与汉王俱南面称孤，今汉王为天子，而横乃为亡虏而北面事之，其耻固已甚矣。且吾亨人之兄，与其弟并肩而事其主，纵彼畏天子之诏，不敢动我，我独不愧于心乎？且陛下所以欲见我者，不过欲一见吾面貌耳。今陛下在洛阳，今

---

① 陈奇猷校注：《韩非子集释》，第192—193页。
② 《史记》卷63《老子韩非列传》："秦王见《孤愤》、《五蠹》之书，曰：'嗟乎，寡人得见此人与之游，死不恨矣！'李斯曰：'此韩非之所著书也。'秦因急攻韩。韩王始不用非，及急，乃遣非使秦。秦王悦之，未信用。"第2155页。
③ 《史记》，第320—321、325页。

斩吾头，驰三十里间，形容尚未能败，犹可观也。'遂自刭，令客奉其头，从使者驰奏之高帝。高帝曰：'嗟乎，有以也夫！起自布衣，兄弟三人更王，岂不贤乎哉！'为之流涕，而拜其二客为都尉，发卒二千人，以王者礼葬田横。"①刘邦对田横的重视，并不限于"起自布衣，兄弟三人更王"的感叹，"今在海中不收，后恐为乱"的疑惧特别值得重视。

《史记》卷8《高祖本纪》所见田肯为刘邦分析局势时的言语，有"东西秦"之说："人有上变事告楚王信谋反，上问左右，左右争欲击之。用陈平计，乃伪游云梦，会诸侯于陈，楚王信迎，即因执之。是日，大赦天下。田肯贺，因说高祖曰：'陛下得韩信，又治秦中。秦，形胜之国，带河山之险，县隔千里，持戟百万，秦得百二焉。地势便利，其以下兵于诸侯，譬犹居高屋之上建瓴水也。夫齐，东有琅邪、即墨之饶，南有泰山之固，西有浊河之限，北有勃海之利。地方二千里，持戟百万，县隔千里之外，齐得十二焉。故此东西秦也。非亲子弟，莫可使王齐矣。'高祖曰：'善。'赐黄金五百斤。""齐"与"秦"，司马贞《索隐》引虞喜云："为东西秦，言势相敌。"②而"夫齐，东有琅邪、即墨之饶"，两地均依托海洋资源优势得以富饶，而"北有勃海之利"，更突出强调了齐地据"鱼盐"物产所占有的经济领先的地位。

五、汉武帝盐政对管仲"正盐筴"制度的继承

《管子·海王》提出了"海王之国"的概念。文中"管子"与"桓公"的对话，讨论立国强国之路，"海王之国，谨正盐筴"的政策得以明确提出：

> 桓公曰："然则吾何以为国？"
>
> 管子对曰："唯官山海为可耳。"
>
> 桓公曰："何谓官山海？"
>
> 管子对曰："海王之国，谨正盐筴。"

什么是"海王"？按照马非百的理解，"此谓海王之国，当以极慎重之态度运用征盐之政策。盖盐之为物乃人生生活之必需品，其需要为无伸缩力的。为用

---

① 《史记》，第2647—2648页。

② 《史记》，第382—383页。

既广，故政府专利，定能收入极大之利也"①。

盐业对于社会经济生活重要之地位，受到齐人的重视。而这一重要海产，也成为国家经济的主要支柱。

有注家说："'海王'，言以负海之利而王其业。"②马非百则认为："'海王'当作'山海王'。山海二字，乃汉人言财政经济者通用术语。《盐铁论》中即有十七见之多。本篇中屡以'山、海'并称。又前半言盐，后半言铁。盐者海所出，铁者山所出。正与《史记·平准书》所谓'齐桓公用管仲之谋，通轻重之权，徼山海之业，以朝诸侯。用区区之齐显成霸名'及《盐铁论·轻重篇》文学所谓'管仲设九府徼山海'之传说相符合。"③然而言"盐者海所出"在先，也显然是重点。篇名《海王》，应当就是原文无误。

对于所谓"官山海"，马非百以为："'官'即'管'字之假借"。又指出，"本书'官'字凡三十见。其假'官'为'管'者估其大多数"。"又案：《盐铁论》中，除'管山海'外，又另有'擅山海'（《复古》）、'总山海'（《园池》）、'徼山海'（《轻重》）及'障山海'（《国病》）等语，意义皆同。"④"官""管"假借之说，虽非确论，然而具有参考意义。

在春秋时代，"齐国的海盐煮造业"已经走向"兴盛"。至战国时代，齐国的"海盐煮造业更加发达"。《管子·地数》所谓"齐有渠展之盐"⑤，即反映了这一经济形势。杨宽指出，"海盐的产量比较多，流通范围比较广，所以《禹贡》说青州'贡盐'"。⑥

在有关齐国基本经济政策的讨论中，对于桓公"何谓正盐筴"的提问，管子回答说：

---

① 马非百：《管子轻重篇新诠》，中华书局 1979 年版，第 189、192—194 页。
② (明)刘绩补注，姜涛点校：《管子补注》卷 22，凤凰出版社 2016 年版，第 432 页。
③ 马非百：《管子轻重篇新诠》，第 188 页。
④ 马非百：《管子轻重篇新诠》，第 192 页。
⑤ 马非百：《管子轻重篇新诠》，第 415 页。
⑥ 关于"渠展"，杨宽注："前人对渠展，有不同的解释，尹知章注认为是'沛水（即济水）所流入海之处'。张佩纶认为'勃'有'展'义，渠展是勃海的别名（见《管子集校》引）。钱文霈又认为'展'是'养'字之误，渠展即《汉书·地理志》琅邪郡长广县西的奚养泽（见《钱苏斋述学》所收《管子地数篇释》引）。"杨宽：《战国史》（增订本），上海人民出版社 1998 年版，第 102 页。

十口之家十人食盐，百口之家百人食盐。终月大男食盐五升少半，大女食盐三升少半，吾子食盐二升少半。——此其大历也。盐百升而釜。令盐之重升加分强，釜五十也。升加一强，釜百也。升加二强，釜二百也。钟二千，十钟二万，百钟二十万，千钟二百万。万乘之国，人数开口千万也。禺筴之，商日二百万，十日二千万，一月六千万。万乘之国正九百万也。月人三十钱之籍，为钱三千万。今吾非籍之诸君吾子而有二国之籍者六千万。使君施令曰："吾将籍于诸君吾子，则必嚣号。"今夫给之盐筴，则百倍归于上，人无以避此者，数也。

对于"正盐筴"之"正"，马非百以为"即《地数篇》'君伐菹薪，煮沸水以为盐，正而积之三万钟'之正。正即征，此处当训为征收或征集，与其他各处之训为征税者不同。"马非百说："盖本书所言盐政，不仅由国家专卖而已，实则生产亦归国家经营。观《地数篇》'君伐菹薪，煮沸水以为盐'及'阳春农事方作，令北海之众毋得聚庸而煮盐'，即可证明。惟国家经营，亦须雇佣工人。工人不止一人，盐场所在又不止一处，故不得不'正而积之'。"[1]

《管子·海王》写道："十口之家十人食盐，百口之家百人食盐。"又《管子·地数》："十口之家，十人咶盐。百口之家，百人咶盐。"[2]汉章帝时，"谷帛价贵，县官经用不足，朝廷忧之"。在对于经济政策的讨论中，尚书张林言盐政得失，有"盐者食之急也"语。[3] 所谓"正盐筴"所以体现出执政者的智慧，在于"盖盐之为物乃人生生活之必需品，其需要为无伸缩力的。为用既广，故政府专利，定能收入极大之利也。"有的学者认为，"所言盐政，不仅由国家专卖而已，实则生产亦归国家经营"。[4] 其产、运、销统由国家管理。[5]《管子·海王》还写道：

桓公曰："然则国无山海不王乎？"

① 马非百：《管子轻重篇新诠》，第193页。
② 马非百：《管子轻重篇新诠》，第193、415页。"咶"，《太平御览》卷865引《管子》曰作"舐"。(宋)李昉等撰：《太平御览》，第3839页。
③ 《晋书》卷26《食货志》，中华书局1974年版，第793页。
④ 马非百：《管子轻重篇新诠》，第193页。
⑤ 马非百：《管子轻重篇新诠》，第193—194页。

管子曰："因人之山海，假之名有海之国雠盐于吾国，釜十五，吾受而官出之以百。我未与其本事也，受人之事，以重相推。——此人用之数也。"①

所谓"因人之山海，假之名有海之国雠盐于吾国"，也体现出"山海"之中，"海"尤为重。而齐国的盐政，是包括与"雠盐"相关的盐的储运和贸易的。

盐是最基本的生活必需品，是维持社会正常经济生活不可或缺的重要物资。秦汉帝国"大一统"的规模，使得盐的消费与供应成为重要的社会经济问题②，盐业管理也成为国家行政任务③。汉武帝时代，最高执政集团已经清醒地认识到盐业对于国计民生的重要意义，有识见的政治家强烈主张盐业官营，"以为此国家大业，所以制四夷，安边足用之本，不可废也"④。汉武帝时代实行盐铁官营，在一定程度上很可能受到齐国"正盐筴"经济政策的启示。有学者认为，"齐国对'盐'是官营的。开发海洋(实际是近海)资源给齐国带来了富强"，齐国于是"成为七雄之首"。"从齐国开始，'盐'一直成为我国政府官营的垄断产业，成为无可争辩的、天经地义的一贯国策。"⑤此说虽不免绝对化之嫌，但是指出齐盐政的创始性意义，是大体正确的。

第二节　海洋渔业

秦汉时期，渔业是社会经济的重要生产部门之一。水产品也是当时社会饮食生活中的主要消费品之一。秦汉渔业在生产手段和经营方式等方面，都达到相当成熟的水平。秦汉渔业生产进步的主要标志，是对渔业资源和渔情的熟悉，以及采用多样化的捕捞方式使渔获量得以增长。《史记》卷24《乐书》：

① 马非百：《管子轻重篇新诠》，第209页。
② 参见王子今：《汉代人饮食生活中的"盐菜""酱""豉"消费》，《盐业史研究》1996年第1期。
③ 参见王子今：《两汉盐产与盐运》，《盐业史研究》1993年第3期。
④ 《汉书》卷24下《食货志下》，第1176页。
⑤ 宋正海、郭永芳、陈瑞平：《中国古代海洋学史》，海洋出版社1989年版，第8页。

"水烦则鱼鳖不大。"①《史记》卷 129《货殖列传》："渊深而鱼生之。"②《淮南子·主术》："鱼得水而骛。""鱼得水而游焉则乐。""水浊则鱼噞。"《淮南子·说山》："水广者鱼大。"③《盐铁论·刺权》也说："水广者鱼大。"④《论衡·龙虚》引孔子语："鳖食于清，游于浊；鱼食于浊，游于浊。"⑤《论衡·答佞》："鱼鳖匿渊，捕渔者知其源。"⑥《太平御览》卷 936 引东方朔《答客难》："水至清则无鱼。"⑦这些记载都反映出当时人们对鱼类生活习性的熟悉。对秦汉时代的饮食结构进行分析，可以发现当时人嗜鱼的食性相当普遍。汉代画像资料中多见鱼的形象。陈直释《盐铁论·散不足》"臑鳖脍鲤"时曾经指出，"汉代陶灶上，多画鱼鳖形状，为汉人嗜食鱼鳖之一证"⑧。秦汉渔业生产的进步，包括海洋渔业的开发。

一、《货殖列传》经济地理分析说到的"海鱼"

《史记》卷 129《货殖列传》是最早的比较完备的经济史论著。其中关于各地物产的介绍中，说到沿海地区物产中的"鱼"。

例如，关于"燕"地的经济形势的内容中这样写道："夫燕亦勃、碣之间一都会也。南通齐、赵，东北边胡。上谷至辽东，地踔远，人民希，数被寇，大与赵、代俗相类，而民雕捍少虑，有鱼盐枣栗之饶。北邻乌桓、夫余，东绾秽貉、朝鲜、真番之利。""鱼盐"并说，这里的"鱼"，指海洋渔产。而所谓"东绾秽貉、朝鲜、真番之利"，也包括海洋渔业收益。关于"齐"地，也说到"鱼盐"收获："齐带山海，膏壤千里，宜桑麻，人民多文彩布帛鱼盐。临菑亦

---

①　《史记》，第 1209 页。

②　《史记》，第 3255 页。

③　高诱注："鱼短气出口于水，喘息之喻也。"何宁撰：《淮南子集释》，中华书局 1998 年版，第 629、702、612、1117 页。

④　王利器校注：《盐铁论校注》（定本），中华书局 1992 年版，第 121 页。

⑤　黄晖撰：《论衡校释》（附刘盼遂集解），中华书局 1990 年版，第 285 页。《吕氏春秋·举难》引孔子曰："螭食乎清而游乎浊，鱼食乎浊而游乎浊。"许维遹撰，梁运华整理：《吕氏春秋集释》，第 540 页。

⑥　黄晖撰：《论衡校释》（附刘盼遂集解），第 523 页。

⑦　（宋）李昉等撰：《太平御览》，第 4159 页。

⑧　陈直：《盐铁论解要》，《摹庐丛著七种》，齐鲁书社 1981 年版，第 203 页。

海岱之间一都会也。"①

所说"燕""齐""鱼盐"的"鱼",应主要是指以环渤海地区为主的海洋渔业的收成。

关于"越、楚"经济地理,《史记》卷 129《货殖列传》也说到有的地方"通鱼盐之货",同样"鱼盐"并说。关于"吴"地经济优势,司马迁写道:"夫吴自阖庐、春申、王濞三人招致天下之喜游子弟,东有海盐之饶,章山之铜,三江、五湖之利,亦江东一都会也。"②明确说到"海盐之饶"。而所谓"三江、五湖之利",是包括渔业的。《史记》卷 60《三王世家》就写道:"三江、五湖有鱼盐之利,铜山之富,天下所仰。"③此处"鱼盐"并称之"鱼",依然主要是指海鱼。

《史记》卷 129《货殖列传》关于经济实力的分析,说到拥有"鮐鮆千斤,鲰千石,鲍千钧"者,财富等级"此亦比千乘之家,其大率也"。裴骃《集解》:"《汉书音义》曰:'音如楚人言荠,鮆鱼与鮐鱼也。'"司马贞《索隐》:"《说文》云:'鮐,海鱼。音胎。鮆鱼,饮而不食,刀鱼也。'《尔雅》谓之鱀鱼也。鮆音才尔反,又音荠。"张守节《正义》:"鮐音台,又音贻。《说文》云'鮐,海鱼'也。鮆音齐礼反,刀鱼也。"④看来,"鮐,海鱼"是比较一致的解说。

二、《说文·鱼部》所见"海鱼"

《说文·鱼部》记录了汉代人们的水生动物知识,也反映了当时渔业的生产水准。然而所涉及的"鱼",主要是淡水鱼。不过,其中也有明确说明是"海鱼"的鱼种,例如:

　　鮞,鱼子也。一曰鱼之美者,东海之鮞。

　　鰫,鰫鱼也。从鱼容声。段玉裁注:"郑注《内则》云:今东海鰫鱼有骨,名乙。在目旁,状如篆乙。食之鲠人不可出。"⑤

　　鰸,鰸鱼也。状似鰕,无足。长寸,大如叉股。出辽东。从鱼,区声。

---

①　《史记》,第 3265 页。

②　《史记》,第 3267 页。

③　《史记》,第 2116 页。

④　《史记》,第 3274、3276 页。

⑤　今按:"鰫"即"鲠"。

鲗，乌鲗鱼也。从鱼则声。段玉裁注："四字句，乌，俗本作鰞。今正。陶贞白云：是鷃乌所化，其口腹犹相似。腹中有墨，能吸波潠墨，令水溷黑自卫。刘渊林云：腹中有药，谓其背骨。今名海鰾鮹是也。"

鲐，海鱼也。从鱼，台声。

鲌，海鱼也。从鱼，白声。

鳆，海鱼也。从鱼，复声。

鲛，海鱼也，皮可饰刀。从鱼，交声。

鱷，海大鱼也。从鱼，畺声。《春秋传》曰："取其鱷鲵。"

鲸，鱷或从京。

鰝，大鰕也。从鱼，高声。段玉裁注："见《释鱼》，郭云：鰕大者，出海中，长二三丈，须长数丈。今青州呼鰕鱼大者为鰝鰕。《吴都赋》：罿鰝鰕。"

鲝，当互也。从鱼，咎声。段玉裁注："见《释鱼》，今《尔雅》互作鲑。郭云：海鱼也。……"

鈇，鲯鱼。出东莱。从鱼，夫声。

鲯，鱼名。从鱼，其声。段玉裁注："按其训，当云鈇鲯也。"①

"鰸……出辽东"，"鈇……出东莱"，虽然没有明确说是"海鱼也"，但都是海洋渔业收获无疑。这些渔产除了因味"美"而用于食用之外，也有用作手工业原料如"皮可饰刀"者。

《说文·鱼部》还记录了若干种来自遥远海域的水产，特别值得我们注意。从出产地分析，应当也都是"海鱼"：

鮸，鮸鱼也，出薉邪头国。从鱼，免声。

魵，魵鱼也，出薉邪头国。从鱼，分声。

鰢，鰢鱼也，出乐浪潘国。从鱼，虜声。

鯜，鯜鱼也，出乐浪潘国。从鱼，妾声。

鲱，鲱鱼也，出乐浪潘国。从鱼，市声。

---

① (汉)许慎撰，(清)段玉裁注：《说文解字注》，上海古籍出版社据经韵楼藏版1981年影印版，第575、579—581页。

鮂，鮂鱼也，出乐浪潘国。从鱼，匋声。……

鯊，鯊鱼也，出乐浪潘国。从鱼，沙省声。

鱳，鱳鱼也，出乐浪潘国。从鱼，乐声。

鲜，鲜鱼也，出貉国。从鱼，羴省声。

鰅，鰅鱼也，皮有文，出乐浪东暆，神爵四年初捕收输考工。……从鱼，禺声。

段玉裁注："薉邪头国，秽貊也。"①其地当在《汉书》卷28下《地理志下》所谓"邪头昧"一带②，即日本海西岸的今朝鲜高城附近。③《汉书》卷28下《地理志下》："玄菟、乐浪，武帝时置，皆朝鲜、濊貉、句骊蛮夷。"④"貉国"，应即此"濊貉"，即段玉裁注所谓"秽貊"。《汉书》卷64下《严安传》："略薉州。"颜师古注："张晏曰：'薉，貉也。'师古曰：'薉与秽同。'"⑤《汉书》卷75《夏侯胜传》载汉宣帝诏，称颂汉武帝功绩，说到"东定薉、貉、朝鲜"。颜师古注引张晏曰："薉也，貉也，在辽东之东。"亦指出"薉字与秽字同"。⑥《汉书》卷99中《王莽传中》记载：遣"诛貉将军阳俊、讨秽将军严尤出渔阳，奋武将军王骏、定胡将军王晏出张掖"。⑦似乎又说明"秽""貉""胡"民族指向各不相同。

《汉书》卷28下《地理志下》的"乐浪郡""东暆"⑧，其地在日本海西岸的今朝鲜江陵。⑨《汉书》卷6《武帝纪》记载，元封二年（前109）发兵击朝鲜，次年夏，"朝鲜斩其王右渠降，以其地为乐浪、临屯、玄菟、真番郡"。⑩《说文·鱼部》"鮂"条段玉裁注："潘国，真番也。"⑪"潘国"之称很可能与"真番"地名有关。若确实如此，依谭其骧主编《中国历史地图集》标示的位置，则在黄海

---

① （汉）许慎撰，（清）段玉裁注：《说文解字注》，第579页。
② 《汉书》，第1627页。
③ 谭其骧主编：《中国历史地图集》第2册，地图出版社1982年版，第27—28页。
④ 《汉书》，第1658页。
⑤ 《汉书》，第2813页。
⑥ 《汉书》，第3156—3157页。
⑦ 《汉书》，第4121页。
⑧ 《汉书》，第1627页。
⑨ 谭其骧主编：《中国历史地图集》第2册，第27—28页。
⑩ 《汉书》，第194页。
⑪ （汉）许慎撰，（清）段玉裁注：《说文解字注》，第579页。

东海岸，临江华湾。①　乐浪郡，王莽改称"乐鲜"，属县有"朝鲜"，又"浿水"县，"莽曰乐鲜亭"。所以称"乐鲜"者，颜师古注引应劭曰："故朝鲜国也。"②推想朝鲜之最初得名，不排除与出于"貉国"的"鲜鱼"这种水产品有关的可能。

又《说文·鱼部》："鰕，鰕鱼也。从鱼，叚声。"段玉裁注："由《释鱼》有魵鰕之文，郭曰：出秽邪头国，与《说文》'魵'解同。……鰝，大鰕，则今之虾也。魵鰕，则秽邪头之鱼也。"③这是对"秽邪头之鱼"的另一理解。

所谓"薉邪头国，秽貊也"，以及"东暆"，在日本海西岸，即朝鲜半岛东海岸。汉武帝在朝鲜置郡时这里由汉王朝直接管辖。然而东汉时已不在中央政府控制之下。三国时则又为曹魏政权统治。《说文·鱼部》记录的有关这一地方的海洋水产知识，来自遥远海域，却进入中原人的文化记忆之中。相关信息的海洋史料的意义，值得研究者珍视。

段玉裁注《说文·鱼部》，曾引《尔雅·释鱼》。《尔雅·释鱼》郭璞注明确指为"出海中"之"海鱼"者，有两种：

> 鰝，大鰕。郭璞注：鰕大者，出海中，长一三丈，须长数尺。今青州呼鰕鱼大者为鰝鰕。邢昺疏：鰝，大鰕。释曰：鰕之大者，长二三丈，须长数尺。若此之类者名鰝。

> 鱛，当魱。郭璞注：海鱼也。似鳊而大鳞，肥美，多鲠。今江东呼其最大长三丈者为当魱。音胡。邢昺疏：鱛，当魱。释曰：鱛，一名当魱，海鱼也。注：海鱼至音胡。释曰云似鳊而大鳞者，案鳊似鲂而大腹，细而长，今鱛鱼似之，但鳞大耳。云肥美以下者，以时验而知也。④

郭注所谓"今江东呼其最大长三丈者为当魱"，似可说明大致是今黄海、东海海域海洋渔业收获的水产。

三、海上渔捕方式

早期"射渔"的形式在秦汉时期依然使用。《淮南了·时则》："季冬之

---

① 谭其骧主编：《中国历史地图集》第 2 册，第 27—28 页。
② 《汉书》卷 28 下《地理志下》，第 1627 页。
③ (汉)许慎撰，(清)段玉裁注：《说文解字注》，第 580—581 页。
④ (清)阮元校刻：《十三经注疏》，第 2640 页。

月……命渔师始渔，天子亲往射渔，先荐寝庙。"①山东嘉祥出土汉画像石还有表现用矛或叉击刺水中游鱼的画面。② 类似画像又见于山东微山两城出土的汉画像石③以及山东沂南北寨汉画像石④。《史记》卷6《秦始皇本纪》记载，秦始皇遣方士入海求神药，"然常为大鲛鱼所苦，故不得至"，方士于是请求"请善射与俱，见则以连弩射之"。秦始皇"乃令入海者赍捕巨鱼具，而自以连弩候大鱼出射之"。并且确实曾"至之罘，见巨鱼，射杀一鱼"。⑤《汉书》卷6《武帝纪》记载，汉武帝也曾经于元封五年(前106)冬行南巡狩时，"自寻阳浮江，亲射蛟江中，获之"。⑥ 击刺射杀，也是秦汉时期捕鱼方式之一。这种方式尤利于用以捕获体型较大的鱼种。秦始皇在之罘海面"射杀""巨鱼"，是考察海洋渔业生产方式必须重视的史例。

秦汉时期渔业生产已经采用多种捕鱼方式。《淮南子·说林》："钓者静之，罛者扣舟，罩者抑之，罜者举之，为之异，得鱼一也。"高诱注："罛者，以柴积水中以取鱼。扣，击也。鱼闻击舟声，藏柴下，壅而取之。""今沇州人积柴水中捕鱼为罛，幽州名之为涔也。"庄逵吉云："罛"，据《尔雅》《说文解字》当作"罧"。王念孙云：《说文》《玉篇》《广雅》《集韵》皆无"罛"字，"罛"当为"罧"，字之误也。⑦《说文·网部》："罧，积柴水中以聚鱼也。"段玉裁注："积柴水中而鱼舍焉。郭景纯因之云：今之作槮者，积聚柴木于水，鱼得寒，入其里藏隐，因以簿围捕取之。"⑧"罧"即以人工渔礁作为渔获方法，据说可

① 何宁撰：《淮南子集释》，第529、531页。
② 蒋英炬：《略论山东汉画像石的农耕图像》，《农业考古》1981年第2期。
③ 山东省博物馆、山东文物考古研究所编：《山东汉画像石选集》，齐鲁书社1982年版，图8，图39。
④ 南京博物院、山东省文物管理处编著：《沂南古画像石墓发掘报告》，文化部文物管理局1956年版。
⑤ 《史记》，第263页。
⑥ 《汉书》，第196页。
⑦ 何宁撰：《淮南子集释》，第1206页。
⑧ (汉)许慎撰，(清)段玉裁注：《说文解字注》，第356页。《尔雅·释器》："槮谓之涔。"郭璞注："今之作槮者，聚集柴木于水中，鱼得寒，入其里藏隐，因以簿围捕取之。"(清)阮元校刻：《十三经注疏》，第2599页。

能自春秋战国时已经出现。① 鱼礁是诱使鱼类聚集的水底隆起物或堆积物。这些隆起物或堆积物使水流形成上升流，使水底有机物转移到中上层，促进各种可供鱼类作为食物的生物大量繁殖生长，从而诱使各种鱼类聚集。据高诱及郭璞注文，可知汉晋时期这种渔获方式已经相当普及。

所谓"钓者静之"，可能是比较普及的渔获方式。汉代画像中常常可以看到水滨垂钓的画面。山东滕县西户口汉画像石上，可以看到三条渔船浮水垂钓的情景，船上有捕获的鱼，钓钩、钓线、钓竿及浮子均刻画细致。② 数条渔船集中钓捕，似乎反映出渔业生产中特殊的劳动组合形式。山东邹县黄路屯汉画像石有一条钓线钓得三条鱼的画面，滕县龙阳店汉画像石则可见一竿钓得四条鱼的情形。③ 看来，当时干线上结有若干带有钓钩的支线构成的类似于现今所谓"延绳钓"的钓具，也已在渔业生产中使用。

汉代还采用以木鱼诱捕游鱼的诱钓方式。《论衡·乱龙》说："钓者以木为鱼，丹漆其身，近水流而击之，起水动作，鱼以为真，并来聚会。"④

海上渔捕，也曾经普遍采用"钓"的方式。《初学记》卷22"挂鲤"条引焦赣《易林》："曳纶江海，钓挂鳄鲤，王孙利得，以飨仲友。"⑤所谓"曳纶江海"，似反映出由钓船拖曳钩饵，诱鱼追食上钩的称作"曳绳钓"的钓渔具在"海"上也得到应用。

钓捕虽然是一种简便的渔业生产方式，但毕竟产量有限。《淮南子·人间》："临河而钓"，或"日入而不得一鲦鱼"。⑥ 又《淮南子·原道》："夫临江而钓，旷日而不能盈罗，虽有钩箴芒距，微纶芳饵，加之以詹何娟嬛之数，犹不能与网罟争得也。"⑦于是《淮南子·说林》写道："临河而羡鱼，不如归家织网。"⑧古代传说中最善钓的詹何、娟嬛，也难以与使用网罟者竞争。网具

① 参见中国淡水养鱼经济总结委员会编：《中国淡水鱼类养殖学》，科学出版社1961年版；田恩善：《网具的起源与人工鱼礁小考》，《农业考古》1982年第1期。

② 山东省博物馆、山东文物考古研究所编：《山东汉画像石选集》，图230。

③ 山东省博物馆、山东文物考古研究所编：《山东汉画像石选集》，图56，图275。

④ 黄晖撰：《论衡校释》（附刘盼遂集解），第700页。

⑤ （唐）徐坚等著：《初学记》，中华书局1962年版，第545页。

⑥ 何宁撰：《淮南子集释》，第1303页。

⑦ 何宁撰：《淮南子集释》，第26页。

⑧ 何宁撰：《淮南子集释》，第1224页。

是当时较为先进的渔具，其生产效率明显高于钓具。《淮南子·齐俗》："故尧之治天下也……其导万民也，水处者渔，山处者木，谷处者牧，陆处者农。地宜其事，事宜其械，械宜其用，用宜其人。泽皋织网，陵阪耕田，得以所有易所无，以所工易所拙，是故离叛者寡，而听从者众。"①可知"泽皋织网"以求"事宜其械，械宜其用"，是很早的发明。

《盐铁论·西域》以渔捕比喻草原作战："今匈奴牧于无穷之泽，东西南北，不可穷极，虽轻车利马，不能得也，况负重赢兵以求之乎？其势不相及也。茫茫乎若行九皋未知所止，皓皓乎若无网罗而渔江、海，虽及之，三军罢弊，适遗之饵。"②所谓以"网罗""渔江、海"，说明海上渔捕已经普遍使用"网"。

《说文·网部》所见明确用于"渔"的网具有："网，包牺氏所结绳目田目渔也。""罩，捕鱼器也。""罾，鱼网也。""罪，捕鱼竹网。""罻，鱼网也。""眔，鱼罟也。""罟，网也。"③"罶，曲梁寡妇之笱，鱼所留也。""罜，罜麗，小鱼罟也。"④所谓"罾"，陈胜吴广起义时，就曾经以"丹书帛曰'陈胜王'，置人所罾鱼腹中"，作为发动起义的宣传鼓动方式。至于罾的形制，《史记》卷48《陈涉世家》裴骃《集解》引文颖曰："罾，鱼网也。"⑤《汉书》卷31《陈胜传》颜师古注："罾，鱼网也，形同仰伞盖，四维而举之。"⑥山东肥城栾镇汉画像石和微山两城汉画像石以及苍山前姚汉画像石都有持带柄网具捕鱼的画面。⑦汉代还曾出现一种以机械方式牵引绳索控制网具升降的捕鱼技术。《初学记》卷22引《风俗通义》："罾者树四木而张网于水，车挽之上下。"⑧海上渔船如果使用这种器械，使得"事宜其械，械宜其用"，其形制应当较江河湖泽所用者为大。

---

① 何宁撰：《淮南子集释》，第771—772页。
② 王利器校注：《盐铁论校注》（定本），第500页。
③ 段玉裁注："罟实鱼网。"
④ （汉）许慎撰，（清）段玉裁注：《说文解字注》，第355—356页。
⑤ 《史记》，第1951页。
⑥ 《汉书》，第1787页。
⑦ 王思礼：《山东肥城汉画象石墓调查》，《文物参考资料》1958年第4期；傅惜华：《汉代画像全集》，巴黎大学北京汉学研究所1950年版，初编图34；山东省博物馆、山东文物考古研究所编：《山东汉画像石选集》，图418。
⑧ （唐）徐坚等著：《初学记》，第544页。

秦汉时期捕鱼技术的进步，使得渔业产量有较大的增长，《盐铁论·通有》："江、湖之鱼，莱、黄之鲐，不可胜食。"①有些地区甚至以鱼喂养家畜。《论衡·定贤》："彭蠡之滨，以鱼食犬豕"。②"江、湖之鱼"以及"彭蠡之滨"的渔业收获，似乎说的是淡水渔产。然而所谓"莱、黄之鲐，不可胜食"，则是可以明确体现海洋渔业产量的直接资料。《文选》卷 35 张协《七命》也说到"莱、黄之鲐"，李善注："《盐铁论》曰：江、湖之鱼，莱、黄之鲐，可不胜也。《汉书》：东莱郡有黄县。《说文》曰：鲐，海鱼也。"李周翰注："莱、黄，地名，出鲐鱼。"③

四、"倭人善网捕"

因以农为本的政策导向的作用，"渔捕"生产受到一定限制。据《后汉书》卷 39《刘般传》记载，刘般曾经建议放松有关禁令："般上言：'郡国以官禁二业，至有田者不得渔捕。今滨江湖郡率少蚕桑，民资渔采以助口实，且以冬春闲月，不妨农事。夫渔猎之利，为田除害，有助谷食，无关二业也。……'"④大致在一些"滨江湖郡"，"民资渔采以助口实"是当时较为普遍的情形。然而我们又看到北方草原环境中渔业也得到开发的情形。《后汉书》卷 90《鲜卑传》记载：

> （檀石槐）见乌侯秦水广从数百里，水停不流，其中有鱼，不能得之。闻倭人善网捕，于是东击倭人国，得千余家，徙置秦水上，令捕鱼以助粮食。⑤

由于"闻倭人善网捕"，于是出军"东击倭人国，得千余家"，强制迁徙到"广从数百里，水停不流，其中有鱼"，渔产资源丰富的"秦水上"，"令捕鱼以助粮食"。

---

① 王利器注："《文选》张景阳《七命》：'莱、黄之鲐。'即用此文。李善注：'《汉书》：东莱郡有黄县。'"王利器校注：《盐铁论校注》（定本），第 42 页。
② 黄晖撰：《论衡校释》（附刘盼遂集解），第 1112 页。
③ （梁）萧统编、（唐）李善、吕延济、刘良、张铣、吕向、李周翰注：《六臣注文选》，中华书局 1987 年版，第 659 页。
④ 《后汉书》，中华书局 1965 年版，第 1305 页。
⑤ 《后汉书》，第 2994 页。

因为"善网捕"的渔业生产的特长引致军事征伐，成为鲜卑人奴役对象，为其"捕鱼"的"倭人"，原本生活在"海中"。《汉书》卷 28 下《地理志下》：

> 乐浪海中有倭人，分为百余国，以岁时来献见云。①

据《后汉书》卷 1 下《光武帝纪下》："(中元二年)东夷倭奴国王遣使奉献。"李贤注："倭在带方东南大海中，依山岛为国。"②《后汉书》卷 5《安帝纪》："(永初元年)冬十月，倭国遣使奉献。"李贤注："倭国去乐浪万二千里……"③《后汉书》卷 85《东夷传·倭》对于"倭人"有具体记述：

> 倭在韩东南大海中，依山岛为居，凡百余国。自武帝灭朝鲜，使驿通于汉者三十许国，国皆称王，世世传统。其大倭王居邪马台国。乐浪郡徼，去其国万二千里，去其西北界拘邪韩国七千余里。其地大较在会稽东冶之东，与朱崖、儋耳相近，故其法俗多同。

倭在"大海中"，其"度海"之行，有这样的礼俗："行来度海，令一人不栉沐，不食肉，不近妇人，名曰'持衰'。若在涂吉利，则雇以财物；如病疾遭害，以为持衰不谨，便共杀之。"有一女子名曰"卑弥呼"，得"共立为王"。而"女王国"与其他"倭种"的联系，得"度海"维持：

> 自女王国东度海千余里至拘奴国，虽皆倭种，而不属女王。自女王国南四千余里至朱儒国，人长三四尺。自朱儒东南行船一年，至裸国、黑齿国，使驿所传，极于此矣。
>
> 会稽海外有东鳀人，分为二十余国。又有夷洲及澶洲。传言秦始皇遣方士徐福将童男女数千人入海，求蓬莱神仙不得，徐福畏诛不敢还，遂止此洲，世世相承，有数万家。人民时至会稽市。会稽东冶县人有入海行遭风，流移至澶洲者。所在绝远，不可往来。④

所谓"倭人善网捕"，是"大海中"渔业生产能力优越的历史记录。

---

① 《汉书》，第 1658 页。
② 《后汉书》，第 85 页。
③ 《后汉书》，第 208 页。
④ 《后汉书》，第 2820—2822 页。

五、范蠡"海畔"经营及其《养鱼法》《养鱼经》

范蠡作为越国重臣，曾经是"吴越春秋"政治表演的主角之一。在辅佐勾
践成功地复国并战胜吴国之后，范蠡毅然离开政治旋涡，随后以商人身份取
得经济成就。范蠡以兵战和商战的兼胜，以及政治功名和经济利益的双赢，
成为人生智慧的标范。

司马迁将范蠡在越地、齐地、陶地生活空间的转换，称作"三徙""三迁"。
《史记》卷 41《越王句践世家》写道："范蠡三徙，成名于天下。""范蠡三迁皆有
荣名，名垂后世。"范蠡在齐地的经营，据司马迁记述，"范蠡浮海出齐，变姓
名，自谓鸱夷子皮，耕于海畔，苦身戮力，父子治产。居无几何，致产数十
万。"①齐地自然地理环境自有特殊性，其经济条件有由"较为恶劣"(如《盐铁
论·轻重》所谓"地薄人少")，经历艰苦开发至于富足(如《史记》卷 129《货殖列
传》所谓"膏壤千里")的转变。② 然而能够迅速致富的原因，应当还是重视开
发利用特殊资源"鱼盐"的产业。《史记》卷 32《齐太公世家》记载："太公至国，
修政，因其俗，简其礼，通商工之业，便鱼盐之利，而人民多归齐，齐为大
国。"③范蠡"父子治产"，很可能包括类似"通商工之业，便鱼盐之利"的经济
实践。范蠡的经营方式，古文献著录可见:《陶朱公养鱼法》④，范蠡《养鱼
经》⑤，《陶朱公养鱼经》⑥。这些技术的总结，成就于"海畔"，或许与对海洋

---

① 《史记》，第 1755、1756、1752 页。
② 参见张杰、邱文山、张艳丽:《齐国兴衰论》，中国海洋大学出版社 2007 年版，第
   56、63 页。
③ 《史记》，第 1480 页。
④ 《隋书》卷 34《经籍志三》，中华书局 1973 年版，第 1010 页。
⑤ 《旧唐书》卷 47《经籍志下》，中华书局 1975 年版，第 2035 页;《新唐书》卷 59《艺文
   志三》，中华书局 1975 年版，第 1538 页。
⑥ 《太平御览》卷 936 引陶朱公《养鱼经》曰:"威王聘朱公，问之曰:'公住足千万，家
   累亿金，何术乎?'朱公曰:'夫治生之法有五，水畜第一。所谓水畜者，鱼也。以
   六亩地为池，池中为九洲。即求怀子鲤鱼长三尺者二十头，牡鲤四头，以二月上
   旬庚日纳池水中。令无声，鱼必生。所以养鲤者，不相食，易长，又贵也。'"(宋)
   李昉等撰:《太平御览》，第 4159—4160 页。参见王子今:《关于"范蠡之学"》，《光
   明日报》2007 年 12 月 15 日。

渔业生产方式的熟悉也有某种关系。①

《太平御览》卷 935 引《吴越春秋》说到勾践与范蠡在越国抗吴复国事业中利用"鱼池"求利的故事："越王既栖会稽，范蠡等曰：'臣窃见会稽之山有鱼池上下二处，水中有三江四渎之流，九溪六谷之广。上池宜于君王，下池宜于民臣。畜鱼三年，其利可以致千万，越国当富盈。'"②此说可以反映范蠡经济思想与经济实践中"鱼池"经营与"其利可以致千万"之"富盈"的关系。虽然越地和齐地都临海，都有发展渔业的传统，然而范蠡渔业经验的总结既称《陶朱公养鱼法》《陶朱公养鱼经》），则形成于齐地的可能性较大，未必得自于"会稽之山""鱼池""畜鱼"的经验。

六、关于"海租""海税"

秦汉时期海鱼已成为全社会所熟悉的商品。由《史记》卷 129《货殖列传》所说的"鲐鮆千斤，鲰千石，鲍千钧"③，《说文·鱼部》"鲐，海鱼也"④，可知其中价格较高的"鲐"，是海洋水产。而"鲍"，由《史记》卷 6《秦始皇本纪》"始皇崩"，"不发丧"，"会暑，上辒车臭，乃诏从官令车载一石鲍鱼，以乱其臭"⑤，可以推知，此"鲍鱼"来自海滨。又《说文·鱼部》："鳆，海鱼也。"汉代人以此为美食。《汉书》卷 99 下《王莽传下》："莽忧懑不能食，亶饮酒，啖鳆鱼。"⑥《后汉书》卷 26《优隆传》：张步据有齐地，为优隆招怀，"遣使随隆诣阙上书，献鳆鱼"。⑦《后汉书》卷 27《吴良传》李贤注引《东观记》："赐良鳆鱼百枚。"⑧

《史记》卷 128《龟策列传》褚少孙补述，说到"卜渔猎得不得"，有"渔猎

①　王子今：《"千古一陶朱"：范蠡兵战与商战的成功》，《河南科技大学学报（社会科学版）》2008 年第 1 期；《范蠡"浮海出齐"事迹考》，见《齐鲁文化研究》第 8 辑，泰山出版社 2009 年版。

②　（宋）李昉等撰：《太平御览》，第 4156 页。

③　《史记》，第 3274 页。

④　（汉）许慎撰，（清）段玉裁注：《说文解字注》，第 580 页。

⑤　《史记》，第 264 页。

⑥　《汉书》，第 4186 页。

⑦　《后汉书》，第 899 页。

⑧　《后汉书》，第 942 页。

得"、"渔猎得少"、"渔猎不得"以及"渔猎尽喜"诸情形①,反映了民间渔业收益在社会生活中具有重要意义。海鱼在当时消费生活中的地位之重要,使得行政权力介入其生产与流通。

对渔业征税久有传统。《淮南子·时则》:"孟冬之月……乃命水虞渔师,收水泉池泽之赋,毋或侵牟。"②然而对渔业推行"重税""急征",将导致生产能力受到摧残。《淮南子·本经》:"末世之政,田渔重税,关市急征,泽梁毕禁,网罟无所布,耒耜无所设,民力竭于徭役,财用殚于会赋,居者无食,行者无粮,老者不养,死者不葬,赘妻鬻子,以给上求,犹弗能澹;愚夫惷妇,皆有流连之心,凄怆之志……"③渔业遭逢"重税",将导致"网罟无所布",甚至引发社会危机的生成。

《说苑·君道》说弦章与齐景公谈君臣关系,批评"诸臣之不肖也,知不足以知君之不善,勇不足以犯君之颜色","公曰:'善,今日之言,章为君,我为臣。'是时海人入鱼,公以五十乘赐弦章。章归,鱼乘塞涂,抚其御之手曰:'曩之唱善者皆欲若鱼者也。'"④所谓"海人入鱼",即对海洋渔业收获"征""税"的实例。弦章受赐"五十乘",可知"海人入鱼"数量可观。

《汉书》卷 24 上《食货志上》记载,汉武帝时代曾经发生"海鱼"生产出现危机的局面:

> 长老皆言武帝时县官尝自渔,海鱼不出,后复予民,鱼乃出。

论者以为"夫阴阳之感,物类相应,万事尽然"。⑤ 实际情况应当是国家将海上渔业统归官营之后,导致了生产萧条,不得不"复予民",即将民间原先拥有的"渔"的生产权利予以恢复,于是"鱼乃出"。

《汉书》卷 24 上《食货志上》还记录了有关"海租"征收的政策变化及相关争议:

---

① 《史记》,第 3242、3244—3249 页。
② 何宁撰:《淮南子集释》,第 421、425 页。
③ 何宁撰:《淮南子集释》,第 600—601 页。
④ (汉)刘向撰,向宗鲁校证:《说苑校证》,第 29—30 页。
⑤ 《汉书》,第 1141 页。

宣帝即位，用吏多选贤良，百姓安土，岁数丰穰，谷至石五钱，农人少利。时大司农中丞耿寿昌以善为算能商功利得幸于上，五凤中奏言："故事，岁漕关东谷四百万斛以给京师，用卒六万人。宜籴三辅、弘农、河东、上党、太原郡谷足供京师，可以省关东漕卒过半。"又白增海租三倍，天子皆从其计。御史大夫萧望之奏言："故御史属徐宫家在东莱，言往年加海租，鱼不出。……"

耿寿昌建议"增海租三倍"，得到汉宣帝的赞同。萧望之言徐宫"家在东莱"，说到"往年加海租，鱼不出"，应当是事实。即"加海租"会破坏渔民的生产积极性，导致渔业生产凋零，是很正常的。萧望之的意见被汉宣帝否决，"上不听"。① 大概"增海租三倍"的政策确实得以推行。政府对民间渔业生产征收"海租"，且征收比率无常，对渔业生产造成了显著的影响。有的地方官借此侵害百姓，竟激发了变乱。例如，"（交州）刺史会稽朱符，多以乡人虞褒、刘彦之徒分作长吏，侵虐百姓，强赋于民，黄鱼一枚收稻一斛，百姓怨叛，山贼并出，攻州突郡。符走入海，流离丧亡"。② 由朱符故事发生背景及"走入海"的情节分析，"黄鱼一枚收稻一斛"即导致"百姓怨叛"的过度征收的渔业税，有可能也是"海租"。

《续汉书·百官志五》写道，地方"有水池及鱼利多者置水官，主平水收渔税"。③ 征收"渔税"，也是"水官"的职能。

渔业资源优越的地方往往为皇室专有，只是在严重灾荒发生时才"假"予平民。如汉元帝初元元年（前48）诏："关东今年谷不登，民多困乏。其令郡国被灾害甚者毋出租赋。江海陂湖园池属少府者以假贫民，勿租赋。"④"上乃下诏江海陂湖园池属少府者以假贫民，勿租税。"⑤这种临时开放的原为皇家独占的某种意义上的自然保护区包括"海"，特别值得我们注意。

在私营经济形式中，包括渔业在内，豪强权贵都具有雄厚的实力。他们

---

① 《汉书》，第1141页。
② 《三国志》卷53《吴书·薛综传》，中华书局1959年版，第1252页。
③ 《后汉书》，第3625页。
④ 《汉书》卷9《元帝纪》，第279页。
⑤ 《汉书》卷75《翼奉传》，第3171页。

可以"颛川泽之利，管山林之饶"①，控制社会渔业资源。《盐铁论·刺权》写道："贵人之家，云行于涂，毂击于道，攘公法，申私利，跨山泽，擅官市，非特巨海鱼盐也。"②在把握"巨海鱼盐"生产条件的基础上，他们还会全面干预社会经济，操控"官市"，破坏"公法"。

第三节　海盐生产

《史记》卷 129《货殖列传》："山东食海盐，山西食盐卤。"③指出中原相当广阔的地方食用"海盐"。"海盐"的生产、流通与消费，是"山东"经济开发与生活消费的重要历史表现。《货殖列传》以"鱼盐"并说形式总结的海盐生产形势，可见"燕……有鱼盐枣栗之饶"，"齐带山海……人民多文彩布帛鱼盐"，"越、楚……通鱼盐之货"，"吴……东有海盐之饶，章山之铜，三江、五湖之利"等说法。④

一、青州盐业的早期基础

《太平御览》卷 82 引《尸子》曰："昔者桀、纣纵欲长乐，以苦百姓，珍怪远味，必南海之荤、北海之盐、西海之菁、东海之鲸。此其祸天下亦厚矣。"⑤其中所谓"北海之盐"或许是北方池盐，然而也不能完全排除渤海之盐的可能。

渤海盐产有相当悠久的技术基础。据地质学者分析，山东渤海南岸，包括殷周之际古"莱夷"活动的地区，地下蕴藏着丰富的、易开采的制盐原料——浅层地下卤水。⑥有盐业考古学者亦指出，这一地区滨海平原面积广阔，地势平坦，淤泥粉砂土结构细密，渗透率小，是开滩建场的理想场所，

---

① 《汉书》卷 24 上《食货志上》，第 1137 页。
② 王利器校注：《盐铁论校注》（定本），第 121 页。
③ 《史记》，第 3269 页。
④ 《史记》，第 3265、3267 页。
⑤ （宋）李昉等撰：《太平御览》，第 386 页。
⑥ 韩友松等：《中国北方沿海第四纪地下卤水》，科学出版社 1994 年版，第 13—20 页；孔庆友等：《山东矿床》，山东科学技术出版社 2006 年版，第 522—536 页。

气候条件也利于卤水的蒸发。而当地植被也可以提供充备的煮盐燃料。①

有研究者指出，殷墟时期，渤海南岸地区属于商王朝的盐业生产中心。"殷墟时期至西周早期是渤海南岸地区第一个盐业生产高峰期。"考古学者"已发现了 10 余处规模巨大的殷墟时期盐业遗址群，总计 300 多处盐业遗址"，通过对寿光双王城三处盐业遗址的"大规模清理"，"对商代盐业遗址的分布情况、生产规模、生产性质以及制盐工艺流程等有了初步了解"。

研究者分析，"与大规模盐业遗址群出现同时，渤海南岸内陆地区殷商文化、经济突然繁荣起来，聚落与人口数量也急剧增加，并形成了不同功能区的聚落群分布格局，因而可认定该地区属于殷墟时期的商王朝盐业生产中心"。②

看来，《史记》卷 32《齐太公世家》所谓"武王已平商而王天下，封师尚父于齐营丘"，或许是有慎重考虑的。而"太公至国"后，"通商工之业，便鱼盐之利"，使"齐为大国"③，在一定意义上体现了对殷商盐业经济的成功继承。

有学者认为，中国的海盐业从山东起源。④ 或说山东地区是世界上盐业生产开展最早的地区之一。⑤ 考察齐地的海洋资源开发史，不能忽略殷商盐业经济的基础。

有学者分析先秦时期的食盐产地，指出"海盐产地有青州、幽州、吴国、越国、闽越五处"。也许以"青州、幽州"和"吴国、越国、闽越"并说并不十分妥当，但是指出先秦海盐主要生产基地的大致分布，这一地理判断是可以成立的。论者又认为："先秦时期最重要的海盐产地可能要数青州。""这里所说的'青州'是指西起泰山、东至渤海的广大地区。西周初年所封的齐国就在这个区域之内。"所谓"东至渤海"，也许表述并不准确，不仅"东至"的方向存在问题，而且我们也不能排除齐地现今称作黄海的滨海地区生产食盐的可能。不过，根据文献资料和考古资料，以为"青州的海盐生产"主要"在今莱州湾沿

---

① 燕生东：《山东早期盐业的文献（字）叙述》，《中原文物》2009 年第 2 期。

② 燕生东、田永德、赵金、王德明：《渤海南岸地区发现的东周时期盐业遗存》，《中国国家博物馆馆刊》2011 年第 9 期。

③ 《史记》，第 1480 页。

④ 臧文文：《从历史文献看山东盐业的地位演变》，《盐业史研究》2011 年第 1 期。

⑤ 吕世忠：《先秦时期山东的盐业》，《盐业史研究》1998 年第 3 期。

海地区"的意见①，也是有一定说服力的。

"鱼盐"资源的开发，使齐人得到了走向富足的重要条件。上文说到《太平御览》卷82引《尸子》所谓"北海之盐"，或可理解为北方游牧区与农耕区交界地带的"池盐"②，亦未可排除指渤海盐产的可能。

二、齐国盐业与盐政的考古学考察

考古学者发现，东周时期山东北部盐业生产的方式发生了历史性的变化。2010年小清河下游盐业考古调查的收获③，可以提供有意义的研究资料。

付永敢指出，"根据调查的情况来看，这一时期的工艺应有所创新，开始使用一种大型圜底瓮作为制盐陶器，盐灶大致为圆形"。除了工具的进步之外，生产组织和管理方式似乎也发生了变化："单个作坊的面积和规模明显有扩大的趋势。"论者还注意到，"小清河下游的多数东周遗址中，生活用陶器较为罕见。但是部分面积较大的遗址又可见到较多生活用陶器，个别遗址甚至以生活用陶器为主，发现的制盐陶器反而极少"。通过这一现象，是可以发现反映生产组织和管理方式的若干迹象的。"这种生活用陶器与制盐陶器分离的情况说明东周时期生产单位与生活单位并不统一，也就是说盐工在一个固定地方生活，而盐业生产则分散于各个作坊。进一步推论，东周时期应该已经存在较大规模的生产组织，这些组织极可能是由齐国官府主导，也有可能是

---

① 吉成名：《中国古代食盐产地分布和变迁研究》，中国书籍出版社2013年版，第11—12页。论者还指出，《管子·地数》："齐有渠展之盐。"其地"属于莱州湾沿海地区"。又《世本·作》："宿沙作煮盐。"《说文·盐部》："古者夙沙初作鬻海盐。"段玉裁注："'夙'，大徐作'宿'。古'宿'、'夙'通用。《左传》有夙沙卫。《吕览注》曰：'夙沙，大庭氏之末世。'《困学纪闻》引《鲁连子》曰：'古善渔者，宿沙瞿子。'又曰：'宿沙瞿子善煮盐。'许所说盖出《世本·作》篇。"论者以为，"夙沙部落就在春秋时期齐国的管辖范围之内"。据文献资料、考古资料和口碑资料推测，"春秋以前夙沙氏（宿沙氏）就在今山东半岛西北部的莱州湾"。吉成名：《中国古代食盐产地分布和变迁研究》，第13页。

② 《史记》卷129《货殖列传》："山东食海盐，山西食盐卤。"大体说明了秦汉时期盐业的产销区划。"盐卤"，张守节《正义》："谓西方咸地也。坚且咸，即出石盐及池盐。"第3269页。

③ 山东大学盐业考古队：《山东北部小清河下游2010年盐业考古调查简报》，《华夏考古》2012年第3期。

受某些大的势力支配。"①

2010 年小清河下游盐业考古调查发现数处规模较大的东周遗址，面积超过 6 万平方米。以编号为 N336 的北木桥村北遗址为例，面积约 8 万平方米，地表遗物丰富，以东周时期的生活用陶器为主，主要器型有壶、釜、豆、盆、盂等，然而少见大瓮一类制盐陶器。② 作为制盐工具的陶器发现较少，也有这样的可能，即当时已经实行如汉武帝盐铁官营时"因官器作煮盐，官与牢盆"③的制度。"官器"的管理和控制比较严格。

遗址还发现齐国陶文，如"城阳众""豆里□"等。④ 有学者推断，这样的遗址"很可能承担周边作坊的生活后勤任务，是具有区域管理职能的大型聚落"。论者分析，"在统一管理和支配之下，制盐作坊才有能力突破淡水等生活资源的局限，扩大生产规模，而无须考虑生产和生活成本。目前所见东周时期煮盐作坊遗址多围绕大遗址分散布局的态势，可能正是缘于这一点"。⑤ 根据这些论据做出的如下判断是正确的："东周时期的盐业生产至少有两个明显的特点。其一，煮盐作坊的规模有所扩大，地域分布也更为广泛，盐业生产较晚商西周有扩大的趋势。其二，生产组织规模较大，煮盐作坊可能具有官营性质。"

这样的判断，"可以在古文献中找到相应的证据"，论者首先引录《管子·海王》和《管子·轻重甲》的相关论说，又指出，"类似的记载还见于《左传》、

---

① 付永敢：《山东北部晚商西周煮盐作坊的选址与生产组织》，《考古》2014 年第 4 期。
② 山东大学盐业考古队：《山东北部小清河下游 2010 年盐业考古调查简报》，《华夏考古》2012 年第 3 期。
③ 《史记》卷 30《平准书》，第 1429 页。
④ 刘海宇：《寿光北部盐业遗址发现齐陶文及其意义》，《东方考古》第 8 集，科学出版社 2011 年版。
⑤ 论者指出："在滨海平原地带，地下水的矿化度普遍较高，多为卤水或咸水，雨季洼地积水很短时间内即被咸化，而地势较高的地方多能发现一定数量的淡水，譬如贝壳堤等因为能提供淡水，往往成为沿海遗址的所在地。大荒北央遗址群附近的郭井子贝壳堤处即有龙山文化遗址及东周煮盐作坊遗址。"原注："山东大学东方考古研究中心等：《山东寿光市北部沿海环境考古报告》，《华夏考古》2005 年第 4 期。"

《国语》、《战国策》等文献"。①

有的学者较全面地分析了相关资料,并以充分的考古发现的新信息证实了文献记载。考古资料说明,"殷墟时期至西周早期是渤海南岸地区第一个盐业生产高峰期"。这一地区"还发现了规模和数量远超过殷墟时期,制盐工具也不同于这个阶段的东周时期盐业遗址群","说明东周时期是渤海湾南岸地区第二个盐业生产高峰期"。考古学者告诉我们,莱州湾南岸地带的盐业遗址群包括:广饶县东马楼遗址群,南河崖遗址群;寿光市大荒北央遗址群,官台遗址群,王家庄遗址群,单家庄遗址群;潍坊滨海开发区韩家庙子遗址群,固堤场遗址群,烽台遗址群,西利渔遗址群;昌邑市东利渔遗址群,唐央—火道、辛庄与廒里遗址群。黄河三角洲地区的盐业遗址群包括:东营市刘集盐业遗址;利津县洋江遗址,南望参遗址群;沾化县杨家遗址群;无棣县邢山子遗址群;海兴县杨埕遗址群;黄骅市郛堤遗址。"春秋末年和战国时期,齐国的北部边界应在天津静海一带。"这一时期,"渤海南岸地区(古今黄河三角洲和莱州湾)属于齐国的北部海疆范围"。考古学者还注意到,"盐业遗址群出土生活器皿以及周围所见墓葬形制、随葬品组合与齐国内陆地区完全相同,也说明其物质文化属于齐文化范畴"。因此判断,"目前在渤海南岸地区所发现的东周时期盐业遗址群应是齐国的制盐遗存"。

据渤海湾南岸制盐遗存考古收获可知,"每处盐场延续时间较长","盐工们长期生活在盐场一带,死后也埋在周围"。这体现出盐业生产形式的恒定性。盐业遗址"多以群的形式出现,群与群之间相隔2—5千米",间距、排列非常有规律,应是"人为规划的结果"。"每群的盐业遗址数量在40—50处应是常数。单个遗址规模一般在2万平方米上下。调查还发现每个盐业遗址就是一个制盐单元,每个单元内有若干个制盐作坊组成。盐业遗址群的分布、数量、规模和内部结构的一致性说明当时存在着某种规制,这显然是统一或整体规划的结果。""制盐工具的形态和容量也大致相同",也被看作"某种定制或统一规划的结果"。"盐场内普遍发现贵族和武士的墓地,他们应是盐业生产的管理者、保护者。"研究者于是做出这样的判断:"这个时期渤海南岸地区的盐业生产和食盐运销应是由某个国家机构统一组织、控制和管理的,或者

---

① 付永敢:《山东北部晚商西周煮盐作坊的选址与生产组织》,《考古》2014年第4期。

说是存在盐业官营制度。"论者以为,考古发现可以说明,"齐国盐政的制度可提前到齐太公时期,齐桓公和管仲继承、加强之,汉代只是延续了太公和管仲之法而已"。通过考古工作的收获,"我们对先秦两汉文献所呈现的齐国规模化盐业生产水平、制盐方式、起始年代以及盐政等经济思想有了更深入的了解。同时,对《管子》轻重诸篇形成年代,所呈现的社会情景也有了新的认识视角"。① 论者指出了齐地"盐政"的制度渊源,也指出了"汉代"的"延续"。

这样的学术意见,是有史实依据的。看来,齐国确曾推行盐业官营制度,并以此作为富国强国的基础。这种官营,似并不限于税收管理,也不仅仅是运销的官营,而包括对于生产的国家规划、国家控制和国家管理。一些学者认为,管仲时代盐业既有官制又有民制,以民制为主,官制为辅,民制之盐有官府收买和运销。② 这样的认识,以考古资料对照,也许还需要再作认真的考察。

秦汉时期沿海盐业的经营,以齐地为基点,继承了悠远的传统,也有新的历史创制。

三、西汉齐地盐官

汉初经济恢复时期,滨海地区曾以其盐业发展而首先实现富足。"煮海水为盐,以故无赋,国用富饶"③,"而富商大贾或蹛财役贫,转毂百数","冶铸煮盐,财或累万金"④,倚恃其生产能力和运输能力的总和而形成经济优势。汉武帝时代实行严格的禁榷制度,盐业生产和运销一律收归官营。"募民

---

① 燕生东、田永德、赵金、王德明:《渤海南岸地区发现的东周时期盐业遗存》,《中国国家博物馆馆刊》2011 年第 9 期。
② 廖品龙:《中国盐业专卖溯源》,《盐业史研究》1988 年第 4 期;薛宗正:《盐专卖制度是法家抑商思想政策化的产物》,《盐业史研究》1989 年第 2 期;罗文:《齐汉盐业专卖争议之我见》,《益阳师专学报》1991 年第 2 期;谢茂林、刘荣春:《先秦时期盐业管理思想初探》,《江西师范大学学报》1996 年第 1 期;马新:《论汉武帝以前盐政的演变》,《盐业史研究》1996 年第 2 期;蒋大鸣:《中国盐政起源与早期盐政管理》,《盐业史研究》1996 年第 4 期;张荣生:《中国历代盐政概说》,《盐业史研究》2007 年第 4 期。
③ 《史记》卷 106《吴王濞列传》,第 2822 页。
④ 《史记》卷 30《平准书》,第 1425 页。

自给费，因官器作煮盐，官与牢盆。"对"欲擅管山海之货，以致富羡，役利细民"的"浮食奇民"予以打击，敢私煮盐者，"鈦左趾，没入其器物"。① 当时于产盐区各置盐业管理机构"盐官"。《汉书》卷 28《地理志》载各地盐官 35处，即：

> 河东郡：安邑；太原郡：晋阳；南郡：巫；钜鹿郡：堂阳；勃海郡：章武；千乘郡；北海郡：都昌，寿光；东莱郡：曲成，东牟，𢜁，昌阳，当利；琅邪郡：海曲，计斤，长广；会稽郡：海盐；蜀郡：临邛；犍为郡：南安；益州郡：连然；巴郡：朐忍；陇西郡；安定郡：三水；北地郡：弋居；上郡：独乐，龟兹；西河郡：富昌；朔方郡：沃壄；五原郡：成宜；雁门郡：楼烦；渔阳郡：泉州；辽西郡：海阳；辽东郡：平郭；南海郡：番禺；苍梧郡：高要。②

所载录盐官其实并不足全数，严耕望曾有考论，补记 2 处，即西河郡：盐官；雁门郡：沃阳。③ 杨远又予考补，增录 6 处，即越嶲郡：定莋；巴郡：临江；朔方郡：朔方，广牧；东平国：无盐；广陵国。又指出："疑琅邪郡赣榆、临淮郡盐渎两地，也当产盐，尤疑东海郡也当产盐，姑存疑。"④亦有文献信息透露出其他"盐官"的存在。如西河郡盐官以"盐官"名县。《汉书》卷 28 下《地理志下》：雁门郡沃阳，"盐泽在东北，有长丞，西部都尉治"⑤。《水经注》卷 3《河水》："沃水又东北流，注盐池。《地理志》曰'盐泽在东北'者也。""池西有旧城，俗谓之'凉城'也。""《地理志》曰'泽有长丞'，此城即长丞所治也。"⑥《汉书》卷 28 上《地理志上》：越嶲郡定莋"出盐"。《华阳国志·蜀志》：

---

① 《史记》卷 30《平准书》，第 1429 页。
② 《汉书》卷 28 上《地理志上》，第 1550、1551、1566、1575、1579—1580、1583、1585—1586、1591、1598—1599、1601、1603 页；《汉书》卷 28 下《地理志下》，第 1610、1615—1619、1621、1624—1626、1628—1629 页。
③ 严耕望：《中国地方行政制度史》上编"秦汉地方行政制度史"，"中央研究院"历史语言研究所专刊之四十五，1961 年版。
④ 杨远：《西汉盐、铁、工官的地理分布》，《香港中文大学中国文化研究所学报》第 9 卷上册，1978 年。
⑤ 《汉书》，第 1621 页。
⑥ （北魏）郦道元著，陈桥驿校证：《水经注校证》，中华书局 2007 年版，第 81 页。

越寓郡定筰县，"有盐池，积薪以齐水灌，而后焚之，成盐。汉末，夷皆锢之"。张嶷往争，夷帅不肯服，"嶷禽，挞杀之，厚赏赐余类，皆安，官迄今有之"①。当地富产盐，元置闰盐州，明置盐井卫，清置盐源县。"汉末，夷皆锢之"，西汉时则有可能为官有。《水经注》卷33《江水》："江水又东迳临江县南，王莽之盐江县也。《华阳记》曰：'县在枳东四百里，东接朐忍县，有盐官。自县北入盐井溪，有盐井营户。'"②《汉书》卷28下《地理志下》：朔方郡朔方，"金连盐泽、青盐泽皆在南"③。《水经注》卷3《河水》："按：《魏土地记》曰：（朔方）县有大盐池，其盐大而青白，名曰青盐，又名戎盐，入药分，汉置典盐官。"④《汉书》卷28下《地理志下》：朔方郡广牧，"东部都尉治，莽曰盐官"；东平国无盐，"莽曰有盐亭"⑤。《史记》卷106《吴王濞列传》说，吴王刘濞"煮海水为盐"致"国用富饶"⑥，《史记》卷60《三王世家》："夫广陵在吴越之地……三江、五湖有鱼盐之利，铜山之富，天下所仰。"⑦《史记》卷129《货殖列传》也说吴"东有海盐之饶，章山之铜，三江、五湖之利，亦江东一都会也"。⑧《后汉书》卷24《马棱传》："章和元年，迁广陵太守。时谷贵民饥，奏罢盐官，以利百姓。"⑨是广陵也曾有盐官。

目前可知西汉盐官位于30郡国，共43处。其中滨海地区19处，即勃海郡：章武；千乘郡；北海郡：都昌，寿光；东莱郡：曲城，东牟，㡉，昌阳，当利；琅邪郡：海曲，计斤，长广；会稽郡：海盐，渔阳郡：泉州；辽西郡：海阳；辽东郡：平郭；南海郡：番禺；苍梧郡：高要。又广陵盐官，占44.18%。《史记》卷129《货殖列传》："山东食海盐，山西食盐卤，领南、沙北

---

① （晋）常璩撰，任乃强校注：《华阳国志校补图注》，上海古籍出版社1987年版，第210页。
② （北魏）郦道元著，陈桥驿校证：《水经注校证》，第774页。
③ 《汉书》，第1619页。
④ （北魏）郦道元著，陈桥驿校证：《水经注校证》，第76页。
⑤ 《汉书》，第1619、1637页。
⑥ 《史记》，第2822页。
⑦ 《史记》，第2116页。
⑧ 《史记》，第3267页。
⑨ 《后汉书》，第862页。

固往往出盐，大体如此矣。”①沿海盐业出产实际上满足了东方人口最密集地区的食盐消费需求。海盐西运，与秦汉时期由东而西的货运流向的基本趋势是大体一致的。由于海盐生产方式较为简单，在其生产总过程中运输生产的比重益发显著。

属于齐地的盐官有：千乘郡；北海郡：都昌，寿光；东莱郡：曲城，东牟，㡉，昌阳，当利；琅邪郡：海曲，计斤，长广。多至11处，占已知盐官总数的25.58%。② 在滨海地区盐官中，齐地占57.89%。齐人通过海盐生产体现的海洋资源开发方面的优势，因此有突出的历史表现。

四、刘濞“煮海水为盐”

关注没有列名于《汉书》卷28《地理志》“盐官”的海盐生产地点，不能忽略吴王刘濞时代“煮海水为盐”而“国用富饶”的史例。

《史记》卷106《吴王濞列传》记载，汉初中央对地方经济控制力薄弱，吴国因充分开发所控制的资源得以充实实力：

> 会孝惠、高后时，天下初定，郡国诸侯各务自拊循其民。吴有豫章郡铜山，濞则招致天下亡命者盗铸钱，煮海水为盐，以故无赋，国用富饶。

关于“煮海水为盐，以故无赋，国用富饶”，裴骃《集解》：“如淳曰：‘铸钱煮盐，收其利以足国用，故无赋于民。’”张守节《正义》：“按：既盗铸钱，何以收其利足国之用？吴国之民又何得无赋？如说非也。言吴国山既出铜，民多盗铸钱，及煮海水为盐，以山海之利不赋之，故言无赋也。其民无赋，国用乃富饶也。”③

晁错向汉景帝建议削藩，曾经陈说汉高祖刘邦分封同姓诸侯王的情形：

---

① 《史记》，第3269页。

② 有学者统计：“据《汉书·地理志》所记，全国共设盐官三十六处，其中山东十一处。”“山东所设盐官占全国盐官的百分之三十点六，几乎占全国盐官的三分之一。”“这个事实，充分说明汉代山东出盐之多，也说明汉代山东煮盐业在全国所占之重要地位。”逄振镐：《汉代山东煮盐业的发展》，《秦汉经济问题探讨》，华龄出版社1990年版，第131—132页。

③ 《史记》，第2822页。

"昔高帝初定天下，昆弟少，诸子弱，大封同姓，故王孽子悼惠王王齐七十余城，庶弟元王王楚四十余城，兄子濞王吴五十余城：封三庶孽，分天下半。"①让我们惊异的，除了"分天下半"的区域比例而外，"封三庶孽"，"王齐七十余城""王楚四十余城""王吴五十余城"，均占据濒海重要地方。刘邦的做法或有防范吕氏迫害其"庶孽"的动机，对海滨地区的重视，也特别值得关注。

晁错著名的削藩建议，强调吴国实力之强，这一形势的形成，有海洋盐业支持其国家经济的因素：

> 今吴王前有太子之郤，诈称病不朝，于古法当诛，文帝弗忍，因赐几杖。德至厚，当改过自新。乃益骄溢，即山铸钱，煮海水为盐，诱天下亡人，谋作乱。今削之亦反，不削之亦反。削之，其反亟，祸小；不削，反迟，祸大。②

也说到"煮海水为盐"。汉景帝与袁盎讨论局势，又一次说到"煮海水为盐"：

> 上曰："吴王即山铸钱，煮海水为盐，诱天下豪桀，白头举事。若此，其计不百全，岂发乎？何以言其无能为也？"袁盎对曰："吴有铜盐利则有之，安得豪桀而诱之！诚令吴得豪桀，亦且辅王为义，不反矣。吴所诱皆无赖子弟，亡命铸钱奸人，故相率以反。"③

汉景帝说"吴王即山铸钱，煮海水为盐"，袁盎说"吴有铜盐利"。所谓"吴有铜盐利"，《史记》卷106《吴王濞列传》出现的另一种说法是：

> 其居国以铜盐故，百姓无赋。

司马贞《索隐》："按：吴国有铸钱煮盐之利，故百姓不别徭赋也。"④

刘濞"煮海水为盐"，据有"盐利""煮盐之利"，使得"国用富饶"，引起中央政权的高度警惕。而削藩激起的大规模反叛由是爆发："吴王先起兵，胶西正月丙午诛汉吏二千石以下，胶东、菑川、济南、楚、赵亦然，遂发兵西。"

---

① 《史记》，第2824—2825页。
② 《史记》，第2825页。
③ 《史记》，第2830页。
④ 《史记》，第2823页。

吴楚七国之乱，参与的七国多处于海滨。后来，"(吴王)南使闽越、东越，东越亦发兵从。"①这次西汉史上最严重的内乱、最严重的政治危机、最严重的内部战争，其实可以看作中央政府对滨海地区的战争。

五、汉赋"海滨"盐产史料

司马相如《子虚赋》有"畋于海滨""鹜于盐浦"句。《史记》卷117《司马相如列传》裴骃《集解》引郭璞曰："盐浦，海边地多盐卤。"②《文选》卷7李善注引张楫曰："海水之厓，多出盐也。"吕向注："海出盐，故言盐浦。"③对张楫"盐浦"的解说，李善在《文选》卷12木华《海赋》"陆死盐田"注文中所引录有所不同："盐田，海边也。张楫《上林赋》注曰：海水之崖，多出盐也。"④

《北堂书钞》卷146引徐幹《齐都赋》生动地形容了齐地盐业生产的繁荣景象：

> 若其大利，则海滨博诸，溲盐是钟。皓皓乎若白雪之积，鄂鄂乎若景阿之崇。⑤

除了保留"海滨"盐业"大利"的历史记忆而外，《北堂书钞》卷146又引刘桢《鲁都赋》，说到海盐生产"高盆连冉"的情形：

> 又有咸池溽沆，煎炙赐春。燋暴渍沫，疏盐自殷。挹之不损，取之不动。
> 其盐则高盆连冉，波酌海臻。素醝凝结，皓若雪氛。
> 盐生水内，暮取朝复生。⑥

---

① 《史记》，第2827页。
② 《史记》，第3003页。
③ (梁)萧统编，(唐)李善、吕延济、刘良、张铣、吕向、李周翰注：《六臣注文选》，第151—152页。
④ 吕延济注："此说大鲸失浪也。……陆死盐田，谓死于岸上海畔，故曰盐田。"(梁)萧统编，(唐)李善、吕延济、刘良、张铣、吕向、李周翰注：《六臣注文选》，第235页。
⑤ (唐)虞世南编撰：《北堂书钞》，中国书店据光绪十四年南海孔氏刊本1989年影印版，第616、617页。
⑥ (唐)虞世南编撰：《北堂书钞》，第616、617页。

这些文句可以说明齐鲁海盐生产的盛况。所谓"挹之不损，取之不动"，"暮取朝复生"，"挹"与"取"，都体现出运输实际上是海盐由生产走向流通与消费的重要转化形式，又是其生产过程本身的最关键环节。汉代海盐生产的相关信息，生动体现了当时海洋资源开发的成就。

六、"猗顿之富"

《史记》卷6《秦始皇本纪》引录贾谊《过秦论》："秦王既没，余威振于殊俗。陈涉，瓮牖绳枢之子，甿隶之人，而迁徙之徒，才能不及中人，非有仲尼、墨翟之贤，陶朱、猗顿之富，蹑足行伍之间，而倔起什伯之中，率罢散之卒，将数百之众，而转攻秦。斩木为兵，揭竿为旗，天下云集响应，赢粮而景从，山东豪俊遂并起而亡秦族矣。"①其中说到"陶朱、猗顿之富"。《史记》卷48《陈涉世家》引录《过秦论》也有"材能不及中人，非有仲尼、墨翟之贤，陶朱、猗顿之富也"的文句。②《史记》卷112《平津侯主父列传》载主父偃语，言秦末形势："臣闻天下之患在于土崩，不在于瓦解，古今一也。何谓土崩？秦之末世是也。陈涉无千乘之尊，尺土之地，身非王公大人名族之后，无乡曲之誉，非有孔、墨、曾子之贤，陶朱、猗顿之富也，然起穷巷，奋棘矜，偏袒大呼而天下从风，此其故何也？由民困而主不恤，下怨而上不知，俗已乱而政不修，此三者陈涉之所以为资也。是之谓土崩。故曰天下之患在于土崩。"③也说到"陶朱、猗顿之富"。所谓"猗顿之富"，即"猗顿"是大富、巨富的代表。《盐铁论·复古》："宇栋之内，燕雀不知天地之高也；坎井之鼃，不知江海之大；穷夫否妇，不知国家之虑；负荷之商，不知猗顿之富。"④也包括对"猗顿"财富的肯定。

"猗顿"可以与"陶朱"齐名，明确了他在商界的至尊地位。《史记》卷129《货殖列传》表扬成功的实业家，先说"范蠡"即"陶朱"，记述文字颇多。"范蠡"之后有"子赣""白圭"，随后即说到"猗顿"和经营"铁冶"的"邯郸郭纵"："猗顿用盬盐起。"司马迁以经营盐业的"猗顿"与经营铁业的"郭纵"并说，或许

---

① 《史记》，第281—282页。
② 《史记》，第1964页。
③ 《史记》，第2956页。
④ 王利器校注：《盐铁论校注》（定本），第79页。

有针对汉武帝盐铁政策的深意。

关于"猗顿用盬盐起"，裴骃《集解》引《孔丛子》说"猗顿"出身于鲁，曾经向"陶朱"问致富之术：

> 猗顿，鲁之穷士也。耕则常饥，桑则常寒。闻朱公富，往而问术焉。朱公告之曰："子欲速富，当畜五牸。"于是乃适西河，大畜牛羊于猗氏之南，十年之间其息不可计，赀拟王公，驰名天下。以兴富于猗氏，故曰猗顿。①

此说"猗顿，鲁之穷士也"，从事"耕""桑"不免"饥""寒"，于是"闻朱公富，往而问术焉"。陶朱建议猗顿经营畜牧业，"于是乃适西河，大畜牛羊于猗氏之南，十年之间其息不可计，赀拟王公，驰名天下"。《孔丛子》用"以兴富于猗氏"，解释其名号"猗顿"的发生。而在临近"西河"的地方确有以"猗"为名的地方。《史记》卷5《秦本纪》："三十六年，缪公复益厚孟明等，使将兵伐晋，渡河焚船，大败晋人，取王官及鄗，以报殽之役。晋人皆城守不敢出。于是缪公乃自茅津渡河，封殽中尸，为发丧，哭之三日。"张守节《正义》："鄗音郊。《左传》作'郊'。杜预云：'书取，言易也。'《括地志》云：'王官故城在同州澄城县西北九十里。又云南郊故城在县北十七里。又有北郊故城，又有西郊古城。《左传》云文公三年，秦伯伐晋，济河焚舟，取王官及郊也。'《括地志》云：'蒲州猗氏县南二里又有王官故城，亦秦伯取者。'上文云'秦地东至河'，盖猗氏王官是也。"②《史记》卷5《秦本纪》还记述："康公元年。往岁缪公之卒，晋襄公亦卒；襄公之弟名雍，秦出也，在秦。晋赵盾欲立之，使随会来迎雍，秦以兵送至令狐。"裴骃《集解》："杜预曰：'在河东。'"张守节《正义》："令音零。《括地志》云：'令狐故城在蒲州猗氏县界十五里也。'"③看来，猗顿接受陶朱建议，"于是乃适西河，大畜牛羊于猗氏之南"的说法，于"以兴富于猗氏，故曰猗顿"有一定的合理性，但是却并不符合《货殖列传》所谓"猗顿用盬盐起"之说。

《史记》卷84《屈原贾生列传》载贾谊《服鸟赋》有"傅说胥靡兮，乃相武丁"

---

① 《史记》，第3259页。
② 《史记》，第193—194页。
③ 《史记》，第195—196页。

句，司马贞《索隐》："《墨子》云'傅说衣褐带索，佣筑于傅岩'。傅岩在河东太阳县。又夏靖书云'猗氏六十里黄河西岸吴阪下，便得隐穴，是说所潜身处也'。"①也说"猗氏"在"河东"。《史记》卷129《货殖列传》所谓"猗顿用盬盐起"，或理解"盬盐"即池盐，猗顿因解州"池盐"开发致富。司马贞《索隐》："盬音古。案：《周礼·盐人》云'共苦盐'，杜子春以为苦读如盬。盬谓出盐直用不炼也。一说云盬盐，河东大盐；散盐，东海煮水为盐也。"张守节《正义》："案：猗氏，蒲州县也。河东盐池是畦盐。作'畦'，若种韭一畦。天雨下，池中咸淡得均，即畎池中水上畦中，深一尺许坑，日暴之五六日则成，盐若白矾石，大小如双陆及綦，则呼为畦盐。或有花盐，缘黄河盐池有八九所，而盐州有乌池，犹出三色盐，有井盐、畦盐、花盐。其池中凿井深一二尺，去泥即到盐，掘取若至一丈，则著平石无盐矣。其色或白或青黑，名曰井盐。畦盐若河东者。花盐，池中雨下，随而大小成盐，其下方微空，上头随雨下池中，其滴高起若塔子形处曰花盐，亦曰即成盐焉。池中心有泉井，水淡，所作池人马尽汲此井。其盐四分入官，一分入百姓也。池中又凿得盐块，阔一尺余，高二尺，白色光明洞彻，年贡之也。"②

《史记》卷31《吴太伯世家》载伍子胥言："昔有过氏杀斟灌以伐斟寻，灭夏后帝相。"关于"过氏"，裴骃《集解》："贾逵曰：'过，国名也。'"司马贞《索隐》："过音戈。寒浞之子浇所封国也，猗姓国。《晋地道记》曰：'东莱掖县有过乡，北有过城，古过国也。'"③可知"东莱掖县"有"猗姓国"。

《汉书》卷91《货殖传》相关记述，王先谦《汉书补注》引齐召南曰："按范蠡、子贡、白圭、猗顿、乌氏、巴寡妇清，其人皆在汉以前，不应与程卓诸人并列。此则沿袭《史记》本文，未及刊除者也。刘知幾每讥班氏失于裁断，此亦其彰彰者。"④然而猗顿有可能是秦人。《弇州四部稿》卷166《说部·宛委余编》："秦皇为巴寡妇筑女怀清台，又令猗顿得朝见，比封君。"⑤所谓"得朝

---

① 《史记》，第2498—2499页。
② 《史记》，第3259—3260页。
③ 《史记》，第1469—1470页。
④ (清)王先谦撰：《汉书补注》，中华书局据清光绪二十六年虚受堂刊本1983年影印版，第1545页。
⑤ (明)王世贞：《弇州四部稿》，《景印文渊阁四库全书》第1281册，第636页。

见，比封君"，据《史记》卷129《货殖列传》，是乌氏倮事："秦始皇帝令倮比封君，以时与列臣朝请。"①《宛委余编》误。当然也不排除另有所据的可能。

《淮南子·泛论》："玉工眩玉之似碧卢者，唯猗顿不失其情。"高诱注："碧卢或云碔砆。猗顿，鲁之富人，能知玉理，不失其情也。"②扬子《法言·学行》："或曰：'猗顿之富以为孝，不亦至乎？颜其馁矣。'"③也强调"猗顿之富"。其"鲁之富人"的身份引人注目。而"鲁"与"东海"的紧密关系，由《汉书》卷28下《地理志下》"汉兴以来，鲁东海多至卿相"④之"鲁东海"连说的表述方式可知。前引《北堂书钞》卷146刘桢《鲁都赋》"咸池漭沆"，"疏盐自殷"以及"挹之不损，取之不动"，"其盐则高盆连冉，波酌海臻"，"盐生水内，暮取朝复生"等语，直接说当地盐产之丰盛。可以推知"猗顿"作为"鲁之富人"，其致富地点，有可能就在鲁地。元人于钦《齐乘》卷1《分野》也是这样表述的："唐一行《山河两界图》曰：'自南河下流，北距岱山，为邹、鲁'，'皆负海之国，货殖之所阜也。'"⑤直接称"鲁"为"负海之国"。所谓"货殖之所阜也"，应当包括盐产。

七、汉武帝"总一盐、铁"与汉宣帝"减天下盐贾"

《盐铁论·轻重》记录了关于盐政的辩论。其中载御史语："昔太公封于营丘，辟草莱而居焉。地薄人少，于是通利末之道，极女工之巧。是以邻国交于齐，财畜货殖，世为强国。管仲相桓公，袭先君之业，行轻重之变，南服强楚而霸诸侯。今大夫君修太公、桓、管之术，总一盐、铁，通山川之利而万物殖。是以县官用饶足，民不困乏，本末并利，上下俱足，此筹计之所致，非独耕桑农也。"文学则说："礼义者，国之基也，而权利者，政之残也。孔子曰：'能以礼让为国乎？何有。'伊尹、太公以百里兴其君，管仲专于桓公，以千乘之齐，而不能至于王，其所务非也。故功名隳坏而道不济。当此之时，诸侯莫能以德，而争于公利，故以权相倾。今天下合为一家，利末恶欲行？

---

① 《史记》，第3260页。

② 何宁撰：《淮南子集释》，第970—971页。

③ 汪荣宝撰，陈仲夫点校：《法言义疏》，中华书局1987年版，第40页。

④ 《汉书》，第1663页。

⑤ （元）于钦撰，刘敦愿、宋百川、刘伯勤校释：《齐乘校释》，中华书局2012年版，第10—11页。

淫巧恶欲施？大夫君以心计策国用，构诸侯，参以酒榷，咸阳、孔仅增以盐、铁，江充、杨可之等，各以锋锐，言利末之事析秋毫，可为无间矣。非特管仲设九府，徼山海也。然而国家衰耗，城郭空虚。故非特崇仁义无以化民，非力本农无以富邦也。"①

辩论双方都承认"管仲相桓公，袭先君之业，行轻重之变"，"管仲专于桓公"，"设九府，徼山海"，对于汉武帝盐业管理政策的启示性的影响。

已经有学者关注先秦齐国盐政与汉代盐政的比较研究。② 除了说明历史继承关系之外，对于齐国在先秦齐太公及齐桓公时代的盐政经营，特别是管仲建设"海王之国"的方式，也可以参照汉武帝时代所谓"修太公、桓、管之术，总一盐、铁，通山川之利而万物殖"的经济活动，以深化我们的认识。在进行这样的比较研究时，似乎对管仲"通利末之道""行轻重之变"的方式和意义，不宜作保守的理解。

《汉书》卷 8《宣帝纪》记载了一条出于对"众庶重困"的同情而平抑"天下盐贾"的诏令：

> （地节四年）九月，诏曰："朕惟百姓失职不赡，遣使者循行郡国问民所疾苦。吏或营私烦扰，不顾厥咎，朕甚闵之。今年郡国颇被水灾，已振贷。盐，民之食，而贾咸贵，众庶重困。其减天下盐贾。"③

这是盐政史上罕见的降低盐价的政策。有人曾经从"其存心也为甚仁"的高度给予肯定的评价。

元人陈仁子《文选补遗》卷 2《诏诰下》将此诏令与另一诏令连文，题《减盐贾及岁上系囚诏》，编者录"陈蒙曰"并发表自己的议论。"陈蒙曰"分析汉宣帝"驭民、驭吏"方式的区别："陈蒙曰：宣帝之诏令，其存心也为甚仁。宣帝之刑罚，其用法也为不恕。如假贫民，赦有罪，务宽大，帝之诏令也。如诛广汉，诛延寿，诛杨恽，帝之用法也。自武帝征伐四夷，酷于赋敛，而民多流亡，贷纵有罪而吏多纵弛，宣帝于此，严以驭吏，惩武帝纵弛之弊也。宽以

---

① 王利器校注：《盐铁论校注》（定本），第 178—179 页。
② 如罗庆康：《两汉专卖政策的发展与演变》，《暨南学报》1990 年第 2 期；罗庆康：《春秋齐国与两汉盐制比较研究》，《盐业史研究》1998 年第 4 期。
③ 《汉书》，第 252 页。

驭民，惩武帝流亡之弊也。帝之驭民、驭吏，不可以一概论与。"陈仁子以"愚曰"形式发表的议论，则全说"减盐贾"事：

> 愚曰：争天下之利者，不必尽天下之利。盐者，五味之一，而民食不可缺。夏禹青州厥贡盐绨，是盐利不在官，而在民也。管氏立盐筴，令北海毋得聚徒煮盐，是盐利不在民，而在官也。汉武用孔仅、弘羊之议，均输、盐铁有官，尽网世利。仲舒所谓利倍于古人，皆病之。贤良文学所谓民间疾苦，愿皆罢之。则榷盐诚非良法也。宣帝不罢其榷，而仅减其价，虽不免争利，独未尝尽利。安得尽付之民，不为齐而为三代乎！①

陈仁子就汉宣帝诏令"减盐贾"发表的议论，批评汉武帝以来盐官"尽网世利"，主张效法"三代"，以盐产之利"尽付之民"。所论以"夏禹青州厥贡盐绨，是盐利不在官，而在民也"同"管氏立盐筴，令北海毋得聚徒煮盐，是盐利不在民，而在官也"两相正反比照，所言均为"青州""北海"海盐生产，是值得我们注意的。应当说，自"夏禹"经"管氏"直到汉武帝、汉宣帝时代，"青州""北海"的盐业经济，长期呈现繁盛的局面。

第四节　"珠玑""瑇瑁"②诸产

秦汉时期的海产品类中，包括"珠玑""瑇瑁"等高等级的珍宝。这些海产品丰富了秦汉社会的消费生活，曾经成为上层人群追求的奢靡生活的标志。海产"珠玑""瑇瑁"，是考察秦汉海洋史与海洋文化不宜忽视的主题。

一、番禺"都会"地位

据《史记》卷113《南越列传》，秦末社会动荡时期，任嚣与赵佗商议割据自保，关于南海地理条件与区域文化，有"南海僻远"之说，又言："番禺负山险，阻南海，东西数千里，颇有中国人相辅，此亦一州之主也，可以立国。"③这是说"南海""番禺"的政治地理与军事地理定位。《史记》卷30《平准

---

① （元）陈仁子：《文选补遗》，上海古籍出版社1993年版，第31页。
② 瑇瑁，即玳瑁。"瑇"为"玳"的异体字。为保留原形，书中仍用"瑇"。
③ 《史记》，第2967页。

书》："灭南越，番禺以西至蜀南者置初郡十七，且以其故俗治，毋赋税。"①
此说行政，亦言经济。番禺的地理坐标意义不限于南海，而指示着汉帝国南
疆的"初郡十七"。作为南越都城，番禺是割据政权的政治重心。平定南越的
战争以克服番禺为最终目标："元鼎五年秋，卫尉路博德为伏波将军，出桂
阳，下汇水；主爵都尉杨仆为楼船将军，出豫章，下横浦；故归义越侯二人
为戈船、下厉将军，出零陵，或下离水，或抵苍梧；使驰义侯因巴蜀罪人，
发夜郎兵，下牂柯江：咸会番禺。"关于"下牂柯江"，张守节《正义》："江出南
徼外，东通四会，至番禺入海也。"②而进击南越的远征军确实在攻破番禺之
后，以胜利结束了战争。《史记》卷113《南越列传》："元鼎六年冬，楼船将军
将精卒先陷寻陕，破石门，得越船粟，因推而前，挫越锋，以数万人待伏波。
伏波将军将罪人，道远，会期后，与楼船会乃有千余人，遂俱进。楼船居前，
至番禺。建德、嘉皆城守。楼船自择便处，居东南面；伏波居西北面。会暮，
楼船攻败越人，纵火烧城。越素闻伏波名，日暮，不知其兵多少。伏波乃为
营，遣使者招降者，赐印，复纵令相招。楼船力攻烧敌，反驱而入伏波营中。
犁旦，城中皆降伏波。吕嘉、建德已夜与其属数百人亡入海，以船西去。伏
波又因问所得降者贵人，以知吕嘉所之，遣人追之。以其故校尉司马苏弘得
建德，封为海常侯；越郎都稽得嘉，封为临蔡侯。"③

　　前说番禺的政治地理及军事地理的中心地位。番禺的经济地理意义，则
见于《史记》卷129《货殖列传》的评述：

　　　　九疑、苍梧以南至儋耳者，与江南大同俗，而杨越多焉。番禺亦其
　　一都会也，珠玑、犀、瑇瑁、果、布之凑。

裴骃《集解》："韦昭曰：'果谓龙眼、离支之属。布，葛布。'"④而"珠玑""瑇
瑁"等，是海产品。《汉书》卷28下《地理志下》明确说："处近海，多犀、象、
毒冒、珠玑、银、铜、果、布之凑。"⑤"处近海"语义十分明确。

---

① 《史记》，第1440页。
② 《史记》卷113《南越列传》，第2975页。
③ 《史记》，第2975—2976页。
④ 《史记》，第3268—3269页。
⑤ 《汉书》，第1670页。

番禺作为经济"都会"地位的形成，有赖于海洋经济开发的条件。

司马迁在《史记》卷 129《货殖列传》中对汉王朝国土进行了经济地理分区，划定天下为"山西"、"山东"、"江南"和"龙门、碣石北"四个经济区："夫山西饶材、竹、穀、𬂩、旄、玉石；山东多鱼、盐、漆、丝、声色；江南出枏、梓、姜、桂、金、锡、连、丹沙、犀、瑇瑁、珠玑、齿革；龙门、碣石北多马、牛、羊、旃裘、筋角；铜、铁则千里往往山出棊置：此其大较也。皆中国人民所喜好，谣俗被服饮食奉生送死之具也。故待农而食之，虞而出之，工而成之，商而通之。"①

我们注意到，"山东"物产中，"鱼、盐"列于最先。而"江南"物产中，则有"瑇瑁、珠玑"。

二、"珠厓""珠崖"名号

《汉书》卷 6《武帝纪》记载汉武帝平定南越之后，对当地施行行政控制。其措施包括郡的设置：

> ……遂定越地，以为南海、苍梧、郁林、合浦、交阯、九真、日南、珠厓、儋耳郡。

关于"珠厓"，颜师古注引应劭曰："在大海中崖岸之边。出真珠，故曰珠厓。"又引张晏曰："在海中"，"珠厓，言珠若崖矣"。②

郡名所谓"珠崖"，《汉书》卷 8《宣帝纪》、卷 81《匡衡传》、卷 95《南粤传》、卷 96 下《西域传下》，《后汉书》卷 48《杨终传》、卷 86《南蛮传》、卷 90《鲜卑传》，《三国志》卷 47《吴书·吴主传》、卷 53《吴书·薛综传》同。③《汉书》卷 9《元帝纪》、卷 47 下《食货志下》、卷 64 下《贾捐之传》、卷 28 下《地理志下》则写作"珠厓"，"自合浦徐闻南入海，得大州，东西南北方千里，武帝元封元年略以为儋耳、珠厓郡"。④ 又："自夫甘都卢国船行可二月余，有黄支国，民

---

① 《史记》，第 3253—3254 页。
② 《汉书》，第 188 页。
③ 《汉书》，第 269、3337、3859、3928 页；《后汉书》，第 1598、2835、2992—2993 页；《三国志》，第 1145、1251—1252 页。
④ 《汉书》，第 283、1174、2830、2834—2835、1670 页。

俗略与珠厓相类。"①

三、合浦"珠官"

关于汉代采珠生产的较早史料，有扬雄《校猎赋》有关"流离""珠胎"的著名文句：

> 方椎夜光之流离，剖明月之珠胎……

颜师古注："珠在蛤中若怀妊然，故谓之胎也。"②《汉书》卷 100 上《叙传上》："……随侯之珠藏于蜯蛤乎？"③这也体现人们对"珠"的生成缘由以及"采珠"的技术方式都是熟悉的。"珠胎"的生动比喻，有孔融所谓"不意双珠，近出老蚌"语。④

关于"珠"的生产，人们尤熟知"珠还合浦"的故事。其史实的基础，即《后汉书》卷 76《循吏列传·孟尝》：

> (孟尝)迁合浦太守。郡不产谷实，而海出珠宝，与交阯比境，常通商贩，贸籴粮食。先时宰守并多贪秽，诡人采求，不知纪极，珠遂渐徙于交阯郡界。于是行旅不至，人物无资，贫者饿死于道。尝到官，革易前敝，求民病利。曾未逾岁，去珠复还，百姓皆反其业，商货流通，称为神明。⑤

这是明确地指出有关南海产珠之海产开发史的资料。晋灭吴后，吴交州刺史陶璜曾上言交州形势，说道："交土荒裔，斗绝一方，或重译而言，连带山海。""合浦郡土地硗确，无有田农，百姓唯以采珠为业，商贾去来，以珠贸米。"他意识到"吴时珠禁甚严，虑百姓私散好珠，禁绝来去，人以饥困"，而且"所调猥多，限每不充"，建议放宽"珠禁"："今请上珠三分输二，次者输

---

① 《汉书》，第 1671 页。

② 《汉书》卷 87 上《扬雄传上》载录《校猎赋》，第 3550、3552 页。

③ 《汉书》，第 4231 页。

④ 《三国志》卷 10《魏书·荀彧传》裴松之注引孔融与(韦)康父端书："前日元将来，渊才亮茂，雅度弘毅，伟世之器也。昨日仲将又来，懿性贞实，文敏笃诚，保家之主也。不意双珠，近出老蚌，甚珍贵之。"第 312—313 页。

⑤ 《后汉书》，第 2473 页。

一,粗者蠲除。自十月讫二月,非采上珠之时,听商旅往来如旧。"①看来,"采珠"在合浦经济生活中,是主体产业。"珠"的"调""限"或说"珠""输",也曾经成为政府财政的重要来源。

王章冤死于廷尉狱,"妻子皆徙合浦",得还故郡时,竟然已经"采珠致产数百万"。② 这是以低下身份在缺乏理想创业条件的情况下经营"采珠"获取成功的典型史例。

"合浦"郡名孙吴时改为"珠官"。《三国志》卷47《吴书·吴主传》记载黄武七年(228)事:

> 是岁,改合浦为珠官郡。③

《三国志》卷53《吴书·薛综传》载薛综上疏,说道:"赵佗起番禺,怀服百越之君,珠官之南是也。"又说:"今日交州虽名粗定,尚有高凉宿贼;其南海、苍梧、郁林、珠官四郡界未绥,依作寇盗,专为亡叛逋逃之薮。"④

既称"珠官郡",指明"珠"对于这里的经济生产与经济生活有重要意义。"珠官"名号,有政府管理"珠"的产销的意义。

四、"淮夷蠙珠"

《史记》卷2《夏本纪》引《禹贡》说到各地生态环境、地理条件、物产资源与贡赋路线,其中说到"珠":

> 海岱及淮维徐州:淮、沂其治,蒙、羽其艺。大野既都,东原底平。其土赤埴坟,草木渐包。其田上中,赋中中。贡维土五色,羽畎夏狄,峄阳孤桐,泗滨浮磬,淮夷蠙珠臮鱼,其篚玄纤缟。浮于淮、泗,通于河。

关于"淮夷蠙珠臮鱼",裴骃《集解》:"孔安国曰:'淮、夷二水,出蠙珠及美鱼。'郑玄曰:'淮夷,淮水之上夷民也。'"司马贞《索隐》:"按:《尚书》云'徂兹淮夷,徐戎并兴',今徐州言淮夷,则郑解为得。蠙,一作'玭',并步玄

---

① 《晋书》卷57《陶璜传》,第1560、1562页。
② 《汉书》卷76《王章传》,第3239页。
③ 《三国志》,第1134页。
④ 《三国志》,第1251、1253页。

反。臮，古'暨'字。臮，与也。言夷人所居淮水之处，有此蠙珠与鱼也。又作'滨'。滨，畔也。"①《汉书》卷 28 上《地理志上》引"淮夷蠙珠臮鱼"，颜师古注："淮夷，淮水上之夷也。蠙珠，珠名。臮，及也。言其地出珠及美鱼也。蠙音步千反，字或作玭。"②关于"淮夷"二字，理解存在歧异。我们思考，关注所谓"出蠙珠及美鱼"或"出珠及美鱼"的地方，应当想到"海岱及淮维徐州"的滨海之处。

清人胡渭《禹贡锥指》卷 5 解说"淮夷蠙珠暨鱼"，否定《孔传》"淮、夷二水"之说，用郑玄淮水之上夷民献此珠与鱼的意见。指出："淮夷说见《经》《传》非一处，即孔注《费誓》亦云：淮浦之夷。此独以为二水名，不应前后相戾。"又说：

> 淮南北近海之地，皆为淮夷。《书序》曰：武王崩，三监及淮夷叛。又曰：成王东伐淮夷，遂践奄。《费誓》曰：徂兹淮夷，徐戎并兴。《诗序》：宣王命召公平淮夷，常武曰：率彼淮浦，省此徐土。又曰：截彼淮浦，王师之所。《鲁颂》曰：奄有龟蒙，遂荒大东，至于海邦，淮夷来同。《左传》：僖十三年淮夷病杞。此皆淮北之夷在徐州之域者也。《江汉》之诗曰：江汉浮浮，武夫滔滔。匪安匪游，淮夷来求。《春秋》：昭公四年，楚子召诸侯及淮夷会于申。此皆淮南之夷，在扬州之域者也。《经》所称淮夷，乃淮北之夷。汉临淮郡有淮浦县，今为安东县，属淮安府，淮水从此入海，即《诗》所谓淮浦矣。淮夷盖在东方荒服之内，故亦谓之东夷。今淮、扬二府近海之地皆是也。③

此说"淮南北近海之地"，"淮、扬二府近海之地"，准确理解《诗》《书》"淮夷""徐土"、"淮浦""海邦"之说，指示最为明确。

和前引扬雄"胎珠"的说法相近，稍晚的资料，我们看到《艺文类聚》卷 61 引晋左思《吴都赋》所谓"蟕蠵珠胎"。④ "蟕蠵珠胎"见于歌颂"吴都"的赋作，

---

① 《史记》，第 56、58 页。

② 《汉书》，第 1527、1528 页。

③ (清)胡渭著，邹逸麟整理：《禹贡锥指》，第 134—135 页。

④ (唐)欧阳询撰，汪绍楹校：《艺文类聚》，上海古籍出版社 1982 年 1 月重印中华书局上海编辑所 1965 年校印本，第 1107 页。

左思这里说吴地东海产珠，这一海产史的信息也值得注意。

五、北海珠产信息

《三国志》卷 53《吴书》裴松之注引《吴书》："海产明珠，所在为宝。"①说"海产"首先会增进产地经济的繁荣。《艺文类聚》卷 61 引徐幹《齐都赋》说到"齐都"地方特别的物产"玄蛤抱玑，駮蚌含珰"：

> 灵芝生乎丹石，发翠华之煌煌。其宝玩则玄蛤抱玑，駮蚌含珰。②

费振刚等辑校《全汉赋》作"駮蚌含珰"③，费振刚等校注《全汉赋校注》作"驳蚌含珰"，注释："駮，此指蚌壳的颜色混杂不纯。'駮'，'驳'的异体字。'蚌'，同'蚌'。"④文渊阁《四库全书》本作"驳蚌含珰"。

《全汉赋校注》解释说："宝玩：供人玩赏收藏的珍宝。玄蛤驳蚌：皆产于江河湖海之中有甲壳的软体动物，壳内有珍珠层或能产出珠。"⑤

可能也属于"宝玩"类者，《全汉赋校注》又自《韵补》四"烂"字、"焕"字注中辑出徐幹《齐都赋》文字：

> 隋珠荆宝，磥起流烂。雕琢有章，灼烁明焕。生民以来，非所视见。

既言"隋珠荆宝"，应非本地出产，这里强调的大概是"齐都"珠宝加工业的成就，即所谓"雕琢有章"。

前引《全汉赋校注》又自《韵补》一"鲨"字注中辑出《齐都赋》佚文："眔鳣鲲，网鲤鲨，拾蠙珠，籍蛟蟦。"其中"拾蠙珠"，《全汉赋校注》解释说："蠙珠，蚌珠。"⑥所说应与前引"其宝玩则玄蛤抱玑，駮蚌含珰"有关。

齐地海上水产"玄蛤抱玑，駮蚌含珰"的发现，以及"拾蠙珠"的生产方式，徐幹《齐都赋》中的记述是值得重视的。

---

① 《三国志》，第 1243 页。

② （唐）欧阳询撰，汪绍楹校：《艺文类聚》，第 1103 页。

③ 费振刚、胡双宝、宗明华辑校：《全汉赋》，第 623 页。

④ 费振刚、仇仲谦、刘南平校注：《全汉赋校注》下册，广东教育出版社 2005 年版，第 990、992 页。

⑤ 费振刚、仇仲谦、刘南平校注：《全汉赋校注》下册，第 992 页。

⑥ 费振刚、仇仲谦、刘南平校注：《全汉赋校注》下册，第 991、995 页。又解释"籍蛟蟦"，校注："籍：绳，系，缚。宋本《韵补》作'藉'。蛟：鲨鱼。蟦：大龟。"

北方海域产"珠"的信息，又见于《后汉书》卷 85《东夷传·夫余》："大珠如酸枣。"①《后汉书》卷 85《东夷传·三韩》："重璎珠，以缀衣为饰，及县颈垂耳。"②《后汉书》卷 85《东夷传·倭》："出白珠、青玉。"③这些"珠"，应当都是海洋水产。

六、秦汉社会的"珠玑"消费

"珠"作为珍奇宝物受到重视，由来已久。《史记》卷 32《齐太公世家》张守节《正义》引《括地志》说，"齐桓公墓"随葬丰厚，"金蚕数十薄，珠襦、玉匣、缯采、军器不可胜数"。④《史记》卷 41《越王句践世家》说，范蠡协助勾践灭吴之后，"以为大名之下，难以久居"，于是"辞句践"，"乃装其轻宝珠玉，自与其私徒属乘舟浮海以行，终不反"。⑤《史记》卷 46《田敬仲完世家》："梁王曰：'若寡人国小也，尚有径寸之珠照车前后各十二乘者十枚，奈何以万乘之国而无宝乎？'"⑥《史记》卷 69《苏秦列传》说到"宝珠玉帛"。⑦《史记》卷 83《鲁仲连邹阳列传》说到"明月之珠，夜光之璧"，"随侯之珠，夜光之璧"。⑧《史记》卷 78《春申君列传》说，"赵使欲夸楚，为瑇瑁簪，刀剑室以珠玉饰之"，"春申君客三千余人，其上客皆蹑珠履以见赵使，赵使大惭"。⑨乐毅破齐，"珠玉财宝车甲珍器尽收入于燕"。⑩《史记》卷 30《平准书》说：秦统一货币，"而珠玉、龟贝、银锡之属为器饰宝藏，不为币"。⑪《汉书》卷 24 下《食货志下》："而珠玉龟贝银锡之属为器饰宝臧，不为币，然各随时而轻重无常。"⑫可知在先秦时代，"珠玉"有可能曾经作为一般等价物起到"币"的作用。《说苑·贵

---

① 《后汉书》，第 2811 页。
② 《后汉书》，第 2819 页。
③ 《后汉书》，第 2820 页。
④ 《史记》，第 1495 页。
⑤ 《史记》，第 1752 页。
⑥ 《史记》，第 1891 页。
⑦ 《史记》，第 2267 页。
⑧ 《史记》，第 2476 页。
⑨ 《史记》，第 2395 页。
⑩ 《史记》，第 2431 页。
⑪ 《史记》，第 1442 页。
⑫ 《汉书》，第 1152 页。

德》："郑子产死，郑人丈夫舍玦佩，妇人舍珠珥，夫妇巷哭。"①这一记载，体现以"珠"为装饰的风习，似乎十分普遍。②《战国策·秦策五》记载，吕不韦决计进行政治投资，助异人归秦时，与其父曾有"珠玉之赢几倍？曰：'百倍'"的讨论。"珠玉"运销可以得到"百倍"暴利，可以反映社会的需求。

李斯《谏逐客书》说秦最高执政者的物质享受，包括"垂明月之珠，服太阿之剑"，又说到"宛珠之簪，傅玑之珥"，批评"逐客"之举"然则是所重者在乎色乐珠玉，而所轻者在乎人民也"。③《史记》卷6《秦始皇本纪》关于秦始皇帝陵地宫设计的文字中，可见"上具天文，下具地理"语④，明人张懋修就此写道，"上具天文，珠玑为之……"⑤，认为地宫"天文"显示，以"珠玑"象征星辰。《史记》卷55《留侯世家》："沛公入秦宫，宫室帷帐狗马重宝妇女以千数，意欲留居之。樊哙谏沛公出舍，沛公不听。"裴骃《集解》引徐广曰说到另一版本："哙谏曰：'沛公欲有天下邪？将欲为富家翁邪？'沛公曰：'吾欲有天下。'哙曰：'今臣从入秦宫，所观宫室帷帐珠玉重宝钟鼓之饰，奇物不可胜极，入其后宫，美人妇女以千数，此皆秦所以亡天下也。愿沛公急还霸上，无留宫中。'沛公不听。"所谓"秦宫"收存，一言"重宝"，一言"珠玉重宝"。《留侯世家》还记载："汉王赐良金百溢，珠二斗，良具以献项伯。"⑥此"珠二斗"，很可能是得自"秦宫"的战利品。⑦

---

① （汉）刘向撰，向宗鲁校证：《说苑校证》，第106页。
② 汉代类似情形，有《后汉书》卷5《安帝纪》："小人无虑，不图久长，嫁娶送终，纷华靡丽，至有走卒奴婢被绮縠，著珠玑。"第228页。《后汉书》卷72《董卓传》："长安中士女卖其珠玉衣装市酒肉相庆者，填满街肆。"第2332页。也说明民间"珠玉"装饰的普及。
③ 《史记》卷87《李斯列传》，第2543—2544页。
④ 《史记》，第265页。
⑤ （明）张懋修：《墨卿谈乘》卷3《史集》"人膏灯烛"条，《四库未收书辑刊》第3辑，第28册，北京出版社2000年版，第54页。
⑥ 《史记》，第2037—2038页。
⑦ "珠二斗"的计量方式，可对照前引"和熹邓皇后"事迹"大珠一箧"情形理解。还有更特殊的史例，《后汉书》卷34《梁冀传》："金玉珠玑，异方珍怪，充积臧室。"又有这样的情节："从贷钱五千万，奋以三千万与之，冀大怒，乃告郡县，认奋母为其守臧婢，云盗白珠十斛、紫金千斤以叛，遂收考奋兄弟，死于狱中，悉没赀财亿七千余万。"第1182、1181页。所谓"白珠十斛"，特别值得注意。

汉代社会上层对"珠"颇为偏爱。《汉书》卷3《高后纪》："乃悉出珠玉宝器散堂下，曰：'无为它人守也！'"①《史记》卷58《梁孝王世家》："珠玉宝器多于京师。"②司马相如笔下可见"曳明月之珠旗"，又有"明月珠子"辞句。③《史记》卷118《淮南衡山列传》："行珠玉金帛赂诸侯宗室大臣……"④又《汉书》卷22《礼乐志》："被华文，厕雾縠，曳阿锡，佩珠玉。""照紫幄，珠煓黄。"⑤所说都是相关例证。《汉书》卷68《霍光传》可见"被珠襦"及"璧珠玑玉衣"之说。⑥《汉书》卷65《东方朔传》："偃与母以卖珠为事，偃年十三，随母出入主家。"⑦收买"珠"的"主家"，应当有一定的财力。

《汉书》卷5《景帝纪》："三年春正月，诏曰：'农，天下之本也。黄金珠玉，饥不可食，寒不可衣，以为币用，不识其终始……'""吏发民若取庸采黄金珠玉者，坐臧为盗。"⑧《汉书》卷24上《食货志上》："夫珠玉金银，饥不可食，寒不可衣，然而众贵之者，以上用之故也。"⑨对"珠"的狂热追求，即所谓"上用之""众贵之"的社会倾向，被认为危害农本。《后汉书》卷40下《班固传》："令海内弃末而反本"，"捐金于山，沉珠于渊"。李贤注引陆贾《新语》："圣人不用珠玉而宝其身，故舜弃黄金于崭岩之山，捐珠玉于五湖之川，以杜淫邪之欲也。"⑩此处说到"珠玉"与"本""末"问题的关系。《后汉书》卷41《钟离意传》："意得珠玑，悉以委地而不拜赐。"⑪此则是性格鲜明的个人表现。《列女传》引《汉法》曰："内珠入关者死。"⑫这应当是以法律形式体现抑奢侈的政策，而"珠"是标志性的物品。《后汉书》卷10上《皇后纪上·和熹邓皇后》：

---

①　《汉书》，第101页。

②　《史记》，第2083页。

③　《史记》卷117《司马相如列传》，第3009、3017页。

④　《史记》，第3087页。

⑤　《汉书》，第1052、1061页。

⑥　《汉书》，第2939、2948页。

⑦　《汉书》，第2853页。

⑧　《汉书》，第152—153页。

⑨　《汉书》，第1131页。

⑩　《后汉书》，第1368、1369页。

⑪　《后汉书》，第1407页。

⑫　(宋)李昉等撰：《太平御览》卷803引《列女传》，第3566页。

"御府、尚方、织室锦绣、冰纨、绮縠、金银、珠玉、犀象、瑇瑁、雕镂玩弄之物，皆绝不作。"①《后汉书》卷49《王符传》："明帝葬洛南，皆不臧珠宝，不起山陵，墓虽卑而德最高。"②是否"臧珠宝"，体现了"德"的水准。《后汉书》卷6《顺帝纪》："遗诏无起寝庙，敛以故服，珠玉玩好皆不得下。"③限定不随葬"珠玉"，也标示了薄葬的原则。《后汉书》卷76《循吏传》："身衣大练，色无重彩，耳不听郑卫之音，手不持珠玉之玩……"④即在道德宣传的同时排斥"珠玉"的玩赏。

"珠"在奢侈生活中有多重意义。清人胡渭《禹贡锥指》写道："珠有以为币者，《管子》曰'先王以珠玉为上币'是也。有为器饰者，'佩玉之组，贯以蠙珠'，是也。有为宝藏者，《楚语》王孙圉曰'珠足以御火灾，则宝之'，是也。虞夏之币无珠玉，盖以为器饰宝藏。荆州之玑，唯宜贯组，故为玑组以献。淮夷之蠙珠所用者广，则贯珠以听其所为也。"⑤秦汉上层社会消费生活中的"珠"，正是"所用者广"。

有些"珠"出产于淡水水域。《史记》卷117《司马相如列传》："明月珠子，玓瓅江靡。"司马贞《索隐》："应劭曰：'明月珠子生于江中，其光耀乃照于江边。'"⑥《史记》卷128《龟策列传》说"渊生珠而岸不枯者"，"生珠"之"渊"应是淡水。然而又说"明月之珠出于江海，藏于蚌中"，特别是所谓"明月之珠，出于四海"⑦，则明确强调海中出产的"珠"。《史记》卷129《货殖列传》所指"珠玑"产地，即在南海。《汉书》卷53《景十三王传·江都易王非》记载，江都王刘建勾结"越繇王闽侯"，"遗以锦帛奇珍，繇王闽侯亦遗建荃、葛、珠玑、犀甲、翠羽、蝮熊奇兽"。⑧"珠玑"更多出自海上。《后汉书》卷61《黄琼传》："羽毛齿革、明珠南金之宝，殷满其室。"⑨这些"宝"物的由来方向，都是"南"

---

① 《后汉书》，卷422页。

② 《后汉书》，第1636—1637页。

③ 《后汉书》，第274页。

④ 《后汉书》，第2457页。

⑤ （清）胡渭著，邹逸麟整理：《禹贡锥指》，第135页。

⑥ 《史记》，第3017、3021页。

⑦ 《史记》，第3226、3227、3232页。

⑧ 《汉书》，第2417页。

⑨ 《后汉书》，第2037页。

边。《后汉书》卷 68《符融传》李贤注引《谢承书》："融见林宗，便与之交。又绍介于膺，以为海之明珠，未耀其光，鸟之凤皇，羽仪未翔。膺与林宗相见，待以师友之礼，遂振名天下，融之致也。"①所谓"海之明珠"，语义非常明朗。

七、"龟贝""为器饰"及鱼皮"输之考工"

前引《史记》卷 78《春申君列传》说到"为瑇瑁簪"作装饰。《汉书》卷 65《东方朔传》："宫人簪瑇瑁，垂珠玑。"颜师古注："瑇瑁，文甲也。"②据《史记》卷 30《平准书》，秦时"珠玉、龟贝、银锡之属为器饰宝藏，不为币"。对瑇瑁等宝物的追求是汉时与海南岛的海路联系得以维持的重要原因之一。《汉书》卷 96 下《西域传下》："睹犀布、瑇瑁则建珠崖七郡。"又说："自是之后，明珠、文甲、通犀、翠羽之珍盈于后宫。"③贾捐之建议放弃珠崖，也说到"又非独珠崖有珠犀瑇瑁也，弃之不足惜"。④ 之所以对珠崖关注，史称"中国贪其珍赂"。⑤ 此言"珍赂"，包括"珠"，也应当包括"瑇瑁"。《后汉书》卷 49《王符传》言"犀象珠玉，虎魄瑇瑁，石山隐饰，金银错镂"。⑥《三国志》卷 47《吴书·吴主传》记载，吴嘉禾四年（235）秋，"魏使以马求易珠玑、翡翠、瑇瑁，权曰：'此皆孤所不用，而可得马，何苦而不听其交易？'"⑦《汉书》卷 87 下《扬雄传下》所见"后宫贱瑇瑁而疏珠玑，却翡翠之饰，除雕瑑之巧"⑧，则反映抑奢侈政策涉及"瑇瑁"与"珠玑"装饰的情形。

《禹贡锥指》卷 5 关于"鱼皮"的实用意义，写道："郦善长云：地理潜阂，变化无方。巩穴南通淮浦，不可谓理之所无。禹时王鲔未由巩穴出，亦容有

---

① 《后汉书》，第 2232 页。
② 《汉书》，第 2858、2859 页。
③ 《汉书》，第 3928 页。
④ 《汉书》，第 2834 页。《汉书》卷 6《武帝纪》：元鼎六年（前 111）置珠崖、儋耳郡。颜师古注引应劭曰："二郡在大海中崖岸之边。出真珠，故曰珠崖。"张晏曰："珠崖，言珠若崖矣。"第 188 页。杜笃《论都赋》："郡县日南，漂概朱崖。"李贤注："《前书》音义曰：'珠崖，言珠若崖也。'"《后汉书》卷 80 上《文苑列传上·杜笃》，第 2600、2602 页。
⑤ 《后汉书》卷 86《南蛮传》，第 2836 页。
⑥ 《后汉书》，第 1635 页。
⑦ 《三国志》，第 1140 页。
⑧ 《汉书》，第 3560 页。

其事。但此鱼果为王鲔，《经》何不言蠙珠暨鲔，是则可疑耳。尝考水中之兽有名鱼者，《诗·小雅·采薇》曰'象弭鱼服'，《采芑》曰'簟笰鱼服'，《传》云：鱼服，鱼皮也。《正义》云：以鱼皮为矢服。《左传》：归夫人鱼轩。服虔曰：鱼，兽名。则鱼皮又可以饰车也。陆玑《疏》曰：鱼兽似猪，东海有之。其皮背上斑文，腹下纯青。今以为弓鞬步叉。其皮虽干燥为弓鞬，矢服经年，海水潮及天将雨，其毛皆起，海潮还及天晴，则毛复如故。虽在数千里外，可以知海水之潮，自相感也。《初学记》引张华《博物志》云：牛鱼目似牛，形似犊子，剥皮悬之，潮水至则毛起，去则毛伏。杨孚《临海水土记》云：牛鱼象獭，毛青黄色似鳢，知潮水上下。此牛鱼似即陆玑所谓鱼兽者。《周书·王会解》言禹四海异物，有南海鱼革。《注》云：今以饰小车，缠兵室之口。又扬州贡禹禺鱼，《注》云：《说文》作鰅。鰅，鱼名，皮有文，出乐浪东暆。神爵四年，初捕输考工。则此鱼之皮，亦似可以饰器物，故输之考工也。淮夷属徐，临海属扬，乐浪属青，三者恐只是一种，东海中处处有之。禹时徐贡而青、扬不贡，亦犹濒海皆煮盐，而独贡于青。荆、梁亦产橘柚而独贡于扬耳。鱼之名见于《毛诗》、《左传》，其皮可以饰器物，故贡之。以鱼为水中之兽，殊不费辞，似又胜前说。"①所谓"东海中"出产"鱼革""鱼皮"，"可以饰器物"，得作为贡品，汉代"输之考工"，有特别的利用价值。

《荀子·议兵》："楚人鲛革犀兕以为甲，鞈如金石。"注："鞈，坚貌。以鲛鱼皮及犀兕为甲，坚如金石之不可入。《史记》作坚如金石。"《淮南子·说山》说："一渊不两鲛。"高诱注："鲛，鱼之长者，其皮有珠，今世以为刀剑之口也。一说鱼二千金为鲛。"都说到"鲛革"。《史记》卷23《礼书》"鲛韅"，裴骃《集解》："徐广曰：'鲛鱼皮可以饰服器。'韅者，当马腋之革。'"司马贞《索隐》："以鲛鱼皮饰韅。"《续汉书·舆服志下》"刀"条："虎贲黄室虎文，其将白虎文，皆以白珠鲛为鐍口之饰。"②所谓"以白珠鲛为鐍口之饰"，即用为刀饰，很可能是取"鲛"的鱼皮，应即高诱所谓"以为刀剑之口"。可知"鲛革""鲛皮"

---

① (清)胡渭著，邹逸麟整理：《禹贡锥指》，第136—137页。

② (清)王先谦撰，沈啸寰、王星贤点校：《荀子集解》，中华书局1988年版，第281页。何宁撰：《淮南子集释》，第1109页。《史记》，第1162、1163页。《后汉书》，第3672页。

可以为"甲"，也可以为车马饰，亦可以为兵器饰。《文选》卷 5 左思《吴都赋》"鲛函"，刘良注："鲛函者，以鲛皮饰刀。"①所谓"鲛函"，可能是以"鲛革""鲛皮"装饰刀鞘。

《逸周书·王会》："请令以鱼支之鞞、□鲖之酱、鲛盾、利剑为献。"孔晁云："鞞，刀削"，或作"刀鞘"。王应麟云："《左传注》：'鞞，佩刀削上饰。'""《后汉志》：'佩刀乘舆，半鲛鱼鳞。'"何秋涛云："鲛，《说文》：'海鱼也，皮可饰刀。'《中山经·荆山》：'漳水其中多鲛鱼。'郭注：'鲛，鲋鱼类也。皮有珠文而坚，尾长三四尺，末有毒，螫人。皮可饰刀剑口，错治材角，今临海郡亦有之。'"②

《北堂书钞》卷 31"上翠羽"条引士燮《杂章》云："伏闻令月吉辰立皇后，谨赍翠羽二千，瑇瑁甲三百斤，上万岁寿也。"同卷"奉鲛皮"条引士燮云："谨奉水积四放，瑇瑁上百，枝灯一具，熏陆香一百斤。"③与"鲛皮"同时出现了"瑇瑁"，出产地的方向是大略一致的。

《续汉书·舆服志下》："公、卿、列侯、中二千石、二千石夫人，绀缯蔮，黄金龙首衔白珠，鱼须擿，长一尺，为簪珥。"④所谓"长一尺"的"鱼须擿"制作"簪珥"，体现出比较特别的表现于装饰的美学取向。这种"鱼"，很可能也是生活在海洋中的鱼种。

第五节　秦始皇陵"人鱼膏"之谜

《史记》卷 6《秦始皇本纪》关于秦始皇陵地宫的记述中，说到"以人鱼膏为烛，度不灭者久之"。所谓"人鱼膏"，刘向言"人膏"。对于"人鱼"的理解，尚未形成共同认可的确切定论。以为此"人鱼"来自"东海"的认识，是有一定的合理性的。或以为与"鲸鱼"有关。讨论这一问题，还应当关注有关"鲸鱼灯"

---

① （梁）萧统编，（唐）李善、吕延济、刘良、张铣、吕向、李周翰注：《六臣注文选》，第 110 页。
② 黄怀信、张懋镕、田旭东撰，黄怀信修订，李学勤审定：《逸周书汇校集注》（修订本），上海古籍出版社 2007 年版，第 912—913 页。
③ （唐）虞世南编撰：《北堂书钞》，第 73 页。
④ 《后汉书》，第 3677 页。

的记载。《艺文类聚》引魏殷臣《鲸鱼灯赋》有"大秦美焉，乃观乃详"句，自然也会使我们联想到秦始皇陵地宫的照明设施。《三秦记》中"始皇墓中，燃鲸鱼膏为灯"的说法，值得我们重视。

一、"人膏""鱼膏"疑惑

《史记》卷6《秦始皇本纪》关于秦始皇陵地宫照明方式所谓"以人鱼膏为烛，度不灭者久之"①的"人鱼膏"，后来或写作"人膏"。

如《汉书》卷36《刘向传》载刘向对厚葬的批评，说到秦始皇陵成为厚葬史上的极端案例：

> 秦始皇帝葬于骊山之阿，下锢三泉，上崇山坟，其高五十余丈，周回五里有余；石椁为游馆，人膏为灯烛，水银为江海，黄金为凫雁。珍宝之臧，机械之变，棺椁之丽，宫馆之盛，不可胜原。

特别说到"人膏为灯烛"。②《通志》卷78上《宗室传第一上·前汉》"刘向"条引"人膏为灯烛"说。③ 宋人宋敏求《长安志》卷15《县五》引《刘向传》也作"人膏为灯烛"。④ 罗璧《识遗》卷2《历代帝陵》引作"人膏为灯油"。⑤《太平御览》卷870引《史记》曰："始皇冢中以人膏为烛。"⑥刘向"人膏"之说，历代学者多所取信。王益之《西汉年纪》卷26⑦、徐天麟《西汉会要》卷19《礼十四》、杨侃《两汉博闻》卷4⑧，明人李光璠《两汉萃宝评林》卷上⑨、梅鼎祚《西汉文纪》卷17⑩、吴国伦《秦汉书疏·西汉书疏》卷5《汉成帝》⑪、严衍《资治通鉴补》卷31《汉纪

---

① 《史记》，第265页。
② 《汉书》，第1954页。清乾隆武英殿刻本《汉书》有注文："宋祁曰：《史记》作'人鱼膏'。"
③ （宋）郑樵撰：《通志》，中华书局1987年版，第917页。
④ （宋）宋敏求撰，辛德勇、郎洁点校：《长安志》，三秦出版社2013年版，第462页。
⑤ （宋）罗璧：《识遗》，岳麓书社2010年版，第27页。
⑥ （宋）李昉等撰：《太平御览》，第3856页。
⑦ （宋）王益之撰，王根林点校：《西汉年纪》，中华书局2018年版，第557页。
⑧ （宋）杨侃撰，车承瑞点校：《两汉博闻》，黑龙江人民出版社1990年版，第244页。
⑨ （明）李光璠：《两汉萃宝评林》，《四库未收书辑刊》第1辑，第21册，第508页。
⑩ （明）梅鼎祚：《两汉文纪》，《景印文渊阁四库全书》第1396册，第529页。
⑪ （明）吴国伦：《秦汉书疏·西汉书疏》，《续修四库全书》第462册，上海古籍出版社2013年版，第120页。

二三》①，清人沈青峰《雍正陕西通志》卷 70《陵墓一·临潼县》及卷 86《艺文二·奏疏》②，严长明《乾隆西安府志》卷 70《艺文志下》③，均言"人膏"。所谓"人膏"，容易理解为人体脂肪。④ 值得注意的史料有《金史》卷 5《海陵亮纪》："煮死人膏以为油。"《金史》卷 129《佞幸传·李通》："煮死人膏为油用之。"⑤以人体脂肪作为照明燃料的情形，又见于《后汉书》卷 72《董卓传》的记载：吕布杀董卓，"士卒皆称万岁，百姓歌舞于道。长安中士女卖其珠玉衣装市酒肉相庆者，填满街肆"，"乃尸卓于市。天时始热，卓素充肥，脂流于地。守尸吏然火置卓脐中，光明达曙，如是积日"。⑥

---

① (明)严衍：《资治通鉴补》第 2 册，上海古籍出版社 2007 年版，第 257 页。

② (清)沈青峰：《雍正陕西通志》，《景印文渊阁四库全书》，第 555 册，第 229 页；第 556 册，第 135 页。

③ (清)舒其绅修，严长明等纂，何炳武总点校，董健桥审校，高叶青、党斌校点：《西安府志》，三秦出版社 2011 年版，第 1533 页。

④ 《通典》卷 171《州郡》："秦汉之后，以重敛为国富，卒众为兵强，拓境为业大，远贡为德盛，争城杀人盈城，争地杀人满野。用生人膏血，易不殖土田。小则天下怨咨，群盗蜂起；大则殒命歼族，遗恶万代，不亦谬哉！"(唐)杜佑撰：《通典》，中华书局据商务印书馆万有文库十通本 1984 年影印版，第 907 页。金元好问《长城》诗有关秦史的感叹也说到"生人膏血"："秦人一铄连鸡翼，六国萧条九州一。祖龙跋扈侈心开，牛豕生民付砧碣。诗书简册一炬空，欲与三五争相雄。阿房未了蜀山上，石梁拟驾沧溟东。生人膏血俱枯竭，更筑长城限裘褐。卧龙隐隐半天下，首出天山尾辽碣。岂知亡秦非外兵，宫中指鹿皆庸奴。骊原宿草犹未变，咸阳三月为丘墟。黄沙白草弥秋塞，惟有坡陁故基在。短衣匹马独归时，千古兴亡成一慨。"(金)元好问撰，萧和陶点校：《中州集》，华东师范大学出版社 2014 年版，第 329 页。

⑤ 对于所谓"人膏"，又有其他理解。如宋唐慎微《证类本草》卷 4："仰天皮，无毒，主卒心痛中恶，取人膏和作丸服之一七丸。人膏者，人垢汗也。揩取仰天皮者，是中庭内停污水后干地皮也。取卷起者，一名掬天皮，亦主人马反花疮，和油涂之佳。"(宋)唐慎微撰，尚志均等校点：《证类本草》，华夏出版社 1993 年版，第 118 页。以"人垢汗"解"人膏"，与可以"煮""为油"的"人膏"明显不同，但也是取自人身。

⑥ 南朝陈徐陵《劝进梁元帝表》以此与姜维故事并说："既挂胆于西州，方燃脐于东市。"(宋)李昉等编：《文苑英华》卷 600，中华书局 1966 年版，第 3114 页。杜甫《郑驸马池台喜遇郑广文同饮》诗也写道："燃脐郿坞败，握节汉臣回。"(宋)黄希、黄鹤补注：《补注杜诗》卷 19，《景印文渊阁四库全书》第 1069 册，第 374 页。

　　然而，又有学者对"人膏"之猜测予以澄清。有宋代学者写道："人膏为灯烛。宋祁曰：《史记》作'人鱼膏'。"①明人张懋修说："《汉书·刘向传》谏厚葬有引始皇'人膏以为灯烛'语，明明落一'鱼'字，是后人校刊者削去耳。按始皇营骊山，令匠作机巧，作弩矢，有所穿近，矢辄射之，水银为江海，上具天文，珠玑为之，以人鱼膏为灯烛。按《山海经》：'人鱼膏燃，见风愈炽。'是始皇之防地风之息耳。始皇虽役徒七十万，匠人机巧，死者辄埋其下，然未闻锻人膏以为烛者。"②清王先谦《汉书补注》在《楚元王传》的内容中也写道："人膏为灯烛。宋祁曰：《史记》作'人鱼膏'。"③沈家本《诸史琐言》卷7"人膏为灯烛"条："《史记》作'人鱼膏'，按此当从《史记》，秦虽虐，未必用人膏。"④

　　也有学者指出，所谓"人膏"者，其实就是"鱼膏"，如明李时珍《本草纲目》卷44《鳞之三》"鯑鱼"条《集解》引弘景曰："人鱼，荆州临沮青溪多有之……其膏然之不消耗，秦始皇骊山冢中所用人膏是也。"⑤又清袁枚《随园诗话》卷15引赵云松《从李相国征台湾》云："人膏作炬燃宵黑，鱼眼如星射水红。"⑥其中所谓"人膏"，可能就是"鱼膏"。

　　值得我们注意的，是对于"人膏"或"人鱼膏"的解释，或涉及"鲸鱼"。如清方旭《虫荟》卷4《鳞虫》"鲵鱼"条："鲵鱼膏燃之不灭，秦始皇骊山冢中所用'人膏'即此。或曰即鲸之雌者，误。"⑦

二、"人鱼""出东海中"说

　　秦始皇陵地宫所谓"以人鱼膏为烛，度不灭者久之"，《水经注·渭水下》作"以人鱼膏为灯烛，取其不灭者久之"，《太平御览》卷560引《皇览·冢墓记》作"以人鱼膏为灯，度久不灭"。对于所谓"人鱼"，认识有所不同。

①　(宋)佚名：《汉书考正》，《续修四库全书》第265册，第46页。
②　(明)张懋修：《墨卿谈乘》卷3《史集》"人膏灯烛"条，《四库未收书辑刊》第3辑，第28册，第54页。
③　(清)王先谦：《汉书补注》，第962页。
④　沈家本：《诸史琐言》，《续修四库全书》第451册，第697页。
⑤　(明)李时珍编纂，刘衡如、刘山水校注：《本草纲目》，华夏出版社2011年版，第1634页。清胡世安《异鱼图赞补》卷中《倮虫鱼》引陶弘景云："人鱼膏燃之不消，秦皇骊冢所用人膏是也。"《景印文渊阁四库全书》第847册，第745页。
⑥　(清)袁枚著，顾学颉校点：《随园诗话》，人民文学出版社1982年版，第530页。
⑦　(清)方旭：《虫荟》，《续修四库全书》第1120册，第218页。

裴骃《集解》："徐广曰：'人鱼似鲇，四脚。'"张守节《正义》引录了对"人鱼"的不同解说："《广志》云：'鲵鱼声如小儿啼，有四足，形如鳢，可以治牛，出伊水。'《异物志》云：'人鱼似人形，长尺余。不堪食。皮利于鲛鱼，锯材木入。项上有小穿，气从中出。秦始皇冢中以人鱼膏为烛，即此鱼也。出东海中，今台州有之。'按：今帝王用漆灯冢中，则火不灭。"此说所言秦始皇陵用以照明的"人鱼膏"的"人鱼""出东海中"，应当看作重要的早期海洋学的信息。

赤壁之战时，周瑜部下黄盖的船队曾以"鱼膏"作火攻燃料。《三国志》卷54《吴书·周瑜传》裴松之注引《江表传》曰："至战日，盖先取轻利舰十舫，载燥荻枯柴积其中，灌以鱼膏，赤幔覆之，建旌旗龙幡于舰上。"①《三国志》卷15《魏书·刘馥传》记载，刘馥为扬州刺史，于合肥建立州治，"高为城垒，多积木石，编作草苫数千万枚，益贮鱼膏数千斛，为战守备。建安十三年卒。孙权率十万众攻围合肥城百余日，时天连雨，城欲崩，于是以苫蓑覆之，夜然脂照城外，视贼所作而为备，贼以破走。"②以"鱼膏""为战守备"，实战中"夜然脂照城外，视贼所作而为备"，即用以照明。③ 以鱼类脂肪作照明燃料的情形，又见于《说郛》卷52上王仁裕《开元天宝遗事》"馋鱼灯"条："南中有鱼，肉少而脂多。彼中人取鱼脂炼为油，或将照纺织机杼，则暗而不明；或使照筵宴，造饮食，则分外光明。时人号为'馋鱼灯'。"④又如元人汪大渊《岛夷志略》"彭湖"条说当地"风俗"，可见"鱼膏为油"之说。⑤ 元人杨载《废檠》诗有"鱼膏虽有焰，蠹简独无缘"句，也说"鱼膏"作灯具燃料照明的情形。⑥ 清人陈元龙《格致镜原》卷50《日用器物类二·灯》"灯台"条引《稗史类编》："正德八年，琉球进玉脂灯台。油一两可照十夜，光焰鉴人毛发，风雨尘埃皆所不

---

① 《三国志》，第1263页。
② 《三国志》，第463页。
③ (明)罗贯中《三国志通俗演义》卷10作："作草苫数千枚，贮鱼膏数百斛，为守战之具。"上海古籍出版社1980年版，第468页。所记数量较《三国志》记载大幅度减少，应是作者未能理解这些"战守备"具体使用的情形。
④ (明)陶宗仪等编：《说郛三种》，上海古籍出版社1988年版，第2381页。
⑤ (元)汪大渊著，苏继庼校释：《岛夷志略校释》，中华书局1981年版，第13页。
⑥ (元)杨载：《杨仲弘集》诗集卷2《五言律诗》，福建人民出版社2007年版，第15页。

能侵。"①这里所说的"脂""油"，既出"琉球"，很可能是海鱼的脂肪。

明人胡世安《异鱼图赞补》卷中引陶弘景云："人鱼膏燃之不消，秦皇骊塚所用人膏是也。"又引《杂俎》："梵僧普提胜说异鱼，东海渔人言，近获一鱼，长五六尺，肠胃成胡鹿刀塑之状，号'秦皇鱼'。"②出"东海"之"秦皇鱼"与"秦皇骊塚所用人膏""人鱼膏"并说，值得我们注意。

以为"以人鱼膏为烛"的"人鱼""出东海中"，为"东海渔人"所识的说法，是值得重视的。

三、"鱼灯"和"鲸灯"

清人吴雯《此身歌柬韩元少先生》咏叹古来厚葬风习，有诗句似乎涉及秦陵葬制："总使千秋尚余虑，金蚕玉盌埋丘垄。水银池沼杂凫雁，可怜长夜鱼灯红。"除"水银池沼"外，又说到"鱼灯"。③

《艺文类聚》卷80引梁简文帝《咏烟》诗曰："浮空覆杂影，含露密花藤。乍如洛霞发，颇似巫云登。映光飞百仞，从风散九层。欲持翡翠色，时吐鲸鱼灯。"④说到"鲸鱼灯"光飞烟吐的情形。南朝陈江总《杂曲三首》之三又可见"鲸灯"："鲸灯落花殊未尽，虬水银箭莫相催。"⑤所谓"鲸灯"或"鲸鱼灯"，我们不清楚定名的原因，是因为形制仿拟鲸鱼，还是以鲸鱼的"膏"作为燃料。

中原居民对鲸鱼早有认识。宋正海、郭永芳、陈瑞平《中国古代海洋学史》写道："关于鲸类，不晚于殷商，人们对它已有认识。安阳殷墟出土的鲸鱼骨即可为证。"⑥据德日进、杨钟健《安阳殷墟之哺乳动物群》记载，殷墟哺乳动物骨骼发现有："鲸鱼类　若干大脊椎骨及四肢骨。但均保存破碎，不能详为鉴定。但鲸类遗存之见于殷墟中，乃确切证明安阳动物群之复杂性。有一部，系人工搬运而来也。"⑦秦都咸阳兰池宫据说有仿拟海洋的湖泊，其中

---

① （清）陈元龙：《格致镜原》，《景印文渊阁四库全书》第1032册，第39页。
② （清）胡世安：《异鱼图赞补》，《景印文渊阁四库全书》第847册，第745页。
③ （清）吴雯：《莲洋诗钞》卷2《七古》，《景印文渊阁四库全书》第1322册，第311页。
④ （唐）欧阳询撰，汪绍楹校：《艺文类聚》，第1378页。
⑤ （宋）郭茂倩编：《乐府诗集》卷77，中华书局1979年版，第1092页。
⑥ 宋正海、郭永芳、陈瑞平：《中国古代海洋学史》，海洋出版社1989年版，第348页。
⑦ 《中国古生物志》丙种第十二号第一册，实业部地质研究所、国立北平研究院地质学研究所中华民国二十五年六月印行，第2页。此信息之获得承袁靖教授赐示，谨此致谢。

放置鲸鱼模型。①《史记》卷12《孝武本纪》言建章宫"大池""渐台"，司马贞《索隐》引《三辅故事》："殿北海池北岸有石鱼，长二丈，宽五尺。"秦封泥有"晦池之印"。②"晦"可以读作"海"。"晦池"就是"海池"。③《史记》卷6《秦始皇本纪》记载："始皇梦与海神战，如人状。问占梦，博士曰：'水神不可见，以大鱼蛟龙为候。今上祷祠备谨，而有此恶神，当除去，而善神可致。'乃令入海者赍捕巨鱼具，而自以连弩候大鱼出射之。自琅邪北至荣成山，弗见。至之罘，见巨鱼，射杀一鱼。遂并海西。"这里所谓"大鱼""巨鱼"，有人认为就是"鲸鱼"。④ 有关鲸鱼死亡"膏流九顷"的记载⑤，说明鲸鱼脂肪受到的重视。人

---

① 《史记》卷6《秦始皇本纪》记载："三十一年十二月……始皇为微行咸阳，与武士四人俱，夜出逢盗兰池。"张守节《正义》引《括地志》："兰池陂即古之兰池，在咸阳县界。"又写道："《秦记》云：'始皇都长安，引渭水为池，筑为蓬、瀛，刻石为鲸，长二百丈。'逢盗之处也。"第251页。《续汉书·郡国志一》"京兆尹长安"条写道："有兰池。"刘昭注补："《史记》曰：'秦始皇微行夜出，逢盗兰池。'《三秦记》曰：'始皇引渭水为长池，东西二百里，南北三十里，刻石为鲸鱼二百丈。'"《后汉书》，第3403页。唐代学者张守节以为《秦记》的记载，南朝梁学者刘昭却早已明确指出由自《三秦记》。我们又看到《说郛》卷61上《辛氏三秦记》"兰池"条确实有这样的内容："秦始皇作兰池，引渭水，东西二百里，南北二十里，筑土为蓬莱山。刻石为鲸鱼，长二百丈。"（明）陶宗仪等编：《说郛三种》，第2808页。《三秦记》或《辛氏三秦记》的成书年代要晚得多。这样说来，秦宫营造海洋及海中神山模型的记载，可信度不免要打折扣了。不过，秦咸阳宫存在仿海洋的人工湖泊的可能性还是存在的。
② 路东之编著：《问陶之旅——古陶文明博物馆藏品掇英》，紫禁城出版社2008年版，第171页。
③ 参见王子今：《秦汉宫苑的"海池"》，《大众考古》2014年第2期。
④ 如唐李白《古风五十九首》之三："秦皇扫六合，虎视何雄哉。挥剑决浮云，诸侯尽西来。……连弩射海鱼，长鲸正崔嵬。额鼻象五岳，扬波喷云雷。鬐鬣蔽青天，何由睹蓬莱。徐市载秦女，楼船几时回。但见三泉下，金棺葬寒灰。"（清）王琦注：《李太白全集》，中华书局1977年版，第92页。元吴莱《昭华管歌》诗："临洮举杵送役夫，碣石挟弩射鲸鱼。"《渊颖集》卷4，《景印文渊阁四库全书》第1209册，第76页。
⑤ 《太平御览》卷938引《魏武四时食制》曰："东海有大鱼如山，长五六丈，谓之鲸鲵。次有如屋者。时死岸上，膏流九顷，其须长一丈，广三尺，厚六寸，瞳子如三升碗大，骨可为方臼。"《景印文渊阁四库全书》第901册，第364页。中华书局1960年用上海涵芬楼影印宋本复制重印版"膏流九顷"作"亳流九顷"，"骨可为方臼"作"骨可为矛矜"。第4167页。

类利用鲸鱼脂肪的历史相当久远。① 中国海洋史上比较确切的有关取鲸鱼脂肪作照明燃料成为经济生活重要内容的记载，可能始自明代。骆国和《湛江鲸鱼史话》说："自明朝起，雷州府的捕鲸已远近闻名。鲸鱼脂肪非常丰富，厚达十几至几十厘米，渔民很早已会用鲸脂制油，作为渔业实物税，向朝廷进贡。古时没有煤油，用鲸油点灯照明，无烟无臭耐用，是宫廷最为欢迎的贡品。据记载，明洪武二十四年（1391年），雷州府进贡鲸油就有3184市斤28市两4市钱，首推遂溪进贡最多。到明弘治十五年（1502年）徐闻的鲸油上贡跃居雷州府首位，雷州府进贡鲸油为广东之冠。明末清初，捕鲸更是普遍。徐闻沿海的外罗、新寮、城内、白茅一带的海公船（捕鲸船），鼎盛时期达百艘。仅新寮六湾村就有30吨级帆船10艘，捕鲸人数过百，由此可见当时捕鲸业相当发达。"清人刘嗣绾《灯花四十韵》有诗句："到处鲸膏润，谁家蜡泪悬。罢书燕地烛，曾禁汉宫烟。"②即明说"鲸膏"用作照明燃料。

清人汤右曾《漫成》诗其一有这样的诗句："堂堂大将执枹鼓，汾阳远孙阚虓虎。莫道潭中巨鲤鱼，横海长鲸膏砧斧。"③所谓"横海长鲸膏砧斧"，甚至说到了取得"鲸膏"的具体方式。

中国人较早获得欧洲取"鲸油"为用的知识，见于魏源《海图国志》有关"北海隅之冰兰岛"的记载："其地近英国之北有法吕群岛，居民只十之七余，皆荒寒之地，惟业渔及水手。又有青地，广袤二万方里，居民二万四千。冰雪长年不消，无草木食物，居民捕鱼而饮其油。其鲸油所用甚广。各国之船入

---

① 《辞海·生物分册》"鲸目"条："皮肤下有一层厚的脂肪，借此保温和减少身体比重，有利浮游。""鲸"条写道："脂肪是工业原料。"上海辞书出版社1975年版，第561页。中国大百科全书出版社《简明不列颠百科全书》编辑部译编《简明不列颠百科全书》"鲸油"条："主要从鲸鱼脂肪中提取的水白色至棕色的油。16～19世纪，鲸油一直是制造肥皂的重要原料和重要的点灯油。"中国大百科全书出版社1985年版，第4卷，第439页。今按：滨海居民以鲸鱼脂肪作"重要的点灯油"的年代，其实要早得多。

② （清）刘嗣绾：《尚絅堂集·诗集》卷6《献赋集》，《清代诗文集汇编》第469册，上海古籍出版社2010年版，第145页。

③ （清）汤右曾：《怀清堂集》卷6，《景印文渊阁四库全书》第1325册，第491页。

夏与蛟鼍并伐取之。"①又严复《原富》载荷兰事:"凡干鱼及鲸鬐、鲸油,若他鱼膘,不由英船捕获晒制者,其进口税加倍。"②

秦始皇陵"以人鱼膏为烛,度不灭者久之"的"人鱼膏",如果确是鲸鱼脂肪,则也可以看作书写了以鲸鱼为对象的海洋资源开发史的重要一页。

有人认为,春秋齐国制作的人形铜灯,是以"鲸鱼脂肪"为燃料的照明工具。③ 如果所论确实,则可以说明齐人海洋开发的又一贡献。

四、"大秦"的"鲸鱼灯"

《艺文类聚》卷 80 引魏殷臣《鲸鱼灯赋》提供了年代更早的关于"鲸鱼灯"的信息:

> 横海之鱼,厥号惟鲸。普彼鳞族,莫与之京。大秦美焉,乃观乃详。写载其形,托于金灯。隆脊矜尾,鬐甲舒张。垂首俯视,蟠于华房。状欣欣以竦峙,若将飞而未翔。怀兰膏于胸臆,明制节之谨度。伊工巧之奇密,莫尚美于斯器。因绮丽以致用,设机变而罔匮。匪雕文之足玮,差利事之为贵。永作式于将来,来跨千载而弗坠。④

诗句明确说"横海之鱼,厥号惟鲸","写载其形,托于金灯",似乎说"鲸鱼灯"的形式是仿拟"普彼鳞族,莫与之京"的鲸鱼,甚至"隆脊矜尾,鬐甲舒张",又"垂首俯视,蟠于华房",而且"状欣欣以竦峙,若将飞而未翔",形象真实而生动。但是,我们又注意到,描写这种灯具的文字也关注到燃料的盛

---

① (清)魏源:《海国图志》卷 58《外大西洋》,《魏源全集》第 6 册,岳麓书社 2004 年版,第 1570 页。

② (清)严复著,张华荣点校:《原富》,汪征鲁、方宝川、马勇主编:《严复全集》第 2 卷,福建教育出版社 2014 年版,第 328 页。

③ 论者以"齐国人型铜灯和西汉鱼雁铜灯"为例,说明"从点燃篝火到被誉为'庭燎大烛'的大火把,从浇灌动物脂膏的小型火炬'脂烛'到以鲸鱼脂肪为原料的油灯"的照明史进程。"这盏铜灯主体为一个身穿短衣、圆眼阔口、腰束宽带的武士,他双手各擎一个带柄的灯盘,盘柄呈弯曲带叶的竹节形状。武士脚下为盘旋的龙形灯座,灯盘下面的子母榫口与盘柄插合。这盏灯具制作十分精巧,可根据需要随意拆装。灯旁有一把供添油用的长柄铜勺,证明这盏铜灯使用油脂点燃的性质和史实。"唐莉:《两盏铜台灯,一段照明史》,福州新闻网。

④ (唐)欧阳询撰,汪绍楹校:《艺文类聚》,第 1369 页。

储和使用:"怀兰膏于胸臆,明制节之谨度。伊工巧之奇密,莫尚美于斯器。因绮丽以致用,设机变而罔匮。"所谓"明制节之谨度",言可以光焰长久。而"伊工巧之奇密"与"设机变而罔匮",都强调机械结构设计和制作的巧妙。至于这种"鲸鱼灯""胸臆"中所怀储的"兰膏",是否可能取自"鲸鱼"的脂肪,就现有资料而言似乎不得而知。但是我们读《艺文类聚》卷 80 引周庾信《灯赋》:"香添燃蜜,气杂烧兰。烬长宵久,光青夜寒。秀帐掩映,魿膏照灼。动鳞甲于鲸鱼,焰光芒于鸣鹤。"①其中"魿膏照灼",明确说是以鱼类脂肪作燃料。所谓"动鳞甲于鲸鱼,焰光芒于鸣鹤",应是指灯具造型有仿"鸣鹤"的设计,而言"鲸鱼"者,似未可排除"鲸""膏"作为燃料来源的可能,否则为什么要在这里说到"鲸鱼"呢?明人杨慎《羊皮彩灯屏》诗:"雁足悬秦殿,鲸膏朗魏宫。何似灵源鞭,扬辉玄夜中。百琲添绚烂,七采斗玲珑。洛洞金光彻,东岳玉华融。"②列说多种宫廷灯具,所谓"鲸膏朗魏宫",有可能与魏殷臣《鲸鱼灯赋》有关,是明确指出以"鲸膏"为燃料的。而与"魏宫"对仗工整的"秦殿"句,暗示作者对于秦始皇陵灯烛的认识可能与"鲸膏"有关。清人翟灏《小隐园灯词为杭董浦赋》之三:"冰池倒影薄银纱,槭树无春也著花。颇笑月娥佳思短,鲸膏未尽影先斜。"③则说非宫廷使用的一般的"灯"也以"鲸膏"作为燃料。

《鲸鱼灯赋》的作者魏殷臣去秦并不很遥远,所说"大秦美焉,乃观乃详",使我们自然联想到秦始皇陵地宫的照明设施。而《太平御览》卷 870 引《三秦记》果然有这样明确的说法:"始皇墓中,燃鲸鱼膏为灯。"④

清人洪亮吉《华清宫》诗写道:"秦皇坟上野火红,万人烧瓦急筑宫。筑基须深劚山破,百世防惊祖龙卧。云暄日丽开元朝,祖龙此时庶解嘲。人间才按羽衣曲,地下未烬鲸鱼膏。前人愚,后人巧,工作开元逮天宝。离宫别馆卅里环,罗绮障眼如无山。红阑影向空中折,高处疑通广寒窟。"⑤所谓"地下

---

① (唐)欧阳询撰,汪绍楹校:《艺文类聚》,第 1370 页。
② (明)杨慎:《升庵集》卷 22《五言排律》,《景印文渊阁四库全书》第 1270 册,第 177 页。
③ (清)翟灏:《无不宜斋未定稿》卷 2,《续修四库全书》第 1441 册,第 278 页。
④ (宋)李昉等撰:《太平御览》,第 3855 页。
⑤ (清)洪亮吉:《卷施阁集·诗》卷 2《凭轼西行集》,《续修四库全书》第 1467 册,第 459 页。

未烬鲸鱼膏"，对于"秦皇坟""地下"的照明燃料，判断为"鲸鱼"脂肪。清人董佑诚《与方彦书》有"读碣骊坂"语，带读者进入秦陵神秘境界，又言"而玉盌夜闭，幽磷星飞，铜仙秋寒，铅泪露咽，鲸膏未烬而劫灰已平矣"①，也明确说"骊坂"之下，燃烧的是"鲸鱼膏"。

当然，秦始皇陵"人鱼膏"之谜的彻底解开，地宫照明用燃料材质的最终认定，应当有待于依据考古工作收获的确切判断。

《艺文类聚》卷80引周庾信《灯赋》曰："九龙将暝，三爵行栖。琼钩半上，弱木全低。乃有百枝同树，四照连盘。香添燃蜜，气杂烧兰。烬长霄久，光青夜寒。秀帐掩映，鲅膏照灼。动鳞甲于鲸鱼，焰光芒于鸣鹤。"②明确说到"鲅膏照灼""动鳞甲于鲸鱼"，可以作为我们思考秦始皇陵"人鱼膏"问题时的参考。其中"烬长霄久"，清人吴兆宜《庾开府集笺注》卷1"霄"作"宵"，显然更为合理。"鲅膏照灼"作"蚖膏照灼"，注："《淮南子万毕术》：取蚖脂为灯，置水中，即见诸物。"虽"蚖"字从虫，而"灯"亦"置水中"。而"动鳞甲于鲸鱼"句注："《西京杂记》：秦有青玉五枝灯，下作蟠螭，口衔灯，然则鳞甲皆动。魏殷臣《鲸鱼灯赋》：普彼鳞族，莫与之京。又鬐甲舒张。"③联系魏殷臣《鲸鱼灯赋》，言及"鳞族""鬐甲"，相关文字将"秦"的文物遗存与海洋生物学的知识相联系，对我们的思考有所启示。作为探索秦汉海洋文化的学术任务之一，重视若干文学现象的学术联系，参考后世学者对相关文化现象的判断，应当是有意义的。

---

①　(清)董佑诚：《董方立文集》文乙集卷上，《续修四库全书》第1518册，第23页。

②　(唐)欧阳询撰，汪绍楹校：《艺文类聚》，第1370页。

③　(清)吴兆宜：《庾开府集笺注》，《景印文渊阁四库全书》第1064册，第24页。

第二章　秦汉海洋航运

　　史籍还可见近海航行的资料。《左传·哀公十年》：吴大夫徐承"帅舟师将自海入齐，齐人败之，吴师乃还"。① 《国语·吴语》：越王句践袭吴，命范蠡等"率师沿海泝淮以绝吴路"。② 范蠡在灭吴之后，"装其轻宝珠玉，自与其私徒属乘舟浮海以行，终不反"。③ 孔子所谓"道不行，乘桴浮于海"④，也反映近海航运条件的成熟。战国时期的商业运输更为发达。"北海则有走马吠犬焉，然而中国得而畜使之；南海则有羽翮齿革曾青丹干焉，然而中国得而财之；东海则有紫紶鱼盐焉，然而中国得而衣食之；西海则有皮革文旄焉，然而中国得而用之。"⑤秦汉时期，近海航运与海外交通都取得重要的历史性进步。在中国古代海洋航运史研究这一学术主题中，秦汉海洋航运值得予以特别的关注。

---

①　(晋)杜预：《春秋左传集解》，第 1766 页。

②　徐元诰撰，王树民、沈长云点校：《国语集解》(修订本)，第 545 页。

③　《史记》卷 41《越王句践世家》，第 1752 页。

④　《论语·公冶长》，程树德撰，程俊英、蒋见元点校：《论语集释》，中华书局 1990年版，第 299 页。

⑤　《荀子·王制》，(清)王先谦撰，沈啸寰、王星贤点校：《荀子集解》，第 161—162 页。

第一节　渤海航运与环渤海地区的文化联系

《禹贡》说冀州贡道："岛夷皮服，夹右碣石入于河。"①可知战国时期渤海沿岸及海上居民已利用航海方式实现经济往来。② 山东半岛沿岸居民也较早开通近海航线，齐建国初，即重视海洋资源的开发，"便鱼盐之利"，以致"人民多归齐，齐为大国"。③ 又利用沿海交通较为优越的条件发展经济，力求富足，于是有"海王之国"的执政目标。④ 齐景公曾游于海上而乐之，据说六月不归。⑤ 齐人习于海事，又见于《史记》卷46《田敬仲完世家》："太公乃迁康公于海上，食一城。"⑥《韩非子·外储说右上》："齐东海上有居士曰狂矞、华士。"⑦刘邦破楚，田横"与其徒属五百余人入海，居岛中"，刘邦以其"在海中不收"而深感不安。⑧ 居于东海之滨，所谓"以船为车，以楫为马，往若飘风，去则难从"⑨的吴越人，也较早掌握了航海技术。吴王夫差曾"从海上攻齐，

①　(清)胡渭著，邹逸麟整理：《禹贡锥指》，第 58 页。
②　关于《禹贡》成书年代，参见史念海：《论〈禹贡〉的著作年代》，《河山集》二集，生活·读书·新知三联书店 1981 年版。
③　《史记》卷 32《齐太公世家》，第 1480 页。
④　《管子》卷 22《海王》，马非百：《管子轻重篇新诠》，第 192 页。
⑤　《说苑·正谏》："齐景公游于海上而乐之，六月不归，令左右曰：'敢有先言归者致死不赦！'"(汉)刘向撰，赵善诒疏证：《说苑疏证》，华东师范大学出版社 1985 年版，第 240 页。《韩非子·十过》则以为田成子事："昔者田成子游于海而乐之，号令诸大夫曰：'言归者死！'"《韩非子·外储说左上》则说到"齐景公游少海"，《外储说右上》作"景公与晏子游于少海"。陈奇猷以为"少海"，当即《十过》所谓"海"，"'少海'、'海上'、'海'当为一地"。"《晏子外篇》作菑。"陈奇猷校注：《韩非子集释》，第 659、728、192—193 页。《山海经·东山经》："无皋之山，南望幼海。"郭璞注："即少海也。"《淮南子》曰：'东方大渚曰少海。'"袁珂校注：《山海经校注》，上海古籍出版社 1980 年版，第 112—113 页。
⑥　《史记》，第 1886 页。
⑦　陈奇猷校注：《韩非子集释》，第 722 页。
⑧　《史记》卷 94《田儋列传》，第 2647 页。
⑨　《越绝书》卷 8《外传记地传》，(东汉)袁康、吴平辑录，乐祖谋点校：《越绝书》，上海古籍出版社 1985 年版，第 58 页。

齐人败吴，吴王乃引兵归"①，开创了海上远征的历史纪录。而所谓"齐人败吴"，体现齐国海上作战能力的优越。夫差与晋公会盟黄池，"越王句践乃命范蠡、舌庸率师沿海泝淮以绝吴路"。② 越徙都琅邪，也是一次大规模的航海行动，其武装部队的主力为"死士八千人，戈船三百艘"，据说"初徙琅琊，使楼船卒二千八百人伐松柏以为桴"。③ 通过近海航运能力优势表现的越国霸业的基础，是在齐地琅邪得以显示的。而诸多迹象更突出地反映了齐人航海技术的领先地位。这一情形又成为渤海航运得以较早开发的重要条件。而以此为背景的秦汉时期浮渤海移民，改变了辽东和朝鲜半岛的人口构成，促进了当地经济文化的进步，在东方文明史册上书写了富有光彩的一页。

一、"燕、齐海上方士"的活跃

对于秦及西汉上层社会造成莫大影响的海上三神山的传说，其实由来于"燕、齐海上方士"直接或间接的航海见闻。秦皇汉武皆曾沉迷于对海上仙境及不死之药的狂热追求。《史记》卷28《封禅书》记载：

> 自威、宣、燕昭使人入海求蓬莱、方丈、瀛洲。此三神山者，其傅在勃海中，去人不远；患且至，则船风引而去。盖尝有至者，诸仙人及不死之药皆在焉。其物禽兽尽白，而黄金银为宫阙。未至，望之如云；及到，三神山反居水下。临之，风辄引去，终莫能至云。世主莫不甘心焉。及至秦始皇并天下，至海上，则方士言之不可胜数。始皇自以为至海上而恐不及矣，使人乃赍童男女入海求之。船交海中，皆以风为解，曰未能至，望见之焉。其明年，始皇复游海上，至琅邪，过恒山，从上党归。后三年，游碣石，考入海方士，从上郡归。后五年，始皇南至湘山，遂登会稽，并海上，冀遇海中三神山之奇药。不得，还至沙丘崩。④

未得神山奇药，是秦始皇死而遗恨的事。《史记》卷6《秦始皇本纪》记载："齐

---

① 《史记》卷31《吴太伯世家》，第1473页。
② 《国语》卷19《吴语》，徐元诰撰，王树民、沈长云点校：《国语集解》（修订本），第545页。
③ 《越绝书》卷8《外传记地传》，（东汉）袁康、吴平辑录，乐祖谋点校：《越绝书》，第58、62页。
④ 《史记》，第1369—1370页。

人徐市等上书，言海中有三神山，名曰蓬莱、方丈、瀛洲，仙人居之。请得斋戒，与童男女求之。于是遣徐市发童男女数千人，入海求仙人。"①这是世界航海史上具有重要意义的海上航行。② 徐市并非一去不返。秦始皇二十八年(前219)遣徐市入海。相关记录，又有三十二年(前215)"使燕人卢生求羡门、高誓"，"因使韩终、侯公、石生求仙人不死之药"，"燕人卢生使入海还"。三十五年(前212)秦始皇因"徐市等费以巨万计，终不得药，徒奸利相告日闻"而怒，后竟成为坑杀诸生的因由之一。三十七年(前210)，"方士徐市等入海求神药，数岁不得，费多，恐谴，乃诈曰：'蓬莱药可得，然常为大鲛鱼所苦，故不得至，愿请善射与俱，见则以连弩射之。'""乃令入海者赍捕巨鱼具。"③徐市入海求仙人神药，前后历时8年，曾数次往返。《史记》卷118《淮南衡山列传》所谓"徐福得平原广泽，止王不来"，当是秦始皇三十七年最后一次入海事。与徐市同时因入海求仙著名的航海家，还有卢生、韩终(又作韩众)、侯公(又作侯生)、石生等。④ 所谓"燕、齐海上方士"同时作为航海家，应当也是渤海早期航运事业开发的先行者。

汉武帝尤敬鬼神之祀。《史记》卷28《封禅书》说："燕、齐海上之方士传其术不能通，然则怪迂阿谀苟合之徒自此兴，不可胜数也。"燕、齐神仙迷信在汉武帝时代曾经出现"震动海内"的热潮。⑤ 元光二年(前133)，方士李少君又进言海中仙人事，谓"祠灶则致物，致物而丹沙可化为黄金，黄金成以为饮食

---

① 《史记》，第247页。

② 参见王子今：《秦汉神秘主义信仰体系中的"童男女"》，《周秦汉唐文化研究》第5辑，三秦出版社2007年版。

③ 《史记》，第251、252、258、263页。

④ 《史记》卷6《秦始皇本纪》：三十五年(前212)，"卢生说始皇曰：'臣等求芝奇药仙者常弗遇，类物有害之者。'……愿上所居宫毋令人知，然后不死之药殆可得也。'"始皇又因侯生、卢生相与谋而大怒曰："今闻韩众去不报，徐市等费以巨万计，终不得药，徒奸利相告日闻。卢生等吾尊赐之甚厚，今乃诽谤我，以重吾不德也。"第257、258页。

⑤ 据《史记》卷28《封禅书》，自方士李少君之后，"海上燕、齐怪迂之方士多更来言神事矣"。胶东人栾大亦曾经以方术贵宠，"佩六印，贵震天下，而海上燕、齐之间，莫不搤捥而自言有禁方，能神仙矣"。第1369、1386、1391页。《汉书》卷25下《郊祀志下》则有这样的记载："元鼎、元封之际，燕、齐之间方士瞋目扼掔，言有神仙祭祀致福之术者以万数。"第1260页。

器则益寿，益寿而海中蓬莱仙者乃可见，见之以封禅则不死，黄帝是也。臣尝游海上，见安期生，安期生食巨枣，大如瓜。安期生仙者，通蓬莱中，合则见人，不合则隐"。于是汉武帝"始亲祠灶，遣方士入海求蓬莱安期生之属"。元鼎四年(前113)，方士栾大又自称"臣常往来海中、见安期、羡门之属"，受到汉武帝信用，以卫长公主妻之，后东入海，求其师。栾大数月之内佩六印，贵震天下，"而海上燕齐之间莫不搤捥而自言有禁方，能神仙矣"。于是又多有"入海求蓬莱者"。元封元年(前110)，汉武帝"东巡海上，行礼祠八神"，一时"齐人之上疏言神怪奇方者以万数，然无验者。乃益发船，令言海中神山者数千人求蓬莱神人"。这是秦始皇之后又一次政府组织的大规模的航海活动。汉武帝本人也"宿留海上，予方士传车及间使求仙人以千数"。又于封泰山之后，因"方士更言蓬莱诸神若将可得，于是上欣然庶几遇之，乃复东至海上望，冀遇蓬莱焉"。元封二年(前109)，汉武帝又至东莱，"宿留之数日"，"复遣方士求神怪采芝药以千数"。太初元年(前104)，再次"东至海上，考入海及方士求神者，莫验，然益遣，冀遇之"。于禅高里、祠后土之后，又"临勃海，将以望祀蓬莱之属，冀至殊廷焉"。① 太初三年(前102)又"东巡海上，考神仙之属"。司马迁说："方士之候祠神人，入海求蓬莱，终无有验。"汉武帝对海上神山传说仍迷信不疑，反复组织入海寻求，"羁縻不绝，冀遇其真"，此后，"方士言神祠者弥众，然其效可睹矣"。② 天汉二年(前99)，汉武帝又"行幸东海"，太始三年(前94)，还曾亲自"浮大海"，征和四年(前89)，又"行幸东莱，临大海"。③ 汉武帝冀求得遇海上仙人的偏执心理，促使他在位54年间，至少8次巡行海岸，甚至亲自"浮海"航行，前后40余年连续发船"入海求蓬莱"，参与者往往以千万数，在中国神话史、探险史和航海史上，都留下了引人注目的记录。

---

① 《史记》卷28《封禅书》记载，是年还长安后，作建章宫，前殿"其北治大池，渐台高二十余丈，命曰太液池，中有蓬莱、方丈、瀛洲、壶梁，象海中神山龟鱼之属"。这也体现出对海上神山传说的沉迷。第1385、1390、1391、1393、1397、1399、1401、1402页。
② 《史记》卷28《封禅书》，第1403—1404页。
③ 《汉书》卷6《武帝纪》，第203、207、210页。

二、"燕、齐之疆"，"缘海之边"

秦汉时期文献中，多见"燕、齐"连称之例。

例如《史记》卷 27《天官书》："燕、齐之疆，候在辰星，占于虚、危。"①就大的区域划分来说，"燕、齐"，有时可以被视为一体。又如，《史记》卷 8《高祖本纪》："使韩信等辑河北赵地，连燕、齐……"②《史记》卷 30《平准书》："彭吴贾灭朝鲜，置沧海之郡，则燕、齐之间靡然发动。"③《史记》卷 73《白起王翦列传》："王翦子王贲，与李信破定燕、齐地。"④《史记》卷 92《淮阴侯列传》："燕、齐相持而不下，则刘项之权未有所分也。"⑤《史记》卷 100《季布栾布列传》："燕、齐之间皆为栾布立社，号曰栾公社。"⑥《史记》卷 129《太史公自序》："信拔魏、赵，定燕、齐，使汉三分天下有其二。"⑦《汉书》卷 51《贾山传》："为驰道于天下，东穷燕、齐，南极吴、楚，江湖之上，濒海之观毕至。"⑧《后汉书》卷 28 下《冯衍传》："瞻燕、齐之旧居兮，历宋、楚之名都。"⑨"燕、齐"连称，又见于《史记》卷 30《封禅书》、《史记》卷 115《朝鲜列传》、《汉书》卷 25《郊祀志》、《后汉书》卷 85《东夷传》等。

扬雄《方言》举列的方言区划，是包括"燕、齐"或"燕、齐之间"的。如《方言》卷 3："燕、齐之间养马者谓之娠。官婢女厮谓之娠。"⑩卷 5："飤马橐，自关而西谓之裺囊，或谓之裺筼，或谓之楼筼。燕、齐之间谓之帺。"⑪卷 6："抠揄，旋也。秦晋凡物树稼早成熟谓之旋。燕、齐之间谓之抠揄。"卷 7：

① 《史记》，第 1346 页。
② 《史记》，第 373 页。
③ 《史记》，第 1421 页。
④ 《史记》，第 2341 页。
⑤ 《史记》，第 2618 页。
⑥ 《史记》，第 2734 页。
⑦ 《史记》，第 3315 页。
⑧ 《汉书》，第 2328 页。
⑨ 《后汉书》，第 992 页。
⑩ 《初学记》卷 19 引《方言》："燕、齐之间养马者及奴婢女厮皆谓之娠。"(唐)徐坚等著：《初学记》，第 463 页。
⑪ 清人钱绎说："卷三云：'燕齐之间养马者谓之娠。'飤马橐亦谓之帺，义相因也。"(清)钱绎撰集，李发舜、黄建中点校：《方言笺疏》，中华书局 1991 年版，第 99、194 页。

"希、铄，摩也。燕、齐摩铝谓之希。"①

显然，秦汉时期，燕、齐之地具有相对比较接近的区域文化风格，而就其文化地理条件来说，最引人注目者，是同样濒临当时或写作"勃海""浡海""渤澥"的渤海，既为"缘海之边"，又呈环绕之势。

秦并天下，临勃海置辽东、辽西、右北平、临淄、胶东诸郡。

汉初，高帝五年(前202)之形势，环勃海地区有燕国(临勃海有辽东、辽西、右北平、渔阳、广阳诸郡)、赵国(临勃海有巨鹿郡)，及济北、临淄、胶东诸郡。汉高帝十二年(前195)之形势，临勃海为燕国、赵国、齐国疆土。汉文帝统治后期，滨勃海地区除直属中央政权的勃海郡辖有有限的海岸以外，其余分别属燕国、济北国、齐国、淄川国、胶东国所有。平定吴楚七国之乱后，汉景帝乘势收取诸侯王国属郡归汉，特别重视收夺边郡的管辖权。于是燕国旧有的辽东、辽西、右北平、渔阳诸郡直属中央，而济北国临勃海地区置平原郡，胶东国临勃海地区置东莱郡。除齐国、淄川国所有的勃海海岸大略不变外，燕国原有的临海地区丧失了十分之九以上，济北国和胶东国已经不再有入海口。②汉景帝的这一举措，体现了西汉王朝对濒临渤海地区的特殊重视。

在汉武帝实现新的统一之后，西汉王朝在环渤海地区置郡，依次为辽东、辽西、右北平、渔阳、勃海、千乘、齐、北海、东莱9郡。首府为蓟县(今北

---

① 周振鹤、游汝杰《方言与中国文化》在"两汉时代方言区划的拟测"一节写道："林语堂曾根据《方言》所引地名的分合推测汉代方言可分为十二个区域，即秦晋、郑韩周、梁西楚、齐鲁、赵魏之西北、魏卫宋、陈郑之东郊、楚之中部、东齐与徐、吴扬越、楚(荆地)、南楚、西秦、燕代。"今按：所列实为14个区域。周振鹤、游汝杰又分析："《说文解字》中指出使用地点的方言词共有一百九十一条，每条的解说体例和《方言》相仿。这些条目中与《方言》重出的有六十多条，不过互有详略，并不尽相同。这些条目所提到的方言区域或地点共六十八个"，其中涉及燕、齐地方的，有齐(16)，齐鲁(2)、东齐(2)、海岱之间(2)、青齐沇冀(1)、宋齐(1)、燕代(1)。上海人民出版社1986年版，第86—87页。但是没有关于"燕、齐之间"方言区划的分析。图4—2"汉代方言区划拟测图"中，环渤海地区分为北燕、赵、齐、东齐四个方言区。图4—3"西晋方言区划拟测图"中，环渤海地区分为河北、中原、东齐三个方言区。(清)钱绎撰集，李发舜、黄建中点校：《方言笺疏》，第242、268页。

② 参见周振鹤：《西汉政区地理》，人民出版社1987年版，第9—15页。

京)的广阳国、首府为乐成(今河北献县)的河间国、首府为剧县(今山东昌乐西北)的甾川国、首府为高密(今山东高密西)的高密国、首府为即墨(今山东平度东)的胶东国,都被中央政府辖区与海岸隔离。东汉时,环渤海则有辽东郡、辽西郡、右北平郡、渔阳郡、勃海郡、乐安国、北海国、东莱郡8郡国。

　　战国时期,燕、齐环渤海地区兴起的方术之学曾经有相当广泛的文化影响。秦及西汉时,源起于这一地区的神学系统,以其特殊的富有神秘主义特色的宣传方式,多次使居于天下之尊的帝王深为迷醉。秦汉时期的海上求仙热潮于是成为中国文化史上的奇观。秦汉时期环渤海地区的人才群体,也曾经发挥过重要的历史文化作用。他们的知识构成较为新异、文化视野较为宽广的特征,颇为引人注目。环渤海地区以鱼盐之利较早取得经济的进步。有迹象表明,战国以来这一地区的商业活动已经比较活跃。除了徐市求仙、楼船军击朝鲜等政府组织的大规模的航海活动外,民间自发的海上航行相当频繁。每逢战乱,多见渡海避难史事。正是在这种以海洋作为基本文化环境条件的背景下,环渤海地区的文化风格具备了值得社会史学者和文化史学者重视的特色。

三、秦汉环渤海地区文化发育的交通条件

　　燕、齐地方久以鱼盐之利据有经济优势。《禹贡》写道:"海岱惟青州","海滨广斥","厥贡盐絺,海物惟错"。① 《周礼·夏官·职方氏》也说:"东北曰幽州","其利鱼盐"。② 《史记》卷32《齐太公世家》记载:齐太公至国,"通商工之业,便鱼盐之利,而人民多归齐,齐为大国。"齐桓公时,益"设轻重鱼盐之利"。又《史记》卷129《货殖列传》说,燕"有鱼盐枣栗之饶",也说明了这一事实。③

　　战国时期,燕国和齐国都通行刀钱,反映了两国文化的接近。辽宁朝阳、锦州、沈阳、抚顺、辽阳、鞍山、营口、旅大等地出土的窖藏战国时期赵、魏、韩诸国铸造的布币④,也可以说明在环渤海地区较偏远的地方,也与中

---

① (清)胡渭著,邹逸麟整理:《禹贡锥指》,第89、102、104页。
② (清)阮元校刻:《十三经注疏》,第863页。
③ 《史记》,第1480、1487、3265页。
④ 金德宣:《朝阳县七道岭发现战国货币》,《文物》1962年第3期;邹宝库:《辽阳出土的战国货币》,《文物》1980年第4期。

原保持着密切的经济联系。当时辽东、辽西地区与中原地区之间，有频繁的商业往来。

秦皇汉武并海巡行的成功实践，可以说明环渤海地区特殊的交通条件。燕、齐环渤海地区除了陆路交通有所谓"东北诸郡濒海之处，地势平衍，修筑道路易于施工，故东出之途此为最便"①的条件之外，海上交通的便利，也对文化的沟通与交流产生了重要的作用。

《后汉书》卷83《逸民列传·逢萌》说，北海都昌人逢萌在王莽专政时"将家属浮海，客于辽东"，"及光武即位，乃至琅邪劳山"。②《后汉书》卷38《法雄传》记载，活动于"滨海九郡"的张伯路起义军曾经由东莱"遁走辽东，止海岛上"，又"复抄东莱间"，在情势危急时再次"逃还辽东"。③ 可见东莱与辽东间海上往来便利。北海朱虚人邴原、管宁，东莱黄县人太史慈，乐安益县人国渊，平原人王烈等，都有汉末至于辽东，又得归故郡的经历。《三国志》卷11《魏书·管宁传》裴松之注引《傅子》说，管宁至辽东，"越海避难者，皆来就之而居，旬月而成邑"。④ 可知当时山东半岛居民越海北渡辽东半岛，绝不是个别人的异常行为，而是曾经形成一定规模的移民运动。

《史记》卷115《朝鲜列传》说："朝鲜王满者，故燕人也。"后亡命，聚党千余人，"稍役属真番、朝鲜蛮夷及故燕、齐亡命者王之，都王险"。⑤《后汉书》卷85《东夷传》也写道：朝鲜之地，"汉初大乱，燕、齐、赵人往避地者数万口"。⑥ 燕、齐环渤海地区是中原与朝鲜文化联系的中介，也是予朝鲜半岛以直接文化影响的地区。秦汉时期往东北方向的人口流动和文化传播趋势，也是历史文化学者应当注意的。《史记》卷30《平准书》记载彭吴经营朝鲜，置沧海郡时，"燕、齐之间靡然发动"⑦，也指出了这一地区同朝鲜地区密切的

---

① 史念海：《秦汉时期国内之交通路线》，《文史杂志》1944 年 3 卷第 1、2 期，收入《河山集》四集，陕西师范大学出版社 1991 年版，第 573 页。
② 《后汉书》，第 2759、2760 页。
③ 《后汉书》，第 1277 页。
④ 《三国志》，第 354 页。
⑤ 《史记》，第 2985 页。
⑥ 《后汉书》，第 2817 页。
⑦ 《史记》，第 1421 页。

文化关系。

四、"燕人""齐客""入海"与秦皇汉武"海上"之行

《淮南子·道应》说，"卢敖游乎北海。"高诱注："卢敖，燕人，秦始皇召以为博士，亡而不反也。"①所说即《史记》卷6《秦始皇本纪》中受秦始皇指令入海求仙的燕人"卢生"，曾经以鬼神事奏录图书，又劝说秦始皇"时为微行以辟恶鬼"②，后来终于亡去的故事。卢生逃亡事件，据说竟然成为"坑儒"历史悲剧的直接起因。

这位颇有影响的所谓"方士"或"方术士"，《史记》卷6《秦始皇本纪》及《淮南子·道应》高诱注皆说是"燕人"，而《说苑·反质》则说是"齐客"。③ 对于记载的这一分歧，有的研究者曾经指出，其发生的原因在于燕、齐两国都有迷信神仙的文化共同性："盖燕、齐二国皆好神仙之事，卢生燕人，曾为齐客，谈者各就所闻称之。"④看来，"燕、齐二国皆好神仙之事"的文化共性已经为有见识的学者所重视。

顾颉刚曾经分析神仙学说出现的时代背景和这种文化现象发生的地域渊源。他写道："鼓吹神仙说的叫做方士，想是因为他们懂得神奇的方术，或者收藏着许多药方，所以有了这个称号。《封禅书》说'燕、齐海上之方士'，可知这班人大都出在这两国。"⑤《史记》卷28《封禅书》的原文是："燕、齐海上之方士传其术不能通，然则怪迂阿谀苟合之徒自此兴，不可胜数也。"⑥可知这一地区兴起的方士群体，至于"不可胜数"的规模。

燕、齐神仙迷信在汉武帝时代又曾经出现"震动海内"的热潮。据《史记》卷28《封禅书》，方士李少君曾以尝游海上见蓬莱仙者之说诱惑汉武帝，于是有"遣方士入海"求仙人的举措。此后，"海上燕、齐怪迂之方士多更来言神事矣"。胶东人栾大亦曾经以方术贵宠，"佩六印，贵震天下，而海上燕、齐之

---

① 何宁撰：《淮南子集释》，第881页。

② 《史记》，第257页。

③ （汉）刘向撰，赵善诒疏证：《说苑疏证》，第602页。

④ 黄晖《论衡校释》引《梧丘杂札》，第2册，第321页。

⑤ 顾颉刚：《秦汉的方士与儒生》，群联出版社1955年修正版，第10—11页。

⑥ 《史记》，第1369页。

间，莫不搤捥而自言有禁方，能神仙矣"。①《汉书》卷 25 下《郊祀志下》则有
这样的记载："元鼎、元封之际，燕、齐之间方士瞑目扼擎，言有神仙祭祀致
福之术者以万数。"②

　　方术文化作为民间文化的强大潜流，实际上对于中国文化的主体内涵和
表层形态一直有着有力的影响。要全面深刻地认识和理解中国文化，是不能
不重视方术文化研究的。而战国至于秦汉燕、齐环渤海地区作为方术文化重
要发源地的地位，也不可忽视。

　　秦始皇、汉武帝的政治实践中，都透露出一种海恋情结。其"并海"巡行
的壮举，也反映了对燕、齐文化的特殊重视。

　　《史记》卷 6《秦始皇本纪》记载："二十八年，始皇东行郡县"，曾经行至海
上，"乃并勃海以东，过黄、腄，穷成山，登之罘，立石颂秦德焉而去"。秦
始皇二十九年(前 218)《之罘刻石》写道："皇帝东游"，"临照于海"。其东观
曰："皇帝春游，览省远方，逮于海隅，遂登之罘，昭临朝阳，观望广丽。"③
所谓"临照于海"，所谓"昭临朝阳"，都依托海日涌腾的辉煌宏大的自然景观，
有意营造一种"圣烈""广丽"的政治文化气象。秦始皇统一天下后凡 5 次出巡，
其中 4 次行至海滨，往往"并海"而行，多行历燕、齐之地。如：二十八年出
巡，"并勃海以东，过黄、腄，穷成山，登之罘，立石颂秦德焉而去，南登琅
邪"。二十九年出巡，再次"登之罘"，"旋，遂之琅邪"。三十二年出巡，"之
碣石"，"刻碣石门"。三十七年出巡，"还过吴，从江乘渡，并海上，北至琅
邪"，又由之罘"并海，西至平原津"。④ 秦始皇东巡曾经"之碣石"，"刻碣石
门"，辽宁绥中曾发现分布较为密集的秦汉建筑遗址，其中占地达 15 万平方
米的石碑地遗址，有人认为"很可能就是秦始皇当年东巡时的行宫"，即所谓
"碣石宫"。⑤ 也有学者指出，河北北戴河金山嘴到横山一带发现的秦行宫遗

---

　　① 《史记》，第 1385、1386、1391 页。

　　② 《汉书》，第 1260 页。

　　③ 《史记》，第 242、244、250 页。

　　④ 《史记》，第 244、249—250、251、263—264 页。

　　⑤ 辽宁省文物考古研究所：《辽宁绥中县"姜女坟"秦汉建筑遗址发掘简报》，《文物》
　　　 1986 年第 8 期。

址，与辽宁绥中的建筑遗址都是碣石宫的一部分。① 秦始皇出巡时，曾经屡屡在东方宣示威德，其远行除了"东抚东土"的目的之外，还有明确的"兴利致福"的企求。《史记》卷6《秦始皇本纪》还记载："既已，齐人徐市等上书，言海中有三神山，名曰蓬莱、方丈、瀛洲，仙人居之。请得斋戒，与童男女求之。于是遣徐市发童男女数千人，入海求仙人。"秦始皇时代狂热的求仙运动，由此而开始。张守节《正义》引《汉书》卷25上《郊祀志上》："此三神山者，其传在渤海中，去人不远，盖曾有至者，诸仙人及不死之药皆在焉。其物禽兽尽白，而黄金白银为宫阙。未至，望之如云；及至，三神山乃居水下；临之，患且至，风辄引船而去，终莫能至云。世主莫不甘心焉。"②传说中的海中"三神山"，所谓"未至，望之如云；及至，三神山乃居水下；临之，患且至，风辄引船而去，终莫能至"，表现出海市蜃楼的特征。海上多彩的风光和神秘的景趣，曾经吸引了许多博物好奇之士。《韩非子·十过》说："昔者田成子游于海而乐之，号令诸大夫曰：'言归者死。'"③《说苑·正谏》也写道："齐景公游于海上而乐之，六月不归，令左右曰：'敢有先言归者致死不赦！'"④《史记》卷6《秦始皇本纪》：秦始皇二十八年(前219)"南登琅邪，大乐之，留三月"，甚至"乃徙黔首三万户琅邪台下，复十二岁"⑤。这也使人联想到海上风景的神奇魅力。在这样的条件下，以神秘主义为主要特征的方术文化是很容易产生，同时也很容易形成广泛影响的。

据司马迁在《史记》卷6《秦始皇本纪》中的记载，秦二世元年(前209)，亦曾经由李斯、冯去疾等随从，往东方巡行。这次出行，时间虽然颇为短暂，行程却甚为辽远，也行历燕、齐之地："二世东行郡县，李斯从。到碣石，并海，南至会稽，而尽刻始皇所立刻石。""遂至辽东而还。"《史记》卷28《封禅书》也有"二世元年，东巡碣石，并海南，历泰山，至会稽，皆礼祠之"的记述。⑥

---

① 河北省文物研究所：《河北省新近十年的文物考古工作》，见《文物考古工作十年(1979—1989)》，文物出版社1991年版，第31页。

② 《史记》，第247—248页。

③ 陈奇猷校注：《韩非子集释》，第192页。

④ (汉)刘向撰，赵善诒疏证：《说苑疏证》，第240页。

⑤ 《史记》，第244页。

⑥ 《史记》，第267、1370页。

史念海论述秦汉交通路线时曾经指出："东北诸郡濒海之处，地势平衍，修筑道路易于施工，故东出之途此为最便。始皇、二世以及武帝皆尝游于碣石，碣石临大海，为东北诸郡之门户，且有驰道可达，自碣石循海东行，以至辽西辽东二郡。"①秦二世元年东巡，往复两次循行并海道路②，三次抵临碣石。所谓"碣石宫"遗迹，应当也有这位秦王朝最高统治者活动的遗存。

司马迁在《史记》卷28《封禅书》中记录了汉武帝出巡海上的经历。元封元年(前110)，"东巡海上，行礼祠'八神'。齐人之上疏言神怪奇方者以万数，然无验者。乃益发船，令言海中神山者数千人求蓬莱神人"，"宿留海上，予方士传车及间使求仙人以千数"。此后又再次东行海上，"复东至海上望，冀遇蓬莱焉"。"遂去，并海上，北至碣石，巡自辽西，历北边至九原。"第二年，即元封二年(前109)，汉武帝又曾东至海滨："遂至东莱，宿留之数日。"元封五年(前106)，汉武帝又在南巡之后行至海滨："北至琅邪，并海上。"汉武帝又一次东巡海上，是在太初元年(前104)："东至海上，考入海及方士求神者。""临勃海，将以望祀蓬莱之属，冀至殊廷焉。"太初三年(前102)，汉武帝又有海上之行："东巡海上，考神仙之属。"③

除了《史记》卷28《封禅书》中上述记录外，《汉书》卷6《武帝纪》还记载了晚年汉武帝4次出行至于海滨的情形："(天汉)二年春，行幸东海。""(太始三年)行幸东海，获赤雁，作《朱雁之歌》。幸琅邪，礼日成山。登之罘，浮大海。""(太始四年)夏四月，幸不其，祠神人于交门宫，若有乡坐拜者。作《交门之歌》。""(征和)四年春正月，行幸东莱，临大海。"④汉武帝最后一次行临东海，已经是68岁的高龄。

秦汉帝王东巡海上，其深层心理，有接近并探求神仙世界的期望，也表露出对海洋神奇壮阔之气象的神往。回顾其历史，可以发现当时环渤海地区的文化风格对于黄河中游文化重心地区曾经表现出强大的神秘诱惑。

---

① 史念海：《秦汉时期国内之交通路线》，《文史杂志》1944年3卷第1、2期，收入《河山集》四集，陕西师范大学出版社1991年版，第573页。

② 王子今：《秦汉时代的并海道》，《中国历史地理论丛》1988年第2辑。

③ 《史记》，第1397—1399、1401—1403页。

④ 《汉书》，第203、206—207、210页。

五、秦汉环渤海地区文化风格的演换

卢生出逃前，对秦始皇曾经发表所谓"天下之事无小大皆决于上，上至以衡石量书，日夜有呈，不中呈不得休息"的批评①，《汉书》卷23《刑法志》说："(秦始皇)专任刑罚，躬操文墨，昼断狱，夜理书，自程决事，日县石之一。"服虔有这样的解释："县，称也。石，百二十斤也。始皇省读文书，日以百二十斤为程。"②对于秦始皇这种难能可贵的勤政风格，卢生等人却从滨海地区"恬佚""舒缓"的文化传统出发③，以"贪于权势"予以指责。通过卢生等人的话，可以看到东方燕、齐文化"恬淡""舒缓"的节奏特色与秦人"狭厄""酷烈""褊急""很刚"的文化风格④的矛盾和对立。

《史记》卷86《刺客列传》有"以雕鸷之秦，行怨暴之怒"的说法⑤，反映了东方人对秦政治文化特色的认识。秦以国势之强盛、军威之勇进以及民气之急烈，于东方得"虎狼之国"的恶名。⑥卢生等海上方士出亡的事件，或许可以看作两种不同的文化传统再次碰撞迸射的火花。

战国秦汉时期"燕、齐海上之方士"的活跃，是有特定文化条件的。沿海地区的自然景观较内陆有更奇瑰的色彩，有更多样的变幻，因而自然能够引发更丰富、更活跃、更浪漫的想象。于是海上神仙传说久已表现出神奇的魅

① 《史记》，第258页。

② 《汉书》，第1096页。

③ 《史记》卷129《货殖列传》说："(齐地)其俗宽缓阔达。"第3265页。《汉书》卷83《朱博传》也说："齐郡舒缓养名。"颜师古注："言齐人之俗，其性迟缓，多自高大以养名声。"第3400页。

④ 《荀子·议兵》："秦人其生民以狭厄，其使民以酷烈。"(清)王先谦撰，沈啸寰、王星贤点校：《荀子集解》，第273页。(清)郝懿行《荀子补注》："狭厄犹狭隘也。"齐鲁书社2010年版，第4602页。"酷烈"体现政治文化的风格，可以与《史记》卷68《商君列传》所谓"商君，其天资刻薄人也"(第2237页)对照读。《商君书·垦令》又说到"褊急之民""很刚之民"。蒋礼鸿：《商君书锥指》，中华书局1986年版，第13页。

⑤ 《史记》，第2529页。

⑥ 《史记》卷69《苏秦列传》苏秦语、楚威王语，《史记》卷71《樗里子甘茂列传》游腾语，《史记》卷75《孟尝君列传》苏代语，《史记》卷84《屈原贾生列传》屈平语。又《史记》卷40《楚世家》：昭雎曰："秦虎狼，不可信。"《史记》卷7《项羽本纪》：樊哙曰："秦王有虎狼之心。"第2261、2308、2354、2484、1728、313页。

力，而沿海士风，也容易表现出不拘一格、不遵定轨的较为自由的特色。

陈寅恪在著名论文《天师道与滨海地域之关系》中曾经指出，汉时所谓"齐学"，"即滨海地域之学说也"。他认为，神仙学说之起源及其道术之传授，必然与滨海地域有关，自东汉顺帝起至北魏太武帝、刘宋文帝时代，凡天师道与政治社会有关者，如黄巾起义、孙恩作乱等，都可以"用滨海地域一贯之观念以为解释"，"凡信仰天师道者，其人家世或本身十分之九与滨海地域有关"。① 陈寅恪所提出的论点，无疑是一项重要的文化发现。而"滨海地域"起先恬淡自由而后急切勇毅的文化风格的演变，也是值得注意的。

在秦汉时期，出身环渤海地区的人才曾经发挥过引人注目的历史文化作用。齐地是儒学基地，《汉书》卷88《儒林传》所载9人及《后汉书》卷79《儒林列传》所载6人事迹，都值得注意。列名《后汉书》卷67《党锢传》的东莱郡人1人和勃海郡人3人，更是士人中之精英。出身齐郡的娄敬以其定都关中的建议，影响了西汉一代的历史。而出身勃海郡的隽不疑和鲍宣，在西汉中晚期相继参与上层政务。据《汉书》本传，隽不疑"名声重于朝廷，在位者皆自以不及也"②，鲍宣"常上书谏争，其言少文多实"，因事系狱，曾有太学生千余人集会请愿，终于使其减罪③，是为汉代最早的一次太学生运动。班固称千乘郡人兒宽所谓"儒雅""名臣""群士""异人"诸语④，是可以代表这一地区杰出人才的特征的。《汉书》与《后汉书》立传者的籍贯，可以作为分析当时人才分布的资料之一，而区域文化的特征，也可以因此得到反映。两汉出身环渤海地区的历史人物，见于史籍的有98人，其中西汉时期20人，东汉时期78人。⑤ 可以看到，东汉时期，出身环渤海地区的人物有更为活跃的历史表现。而西汉时齐地人物远较燕地密集的情形也有明显的改变，辽东、辽西人物影响历史进程的现象尤为引人注目。尤其是辽西郡人公孙瓒、辽东郡人公孙度

---

① 陈寅恪：《天师道与滨海地域之关系》，《"中央研究院"历史语言研究所集刊》第3本第4分册，收入《金明馆丛稿初编》（陈寅恪文集之二），上海古籍出版社1980年版，第1—40页。

② 《汉书》卷71《隽不疑传》，第3038页。

③ 《汉书》卷72《鲍宣传》，第3087页。

④ 《汉书》卷58《公孙弘卜式兒宽传》赞曰，第2633—2634页。

⑤ 参见《史记》《汉书》《后汉书》《三国志》及《水经注》等史籍。

都曾经以勇力雄踞北边,可以看作司马迁《史记》卷 129《货殖列传》所谓"民雕捍少虑"之燕地风习的发扬。①

六、辽东"浮海"移民

据《后汉书》卷 76《循吏列传·王景》记载,汉文帝三年(前 177),济北王刘兴居反,欲委兵琅邪不其人王仲,王仲惧祸,"乃浮海东奔乐浪山中,因而家焉"。② 可见汉初琅邪与乐浪间航海往来已不太困难,已经有移民由琅邪"浮海东奔",定居乐浪。这样的情形显然不是个别的特例。③

至于渤海海面"浮海"迁徙的情形,更为普遍。

《后汉书》卷 83《逸民列传·逢萌》说,北海都昌人逢萌曾就学于长安,王莽专政,"即解冠挂东都城门,归,将家属浮海,客于辽东","及光武即位,乃之琅邪劳山"。④ 当时隔海可以互通信息,渡海似乎也可以轻易往返。"浮海,客于辽东",显示出当时齐地主要的移民方向是隔渤海相对的另一个半岛。

东汉末年,辽东与齐地间的海上交通往来不绝。当时多有所谓"遭王道衰缺,浮海遁居"⑤,"隐身遯命,远浮海滨"⑥的情形。避战乱入海至于辽东的事迹屡见于史籍。例如,东莱黄人太史慈、北海朱虚人邴原、管宁、乐安盖人国渊、平原人王烈等,都曾经以"浮海"经历成为辽东移民:

1. **太史慈**

"(太史慈)为州家所疾,恐受其祸,乃避之辽东。……慈从辽东还。"(《三

---

① 《史记》,第 3265 页。

② 《后汉书》,第 2464 页。

③ 劳榦指出:"他一去就能到乐浪山中,可见当时确有中国的居民留止,不然决不会孤立在一个异民族社会,八世而不改汉风。"《两汉户籍与地理之关系》,《劳干学术论文集甲编》,艺文印书馆 1976 年版,第 26 页。葛剑雄等也认为,如王仲"浮海"事,"这在山东半岛大概是比较普遍的现象"。葛剑雄、曹树基、吴松弟:《简明中国移民史》,福建人民出版社 1993 年版,第 94 页。

④ 《后汉书》,第 2759—2760 页。

⑤ 《三国志》卷 11《魏书·管宁传》,第 356 页。

⑥ 《后汉书》卷 53《姜肱传》,第 1750 页。

国志》卷49《吴书·太史慈传》)①

2. 邴原

"黄巾起,(邴)原将家属入海,住郁洲山中。时孔融为北海相,举原有道。原以黄巾方盛,遂至辽东。"(《三国志》卷11《魏书·邴原传》)②

3. 管宁

"天下大乱,(管宁)闻公孙度令行于海外,遂与(邴)原及平原王烈等至于辽东。""文帝即位,征宁,遂将家属浮海还郡。""中平之际,黄巾陆梁,华夏倾荡,王纲弛顿。遂避时难,乘桴越海,羁旅辽东三十余年。"(《三国志》卷11《魏书·管宁传》)

"会董卓作乱,避地辽东。"(《三国志》卷11《魏书·管宁传》裴松之注引《先贤行状》)

"乃将家属乘海即受征。宁在辽东,积三十七年乃归。"(《三国志》卷11《魏书·管宁传》裴松之注引《傅子》)③

4. 国渊

"(国渊)与邴原、管宁等避乱辽东。"(《三国志》卷11《魏书·国渊传》)④

5. 王烈

"(王烈)遭黄巾、董卓之乱,乃避地辽东。"(《后汉书》卷81《独行列传·王烈》)⑤

《汉书》卷40《周勃传》记述击卢绾事:"破绾军上兰,后击绾军沮阳。追至长城,定上谷十二县,右北平十六县,辽东二十九县,渔阳二十二县。"⑥可知汉初辽东郡29县。而西汉后期辽东郡18县,东汉则11城。《汉书》卷28下《地理志下》:"辽东郡,户五万五千九百七十二,口二十七万二千五百三十

---

① 《三国志》,第1187页。《后汉书》卷70《孔融传》李贤注引《吴志》:"慈字子义,东莱人也。避事之辽东……慈从辽东还。"第2263页。

② 《三国志》,第350页。

③ 《三国志》,第354、356、358、359页。

④ 《三国志》,第339页。

⑤ 《后汉书》,第2697页。《三国志》卷11《魏书·管宁传》谓与邴原、管宁同行。第354页。

⑥ 《汉书》,第2053页。

九。县十八。"《续汉书·郡国志五》："辽东郡，十一城，户六万四千一百五十八，口八万一千七百一十四。"①《续汉书·郡国志》提供的东汉辽东郡户口数字，户均不过 1.273 6 人，显然过低。中华书局标点本《后汉书》"校勘记"写道："户六万四千一百五十八口八万一千七百一十四。按：张森楷《校勘记》谓案如此文，则户不能二口矣，非情理也，疑'八万'上有脱漏。"②有学者以为，"口数记载失实的可能性不能排除，但与之相比，户数记载失实的可能性似乎更大"，并且分析了社会动荡导致民众死亡、辽东辖县省并或划出、周边少数族的寇掠等可能导致"辽东郡在东汉初期的户口基数肯定减少很多"的因素。③不过，这样的分析没有注意到主要来自齐地的"浮海"移民在复杂的社会背景下维持其"户口基数"甚至促使其有所增长的可能。如果不考虑口数，比较两汉辽东户数，增长率为 14.625％。对照全国户口负增长的形势④，这一增长数字是相当可观的。考虑到两汉辽东郡辖地的变化，这样的户口变化尤其值得关注。劳榦分析《续汉书·郡国志五》辽东郡户口资料时说："至于口数减少，大抵由于数目字的错误。""（辽西与辽东）两个相邻的郡，在同一个时期，人口数目完全相同，天下决没有如此十分凑巧的事。其中数目字有误，大概是可以断定的。我们从户数的增加来看，口数也一定是增加的。"在两汉东北人口表中，辽西、辽东、玄菟、乐浪四郡，只有辽东的户数是增长的。而且，正如劳榦所说，辽东的数字，"辽东属国户口未计入"。⑤

　　有的人口史专著分析说："幽州辽东郡口户比低达 1.27，其口数'八万一

---

①　《汉书》，第 1625—1626 页。《后汉书》，第 3529 页。

②　《后汉书》，第 3550 页。

③　王海：《〈续汉书·郡国志〉户口数谬误辨析》，《湖南科技学院学报》2008 年第 7 期。论者还注意到《续汉书·郡国志五》所见辽东郡和辽西郡人口数完全相同："《续汉书·郡国志》记载的同时期辽西郡的人口数与辽东郡竟然完全相同，均为 81714 人，这是一种纯粹的巧合，还是由于后人在传抄时出现失误而造成的'巧合'呢？受限于资料，我们只能暂且存疑。"

④　据《续汉书·郡国志》提供的汉顺帝永和五年（140）全国户口数与《汉书》卷 28《地理志》提供的汉平帝元始二年（2）全国户口数相比，呈负增长形势，分别为−20.7％与−17.5％。

⑤　劳榦：《两汉户籍与地理之关系》，《劳榦学术论文集甲编》，艺文印书馆 1976 年版，第 28 页。

千七百一十四'竟与辽西郡口数一字不差，显系'二十八万一千七百一十四'，漏写了'二十'两字。改正之后口户比达 4.39，即与平均口户比接近了。"①有学者赞同这一看法，又说："果如此，辽东郡的户口为：户 64158，口 281714。每户平均 4.39 口，基本接近正常。"②

有学者指出，"总的看来，东汉末年时的人口流向是由青州（今山东东北）、徐州（今山东南部、江苏北部）向幽州（河北北部及辽宁西部）迁移；由山东半岛渡海向辽东转移；再由幽州、冀州（河北中部）向北迁入鲜卑地（今内蒙古的广大地区）"。论者又指出，"今天的辽宁、内蒙等省区是当时主要的人口迁移区域"。③ 这样的判断，似乎忽略了人口向江南转移的更显著的移民潮流。④ 但是就向北方的移民而言，辽东受纳的数量确实比较大。

《三国志》卷 14《魏书·刘晔传》："辽东太守公孙渊夺叔父位，擅自立，遣使表状。晔以为公孙氏汉时所用，遂世官相承，水则由海，陆则阻山，故胡夷绝远难制，而世权日久。今若不诛，后必生患。"⑤其中所谓"水则由海"，体现了辽东地方的海路交通条件。不仅"避地辽东""浮海，客于辽东"表现出齐地移民的主要方向，所谓"从辽东还""浮海还郡"，则反映了反方向流徙的情形。同一方向的军事行动，则有辽东军阀公孙度据辽东"越海"占领东莱事。《三国志》卷 8《魏书·公孙度传》："分辽东郡为辽西、中辽郡，置太守。越海收东莱诸县，置营州刺史。自立为辽东侯、平州牧。"《后汉书》卷 74 下《袁谭传》："初平元年，（公孙度）乃分辽东为辽西、中辽郡，并置太守，越海收东莱诸县，为营州刺史，自立为辽东侯、平州牧。"⑥公孙度的"营州""平州"，

---

① 赵文林、谢淑君：《中国人口史》，人民出版社 1988 年版，第 71 页。

② 袁延胜：《中国人口通史·东汉卷》，人民出版社 2007 年版，第 45 页。

③ 石方：《中国人口迁移史稿》，黑龙江人民出版社 1990 年版，第 157 页。论者以为，"而到了三国鼎立形成之际，人口流向则为之一变"，"由长江以北向江南迁移是这一时期人口迁移的主流向"。实际上，自两汉之际至东汉前期，以江南地区为目的地的南向移民已经成为历史潮流。参见王子今：《试论秦汉气候变迁对江南经济文化发展的意义》，《学术月刊》1994 年第 9 期；《汉代"亡人""流民"动向与江南地区的经济文化进步》，《湖南大学学报》2007 年第 5 期。

④ 葛剑雄、曹树基、吴松弟：《简明中国移民史》，第 130—141 页。

⑤ 《三国志》，第 448 页。

⑥ 《三国志》，第 252 页。《后汉书》，第 2419 页。

似欲跨海为治。

魏明帝景初元年(237)曾经"诏青、兖、幽、冀四州，大作海船"。① 景初二年(238)，司马懿率军征公孙渊，围襄平城(今辽宁辽阳)，"会霖雨三十余日，辽水暴长，运船自辽口径至城下"。② 可知渤海航运在汉魏之际得到空前的发展。景初三年(239)，"以辽东东沓县吏民渡海居齐郡界，以故纵城为新沓县以居徙民"。魏齐王曹芳正始元年(240)，又"以辽东汶、北丰县民流徙渡海，规齐郡之西安、临菑、昌国县界为新汶、南丰县，以居流民"。③ 这些都反映了渤海海面航运与"流民""流徙渡海"的史事。④

辽东民众回流，"吏民渡海居齐郡界"，在某种意义上或许可以看作辽东户口饱和的反映。这一时期辽东百姓大规模自发"流徙渡海"南至齐郡的史实，是移民史研究者应当注意的。

孙权嘉禾元年(232)，曾"遣将军周贺、校尉裴潜乘海之辽东"⑤，舰队规模至于"浮舟百艘"⑥。同年，公孙渊与孙权联络。次年，"使太常张弥、执金吾许晏、将军贺达等将兵万人，金宝珍货、九锡备物，乘海授渊"。⑦ 又曾"遣使浮海与高句骊通，欲袭辽东"。⑧ 赤乌二年(239)，又"遣使者羊衜、郑胄、将军孙怡之辽东，击魏守将张持、高虑等，虏得男女"。⑨ 所谓"虏得男女"，或许可以看作辽东"浮海"移民另一种方式的南下流动。当然，这是在强制方式下被迫的移动，与自发的流徙不同。

辽东曾经是民族关系复杂的地区。所谓"辽东外徼""辽东故塞"⑩，说明

---

① 《三国志》卷 3《魏书·明帝纪》，第 109 页。

② 《三国志》卷 8《魏书·公孙渊传》，第 254 页。

③ 《三国志》卷 4《魏书·齐王芳纪》，第 118—119 页。

④ 劳榦《两汉户籍与地理之关系》写道："《魏志》青龙二年及正始元年辽东流民渡海入齐郡，此虽较后之事，但亦可证黄海交通之易也。"《劳榦学术论文集甲编》，艺文印书馆 1976 年版，第 26 页。今按："青龙二年"似是"景初三年"之误，又"黄海交通之易"似应为"渤海交通之易"。

⑤ 《三国志》卷 47《吴书·吴主传》，第 1136 页。

⑥ 《三国志》卷 8《魏书·公孙渊传》裴松之注引《魏略》，第 255 页。

⑦ 《三国志》卷 47《吴书·吴主传》，第 1138 页。

⑧ 《三国志》卷 3《魏书·明帝纪》，第 109 页。

⑨ 《三国志》卷 47《吴书·吴主传》，第 1143 页。

⑩ 《史记》卷 115《朝鲜列传》，第 2985 页。

这里长期是民族战争的前沿。西汉初期，"匈奴日已骄，岁入边，杀略人民畜产甚多"，而"辽东最甚"。① 东汉时，仍有"北匈奴入辽东"事。② 而所谓"辽东乌桓"③"辽东鲜卑"④"辽东貊人"⑤等称谓，都反映了区域民族构成的复杂。本书所讨论的主要来自齐地的"浮海"移民对于充实辽东汉人户口的意义，其实也构成民族问题探讨不宜忽视的内容。

第二节　"海北"朝鲜航路的开通

朝鲜半岛南部有称作"三韩"的国家，东为辰韩，西为马韩，南为弁辰。《山海经》关于朝鲜的记述，有"海北山南"及"东海之内，北海之隅"语⑥，看来中原人对这一地区的早期认识，起初是越过大海而实现的。

中原往朝鲜的移民，改变了当地的文化面貌。至于他们的迁徙路径，海道是重要选择。汉武帝朝鲜置郡，楼船将军杨仆由海路进军，一帆风顺，说明海上航线得以开通的历史事实。

一、经由海路的朝鲜"亡人"

秦汉时期"亡人"称谓所指代的身份，反映了当时人口构成中与编户齐民的理想控制形式相游离的具有较显著流动性的特殊人群的存在。"亡人"的活动不仅是交通现象和人口现象，也是行政管理者十分关注的政情之一。一方面，这些人的生存方式和行为特征，往往对社会的稳定有所冲击；另一方面，或许对于激发社会活力，促成文化交流亦可显示特殊的积极作用。在古代边疆地区，由于军事关系、外交关系和民族关系的复杂情势，"亡人"的行为可能会形成更重要的历史影响。而因多种原因来自远方，曾经历各种艰险生活

---

① 《史记》卷110《匈奴列传》，第2901页。
② 《后汉书》卷51《陈禅传》，第1685页。
③ 《汉书》卷7《昭帝纪》，第229页。
④ 《后汉书》卷5《安帝纪》，《后汉书》卷85《东夷列传·高句骊》，《后汉书》卷90《鲜卑传》，《续汉书·天文志中》，第223、2815、2986、2988、3236—3237页。
⑤ 《续汉书·天文志中》，第3238页。
⑥ 《山海经·海内北经》："朝鲜在列阳东，海北山南。列阳属燕。"《海内经》："东海之内，北海之隅，有国名曰朝鲜。"袁珂校注：《山海经校注》，第321、441页。

的"亡人"①，自然也有更为强炽的社会能量。考察秦汉时期朝鲜"亡人"问题，应当有益于丰富和深化我们对于秦汉社会史、秦汉边疆与民族问题，以及秦汉中原与周边地区文化交往史的认识。

《汉书》卷28下《地理志下》记载："玄菟、乐浪，武帝时置，皆朝鲜、濊貉、句骊蛮夷。殷道衰，箕子去之朝鲜，教其民以礼义，田蚕织作。"颜师古注："《史记》云：'武王伐纣，封箕子于朝鲜。'与此不同。"②

《史记》卷38《宋微子世家》写道："武王既克殷，访问箕子。"箕子陈说"五行""五事""八政""五纪""皇极""三德""稽疑""庶征""向用五福""畏用六极"的理论，"于是武王乃封箕子于朝鲜，而不臣也"。③ 一如《史记》这样只说武王之封，不言事前箕子已经在"殷道衰"的背景下"去之"朝鲜者，又有《汉书》卷28下《地理志下》颜师古注引应劭曰："武王封箕子于朝鲜。"《后汉书》卷41《第五伦传》李贤注引《风俗通》曰："武王封箕子于朝鲜，其子食采于朝鲜，因氏焉。"又如《后汉书》卷85《东夷列传·濊》写道："濊北与高句骊、沃沮，南与辰韩接，东穷大海，西至乐浪。濊及沃沮、句骊，本皆朝鲜之地也。昔武王封箕子于朝鲜，箕子教以礼义田蚕，又制八条之教。其人终不相盗，无门户之闭。妇人贞信。饮食以笾豆。"《三国志》卷30《魏书·东夷传》："濊南与辰韩，北与高句丽、沃沮接，东穷大海，今朝鲜之东皆其地也。户二万。昔箕子既适朝鲜，作八条之教以教之，无门户之闭而民不为盗。"④

不过《后汉书》卷85《东夷列传》篇后总结性的表述十分明确地指出箕子在武王灭商之前即已流亡朝鲜："论曰：昔箕子违衰殷之运，避地朝鲜。始其国俗未有闻也，及施八条之约，使人知禁，遂乃邑无淫盗，门不夜扃，回顽薄之俗，就宽略之法，行数百千年，故东夷通以柔谨为风，异乎三方者也。苟政之所畅，则道义存焉。仲尼怀愤，以为九夷可居。或疑其陋。子曰：'君子

---

① 对于古代移民，袁祖亮先生有"古代人口所进行的充满危险的大迁徙"的表述。袁祖亮主编：《中国古代边疆民族人口研究》，中州古籍出版社1999年版，第3页。"亡人"在迁出地方"编户齐民"秩序下的非法身份，使得其迁徙的危险性更为明显。
② 《汉书》，第1658页。
③ 《史记》，第1611—1620页。
④ 《汉书》，第1627页。《后汉书》，第1395、2817页。《三国志》，第848页。

居之，何陋之有！'亦徒有以焉尔。其后遂通接商贾，渐交上国。"①其中所谓"昔箕子违衰殷之运，避地朝鲜"，与《汉书》卷 28 下《地理志下》"殷道衰，箕子去之朝鲜"的说法是相近的。

还有一种说法，以为箕子是在周武王灭商之后"走之朝鲜"的。《北堂书钞》卷 48："箕子之朝鲜，因以封之。《书·大传》：'武王胜殷，箕子之朝鲜，因以封之。'"《太平御览》卷 201 引《尚书大传》写道："武王胜殷，箕子走之朝鲜。因以封之。"《太平御览》卷 780 引《尚书大传》说："武王胜殷，继公子禄父，释箕子之囚。箕子不忍周释，走之朝鲜。武王闻之，自以朝鲜封之。箕子既受周之封，不得无臣礼，故于十二祀来朝。禄父，纣子也。"②

无论是"殷道衰，箕子去之朝鲜"，还是"武王胜殷，箕子走之朝鲜"，箕子的身份都是中原的"亡人"。

箕子传说在秦汉时期形成的影响，是考察中原地区与朝鲜地区文化关系的学者应当注意的。

战国时期，朝鲜已经与燕地有密切的联系。③《史记》卷 69《苏秦列传》说，"（苏秦）说燕文侯曰：'燕东有朝鲜、辽东，北有林胡、楼烦，西有云中、九原，南有嘑沱、易水，地方二千余里，带甲数十万，车六百乘，骑六千匹，粟支数年。南有碣石、雁门之饶，北有枣栗之利，民虽不佃作而足于枣栗矣。此所谓天府者也。'"④所谓"东有朝鲜"，被列为燕国地理优势的首要因素。⑤而《史记》卷 115《朝鲜列传》确实说"始全燕时"曾经对"真番、朝鲜"有所控制，

---

① 《后汉书》，第 2822—2823 页。
② （唐）虞世南编撰：《北堂书钞》，第 135—136 页。（宋）李昉等撰：《太平御览》，第 968、3456 页。
③ 《盐铁论·伐功》："燕袭走东胡，辟地千里，度辽东而攻朝鲜。"王利器校注：《盐铁论校注》（定本），第 494 页。
④ 《史记》，第 2243 页。《战国策·燕策一》："苏秦将为从，北说燕文侯曰：'燕东有朝鲜、辽东，北有林胡、楼烦，西有云中、九原，南有呼沱、易水。地方二千余里。带甲数十万。车七百乘。骑六千匹。粟支十年。"（西汉）刘向集录：《战国策》，上海古籍出版社 1985 年版，第 1039 页。
⑤ 燕地与朝鲜经济往来密切的形势，在汉代已经相当显著。《史记》卷 129《货殖列传》说："（燕地）有鱼盐枣栗之饶，北邻乌桓、夫余，东绾秽貉、朝鲜、真番之利。"第 3265 页。

"尝略属真番、朝鲜，为置吏，筑鄣塞"。秦实现统一，"属辽东外徼"。所以《史记》卷6《秦始皇本纪》说"地东至朝鲜"。① 《史记》卷25《律书》载汉文帝时将军陈武等语，也说"朝鲜自全秦时内属为臣子"。不过，汉初则"拥兵阻阨，选蠕观望"。司马贞《索隐》解释说："'选蠕'，谓动身欲有进取之状也。"②

西汉初年，一位出身燕地的"亡命"者逃避到朝鲜，后来竟然成为"朝鲜王"。《史记》卷115《朝鲜列传》记载："朝鲜王满者，故燕人也。自始全燕时尝略属真番、朝鲜，为置吏，筑鄣塞。秦灭燕，属辽东外徼。汉兴，为其远难守，复修辽东故塞，至浿水为界，属燕。燕王卢绾反，入匈奴，满亡命，聚党千余人，魋结、蛮夷服而东走出塞，渡浿水，居秦故空地上下鄣，稍役属真番、朝鲜蛮夷及故燕、齐亡命者王之，都王险。""汉兴，为其远难守，复修辽东故塞，至浿水为界"，当是由秦王朝"地东至朝鲜"的版图有所退缩。③ 所谓"满亡命"以及役属"故燕、齐亡命者"，都说明这一政权的最高首领和主要骨干都是"故燕、齐"的"亡人"。《汉书》卷95《朝鲜传》："朝鲜王满，燕人。自始燕时，尝略属真番、朝鲜，为置吏筑障。秦灭燕，属辽东外徼。汉兴，为远难守，复修辽东故塞，至浿水为界，属燕。燕王卢绾反，入匈奴，满亡命，聚党千余人，椎结蛮夷服而东走出塞，度浿水，居秦故空地上下障，稍役属真番、朝鲜蛮夷及故燕、齐亡在者王之，都王险。"《史记》"亡命者"，《汉书》作"亡在者"。颜师古注："燕、齐之人亡居此地，及真番、朝鲜蛮夷皆属满也。"④"亡在者"，颜师古解释为"亡居此地"者。《盐铁论·论功》："朝鲜之王，燕之亡民也。"⑤"亡民"是"亡人"的另一种表述形式。

据《史记》卷115《朝鲜列传》，在汉惠帝和吕后时代，朝鲜与汉王朝保持着良好的关系，国力有所扩张："会孝惠、高后时天下初定，辽东太守即约满为

---

① 《史记》卷6《秦始皇本纪》："分天下以为三十六郡，郡置守、尉、监。更名民曰'黔首'。""一法度衡石丈尺。车同轨。书同文字。地东至海暨朝鲜，西至临洮、羌中，南至北向户，北据河为塞，并阴山至辽东。"第2985、239页。《淮南子·人间》：秦皇发卒，"北击辽水，东结朝鲜"。何宁撰：《淮南子集释》，第1288—1289页。

② 《史记》，第1242、1243页。

③ 《史记》，第2985页。

④ 《汉书》，第3863—3864页。

⑤ 王利器校注：《盐铁论校注》（定本），第544页。

外臣，保塞外蛮夷，无使盗边；诸蛮夷君长欲入见天子，勿得禁止。以闻，上许之，以故满得兵威财物侵降其旁小邑，真番、临屯皆来服属，方数千里。"朝鲜吸引了诸多"汉亡人"："传子至孙右渠，所诱汉亡人滋多，又未尝入见；真番旁众国欲上书见天子，又拥阏不通。"所列"右渠"罪责有 3 条：（1）"所诱汉亡人滋多"；（2）"又未尝入见"；（3）"真番旁众国欲上书见天子，又拥阏不通"。① 其中"所诱汉亡人滋多"列为第一条。引诱"汉亡人"偷渡越境归附，会直接损害相邻的辽东郡以及隔海的齐郡、东莱郡等地的户口控制及行政效能。所谓"滋多"，又说明这种现象有愈演愈烈的趋势。《汉书》卷 95《朝鲜传》"所诱汉亡人滋多"，颜师古注："滋，益也。"②

司马迁在《史记》卷 130《太史公自序》中总结《朝鲜列传》的主要记述重点时，这样写道：

> 燕丹散乱辽间，满收其亡民，厥聚海东，以集真藩，葆塞为外臣。作《朝鲜列传》第五十五。③

所谓"满收其亡民"，上承"燕丹散乱辽间"说，似乎表明朝鲜接收燕地"亡人"，其实自秦代已经开始。《后汉书》卷 85《东夷列传》："陈涉起兵，天下崩溃，燕人卫满避地朝鲜，因王其国。"④说"满亡命"并聚集"故燕、齐亡命者""故燕、齐亡在者"立国，事在秦末。《汉书》卷 100 下《叙传下》：

> 爰洎朝鲜，燕之外区。汉兴柔远，与尔剖符。皆恃其岨，乍臣乍骄，孝武行师，诛灭海隅。⑤

"诱汉亡人"事，体现出朝鲜之"骄"，使得汉帝国的行政和经济受到损害，也是导致战争征服的因素之一。

司马迁所谓"海东"，班固所谓"海隅"，均强调朝鲜与中原之间隔的"海"这一地理因素。"亡人"东至朝鲜，应当有相当一部分选择海路迁徙。

---

① 《史记》，第 2986 页。
② 《汉书》，第 3864 页。
③ 《史记》，第 3317 页。
④ 《后汉书》，第 2809 页。
⑤ 《汉书》，第 4268 页。

孔子曾经说:"道不行,乘桴浮于海。"①《后汉书》卷85《东夷列传》最后的"论曰"有这样的说法:"东夷通以柔谨为风,异乎三方者也。苟政之所畅,则道义存焉。仲尼怀愤,以为九夷可居。或疑其陋。子曰:'君子居之,何陋之有!'"②《后汉书》的作者似乎是将"东夷"地方看作孔子以为"可居"的环境的,而交通路径,不排除"乘桴浮于海"的可能。

葛剑雄指出,"秦末汉初,朝鲜半岛未受战争影响。'燕、齐、赵人往避者数万口'③。移民的来源大致即今山东、河北、辽宁等地,路线也有海上和陆上两方面"。④ 汉武帝部署征伐朝鲜的楼船军的进军路线⑤,告知我们齐地与朝鲜之间的渤海航线已经通行。⑥ 而更多的民间流亡行为,是齐地与辽东的往来。北海都昌人逢萌曾就学于长安,王莽专政,"即解冠挂东都城门,归,将家属浮海,客于辽东","及光武即位,乃之琅邪劳山"。⑦ 当时隔海能够互通消息,渡海似乎也可以轻易往返。

"亡人"利用海上航路,使得其活动的社会影响面空前扩大。

也有"浮海"直接抵达朝鲜的"亡人"。《后汉书》卷76《循吏列传·王景》记载了王景家族事迹:

> 王景字仲通,乐浪䛁邯人也。八世祖仲,本琅邪不其人。好道术,明天文。诸吕作乱,齐哀王襄谋发兵,而数问于仲。及济北王兴居反,欲委兵师仲,仲惧祸及,乃浮海东奔乐浪山中,因而家焉。父闳,为郡三老。更始败,土人王调杀郡守刘宪,自称大将军、乐浪太守。建武六年,光武遣太守王遵将兵击之。至辽东,闳与郡决曹史杨邑等共杀调迎

---

① 《论语·公冶长》,程树德撰,程俊英、蒋见元点校:《论语集释》,第299页。
② 《后汉书》,第2822—2823页。
③ 原注:"《后汉书》卷85《东夷传》。"
④ 葛剑雄、曹树基、吴松弟:《简明中国移民史》,第93页。
⑤ 《史记》卷115《朝鲜列传》:"天子募罪人击朝鲜。其秋,遣楼船将军杨仆从齐浮渤海;兵五万人。""楼船将军将齐兵七千人先至王险。""楼船将齐卒,入海,固已多败亡。""楼船将军亦坐兵至洌口,当待左将军,擅先纵,失亡多,当诛,赎为庶人。"第2987—2989页。
⑥ 《盐铁论·地广》:"左将伐朝鲜,开临洮,燕、齐困于秽貉。"王利器校注:《盐铁论校注》(定本),第209页。齐地承受的战争压力,是因为海运的缘故。
⑦ 《后汉书·逸民列传·逢萌》,第2759、2760页。

遵，皆封为列侯，闳独让爵。帝奇而征之，道病卒。①

王仲流亡朝鲜，即所谓"浮海东奔乐浪山中，因而家焉"，葛剑雄先生认为，"这在山东半岛大概是比较普遍的现象"。② 王闳由乐浪往京师"道病卒"，我们不知道他是陆行还是浮海。而海上行旅的艰难，我们通过《史记》卷115《朝鲜列传》所谓"楼船将齐卒，入海，固已多败亡"，可以得知。③

二、张良"东见仓海君"

《史记》卷55《留侯世家》记载，张良流亡时，"东见仓海君。得力士，为铁椎重百二十斤。秦皇帝东游，良与客狙击秦皇帝博浪沙中，误中副车。秦皇帝大怒，大索天下，求贼甚急，为张良故也"。④ 以铁椎"狙击秦皇帝博浪沙中"的力士是否自"仓海君"得到，司马迁的说法并不十分确定。⑤ 而"仓海君"的身份，有理解为"东夷君长"者。裴骃《集解》引如淳曰："秦郡县无仓海。或曰东夷君长。"司马贞《索隐》："姚察以武帝时东夷秽君降，为仓海郡，或因以名，盖得其近也。"张守节《正义》："《汉书·武帝纪》云：'元朔元年，东夷秽君南间等降，为仓海郡，今貊秽国。'得之。太史公修史时已降为郡，自书之。《括地志》云：'秽貊在高丽南，新罗北，东至大海西。'"⑥于是，有学者分析说："张良先在陈县一带活动，后来继续东去。据说他曾经流落到朝鲜半岛，见过东夷君长仓海君。古来燕、赵多慷慨悲歌之士，秦攻取燕国首都蓟城，燕国举国东移到辽东，秦军东进辽东灭燕，燕人逃亡朝鲜半岛的不在少数。也许，张良确是追寻燕人足迹到过朝鲜，也许，仓海君只是近海地区的豪士贤人，而张良是上穷碧落下黄泉，遍游天下，终于通过仓海君得到一名壮勇的武士，可以挥动一百二十斤的铁椎。"⑦尽管也存在这后一种可能性，但是由"仓海"联想到"仓海郡"，思路是正确的。正如葛剑雄所说，"中原人口向辽

① 《后汉书》，第2464页。
② 葛剑雄、曹树基、吴松弟：《简明中国移民史》，第94页。
③ 《史记》，第2988页。
④ 《史记》，第2034页。
⑤ 有学者称之为"仓海力士"。李开元：《复活的历史——秦帝国的崩溃》，中华书局2007年版，第46页。
⑥ 《史记》，第2034页。
⑦ 李开元：《复活的历史——秦帝国的崩溃》，第43页。

东半岛及朝鲜半岛的迁移在秦代已经开始。从战国后期燕国与朝鲜半岛的关系看，在秦的统治下，有大量燕人移居朝鲜半岛是十分正常的"。①

　　汉武帝元封年间，汉帝国与朝鲜发生直接的军事冲突。汉帝国的文献记录，称之为"伐朝鲜"②，"征朝鲜"③，"灭朝鲜"④，"并灭朝鲜"⑤，"拔""朝鲜"⑥，"击拔朝鲜"⑦，"击朝鲜"⑧，"东击朝鲜"⑨，"东定""朝鲜"⑩，"东并朝鲜"⑪，"东伐朝鲜"⑫。战争的结局，是朝鲜置郡，即"原本没有郡县设置的地方，正式纳入西汉王朝的版图"。这种扩张，有"利用移民进行疆域拓展和改变人口在地理分布上的状况"的形式。⑬"移民"产生了政治地理意义的作用。而此前的"亡人"，身份也发生了变化。

三、乐浪郡户口

　　《汉书》卷 28 下《地理志下》记载的"玄菟郡"的户口数字为："户四万五千六，口二十二万一千八百四十五。""乐浪郡"户口数字为："户六万二千八百一

---

① 葛剑雄、曹树基、吴松弟：《简明中国移民史》，第 93 页。

② 《史记》卷 28《封禅书》，第 1400 页。《汉书》卷 25 下《郊祀志下》，第 1242 页。《盐铁论·地广》，王利器校注：《盐铁论校注》（定本），第 209 页。《史记》卷 111《卫将军骠骑列传》："东伐朝鲜。"第 2940 页。

③ 《汉书》卷 27 中之下《五行志中之下》，第 1435 页。

④ 《史记》卷 30《平准书》："彭吴贾灭朝鲜，置沧海之郡。"第 1421 页。《汉书》卷 24 下《食货志下》："彭吴穿秽貊、朝鲜，置沧海郡。"第 1157 页。《盐铁论·结和》："灭朝鲜。"王利器校注：《盐铁论校注》（定本），第 480 页。

⑤ 《盐铁论·诛秦》，王利器校注：《盐铁论校注》（定本），第 488 页。

⑥ 《史记》卷 110《匈奴列传》："汉东拔秽貊、朝鲜以为郡。"第 2913 页。

⑦ 《汉书》卷 26《天文志》："元封中，星孛于河戍。占曰：'南戍为越门，北戍为胡门。'其后汉兵击拔朝鲜，以为乐浪、玄菟郡。朝鲜在海中，越之象也；居北方，胡之域也。"第 1306 页。《史记》卷 27《天官书》说到"朝鲜之拔"。第 1349 页。

⑧ 《史记》卷 22《汉兴以来将相名臣年表》，第 1140 页。

⑨ 《史记》卷 103《万石张叔列传》，第 2767 页。《史记》卷 111《卫将军骠骑列传》、《史记》卷 115《朝鲜列传》、《汉书》卷 6《武帝纪》称"击朝鲜"。《史记》，第 2945、2987—2988 页；《汉书》，第 193—194 页。《后汉书》卷 15《来歙传》："击破南越、朝鲜。"第 585 页。

⑩ 《汉书》卷 75《夏侯胜传》，第 3156 页。

⑪ 邓安生：《蔡邕集编年校注》，河北教育出版社 2002 年版，第 206 页。

⑫ （宋）李昉等撰：《太平御览》卷 88 引刘歆《毁庙议》，第 420 页。

⑬ 参见石方：《中国人口迁移史稿》，第 150、149 页。

十二，口四十万六千七百四十八。"①葛剑雄判断，"其中绝大部分应是燕、赵、齐的移民及其后裔"。②《续汉书·郡国志五》提供的户口统计资料，"玄菟郡"为："户一千五百九十四，口四万三千一百六十三。""乐浪郡"则为："户六万一千四百九十二，口二十五万七千五十。"玄菟郡户数的可疑③，削弱了作为统计依据的可信度。这里以乐浪郡为分析对象，以汉平帝元始二年(2)和汉顺帝永和五年(140)两个数据比较，可知 138 年之间，乐浪郡户数减少了2.1015%，而口数减少了 36.8036%。口数减少的程度，超过了全国平均数，而户数则保持了较高的水准。④ 户均人口由 6.4756 人下降到 4.1802 人。户数较为稳定的情形，值得注意。口数的减少，则应考虑行政区域大幅度缩小的因素。⑤

乐浪郡户口数字的变化，是否与"亡人"的活动有关呢？

《焦氏易林》卷 2《大畜·大畜》："朝鲜之地，姬伯所保，宜人宜家，业处子孙，求事大喜。"《焦氏易林》卷 3《咸·革》："朝鲜之地，姬伯所保，宜家宜人，业处子孙。"⑥所谓"宜人宜家""宜家宜人"，都隐约体现了前往朝鲜移民动机的心理背景。⑦ 朝鲜"宜人宜家""宜家宜人"的居住条件，当如葛剑雄所

---

① 《汉书》，第 1626、1627 页。
② 葛剑雄、曹树基、吴松弟：《简明中国移民史》，第 93 页。
③ 《后汉书》，第 3529 页。"户一千五百九十四，口四万三千一百六十三。"户均人口多达 27.0784 人。
④ 汉顺帝永和五年(140)全国户口数与汉平帝元始二年(2)相比，呈负增长形势，分别为－20.7%与－17.5%。
⑤ 参见谭其骧主编：《中国历史地图集》第 2 册，第 27—28、61—62 页。
⑥ (汉)焦延寿撰，徐传武、胡真校点集注：《易林汇校集注》，上海古籍出版社 2012 年版，第 974、1181 页。
⑦ 汉器"富贵昌宜人洗"(《汉金文录》卷 5，容庚编著：《秦汉金文录》，中华书局 2012 年版，第 573 页)、汉印"貊宜家"(罗福颐编：《汉印文字征》，文物出版社 1978 年版，九·十四)、"貊宜家印"(罗福颐编：《汉印文字征补遗》，文物出版社 1982 年版，九·六)，以及镜铭"多贺宜家受大福"(姚军英：《河南襄城县出土西汉晚期四神规矩镜》，《文物》1992 年第 1 期)等，是当时"宜人宜家""宜家宜人"观念普及的文物例证。又常见汉代社会习用语"宜民宜人"，可与"宜人宜家""宜家宜人"对照读。汉印文字可见"宜民和众"(罗福颐编：《汉印文字征补遗》，七·四，十二·六)。《汉书·刑法志》："《诗》云：'宜民宜人，受禄于天。'《书》曰：'立功立事，可以永年。'言为政而宜于民者，功成事立，则受天禄而永年命。"第 1112 页。(转下页)

说，"秦末汉初……由于当时朝鲜法律简易，民风淳朴，对大陆汉人具有吸引力"，"武帝平朝鲜"后，"汉朝在四郡的统治毕竟不如内地严酷，加上地广人稀，当地民族'天性柔顺'，内地移民还会大量涌入，在发生天灾人祸时尤其如此"。①

两汉乐浪郡与玄菟郡户口数字的比较，体现出相对稳定的情形，可以说明移民由北而南的趋势。《后汉书》卷85《东夷列传·三韩》保留了反映朝鲜半岛流民方向的史料：

> 初，朝鲜王准为卫满所破，乃将其余众数千人走入海，攻马韩，破之，自立为韩王。准后灭绝，马韩人复自立为辰王。建武二十年，韩人廉斯人苏马谡等诣乐浪贡献。光武封苏马谡为汉廉斯邑君，使属乐浪郡，四时朝谒。灵帝末，韩、濊并盛，郡县不能制，百姓苦乱，多流亡入韩者。②

东汉末年"百姓苦乱，多流亡入韩者"，即继续南流，其实是与黄河流域和长江流域的移民方向大体一致的。移民的主流趋势，是由北而南。

四、"亡人"推进的文化交流

扬雄《方言》中，"朝鲜"已经被列为一个方言区。表述方式有"朝鲜洌水之间"（卷1，卷6，卷7），"燕代朝鲜洌水之间"，"燕之北鄙朝鲜洌水之间"，"燕之北郊朝鲜洌水之间"，"燕之外鄙朝鲜洌水之间"（卷2），"北燕朝鲜洌水之间"（卷3，卷8，卷11），"东北朝鲜洌水之间"（卷4），"北燕朝鲜洌水间"（卷5），"燕之东北朝鲜洌水之间"，"北燕朝鲜之间"（卷5，卷8），"燕之外郊

（接上页）贾谊说："宜民宜人，民宜其寿。"[（唐）虞世南编撰：《北堂书钞》卷15引贾谊《新书》，第34页]蔡邕也曾经重申"宜民宜人，受禄于天"的说法（邓安生：《蔡邕集编年校注》，第139页）。居延汉简可见"魏郡内黄宜民里"（E. P. T59：7，甘肃省文物考古研究所、甘肃省博物馆、文化部古文献研究室、中国社会科学院历史研究所：《居延新简：甲渠候官与第四燧》，文物出版社1990年版，第359页），是"宜民"用于地名一例。

① 葛剑雄、曹树基、吴松弟：《简明中国移民史》，第93—94页。
② 《后汉书》，第2820页。

朝鲜洌水之间"（卷7）等。① 周振鹤、游汝杰曾经进行"两汉时代方言区划的拟测"，其中写道："林语堂曾根据《方言》所引地名的分合推测汉代方言可分为十二个区域，即秦晋、郑韩周、梁西楚、齐鲁、赵魏之西北、魏卫宋、陈郑之东郊、楚之中部、东齐与徐、吴扬越、楚（荆楚）、南楚、西秦、燕代。"这里是不包括"朝鲜"的。周振鹤等还写道，"《说文解字》中指出使用地点的方言词共有一百九十一条"，"这些条目所提到的方言区域或地点共六十八个"，提到次数最多的为：楚（23），秦（19），齐（16），关西、河内、北方（各6），关东、汝南、南楚、秦晋、周（各5），益州、蜀、朝鲜（各4）。在68个区域或地点中，"朝鲜"名列第12，与"益州"和"蜀"并列，是引人注目的。不过，周振鹤等认为，"《说文》中提到的朝鲜"，相关材料"可能不是汉语的方言，而是当时少数民族的语言"。② 也许这样的认识还可以讨论。

《方言》和《说文》以"朝鲜"列为方言区，反映了中原学者对这一地区文化存在的重视以及一定程度的了解。而这种了解过程的实现，应当有人员的往来作为重要条件。

《说文》中还有一些资料，也可以体现中原人对于朝鲜地区的了解。例如《说文·鱼部》写道："鮸鱼"和"魵鱼"，"出薉邪头国。""鱳鱼""鲹鱼""魳鱼""䱐鱼""魦鱼"和"鱳鱼"，"出乐浪潘国"。③ "鲜，鲜鱼也，出貉国。""鮬，鮬鱼也，皮有文，出乐浪东暆。神爵四年初捕收输考工。"④许慎对于朝鲜渔产的

---

① （清）钱绎撰集，李发舜、黄建中点校：《方言笺疏》，第13、234、260、62、69、89、93、278、393、166、184、205、276、258页。葛剑雄先生说："扬雄的《方言》将'燕代朝鲜洌水（一作列水，一般认为即今朝鲜大同江）之间'作为一个方言区，可见朝鲜半岛北部的人口多数应为汉族移民，语言基本与燕、代相同。"葛剑雄、曹树基、吴松弟：《简明中国移民史》，第94页。

② 周振鹤、游汝杰：《方言与中国文化》，第86—87页。今按：所列林语堂划分的区域实为14个，并非12个。

③ 段玉裁注："'乐浪潘国'者，真番也。"（汉）许慎撰，（清）段玉裁注：《说文解字注》，第579页。

④ （汉）许慎撰，（清）段玉裁注：《说文解字注》，第579页。《管子·揆度》："海内玉币有七荚"，"发、朝鲜之文皮一荚也。"又《管子·轻重甲》："发、朝鲜不朝，请文皮毷服而以为币乎?"通常的解释是"文皮，虎豹之皮"。马非百：《管子轻重篇新诠》，第461页。然而所谓"朝鲜之文皮"，或许亦与"出乐浪东暆"而"皮有文"的这种"鮬鱼"有关。

熟悉程度令人惊异。而鱼易腐的性质，决定了渔产品难以由如此遥远的地方运抵中原。① 段玉裁注以为"出薉邪头国"的鱼种，"盖许据所见载籍言之"。②"载籍"亦当根据实际见闻。其实，《说文·鱼部》记录的这些知识，有很大可能是通过人员往来传递的。

秦汉时期中原文物传播至朝鲜的现象，说明了文化交流的密切。分析促成这一形势形成的能动因素，不宜忽视"亡人"的作用。

《三国志》卷30《魏书·东夷传·韩》中关于"辰韩"的记录也有珍贵的历史语言学资料，有助于说明"亡人"对于文化交往的意义：

> 辰韩在马韩之东，其耆老传世，自言古之亡人避秦役来适韩国，马韩割其东界地与之。有城栅。其言语不与马韩同，名国为"邦"，弓为"弧"，贼为"寇"，行酒为"行觞"。相呼皆为"徒"，有似秦人，非但燕、齐之名物也。名乐浪人为"阿残"；东方人名我为"阿"，谓乐浪人本其残余人。今有名之为"秦韩"者。始有六国，稍分为十二国。③

"古之亡人避秦役来适韩国"，使得中原古语遗存于当地民间语汇中。《后汉书》卷85《东夷列传·三韩》采用了这一记载，写道："辰韩，耆老自言秦之亡人，避苦役，适韩国，马韩割东界地与之。其名国为'邦'，弓为'弧'，贼为'寇'，行酒为'行觞'，相呼为'徒'，有似秦语，故或名之为'秦韩'。"④

《梁书》卷54《诸夷列传·东夷·新罗》写道："新罗者，其先本辰韩种也。辰韩亦曰'秦韩'，相去万里，传言秦世亡人避役来适马韩，马韩亦割其东界居之，以秦人，故名之曰'秦韩'。其言语名物有似中国人，名国为'邦'，弓为'弧'，贼为'寇'，行酒为'行觞'。相呼皆为'徒'，不与马韩同。又辰韩王常用马韩人作之，世相系，辰韩不得自立为王，明其流移之人故也；恒为马韩所制。辰韩始有六国，稍分为十二，新罗则其一也。"⑤所谓"辰韩王常用马

---

① "出乐浪东暆"的"鲗鱼""皮有文"，所谓"神爵四年初捕收输考工"，应是取用其皮，而并非作为食品。

② （汉）许慎撰，（清）段玉裁注：《说文解字注》，第579页。

③ 《三国志》，第852页。

④ 《后汉书》，第2819页。

⑤ 《梁书》，中华书局1973年版，第805页。

韩人作之，世相系，辰韩不得自立为王，明其流移之人故也"的情形，特别值得注意。由于是"流移之人"，竟然世代受到歧视。《北史》卷 94《新罗列传》的相关记载，反映了新罗族属渊源的复杂性，也提供了新罗王可能是百济"亡人"的信息："新罗者，其先本辰韩种也。地在高丽东南，居汉时乐浪地。辰韩亦曰'秦韩'。相传言秦世亡人避役来适，马韩割其东界居之，以秦人，故名之曰'秦韩'。其言语名物，有似中国人，名国为'邦'，弓为'弧'，贼为'寇'，行酒为'行觞'，相呼皆为'徒'，不与马韩同。又辰韩王常用马韩人作之，世世相传，辰韩不得自立王，明其流移之人故也。恒为马韩所制。辰韩之始，有六国，稍分为十二，新罗则其一也。或称魏将毌丘俭讨高丽破之，奔沃沮，其后复归故国，有留者，遂为新罗，亦曰'斯卢'。其人杂有华夏、高丽、百济之属，兼有沃沮、不耐、韩、濊之地。其王本百济人，自海逃入新罗，遂王其国。"①

由所谓"其人杂有华夏、高丽、百济之属"，可知"华夏""亡人"数量可能较多。《后汉书》卷 85《东夷列传·倭》李贤注："朝鲜，既杂华夏之风，又浇薄其本化，以至通于汉也。"②指出了"华夏之风"与其"本化"的交错作用，形成了这一地区的文化特色。而"亡人"们的文化作用对于朝鲜地区"以至通于汉也"的影响，是不宜忽视的。

根据《后汉书》卷 85《东夷列传·三韩》的记载，"辰韩，耆老自言秦之亡人，避苦役，适韩国，马韩割东界地与之。其名国为邦，弓为弧，贼为寇，行酒为行觞，相呼为徒，有似秦语，故或名之为秦韩。"由中国经至朝鲜半岛南部，大抵当经由海道。③

汉武帝元朔元年（前 128），"东夷薉君南闾等口二十八万人降，为苍海郡。"（《汉书》卷 6《武帝纪》）"薉"即"秽"。颜师古注引服虔曰："秽貊在辰韩之北，高句丽、沃沮之南，东穷乎大海。"秽貊（或谓薉貊）地望，在东朝鲜湾西岸，朝鲜江原道及咸镜南道南部地区。《汉书》卷 6《武帝纪》述记载：元朔三年

---

① 《北史》，中华书局 1974 年版，第 3122—3123 页。
② 《后汉书》，第 2823 页。
③ 《后汉书》，第 2819 页。参见王子今：《略论秦汉时期朝鲜"亡人"问题》，《社会科学战线》2008 年第 1 期。

(前126)春，"罢苍海郡"。① 仅存在一年多的苍海郡之建置，或可看作西汉海洋开发事业取得进步的标志之一。《史记》卷30《平准书》写道："彭吴贾灭朝鲜，置沧海之郡，则燕齐之间靡然发动。"又说："东至沧海之郡，人徒之费拟于南夷。"《汉书》卷24下《食货志下》则谓"彭吴穿秽貊、朝鲜，置沧海郡，则燕齐之间靡然发动"，"东置沧海郡，人徒之费疑于南夷"。② 燕、齐地区与苍海郡的经济文化联系，前者多由陆路，后者当主要由渤海海路。

《说文·鱼部》列举多种出产于朝鲜半岛沿海的海鱼，如"出乐浪潘国"的鱴、鮻、鮡、鮉、鯋、鱗，"出薉邪头国"的鮸、鲂，又有"鲷，鲷鱼也，皮有文，出乐浪东暆，神爵四年初捕收输考工"，以及"鲜，鲜鱼也，出貊国"。段玉裁注："薉邪头国，秽貊也。"③其地当在《汉书》卷28下《地理志下》所谓"邪头昧"一带，即日本海西岸的今朝鲜高城附近。"貊国"，亦即秽貊。"东暆"，《汉书》卷28下《地理志下》作"东暆"。④ 其地在日本海西岸的今朝鲜江陵。《汉书》卷6《武帝纪》记载，元封二年(前109)发兵击朝鲜，次年夏，"朝鲜斩其王右渠降，以其地为乐浪、临屯、玄菟、真番郡"。⑤ 潘国之称不知是否与"真番"地名有关，若如此，依谭其骧主编《中国历史地图集》第2册标示的位置，则在黄海东海岸，临江华湾。⑥ 乐浪郡，王莽改称"乐鲜"，属县右"朝鲜"，又"浿水"县，"莽曰乐鲜亭"。应劭注谓所以称"乐鲜"者，"故朝鲜国也"。⑦ 朝鲜之最初得名，很可能与出于"貊国"的"鲜鱼"这种水产品有关。朝鲜半岛渔产远输千里之外，一方面说明以航海条件为基础的当地渔业的发达，另一方面也反映出这一地区与中国内陆地区交通联系之紧密。而联结燕齐地区与朝鲜半岛的近海航线，也是交通途径之一。⑧

汉武帝时代，更有庞大舰队击朝鲜的浮海远征。元封二年(前109)，"朝

---

① 《汉书》，第169、171页。

② 《史记》，第1421页。《汉书》，第1157、1158页。

③ (汉)许慎撰，(清)段玉裁注：《说文解字注》，第579页。

④ 《汉书》卷30《艺文志》"东暆令延年赋七篇"则作"东暆"。《汉书》，第1627、1751页。

⑤ 《汉书》，第194页。

⑥ 谭其骧主编：《中国历史地图集》第2册，第27—28页。

⑦ 《汉书》卷28下《地理志下》，第1627页。

⑧ 参见王子今：《秦汉时期的近海航运》，《福建论坛》1991年第5期。

鲜王攻杀辽东都尉，乃募天下死罪击朝鲜"，"遣楼船将军杨仆、左将军荀彘将应募罪人击朝鲜"。颜师古注引应劭曰："楼船者，时欲击越，非水不至，故作大船，上施楼也。"①《史记》卷 115《朝鲜列传》记载，"其秋，遣楼船将军杨仆从齐浮渤海"。② 杨仆军起航地点可能在东莱郡。③ 登陆地点是洌口（或作列口）。④ 洌口即今朝鲜黄海南道殷栗附近。杨仆"楼船军""从齐浮渤海"可能性较大的出发港，应当是烟台、威海、龙口。以现今航海里程计，烟台港至大连 90 海里（167 千米），威海港至大连 94 海里（174 千米），龙口港至大连 140 海里（259 千米），大连至朝鲜平壤地区的出海口南浦 180 海里（330 千米）。⑤ 就现有信息而言，我们已经可以为汉武帝时代的这一大型舰队的航海纪录深感惊异了。⑥

朝鲜平壤南郊大同江南岸土城里的乐浪郡遗址和黄海北道凤山郡石城里的带方郡⑦遗址，都保留有丰富的汉代遗物。信川郡凤凰里有汉长岑县遗址，曾出土"守长岑县王君，君讳乡，年七十三，字德彦，东莱黄人也，正始九年三月廿日，壁师王德造"的长篇铭文，由此也可以推想，汉魏时通往乐浪的海上航路的起点，可能确实是东莱郡黄县。⑧

---

① 《汉书》卷 6《武帝纪》，第 193、194 页。

② 《史记》卷 115《朝鲜列传》还记述，另有"兵五万人，左将军荀彘出辽东"，而"楼船将齐兵七千人先至王险。右渠城守，窥知楼船军少，即出城击楼船，楼船军败散走"。后楼船将军杨仆"坐兵至洌口，当待左将军，擅先纵，失亡多，当诛，赎为庶人"。是知楼船载兵有限，正如司马迁所谓"楼船将狭，及难离咎"，然而其进军速度，则显然优于陆军。《史记》，第 2987、2989、2990 页。

③ 黄盛璋在《中国港市之发展》一文中考证，"汉征朝鲜从莱州湾入海，地点或在东莱。"《历史地理论集》，人民出版社 1982 年版，第 89 页。

④ 《史记》卷 115《朝鲜列传》："楼船将军亦坐兵至洌口，当待左将军，擅先纵，失亡多，当诛，赎为庶人。"第 2989—2990 页。《汉书》卷 95《朝鲜传》作"列口"。《汉书》卷 28 下《地理志下》乐浪郡属县有"列口"。第 3867、1627 页。

⑤ 杜秀荣主编：《中国分省地图集》，中国地图出版社 2008 年版，第 105—107、48—49 页。

⑥ 参见王子今：《论杨仆击朝鲜楼船军"从齐浮渤海"及相关问题》，《鲁东大学学报（哲学社会科学版）》2009 年第 1 期。

⑦ 汉献帝建安九年（204），割乐浪郡南部为带方郡。

⑧ 参见王子今：《秦汉交通史稿》，中共中央党校出版社 1994 年版，第 195 页。

第三节　越人航海传统与闽越航运优势

考察秦汉时期的海路航运，不能忽略越人航运传统，亦应特别重视东越、闽越和南越之间的海上联系。而闽越在航海史上的贡献，尤其应当予以重视。① 闽越航海条件与航海传统的优越，使得其与东越、南越的海上往来似较内地联系更为方便。当时闽越人借助海上航行技术的优势，在中国东南地区有活跃的表现。秦汉时期几次重要战事借助航海条件实现了远征的成功。古代中国因风浪影响航运的最早的历史记录，也发生在闽越。闽越人的突出贡献，在东方海洋开发史上书写了引人注目的篇章。

一、越人航海能力优势

史称"百越"的古代部族主要生存活动于东南沿海。然而也有依恃近海航行能力北行的经历。浙江温岭发现的越王城，当地方志称"徐偃王城"。而传说徐偃王立国之地远在淮北。《史记》卷5《秦本纪》："徐偃王作乱，造父为缪王御，长驱归周，一日千里以救乱。"裴骃《集解》："《地理志》曰：临淮有徐县。云故徐国。"张守节《正义》："《括地志》云：大徐城在泗州徐城县北三十里，古徐国也。"张守节《正义》又写道："《括地志》又云：徐城在越州鄮县东南入海二百里。《夏侯志》云：翁洲上有徐偃王城。传云昔周穆王巡狩，诸侯共尊偃王。穆王闻之，令造父御乘骍騄之马，日行千里，自还讨之。或云命楚王帅师伐之。偃王乃于此处立城以终。"②温岭发现或许与越州"徐城"有关。

---

① 秦汉时期"闽越"作为区域政治实体的称谓使用或有模糊混淆情形。如《汉书》卷2《惠帝纪》："(三年)夏五月立闽越君摇为东海王。"颜师古注："应劭曰：摇，越王勾践之苗裔也。帅百越之兵助高祖，故封东海，在吴郡东南滨海云。师古曰：即今泉州是其地。"第89页。据文渊阁《四库全书》本《前汉书》卷2考证，齐召南曰："按师古说非也。闽越王无诸都冶则泉州地，属闽越矣。东海王摇都东瓯，亦号东瓯王，即温州永嘉地，非泉州地也。"《前汉书》卷2《惠帝纪》附(清)齐召南《考证》，《景印文渊阁四库全书》第249册，第73—74页。《史记》言闽越事，多系于卷114《东越列传》中。本书使用"闽越"一语，指当时存在于今福建大部分地域的政权。

② 又《史记》卷43《赵世家》："徐偃王反，缪王日驰千里马，攻徐偃王，大破之。"张守节《正义》："《括地志》云：大徐城在泗州徐城县北三十里，古之徐国也。"第175—176、1779、1780页。

而南北"徐城"共见于地理文献，可以看作越人曾经活跃于苏北地方的迹象。

东周时期，越王勾践迁都琅邪。《汉书》卷 28 上《地理志上》"琅邪郡"条关于属县"琅邪"写道："琅邪，越王句践尝治此，起馆台。有四时祠。"①今本《吴越春秋》卷 10《勾践伐吴外传》有"越王既已诛忠臣，霸于关东，从琅邪起观台，周七里，以望东海"的记载，又写道："越王使人如木客山，取元常之丧，欲徙葬琅邪。三穿元常之墓，墓中生燺风，飞砂石以射人，人莫能入。勾践曰：'吾前君其不徙乎！'遂置而去。"勾践以后的权力继承关系是：勾践—兴夷—翁—不扬—无强—玉—尊—亲。"自勾践至于亲，共历八主，皆称霸，积年二百二十四年。亲众皆失，而去琅邪，徙于吴矣。""尊、亲失琅邪，为楚所灭。"②可知"琅邪"确实是越国后期的政治中心。历史文献所见勾践都琅邪事，有《竹书纪年》卷下："（周）贞定王元年癸酉，于越徙都琅琊。"③《越绝书》卷 8《外传记地传》："亲以上至句践凡八君，都琅琊，二百二十四岁。"《后汉书》卷 85《东夷列传》："越迁琅邪。"《水经注》卷 26《潍水》："琅邪，山名也。越王句践之故国也。句践并吴，欲霸中国，徙都琅邪。"又卷 40《浙江水》："句践都琅邪。"④

其实，早在越王勾践活动于吴越地方时，相关历史记录已经透露出勾践身边的执政重臣对"琅邪"有所关切。《吴越春秋》卷 8《勾践归国外传》有范蠡帮助越王勾践"树都"也就是规划建设都城的故事："越王曰：'寡人之计，未有决定，欲筑城立郭，分设里闾，欲委属于相国。'于是范蠡乃观天文拟法，于紫宫筑作小城……外郭筑城而缺西北，示服事吴，也不敢壅塞。……城既成，而怪山自生者，琅琊东武海中山也。一夕自来，故名怪山。""范蠡曰：'臣之筑城也，其应天矣。'"⑤越国建设都城的工程中，传说"琅琊东武海中山""一夕自来"，这一神异故事的生成和传播，暗示当时勾践、范蠡谋划的复国工

---

① 《汉书》，第 1586 页。

② 周生春：《吴越春秋辑校汇考》，上海古籍出版社 1997 年版，第 176、177、178 页。

③ （梁）沈约注，（清）洪颐煊校：《竹书纪年》，《丛书集成初编》第 3679 册，商务印书馆 1937 年版，第 70 页。

④ （东汉）袁康、吴平辑录，乐祖谋点校：《越绝书》，第 58 页。《后汉书》，第 2809 页。（北魏）郦道元著，陈桥驿校证：《水经注校证》，第 630、941 页。

⑤ 周生春：《吴越春秋辑校汇考》，第 131 页。

程，是对北方大港"琅邪"予以特别关注的。

范蠡本人在灭吴之后离开权力争夺旋涡，避处齐地，《史记》卷41《越王句践世家》谓"范蠡浮海出齐"，说他流亡的路程是航海北上。① 越人徙都琅邪，很可能亦经历"浮海"的交通过程。或说灭吴后"遂渡淮，迁都琅邪"，似有并非经由海路或者全程经由海路的可能②，然而《吴越春秋》"从琅邪起观台，周七里，以望东海"句后言"死士八千人，戈船三百艘"③，这些"戈船"很可能是自会稽驶来。《越绝书》卷8《外传记地传》："初徙琅琊，使楼船卒二千八百人伐松柏以为桴。"④"楼船卒二千八百人"也不大可能是徒步北上。勾践迁都琅邪事，是可以看作反映越人航海能力的例证的。

二、汉王朝"事两越"

汉武帝建元三年（前138），闽越围东瓯，东瓯告急，汉武帝"遣中大夫严助持节发会稽兵，浮海救之。未至，闽越走，兵还"。建元六年（前135），"闽越王郢攻南越，遣大行王恢将兵出豫章，大司农韩安国出会稽，击之。未至，越人杀郢降，兵还。"⑤《史记》卷108《韩长孺列传》的记载是："建元中……闽越、东越相攻，安国及大行王恢将。未至越，越杀其王降，汉兵亦罢。"⑥

汉武帝时代由会稽发兵南下凡三次：（1）建元三年（前138）严助浮海救东瓯；（2）建元六年（前135）韩安国出会稽击闽越；（3）元鼎六年（前111）韩说、王温舒出会稽击东越。其中第一、三两次史籍明确记载经由海路。第二次很可能亦泛海南下。然而《史记》卷114《东越列传》记载："上遣大行王恢出豫章，

---

① 《史记》，第1752页。参见王子今：《范蠡"浮海出齐"事迹考》，《齐鲁文化研究》第8辑（2009年），泰山出版社2009年版；《东海的"琅邪"和南海的"琅邪"》，《文史哲》2012年第1期。

② 《元和郡县图志》卷26《江南道·越州》写道："句践复伐吴，灭之，并其地。遂渡淮，迁都琅邪。"似是说自陆路至琅邪。（唐）李吉甫撰，贺次君点校：《元和郡县图志》，中华书局1983年版，第617页。

③ 周生春：《吴越春秋辑校汇考》，第176页。《越绝书》卷8《外传记地传》同，（东汉）袁康、吴平辑录，乐祖谋点校：《越绝书》，第58页。

④ （东汉）袁康、吴平辑录，乐祖谋点校：《越绝书》，第62页。

⑤ 《汉书》卷6《武帝纪》，第158、160页。

⑥ 《史记》，第2860页。

大农韩安国出会稽，皆为将军。兵未逾岭，闽越王郢发兵距险。"①"兵未逾岭"若兼指王恢、韩安国二军，则皆由陆路行。看来元鼎六年韩安国军行进路线的确定，当期待更详尽的资料的发现。

《史记》卷20《建元以来侯者年表》言汉王朝决心"南诛劲越"的背景，是因为闽越与匈奴的威胁，形成"二夷交侵"的危害："太史公曰：匈奴绝和亲，攻当路塞；闽越擅伐，东瓯请降。二夷交侵，当盛汉之隆，以此知功臣受封侔于祖考矣。何者？自《诗》《书》称三代'戎狄是膺，荆荼是征'，齐桓越燕伐山戎，武灵王以区区赵服单于，秦缪用百里霸西戎，吴楚之君以诸侯役百越。况乃以中国一统，明天子在上，兼文武，席卷四海，内辑亿万之众，岂以晏然不为边境征伐哉！自是后，遂出师北讨强胡，南诛劲越，将卒以次封矣。"②

所谓"闽越擅伐"，是利用了优越的航海能力的。而汉军"浮海"行为，应继承了闽越人开辟航线等海洋开发的成就。③

《史记》卷30《平准书》写道："严助、朱买臣等招来东瓯，事两越，江淮之间萧然烦费矣。"关于所谓"事两越"，张守节《正义》解释说："南越及闽越。南越，今广州南海也。闽越，今建州建安也。"④对南越的征伐，调动了楼船军。《史记》卷113《南越列传》："令罪人及江淮以南楼船十万师往讨之。"裴骃《集解》引应劭曰："时欲击越，非水不至，故作大船。船上施楼，故号曰'楼船'也。"⑤"江淮以南楼船十万师"南下，通过闽越海域，应当也借用了闽越海上航行力量。

三、闽越海境的"海风波"

据《史记》卷114《东越列传》记载："至元鼎五年，南越反，东越王余善上书，请以卒八千人从楼船将军击吕嘉等。兵至揭阳，以海风波为解，不行，持两端，阴使南越。及汉破番禺，不至。"⑥《汉书》卷95《闽粤传》："至元鼎五

---

①　《史记》，第 2981 页。

②　《史记》，第 1027 页。

③　参见王子今：《秦汉时期的近海航运》，《福建论坛》1991 年第 5 期。

④　《史记》，第 1420、1421 页。

⑤　《史记》，第 2974、2975 页。

⑥　《史记》，第 2982 页。

年，南粤反，余善上书请以卒八千从楼船击吕嘉等。兵至揭阳，以海风波为解，不行，持两端，阴使南粤。及汉破番禺，楼船将军仆上书愿请引兵击东粤。上以士卒劳倦，不许。罢兵，令诸校留屯豫章梅领待命。"①元鼎五年（前112）汉军击南越，闽粤贵族余善上书请以卒八千从楼船将军杨仆部作战，虽"兵至揭阳"，终竟"以海风波为解"，战事结束时仍"不至"。这样的情形，是有可能危及战局形势的。所以当时楼船将军杨仆"上书愿请引兵击东粤"。

所谓"以海风波为解"，颜师古注："解者，自解说，若今言分疏。"所谓"阴使南粤"，颜师古注："遣使与相知。"②闽越和南越之间的"使"，不能排除循海上航路往来的可能。

余善"兵至揭阳，以海风波为解"，是中国古代最早的关于航海行为遭遇"海风波"不得不终止航行的最早的文字记录。虽然我们现在还不清楚此"海风波"的性质和强度，但是这一事实在航海史上依然有特别值得重视的意义。

平定南越后，楼船将军杨仆"上书愿请引兵击东粤。上以士卒劳倦，不许"，说明今福建广东沿海海面的航线已经开通，并可通过大型舰船组成的水军。元鼎六年（前111），余善反，汉武帝发数军合攻，"遣横海将军韩说出句章，浮海从东方往"，"元封元年冬，咸入东粤"。③ 这是闽越海面行驶汉军大型船队的有代表性的史例。

四、城村城址水门发现

福建武夷山城村汉城遗址已经考古发掘，学界多同意闽越国都城的判断。遗址的城垣、城门、水井、宫殿建筑遗存等发现都有值得重视的价值。城址考古收获显示的建设规划，东西两面的河道富有启示意义，可以看作这一国度特别重视航运的提示。

城址发现的几处发掘者称作"水门"的遗存，体现了都市规划者对于水道交通控制和管理的考虑。1959年发掘简报中关于一件铁质齿轮的介绍，反映

---

① 《汉书》，第3861页。
② 《汉书》，第3861页。
③ 《汉书》卷95《南粤传》，第3862页。

了闽越生产技术的先进。据闽越都城博物馆工作人员说明，这件重要文物发现于水门附近。这一信息可以支持城村闽越城水门交通控制当时可能已经使用机械方式提升闸门的推想。

五、"东冶"的地位

《史记》卷 114《东越列传》："汉五年，复立无诸为闽越王，王闽中故地，都东冶。"①东冶在今福建福州。《汉书》卷 95《闽粤传》："汉五年，复立无诸为闽粤王，王闽中故地，都冶。"《汉书》卷 28 上《地理志上》颜师古注：冶，"本闽越地"。汉武帝建元三年（前 138），"闽粤发兵围东瓯"，六年（前 135），"闽粤击南粤"。闽粤贵族余善后又立为东粤王。元鼎五年（前 112），南粤反，"余善上书请以卒八千从楼船击吕嘉等"。② 会稽与闽越之间的海上联系，由会稽至东冶的航线沟通。东冶与会稽联系之紧密，又见于《水经注·河水二》引《汉官》言秦郡名"或以号令"，如："禹合诸侯，大计东冶之山，因名会稽是也。"③

《三国志》卷 13《魏书·王朗传》记载，王朗为会稽太守，"孙策渡江略地，朗功曹虞翻以为力不能拒，不如避之。朗自以身为汉吏，宜保城邑，遂举兵与策战。败绩，浮海至东冶。策又追击，大破之"。王朗"浮海至东冶"④以及孙策"追击"，都应当由这一航线南下。《三国志》卷 46《吴书·孙讨逆传》的记载是："遂引兵渡浙江，据会稽，屠东冶。"《三国志》卷 60《吴书·吕岱传》："会稽东冶五县贼吕合、秦狼等为乱，权以岱为督军校尉，与将军蒋钦等将兵讨之，遂禽合、狼，五县平定，拜昭信中郎将。"同卷又说到"会稽东冶贼随春"，也体现"会稽东冶"交通是比较便利的。⑤

---

① 《史记》，第 2979 页。（宋）祝穆：《方舆胜览》卷 10《福建路·福州》："东冶，汉立冶县，以越王冶铸得名。"（宋）祝穆撰，（宋）祝洙增订，施和金点校：《方舆胜览》，中华书局 2003 年版，第 163 页。

② 《汉书》，第 3859、1592、3860、3861 页。

③ （北魏）郦道元著，陈桥驿校证：《水经注校证》，第 41 页。《太平御览》卷 157 引应劭《汉官仪》同。又如《太平御览》卷 990 引《吴氏本草》曰："秦钩吻，一名毒根"，"有毒杀人，生南越山或益州"，"或生会稽东冶，正月采"。也连说"会稽东冶"。（宋）李昉等撰：《太平御览》，第 763、4382 页。

④ 《三国志》卷 60《吴书·贺齐传》称之为"王朗奔东冶"。第 407、1377 页。

⑤ 《三国志》，第 1104、1384、1385 页。

东冶作为大港的地位，又体现于北上"浮海"，亦多由东冶启航。《后汉书》卷33《郑弘传》说："旧交阯七郡贡献转运，皆从东冶泛海而至。"李贤注："东冶县，属会稽郡。《太康地理志》云：汉武帝名为东冶，后改为东候官。今泉州闽县是。"①东冶长期被作为由南海北上的重要的中间转运港。

东冶又曾经是造船基地。宋乐史《太平寰宇记》卷100《江南东道十二·福州》："福州，长乐郡，今理闽县，古闽越地。""秦并天下，为闽中。即汉高祖立无诸为闽越王，国都于此地。及武帝时闽越反，因灭之，徙其人于江淮间，尽虚其地。后有遁逃山谷者颇出，因立为冶县以理之。其道盖以越王冶铸为名，属会稽郡，寻为东冶县，后汉改为侯官都尉，属不改。后分冶地为会稽郡东南二都尉，此为南部都尉。东部今临海是也。吴于此立曲郍都尉，主谪徙之人作船于此。"②

第四节　东洋航运

中国初期海外交通大致主要面向东方。《诗·商颂·长发》："相土烈烈，海外有截。"③此说商王朝的政治影响已经及于海上。然而直到战国时期，见于文字记载的海上航行仍只限于近海，一般往往沿海岸航行，以借助观测岸上的物标、山形、地貌等测定船位、确定航向。尽管如此，当时人们通过辗转曲折的途径，已经对于远在东洋的海上方国有了初步的认识。《山海经·海内北经》已经有关于"倭"的记述："盖国在钜燕南，倭北。倭属燕。"所谓"倭属燕"，说明环渤海地方的燕人可能最早实现了与"倭"的联系。《海外东经》《大荒北经》还说到所谓"毛民之国"。④ 有人认为"毛民之国"地在今日本北

---

① 《后汉书》，第1156页。

② （宋）乐史撰，王文楚等点校：《太平寰宇记》，中华书局2007年版，第1990页。

③ （清）阮元校刻：《十三经注疏》，第626页。

④ 袁珂校注：《山海经校注》，第321、264、424页。

海道。①

秦汉时期，东洋航运的开拓取得了重要的成就。现今日本方向海上列岛的国家，已经与汉王朝建立了明确的行政关系。

一、徐市"入海"

最早记载徐福事迹的是《史记》卷6《秦始皇本纪》。秦始皇二十八年（前219），东巡，得齐人徐市介绍"海中有三神山""仙人居之"之说，于是派遣徐市"入海求仙人"：

> 齐人徐市等上书，言海中有三神山，名曰蓬莱、方丈、瀛洲，仙人居之。请得斋戒，与童男女求之。于是遣徐市发童男女数千人，入海求仙人。

---

① 《宋书》卷97《夷蛮列传·倭国》："顺帝升明二年遣使上表曰：'封国偏远，作藩于外，自昔祖祢，躬擐甲胄，跋涉山川，不遑宁处，东征毛人五十五国……'"中华书局1974年版，第2395页。《旧唐书》卷199上《东夷列传·日本国》："东界、北界有大山为限，山外即毛人之国。"第5340页。《旧唐书》卷12《德宗纪上》："江淮讹言有毛人捕人，食其心，人情大恐。"第334页。《新唐书·东夷列传·日本》："东、北限大山，其外即毛人云。"又《新唐书》卷220《东夷传·百济》："又妄夸其国都方数千里，南、西尽海，东、北限大山，其外即毛人云。""流鬼去京师万五千里，直黑水靺鞨东北，少海之北，三面皆阻海"，"南与莫曳靺鞨邻，东南航海十五日行，乃至。"第6208—6210页。《新唐书》卷35《五行志三》："建中三年秋，江淮讹言有毛人食其心，人情大恐。"第922页。或以为"莫曳"即"毛人"。据白鸟库吉考证，"流鬼"即库页岛之古称，如此则"莫曳"即"毛人之国"的位置，大致在北海道地区。参见陈抗：《中国与日本北海道关系史话》，见《中外关系史论丛》第2辑，世界知识出版社1987年版，第26页。《山海经·海外东经》郭璞注："今去临海郡东南二千里，有毛人在海洲岛上，为人短小，而体尽有毛，如猪熊，穴居，无衣服。晋永嘉四年，吴郡司盐都尉戴逢在海边得一船，上有男女四人，状皆如此。言语不通，送诣丞相府，未至，道死，唯有一人在。上赐之妇，生子，出入市井，渐晓人语，自说其所在是毛民也。《大荒北经》云'毛民食黍'者是矣。"袁珂校注：《山海经校注》，第264—265页。原本"言语不通"，故"自说其所在是毛民也"，当然是接受了中国人的观念。又《太平御览》卷373引《临海异物志》："毛人洲，在张屿，毛长短如熊。周绰得毛人，送诣秣陵。"卷790引《土物志》："毛人之洲，乃在涨屿，身无衣服，凿地穴处，虽云象人，不知言语，齐长五尺，毛如熊豕，众辈相随，逐捕鸟鼠。"是南海"毛人"与北海"毛人"异义。（宋）李昉等撰：《太平御览》，第1719、3500页。

关于"三神山"，张守节《正义》："《汉书·郊祀志》：'此三神山者，其传在渤海中，去人不远，盖曾有至者，诸仙人及不死之药皆在焉。其物禽兽尽白，而黄金白银为宫阙。未至，望之如云；及至，三神山乃居水下；临之，患且至，风辄引船而去，终莫能至云。世主莫不甘心焉。'"关于"发童男女数千人，入海求仙人"，张守节《正义》："《括地志》云：'亶洲在东海中，秦始皇使徐福将童男女入海求仙人，止在此州，共数万家。至今洲上人有至会稽市易者。吴人《外国图》云亶洲去琅邪万里。'"①

关于"遣徐市发童男女数千人，入海求仙人"事，《史记》卷6《秦始皇本纪》又记载：

> 还过吴，从江乘渡。并海上，北至琅邪。方士徐市等入海求神药，数岁不得，费多，恐谴，乃诈曰："蓬莱药可得，然常为大鲛鱼所苦，故不得至，愿请善射与俱，见则以连弩射之。"始皇梦与海神战，如人状。问占梦，博士曰："水神不可见，以大鱼蛟龙为候。今上祷祠备谨，而有此恶神，当除去，而善神可致。"乃令入海者赍捕巨鱼具，而自以连弩候大鱼出射之。自琅邪北至荣成山，弗见。至之罘，见巨鱼，射杀一鱼。遂并海西。②

"徐市等入海求神药数岁不得，费多，恐谴"情节，值得注意。而"始皇梦与海神战"，"问占梦"，"博士"答复所谓"水神不可见，以大鱼蛟龙为候。今上祷祠备谨，而有此恶神，当除去，而善神可致"，其中涉及"海神""水神""恶神""善神"，其说或与"方士徐市等"的宣传有一致性。

《史记》卷118《淮南衡山列传》则谓"徐福入海求神异物"，留止海外不还，"得平原广泽，止王不来"：

> 昔秦绝圣人之道，杀术士，燔《诗》《书》，弃礼义，尚诈力，任刑罚，转负海之粟致之西河。当是之时，男子疾耕不足于糟糠，女子纺绩不足于盖形。遣蒙恬筑长城，东西数千里，暴兵露师常数十万，死者不可胜数，僵尸千里，流血顷亩，百姓力竭，欲为乱者十家而五。又使徐福入

---

① 《史记》，第247—248页。

② 《史记》，第263页。

海求神异物，还为伪辞曰："臣见海中大神，言曰：'汝西皇之使邪？'臣答曰：'然'。'汝何求？'曰：'愿请延年益寿药'。神曰：'汝秦王之礼薄，得观而不得取'。即从臣东南至蓬莱山，见芝成宫阙，有使者铜色而龙形，光上照天。于是臣再拜问曰：'宜何资以献？'海神曰：'以令名男子若振女与百工之事，即得之矣。'"秦皇帝大说，遣振男女三千人，资之五谷种种百工而行。徐福得平原广泽，止王不来。于是百姓悲痛相思……①

事又见《汉书》卷45《伍被传》。

伍被言"徐福"故事，是在对秦末政治危机进行总体评价时的政论意见。徐市"出海"，被看作政治现象：

往者秦为无道，残贼天下，杀术士，燔诗书，灭圣迹，弃礼义，任刑法，转海滨之粟，致于西河。当是之时，男子疾耕不足于粮馈，女子纺绩不足于盖形。遣蒙恬筑长城，东西数千里。暴兵露师，常数十万，死者不可胜数，僵尸满野，流血千里。于是百姓力屈，欲为乱者十室而五。又使徐福入海求仙药，多赍珍宝，童男女三千人，五种百工而行。徐福得平原大泽，止王不来。于是百姓悲痛愁思，欲为乱者十室而六。又使尉佗逾五岭，攻百越，尉佗知中国劳极，止王南越。行者不还，往者莫返，于是百姓离心瓦解，欲为乱者十室而七。兴万乘之驾，作阿房之宫，收太半之赋，发闾左之戍。父不宁子，兄不安弟，政苛刑惨，民皆引领而望，倾耳而听，悲号仰天，叩心怨上，欲为乱者，十室而八。……

又提到使徐福入海求仙药事。②

《三国志》卷47《吴书·吴主传》记载黄龙二年（230）"遣将军卫温、诸葛直将甲士万人浮海求夷洲及亶洲"事，也说道：

亶洲在海中，长老传言秦始皇帝遣方士徐福将童男童女数千人入海，求蓬莱神山及仙药，止此洲不还。世相承有数万家，其上人民，时有至

---

① 《史记》，第3086页。
② 《汉书》，第2171—2172页。

会稽货布，会稽东县人海行，亦有遭风流移至亶洲者。所在绝远，卒不可得至。①

《后汉书》卷 85《东夷列传》中则已将徐福所止王不来处与日本相联系，其事系于"倭"条下：

会稽海外有东鳀人，分为二十余国。② 又有夷洲及澶洲。传言秦始皇遣方士徐福将童男女数千人入海，求蓬莱神仙不得，徐福畏诛不敢还，遂止此洲，世世相承，有数万家。人民时至会稽市。会稽东冶县人有入海行遭风，流移至澶洲者。所在绝远，不可往来。③

《太平御览》卷 782"纻屿人"条引《外国记》说，有人航海遇难，流落到多产纻的海岛，岛上居民有三千余家，自称"是徐福童男之后"。《太平御览》卷 973 引《金楼子》说徐福故事，也与东瀛"扶桑"传说相联系："秦皇遣徐福求桑椹于碧海之中，有扶桑树长数千丈。"④

秦始皇时代是中国古代提供了集中的历史创造的阶段。军事指挥、政制建设、交通规划、工程组织等方面的成就都成为历史的里程碑。徐市遵从秦始皇指令主持的航海行动，在中国古代海外交通史、海外开发史和探险史上有非常重要的地位。徐市东渡，是秦汉时期东洋航运开通的标志性事件。

徐市是齐地方士。秦始皇二十八年（前 219），他上书建议求海中神山仙人，为秦始皇批准。司马迁在《史记》卷 6《秦始皇本纪》中记载，齐人徐市等上书，说海中有三神山，叫作蓬莱、方丈、瀛洲，仙人居之，请求行斋戒仪式，率领童男女前往寻求，"于是遣徐市发童男女数千人，入海求仙人"。在关于秦始皇三十五年（前 212）的记录中，又可以看到秦始皇对徐市寻找海中神山未获成功的不满："徐市等费以巨万计，终不得药。"在有关秦始皇三十七年（前 210）史事的记录中，司马迁又写道，秦始皇从长江下游沿海岸北上，至琅邪。"方士徐市等入海求神药，数岁不得，费多，恐谴"，于是谎称蓬莱仙药可以

① 《三国志》，第 1136 页。
② 《汉书》卷 28 下《地理志下》："会稽海外有东鳀人，分为二十余国，以岁时来献见云。"第 1669 页。
③ 《后汉书》，第 2822 页。
④ （宋）李昉等撰：《太平御览》卷 973 引《金楼子》，第 4315 页。

得到，但是航行常为大鲛鱼所阻碍，所以不得近前，请求与携带先进的射击武器"连弩"的善于射箭者同行，以便射杀大鲛鱼。秦始皇在梦中与海神战斗，随即命令入海者携带捕捉巨鱼的渔具，而"自以连弩候大鱼出射之"。自琅邪北至荣成山，沿途都没有看到巨鱼。至之罘时，发现巨鱼，据说竟然"射杀一鱼"。①

看来，徐市求海中神山仙人的航海实践，前后至少有 10 年的经历。通过"巨鱼""大鱼"的故事，可以知道徐市并不仅仅在近海浮行，而是已经尝试了相对较远的航程。

《史记》卷 118《淮南衡山列传》记载的徐福航海故事包括若干细节：徐福受秦始皇派遣入海求神异物，回来后宣称见到了海中大神，被看作西皇的使节，表达了"愿请延年益寿药"的请求。而大神表示："汝秦王之礼薄，得观而不得取。"又说，带来童男女和工匠"即得之矣"。② 秦始皇非常高兴，决定满足海神的要求。于是派三千童男女携带谷种和工匠一起远行。徐福到了平原广泽适合发展农耕的地方，在那里自为首领，竟不再归来。《汉书》卷 25 下《郊祀志下》也说，徐福"多赍童男童女入海求神采药，因逃不还"。③

二、徐市东渡的历史影响

顾颉刚在总结秦汉"方士"的文化表现时写道："鼓吹神仙说的叫做方士，想是因为他们懂得神奇的方术，或者收藏着许多药方，所以有了这个称号。《封禅书》说'燕、齐海上之方士'，可知这班人大都出在这两国。当秦始皇巡狩到海上时，怂恿他求仙的方士便不计其数。他也很相信，即派韩终等去求不死之药，但去了没有下文。又派徐市（即徐福）造了大船，带了五百童男女去，花费了好几万斤黄金，但是还没有得到什么。反而同行嫉妒，互相拆破了所说的谎话。"④《史记》卷 6《秦始皇本纪》说"发童男女数千人"⑤，《汉书》卷

---

① 《史记》，第 247、258、263 页。
② 《史记》，第 3086 页。
③ 《汉书》，第 1260 页。
④ 顾颉刚：《秦汉的方士与儒生》，第 10—11 页。
⑤ 《史记》，第 247 页。《后汉书》卷 85《东夷列传》："又有夷洲及澶洲，传言秦始皇遣方士徐福将童男女数千人入海求蓬莱神仙，不得，徐福畏诛，不敢还，遂止此洲。世世相承，有数万家。人民时至会稽市。会稽东冶县人有入海行遭风流移至澶洲者，所在绝远，不可往来。"第 2822 页。这里也说"童男女数千人"。

45《伍被传》则说赍"童男女三千人":"使徐福入海求仙药,多赍珍宝、童男女三千人、五种百工而行。徐福得平原大泽,止王不来。"①又有说"童男童女各三千人"的。② 而顾颉刚所谓"带了五百童男女去",与《史记》《汉书》中的记载不相合。③《说郛》卷 66 下题东方朔《海内十洲记》也说徐福带走的是"童男童女五百人"。④ 虽然正史的记录都是"数千人""三千人",但是"五百人"的数字其实可能更为接近历史真实。《剑桥中国秦汉史》取用了"数百名"的说法,采取了如下表述方式:"公元前 219 年当秦始皇首幸山东海滨并在琅邪立碑时,他第一次遇到术士。其中的徐市请求准许他去海上探险,寻求他说是神仙居住的琼岛。秦始皇因此而耗费巨资,派他带'数百名'童男童女进行一次海上探险,但徐一去不复返,传说他们在日本定居了下来。"⑤

唐代诗人汪遵《东海》诗写道:"漾舟雪浪映花颜,徐福携将竟不还。同作危时避秦客,此行何似武陵滩。"以为徐福行为无异于避世隐居。熊皦《祖龙词》也写道:"平吞六国更何求,童女童男问十洲。沧海不回应怅望,始知徐福解风流。"对徐福故事又也有新的解说。又如罗隐《始皇陵》诗:"荒堆无草树

---

① 《汉书》,第 2171 页。《前汉纪》卷 12 也说"童男女三千人"。(汉)荀悦、(晋)袁宏著,张烈点校:《两汉纪》上册,中华书局 2002 年版,第 206 页。

② 如《太平广记》卷 4"徐福"条录《仙传拾遗》及《广异记》。(宋)李昉等编:《太平广记》,中华书局 1961 年版,第 26—27 页。

③ 元人于钦《齐乘》卷 1 又有"童男女二千人"的说法。(元)于钦撰,刘敦愿、宋百川、刘伯勤校释:《齐乘校释》,第 46 页。

④ 《说郛》卷 66 下题东方朔《海内十洲记》:"祖洲近在东海之中,地方五百里,去西岸七万里。上有不死之草,草形如菰苗,长三四尺,人已死三日者,以草覆之,皆当时活也。服之令人长生。昔秦始皇大苑中多枉死者横道,有鸟如乌状,衔此草覆死人面,当时起坐而自活也。有司闻奏,始皇遣使者赍草以问北郭鬼谷先生。鬼谷先生云:'此草是东海祖洲上有不死之草,生琼田中,或名为养神芝。其叶似菰苗,丛生,一株可活一人。'始皇于是慨然言曰:'可采得否?'乃使使者徐福发童男童女五百人,率摄楼船等,入海寻祖州,遂不返。福,道士也,字君房,后亦得道也。"(明)陶宗仪等编:《说郛三种》,第 3074 页。

⑤ [英]崔瑞德、[英]鲁惟一编:《剑桥中国秦汉史:公元前 221 年至公元 220 年》,杨品泉等译,中国社会科学出版社 1992 年版,第 95 页。台湾译本作:"徐市却没有返回,据说他们后来在日本定居。"Denis Twitchett,Michael Loewe 编:《剑桥中国史》第 1 册《秦汉篇:前 221—220》,南天书局 1996 年版,第 94 页。

无枝，懒向行人问昔时。六国英雄漫多事，到头徐福是男儿。"①将徐福的海上航行视作对黑暗政治的成功反抗。

白居易有讥讽求仙行为的《海漫漫》诗，其中写道："海漫漫，风浩浩，眼穿不见蓬莱岛。不见蓬莱不敢归，童男丱女舟中老。"②其实跟随徐福海上探寻仙山的童男童女们并没有"舟中老"，他们很可能确实定居在中原人前所未知的海外世界，开创了新的文化。《三国志》卷47《吴书·吴主传》记载："遣将军卫温、诸葛直将甲士万人浮海求夷洲及亶洲。亶洲在海中，长老传言秦始皇帝遣方士徐福将童男童女数千人入海，求蓬莱神山及仙药，止此洲不还。世相承有数万家，其上人民，时有至会稽货布，会稽东县人海行，亦有遭风流移至亶洲者。"③说徐福及其随行人员定居在东海列岛。《后汉书》卷85《东夷列传》也记载："会稽海外……有夷洲及澶洲。传言秦始皇遣方士徐福将童男女数千人入海，求蓬莱神仙不得，徐福畏诛不敢还，遂止此洲，世世相承，有数万家。"④《太平御览》卷782"纻屿人"条引《外国记》说，有人航海遇难，流落到多产纻的海岛，岛上居民有三千余家，自称"是徐福童男之后"。⑤ 看来，徐福带领童男童女开发海上岛国的传说，可能是真实历史的反映。徐福"止王不来"的地点，却不能确知。《后汉书》卷85《东夷列传》说徐福"遂止此洲"的内容，列在"倭"条下。⑥ 而《太平御览》卷973引《金楼子》说徐福故事，也与东瀛"扶桑"传说相联系："秦皇遣徐福求桑椹于碧海之中，有扶桑树长数千丈，树两两同根，偶生更相依倚，是名扶桑。仙人食其椹而体作金光飞腾玄宫也。"宋代诗人有以"日本刀歌"为题的诗作，如："其先徐福诈秦民，采药淹留童丱老。百工五种与之俱，至今器用皆精巧。前朝贡献屡往来，士人往往工辞藻。徐福行时书未焚，逸书百篇今尚存。令严不许传中国，举世无人识古文。嗟予乘桴欲往学，沧波浩荡无通津，令人感叹坐流涕。"这首诗见于司马

---

① （明）赵宧光、黄习远编定，刘卓英校点：《万首唐人绝句》，书目文献出版社 1983
　年版，第 889 页。
② （唐）白居易著，喻岳衡点校：《白居易集》，岳麓书社 1992 年版，第 43 页。
③ 《三国志》，第 1136 页。
④ 《后汉书》，第 2822 页。
⑤ （宋）李昉等撰：《太平御览》，第 3466 页。
⑥ 《后汉书》，第 2822 页。

光《传家集》卷 5，又见于欧阳修《文忠集》卷 54，虽然著作权的归属尚不能明确，却表明当时文化人普遍相信徐福将中原文化传播到了日本。① 日本一些学者也确信徐福到达了日本列岛，甚至有具体登陆地点的考证，许多地方纪念徐福的组织有常年持续的活动。有的学者认为，日本文化史进程中相应时段发生的显著进步，与徐福东渡有关。应当说，徐福，已经成为象征文化交往的一个符号。

徐福东渡，体现了秦汉人探索未知世界的勇气和智慧，作为中国早期航海事业的成功的标志，书写了东方文化交流史上极其重要的一页；在世界文明史的进程中，也有引人注目的地位。

关于徐福东渡，古代地理文献也有相关记载。唐代的地理书《元和郡县图志》卷 22《沧州》写道，饶安县，原本是汉代的千童县，就是秦代的千童城。"始皇遣徐福将童男女千人入海求蓬莱，置此城以居之。"②宋代地理书《太平寰宇记》卷 24《密州》引《三齐记》说到"徐山"，也是因徐福东渡而出现的地名："始皇令术士徐福入海求不死药于蓬莱方丈山，而福将童男女二千人于此山集会而去，因曰'徐山'。"③宋代诗人林景熙《秦望山》诗则在"会稽嵊县秦始皇登山望海处"发表"徐福楼船不见回"的感慨。④ 徐福浮海，并不限于一次，关于其出海港的传说涉及许多地点，是可以理解的。近年来，若干地方相继形成了徐福研究热，如果超越地域文化的局限，进行视野开阔的深入研究，应当能够深化对中国古代航海史的认识，推进中国古代文化交流史的研究。

目前有关所谓徐福遗迹的资料尚不足以提供历史的确证。不过，从秦末齐人曾为"避苦役"而大批渡海"适韩国"⑤，以及汉武帝"遣楼船将军杨仆从齐

---

① (宋)李昉等撰：《太平御览》，第 4315 页。(宋)司马光：《传家集》，《景印文渊阁四库全书》第 1094 册，第 94 页。(宋)欧阳修著，李逸安点校：《欧阳修全集》，中华书局 2001 年版，第 767 页。

② (唐)李吉甫撰，贺次君点校：《元和郡县图志》，第 519 页。

③ (宋)乐史撰，王文楚等点校：《太平寰宇记》，第 494—495 页。

④ (宋)林景熙：《霁山文集》卷 1，《景印文渊阁四库全书》第 1188 册，第 697 页。

⑤ 《后汉书》卷 85《东夷列传·三韩》，第 2819 页。

浮渤海"击朝鲜①等记载，可以知道当时的海上航运能力。② 从今山东烟台与威海至辽宁大连的航程均为 90 海里左右。从威海至杨仆楼船军登陆地点冽口（即列口，今朝鲜黄海南道殷栗附近）约 180 海里。前者是齐人渡海适韩国的最捷近航路，后者则是楼船军渡海击朝鲜的最捷近航路。而由朝鲜釜山至日本下关的航程不过 120 海里左右。显然，以秦汉时齐地船工的航海技术水平，如果在朝鲜半岛南部港口得到补给，继续东渡至日本列岛是完全可能的。而由今山东、江苏沿岸浮海，也确有可能因"风引而去"③"遭风流移"④，而意外地直接东渡至日本。徐福东渡的传说，可以说明早在秦始皇时代，中国大陆已经有能力使自身文化的影响传播到东洋。⑤

三、"汉委奴国王"金印

《汉书》卷 28 下《地理志下》中已经出现关于"乐浪海中""分为百余国"的"倭人"政权的记述：

> 乐浪海中有倭人，分为百余国，以岁时来献见云。

颜师古注引如淳曰："在带方东南万里。"又谓"《魏略》云倭在带方东南大海中，依山岛为国，度海千里，复有国，皆倭种"。⑥ 所谓"百余国"者，可能是指以

---

① 《史记》卷 105《朝鲜列传》，第 2987 页。
② 参见王子今：《秦汉时期渤海航运与辽东浮海移民》，《史学集刊》2010 年第 2 期；《论杨仆击朝鲜楼船军"从齐浮渤海"及相关问题》，《鲁东大学学报（哲学社会科学版）》2009 年第 1 期；耿升、刘凤鸣、张守禄主编《登州与海上丝绸之路》，人民出版社 2009 年版。
③ 《史记》卷 28《封禅书》："自威、宣、燕昭使人入海求蓬莱、方丈、瀛洲。此三神山者，其傅在勃海中，去人不远；患且至，则船风引而去。"第 1369—1370 页。
④ 《三国志》卷 47《吴志·孙权传》："亶洲在海中。长老传言，秦始皇帝遣方士徐福将童男童女数千人入海求蓬莱神山及仙药，止此洲不还，世相承，有数万家。其上人民时有至会稽货布，会稽东县人海行亦有遭风流移至亶洲者，所在绝远，卒不可得。"第 1136 页。《后汉书·东夷列传》："会稽东冶县人有入海行，遭风流移，至澶洲者。所在绝远，不可往来。"第 2822 页。
⑤ 参见汪向荣：《徐福东渡》，《学林漫录》第 4 集，中华书局 1981 年版，第 154—163 页；汪向荣：《徐福、日本的中国移民》，《日本的中国移民》（《中日关系史论文集》第 2 辑），生活·读书·新知三联书店 1987 年版，第 29—66 页。
⑥ 《汉书》，第 1658—1659 页。

北九州岛为中心的许多规模不大的部落国家。自西汉后期起，它们与中国中央政权间，已经开始了正式的往来。①

《后汉书》卷85《东夷列传》中为"倭"列有专条，并明确记述自汉武帝平定朝鲜起，倭人已有三十余国与汉王朝通交：

> 倭在韩东南大海中，依山岛为居，凡百余国。自武帝灭朝鲜，使驿通于汉者三十许国。②

所谓"乐浪海中"、"带方东南"、"韩东南大海中"以及武帝灭朝鲜后方使驿相通，都说明汉与倭人之国的交往，大都经循朝鲜半岛海岸的航路。

成书年代更早，因而史料价值高于《后汉书》卷85《东夷列传》的《三国志》卷30《魏书·东夷传》中，关于倭人的内容多达2千余字，涉及30余国风土物产方位里程，记述相当详尽。这些记载很可能是根据曾经到过日本列岛的使者——带方郡建中校尉梯儁和塞曹掾史张政等人的报告③，也可能部分采录"以岁时来献见"的倭人政权的使臣的介绍。

《后汉书》卷85《东夷列传·倭》记述，光武帝建武中元二年(57)，"倭奴国奉贡朝贺，使人自称大夫，倭国之极南界也。光武赐以印绶"。④ 1784年在日本福冈市志贺岛发现的"汉委奴国王"金印，显然已可以证实这一记载。一般认为"委(倭)奴国"地望，在北九州岛博德附近的傩县一带。

《三国志》卷30《魏书·东夷传》说："自郡至女王国万二千余里"，而"女王国东渡海千余里，复有国，皆倭种。又有侏儒国在其南，人长三四尺，去女王四千余里。又有裸国、黑齿国复在其东南，船行一年可至。参问倭地，绝在海中洲岛之上，或绝或连，周旋可五千余里。"⑤有人认为"黑齿国"方位与

① 日本学者角林文雄认为此所谓"倭人"指当时朝鲜半岛南部居民（《倭人传考证》，佐伯有清编《邪马台国基本论文集》第3辑，创元社1983年版），沈仁安《"倭"、"倭人"辨析》一文否定此说（《历史研究》1987年第2期）。

② 《后汉书》，第2820页。

③ 《三国志》卷30《魏书·东夷传》："正始元年，太守弓遵遣建中校尉梯儁等奉诏书印绶诣倭国，拜假倭王，并赍诏赐金、帛、锦罽、刀、镜、采物"，八年，"遣塞曹掾史张政等因赍诏书、黄幢，拜假难升米为檄告喻之"。第857、858页。

④ 《后汉书》，第2821页。

⑤ 《三国志》，第856页。

《梁书》卷 54《诸国传·东夷传·扶桑》中沙门慧深所述扶桑国情形相合，其所在远至太平洋彼岸的美洲。① 而又有学者指出，所谓扶桑国若确有其地，"其地应在中国之东，即东北亚某地离倭国不太远之处"。② 今考裸国、黑齿国所在，应重视"南"与"东南"的方位指示，其地似当以日本以南的琉球诸岛及台湾等岛屿为是。③

《太平御览》卷 373 引《临海异物志》所谓"毛人洲"，卷 790 引《土物志》所谓"毛人之洲"④，以及《山海经·海外东经》郭璞注所谓"去临海郡东南二千里"的"毛人"居地⑤，其实大致与《三国志》卷 30《魏书·东夷传》所谓"裸国、黑齿国"⑥方位相近。对于这些生活在大洋之中海岛丛林的文明程度较落后部族的文化状况，中国大陆的居民通过海上交通已经逐渐有所了解。而对于这一地区文化面貌的最初的认识，是以秦汉时期航海事业的发展为条件而实现的。

四、关于闽越东洋航路

《后汉书》卷 85《东夷传》关于"倭"的记述，以"东冶"作为方位标志："倭在韩东南大海中，依山岛为居，凡百余国。自武帝灭朝鲜，使驿通于汉者三十许国，国皆称王，世世传统。其大倭王居邪马台国，乐浪郡徼去其国万二千里。去其西北界拘邪韩国七千余里。其地大较在会稽东冶之东，与朱崖儋耳相近。"⑦

《三国志》卷 30《魏书·乌丸鲜卑东夷传》裴松之注引《魏略》也写道："今倭水人好沉没捕鱼蛤，文身亦以厌大鱼水禽，后稍以为饰。诸国文身各异，或

---

① 赵评春：《中国先民对美洲的认识》，《未定稿》1987 年第 14 期。
② 罗荣渠：《扶桑国猜想与美洲的发现》，《历史研究》1983 年第 2 期，1984 年修订稿载《北京大学哲学社会科学优秀论文选》第 2 辑，北京大学出版社 1988 年版。
③ 我国云南傣族、佤族、布朗族、基诺族等族，古称黑齿民，至今仍有染齿风习，或称与服食槟榔的传统习俗有关。海上黑齿国亦应为槟榔产地，清人陈伦炯《海国闻见录》中《东西洋记》关于台湾风习，也有"文身黑齿"的记载。(清)陈伦炯撰，李长傅校注，陈代光整理：《海国闻见录》，中州古籍出版社 1985 年版，第 41 页。
④ (宋)李昉等撰：《太平御览》，第 1719、3500 页。
⑤ 袁珂校注：《山海经校注》，第 264 页。
⑥ 《三国志》，第 856 页。
⑦ 《后汉书》，第 2820 页。

左或右，或大或小，尊卑有差。计其道里，当在会稽东冶之东。"①

这两处"会稽东冶"，或当理解为会稽郡东冶县。东冶作为东洋远航的方位标志，又有"道里"参照值，可知东冶在两汉和魏晋时期很可能具有东洋航运重要起航港的地位。

第五节　南洋航运

大致自汉武帝时代起，汉帝国开始打通了东南海上航路，推进了南洋交通的发展。中国与东南亚地方、南亚地方，乃至更遥远的中亚地方、西亚地方实现了海路交通的联系。

一、"自日南障塞、徐闻、合浦船行"航线

《汉书》卷 28 下《地理志下》记述了西汉时期得以初步开通的南洋航路的交通状况：

> 自日南障塞、徐闻、合浦船行可五月，有都元国；又船行可四月，有邑卢没国；又船行可二十余日，有谌离国；步行可十余日，有夫甘都卢国。自夫甘都卢国船行可二月余，有黄支国，民俗略与珠崖相类。其州广大，户口多，多异物，自武帝以来皆献见。

这些地区与汉王朝间的海上商运相当繁忙：

> 有译长，属黄门，与应募者俱入海市明珠、璧流离、奇石异物，赍黄金杂缯而往。所至国皆禀食为耦，蛮夷贾船，转送致之。亦利交易，剽杀人。又苦逢风波溺死，不者数年来还。大珠至围二寸以下。

王莽专政时，还曾经利用南洋航运进行政治宣传：

> 平帝元始中，王莽辅政，欲耀威德，厚遗黄支王，令遣使献生犀牛。

由黄支国还可以继续前行：

> 自黄支船行可八月，到皮宗；船行可二月，到日南、象林界云。黄

---

① 《三国志》，第 855 页。

支之南，有已不程国，汉之译使自此还矣。①

关于都元国、邑卢没国、谌离、夫甘都卢国、皮宗等国家或部族的具体位置，学者多有异议，而对于黄支国即印度康契普腊姆，已不程国即师子国亦今斯里兰卡，中外学者的认识基本是一致的。

西汉时代，中国远洋舰队已经开通了远达南印度及斯里兰卡的航线。东汉时代，中国和天竺（印度）之间的海上交通相当艰难，然而仍大致保持着畅通，海路于是成为佛教影响中国文化的第二条通道。江苏连云港孔望山发现的佛教题材摩崖造像，其中多有"胡人"形象②，结合徐州东海地区佛教首先炽盛的记载③，则可以理解海上交通的历史文化作用。

汉顺帝永建六年（131），位于今印度尼西亚的爪哇或苏门答腊的叶调国国王遣使经日南航海来汉，同期抵达者还有位于今缅甸的掸国的使节。

二、"入海市明珠"

除了当地产珠而外，由南洋贸易通路输入的"珠"，也在汉地经济生活中形成影响。《汉书》卷 28 下《地理志下》："有译长，属黄门，与应募者俱入海市明珠、璧流离、奇石异物，赍黄金杂缯而往。"为什么"入海市明珠"，因为"明珠"的规格与价值，海内与海外存在差别，冒"苦逢风波溺死"之险贩运的，

---

① 《汉书》，第 1671 页。

② 朱江：《海州孔望山摩崖造像》，《文物参考资料》1958 年第 6 期；连云港市博物馆：《连云港市孔望山摩崖造像调查报告》，《文物》1981 年第 7 期；俞伟超、信立祥：《孔望山摩崖造像的年代考察》，《文物》1981 年第 7 期；阎文儒：《孔望山佛教造像的题材》，《文物》1981 年第 7 期。

③ 《后汉书》卷 42《光武十王传·楚王英》：刘英"学为浮屠斋戒祭祀"，"尚浮屠之仁祠，絜斋三月，与神为誓"，诏令"其还赎，以助伊蒲塞桑门之盛馔"。第 1428 页。又《后汉书》卷 73《陶谦传》：陶谦使笮融督广陵、下邳、彭城运粮，"遂断三郡委输，大起浮屠寺，上累金盘，下为重楼，又堂阁周回，可容三千许人，作黄金涂像，衣以锦采。每浴佛，辄多设饮饭，布席于路，其有就食及观者且万余人。"李贤注引《献帝春秋》曰："融敷席方四五里，费以巨岁。"第 2368 页。《三国志》卷 49《吴书·刘繇传》：陶谦使笮融督广陵、彭城运漕，"遂放纵擅杀，坐断三郡委输以自入。乃大起浮图祠，以铜为人，黄金涂身，衣以锦采，垂铜盘九重，下为重楼阁道，可容三千余人，悉课读佛经，令界内及旁郡人有好佛者听受道，复其他役以招致之，由此远近前后至者五千余人户。每浴佛，多设酒饭，布席于路，经数十里，民人来观及就食且万人，费以巨亿计"。第 1185 页。

即所谓"大珠至围二寸以下"的珍品。所谓"赍黄金杂缯而往"，提示这也是丝绸之路贸易的一种形式。而"蛮夷贾船，转送致之"以及"亦利交易，剽杀人"等记述①，保留了有关"入海市明珠"的宝贵信息。

《后汉书》卷6《顺帝纪》记载："(永建四年)夏五月壬辰，诏曰：'海内颇有灾异，朝廷修政，太官减膳，珍玩不御。而桂阳太守文砻，不惟竭忠，宣畅本朝，而远献大珠，以求幸媚，今封以还之。'"②汉顺帝愤然"封以还之"桂阳郡地方长官"远献"之"大珠"，有可能即《汉书》卷28下《地理志下》所说"入海市明珠"所得"大珠至围二寸以下"者。马援"卒后，有上书谮之者，以为前所载还，皆明珠文犀"③，可知南海产"珠"，正是沿这一路径北上。另一有关"大珠"的史例，即《后汉书》卷10上《皇后纪上·和熹邓皇后》记载的故事："宫中亡大珠一箧，太后念，欲考问，必有不辜。乃亲阅宫人，观察颜色，即时首服。"④

三、东海的"琅邪"与南海的"琅邪"

顾实研究《穆天子传》，在论证"上古东西亚欧大陆交通之孔道"时，提到孙中山与他涉及"琅邪"的交谈："犹忆先总理孙公告余曰：'中国山东滨海之名胜，有曰琅邪者，而南洋群岛有地曰琅琊(Langa)，波斯湾有地亦曰琅琊(Linga)，此即东西海道交通之残迹，故三地同名也。"他回忆说，孙中山当时"并手一册英文地图，一一指示余"。顾实感叹道："煌煌遗言，今犹在耳，勿能一日忘。"他说："上古东西陆路之交通，见于《穆传》者，既已昭彰若是。则今言东西民族交通史者，可不郑重宝视之乎哉！"顾实随即又指出："然上古东西海道之交通，尚待考证。"⑤

关于"琅邪"地名体现的"东西海道交通之残迹"，确实值得注意。

印度尼西亚的林加港(Lingga)，或有可能是孙中山与顾实说到的"南洋群岛有地曰琅琊(Langa)"。而菲律宾又有林加延港(Lingayen)，或许也有可能是"琅琊(Langa)"的音转。

---

① 《汉书》，第1671页。
② 《后汉书》，第256页。
③ 《后汉书》卷24《马援传》，第846页。
④ 《后汉书》，第422页。
⑤ 顾实编：《穆天子传西征讲疏》，中国书店1990年版，第24页。

"大约写于九世纪中叶到十世纪初"的"阿拉伯作家关于中国的最早著作之一"《中国印度见闻录》说到"朗迦婆鲁斯岛（Langabalous）"。中译者注："Langabalous 中前半部 Langa 一词，在《梁书》卷五四作狼牙修；《续高僧传·拘那罗陀传》作棱加修；《隋书·赤土传》作狼牙须；义静《大唐西域求法高僧传》作朗迦戍；《岛夷志略》作龙牙犀角；印度尼西亚古代碑铭中作 Llangacogam，或 Lengkasuka Balus 即贾耽书中的婆露国。"①有学者说："《梁书》之狼牙修，自为此国见于我国著录最早之译名。次为《续高僧传·拘那罗陀（Gunarata）传》之棱加修。次为《隋书》狼牙须，义静书之朗迦戍，《诸蕃志》之凌牙斯加，《事林广记》与《大德南海志》之凌牙苏家。《苏莱曼东游记》作 Langsakā，则为此国之阿拉伯名。"这就是《岛夷志略》作"龙牙犀角"者。然而《岛夷志略》又有"龙牙门"。苏继庼《岛夷志略校释》写道："《诸蕃志》与《事林广记》二书三佛齐条皆有凌牙门一名。格伦维尔以其指林加海峡（Notes，p. 99，n. 2）。夏德与柔克义亦以其指林加海峡与林加岛（Chao Ju-kua，p. 63，n. 2）。案：林加岛，《东西洋考》作龙雅山，以凌牙当于 Lingga，对音自极合。惟鄙意凌牙门或亦一汉语名，而非音译。疑龙牙门一名，宋代即已有之，讹作凌牙门也。"又说："龙牙门一名在元明时又成为新加坡岛与其南之广阔海峡称。至于本书龙牙门一名，殆指新嘉坡岛。"论者以为"凌牙犀角"地名有可能与《马可波罗行纪》"载有 Locac 一名"或"Lochac"，及《武备志·航海图》之狼西加"有关②，也是值得注意的意见。论者以为"凌牙门或亦一汉语名，而非音译"，其来自"汉语"的推想，或许比较接近历史真实。

有学者解释《西洋朝贡典录》卷上《满剌加国》之"龙牙山门"："《岛夷志略》作龙牙门，云：'门以单马锡番两山相交若龙牙状，中有水道以间之。'龙牙门在今新加坡南海峡入口处，今称石叻门，此为沿马来半岛东部至马六甲海峡所必经，故曰'入由龙牙山门'。"③所谓"两山相交若龙牙状"，"龙牙"是神话传说境象，无有确定形式，以"龙牙"拟状似不合乎情理。"龙牙"来自汉地地名的可能性，似未可排除。

---

① 《中国印度见闻录》，穆根来、汶江、黄倬汉译，中华书局 1983 年版，第 1、5、36 页。
② （元）汪大渊著，苏继庼校释：《岛夷志略校释》，第 181—182、184、215 页。
③ （明）黄省曾著，谢方校注：《西洋朝贡典录》，中华书局 1982 年，第 38 页。

也许"林加"这个地名是我们考虑南洋地方与"琅琊（Langa）"或"琅琊（Linga）"之对应关系时首先想到的。陈佳荣、谢方、陆峻岭《古代南海地名汇释》"Lingga"条写道："名见《Pasey 诸王史》，谓为满者伯夷之诸国。《南海志》龙牙山，《东西洋考》两洋针路条之龙雅山、龙雅大山，《顺风相送》龙雅大山，《指南正法》之龙牙大山，皆其对音，即今印度尼西亚之林加岛（Lingga Ⅰ.）。《海路》之龙牙国，亦指此岛。"①冯承钧《中国南洋交通史》说："龙牙门，《诸蕃志》作凌牙门（Linga），星加坡之旧海岬也。"又《诸蕃志》卷上"三佛齐国"条所见"凌牙门"，冯承钧又写作"凌牙（Linga）门"。② 关于其国情，《诸蕃志》说，"经商三分之一"，"累甓为城，周数十里。国王出入乘船"。其情形似与古"琅邪"颇类似。

向达整理《郑和航海图》就"狼西加"言："据图，狼西加在孙姑那与吉兰丹之间，或谓此应作狼牙西加，为 Langka-suka 对音，即为大泥地方。"③所谓"狼牙西加"之"狼牙"，确实与"琅邪"音近。

另一能够引起我们联想的是《隋书》卷 82《南蛮传·真腊》的记载："近都有陵伽钵婆山，上有神祠，每以兵五千人守卫之。城东有神名婆多利，祭用人肉。其王年别杀人，以夜祀祷，亦有守卫者千人。其敬鬼如此。多奉佛法，尤信道士，佛及道士并立像于馆。"④冯承钧《中国南洋交通史》引文作"每以兵二千人守卫之"，"陵伽钵婆山"作"陵伽钵婆（Lingaparvata）山"。⑤ 其中关于"神祠"及"信道士"等的信息，也使人想到与战国秦汉"琅邪"的相近之处。

寻找波斯湾地区的"Linga"或"Langa"，只有伊朗的伦格港（Lingah）或称作林格港（Lingoh）比较接近。这一港口在有的地图上标注的名称是"Bandar lengeh"。Bandar 即波斯语"港口"。然而这处海港是否孙中山所指"琅琊（Linga）"，同样尚不能确定。

---

① 陈佳荣、谢方、陆峻岭：《古代南洋地名汇释》，中华书局 1986 年版，第 983 页。

② 冯承钧：《中国南洋交通史》，谢方导读，上海古籍出版社 2005 年版，第 62、118 页。

③ 向达整理：《郑和航海图》，中华书局 1961 年版，第 30 页。

④ 《隋书》，第 1837 页。

⑤ 冯承钧：《中国南洋交通史》，第 90 页。

移民将家乡的地名带到新居住地，是很普遍的情形。① 航海者也往往习惯以旧有知识中的地名为新的地理发现命名。"琅邪"地名在秦代已经十分响亮。不能排除"琅邪"地名在秦代起就因这里起航的船队传播至远方的可能。对于南海"琅邪"的讨论虽然尚未能提出确定的结论，但还是应当肯定相关探索对于说明自秦汉时期形成重要影响的海上航运和中外文化交流之历史进步的意义。

四、辗转"西南夷""呈表怪丽"的远海珍宝

有关"西南夷"物产，《后汉书》卷86《西南夷传·哀牢》提到其地出"光珠"，又说到"蚌珠"。李贤注引徐衷《南方草木状》则称"蟀珠"：

> 凡采珠常三月，用五牲祈祷，若祠祭有失，则风搅海水，或有大鱼在蚌左右。蟀珠长三寸半，凡二品珠也。②

所谓"风搅海水，或有大鱼在蚌左右"，明说是海产之"珠"。《后汉书》卷86《南蛮西南夷传》论曰：

> 若乃藏山隐海之灵物，沈沙栖陆之玮宝，莫不呈表怪丽，雕被宫幄焉。

说这些来自海外的"怪丽"珍宝，均得进入中原，服务于宫廷华贵生活消费。"灵物""玮宝"句李贤注：

> 珠玉、金碧、珊瑚、虎魄之类。③

这些"隐海""沈沙"的"灵物""玮宝"，有可能出产于更遥远的海域，经西南丝绸之路进入中土。据《后汉书》卷88《西域传·大秦》言"大秦国"物产：

---

① 参见王子今、高大伦：《说"鲜水"：康巴草原民族交通考古札记》，《中华文化论坛》2006年第4期，收入《穿越横断山脉——康巴地区民族考古综合考察》，天地出版社2008年版，收入《巴蜀文化研究集刊》第4卷，巴蜀书社2008年版；王子今：《客家史迹与地名移用现象——由杨万里〈竹枝词〉"大郎滩""小郎滩"、"大姑山""小姑山"说起》，见潘昌坤主编《客家摇篮赣州》，江西人民出版社2004年版。

② 《后汉书》，第2849、2850页。

③ 《后汉书》，第2860—2861页。

土多金银奇宝，有夜光璧、明月珠……①

中国人对于出产于需涉渡远海方能接近的"大秦"的"明月珠"等"奇宝"的认识，应当经由这条路径。

这一路径，或称西南丝绸之路。② 在中国境内的路段与海域无关。然而"隐海""沈沙"的"灵物""玮宝"，是通过海上航行接近中土的。所经历海域，见于《汉书》卷28《地理志下》说到的南洋航线。

《后汉书·顺帝纪》记载："十二月，日南徼外叶调国、掸国遣使贡献。"李贤注引《东观记》曰："叶调国下遣使师会诣阙贡献，以师会为汉归义叶调邑君，赐其君紫绶，及掸国王雍由亦赐金印紫绶。"③叶调，一般认为即梵文Yava－dvipa译音之略。掸国遣使奉贡事有多次，据《后汉书》记载：

(1)和帝永元九年(97)"永昌徼外蛮夷及掸国重译奉贡"(《和帝纪》)。

(2)安帝永宁元年(120)"永昌徼外掸国遣使贡献"(《安帝纪》)。

(3)顺帝永建六年(131)"日南徼外叶调国、掸国遣使贡献"(《顺帝纪》)。④

(1)(2)称"永昌徼外"，《陈禅传》记(2)事，谓"西南夷掸国王献乐及幻人"，又称"今掸国越流沙，逾县度，万里贡献"，显然经由陆路。(3)称"日南徼外"，则可能经由海路。值得注意的是，《后汉书·西南夷列传》记述永宁元年(120)掸国遣使奉献事，说到掸国与大秦的海上联系：

永宁元年，掸国王雍由调复遣使者诣阙朝贺，献乐及幻人，能变化吐火，自支解，易牛马头。又善跳丸，数乃至千。自言我海西人，海西即大秦也，掸国西南通大秦。⑤

自言"海西人"，很有可能浮海而来。《后汉书·西域传》说，"大秦国一名犁

---

① 《后汉书》，第2919页。

② 王子今：《海西幻人来路考》，《秦汉史论丛》第8辑，云南大学出版社2001年版；《中西初识二编》，大象出版社2002年版。

③ 《后汉书》，第258页。

④ 《后汉书》，第183、231、258页。

⑤ 《后汉书》，第2851页。

鞬，在海西，亦云海西国"，又有"临西海以望大秦"语。① 大秦又称黎轩、犁
轩、犁靬，或谓泛指古代罗马帝国，或指古代东罗马帝国，包括今地中海东
岸土耳其、叙利亚及埃及一带，也有以为专指叙利亚的认识。《三国志》卷 30
《魏书·乌丸鲜卑东夷传》裴松之注引《魏略·西戎传》说，大秦与东方往来通
路有陆路亦有海路，而海路似较先开通："大秦道既从海北陆通，又循海而
南，与交阯七郡外夷比，又有水道通益州、永昌，故永昌出异物。前世但论
有水道，不知有陆道。"大秦"俗多奇幻，口中出火，自缚自解，跳十二丸巧
妙"②。看来汉代文物资料中出现的深目高鼻的"幻人"形象，可能多是经由海
路东来的大秦杂技演员。

从《三国志》卷 30《魏书·乌丸鲜卑东夷传》裴松之注引《魏略·西戎传》关
于"大秦道"的说法，可知《魏略》的作者当时已经认识到海西幻人的来路大略
有三条，即：

(1)西域陆路；

(2)交阯海路；

(3)海陆兼行的益州、永昌路。

由海路经行交阯的通路，有《后汉书》卷 88《西域传·大秦国》所谓"至桓帝延熹
九年，大秦王安敦遣使自日南徼外献象牙、犀角、瑇瑁，始乃一通焉"的史
证。范晔还指出，"其所表贡，并无珍异，疑传者过焉"③，疑心是传递间出
现的问题。④

两汉益州郡治所在今云南晋宁东。东汉时永昌郡治所在今云南保山东北。

五、关于"蛮夷贾船"

秦汉时期海外航运的发展体现出与外域文化相互交流的空前活跃的气象，
标志着历史的进步。然而同时人们又可以发现这种交通活动的明显的局限性。
这种局限性或许即后世海运最终难以真正领先于世界的重要因素之一。

---

① 《后汉书》，第 2919、2931 页。

② 《三国志》，第 861、860 页。

③ 《后汉书》，第 2920 页。

④ 参见王子今：《海西幻人来路考》，《秦汉史论丛》第 8 辑，云南大学出版社 2001 年
版；中国中外关系史学会编《中西初识二编》，大象出版社 2002 年版。

我们首先注意到，当时海上贸易交往的主要内容，往往仅限于奇兽珍宝等为上层社会享乐生活服务的奢淫侈靡之物，因而对于整个社会的经济生活和文化生活，并未产生广泛的深刻的影响。其次，当时较大规模的海外交通，多由政府组织，如"孙权时，遣宣化从事朱应、中郎康泰通焉"。① 浮海来华的船队，也以"遣使贡献"者受到更多的重视。从 1973 年至 1974 年对汉代重要海运基地徐闻地区的考古调查和发掘所获资料看，51 座东汉墓中有 26 座出土珠和珠饰，未出土这类遗物的 25 座墓中，有 17 座曾遭破坏扰乱。发掘者认为这批珠和珠饰，很可能"来自民间的海外贸易"。② 而所谓"民间的海外贸易"虽然逐步得到发展，但是在海外交通活动中的比重，依然不宜估计过高。

第三个特点，尤其值得特别注意，对当时中外海上航运活动的特点进行比较，可以突出感觉到秦汉人在海外交往中相对被动、相对消极的倾向。当时东南亚及南亚人在南洋航运中相当活跃，汉使亦往往"蛮夷贾船，转送致之"。③ 大秦人也不仅反复经行南海洋面，还数次在中国土地上留下从事外交和贸易活动的足迹。然而史籍中却看不到秦汉人航海到达罗马帝国的明确记载。④

草原民族对西北方向丝绸之路的开通有重要贡献。⑤ 同样，东南方向海上丝绸之路的开通，也有古代文献称之为"蛮夷"的其他民族的商人、船长、水手们的历史功绩。

六、甘英"临大海欲度"

《后汉书·西域传》记载了班超派遣甘英出使"大秦"，"临大海欲度"而终于放弃西行计划事：

和帝永元九年，都护班超遣甘英使大秦，抵条支。临大海欲度，面

① 《梁书》卷54《诸夷列传·海南》，第783页。
② 参见广东省博物馆：《广东徐闻东汉墓——兼论汉代徐闻的地理位置和海上交通》，《考古》1977 年第 4 期。
③ 《汉书》卷 28 下《地理志下》，第 1671 页。
④ 参见王子今：《秦汉时期的东洋与南洋航运》，《海交史研究》1992 年第 1 期。
⑤ 参见王子今：《汉代的"商胡""贾胡""酒家胡"》，《晋阳学刊》2011 年第 1 期；《早期丝绸之路跨民族情爱与婚姻》，《陕西师范大学学报（哲学社会科学版）》2016 年第 1 期；《多民族共构丝绸之路》，《中央社会主义学院学报》2017 年第 6 期。

安息西界船人谓英曰："海水广大，往来者逢善风三月乃得度，若遇迟风，亦有二岁者，故入海人皆赍三岁粮。海中善使人思土恋慕，数有死亡者。'"英闻之乃止。

海路航行之艰险，成为东方与西方两大文化体系之间的严重阻隔。大秦"与安息、天竺交市于海中，利有十倍"，"其王常欲通使于汉，而安息欲以汉缯彩与之交市，故遮阂不得自达"。是为人为制造的障碍。大秦使臣亦曾经由南海航路来访：

至桓帝延熹九年，大秦王安敦遣使自日南徼外献象牙、犀角、瑇瑁，始乃一通焉。其所表贡，并无珍异，疑传者过焉。①

终于至公元166年"始乃一通"。安敦，可能是公元138年至161年在位的罗马皇帝安东尼·庇护（Antoninus Pius），或者他的继承人，公元161年至180年在位的罗马皇帝马库斯·奥里留斯·安东尼（Marcus Aurelius Antoninus）。

《太平御览》卷771引康泰《吴时外国传》："从加那调州乘大伯舶，张七帆，时风一月余日，乃入秦，大秦国也。"②《水经注·河水一》引康泰《扶南传》："从迦那调洲西南入大湾，可七八百里，乃到枝扈黎大江口，度江径西行，极大秦也。"又云："发拘利口，入大湾中，正西北入，可一年余，得天竺江口，名恒水。江口有国，号担袟，属天竺。遣黄门字兴为担袟王。"③加那调洲，或谓在今马来半岛，或谓在今缅甸沿岸，或谓在今印度西岸。有的学者还确认加那调洲是在孟加拉国湾西岸，南印度的康契普腊姆。④ 从康泰的记述看，当时西行大秦，往往由海路转行陆路。

《梁书·诸夷列传》说到经由南海往来大秦的香料贸易，"展转来达中国，不大香也"，以为"汉桓帝延熹九年大秦王安敦遣使自日南徼外来献，汉世唯一通焉"，而"其国人行贾，往往至扶南、日南、交趾，其南徼诸国人少有到大秦者"。可见大秦商人在航海能力方面占有优势。孙权黄武五年（226），"有

① 《后汉书》，第2918、2919、2920页。
② （宋）李昉等撰：《太平御览》，第3419页。
③ （北魏）郦道元著，陈桥驿校证：《水经注校证》，第10页。
④ 沈福伟：《中西文化交流史》，上海人民出版社1985年版，第55页。

大秦贾人字秦论来到交趾，交趾太守吴邈遣送诣权，权问方土谣俗，论具以事对"。如果记载可靠，则孙权是中国唯一曾与古罗马帝国公民直接对话的帝王。后"权以男女各十人，差吏会稽刘咸送论，咸于道物故，论乃径还本国"①。推想此"男女"20 人中，当有送秦论后辗转返回中国者。

七、汉代南洋航运的考古学实证

秦汉时期南洋海路的开通，多有文物资料以为证明。

广州及广西贵县、梧州等地的西汉墓葬多出土形象明显异于汉人的陶俑。这类陶俑或托举灯座或头顶灯座，一般头形较短，深目高鼻，颧高唇厚，下颌突出，体毛浓重，有人认为其体征与印度尼西亚的土著居民"原始马来人"接近。这些陶俑的服饰特征是缠头、绾髻、上身裸露或披纱。另有下体着长裙的女性侍俑。这些特征也与印度尼西亚某些土著民族相似。然而从深目高鼻的特点看，则又可能以南亚及西亚人作为模拟对象。这些形象特异的陶俑的发现，反映当时岭南社会普遍使用出身南洋的奴隶，也说明西汉时期南洋海路的航运活动已经相当频繁。

广州汉墓还曾出土陶制象牙、犀角模型等随葬品。这些随葬品的象征意义，也体现出南洋贸易对当时社会意识的普遍影响。广州地区西汉中期以后的墓葬中还常常出土玻璃、水晶、玛瑙、琥珀等质料的装饰品，并曾出土叠嵌眼圈式玻璃珠和药物蚀花的肉红石髓珠。经过化验的 4 个玻璃珠样品，含钾 5%—13.72%，而铅和钡的成分仅有微量或根本没有，这与中国古代铅钡玻璃系统制品截然不同，应是由南洋输入。②

《汉书》卷 28 下《地理志下》所谓入海交易的奇物之一"璧流离"，在汉代画像中也有体现。山东嘉祥武梁祠汉画像石刻可见圆形中孔，面有方罫文的玉璧，有题刻曰："璧流离，王者不隐过乃至。"可见"璧流离"被当时社会普遍视为宝物。"璧流离"语源，日本学者藤田丰八以为即梵文俗语 Verulia 或巴利文 Veluriya。汉译又作吠瑠璃、毘瑠璃、鞞瑠璃等。这一古印度名称得以长期沿用，说明由黄支等地输入的海路保持畅通，使得人们未能淡忘这种宝物在原产地的称谓。

---

① 《梁书》，第 798 页。
② 广州市文物管理委员会、广州市博物馆：《广州汉墓》，文物出版社 1981 年版。

南洋海上交通的发展，在东南亚及南亚诸国留下了大量汉文化遗物。除出土地域分布甚广的五铢钱而外，在印度尼西亚苏门答腊、爪哇和加里曼丹的一些古墓中曾出土中国汉代陶器。苏门答腊还曾出土底部有汉元帝初元四年(前45)纪年铭文的陶鼎。

第六节　海港建设

海上港口的兴起和发展，需要有一定的区域地理背景，其中包括港口与腹地间以及各港口之间陆路交通运输的联系。并海道的形成，为这些条件的实现奠定了基础。

秦汉时期，渤海、黄海、东海、南海海岸均已出现初具规模的海港，北部中国的海港又由并海道南北贯通，形成海陆交通线大体并行的交通结构。

秦汉时期的重要海港及服务于海航的近海内河港有十数处。

一、碣石·徐乡

1. 碣石

碣石在今河北秦皇岛一带，当时可能已经形成由若干港湾构成的港区。《史记》卷129《货殖列传》："夫燕亦勃、碣之间一都会也。"①《盐铁论·险固》也说："燕塞碣石。"②碣石确实当燕地海陆交通之要冲。秦始皇、秦二世都曾巡幸碣石。《史记》卷6《秦始皇本纪》说，秦始皇至碣石，使燕人卢生入海求仙人。《史记》卷28《封禅书》则写道："(秦始皇)游碣石，考入海方士。"裴骃《集解》："服虔曰：'疑诈，故考之。'瓒曰：'考校其虚实也。'"③当时碣石与"入海"行为有重要的关系。今河北秦皇岛和辽宁绥中沿海地区相继出土大量战国秦汉文物。北戴河古城村发现古城遗址，金山嘴发现大型秦汉建筑遗址，其中面径40厘米的云纹贴贝圆瓦当为秦汉建筑中的罕见文物。④ 绥中黑山头、

---

① 《史记》，第3265页。《汉书》卷28下《地理志下》："蓟，南通齐、赵，勃、碣之间一都会也。"第1657页。
② 王利器校注：《盐铁论校注》(定本)，第526页。
③ 《史记》，第251、1370页。
④ 河北省文物研究所、秦皇岛市文物管理处、北戴河区文物保管所：《金山咀秦代建筑遗址发掘报告》，《文物春秋》1992年增刊。

石碑地两处秦汉建筑遗址中，还出土面径超过 60 厘米的以往仅见于秦始皇陵的巨型夔纹瓦当，同时发现的柱础石、花纹空心砖以及大量的云纹瓦当等遗物，也说明这些建筑基址规模之大、规格之高。① 这一东西连为一体的宫殿建筑群，可以推定是秦碣石宫遗址。《史记》卷 28《封禅书》和《汉书》卷 25 上《郊祀志上》记述，"尤敬鬼神之祀"的汉武帝也曾"北至碣石"。② 虽然碣石地区海港的早期历史与秦皇汉武以狂热的神仙崇拜为主要动机的巡行相联系，我们却不可产生碣石港只与祠祀活动有关的误解，而忽视其作为经济交往的重要通路和著名军港的作用。《禹贡》："岛夷皮服，夹右碣石入于河。"③ 苏秦说燕文侯，也说到燕"南有碣石、雁门之饶"。④ 碣石很早就已成为沿海贡道襟喉和重要贸易口岸。建安十一年（206），曹操将北征，"凿平虏、泉州二渠入海通运"。⑤ 当时渤海北部海域，被曹军利用为转运军需物资的主要通道。曹操征乌桓还师，曾在碣石休整，留下了"东临碣石，以观沧海"的著名诗篇。诗中赞美碣石作为天然良港"水何澹澹，山岛竦峙"的形势。⑥《水经注·濡水》引《三齐略记》说，"始皇于海中作石桥，海神为之竖柱"，后海神怒，柱崩，"众山之石皆倾注"。⑦ 海神助作石桥的传说，似乎暗示当时已经进行建造墩式码头的尝试。

2. 徐乡

徐乡在今山东黄县西北。西汉时属东莱郡。王先谦《汉书补注》引于钦《齐

① 辽宁省文物考古研究所：《辽宁绥中县"姜女坟"秦汉建筑遗址发掘简报》，《文物》1986 年第 8 期；《北戴河发掘出秦始皇父子行宫遗址》，《人民日报》1986 年 9 月 25 日。
② 《史记》，第 1384、1398 页。《汉书》，第 1215、1236 页。
③ （清）胡渭著，邹逸麟整理：《禹贡锥指》，第 58 页。
④ 《战国策·燕策一》，（西汉）刘向集录：《战国策》，第 1039 页。
⑤ 《三国志》卷 14《魏书·董昭传》，第 439 页。《三国志》卷 1《魏书·武帝纪》："公将征之，凿渠，自呼沲入泒水，名平虏渠；又从泃河口凿入潞河，名泉州渠，以通海。"第 28 页。
⑥ 《曹操集》，中华书局 1974 年版，第 20 页。
⑦ 《水经注·濡水》："《三齐略记》曰：'始皇于海中作石桥，海神为之竖柱，始皇求与相见，神曰，我形丑，莫图我形，当与帝相见。乃入海四十里，见海神，左右莫动手，工人潜以脚画其状。神怒曰：帝负约，速去。始皇转马还，前脚犹立，后脚随崩，仅得登岸，画者溺死于海，众山之石皆倾注，今犹岌岌东趣，疑即是也。'"（北魏）郦道元著，陈桥驿校证：《水经注校证》，第 348 页。

乘》："县盖以徐福求仙为名。"①西南临朐"有海水祠"（《汉书·地理志上》）②。徐乡东汉并于黄县。

二、黄·之罘·成山

1. 黄

《元和郡县图志·河南道七》"黄县"条："大人故城，在县北二十里。司马宣王伐辽东，造此城，运粮船从此入，今新罗、百济往还常由于此。""海渎祠，在县北二十四里大人城上。"③所谓"大人城"，其实也得名于汉武帝海上求仙故事。《史记》卷28《封禅书》："上遂东巡海上，行礼祠八神，齐人之上疏言神怪奇方者以万数，然无验者。乃益发船，令言海中神山者数千人求蓬莱神人。公孙卿持节常先行候名山，至东莱，言夜见大人，长数丈，就之则不见，见其迹甚大，类禽兽云。群臣有言见一老父牵狗，言'吾欲见巨公'，已忽不见。上即见大迹，未信，及群臣有言老父，则大以为仙人也。宿留海上，予方士传车及间使求仙人以千数。""大人城"汉时已是海港，汉武帝"宿留海上"，当即由此登船。④《史记》卷115《朝鲜列传》记载："天子募罪人击朝鲜。其秋，遣楼船将军杨仆从齐浮渤海；兵五万人。"杨仆"楼船军"的兵员构成主要是齐人。所以有"楼船将齐卒，入海"，"楼船将军将齐兵七千人先至王险"的说法。⑤"楼船将军杨仆从齐浮渤海"，其中"从齐"二字，也明确了当时齐地存在"楼船军"基地的事实。杨仆"楼船军""从齐浮渤海"可能性较大的出发港，应当在烟台、威海、龙口地方。⑥乾隆《山东通志》卷20《海疆志·海运附》中的《附海运考》说到唐以前山东重要海运记录："汉元封二年，遣楼船将军杨仆从齐浮渤海，击朝鲜。魏景初二年，司马懿伐辽东，屯粮于黄县，造

---

① （清）王先谦撰：《汉书补注》，第743页。

② 《汉书》，第1585页。

③ （唐）李吉甫撰，贺次君点校：《元和郡县图志》，第313、314页。

④ 《史记》，第1397—1398页。《汉书》卷25上《郊祀志上》："公孙卿言见神人东莱山，若云'欲见天子'。天子于是幸缑氏城，拜卿为中大夫。遂至东莱，宿，留之数日，毋所见，见大人迹云。复遣方士求神人采药以千数。"第1237页。是见大人迹后又一次令数以千计的大批方士入海求神人。他们很可能也是由徐乡港启程。

⑤ 《史记》卷115《朝鲜列传》，第2987—2988页。

⑥ 王子今：《论杨仆击朝鲜楼船军"从齐浮渤海"及相关问题》，《鲁东大学学报（哲学社会科学版）》2009年第1期。

大人城，船从此出。"①

2. 之罘

也有学者认为，杨仆楼船军"自胶东之罘渡渤海"。② 之罘在今山东烟台，战国时期称作"转附"。《孟子·梁惠王下》：

> 昔者齐景公问于晏子曰："吾欲观于转附、朝儛，遵海而南，放于琅邪，吾何修而可以比于先王观也？"③

《汉书》卷 6《武帝纪》：太始三年（前 94）二月，"行幸东海，获赤雁，作《朱雁之歌》。幸琅邪，礼日成山。登之罘，浮大海。"《汉书》卷 25 下《郊祀志下》："登之罘，浮大海，用事八神延年。"即由之罘登船浮海，亲自主持礼祠海上神仙的仪式。④

3. 成山

成山即今山东半岛成山角。《史记》卷 28《封禅书》："成山斗入海，最居齐东北隅，以迎日出云。"⑤《孟子·梁惠文下》中所谓"朝儛"，有的学者认为就是指成山。秦始皇二十八年（前 219）东巡，曾"穷成山"。⑥ 汉武帝太始三年（前 94）也曾经"礼日成山"。⑦ 魏明帝太和六年（232），孙权与公孙渊结盟，吴将周贺渡海北上，魏殄夷将军田豫"度贼船垂还，岁晚风急，必畏漂浪，东随无岸，当赴成山，成山无藏船之处，辄便循海"，于是"徼截险要，列兵屯守"，果然大破吴水军，"尽虏其众"。事后魏军又"入海钩取浪船"，可知成山有港。所谓"无藏船之处"，可能是当时港内形势与设施尚不能为大规模船队提供安全停靠的足够的泊位。⑧

---

① 乾隆《山东通志》，《景印文渊阁四库全书》第 540 册，第 385 页。
② 张炜、方堃主编：《中国海疆通史》，中州古籍出版社 2003 年版，第 65 页。
③ （清）焦循撰，沈文倬点校：《孟子正义》，第 119 页。
④ 《汉书》，第 206—207、1247 页。
⑤ 《史记》，第 1367 页。
⑥ 《史记》卷 6《秦始皇本纪》，第 244 页。
⑦ 《汉书》卷 6《武帝纪》，第 206 页。
⑧ 《三国志》卷 26《魏书·田豫传》，第 728 页。

三、琅邪·朐

1. 琅邪

琅邪在今山东胶南与日照之间的琅琊山附近。公元前 468 年，越国由会稽迁都琅邪。① 据说迁都时有"死士八千人，戈船三百艘"随行②，可见琅邪战国时已为名港。秦始皇二十八年（前 219）"南登琅邪，大乐之，留三月，乃徙黔首三万户琅邪台下，复十二岁。作琅邪台，立石刻，颂秦德，明得意"。石刻文辞中说道："维秦王兼有天下，立名为皇帝，乃抚东土，至于琅邪。列侯武城侯王离、列侯通武侯王贲、伦侯建成侯赵亥、伦侯昌武侯成、伦侯武信侯冯毋择、丞相隗林、丞相王绾、卿李斯、卿干戊、五大夫赵婴、五大夫杨樛从，与议于海上。"③琅邪很可能有可以停靠较大船舶的海港。④《史记》卷 12《孝武本纪》司马贞《索隐》："案：《列仙传》云：'安期生，琅邪人，卖药东海边，时人皆言千岁也。'"张守节《正义》引《列仙传》云："安期生，琅邪阜乡亭人也。卖药海边。秦始皇请语三夜，赐金数千万，出，于阜乡亭，皆置去，留书，以赤玉舄一量为报，曰'后千岁求我于蓬莱山下'。"⑤可以"通蓬莱中"的方士安期生传说出身"琅邪"，也暗示"琅邪"在当时滨海地区方术文化中的

---

① 《越绝书·外传本事》："越伐强吴，尊事周室，行霸琅邪。"（东汉）袁康、吴平辑录，乐祖谋点校：《越绝书》，第 2 页。《竹书纪年》：周元定王"元年癸酉，于越徙都琅琊。"（梁）沈约注，（清）洪颐煊校：《竹书纪年》，《丛书集成初编》第 3679 册，第 70 页。《吴越春秋·勾践伐吴外传》："勾践二十五年，霸于关东，从琅玡起观台，周七里，以望东海。"周生春：《吴越春秋辑校汇考》，第 176 页。《汉书·地理志上》："琅邪，越王句践尝治此，起馆台。"第 1586 页。

② 《越绝书·外传记地传》，（东汉）袁康、吴平辑录，乐祖谋点校：《越绝书》，第 58 页。

③ 《史记》卷 6《秦始皇本纪》，第 244、246 页。

④ 顾颉刚《林下清言》写道："琅邪发展为齐之商业都市，奠基于勾践迁都时"，"《孟子·梁惠王下》：'昔者齐景公问于孟子曰：吾欲观于转附、朝儛，遵海而南，放于琅邪。吾何修而可以比于先王观也?'以齐手工业之盛，'冠带衣履天下'，又加以海道之通（《左》哀十年，'徐承帅舟师，将自海入齐'，吴既能自海入齐，齐亦必能自海入吴），故滨海之转附（之罘之转音）、朝儛、琅邪均为其商业都会，而为齐君所愿游观。《史记》，始皇二十六年'南登琅邪，大乐之，留三月，乃徙黬（今按：应为黔）首三万户琅邪台下'，正以有此大都市之基础，故乐于发展也。司马迁作《越世家》乃不言勾践迁都于此，太疏矣！"《顾颉刚读书笔记》第 10 卷，联经出版事业公司 1990 年版，第 8045—8046 页。

⑤ 《史记》，第 455 页。

地位，以及"琅邪"是此类航海行为重要出发点之一的事实。又《史记》卷6《秦始皇本纪》张守节《正义》引《括地志》云："亶洲在东海中，秦始皇使徐福将童男女入海求仙人，止在此州，共数万家。至今洲上人有至会稽市易者。吴人《外国图》云亶洲去琅邪万里。"也说往"亶洲"的航路自"琅邪"启始。又《汉书》卷28上《地理志上》："琅邪郡，秦置。莽曰填夷。"而关于琅邪郡属县临原，又有这样的文字："临原，侯国。莽曰填夷亭。"①以所谓"填夷"即"镇夷"命名地方，亦体现其联系外洋的交通地理地位。《后汉书》卷85《东夷列传》说到"东夷""君子、不死之国"。对于"君子"国，李贤注引《外国图》曰："去琅邪三万里。"②也指出了"琅邪"往"东夷"航路开通，已经有相关里程记录。对于"琅邪"与朝鲜半岛之间的航线，《后汉书》卷76《循吏列传·王景》提供了"琅邪不其人"王仲"浮海"故事的线索："王景字仲通，乐浪諙邯人也。八世祖仲，本琅邪不其人。好道术，明天文。诸吕作乱，齐哀王襄谋发兵，而数问于仲。及济北王兴居反，欲委兵师仲，仲惧祸及，乃浮海东奔乐浪山中，因而家焉。"③王仲"浮海东奔乐浪山中"，不排除自"琅邪"直航"乐浪"的可能。

2. 朐

朐县在今江苏连云港附近。《史记》卷6《秦始皇本纪》记载，秦始皇三十五年(前212)，"立石东海上朐界中，以为秦东门"④。《初学记》卷7："东海有石桥，秦始皇造，欲过海也。"⑤《述异记》："秦始皇作石横桥于海上，欲过海观日出处。有神人驱石，去不速，神人鞭之，皆流血。今石桥其色犹赤。"庾信《哀江南赋》："东门则鞭石成桥。"⑥这些传说的出现，与碣石"始皇于海中作石桥"传说相似，很可能最初也是对以当时工程技术条件修造的港口简易石筑

---

① 《汉书》，第1585、1586页。
② 《后汉书》，第2807页。
③ 《后汉书》，第2464页。
④ 《史记》，第256页。
⑤ (唐)徐坚等著：《初学记》，第157页。
⑥ (北周)庾信撰，(清)倪璠注，许逸民点校：《庾子山集》，中华书局1980年版，第111页。

码头的传奇式记述。① 一说徐福东渡，由此入海。②

四、吴·会稽·句章·回浦

1. 吴县

吴县在今江苏苏州，临吴江，当时有建造在吴江入海口的河段上或近海口的感潮河段上的河口港。吴县为东周吴国故都，而吴国曾据有海航优势。《越绝书·计倪内经》说，越王勾践阴图吴，顾虑其"西则迫江，东则薄海"的航运条件，对比两国军力，则"念楼船之苦"。③《国语·吴语》记载，吴王夫差起师北征，越王勾践"率师沿海泝淮以绝吴路"，败吴太子，于是"乃率中军泝江以袭吴，入其郛，焚其姑苏，徙其大舟"④。汉初，吴王刘濞"擅山海利"⑤，对海港交通条件的利用，也是可与中央政府抗衡的割据势力得以形成的重要因素之一。

2. 会稽

会稽在今浙江杭州东南。先秦越国都城。越国是所谓"水行"之国。伍子胥说："陆人居陆，水人居水。夫上党之国，我攻而胜之，吾不能居其地，不能乘其车。夫越国，吾攻而胜之，吾能居其地，吾能乘其舟。"⑥越水军有很

---

① 《艺文类聚》卷9梁简文帝《石桥》诗："秦王见海神"，张文琮《赋桥》诗："鞭石表秦初"，都说明此类传说流布甚广。(唐)欧阳询撰，汪绍楹校：《艺文类聚》，第182、183页。《初学记》卷7引《齐地记》："秦始皇作石桥欲渡海观日出处。旧说始皇以术召石，石自行，至今皆东首，隐轸似鞭挞瘢，势似驰逐。"(唐)徐坚等著：《初学记》，第157页。《太平御览》卷73引文作"言似驰逐"。(宋)李昉等撰：《太平御览》，第343页。值得注意的是，类似传说流传于沿海多处古港，如山东文登"秦始皇石桥"[《元和郡县图志·河南道七》，(唐)李吉甫撰，贺次君点校：《元和郡县图志》，第313页]，山东荣成"召石山"[《齐乘》引《三齐略》，(元)于钦撰，刘敦愿、宋百川、刘伯勤校释：《齐乘校释》，第56页]、山东成山"秦桥"(乾隆《山东通志》卷35之一上《艺文志》，《景印文渊阁四库全书》第541册，第229页)等。

② 罗其湘：《徐福村的发现和徐福东渡》，《从徐福到黄遵宪》(《中日关系史论文集》第1辑)，时事出版社1985年版。

③ (东汉)袁康、吴平辑录，乐祖谋点校：《越绝书》，第29页。

④ 徐元诰撰，王树民、沈长云点校：《国语集解》(修订本)，第545—546页。

⑤ 《史记》卷106《吴王濞列传》，第2836页。

⑥ 《国语·越语上》，徐元诰撰，王树民、沈长云点校：《国语集解》(修订本)，第569页。

强的战斗力，"以船为车，以楫为马，往若飘风，去则难从"①，北上伐吴，"争三江五湖之利"②，又曾"沿海泝淮以绝吴路"③，并移军经营琅邪军港，都是以会稽港为基地。据《越绝书·外传记地传》，越中城居各有水门，又有所谓"石塘"，"石塘者，越所害军船也。塘广六十五步，长三百五十三步，去县四十里"。④ 秦始皇三十七年（前210）出巡，"上会稽，祭大禹，望于南海"，以会稽为认识南海的窗口，正因为这里是著名的海港。秦二世"东行郡县"，也曾经"南至会稽"。⑤ 汉武帝建元三年（前138），严助由此浮海救东瓯。⑥ 建元六年（前135），韩安国出会稽击闽越⑦，可能亦经由海路。元狩四年（前119），"有司言关东贫民徙陇西、北地、西河、上郡、会稽凡七十二万五千口，县官衣食振业，用度不足"⑧，会稽与西北诸郡同样作为安置徙民地点，足见西汉王朝对其正处东南海陆交通要冲的战略地位的重视。

---

① 《越绝书·外传记地传》，（东汉）袁康、吴平辑录，乐祖谋点校：《越绝书》，第58页。

② 《国语·越语下》，徐元诰撰，王树民、沈长云点校：《国语集解》（修订本），第587页。

③ 《国语·吴语》，徐元诰撰，王树民、沈长云点校：《国语集解》（修订本），第545页。

④ （东汉）袁康、吴平辑录，乐祖谋点校：《越绝书》，第63页。"害"，或"宫"字之误，石塘可能是修造军船的船坞。

⑤ 《史记》卷6《秦始皇本纪》，第260、267页。

⑥ 《汉书》卷64上《严助传》，第2776页。

⑦ 《汉书》卷6《武帝纪》，第160页。

⑧ 《汉书》卷6《武帝纪》，第178页。王鸣盛《十七史商榷》卷9"徙民会稽"条推定此次徙民使会稽"约增十四万五千口"，而"会稽生齿之繁，当始于此"。（清）王鸣盛撰，黄曙辉点校：《十七史商榷》，上海古籍出版社2013年版，第92页。葛剑雄据《史记》卷30《平准书》及《汉书》卷24《食货志》记载此次移民地点不含会稽，断定《汉书》卷6《武帝纪》中"会稽"二字是衍文。《西汉人口地理》，人民出版社1986年版。陈桥驿则肯定这次移民是历史事实。陈桥驿主编：《浙江地理简志·历史地理篇》，浙江人民出版社1985年版。《越绝书·外传记地传》记述："是时，徙大越民置余杭、伊攻、□故鄣。因徙天下有罪适吏民，置南海故大越处，以备东海外越。"（东汉）袁康、吴平辑录，乐祖谋点校：《越绝书》，第65页。是以为秦始皇时事，然而特别强调了移民对于加强海上防务，"以备东海外越"的意义。秦及两汉内地战乱多有人自行避难移居会稽，如项梁、项羽、蔡邕等。以会稽的位置及交通条件，被选择作为移民安置地点是完全可能的。

3. 句章

句章在今浙江宁波西。汉武帝元封元年(前 110)发兵击东越,"遣横海将军韩说出句章,浮海从东方往"①。即以句章港为海上进军的基地。《三国志》卷 46《吴书·孙破虏讨逆传》记载,汉灵帝熹平元年(172),"会稽妖贼许昌起于句章,自称阳明皇帝",一时"扇动诸县,众以万数",孙坚"以郡司马募召精勇,得千余人,与州郡合讨破之"。②又《三国志》卷 48《吴书·三嗣主传·孙休》记载,吴景帝孙休永安七年(264),"魏将新附督王稚浮海入句章,略长吏赀财及男女二百余口"③。也说明句章当时是重要的海港。

4. 回浦

回浦在今浙江台州。《元和郡县图志·江南道二》:台州,"秦并天下置闽中郡,汉立南部都尉。本秦之回浦乡,分立为县。扬雄《解嘲》云'东南一尉,西北一候,是也'。"扬雄《解嘲》写道:"今大汉,左东海,右渠搜,前番禺,后陶涂,东南一尉,西北一候。"④三国时期吴国于此置临海郡。吴末帝孙皓凤皇三年(274),临海太守奚熙与会稽太守郭诞书,非论国政,孙皓于是"遣三郡督何植收熙,熙发兵自卫,断绝海道"。⑤可见,临海地区与其他地区的交通联系,主要依赖经由回浦港的海上通路,而这一海港的地位,又可以制扼整个东南方向的"海道"。

五、东瓯·东冶·揭阳

1. 东瓯

东瓯在今浙江温州,原为东瓯故都。吴王濞反,东瓯胁从,或有水军由此北上。汉武帝建元三年(前 138),闽越发兵围东瓯,汉武帝遣严助"发会稽郡兵浮海救之","汉兵未至,闽粤引兵去"⑥,严助军原定登陆地点,无疑即东瓯港。

---

① 《史记》卷 114《东越列传》,第 2982—2983 页。
② 《三国志》,第 1093 页。
③ 《三国志》,第 1161 页。
④ (唐)李吉甫撰,贺次君点校:《元和郡县图志》,第 627 页。(汉)扬雄著,张震泽校注:《扬雄集校注》,上海古籍出版社 1993 年版,第 182 页。
⑤ 《三国志》卷 48《吴书·三嗣主传·孙皓》,第 1170 页。
⑥ 《汉书》卷 95《闽粤传》,第 3860 页。

2. 东冶

东冶在今福建福州。《汉书》卷 28 上《地理志上》颜师古注：冶，"本闽越地"。《史记》卷 114《东越列传》："汉五年，复立无诸为闽越王，王闽中故地，都冶。"汉武帝建元三年（前 138），"闽越发兵围东瓯"，六年（前 135），"闽越击南越。"闽越贵族余善后又立为东越王。元鼎五年（前 112），南越反，"余善上书请以卒八千从楼船将军击吕嘉等"。① 水军北上南下，当多由东冶起航。元鼎六年（前 111），横海将军韩说与会稽太守朱买臣等"治楼船，备粮食、水战具"，发兵浮海，"陈舟列兵，席卷南行"，由海路击破东越。②《后汉书》卷 33《郑弘传》说，"旧交阯七郡贡献转运，皆从东冶泛海而至。"③东冶长期被作为由南海北上的重要的中间转运港。

3. 揭阳

揭阳在今广东汕头附近。汉武帝元鼎五年（前 112），汉王朝征南粤水军曾在此停集。"南越反，东越王余善上书，请以卒八千人从楼船将军击吕嘉等。兵至揭阳，以海风波为解，不行。"④揭阳是南海重要海港之一，王莽曾改称为"南海亭"。⑤

六、番禺·徐闻·合浦

1. 番禺

番禺在今广东广州，为南海郡治所在。曾为尉佗所都，为南越政权长期经营，是南海最大的海港，据有"负山险，阻南海"的地理优势。⑥《史记》卷 129《货殖列传》："九疑、苍梧以南至儋耳者，与江南大同俗，而杨越多焉。番禺亦其一都会也，珠玑、犀、瑇瑁、果、布之凑。"《汉书》卷 28 下《地理志下》也说："（粤地）处近海，多犀、象、毒冒、珠玑、银、铜、果、布之

---

① 《汉书》，第 1592 页。《史记》，第 2979、2980、2981、2982 页。

② 《汉书》卷 64 上《朱买臣传》，第 2792 页。

③ 《后汉书》，第 1156 页。

④ 《史记》卷 114《东越列传》，第 2982 页。《史记》卷 113《南越列传》："闻汉兵至"，"越揭阳令定自定属汉"。第 2977 页。当大致是此时事。

⑤ 《汉书》卷 28 下《地理志下》，第 1628 页。

⑥ 《史记》卷 113《南越列传》，第 2967 页。

凑，中国往商贾者多取富焉。番禺，其一都会也。"①番禺当时已成为国际性商港。广州南越王墓出土物之绮丽华贵，说明其地之富足。② 有学者判定为广州秦汉造船工场遗址的宏大遗存，如性质确实与造船业有关，也可以反映番禺在南海航运系统中的地位。③ 番禺后为交州治所。东汉末，中原战乱不息，士民多有避乱会稽者，及战火延及会稽，则又纷纷浮海南渡交州。《三国志》卷38《蜀书·许靖传》记载，许靖汝南平舆人，董卓乱政，辗转往依会稽太守王朗，后"孙策东渡江，皆走交州以避其难"。④

2. 徐闻

徐闻在今广东徐闻南，是大陆与朱崖洲(今海南岛)交通的主要港口。《汉书》卷28下《地理志下》："自合浦徐闻南入海，得大州，东西南北方千里。"⑤《水经注·温水》："王氏《交广春秋》曰：'朱崖、儋耳二郡，与交州俱开，皆汉武帝所置，大海中南极之外，对合浦徐闻县。清朗无风之日，径望朱崖州如囷廪大。从徐闻对渡，北风举帆，一日一夜而至。'"⑥徐闻汉墓的考古发现，可以增进对当时徐闻港历史地位的认识。⑦

3. 合浦

合浦在今广西北海附近。《汉书》卷28下《地理志下》记述"自日南障塞、徐闻、合浦船行"，以通南洋各国的航行日程，所谓"蛮夷贾船，转送致之"⑧，说明徐闻、合浦都是当时海外交通的重要港口。《北堂书钞》卷75引

---

① 《史记》，第3268页。《汉书》，第1670页。
② 广州象岗汉墓发掘队：《西汉南越王墓发掘初步报告》，《考古》1984年第3期。
③ 广州市文物管理处、中山大学考古专业75届工农兵学员：《广州秦汉造船工场遗址试掘》，《文物》1977年第4期。
④ 《三国志》，第964页。由中原避乱至会稽，又由会稽转迁交州之例，还有《后汉书·袁安传》："及天下大乱，(袁)忠弃官客会稽上虞"，"后孙策破会稽，忠等浮海南投交阯。"《后汉书·桓荣传》："初平中，天下乱"，桓晔"避地会稽，遂浮海客交阯"。第1526、1260页。
⑤ 《汉书》，第1670页。
⑥ (北魏)郦道元著，陈桥驿校证：《水经注校证》，第840页。
⑦ 广东省博物馆：《广东徐闻东汉墓——兼论汉代徐闻的地理位置和海上交通》，《考古》1977年第4期。
⑧ 《汉书》，第1671页。

谢承《后汉书》说，孟尝为合浦太守，"被征当还，吏民攀车请之，不得进，乃附商人船遁去"。① 可见合浦港有商船往返进出。年代为西汉后期的合浦望牛岭汉墓中，大量出土金饼、金珠及水晶、玛瑙、琉璃、琥珀制品，还出土一件精致的琥珀质印章。② 这些物品很可能来自海外，可以反映合浦当时曾作为重要的对外贸易港口的历史事实。

七、龙编·卢容

1. 龙编

龙编在今越南海兴省海阳附近。当时是交阯郡的进出港。海南诸国"自汉武已来，朝贡必由交阯之道"。③ 龙编东汉时曾经是交阯郡治所在。在秦汉南洋贸易中，龙编又始终是重要的中间转运港。船队可以乘潮迎红河直抵城下。郡属有定安县。《续汉书·郡国志五》交阯郡定安条下刘昭注引《交州记》曰："越人铸铜为船，在江潮退时见。"④这种当地人铸造的铜船，可能是与航运有关的水文标记。

2. 卢容

卢容在今越南平治天省顺化市。《水经注·温水》："《晋书地道记》曰：郡去卢容浦口二百里。""康泰《扶南记》曰：'从林邑至日南卢容浦口，可二百余里，从口南发往扶南诸国，常从此口出也。'故《林邑记》曰：'尽纮沧之徼远，极流服之无外。地滨沧海，众国津逮。'郁水南通寿泠，即一浦也。浦上承交阯郡南都官塞浦。"⑤浦，谓河海交汇处，又常常专指泊船之港湾。⑥

---

① （唐）虞世南编撰：《北堂书钞》，第 275 页。
② 广西壮族自治区文物考古写作小组：《广西合浦西汉木椁墓》，《考古》1972 年第 5 期。
③ 《旧唐书·地理志四》，第 1750 页。
④ 《后汉书》，第 3532 页。
⑤ （北魏）郦道元著，陈桥驿校证：《水经注校证》，第 834—835 页。
⑥ 《太平御览》卷 75 引《郡国志》："夏曰浦有龙鱼，昔禹南济，黄龙夹舟之处。"又引《江夏记》："南浦在县南三里，《离骚》曰'送美人兮南浦'"，"商旅从来皆于浦停泊，以其在郭之南，故称南浦"。又引《续搜神记》："庐江筝笛浦，浦中昔有大舶覆水内，渔人宿旁，闻筝笛之声及香气氤氲，云是曹公载妓舡覆于此。"（宋）李昉等撰：《太平御览》，第 352—353 页。

第七节 "楼船"与"楼船官"

航海需要海船生产以为基础。船舶制造业是以多种工艺技术为基础的综合性产业，因而可以较全面地反映社会生产水平。秦汉时期造船业的成就，在一定意义上标志着当时手工业制作技艺的最高水准，为社会经济的繁荣和社会交往的发展提供了作为必要条件的数目可观、性能良好的各种型式的船舶。其中大型船舶的制造，有政府力量专力经营的形式，达到适应海航要求的水准。

一、"戈船"形制

《越绝书》卷8《越绝外传记地传》记载勾践自会稽迁都琅邪事，说到了及"戈船"：

> 句践伐吴，霸关东，徙琅琊，起观台，台周七里，以望东海。死士八千人，戈船三百艘。①

"戈船"在"徙琅琊"的重要海上交通行为中，起到护卫的作用。

汉代所谓"戈船"是著名的战舰。《西京杂记》卷6："昆明池中有戈船、楼船各数百艘。楼船上建楼橹，戈船上建戈矛。"②《三辅黄图》卷4引《三辅旧事》说，昆明池"中有戈船各数十"，"船上建戈矛"。③《史记》卷113《南越列传》记载，汉武帝元鼎五年(前112)发军征伐南越，五路并进，其中一路为戈船将军军：

> ……故归义越侯二人为戈船、下厉将军，出零陵，或下离水，或抵苍梧……咸会番禺。④

据《汉书》卷6《武帝纪》记述，以"戈船将军"名号统率部队南下的，是"归义越侯严"：

---

① （东汉）袁康、吴平辑录，乐祖谋点校：《越绝书》，第58页。
② （晋）葛洪撰：《西京杂记》，中华书局1985年版，第43页。
③ 何清谷撰：《三辅黄图校释》，中华书局2005年版，第252页。
④ 《史记》，第2975页。

> 遣伏波将军路博德出桂阳，下湟水；楼船将军杨仆出豫章，下浈水；归义越侯严为戈船将军，出零陵，下离水；甲为下濑将军，下苍梧。皆将罪人，江淮以南楼船十万人。越驰义侯遗别将巴蜀罪人，发夜郎兵，下牂柯江，咸会番禺。

颜师古注：

> 张晏曰："严故越人，降为归义侯。越人于水中负人船，又有蛟龙之害，故置戈于船下，因以为名也。"臣瓒曰："《伍子胥书》有戈船，以载干戈，因谓之戈船也。离水出零陵。"师古曰："以楼船之例言之，则非为载干戈也。此盖船下安戈戟以御蛟鼍水虫之害。张说近之。"①

关于"戈船"的形制，张晏谓"置戈于船下"，臣瓒谓"以载干戈"。说法并不一致。颜师古以为"张说近之"，"此盖船下安戈戟以御蛟鼍水虫之害"。因"以载干戈"称其船型，说服力不强。而张晏、颜师古"置戈于船下""船下安戈戟"说亦出于想象，显然未见合理。

我们今天对当时"戈船"的具体形制，依然不清楚。然而勾践徙都琅邪用"戈船三百艘"，是思考当时的海洋航运史必须注意到的。

二、"用船战逐"

《史记》卷112《平津侯主父列传》记载，秦始皇时，"使尉屠睢将楼船之士南攻百越"。② 据《淮南子·人间》，调发兵力计50万人，可以推想水军舰队规模之大。③《史记》卷30《平准书》说，汉武帝元鼎五年（前112），"因南方楼船卒二十余万人击南越"，与其"用船战逐"。④ 这是又一次大规模水军南下远征。《史记》卷115《朝鲜列传》记载，元封二年（前109），"遣楼船将军杨仆从齐浮渤海，兵五万人"⑤，已经组成规模浩壮的海上舰队。

秦汉时期，可以最集中地体现造船技术水平的船型是"楼船"。

---

① 《汉书》，第186—187页。
② 《史记》，第2958页。
③ 何宁撰：《淮南子集释》，第1289页。
④ 《史记》卷113《南越列传》："令罪人及江淮以南楼船十万师往讨之。"第1438—1439、1436、2974页。
⑤ 《史记》，第2987页。

《史记》卷 30《平准书》说，汉武帝以"越欲与汉用船战逐，乃大修昆明池，列观环之。治楼船，高十余丈，旗帜加其上，甚壮。"汉武帝遣杨仆击南越、东越、朝鲜，即以"楼船"为将军号。《史记》卷 30《平准书》："因南方楼船卒二十余万人击南越。"①"楼船卒"又称"楼船士""楼船军卒"②，"楼船"部队显然已成为汉代军队基本兵种之一。③ 通常以为"楼船军"是"海军""水军""水兵"。④ 有学者指出，"秦之水兵称楼船之士。"所引例证即《汉书·严安传》说：'（秦）使尉屠睢将楼船之士攻越'"。⑤ 分析秦汉"军兵种"构成时，似乎多"以'楼船之士'称水军"。⑥ 有学者在考论秦汉"军种、兵种和编制时"也说："'水兵'在文献中称'舟师'或'楼船士'，这是利用舟船在水上作战的一个军种。"⑦或说："汉代水军称楼船军。在我国武装力量中正式设置水军，是从西汉开始的。据《汉官仪》记载：'高祖命天下郡国，选能引关蹶张，材力武猛者，以为轻车、骑士、材官、楼船……平地用车骑，山阻用材官，水泉用楼船。'又据《汉书·刑法志》记载，汉武帝发动统一东南沿海战争时，'内增七校，外有楼船，皆岁时讲肄，修武备'。这两项记载说明，楼船军是在屯骑（骑兵）、步兵等七校

① 《史记》卷 113《南越列传》记载，武帝下赦曰："今吕嘉、建德等反，自立晏如，令罪人及江淮以南楼船十万师往讨之。"第 1436、1438—1439、2974 页。

② 《史记》卷 112《平津侯主父列传》："又使尉屠睢将楼船之士南攻百越。"第 2958 页。是秦时已形成"楼船"部队。《汉书》卷 24 下《食货志下》："因南方楼船士二十余万人击粤。"第 1173 页。《汉书》卷 95《闽粤传》："楼船军卒钱唐榬终古斩徇北将军。"第 3862 页。

③ "楼船军"之称，见《史记》卷 114《东越列传》，第 2983 页；《史记》卷 115《朝鲜列传》，第 2987 页；《汉书》卷 95《闽粤传》，第 3862 页；《汉书》卷 95《朝鲜传》，第 3865 页。又《史记》卷 113《南越列传》："楼船十万师。"第 2974 页。这些都并非仅仅指楼船将军属下部队，亦指代"楼船"为基本装备的兵种。《后汉书》卷 86《南蛮传》："交阯女子征侧及其妹征贰反"，"遣伏波将军马援、楼船将军段志，发长沙、桂阳、零陵、苍梧兵万余人讨之"。第 2836—2837 页。是东汉时也有"楼船"部队。

④ 中国航海学会编《中国航海史（古代航海史）》写道："史书对汉代水军称作'楼船'。这个名称实际包括两种含义。一是对战船的通称，另一含义是对水军兵种的专称。"人民交通出版社 1988 年版，第 78 页。

⑤ 今按：此处宜用《史记》卷 112《平津侯主父列传》的记载："又使尉佗屠睢将楼船之士南攻百越。"

⑥ 熊铁基：《秦汉军事制度史》，广西人民出版社 1990 年版，第 190—191 页。

⑦ 黄今言：《秦汉军制史论》，江西人民出版社 1993 年版，第 213 页。

之外，根据沿江海的地理条件和防务需要而设立的，属汉代郡国兵制备军。"①而事实上汉代"楼船军"的主要作战形式仍然是陆战，汉武帝时代征服南越和东越的战争中大体都是如此。朝鲜战事中可见所谓"楼船军败散走"，将军杨仆"遁山中十余日，稍求收散卒，复聚"。这里所说的"楼船军"其实已可以看作陆战部队，与《史记》卷114《东越列传》"东越素发兵距险，使徇北将军守武林，败楼船军数校尉，杀长吏"②相同。"楼船"，似乎并非战舰，在某种意义上只是运兵船。看来，简单地以"水军"定义"楼船军"的说法，还可以斟酌。或许黄今言的意见是正确的："当时的船只还不是武器，只是一种运输工具，作战时水兵借助船只实施机动，到了作战地，即舍舟登陆，在陆上进行战斗。""至于水兵渡海作战的情况更少。"③

《史记》卷113《南越列传》关于平定南越战事有这样的记载："元鼎五年秋，卫尉路博德为伏波将军，出桂阳，下汇水；主爵都尉杨仆为楼船将军，出豫章，下横浦；故归义越侯二人为戈船、下厉将军，出零陵，或下离水，或抵苍梧；使驰义侯因巴蜀罪人，发夜郎兵，下牂柯江：咸会番禺。"这是一次以舟船作为主要军运方式的战役，"楼船"作用显著。"元鼎六年冬，楼船将军将精卒先陷寻陕，破石门，得越船粟，因推而前，挫越锋，以数万人待伏波。伏波将军将罪人，道远，会期后，与楼船会乃有千余人，遂俱进。楼船居前，至番禺。建德、嘉皆城守。楼船自择便处，居东南面；伏波居西北面。会暮，楼船攻败越人，纵火烧城。越素闻伏波名，日暮，不知其兵多少。伏波乃为营，遣使者招降者，赐印，复纵令相招。楼船力攻烧敌，反驱而入伏波营中。犁旦，城中皆降伏波。吕嘉、建德已夜与其属数百人亡入海，以船西去。伏波又因问所得降者贵人，以知吕嘉所之，遣人追之。"事后，"楼船将军兵以陷坚为将梁侯。"④应当注意到，"楼船将军兵""陷坚"，主要还是以陆战形式。唯一可以看作"用船战逐"即水上"战斗驰逐"的战例，可能即"先陷寻陕，破石门，得越船粟，因推而前，挫越锋"。此外再难以看到真正水战的情形。而所

---

① 张铁牛、高晓星：《中国古代海军史》（修订版），解放军出版社2006年版，第24页。
② 《史记》，第2983页。
③ 黄今言：《秦汉军制史论》，第213—214页。
④ 《史记》，第2975—2977页。

谓"得越船粟",可能只是对敌军辎重部队发起攻击而取得战利。就汉代文献分析来看,"楼船"似乎并没有在实战中发挥战舰的作用。《太平御览》卷 351 引王粲《从军诗》所谓"楼船凌洪波,寻戈刺群虏"等对于"楼船"水上作战能力的形容,可能只是出于文人想象。①

《史记》卷 113《南越列传》说征伐南越事:"令罪人及江淮以南楼船十万师往讨之。"裴骃《集解》引应劭曰:"时欲击越,非水不至,故作大船。船上施楼,故号曰'楼船'也。"②"楼船"的主要特征似乎是"船上施楼",《史记》卷 30《平准书》所谓"治楼船高十余丈……甚壮",也说明了这一形制特点。《后汉书》卷 17《岑彭传》:"装直进楼船、冒突露桡数千艘。"李贤注也说:"'楼船',船上施楼。"③于是人们认为,"汉代兴起的楼船,其最主要特征是具有多层上层建筑。"④不过,《太平御览》卷 702 引《吴志》写道:"刘基,孙权爱敬之。尝从御楼船上。时雨甚,权以盖自覆,又令覆基,余人不得也。"⑤孙权所御"楼船"上竟然无从避雨,似乎并没有"楼"。也可能通常所谓"楼船"未必都是"船上施楼",有的"楼船"可能仅仅只是"大船"而已。

《三辅黄图》卷 4 引《三辅旧事》说,昆明池中有"楼船百艘"。这只不过是水军操演检阅使用的教练舰。⑥ 史籍中可以看到汾河、渭河都曾浮行天子所乘"楼船"的记载。汉武帝《秋风辞》中写道:"泛楼船兮济汾河,横中流兮扬素波。"⑦汉元帝初元五年(前 44),"酎祭宗庙,出便门,欲御楼船",御史大夫薛广德当乘舆车免冠顿首劝止,曰"宜从桥",宣称:"陛下不听臣,臣自刎,以血污车轮,陛下不得入庙矣!"⑧"御楼船",成为济渡汾、渭的方式之一。乘坐这种巨型船舶以显示威仪,对帝王具有极强的诱惑力。

---

① (宋)李昉等撰:《太平御览》,第 1617 页。

② 《史记》,第 2974 页。

③ 《后汉书》,第 660、661 页。

④ 席龙飞:《中国造船史》,湖北教育出版社 2000 年版,第 72 页。

⑤ (宋)李昉等撰:《太平御览》,第 3134 页。

⑥ 《史记》卷 30《平准书》裴骃《索隐》:"《黄图》云:'昆明池周四十里,以习水战。'又荀悦云:'昆明子居滇河中,故习水战以伐之也。'"第 1428 页。

⑦ (宋)郭茂倩编:《乐府诗集》卷 84 引《汉武帝故事》,第 1180 页。

⑧ 《汉书·薛广德传》,第 3047 页。

三、南海外域船舶

关于南洋航路的通行，《汉书》卷 28 下《地理志下》有"蛮夷贾船，转送致之"的说法。① 关于"蛮夷贾船"的制作，历史文献有所透露。

《太平御览》卷 769 引《吴时外国传》说到"扶南国"制作的航海船舶，其形制值得注意：

> 扶南国伐木为舡，长者十二寻，广肘六尺，头尾似鱼，皆以铁镊露装。大者载百人。人有长短桡及篙各一。从头至尾，面有五十人作，或四十二人，随舡大小，立则用长桡，坐则用短桡。水浅乃用篙。皆当上应声如一。

"长者十二寻"，相当于 22.18 米。又《太平御览》卷 769 引《南州异物志》也说到"外域人"所造船：

> 外域人名舡曰舡，大者长二十余丈，高去水三二丈，望之如阁道，载六七百人。②

"长二十余丈"，"二十丈"即相当于 46.2 米。规模已经相当可观。

这些往复航行于南海的外域船舶即所谓"蛮夷贾船"，其形制必然会对汉地造船技术产生影响。

四、庐江"楼船官"

据《汉书》卷 28 上《地理志上》，西汉时庐江郡有"楼船官"。"庐江郡"条记载：

> 庐江郡，故淮南，文帝十六年别为国。金兰西北有东陵乡，淮水出。属扬州。庐江出陵阳东南，北入江。户十二万四千三百八十三，口四十五万七千三百三十三。有楼船官。……③

庐江郡"楼船官"，王先谦《汉书补注》："钱坫曰：武帝时，杨仆为楼船击南

---

① 《汉书》，第 1671 页。
② (宋)李昉等撰：《太平御览》，第 3411、3412 页。
③ 《汉书》，第 1568 页。

越、东越，故置官于此。"①这里应当是制作与集结楼船的造船基地与训练基地。

《汉书》卷 64 上《严助传》记载，严助"谕意"，明确有对闽越王欲割据地方抗拒汉王朝的指责：

> 今闽越王狼戾不仁，杀其骨肉，离其亲戚，所为甚多不义，又数举兵侵陵百越，并兼邻国，以为暴强，阴计奇策，入燔寻阳楼船，欲招会稽之地，以践句践之迹。②

闽越倚仗"暴强"之力，"数举兵侵陵百越，并兼邻国"，其能力方面的优势也是条件之一。又"入燔寻阳楼船"，颜师古注："汉有楼船贮在寻阳也。"寻阳，应是楼船基地。

谭其骧主编《中国历史地图集》标示，西汉"寻阳"在今江西九江西北、湖北广济（今武穴）东北，临长江，亦临彭蠡。③ 武穴港是长江十大深水良港之一，这一优势可能很早就受到重视。

汉武帝建元三年（前 138），闽越进攻东瓯，东瓯粮绝，向汉帝告急。西汉政府发军浮海救援。汉军未到，闽越军退走。东瓯王担心闽越再次进犯，请求举族内迁，得到汉武帝准许，于是举众共 4 万余人迁移到江淮之间。据《史记》卷 22《汉兴以来将相名臣年表》记载，内徙的东瓯人聚居在庐江郡：

> 东瓯王广武侯望率其众四万人来降，处庐江郡。④

《史记》卷 114《东越列传》记载：

> 天子曰东越狭多阻，闽越悍，数反复，诏军吏皆将其民徙处江淮间。东越地遂虚。⑤

善于海上航行的东越人"处庐江郡"，也可能与庐江郡设置"楼船官"的规划有

① （清）王先谦撰：《汉书补注》，第 713 页。
② 《汉书》，第 2787 页。
③ 谭其骧主编：《中国历史地图集》第 2 册，第 24—25 页。
④ 《史记》，第 1134 页。
⑤ 《史记》，第 2984 页。

某种关系

五、朱买臣受诏会稽"治楼船"

汉武帝筹划对东越的海上进攻，曾经令会稽郡地方长官进行准备。军备工作包括"治楼船"。《汉书》卷64上《朱买臣传》记载：

> 是时，东越数反复，买臣因言："故东越王居保泉山，一人守险，千人不得上。今闻东越王更徙处南行，去泉山五百里，居大泽中。今发兵浮海，直指泉山，陈舟列兵，席卷南行，可破灭也。"上拜买臣会稽太守。上谓买臣曰："富贵不归故乡，如衣绣夜行，今子何如？"买臣顿首辞谢。诏买臣到郡，治楼船，备粮食、水战具，须诏书到，军与俱进。①

朱买臣受诏到会稽"治楼船，备粮食、水战具"，准备浮海攻东越，会稽一时成为楼船制造基地。元鼎六年（前111），东越攻入豫章（郡治在今江西南昌）。元封元年（前110），汉军数路击破东越，将越人徙处江淮之间。

这是比较罕见的有关"治楼船"且标示出明确的具体地点的记录。其他关于"治楼船"，《史记》《汉书》有"治楼船，高十余丈，旗帜加其上，甚壮"的记载②，然而没有明确指示"治楼船"的地点。

六、"青、兖、幽、冀四州，大作海船"

《三国志》卷3《魏书·明帝纪》记载，魏明帝景初元年（237），为发展海上航运，特"诏青、兖、幽、冀四州，大作海船"。③ 秦汉时期海洋航运获得空前发展，海洋船舶需求显著增加。汉魏时代"大作海船"事，或许可以理解为中国古代造船史上体现鲜明时代特征的现象。

晋武帝伐吴，曾"作大船连舫，方百二十步，受二千余人"，是规模特大的"方舟"，而上又"起楼橹"，是一种特型"楼船"。魏晋时期这种号称"舟棹之盛，自古未有"④的船型的出现，自然也是以秦汉造船技术的进步为基础的。

---

① 《汉书》，第2792页。
② 《史记》卷30《平准书》，第1436页；《汉书》卷24下《食货志下》，第1170页。
③ 《三国志》，第109页。
④ 《晋书》卷42《王濬传》："武帝谋伐吴，诏濬修舟舰。濬乃作大船连舫，方百二十步，受二千余人。以木为城，起楼橹，开四出门，其上皆得驰马来往。又画鹢首怪兽于船首，以惧江神。舟棹之盛，自古未有。"第1208页。

第八节 汉代的"海人"

所谓"海人",应当是以"海"为基本生计条件的人们。三民书局《大辞典》有"海人"词条:

> 【海人】①古时指中国以外的海岛居民。《南史·夷貊传·倭国》:"又西南万里,有海人,身黑眼白,裸而丑,其肉没,行者或射而食之。"②在海上捕鱼的人。《述异记·下》:"东海有牛鱼,其形如牛,海人采捕。"①

考察汉代"海人"语义,很可能是指海洋渔业或海洋航运业的从业人员。

通过"海人"的文化表现,可以了解当时海洋开发的具体情形。

一、《说苑》"海人"故事

刘向撰《说苑·君道》记述了一则齐国故事,其中出现了"海人"称谓。"海人"是怎样的社会角色呢? 故事开篇,说到齐景公对于晏婴的怀念:

> 晏子没十有七年,景公饮诸大夫酒。公射出质,堂上唱善,若出一口。公作色太息,播弓矢。弦章入,公曰:"章,自吾失晏子,于今十有七年,未尝闻吾过不善,今射出质而唱善者,若出一口。"弦章对曰:"此诸臣之不肖也,知不足知君之善,勇不足以犯君之颜色。然而有一焉,臣闻之:君好之,则臣服之;君嗜之,则臣食之。夫尺蠖食黄,则其身黄,食苍则其身苍;君其犹有陷人言乎?"公曰:"善! 今日之言,章为君,我为臣。"
>
> 是时海人入鱼,公以五十乘赐弦章归,鱼乘塞涂。抚其御之手,曰:"曩之唱善者,皆欲若鱼者也。昔者晏子辞赏以正君,故过失不掩,今诸臣谄谀以干利,故出质而唱善如出一口,今所辅于君,未见众而受若鱼,是反晏子之义而顺谄谀之欲也。"固辞鱼不受。②

---

① 三民书局辞典编辑委员会编辑:《大辞典》中册,三民书局股份有限公司1985年版,第2648页。

② (汉)刘向撰,赵善诒疏证:《说苑疏证》,第32页。

宋人刘恕编《资治通鉴外纪》卷9引录《说苑》记载以为信史。①《说苑·君道》在讲述这一故事之后，又以"君子曰"形式发表"弦章之廉，乃晏子之遗训也"的表扬，随后又有关于"人主"应当"自省"的政论。而我们更为注意的，是"海人"称谓的出现。

《说苑》讲述的虽然是先秦故事，但作为汉代著述，其中许多文化信息体现了汉代社会风貌。其中关于"海人入鱼"的记载，可以作为海洋渔业史料理解，体现了齐人海洋开发的成就。

二、"海人"神异传说的海洋知识史背景

《太平御览》卷14引《汉武内传》："负嵎之山名环丘，有冰蚕，以霜雪覆之，然后作茧。其色五采，织为衣裳，入水不濡，以投火，经宿不燎。唐尧之代，海人献，以为黼黻。"②所谓"海人献"，体现有关海外这些具有神异色彩的物品的知识，是由"海人"传递，为中原人所逐步接受的。"入水不濡"，"投火""不燎"的织品，可能就是所谓"火浣布"。《三国志》卷4《魏书·三少帝纪·齐王芳》：景初三年二月，"西域重译献火浣布，诏大将军、太尉临试以示百寮"。裴松之注引《异物志》曰："斯调国有火州，在南海中。其上有野火，春夏自生，秋冬自死。有木生于其中而不消也，枝皮更活，秋冬火死则皆枯瘁。其俗常冬采其皮以为布，色小青黑；若尘垢污之，便投火中，则更鲜明也。"又引《傅子》曰："汉桓帝时，大将军梁冀以火浣布为单衣，常大会宾客，冀阳争酒，失杯而污之，伪怒，解衣曰：'烧之。'布得火，炜晔赫然，如烧凡布，垢尽火灭，粲然絜白，若用灰水焉。"又引《搜神记》曰："昆仑之墟，有炎火之山，山上有鸟兽草木，皆生于炎火之中，故有火浣布，非此山草木之皮枲，则其鸟兽之毛也。"裴松之写道："又东方朔《神异经》曰：'南荒之外有火山，长三十里，广五十里，其中皆生不烬之木，昼夜火烧，得暴风不猛，猛雨不灭。火中有鼠，重百斤，毛长二尺余，细如丝，可以作布。常居火中，色洞赤，时时出外而色白，以水逐而沃之即死，续其毛，织以为布。'"③火浣布产地，一说"西域"，一说"南荒""南海"。后者应经历南洋航路传至中土。

①　(宋)刘恕编：《资治通鉴外纪》，《景印文渊阁四库全书》第312册，第812页。
②　(宋)李昉等撰：《太平御览》，第69页。
③　《三国志》，第117—118页。

"海人"进献的，还有神奇的"龙膏"。《太平御览》卷 8 引王子年《拾遗》曰："燕昭王二年，海人乘霞舟，然龙膏。"卷 176 引《拾遗记》曰："海人献龙膏为灯，于燕昭王王坐通云之堂。"卷 178 引《述征记》曰："燕昭王二年，海人乘霞舟以雕壶盛数斗膏献王。王坐通云堂，亦曰通霞之台，以龙膏为灯，光耀百里。"所谓"以龙膏为灯，光耀百里"之说，反映以鱼类或海洋哺乳动物脂肪作照明燃料的情形。有关鲸鱼死亡"膏流九顷"的记载①，说明鲸鱼脂肪受到的重视。人类利用鲸鱼脂肪的历史相当久远。② 而关于鲸鱼集中死于海滩这种海洋生物生命现象的明确记载，最早见于中国古代文献《汉书》卷 27 中之下《五行志中之下》："成帝永始元年春，北海出大鱼，长六丈，高一丈，四枚。哀帝建平三年，东莱平度出大鱼，长八丈，高丈一尺，七枚。皆死。"③《太平御览》卷 72 引《孙绰子》曰："海人曰：'横海有鱼，一吸万顷之陂。'"④这种或许有关鲸鱼生态的知识，很可能来自"海人"的航海经验。其表述有所夸张，与中国早期海洋文化往往带有神秘色彩的风格是一致的。

三、"海人"与"山客"

嵇康《嵇中散集》卷 9《答释难宅无吉凶摄生论》写道："吾见沟浍，不疑江海之大；睹丘陵，则知有泰山之高也。若守药则弃宅，见交则非赊，是海人所以终身无山，山客曰无大鱼也。"⑤嵇康讲述了一个关于认识论的道理，主张摒除狭隘经验对于世界认识的阻障。他认为，在"山客"的知识结构中，既

---

① （宋）李昉等撰：《太平御览》，第 42、858、866 页。《太平御览》卷 938 引《魏武四时食制》曰："东海有大鱼如山，长五六丈，谓之鲸鲵。次有如屋者。时死岸上，膏流九顷，其须长一丈，广三尺，厚六寸，瞳子如三升碗大，骨可为方臼。"《景印文渊阁四库全书》第 901 册，第 364 页。中华书局 1960 年用上海涵芬楼影印宋本复制重印版"膏流九顷"作"毫流九顷"，"骨可为方臼"作"骨可为矛矜"。第 4167 页。

② 《辞海·生物分册》"鲸目"条："皮肤下有一层厚的脂肪，借此保温和减少身体比重，有利浮游。""鲸"条写道："脂肪是工业原料。"第 561 页。中国大百科全书出版社《简明不列颠百科全书》编辑部译编《简明不列颠百科全书》"鲸油"条："主要从鲸鱼脂肪中提取的水白色至棕色的油。16～19 世纪，鲸油一直是制造肥皂的重要原料和重要的点灯油。"第 4 卷，第 439 页。今按：滨海居民以鲸鱼脂肪作"重要的点灯油"的年代，其实要早得多。

③ 《汉书》，第 1431 页。

④ （宋）李昉等撰：《太平御览》，第 341 页。

⑤ （三国魏）嵇康著，戴明扬校注：《嵇康集校注》，中华书局 2014 年版，第 513 页。

包括对"丘陵"的了解，也包括对"泰山"的认识。而"海人"也是有关水的世界和"海"的知识的比较全面的掌握者。值得我们特别注意的，是"海人"与"山客"并说的情形。

唐释道世《法苑珠林》卷 37 引《孙绰子》曰："海人与山客辩其方物。海人曰：'横海有鱼，额若华山之顶，一吸万顷之波。'山客曰：'邓林有木，围三万寻，直上千里，旁荫数国。'"①《太平御览》卷 377、卷 834、卷 952 引《孙绰子》内容大致相同，然而又有这样的情节："有人曰：'东极有大人，斩木为策，短不可支，钓鱼为鲜，不足充饥。'"②明杨慎《丹铅续录》卷 9"渔樵"条写道："有瀛海之涉人，晤昆仑之木客，各陈风土并其物色。海人曰：'横海有鱼，厥大不知其几何，额若三山之顶，一吸万顷之波。'山客曰：'邓林有木，围三万寻，直穿星汉而无杪，旁荫八寅而交阴。'齐谐氏曰：'微尔渔暨樵，邈矣其貂，不见吾国之大人过山海于一饷，折木为策，短不可杖，钓鱼为泔，不足充餔馂。'海人俛窳，山客胶颐。齐谐忽而去矣，夷坚闻而志之。"③

文献屡见"海人"与"木客"并说的现象，可以说明"海人"称谓作为专门职业的指代符号，具有鲜明的典型性意义。

第九节　关于"博昌习船者"

"吕嘉之难"发生，卜式上书汉武帝表示愿往南越战地赴死，说到"博昌习船者"，或作"齐习船者"。④ 有关"博昌习船者""齐习船者"的信息，提示我们当时齐地沿海地方有比较集中的航海专业技术人员。当地熟练水手的数量受到执政者重视，应与汉武帝"遣楼船将军杨仆从齐浮渤海"征服朝鲜战事的成功有密切关系，就此考察汉代"楼船"形制以及"楼船军"的编成和性质，可以有新的发现。对于渤海"楼船军"基地位置的推定，也可以提出新的认识。通过卜式请与"博昌习船者""齐习船者"往死南越的表态，也可以了解这些航海

---

① （唐）释道世：《法苑珠林》卷 37，《四部丛刊》景明万历本。
② （宋）李昉等撰：《太平御览》，第 1742、3722、4228 页。
③ （明）杨慎：《丹铅续录》，《景印文渊阁四库全书》第 855 册，第 207—208 页。
④ （宋）司马光编著，（元）胡三省音注，"标点资治通鉴小组"校点：《资治通鉴》，中华书局 1956 年版，第 669 页。

人才不仅以他们的实践推动了东亚海路交通进步的历程，也具备远航南海的
技术能力。追溯中国航海事业发展的历程，应当关注"习船者"们的历史贡献。

一、卜式言"习船者"

汉武帝元鼎五年(前112)，南越国贵族发起对抗汉王朝的反叛。汉武帝调
发大军南下征伐。《史记》卷30《平准书》记载：

> 南越反……于是天子为山东不赡，赦天下囚，因南方楼船卒二十余
> 万人击南越。……齐相卜式上书曰："臣闻主忧臣辱。南越反，臣愿父子
> 与齐习船者往死之。"

《汉书》卷58《卜式传》写道：

> 会吕嘉反，式上书曰："臣闻主媿(愧)臣死。① 群臣宜尽死节，其驽
> 下者宜出财以佐军，如是则强国不犯之道也。② 臣愿与子男及临菑习弩
> 博昌习船者请行死之，以尽臣节。"

《史记》"齐习船者"，《汉书》作"博昌习船者"。《前汉纪》卷14《孝武五》："齐相
卜式上书，愿父子将兵死南越，以尽臣节。"不言"习船者"事。《资治通鉴》
卷20"汉武帝元鼎五年"则取《史记》"齐习船者"说。③

卜式上书所表示当"主忧""主愧"时"群臣宜尽死节，其驽下者宜出财以佐
军"，且"愿父子与齐习船者往死之"的态度得到汉武帝的欢心，于是厚赐嘉
奖："今天下不幸有急，而式奋愿父子死之，虽未战，可谓义形于内。赐爵关

---

① "主媿臣死"，"媿"为"愧"的异体字。以下引用径改为"愧"。(宋)郑樵《通志》卷98
下《卜式传》引作"主愧臣死"。第1353页。
② 据《史记》卷30《平准书》，"是时汉方数使将击匈奴，卜式上书，愿输家之半县官助
边。""会军数出，浑邪王等降，县官费众，仓府空。其明年，贫民大徙，皆仰给县
官，无以尽赡。卜式持钱二十万予河南守，以给徙民。""是时富豪皆争匿财，唯式
尤欲输之助费。"卜式确曾"出财以佐军"。回应天子使者关于其动机的询问，卜式
回答："天子诛匈奴，愚以为贤者宜死节于边，有财者宜输委，如此而匈奴可灭
也。"此说与所谓"群臣宜尽死节，其驽下者宜出财以佐军，如是则强国不犯之道
也"语义相同。第1431页。
③ 《史记》，第1438—1439页。《汉书》，第2626—2627页。(汉)荀悦、(晋)袁宏著，
张烈点校：《两汉纪》上册，第234页。(宋)司马光编著，(元)胡三省音注，"标点
资治通鉴小组"校点：《资治通鉴》，第669页。

内侯，金六十斤，田十顷。"①次年，提拔卜式任御史大夫。②

卜式言行往往偏激极端，时人有"非人情"的批评。③ 后人又有"牧竖无知祸人"，"后世乃或耻居之"等指责。④ 清人何焯《义门读书记》卷18《史记》也说卜式言行"凡事足以动人主，钓名誉官位，便于己而难以概人"。⑤ 然而，如果我们不细究他"非人情""难以概人"表现之实际动机，只是讨论与所谓"习船者"有关的信息，也许仍有利于对历史真实的认识。

二、"齐习船者"：造船史研究者的关注点

有治造船史学者曾经指出："北方的山东半岛和渤海沿岸，早在战国时代即有舟船之盛，是齐国和燕国进行航海活动的基地。秦始皇攻匈奴以及汉代楼船将军杨仆征朝鲜，都曾以山东半岛沿岸为造船和补给基地。"⑥所谓"秦始皇攻匈奴""曾以山东半岛沿岸为造船和补给基地"，可能是对《史记》卷112《平津侯主父列传》主父偃语"使天下蜚刍挽粟，起于黄、腄、琅邪负海之郡，转输北河，率三十钟而致一石"的误解。既说"蜚刍挽粟"，应当是指陆运。对于"蜚刍挽粟"的解说，裴骃《集解》引文颖曰："转刍谷就战是也。"《平津侯主父列传》又载严安上书也说到"蜚刍挽粟"："使蒙恬将兵以北攻胡，辟地进境，戍于北河，蜚刍挽粟，以随其后。"所谓"以随其后"，也明说陆运。《汉书》卷64上《主父偃传》"飞刍挽粟"颜师古注："运载刍槁，令其疾至，故曰'飞刍'也。'挽'谓引车船也。"⑦这里"'挽'谓引车船也"的说法，可能是导致"秦

---

① 《史记》卷30《平准书》，第1439页。
② 《汉书》卷19下《百官公卿表下》，第780页。
③ 《史记》卷30《平准书》载录公孙弘对卜式的批评："此非人情。不轨之臣，不可以为化而乱法。"第1431—1432页。
④ (宋)黄震《黄氏日抄》卷47《读史二·汉书》"卜式"条："式输财以逢君，而富民莫应。于是乎有告缗之令。式愿父子死边以逢君，而诸侯莫应。于是乎坐酬金失侯者百余人。牧竖无知祸人乃尔吁。"《景印文渊阁四库全书》第708册，第298页。(宋)王观国《学林》卷10"赀訾"条："司马相如、张释之、黄霸、卜式皆汉名臣，而皆以入赀进，后世乃或耻居之。"(宋)王观国撰，田瑞娟点校：《学林》，中华书局1988年版，第350页。
⑤ (清)何焯著，崔高维点校：《义门读书记》，中华书局1987年版，第296页。
⑥ 席龙飞：《中国造船史》，第73页。
⑦ 《史记》，第2954—2955、2958页。《汉书》，第2800页。

始皇攻匈奴""曾以山东半岛沿岸为造船和补给基地"误解的原因之一。《通典》卷 10《食货十·漕运》"飞刍挽粟"注文就明确写道:"'挽粟',谓引车船也。"① 秦人在战国时即有"水通粮"的交通运输能力方面的优势,以致其他强国以为"不可与战"。② 北河之输,部分运程经由水路的可能性是存在的③,但是秦汉历史资料中似乎还没有看到牵挽海船的史例。"起于黄、腄、琅邪负海之郡,转输北河"④,是形容其运程遥远。由"黄、腄、琅邪负海之郡"往"北河",其实是不需要经历海路的。

所谓"汉代楼船将军杨仆征朝鲜""曾以山东半岛沿岸为造船和补给基地",应当是确定的史实,可惜论者并没有提出具体的论证。

有学者指出,"山东沿海黄县至成山一带,自古盛产木材,其中的楸木,就是造船的上等材料"。⑤ 对汉代造船业的总结,以往研究者多强调"南方是造船业中心"。也有学者曾经注意到反映"北方沿海地区"如齐地造船技术先进的史例:"《汉书·郊祀志》记战国以至秦朝,那些乘坐入海求神仙的船⑥,在当时社会条件下,只能是出自北方沿海地区所造。汉武帝时,吕嘉反于南越,

---

① (唐)杜佑撰:《通典》,第 213 页。

② 《战国策·赵策一》载赵豹对赵王言:"秦以牛田,水通粮,其死士皆列之于上地,令严政行,不可与战。王自图之。"(西汉)刘向集录:《战国策》,第 618 页。

③ 明万历年间工科都给事中常居敬《酌议河道善后事宜疏》写道:"窃惟今所称漕河者,南尽瓜仪,北通燕冀,天下所由,飞刍挽粟而通塞之机,所关于国计甚重也。"(清)傅泽洪主编,(清)郑元庆纂辑:《行水金鉴》卷 33《河水》,凤凰出版社 2011 年版,第 1235 页。虽然明代"漕河"形势与秦汉时期完全不同,然而也可以作为思考秦汉"北通燕冀""飞刍挽粟"运输形式有可能利用水运条件的参考。

④ 《太平御览》卷 840 引《汉书》:"主父偃谏伐匈奴曰:'秦始皇使天下飞刍挽粟,起于东陲琅邪负海之郡,转致北河,率三十钟而致一石。'"(宋)李昉等撰:《太平御览》,第 3754 页。

⑤ 朱亚非:《古代山东与海外交往史》,中国海洋大学出版社 2007 年版,第 25 页。

⑥ 今按:《史记》卷 28《封禅书》:"自威、宣、燕昭使人入海求蓬莱、方丈、瀛洲。此三神山者,其傅在勃海中,去人不远;患且至,则船风引而去。盖尝有至者,诸仙人及不死之药皆在焉。其物禽兽尽白,而黄金银为宫阙。未至,望之如云;及到,三神山反居水下。临之,风辄引去,终莫能至云。世主莫不甘心焉。及至秦始皇并天下,至海上,则方士言之不可胜数。始皇自以为至海上而恐不及矣,使人乃赍童男女入海求之。船交海中,皆以风为解,曰未能至,望见之焉。"第 1369—1370 页。

齐相卜式上书，'愿与子男及临菑习弩博昌习船者请行，死之以尽臣节'。博昌在今山东博兴县南，汉世濒临渤海，当地民众习于舟船。"①

卜式上书事见于《史记》卷30《平准书》的记述，"博昌习船者"作"齐习船者"。② "习船"有可能只是说驾驶船舶，而当地多有"习船者"，在市场化程度甚低的情况下也可以间接反映造船生产的发达程度。

或许今后的考古发现，可以为我们提供更为具体的有关汉代齐地造船成就的资料。

三、"习"的字义兼说"习船"技能

《说文·习部》："数飞也。从羽。白声。凡习之属皆从习。"段玉裁注："数所角切。《月令》：鹰乃学习。引伸之义为习孰。"另一与"习"有关的字，是《说文·辵部》："遦，习也。从辵。贯声。"段玉裁注："此与《手部》'掼'音义同。亦假'贯'，或假'串'。《左传》曰：'贯渎鬼神。'《释诂》：'贯，习也。'《毛诗》曰：'串夷载路。'"③可知"习"通常多指"习孰"即"习熟"。

按秦汉语言习惯，"习"有时言熟悉④，有时言对某事有一定经验⑤，有时指称全面的知识⑥。然而"习"更多则指某方面能力的高强和技艺的精熟。如《史记》中的文例⑦：

---

① 郭松义、张泽咸：《中国航运史》，文津出版社1997年版，第31页。

② 《史记》，第1439页。

③ （汉）许慎撰，（清）段玉裁注：《说文解字注》，第138、71页。

④ 如《史记》卷8《高祖本纪》："齐王韩信习楚风俗。"卷110《匈奴列传》："王乌，北地人，习胡俗。"卷122《酷吏列传》："素习关中俗。"又如卷49《外戚世家》褚少孙补述："褚先生曰：臣为郎时，问今汉家故事者钟离生。"卷125《佞幸列传》："（韩）嫣先习胡兵，以故益尊贵，官至上大夫，赏赐拟于邓通。"卷93《韩信卢绾列传》："公所以重于燕者，以习胡事也。"卷108《韩长孺列传》："大行王恢，燕人也，数为边吏，习知胡事。"卷96《张丞相列传》："张苍乃自秦时为柱下史，明习天下图书计籍。""习"的意义也大致如此。第380、2913、3149、1981、3194、2638、2861、2676页。

⑤ 如《史记》卷113《南越列传》："好畤陆贾，先帝时习使南越。"第2970页。

⑥ 如言"习事""习于事"之类，《史记》卷72《穰侯列传》："穰侯智而习于事。"卷104《田叔列传》褚少孙补述："将军呼所举舍人以示赵禹。赵禹以次问之，十余人无一人习事有智略者。"第2328、2780页。

⑦ 《史记》，第1260、1431、2061、2558、2559、2950、2116、2118、2118、2202、413、1559、1828、2435、2453、1954、2002、2431、2879、2900、3168、2900、2668、1744、3176页。

习历

汉兴，高祖曰"北畤待我而起"，亦自以为获水德之瑞。虽明习历及张苍等，咸以为然。（卷26《历书》）

习仕宦

臣少牧，不习仕宦。（卷30《平准书》）

习国家事

居顷之，孝文皇帝既益明习国家事。（卷56《陈丞相世家》）

习法

陛下深拱禁中，与臣及侍中习法者待事，事来有以揆之。（卷87《李斯列传》）

习治民

朕少失先人，无所识知，不习治民。（卷87《李斯列传》）

习文法吏事

天子察其行敦厚，辩论有余，习文法吏事，而又缘饰以儒术，上大说之。（卷112《平津侯主父列传》）

习礼义

齐地多变诈，不习于礼义。（卷60《三王世家》褚少孙补述）

"非教士不得从征"者，言非习礼义不得在于侧也。（卷60《三王世家》褚少孙补述）

习于经术

公户满意习于经术，最后见王，称引古今通义，国家大礼，文章尔雅。（卷60《三王世家》褚少孙补述）

习于文学

孔子以为子游习于文学。（卷67《仲尼弟子列传》）

习兵

汉大臣皆故高帝时大将，习兵。（卷10《孝文本纪》）

赵四战之国，其民习兵，不可伐。（卷34《燕召公世家》）

赵，四战之国也，其民习兵，伐之不可。（卷43《赵世家》）

赵，四战之国也，其民习兵，伐之不可。（卷80《乐毅列传》）

安平之战，田单宗人以铁笼得全，习兵。（卷82《田单列传》）

周文，陈之贤人也，尝为项燕军视日，事春申君，自言习兵，陈王与之将军印，西击秦。（卷48《陈涉世家》）①

习战事

大王自高帝将也，习战事。（卷52《齐悼惠王世家》）

习兵革之事

齐王自以儿子，年少，不习兵革之事，愿举国委大王。（卷52《齐悼惠王世家》）

习于战攻，习战攻，习攻战

练于兵甲，习于战攻。（卷80《乐毅列传》）

其俗，宽则随畜，因射猎禽兽为生业，急则人习战攻以侵伐，其天性也。（卷110《匈奴列传》）

其民急则不习战功。（卷110《匈奴列传》）

昆莫收养其民，攻旁小邑，控弦数万，习攻战。（卷123《大宛列传》）

习骑射

其急则人习骑射。（卷110《匈奴列传》）

习骑兵

楚骑来众，汉王乃择军中可为骑将者，皆推故秦骑士重泉人李必、骆甲习骑兵，今为校尉，可为骑将。（卷95《樊郦滕灌列传》）

习流

发习流二千人，教士四万人，君子六千人，诸御千人，伐吴。（卷41《越王句践世家》）②

习马

发天下七科适，及载糒给贰师。转车人徒相连属至敦煌。而拜习马者二人为执驱校尉，备破宛择取其善马云。（卷123《大宛列传》）③

---

① 《汉书》卷45《伍被传》："数将习兵，未易当也。"卷45《息夫躬传》："将军与中二千石举明习兵法有大虑者各一人"。第2169、2185—2186页。

② 张守节《正义》："谓先惯习流利战阵死者二千人也。"《史记》，第1744—1745页。

③ 对于《汉书》卷61《李广利传》同样记述，颜师古注："习犹便也。一人为执马校尉，一人为驱马校尉。"《汉书》卷28下《地理志下》："至周有造父，善驭习马，得华骝、绿耳之乘，幸于穆王。"亦言"习马"。第2701、1641页。

秦汉史籍中类似语例，还有一些。①

其中"习马者"与"习船者"构词形式十分相似，都可以作称谓理解。类似文例，又有《汉书》卷 7《昭帝纪》"发习战射士诣朔方"的"习战射士"。《汉书》卷 8《宣帝纪》"郡国吏三百石伉健习骑射者，皆从军"的"习骑射者"。②

《史记》卷 105《扁鹊仓公列传》："拙工有一不习，文理阴阳失矣。"③似乎"习"的反义词是"拙"。

"习船者"的含义，应当是指善于驾驶船舶、操纵船舶的人员。

《史记》卷 32《齐太公世家》有这样的记述："(桓公)二十九年，桓公与夫人蔡姬戏船中。蔡姬习水，荡公，公惧，止之，不止，出船，怒，归蔡姬，弗绝。蔡亦怒，嫁其女。桓公闻而怒，兴师往伐。"④故事发生在齐国。事起于"蔡姬习水"，然而与"船"有密切关系，或许可以帮助我们理解"习船者"的意义。

《汉书》卷 1 下《高帝纪下》："上乃发上郡、北地、陇西车骑，巴蜀材官及中尉卒三万人为皇太子卫，军霸上。"关于"材官"，颜师古注："应劭曰：'材官，有材力者。'张晏曰：'材官、骑士习射御骑驰战陈，常以八月，太守、都尉、令、长、丞会都试，课殿最。水处则习船，边郡将万骑行障塞。光武时省。'"张晏所谓"水处则习船"，对于理解"习船者"语义也有参考意义。又《汉书》卷 6《武帝纪》："发谪吏穿昆明池。"颜师古注引臣瓒曰："《西南夷传》有越巂、昆明国，有滇池，方三百里。汉使求身毒国，而为昆明所闭。今欲伐之，故作昆明池象之，以习水战，在长安西南，周回四十里。《食货志》又曰时越欲与汉用船战，遂乃大修昆明池也。"所谓"习水战""用船战"，也值得注意。此"习水战"的"习"，只是说练习、演习。《汉书》卷 51《枚乘传》："遣羽林黄头循江而下。"颜师古注："苏林曰：'羽林黄头郎习水战者也。'张晏曰：'天子舟立黄旄于其端也。'师古曰：'邓通以棹船为黄头郎。苏说是也。'"此"习水战"之"习"应是说熟习。《汉书》卷 64 上《严助传》："(越)习于水斗，便于用舟。"

---

① 如《汉书》卷 24 上《食货志上》："寿昌习于商功分铢之事"。第 1141 页。

② 《汉书》，第 221、243 页。

③ 《史记》，第 2811 页。

④ 《史记》，第 1489 页。

《汉书》卷 61《李广利传》颜师古注："习犹便也。"卷 63《佞幸传·韩嫣》颜师古释"先习兵"谓"言旧自便习"。① 则"便于用舟"也就是"习船"。

四、"齐习船者"与杨仆楼船军"从齐浮渤海"

汉武帝发起对朝鲜的战争，遣杨仆率楼船军"从齐浮渤海"，实现了以军事远征为目的的第一次大规模航海行动。

《史记》卷 115《朝鲜列传》："天子募罪人击朝鲜。其秋，遣楼船将军杨仆从齐浮渤海；兵五万人，左将军荀彘出辽东：讨右渠。"②此据中华书局标点本，"兵五万人"与"楼船将军杨仆从齐浮渤海"分断，可以理解为"兵五万人"随"左将军荀彘出辽东"。其实，也未必不可以"遣楼船将军杨仆从齐浮渤海；兵五万人"连读。③ 有的研究论著就写道："楼船将军杨仆率领楼船兵 5 万人"进攻朝鲜。④《汉书》卷 95《朝鲜列传》即作："天子募罪人击朝鲜。其秋，遣楼船将军杨仆从齐浮勃海，兵五万，左将军荀彘出辽东，诛右渠。"⑤如果杨仆"楼船军"有"兵五万人"，按照《后汉书》卷 24《马援传》"楼船大小二千余艘，战士二万余人"⑥的比例，应有"楼船大小五千余艘"。按照《太平御览》卷 768 引《后汉书》"楼船大小三千余艘，士二万余人"⑦的比例，则应有"楼船大小七千五百余艘"。若以"楼船将军将齐兵七千人先至王险"的兵员数额计，按照《后

---

① 《汉书》，第 73—74、177、2364、2778、2701、3724 页。《后汉书》卷 31《孔奋传》"氐人便习山谷"，卷 51《陈龟传》、卷 65《段颖传》"便习弓马"，《太平御览》卷 165 引《续汉书》："烈士武臣，多出凉州，风土壮猛，便习兵事。"也是"便""习"近义之例。《后汉书》，第 1099、1692、2145 页。(宋)李昉等撰：《太平御览》，第 804 页。

② 《史记》，第 2987 页。

③ 荀悦《汉纪》卷 14"汉武帝元封二年"："遣楼船将军杨仆、左将军荀彘将应募罪人击朝鲜。"(汉)荀悦、(晋)袁宏著，张烈点校：《两汉纪》上册，第 237 页。《资治通鉴》卷 21"汉武帝元封二年"："上募天下死罪为兵，遣楼船将军杨仆从齐浮渤海，左将军荀彘出辽东以讨朝鲜。"(宋)司马光编著，(元)胡三省音注，"标点资治通鉴小组"校点：《资治通鉴》，第 685 页。都不说"兵五万人"事。《汉书》卷 6《武帝纪》的记载正是："遣楼船将军杨仆、左将军荀彘将应募罪人击朝鲜。"第 194 页。

④ 张炜、方堃主编：《中国海疆通史》，第 65 页。

⑤ 《汉书》，第 3865 页。

⑥ 《后汉书》，第 839 页。

⑦ (宋)李昉等撰：《太平御览》，《景印文渊阁四库全书》第 899 册，第 765 页。中华书局用上海涵芬楼影印宋本 1960 年复制重印版仍作"二千余艘"，第 3407 页。

汉书》卷 24《马援传》"楼船大小二千余艘，战士二万余人"的比例，应有"楼船大小七百余艘"。按照《太平御览》卷 768 引《后汉书》"楼船大小三千余艘，士二万余人"的比例，则应有"楼船大小一千又五十余艘"。无论如何，这都是一支规模相当庞大的舰队。①

楼船军出海远征，必然有熟练的水手提供航行技术方面的保障。卜式所谓"愿与子男及临菑习弩，博昌习船者请行，死之以尽臣节"，实际上说到了"习弩"者和"习船者"两种专业人员。这可能是具有军事意义的海船必须配置的最基本的海员构成。

五、"博昌"与"博昌习船者"

对于《史记》所谓"齐习船者"，《汉书》卷 58《卜式传》改称"博昌习船者"。作为齐相卜式上书文字，"博昌习船者"似乎更符合他的口吻。而所谓"愿与子男及临菑习弩，博昌习船者请行，死之以尽臣节"，"博昌"和"临菑"的对应关系也是合理的。这里不大可能出现"临菑习弩"与"齐习船者"并说的形式。

"博昌"地名见于《战国策·齐策六》，曾与"千乘"并称。② 据《汉书》卷 28 上《地理志上》"千乘郡"条，博昌属千乘郡：

> 博昌，时水东北至巨定入马车渎，幽州浸。

颜师古注："应劭曰：'昌水出东莱昌阳。'臣瓒曰：'从东莱至博昌，经历宿水，不得至也。取其嘉名耳。'师古曰：'瓒说是。'"③ 又《续汉书·郡国志四》"乐安国"条写道：

> 博昌有薄姑城。④ 有贝中聚。⑤ 有时水。⑥

---

① 参见王子今：《论杨仆击朝鲜楼船军"从齐浮渤海"及相关问题》，《鲁东大学学报（哲学社会科学版）》2009 年第 1 期；耿升、刘凤鸣、张守禄主编：《登州与海上丝绸之路》，人民出版社 2009 年版。

② （西汉）刘向集录：《战国策》，第 448 页。

③ 《汉书》，第 1580—1581 页。

④ 刘昭注补："古薄姑氏。杜预曰薄姑地。"

⑤ 刘昭注补："《左传》：齐侯田于贝丘。杜预曰：县南有地名贝丘。"

⑥ 刘昭注补："《左传》：庄九年，战于干时。杜预曰：时水在县界，岐流，旱则竭涸，故曰干时。"《后汉书》，第 3473 页。

博昌西汉属千乘郡，东汉曾经属千乘国、乐安国。《后汉书》卷 4《和帝纪》：
"（永元七年）五月辛卯，改千乘国为乐安国。"①

　　胡渭《禹贡锥指》卷 4 释"潍淄其道"："《传》曰：潍、淄二水复其故道。
《正义》曰：《地理志》云：潍水出琅邪箕屋山②，北至都昌县入海。过郡三，
行五百二十里。淄水出泰山莱芜县原山，东北至博昌县入海。""渭按：都昌属
北海郡，博昌属千乘郡。今山东青州府莒州东有箕县故城，益都县西南有莱
芜故城，博兴县东南有博昌故城，莱州府昌邑县西有都昌故城，皆汉县
也。"③可知博昌是汉代齐地重要的入海通道。"博昌习船者"，应是出身博昌
的熟练水手。由史籍"博昌习船者"与"齐习船者"互称的情形，可以知道"博昌
习船者"应是齐地"习船"技术人员的代表。司马迁使用"齐习船者"称谓，应当
自有道理。

　　"博昌习船者"称谓的出现，应反映两种情形。一是博昌出身的"习船者"
的数量可能比较可观，二是博昌出身的"习船者"技能可能相对高超。但是应
当考虑到卜式身为齐相只能表态调用属于齐国的航海人才的情形。

　　我们由司马迁"齐习船者"称谓取得齐地拥有可观数量的航海水手的认识，
应当是符合历史事实的。

六、卜式愿与"齐习船者"往死的南越航路

　　南越国执政者吕嘉反，卜式上书汉武帝，请与"博昌习船者""齐习船者"
往死南越。卜式时为齐相，应当是比较了解"博昌习船者""齐习船者"的实际
技能水准的。通过卜式这一积极表态，我们也可以得知"博昌习船者""齐习船
者"这些航海人才不仅以他们的实践推动了东亚海路交通进步的历程，也具备
远航南海的技术能力。

　　卜式以文书形式传递至汉武帝的信息中，所谓"临菑习弩、博昌习船者"，
必有准确可靠的依据。"博昌习船者"的能力，应有确定的航海成功经历以为
测定条件。

---

①　李贤注："千乘故城在今淄州高苑县北。乐安故城在今青州博昌县南。"《后汉书》，
　　第 181 页。
②　原注："'山'见《说文》，班《志》无之，此误增。"
③　（清）胡渭著，邹逸麟整理：《禹贡锥指》，第 98 页。

反映先秦时期齐地与吴越地方实现海上交通的史例，有《左传·哀公十年》：吴大夫徐承"帅舟师将自海入齐，齐人败之，吴师乃还"。据《史记》卷41《越王句践世家》，范蠡在灭吴之后，"装其轻宝珠玉，自与其私徒属乘舟浮海以行，终不反"。① 另一著名史例，是越王勾践迁都于琅邪。② 秦汉时期，齐地航海能力的优势，又得到了进一步扩展的条件。秦始皇、汉武帝对方士海上活动的支持，促成了航海能力的进步和早期海洋学的萌芽。③ 当时近海航运能力达到了空前优越的程度。④ 汉武帝时代东洋航线与南洋航线均已开通。⑤

以往分析秦汉北方滨海地区与东南地区海上交通联系的实现时，人们较多肯定越人的贡献。⑥ 通过卜式上书"南越反，臣愿父子与齐习船者往死之"，"臣愿与子男及临菑习弩博昌习船者请行死之"，后人所谓"卜式朴忠，未战而义形于色"⑦的故事，可知齐地航海家应当已经具备远航"南越"的实际经验。

东汉末年，多有北人辗转至会稽又浮海南下交州避战乱者。东海郯人王朗，除菑丘长，又任会稽太守，为孙策所败，"浮海至东冶"，后又"自曲阿展转江海"，终于归魏。⑧《后汉书》卷37《桓荣传》及卷45《袁安传》记述桓晔、袁忠等人避居会稽，又浮海往交阯事。《三国志》卷38《蜀书·许靖传》记载，曾追随王朗的许靖与袁沛、邓子孝等"浮涉沧海，南至交州"，一路"经历东瓯、闽、越之国，行经万里，不见汉地，漂薄风波，绝粮茹草，饥殍荐臻，死者大半"。这一航线于孙吴经营东南之后，航运条件有所改善。《三国志》卷47

---

① （晋）杜预：《春秋左传集解》，第 1766 页。《史记》，第 1752 页。参见王子今：《范蠡"浮海出齐"事迹考》，《齐鲁文化研究》第 8 辑（2009 年），泰山出版社 2009 年版。

② 参见辛德勇：《越王句践徙都琅邪事析义》，《文史》2010 年第 1 辑。

③ 参见王子今：《略论秦始皇的海洋意识》，《光明日报》2012 年 12 月 13 日。

④ 参见王子今：《秦汉时期的近海航运》，《福建论坛》1991 年第 5 期。

⑤ 参见王子今：《秦汉时期的东洋与南洋航运》，《海交史研究》1992 年第 1 期。

⑥ 参见王子今：《秦汉闽越航海史略》，《南都学坛》2013 年第 5 期。

⑦ 《旧唐书》卷 18 上《武宗纪上》，第 597 页。《史记》卷 30《平准书》载汉武帝诏作"虽未战，可谓义形于内"。第 1439 页。

⑧ 《三国志》卷 13《魏书·王朗传》，第 407 页。

《吴书·吴主传》记载："（嘉禾元年）三月，遣将军周贺、校尉裴潜乘海之辽东。① 秋九月，魏将田豫要击，斩贺于成山。冬十月，魏辽东太守公孙渊遣校尉宿舒、阆中令孙综称藩于权，并献貂马。权大悦，加渊爵位。"周贺等"乘海之辽东"和宿舒等"称藩于权，并献貂马"，都反映海路的畅通。随后，孙吴政权又曾"遣使浮海与高句骊通，欲袭辽东"。② 航程之辽远，表现出体现于航运力量的优势。赤乌二年（239），又"遣使者羊衜、郑胄、将军孙怡之辽东，击魏守将张持、高虑等，虏得男女"。③ 考察东汉晚期以后航海事业的进步时，对于三百多年前卜式上书所见与"博昌习船者""齐习船者""请行"南越，即纵贯渤海、黄海、东海和南海的远航设想，也应当予以充分关注。

即以汉武帝时代而言，杨仆两任楼船将军出征④，可以体现以楼船军为主力的南海和渤海两次重要战役中部队编成、装备形式和战争策略的一致性。

秦汉时期是东洋和南洋航路得到空前程度的开发的历史阶段。⑤ 以往的认识以为燕齐人对于东洋航运的进步贡献甚大，而发展南洋航运的主要功臣是南越人。这样的认识现在看来不免简单生硬。卜式"齐习船者"故事，应当可以拓宽我们考察秦汉航海史的视野，理解齐人对于中国航海事业的历史性进步建立多方面功勋的可能性。齐地"琅邪"地名在南洋的移用⑥，或许也可以看作增进这一认识的有参考价值的历史信息。

---

① 《后汉书》，第 1260、1526 页。《三国志》，第 964、1136 页。据《三国志》卷 8《魏书·公孙渊传》裴松之注引《魏略》，周贺舰队规模至于"浮舟百艘"。第 255 页。
② 《三国志》卷 3《魏书·明帝纪》，第 109 页。
③ 《三国志》卷 47《吴书·吴主传》，第 1143 页。
④ 元鼎五年（前 112）楼船将军杨仆击南越事，见《史记》卷 113《南越列传》、卷 114《东越列传》。元封二年（前 109）楼船将军杨仆击朝鲜事，见《史记》卷 115《朝鲜列传》。
⑤ 参见王子今：《秦汉时期的东洋与南洋航运》，《海交史研究》1992 年第 1 期。
⑥ 参见王子今：《东海的"琅邪"和南海的"琅邪"》，《文史哲》2012 年第 1 期。

第三章 秦汉沿海区域文化

秦王朝的政治制度，在许多方面表现出创新的意义。秦统一后，国土空前广袤，"地东至海暨朝鲜，西至临洮、羌中，南至北向户，北据河为界，并阴山至辽东"。于是分天下以为三十六郡，郡置守、尉、监①，分别负责行政、军事、监察。郡的下级单位是县。少数民族地区的县级行政单位则称"道"，这是因为当时中央政府对于这些地区一般只能控制主要交通线，并由此推行政令、集散物资。郡县制度，是春秋战国时期以来逐步形成的地方行政制度。郡县制度为秦王朝继承发展，成为后来历代王朝中央政权控制地方行政的基本形式。郡县制的推行，使得东周以来的政治区域格局得到调整，出现了重新规划的条件。我们看到，沿海区域的联系得以增强，沿海文化区初步出现。

第一节 "濒海，缘海之边"

秦汉时期政治地理概念有所谓"边"，即中央政治权力实施与影响的消减以至于截止的地带。与"北边""西边""南边"接近，有"濒海"之说。后人"缘海之边"的解说，则可以与"北边""西边""南边"大致并列。考察这一区域的文化联系与文化共性，对于认识秦汉海洋探索与海洋开发显然是必要的。

---

① 《史记》卷 6《秦始皇本纪》，第 239 页。

一、东周文化区域"濒海"形势

李学勤曾经把东周时代列国划分为 7 个文化圈，即中原文化圈、北方文化圈、齐鲁文化圈、楚文化圈、吴越文化圈、巴蜀滇文化圈、秦文化圈。《东周与秦代文明》一书中有这样的论述：

> 以周为中心，北到晋国南部，南到郑国、卫国，也就是战国时周和三晋(不包括赵国北部)一带，地处黄河中游，可称为中原文化圈。夏、商和西周，中原文化对周围地区有很大影响，到东周业已减弱，但仍不失为重要。

> 在中原北面，包括赵国北部、中山国、燕国以及更北的方国部族，构成北方文化圈。北方原为营游牧生涯的少数民族所居，受中原文化浸润而逐渐华夏化，连北方少数民族所建诸侯国如中山也不例外，但仍有其本身的特点。

> 今山东省范围内，齐、鲁和若干小诸侯国合为齐鲁文化圈。其中的鲁国，保存周的传统最多，不过从出土文物的风格看，在文化面貌上更近于齐，而与三晋有别。在这个文化圈的南部，一些历史久远的小国仍有东夷古代文化的痕迹。子姓的宋国也可附属于此。

> 长江中游的楚国是另一庞大文化圈的中心，这就是历史、考古学界所艳称的楚文化。随着楚人势力的强大和扩张，楚文化的影响殊为深远。在楚国之北的好多周朝封国，楚国之南的各方国部族，都渐被囊括于此文化圈内。

> 淮水流域和长江下游有一系列嬴姓、偃姓小国如徐国和群舒等，还有吴国和越国。如果我们把东南的方国部族也包括进去，可划为吴越文化圈。这个文化圈南至南海，东南及于台湾，虽受中原文化和楚文化的影响，也自有其本身的特色。

> 西南的今四川省有巴、蜀两国，加以今云南省的滇以及西南其他部族，是巴蜀滇文化圈。它一方面与楚文化相互影响，向北方又与秦沟通。

> 关中的秦国雄长于广大的西北地区，称之为秦文化圈可能是适宜的。秦人在西周建都的故地兴起，形成了有独特风格的文化。虽与中原有所交往，而本身的特点仍甚明显。

李学勤又分析了战国晚期至于秦汉时期的文化趋势。他指出：

> 楚文化的扩展，是东周时代的一件大事。春秋时期，楚人北上问鼎中原，楚文化也向北延伸。到了战国之世，楚文化先是向南大大发展，随后由于楚国政治中心的东移，又向东扩张，进入长江下游以至今山东省境。说楚文化影响所及达到半个中国，并非夸张之词。

> 随之而来的，是秦文化的传布。秦的兼并列国，建立统一的新王朝，使秦文化成为后来辉煌的汉代文化的基础。我们这样说，绝不意味着其他几种文化圈对汉代文化没有作用。我们曾经指出，楚文化对汉代文化的酝酿形成有过重大的影响，其他文化的作用同样不可抹杀。中国的古代文明，本来是各个民族共同创造和发展的，只有认识这一点，才能看清当时文化史的全貌。[①]

李学勤的见解，是以对当时历史文化的全面深刻的认识为基点的，这一分析得到文物考古资料的充分支持。

在李学勤列说的 7 个文化圈中，有"北方文化圈""齐鲁文化圈""吴越文化圈"临海。然而，随后因"楚文化的扩展"，战国时期"楚国政治中心的东移，又向东扩张，进入长江下游以至今山东省境"，"楚文化圈"的范围也扩展到海滨地方。[②]

认识秦汉文化的一统风格和区域特色，有助于增进对秦汉历史的科学理解。在进行有关分析时，不能不注意政治、经济等方面诸多的背景现象，而当时经济发展的背景，尤其不能忽视。因此，我们在进行秦汉时期基本文化区的划分时，有必要注意秦汉时期基本经济区的划分。司马迁《史记》卷 129《货殖列传》关于经济区划分的判断，应当予以重视。从思想意识及民间礼俗的层面观察秦汉区域文化的历史变化，则应当注意秦文化、楚文化、齐鲁文化三大主流逐渐融汇为统一的汉文化的历史趋势。

考察秦汉时期区域文化特色，必然会注意到沿海地区共同的文化风格开始出现这一历史事实。

---

① 李学勤：《东周与秦代文明》，文物出版社 1984 年版，第 11—12 页。
② 参见王子今：《战国秦汉时期楚文化重心的移动——兼论垓下的"楚歌"》，《北大史学》第 12 辑，北京大学出版社 2007 年版。

二、"北边""西边""南边"与"缘海之边"

"北边"之称可能先秦时期已经出现，《史记》卷81《廉颇蔺相如列传》："李牧者，赵之北边良将也。"①秦汉时期，所谓"北边"，通常已用以指代具有大致共同的经济文化特征的北部边地。司马迁《史记》已多见"北边"之称，如"始皇巡北边"②，汉武帝"并海上，北至碣石，巡自辽西，历北边至九原"③，"北至朔方，东到太山，巡海上，并北边以归"，"匈奴数侵盗北边"，"匈奴绝和亲，侵扰北边"，"北边未安"④，"北边萧然苦兵矣"⑤，"数苦北边"⑥，"吾适北边"⑦，"历北边至九原"⑧等。此外，又可以看到"北边郡"⑨、"北边良将"⑩、"北边骑士"⑪的说法。汉武帝说："今中国一统而北边未安，朕甚悼之。"⑫是权威性政治言论使用"北边"地理概念的典型例证。

《汉书》卷8《宣帝纪》：本始元年（前73），"夏四月庚午，地震。诏内郡国举文学高第各一人。"颜师古注："韦昭曰：'中国为内郡，缘边有夷狄障塞者为外郡。成帝时，内郡举方正，北边二十二郡举勇猛士。'"《汉书》卷10《成帝纪》："（建始二年）二月，诏三辅内郡举贤良方正各一人。"颜师古注："内郡，谓非边郡。"又载元延元年（前12）秋七月诏："乃者，日蚀星陨，谪见于天，大异重仍。在位默然，罕有忠言。今孛星见于东井，朕甚惧焉。公卿大夫、博士、议郎其各悉心，惟思变意，明以经对，无有所讳；与内郡国举方正能直言极谏者各一人，北边二十二郡举勇猛知兵法者各一人。"⑬可知"北边"各"边郡"与"内郡""内郡国"的对应关系以及"北边二十二郡"的大致形势。班固曾经

①　《史记》，第2449页。

②　《史记》卷6《秦始皇本纪》，第252页。

③　《史记》卷28《封禅书》，第1398—1399页。

④　《史记》卷30《平准书》，第1441、1419、1421—1422页。

⑤　《史记》卷122《酷吏列传》，第3141页。

⑥　《史记》卷99《刘敬叔孙通列传》，第2719页。

⑦　《史记》卷88《蒙恬列传》，第2570页。

⑧　《史记》卷28《封禅书》，第1399页。

⑨　《史记》卷17《汉兴以来诸侯王年表》，第803页。

⑩　《史记》卷81《廉颇蔺相如列传》，第2449页。

⑪　《史记》卷30《平准书》，第1430页。

⑫　《汉书》卷6《武帝纪》，第173页。

⑬　《汉书》，第241、305、326页。

指出，北边地区有一个重要的文化特征，这就是当地官与民的关系，上与下的关系，都比较缓和。"保边塞，二千石治之，咸以兵为务；酒礼之会，上下通焉，吏民相亲。是以其俗风雨时节，谷价常贱，少盗贼，有和气之应，贤于内郡。此政宽厚，吏不苛刻之所致也。"①所谓"贤于内郡"，也说"北边"与"内郡"的对应关系。

《汉书》卷48《贾谊传》："今西边北边之郡，虽有长爵不轻得复，五尺以上不轻得息，斥候望烽燧不得卧，将吏被介胄而睡。"②是有"西边"之称，可与"北边"并说。《汉书》卷5《景帝纪》："匈奴入雁门，至武泉，入上郡，取苑马。"颜师古注："如淳曰：'《汉仪注》太仆牧师诸苑三十六所，分布北边、西边。以郎为苑监，官奴婢三万人，养马三十万疋。'"《汉书》卷19上《百官公卿表上》说到"边郡六牧师菀令，各三丞"，颜师古解释说："《汉官仪》云牧师诸菀三十六所，分置北边、西边，分养马三十万头。"③也都是"西边"与"北边"并列的文例。"西边北边"和"北边、西边"又连称"西北边"。如《汉书》卷94下《匈奴传下》："今天下遭阳九之阸，比年饥馑，西北边尤甚。"④《后汉书》卷4《和帝纪》李贤注引《汉官仪》："牧师诸苑三十六所，分置西北边，分养马三十万头。"⑤也是同样的例证。单独称"西边"者，有《汉书》卷78《萧望之传》载张敞上书："今有西边之役，民失作业。"⑥

《史记》卷17《汉兴以来诸侯王年表》："吴楚时，前后诸侯或以适削地，是以燕、代无北边郡，吴、淮南、长沙无南边郡。"⑦《汉书》卷14《诸侯王表》的表述方式是："长沙、燕、代虽有旧名，皆亡南北边矣。"⑧《史记》卷113《南越

---

①　《汉书》卷28下《地理志下》，第1645页。

②　《汉书》，第2240页。

③　《汉书》，第150、729页。

④　《汉书》，第3824页。

⑤　《后汉书》，第175页。

⑥　《汉书》，第3276页。

⑦　裴骃《集解》："如淳曰：'长沙之南更置郡，燕代以北更置缘边郡，其所有饶利兵马器械，三国皆失之也。'"张守节《正义》："景帝时，汉境北至燕、代，燕、代之北未列为郡。吴、长沙之国，南至岭南；岭南、越未平，亦无南边郡。"《史记》，第803页。

⑧　《汉书》，第395页。

列传》：“汉十一年，遣陆贾因立佗为南越王，与剖符通使，和集百越，毋为南边患害，与长沙接境。”①《汉书》卷95《南粤传》作“毋为南边害，与长沙接境”。② 是当时所谓“南边”形势。而《后汉书》卷86《南蛮西南夷列传·邛都》“既定南边，威法必行”③，所谓“南边”则至于西南夷方向。

大致可以看作与“北边”“西边”“南边”对应的区域方位概念，有“缘海之边”的说法。

《汉书》卷51《贾山传》可见著名的关于秦始皇时代修建“驰道”工程的历史回顾：

> 为驰道于天下，东穷燕齐，南极吴楚，江湖之上，濒海之观毕至。

颜师古注：

> 濒，水涯也。濒海，谓缘海之边也。毕，尽也。濒音频，又音宾，字或作滨，音义同。④

其实，《史记》卷6《秦始皇本纪》关于秦始皇二十七年“治驰道”的记述，裴骃《集解》的解说引录了《贾山传》的这一说法：

> 《汉书·贾山传》曰：“秦为驰道于天下，东穷燕齐，南极吴楚，江湖之上，滨海之观毕至。”⑤

“濒海”写作“滨海”。

颜师古解释“濒海”所谓“缘海之边”，是可以与“北边”“西边”“南边”相比照进行理解的。

三、“起负海至北边”

与“北边”直接对应，言“濒海”即所谓“缘海之边”者，有关于秦史的为人们所频繁引用的史论。《史记》卷112《平津侯主父列传》：

---

① 《史记》，第2967—2968页。
② 《汉书》，第3848页。
③ 《后汉书》，第2853页。
④ 《汉书》，第2328、2329页。
⑤ 《史记》，第241—242页。

使蒙恬将兵攻胡，辟地千里，以河为境。地固泽卤，不生五谷。然后发天下丁男以守北河。暴兵露师十有余年，死者不可胜数，终不能逾河而北。是岂人众不足，兵革不备哉？其势不可也。又使天下蜚刍挽粟，起于黄、腄、琅邪负海之郡，转输北河，率三十钟而致一石。男子疾耕不足于粮饷，女子纺绩不足于帷幕。百姓靡敝，孤寡老弱不能相养，道路死者相望，盖天下始畔秦也。①

这里说"起于黄、腄、琅邪负海之郡，转输北河"，就是说，从"濒海"即"缘海之边"转输"北边"。《史记》卷118《淮南衡山列传》作"转负海之粟致之西河"②，也是同样的意思。《汉书》卷27下之上《五行志下之上》："秦大用民力转输，起负海至北边……"颜师古注："负海，犹言背海也。"③

对于王莽时代的行政失败，《汉书》卷24上《食货志上》的指责使用了前人史论批判秦政的语言方式："募发天下囚徒丁男甲卒转委输兵器，自负海江淮而至北边……"④言"负海"而不说"北河""西河"，直接对应"北边"。《汉书》卷99中《王莽传中》的记述大致相同："募天下囚徒、丁男、甲卒三十万人，转众郡委输五大夫衣裘、兵器、粮食，长吏送自负海江淮至北边……"⑤

四、称"濒海之边"为"东边"的可能

《后汉书》卷8《灵帝纪》的一则记载，似体现当时言边疆外族威胁，除"北边"与"西边"之外，还有"东边"的说法：

（熹平五年）夏四月，大旱，七州蝗。鲜卑寇三边。

李贤注："谓东、西与北边。"⑥就是说，除上文说到的"北边""西边"之外，还有"东边"。然而《后汉书》卷90《乌桓传》记载：

灵帝立，幽、并、凉三州缘边诸郡无岁不被鲜卑寇抄，杀略不可胜

---

① 《史记》，第2954页。
② 《史记》，第3086页。
③ 《汉书》，第1447、1448页。
④ 《汉书》，第1143页。
⑤ 《汉书》，第4121页。
⑥ 《后汉书》，第339页。

数。熹平三年冬，鲜卑入北地，太守夏育率休著屠各追击破之。迁育为护乌桓校尉。五年，鲜卑寇幽州。六年夏，鲜卑寇三边。①

从字面看，似乎"三边"应是"幽、并、凉三州缘边诸郡"，也就是通常所谓"北边"，而并非李贤注所说"东边""西边"与"北边"。

"三边"的说法，其实以前曾经出现。《史记》卷25《律书》："高祖有天下，三边外畔。"而上文叙说秦二世时形势，言"连兵于边陲"，"结怨匈奴，绳祸于越"②，似可作为理解"三边外畔"之"三边"的参考。"于越"可以理解为"南边"，但也确实是"濒海"地方。又《汉书》卷7《昭帝纪》颜师古注引应劭曰："武帝始开三边，徙民屯田，皆与犁牛。"③事在"北边"，但"开三边"的文句是语义明朗的。《汉书》卷28下《地理志下》："武帝开广三边。"④《汉书》卷95《西南夷传》有"三边蛮夷愁扰尽反，复杀益州大尹程隆"的记述。⑤《汉书》卷99中《王莽传中》写作："益州蛮夷杀大尹程隆，三边尽反。"⑥《后汉书》卷54《杨震传》："羌虏钞掠，三边震扰。"⑦这些文句所见"三边"，都绝不是从"鲜卑寇三边"可以直接联想到的"幽、并、凉三州缘边诸郡"。

看来，《汉书》与《后汉书》所谓"三边"的指代范围比较复杂。但是如李贤所说，"三边""谓东、西与北边"的可能性是存在的。

也就是说，所谓"濒海，缘海之边"，可能也被理解为"东边"。

第二节　秦始皇南海置郡

秦统一的规模，并不限于兼并六国。进军岭南，征服南越之地，随即置桂林、南海、象郡，使得秦帝国的版图在南方超越了楚国原有疆域，岭南地方自此融汇入中原文化圈。而中原政权控制的海岸线因此得以空前延长。秦

① 《后汉书》，第2990页。
② 《史记》，第1242页。
③ 《汉书》，第229页。
④ 《汉书》，第1639页。
⑤ 《汉书》，第3846页。
⑥ 《汉书》，第4139页。
⑦ 《后汉书》，第1764页。

始皇南海置郡，对于中国海疆史、南海资源开发史和海洋交通史都有非常重要的意义。考察西汉时期开通南洋航路的历史性进步，不能忽略秦始皇时代前期之功。

一、秦统一不限于灭六国说

秦王政十七年（前230），秦灭韩。十九年（前228），秦军破赵，克邯郸。赵王迁投降，邯郸成为秦郡。二十二年（前225），秦灭魏。二十四年（前223），秦灭楚。二十五年（前222），秦灭燕，灭赵。二十六年（前221），秦灭齐。所谓"大一统"曾经是儒学学者宣传的政治理念，《汉书》卷56《董仲舒传》："《春秋》大一统者，天地之常经，古今之通谊也。"颜师古注："一统者，万物之统皆归于一也。《春秋公羊传·隐公元年》：'春，王正月。何言乎王正月，大一统也。'此言诸侯皆系统天子，不得自专也。"①《汉书》卷72《王吉传》："《春秋》所以大一统者，六合同风，九州共贯也。"②然而实现"一统"的历史进程最终由秦人完成。

兼并六国，是秦始皇时代意义重大的历史变化，后人或称之为"六王毕，四海一"③，"六王失国四海归"④，"秦王雄飞六王伏"⑤，"灭六王而一天下"⑥。究其原始，我们看到《史记》卷6《秦始皇本纪》言嬴政"令丞相、御史""议帝号"时，有"六王咸伏其辜，天下大定"的辞句。⑦秦始皇二十九年（前218）之罘刻石也说："禽灭六王，阐并天下。"⑧顾炎武《日知录》卷13《秦纪会稽山刻石》："秦纪会稽山刻石秦始皇刻石凡六，皆铺张其灭六王、并天下之

---

① 《汉书》，第2523页。

② 《汉书》，第3063页。

③ （唐）杜牧：《阿房宫赋》，何锡光校注：《樊川文集校注》，巴蜀书社2007年版，第2页。

④ （宋）莫济：《次韵梁尉秦碑》，钱锺书：《宋诗纪事补正》，辽宁人民出版社2003年版，第3392页。

⑤ （元）张宪：《壮士行》，《玉笥集》卷3《古乐府》，《丛书集成初编》第2265册，商务印书馆1935年版，第53页。

⑥ （清）俞樾：《三大忧论》，《宾萌集》补篇六，赵一生主编：《俞樾全集》第11册，浙江古籍出版社2017年版，第133页。

⑦ 《史记》卷6《秦始皇本纪》，第236页。

⑧ 《史记》卷6《秦始皇本纪》，第250页。

事。"①《汉书》卷 72《王吉传》："《春秋》所以大一统者，六合同风，九州共贯也。"②于是人们普遍以为随着"六王"之灭，统一局面已经形成。"六王毕"，被看作统一实现的标志。宋人洪适《蛰寮记》："六王毕而仪、秦蚩其辩。"③又如宋人独乐园主诗："秦皇并吞六王毕，始废封建迷井田。功高自谓传万世，仁义不施徒诧仙。"④或说："六王毕，四海一，李斯适当同文之任。"⑤"六王毕后霸图空，三百离宫一炬中。"⑥所言都沿承这一认识。

许多历史学者似乎大致认同这样的判断。劳榦说，"秦始皇二十六年（公元前二二一年），六国尽灭，新的帝国成立了。从十四年到这个时期，前后十三年间，秦王完全平定了天下。"⑦何兹全写道："秦王政二十六年灭了六国，统一全中国。"⑧林剑鸣说："从公元前二三〇年至前二二一年，在不到十年的时间内，秦就消灭了韩、赵、魏、燕、楚、齐六国，完成了统一。"⑨翦伯赞这样记述秦统一的形势："当此之时，中原六国，已如盛开之花，临于萎谢；而秦国则如暴风雷雨，闪击中原。于是'吞二周而亡诸侯，履至尊而制六合。'⑩在初期封建社会的废墟上，建立起一个崭新的封建专制主义的帝国。"⑪田昌五、安作璋也说，"前后十年之内，韩、赵、魏、楚、燕、齐六国依次灭亡，天下归于一统"。⑫

---

① （清）顾炎武著，黄汝成集释，栾保群、吕宗力校点：《日知录集释》（全校本），上海古籍出版社 2006 年版，第 751 页。
② 《汉书》，第 3063 页。
③ （宋）洪适：《蛰寮记》，《盘洲文集》卷 30《记一》，《景印文渊阁四库全书》第 1158 册，第 450 页。
④ （元）陶宗仪：《南村辍耕录》卷 2，中华书局 1959 年版，第 245 页。
⑤ （明）魏校：《答胡孝思》，《庄渠遗书》卷 4《书》，《景印文渊阁四库全书》第 1267 册，第 772 页。
⑥ （清）严虞惇：《咸阳怀古》，《严太仆先生集》卷 3，《清代诗文集汇编》第 177 册，第 228 页。
⑦ 劳榦：《秦汉史》，中国文化大学出版部 1980 年版，第 5 页。
⑧ 何兹全：《秦汉史略》，上海人民出版社 1955 年版，第 6 页。
⑨ 林剑鸣：《秦史稿》，上海人民出版社 1981 年版，第 347 页。
⑩ 原注："始皇十七年，内史腾灭韩，俘韩王安。十九年王翦羌瘣灭赵，俘赵王迁。二二年王贲灭魏，俘魏王假。二四年，王贲灭燕，俘燕王喜。二六年，王贲灭齐，俘齐王建。于是六国毕，四海一。"
⑪ 翦伯赞：《秦汉史》，北京大学出版社 1983 年版，第 8 页。
⑫ 田昌五、安作璋：《秦汉史》，人民出版社 1993 年版，第 36 页。

其实，根据《史记》卷 27《天官书》的记述，在"灭六王"之后，还有重要的军事行为："秦始皇之时，十五年彗星四见，久者八十日，长或竟天。其后秦遂以兵灭六王，并中国，外攘四夷。"①《史记》卷 112《平津侯主父列传》载严安上书有这样的表述："及至秦王，蚕食天下，并吞战国，称号曰皇帝，主海内之政，坏诸侯之城，销其兵，铸以为钟虡，示不复用。元元黎民得免于战国，逢明天子，人人自以为更生。"然而，"（秦始皇）日闻其美，意广心轶。欲肆威海外，乃使蒙恬将兵以北攻胡，辟地进境，戍于北河，蜚刍挽粟以随其后。又使尉屠睢将楼船之士南攻百越，使监禄凿渠运粮，深入越……"②"灭六王"，实际上只是实现了"并中国"，即对中原文化重心地方的控制，对于"天下"的占有，秦人又有"外攘四夷"的军事进取。王云度、张文立主编《秦帝国史》关于"统一"，照应了北边、南海战事的意义："秦的统一战争前后历时十年，依此攻灭东方六国，天下归于一统。随后，又北伐匈奴，南定百越，把统一的范围拓展到周边地区。这种大规模的军事、政治和文化的统一，开辟了中国历史的新纪元，意义十分深远。"③

认真考察秦史，应当注意到秦始皇三十三年（前 214）明确的历史记录中可见以北河和南海为方向的战事。而对于岭南地方的进取，可能还要早。这一历史变化，可以理解为规模更为宏大、意义更为深远的统一。对于秦统一的历史进程和文化意义，应当在这一认识的基础上做出符合历史事实的判断。④

二、进军南海：秦统一战争重要军事主题

对于征服岭南于秦帝国基本版图形成的意义，论者大概不会有什么不同理解。而对于秦军远征岭南的时间，则存在不同的意见。

《史记》卷 6《秦始皇本纪》记载："三十三年，发诸尝逋亡人、赘婿、贾人略取陆梁地，为桂林、象郡、南海，以适遣戍。"⑤岭南形势，于是如《后汉书》卷 86《南蛮传》所说，已远非"楚子称霸，朝贡百越"时代可比，实现了中央直接的行政领导："秦并天下，威服蛮夷，始开领外，置南海、桂林、

---

① 《史记》，第 1348 页。

② 《史记》，第 2958 页。

③ 王云度、张文立主编：《秦帝国史》，陕西人民教育出版社 1997 年版，第 62 页。

④ 王子今：《秦统一局面的再认识》，《辽宁大学学报（哲学社会科学版）》2013 年第 1 期。

⑤ 《史记》，第 253 页。

象郡。"①

　　然而《史记》卷6《秦始皇本纪》在秦始皇二十六年(前221)记事内容中已言"南至北向户"②，二十八年(前219)琅邪刻石有"皇帝之土……南尽北户"语③，可知秦的版图已扩展至北回归线以南，向岭南的拓进应当在兼并六国后随即启动。秦军远征南越的军事行动较早开始，可以引为助证的又有《史记》卷73《白起王翦列传》的记载："……平荆地为郡县。因南征百越之君，而王翦子王贲与李信破定燕齐地。秦始皇二十六年，尽并天下。"④指出在"秦始皇二十六年"之前，秦军在灭楚之后，随即已经开始"南征百越之君"的军事行动。⑤ 平定"百越"之地，应当是实现"尽并天下"帝业的重要的战争步骤。

　　王云度、张文立主编《秦帝国史》写道："始皇统一六国的次年，即始皇二十七年(前220年)，秦王朝开始大规模平定百越的战略行动。"论者依据《史记》卷113《南越列传》"与越杂处十三岁"上推13年，确定"伐越年代在始皇二十七年"。又说："林剑鸣《秦汉史》第二章中，依据后世《乐昌县志》的资料，将秦伐岭南年代定在始皇二十八年(前219年)，可备一说。"⑥《乐昌县志》二十八年之说，可能源自二十八年琅邪刻石"皇帝之土……南尽北户"文句，似不能作为确定的实证信息。

　　《淮南子·人间》："(秦皇)又利越之犀角、象齿、翡翠、珠玑，乃使尉屠睢发卒五十万，为五军，一军塞镡城之岭，一军守九疑之塞，一军处番禺之都，一军守南野之界，一军结余干之水，三年不解甲弛弩，使监禄无以转饷，又以卒凿渠而通粮道，以与越人战，杀西呕君译吁宋。而越人皆入丛薄中，与禽兽处，莫肯为秦虏。相置桀骏以为将，而夜攻秦人，大破之，杀尉屠睢，伏尸流血数十万。乃发适戍以备之。"⑦王云度将此战事系于秦始皇三十三年

---

　　①　《后汉书》，第2835页。
　　②　《史记》，第239页。
　　③　《史记》，第245页。
　　④　《史记》，第2341页。
　　⑤　王子今：《秦汉"五岭"交通与"南边"行政》，《中国史研究》2014年第3期。
　　⑥　王云度、张文立主编：《秦帝国史》，第55、74页。
　　⑦　何宁撰：《淮南子集释》，第1289、1290页。

(前214)。① 然而"三年不解甲弛弩"的说法不宜忽略，如果确实在秦始皇三十三年"发卒五十万"南征，则"三年"已至秦始皇三十六年(前211)。如"发适戍以备之"是秦始皇三十四年(前213)事，则"发卒五十万"远征越人，应在秦始皇三十一年(前217)以前。

然而，秦军灭楚之后立即挥师继续进军"南征百越之君"的可能性是很大的。这符合兵法"役不再籍"的原则。《孙子·作战》虽然说"兵贵胜，不贵久"，"久暴师则国用不足"，"夫兵久而国利者，未之有也"，但是又强调"善用兵者，役不再籍"。曹操注："籍，犹赋也。言初赋民，不复归国发兵也。"②而前引秦始皇二十八年(前219)琅邪刻石"南尽北户"的说法，作为新兴帝国正式的政治文告所应具备的可信性和权威性也支持这一推断。《尔雅·释地》"野"条："东至于泰远，西至于邠国，南至于濮铅，北至于祝栗，谓之四极。觚竹、北户、西王母、日下，谓之四荒。"郭璞注：四极，"皆四方极远之国"；四荒，"皆四方昏荒之国，次四极者"。宋邢昺疏："此释九州之外四方极远之国名。""北户者，即日南郡是也。颜师古曰：言其在日之南，所谓北户以向日者。"③

按照《秦始皇本纪》的记载，南海置郡的时间，可以确定在秦始皇三十三年(前214)。但是"南征百越之君"的军事行动，则在灭楚之后随即开始，即前引《史记》卷73《白起王翦列传》："平荆地为郡县。因南征百越之君……"按照《史记》叙事时序，事在"秦始皇二十六年，尽并天下"之前。

有学者总结"秦国开拓边疆的战争"中"统一南方地区的战争"时指出："秦国对南方诸族的进攻，早在王翦取得对楚战争的胜利后就开始了。""王翦在秦王政二十五年消灭了楚国的残余势力后，'因南征百越之君'。"然而论者认为，"这次对越人的进击应该是在江、浙一带进行的，秦人取得胜利后，即设立了会稽郡，郡治在今浙江绍兴，这一带的越人成为大秦帝国的臣民。""秦统一六国的次年，即秦王政的二十七年，秦军在平定江浙一带的越人的基础上大举向江南地区的百越进军。"论者写道："秦人征伐平定岭南诸地的战争旷日持

① 王云度：《秦汉史编年》，凤凰出版社2011年版，第18页。
② (三国)曹操等注：《十一家注孙子》，中华书局1962年版，第32、22、24—25页。
③ (清)阮元校刻：《十三经注疏》，第2616页。

久，大致经历了三个阶段。""第一阶段：秦始皇派尉屠雎以五军戍五方。""第二阶段，秦军大规模地进击越人。""第三阶段，秦始皇重新布置伐越的战略，使任嚣、尉佗将卒以伐越，时间在秦始皇三十三年。"①这一意见可以参考。以为"秦人征伐平定岭南诸地的战争"可以归入"秦国开拓边疆的战争"的判断，我们是赞同的。然而以为王翦灭楚后"因南征百越之君"只是"平定江浙一带的越人"的说法，似是缺乏史事依据的推测。所谓"秦人征伐平定岭南诸地的战争旷日持久"，说自有据。《史记》卷112《平津侯主父列传》载严安上书，说道："深入越，越人遁逃。旷日持久，粮食绝乏，越人击之，秦兵大败。"②《汉书》卷64上《严助传》在淮南王安上书言"秦之时尝使尉屠雎击越"事，则说"旷日引久"。③ 特别值得注意的，是严安明确说："秦祸北构于胡，南挂于越，宿兵无用之地，进而不得退。行十余年，丁男被甲，丁女转输，苦不聊生，自经于道树，死者相望。及秦皇帝崩，天下大叛。"④所谓"行十余年"，可以与前引《史记》卷113《南越列传》"与越杂处十三岁"说相对应，直接澄清秦远征岭南晚至秦始皇三十三年(前214)的误解。

关于秦平定岭南的起始年代，张荣芳等《南越国史》列举了4种观点：(1)秦王政二十五年(前222)。⑤(2)秦始皇二十六年(前221)。⑥(3)秦始皇二十八年(前219)。⑦ (4)秦始皇二十九年(前218)。⑧《南越国史》评述了各种意见，以为"前218年说比较符合史实"。⑨ 现在看来，这一讨论可能还有继续

---

① 张卫星：《秦战争述略》，三秦出版社2001年版，第128—131页。
② 《史记》，第2958页。
③ 《汉书》，第2783页。
④ 《史记》，第2958页。
⑤ (清)仇巨川纂，陈宪猷校注：《羊城古钞》卷4《南越赵氏始末》，广东人民出版社1993年12月，第316页。
⑥ (清)戴肇辰等纂修：《广州府志》卷75《前事略一》引(明)郭棐《广东通志》，清光绪五年刻本；[法]鄂卢梭：《秦代初平南越考》，见冯承钧译《西域南海史地考证译丛九编》，中华书局1958年版。
⑦ 余天炽：《秦统一百越战争始年诸说考订》，《百越民族史论丛》，广西人民出版社1985年版。
⑧ [越南]陶维英：《越南古代史》，刘统文、子钺译，商务印书馆1976年版，第206页。
⑨ 张荣芳、黄淼章：《南越国史》(修订本)，广东人民出版社2008年版，第18—24、54—55页。

深入进行的空间。结论的最终确定，可能有待于考古新资料的面世。

三、南海三郡：秦代最大规模移民运动的方向

《史记》卷 6《秦始皇本纪》记载："三十三年，发诸尝逋亡人、赘壻、贾人略取陆梁地，为桂林、象郡、南海，以适遣戍。""三十四年，适治狱吏不直者，筑长城及南越地。"关于所谓"陆梁地"，张守节《正义》："岭南人多处山陆，其性强梁，故曰'陆梁'。"关于"以适遣戍"，注家亦有解说。裴骃《集解》："徐广曰：'五十万人守五岭。'"张守节《正义》："适音直革反。戍，守也。《广州记》云：'五岭者，大庾、始安、临贺、揭杨、桂阳。'《舆地志》云：'一曰台岭，亦名塞上，今名大庾；二曰骑田；三曰都庞；四曰萌诸；五曰越岭。'"关于"三十四年，适治狱吏不直者"，至"南越地"事，张守节《正义》："谓戍五岭，是南方越地。"①这是军事远征带动了移民的史例。不过这是以"适"即"谪"为标志的强制性的移民。所谓"以适遣戍"，体现这些移民承担部分军事责任的身份。《史记》卷 118《淮南衡山列传》记载，伍被与淮南王谋反时，曾经说到秦代"五岭"以南地方发生的史事："（秦皇帝）又使尉佗逾五岭攻百越。尉佗知中国劳极，止王不来，使人上书，求女无夫家者三万人，以为士卒衣补。秦皇帝可其万五千人。"②有学者因此认为，秦远征军与当地居民都存在的性比例失调现象，影响到岭南地区政治文化形态的历史变化。③ 对于《史记》卷 118《淮南衡山列传》中伍被所谓"求女无夫家者三万人，以为士卒衣补"一事，《史记志疑》以为可疑，又引陈氏《测议》："求女事《史》不见，伍被欲伪作请书徙豪朔方以惊汉民，岂即本此策耶？"④有的学者以为有可信度，并看作"妇女从军之创举"⑤。但西汉时期策士以此作为分析政治形势的辩词，或许反映了秦军远征岭南时发生的历史情节。⑥ 求中原"女无夫家者"即独身女子"以为士

① 《史记》，第 253—254 页。

② 《史记》，第 3086 页。

③ 高凯：《从性比例失调看南越国的建立和巩固》，见《佗城开基客安家——客家先民首批南迁与赵佗建龙川 2212 年纪念学术研讨会论文集》，中国华侨出版社 1997 年版，第 168—179 页。

④ （清）梁玉绳撰：《史记志疑》卷 34，中华书局 1981 年版，第 1428 页。

⑤ 马非百：《秦集史》下册，中华书局 1982 年版，第 700 页。

⑥ 参见王子今：《中国女子从军史》，军事谊文出版社 1998 年版，第 59—60 页。

卒衣补"事，暗示远征军人可能定居岭南的史实。考古学者就岭南秦式墓葬如广州淘金坑秦墓、华侨新村秦墓，广西灌阳、兴安、平乐秦墓等发现①，曾经发表判断，以为相关现象"说明了秦人足迹所至和文化所及，反映了秦文化在更大区域内和中原以及其他文化的融合"，"两广秦墓当是和秦始皇统一岭南，'以谪徙民五十万戍五岭，与越杂处'的历史背景有关"。② 这样的意见是可信的。③ 取向岭南的迁徙距离超远而人口数量空前的移民运动，是"南征百越"军事行为必然的后续演进。

岭南地方承接了秦代最大规模的移民运动。南海郡应当也因此实现了新的户口充实及文化更新。

四、从琅邪到朐：秦始皇东望海域的关注点

秦始皇东巡，对于琅邪曾经予以特别的关注。《史记》卷6《秦始皇本纪》记载，秦始皇东巡，"南登琅邪，大乐之，留三月。乃徙黔首三万户琅邪台下，复十二岁。作琅邪台，立石刻，颂秦德，明得意"。刻石内容明确说到"琅邪"："维秦王兼有天下，立名为皇帝，乃抚东土，至于琅邪。"④《史记》卷15《六国年表》："（二十八年）帝之琅邪，道南郡入。""（二十九年）帝之琅邪，道上党入。"⑤《史记》卷28《封禅书》："始皇复游海上，至琅邪，过恒山，从上党归。"⑥秦始皇"南登琅邪，大乐之，留三月"，是在咸阳以外地方居留最久的记录，在出巡途中尤其异常。"徙黔首三万户琅邪台下，复十二岁"，在秦强制移民的行为中，这是组织向东方迁徙的唯一一例。其规模，也仅次于"徙天

① 麦英豪：《广州华侨新村西汉墓》，《考古学报》1958年第2期；广州市文物管理处：《广州淘金坑的西汉墓》，《考古学报》1974年第1期；王克荣：《建国以来广西文物考古工作的主要收获》，《文物》1978年第9期。
② 叶小燕：《秦墓初探》，《考古》1982年第1期。今按："以谪徙民五十万戍五岭"语见（宋）郑樵《通志》卷4《秦纪》，原作作"以适徙民"。第63页。"与越杂处"语见《史记》卷113《南越列传》。第2967页。
③ 王子今：《岭南移民与汉文化的扩张——考古资料与文献资料的综合考察》，《中山大学学报》2010年第4期。
④ 《史记》卷6《秦始皇本纪》，第244、246页。
⑤ 《史记》，第757页。
⑥ 《史记》，第1370页。

下豪富于咸阳十二万户"。① 而"复十二岁"者，也是仅见于秦史的优遇。

秦始皇二十八年(前219)这次居留琅邪时的刻石文字中写道："维秦王兼有天下，立名为皇帝，乃抚东土，至于琅邪。"这似乎是秦始皇东巡目的的交代。万里巡行，是所谓"皇帝之明，临察四方"，"皇帝之德，存定四极"的政治责任的实践。而"临于海"，是"东抚东土"的极点。琅邪刻石又有一段"颂秦德"的文字："六合之内，皇帝之土。西涉流沙，南尽北户。东有东海，北过大夏。人迹所至，无不臣者。功盖五帝，泽及牛马。莫不受德，各安其宇。"其中"东有东海"，是新成立的秦帝国威权至上的重要标志。

《史记》卷6《秦始皇本纪》记载秦始皇三十五年(前212)确定"秦东门"事："立石东海上朐界中，以为秦东门。"张守节《正义》："《三辅旧事》云：'始皇表河以为秦东门，表汧以为秦西门，表中外殿观百四十五，后宫列女万余人，气上冲于天。'"②《说苑·反质》："(秦始皇)立石阙东海上朐山界中，以为秦东门。"③张守节《正义》引《三辅旧事》所说的"表河以为秦东门"，应是秦始皇三十五年之前的事。"立石东海上朐界中，以为秦东门"，"东海上朐"与关中政治轴心，形成了特殊的方位关系。④ 论者指出的这一"超长建筑基线"形成于西汉初年，然而朐与咸阳正东正西的方位对应关系，在秦始皇时代已经形成。在秦代，与"咸阳—东海上朐"东西联线相垂直的，可能是"子午岭直道—直河子午道"南北联线。⑤

《盐铁论·论邹》："所谓中国者，天下八十一分之一，名曰赤县神州，而分为九州。绝陵陆不通，乃为一州，有大瀛海圜其外。此所谓八极，而天地际焉。《禹贡》亦著山川高下原隰，而不知大道之径。故秦欲达九州而方瀛海，牧胡而朝万国。""昔秦始皇已吞天下，欲并万国，亡其三十六郡；欲达瀛海，而失其州县。"⑥所谓"欲达瀛海"，所谓"欲达九州而方瀛海"，都体现了秦始

---

① 《史记》卷6《秦始皇本纪》，第244、239页。

② 《史记》，第256、241页。

③ (汉)刘向撰，赵善诒疏证：《说苑疏证》，第602页。

④ 参见秦建明、张在明等：《陕西发现以汉长安城为中心的西汉南北向超长建筑基线》，《文物》1995年第3期。

⑤ 参见王子今：《秦直道的历史文化观照》，《人文杂志》2005年第5期。

⑥ 王利器校注：《盐铁论校注》(定本)，第551—552页。

皇追求真正的"大一统"的政治雄心与海洋探索的关系。

秦始皇三十七年（前210）出巡，"上会稽，祭大禹，望于南海，而立石刻颂秦德"。① 对于"望于南海"一语，或许可以理解为当时秦始皇以为"会稽"面对的海域就是"南海"。但是可能性更大的是，他的海洋知识中已经存留了这样的信息："南海"郡名指代的"南海"与"会稽"海域已经形成了实现水上交通的便利的航路。

从秦始皇二十八年（前219）对琅邪的特别关爱到秦始皇三十五年（前212）"立石东海上朐界中，以为秦东门"，似乎对东方海岸线的关注视点或者焦距发生了变化。从琅邪至朐的空间移动，除了"秦东门"在咸阳正东方向之外，或许与南海置郡有关。因为"南海"形势的变化，在"方瀛海"、"达瀛海"政治视界中海岸线中点的坐标向南移动了。

五、番禺：南海"都会"

前引《淮南子·人间》说秦始皇远征岭南，"一军处番禺之都"，可知番禺已经成为重要的军事据点。番禺在今广东广州，应为秦置南海郡治所在。又曾为尉佗所都，为南越国政权长期经营，是南海最大的海港，据有"负山险，阻南海"的地理优势。②《史记》卷129《货殖列传》："九疑、苍梧以南至儋耳者，与江南大同俗，而杨越多焉。番禺亦其一都会也，珠玑、犀、瑇瑁，果、布之凑。"③《汉书》卷28下《地理志下》也说："（粤地）处近海，多犀、象、毒冒、珠玑、银、铜、果、布之凑，中国往商贾者多取富焉。番禺，其一都会也。"④番禺成为国际性商港的历史起始点，应即秦人于此设置了南海郡。

广州南越王墓出土物之绮丽华贵，说明其地之富足。⑤ 其中以"番禺"显示产地或据有地的重要文物，是标志番禺重要位置的证明。番禺后为交州治所。东汉末，中原战乱不息，士民多有避乱会稽者，及战火延及会稽，则又纷纷浮海南渡交州。《三国志》卷38《蜀书·许靖传》记载，许靖汝南平舆人，

① 《史记》卷6《秦始皇本纪》，第260页。
② 《史记》卷113《南越列传》，第2967页。
③ 《史记》，第3268页。
④ 《汉书》，第1670页。
⑤ 广州象岗汉墓发掘队：《西汉南越王墓发掘初步报告》，《考古》1984年第3期。

董卓乱政，辗转往依会稽太守王朗，后"孙策东渡江，皆走交州以避其难"。①
由中原避乱至会稽，又由会稽转迁交州之例，还有《后汉书》卷45《袁安传》：
"及天下大乱，（袁）忠弃官客会稽上虞"，"后孙策破会稽，忠等浮海南投交
阯。"②《后汉书》卷37《桓晔传》："初平中，天下乱"，桓晔"避地会稽，遂浮海
客交阯"。③ 考察"交州""交阯"方向重要都市番禺繁荣的历史，应当注意秦时
南海郡的最初设置。

番禺南国"都会"地位的形成，带动了岭南地区的经济文化进步，也促进
了岭南与中原文化的交汇。从这一视角看，秦始皇南海置郡是中国古代史进
程中的重要事件。

六、开通南洋航路的历史先声

有学者判定为广州秦汉造船工场遗址的宏大遗存，如性质确实与造船业
有关，可以反映番禺在南海航运系统中的地位。④ 徐闻在今广东徐闻南，是
大陆与朱崖洲（今海南岛）交通的主要港口。《汉书》卷28下《地理志下》："自
合浦徐闻南入海，得大州，东西南北方千里。"⑤《水经注·温水》："王氏《交
广春秋》曰：'朱崖、儋耳二郡，与交州俱开，皆汉武帝所置，大海中南极之
外，对合浦徐闻县。清朗无风之日，径望朱崖州，如囷廪大。从徐闻对渡，
北风举帆，一日一夜而至。'"⑥徐闻汉墓的考古发现，可以增进对当时徐闻港
历史地位的认识。⑦ 合浦在今广西北海附近。徐闻、合浦都是当时海外交通
的重要港口。谢承《后汉书》记载，孟尝为合浦太守，"被征当还，吏民攀车请
之，不得进，乃附商人船遁去"。⑧ 可见合浦港有商船往返进出。年代为西汉

---

① 《三国志》，第964页。
② 《后汉书》，第1526页。
③ 《后汉书》，第1260页。
④ 广州市文物管理处、中山大学考古专业75届工农兵学员：《广州秦汉造船工场遗
　址试掘》，《文物》1977年第4期。
⑤ 《汉书》，第1670页。
⑥ （北魏）郦道元著，陈桥驿校证：《水经注校证》，第840页。
⑦ 广东省博物馆：《广东徐闻东汉墓——兼论汉代徐闻的地理位置和海上交通》，《考
　古》1977年第4期。
⑧ （清）姚之骃：《后汉书补逸》卷10《谢承后汉书·孟尝》，见徐蜀选编《二十四史订
　补》第4册，书目文献出版社1996年版，第149页。

后期的合浦望牛岭汉墓中，大量出土金饼、金珠及水晶、玛瑙、琉璃、琥珀制品，还出土一件精致的琥珀质印章。① 这些物品很可能来自海外，可以反映合浦当时曾作为重要的对外贸易港口的历史事实。南海郡地方"徐闻、合浦船行"的海上航运条件，对于中国海洋开发史意义十分重大。

合浦可能秦时属桂林郡。然而从赵佗等人的事迹看，应当也在南海番禺为中心的政治军事辐射圈内。

《汉书》卷28《地理志下》叙说西汉时期南洋航运："自日南障塞、徐闻、合浦船行可五月，有都元国；又船行可四月，有邑卢没国；又船行可二十余日，有谌离国；步行可十余日，有夫甘都卢国。自夫甘都卢国船行可二月余，有黄支国，民俗略与珠崖相类。其州广大，户口多，多异物，自武帝以来皆献见。有译长，属黄门，与应募者俱入海市明珠、璧流离、奇石异物，赍黄金杂缯而往。所至国皆禀食为耦，蛮夷贾船，转送致之。亦利交易，剽杀人。又苦逢风波溺死，不者数年来还。大珠至围二寸以下。平帝元始中，王莽辅政，欲耀威德，厚遗黄支王，令遣使献生犀牛。自黄支船行可八月，到皮宗；船行可二月，到日南、象林界云。黄支之南，有已程不国，汉之译使自此还矣。"②《水经注·温水》也引录了相关地理书涉及南洋航路的内容："康泰《扶南记》曰：'从林邑至日南卢容浦口可二百余里，从口南发往扶南诸国，常从此口出也。'故《林邑记》曰：'尽纮沧之缴远，极流服之无外。地滨沧海，众国津迳。'"③秦南海郡所在地方后来成为南洋航路的北端起点，是秦代区域文化史应当关注的历史文化现象。④

在秦代以后，南海地方逐渐成为中国文化通过海路实现对外影响的强辐射带。而海外文化传入中土，这里也是首先登陆地点。从这一角度看，秦始皇南海置郡是有世界史意义的事件。秦代南海郡在南洋交通开发事业中的领先地位和首要地位，是从事中国航海史、中国早期海洋贸易史和中外海上文化交流史的学术研究工作中不可以忽略的问题。

---

① 广西壮族自治区文物考古写作小组：《广西合浦西汉木椁墓》，《考古》1972年第5期。
② 《汉书》，第1671页。
③ （北魏）郦道元著，陈桥驿校证：《水经注校证》，第835页。
④ 参见王子今：《秦汉时期的东洋与南洋航运》，《海交史研究》1992年第1期；《东海的"琅邪"和南海的"琅邪"》，《文史哲》2012年第1期。

第三节 "并海"交通

秦始皇、秦二世、汉武帝巡行海上，都有"并海"之行。当时，"濒海之观毕至"的驰道建设，营造了沿海的并海道。以往并海道被忽视的主要原因，在于论者往往从秦帝国中央集权的特点出发，过分强调了所谓以咸阳为中心向四方辐射（或者说向东作折扇式展开）的道路规划方针。① 其实，从现有资料看，并海道的通行状况，对于秦汉大一统帝国的生存，具有极其重要的意义。天汉二年（前99），"泰山、琅邪群盗徐勃等阻山攻城，道路不通"，汉武帝特"遣直指使者暴胜之等衣绣衣杖斧分部逐捕"。② 足见最高统治者对并海道交通形势的重视。辽西交通在战国环渤海地区文化发展的基础上得到发展。大一统政治格局形成之后，因海洋探索和北边防卫的共同需要，秦汉辽西交通获得了更好的发展条件。考察秦汉辽西并海交通，有益于深化对当时人文成就与地理条件之关系的认识以及秦汉交通史和秦汉生态环境史的研究。秦二世曾经巡行辽东，秦二世时代又有继续"治直道、驰道"的历史记录。两者之间的关系不宜忽视。史称"傍海道"的辽西并海交通道路建设，巧妙地利用了辽西走廊"地势平衍"的自然地理条件。③ 生态环境的变化对辽西交通的严重影响，表现于"此道，秋夏每常有水"，"大水，傍海道不通"，"时方夏水雨，而滨海洿下，泞滞不通"。④ 分析这一情形，也应当联系到对海侵的历史记忆。

一、秦皇汉武"并海"之行

《史记》卷6《秦始皇本纪》记载，秦始皇统一天下后凡五次出巡，其中四次行至海滨，往往"并海"而行。二十八年（前219）第二次出巡，上泰山，又"并勃海以东，过黄、腄，穷成山，登之罘，立石颂秦德焉而去，南登琅邪"。二

---

① 研究秦汉交通的论著大多持与此类同的见解，一些国外学者也赞同这一观点，例如汤因比《历史研究》一书中就写道："古代中国统一国家的革命的建立者秦始皇帝，就是由他的京城向四面八方辐射出去的公路的建造者。"[英]汤因比：《历史研究》下册，曹未风等译，上海人民出版社1966年版，第25—26页。

② 《汉书》卷6《武帝纪》，第204页。

③ 史念海：《秦汉时期国内之交通路线》，《文史杂志》1944年3卷第1、2期，收入《河山集》四集，陕西师范大学出版社1991年版，第573页。

④ 《三国志》卷1《魏书·武帝纪》及裴松之注引《曹瞒传》，第342、29页。

十九年（前 218）第三次出巡，又"登之罘"，"旋，遂至琅邪"。三十二年（前215）第四次出巡，"之碣石"，"刻碣石门"。三十七年（前 210）第五次出巡，上会稽，望于南海，"还过吴，从江乘渡，并海上，北至琅邪"，又由之罘"并海西至平原津"。① 最后一次"并海"之行，导致秦始皇走向其生命的终点。

据《史记》卷 6《秦始皇本纪》记载，秦二世元年（前 209），亦曾经由李斯、冯去疾等随从，往东方巡行。这次时间虽然颇为短暂，行程却甚为辽远的出行，也经历燕、齐之地："二世东行郡县，李斯从。到碣石，并海，南至会稽，而尽刻始皇所立刻石。""遂至辽东而还。"《史记》卷 28《封禅书》也有"二世元年，东巡碣石，并海南，历泰山，至会稽，皆礼祠之"的记述。② 如果秦二世确实"到碣石，并海，南至会稽"，"遂至辽东而还"，则应当两次全程行历辽西驰道，三次抵临碣石。所谓"渤海湾西岸秦行宫遗址"，应当也有这位秦王朝最高统治者活动的痕迹。③ 秦二世元年东巡有各地刻石遗存，可知司马迁的记载基本可信。《史记会注考证》于《史记》卷 6《秦始皇本纪》有关秦二世刻石的记载之后引卢文弨曰："今石刻犹有可见者，信与此合。前后皆称'二世'，此称'皇帝'，其非别发端可见。"④关于秦二世的辽东之行，史念海曾经

① 《史记》，第 244、249—250、251、263—264 页。

② 《史记》，第 267、1370 页。

③ 王子今：《秦二世元年东巡史事考略》，《秦文化论丛》第 3 辑，西北大学出版社1994 年 12 月。

④ （汉）司马迁撰，［日］泷川资言考证，［日］水泽利忠校补：《史记会注考证附校补》，上海古籍出版社 1986 年版，第 172 页。陈直也说："秦权后段，有补刻秦二世元年诏书者，文云：'元年制诏丞相斯、去疾，法度量，尽秦始皇为之，皆有刻辞焉。今袭号而刻辞不称始皇帝，其于久远也，如后嗣为之者，不称成功盛德，刻此诏，故刻左，使毋疑。'与本文前段相同，而峄山、琅邪两石刻，后段与本文完全相同（之罘刻石今所摹存者为二世补刻之诏书，泰山刻石，今所摹存者，亦有二世补刻之诏书）。知太史公所记，本于秦纪，完全正确。"《史记新证》，天津人民出版社1979 年版，第 26 页。马非百也指出："《史记》载二世巡行，'尽刻始皇所立刻石，石旁著大臣从者名'，可知至二世时，始皇原刻石后面皆加刻二世诏书及大臣从者名。今传峄山、泰山、琅邪台、之罘、碣石刻石拓本皆有'皇帝曰'与大臣从者名，即其明证。"《秦集史》下册，第 768 页。王蘧常《秦史》卷 6《二世皇帝本纪》也取信司马迁关于秦二世"到碣石，并海，南至会稽"，"遂至辽东而还"的记载。上海古籍出版社 2000 年版，第 49 页。王云度《秦汉史编年》也持同一态度。上册第 29 页。

写道："始皇崩后，二世继立，亦尝遵述旧绩，东行郡县，上会稽，游辽东。然其所行，率为故道，无足称者。"①其实，秦二世"游辽东"，似不曾循行始皇"故道"。秦始皇三十七年(前210)出巡，"至平原津而病"，后来在沙丘平台逝世，即死于乘舆车队驶向回归咸阳的行途。可是这位有志于"览省远方""观望广丽"②，而绝没有想到人生会在行途终止的帝王，在"至平原津"之前，是不是曾经有巡察辽东的计划呢？此后帝车"遂从井陉抵九原"，"行从直道至咸阳"，只不过行历了"北边"长城防线的西段，而如果巡视整个"北边"，显然应当从辽东启始。或许在秦始皇最后一次出巡时曾追随左右的秦二世了解这一计划，于是有自会稽北折，辗转至于辽东的巡行实践。如此则秦二世"游辽东"的行程，确实有"遵述旧绩"的意义。

有人怀疑有关秦二世出行速度与效率的历史记录。③ 但是这种疑虑其实

① 史念海：《秦汉时期国内之交通路线》，《文史杂志》1944 年 3 卷第 1、2 期，收入《河山集》四集，陕西师范大学出版社 1991 年版，第 546 页。
② 《史记》卷 6《秦始皇本纪》，第 264、250 页。
③ 刘敏、倪金荣《宫闱腥风——秦二世》写道："浩浩荡荡的巡行大军为什么要在同一条巡游路线上来回往返？秦二世此次东巡的目的，一是立威，二是游玩，不论是立威也好，还是游玩也好，都应尽量避免往返走同一条路，所到之处越多越好，皇威覆盖面越大越好。而按《史记》记载却恰好相反。从碣石所在的辽西郡南下到会稽，然后又北上返回辽西，再至辽东。这似乎是无任何意义的重复。这里的原因到底是什么？我们百思不得其解，禁不住怀疑'遂至辽东而还'几个字是否是错简衍文？""据《史记·秦始皇本纪》，秦二世是在元年的春天从咸阳出发东巡的，四月又返回了咸阳，这样算来，此次巡游满打满算是三个多月。在三个多月的时间里，二世君臣们从咸阳到碣石，从碣石到会稽，从会稽又返至辽东，从辽东又回到咸阳，加之中间还要登山观海，刻石颂功，游山玩水，秦朝那古老的车驾是否有如此的速度，三个多月辗过如此漫长的行程。这里我们可以同秦始皇第五次巡游作个对比。秦始皇最后一次巡游是十月从咸阳出发的，先到云梦，然后顺江东下至会稽，从会稽北上，最远到之罘，然后西归，至沙丘驾崩，是七月份。这条路线明显短于二世东巡的路线，但秦始皇却走了十个月，而胡亥仅用三个多月，着实让人生疑。"四川人民出版社 1996 年版，第 148—149 页。今按：所谓"游玩""游山玩水"的想象，均无依据。而"遂至辽东而还"与辽西与会稽间的所谓"在同一条巡游路线上来回往返"完全无关，因而"错简衍文"之说无从谈起。辽西至辽东之间的路线"在同一条巡游路线上来回往返"则是可以理解的。

可以澄清。① 因此轻易否定《史记》的记载似有不妥。而且应当知道，秦二世时代交通条件已经与秦始皇出行时有所不同。《史记》卷87《李斯列传》写道：秦二世执政之后，"法令诛罚日益刻深，群臣人人自危，欲畔者众。又作阿房之宫，治直道、驰道，赋敛愈重，戍徭无已。于是楚戍卒陈胜、吴广等乃作乱，起于山东。杰俊相立，自置为侯王，叛秦，兵至鸿门而却。"②可知秦二世仍然在进行直道和驰道的修筑工程。辽西道路因皇帝车队两次通行，在秦二世时代应当又有所完善。

汉武帝多次行至海上。《史记》卷28《封禅书》记载，元封元年（前110），"东巡海上，行礼祠'八神'。齐人之上疏言神怪奇方者以万数，然无验者。乃益发船，令言海中神山者数千人求蓬莱神人。""宿留海上，予方士传车及间使求仙人以千数。"此后又再次东行海上："复东至海上望，冀遇蓬莱焉。""遂去，并海上，北至碣石，巡自辽西，历北边至九原。"③这是明确的行历辽西的历史记录。

显然，沿渤海、黄海海滨，当时有一条交通大道。这条大道与三川东海道、邯郸广阳道相交，将富庶的齐楚之地与其他地区沟通，用以调集各种物资，具有直接支撑中央专制政权的重要作用。

以往关于秦汉交通的论著大多忽视了这条重要道路，几种秦汉交通图中

---

① 其实，据《史记》卷6《秦始皇本纪》，秦始皇二十八年（前219）第一次出巡，"上自南郡由武关归"（第248页），与三十七年（前210）最后一次出巡，"十一月，行至云梦"（第260页），很可能也经由武关道，也是"同一条巡游路线"。这两次出巡经行胶东半岛沿海的路线，也是同样。秦二世以一次出巡复行"先帝巡行郡县，以示强，威服海内"的路线，出现"在同一条巡游路线上来回往返"的情形是可以理解的。而秦二世各地刻石的实际存在，证明了"二世东行郡县"历史记录的可靠性。以现今公路营运里程计，西安至秦皇岛1379千米，秦皇岛至绍兴1456千米，秦皇岛至辽阳416千米，均以"在同一条巡游路线上来回往返"计，共6502千米。"春，二世东行郡县"（第267页），"四月，二世还至咸阳"（第268页），以100日计，每天行程65千米，并不是不可能的。

② 《史记》，第2553页。

③ 《史记》，第1397—1399页。

也往往只绘出秦始皇出巡时行经的并海路线，即循黄海海岸和渤海南岸的地段①，而忽略了这条道路的北段。由秦二世和汉武帝"并海"而行的记载，可知当时沿渤海西岸亦有大道通行。②

二、秦驰道：濒海之观毕至

据《史记》卷6《秦始皇本纪》记载：秦始皇二十七年(前 220)，"治驰道"。③驰道的修筑，是秦汉交通建设事业中最具时代特色的成就。通过秦始皇和秦二世出巡的路线，可以知道驰道当时已经结成全国陆路交通网的基本要络。曾经作为秦中央政权主要决策者之一的左丞相李斯被赵高拘执，在狱中上书自陈，历数功绩有七项，其中包括"治驰道，兴游观，以见主之得意"。④可见修治驰道是统治短暂的秦王朝行政活动的主要内容之一。工程的设计和组织，由最高执政集团主持。

《汉书》卷51《贾山传》中说到秦驰道的建设："(秦)为驰道于天下，东穷燕、齐，南极吴、楚，江湖之上，濒海之观毕至。道广五十步，三丈而树，厚筑其外，隐以金椎，树以青松。为驰道之丽至于此，使其后世曾不得邪径而托足焉。"这是有关秦驰道形制和规模的唯一历史记录。所谓"濒海之观毕至"，颜师古注："濒，水涯也。濒海，谓缘海之边也。毕，尽也。濒音频，又音宾，字或作滨，音义同。"⑤

秦始皇统一天下后凡五次出巡，其中四次行至海滨，往往"并海"而行，多行历燕、齐之地。其中三十二年(前 215)出巡，"之碣石"，"刻碣石门"⑥。已经行临辽西。辽宁绥中发现分布较为密集的秦汉建筑遗址，其中占地达 15 万平方米的石碑地遗址，有人认为"很可能就是秦始皇当年东巡时的行宫"，

---

① 史念海曾指出："江乘渡江，北即广陵，广陵为邗沟所由始，可循之北越淮水，以达彭城。古时海滨尚未淤积，广陵、彭城之东距海较今为近，史文所言并海北行者，亦犹二十八年东行之时并渤海以至成山、之罘也。平原濒河水，沙丘属巨鹿，其间平坦，当有驰道。"《秦汉时期国内之交通路线》，《文史杂志》1944 年 3 卷第 1、2 期，收入《河山集》四集，陕西师范大学出版社 1991 年版。

② 参见王子今：《秦汉时代的并海道》，《中国历史地理论丛》1988 年第 2 辑。

③ 《史记》，第 241 页。

④ 《史记》卷 87《李斯列传》，第 2561 页。

⑤ 《汉书》，第 2328、2329 页。

⑥ 《史记》，第 251 页。

即所谓"碣石宫"①。也有学者指出，河北北戴河金山嘴到横山一带发现的秦行宫遗址，与辽宁绥中的建筑遗址都是碣石宫的一部分。② 不同意见也是存在的。③ 对于碣石宫的争论可能还不能得出最终的确定结论。现在把这些考古发现所获得的秦汉宫殿遗址的资料，都归于"渤海湾西岸秦行宫遗址"的处理方式④，可能是比较适宜的。

　　史念海曾经论述秦汉交通路线，指出："东北诸郡濒海之处，地势平衍，修筑道路易于施工，故东出之途此为最便。始皇、二世以及武帝皆尝游于碣石，碣石临大海，为东北诸郡之门户，且有驰道可达，自碣石循海东行，以至辽西辽东二郡。"⑤辽西道路即"自碣石循海东行"的交通干线。

三、并海道与北边道的交接

　　"自碣石循海东行"的辽西道路，实现了并海道与北边道的交接，从而具有重要的战略意义。

　　对于秦始皇、秦二世和汉武帝出巡海滨的历史记录，往往说到"并海"的交通方式。⑥ 显然，沿渤海、黄海海滨，当时有一条交通大道。当时沿渤海西岸有秦二世和汉武帝"并海"行迹的大道，就是东汉所谓"傍海道"。⑦ 秦统

① 辽宁省文物考古研究所：《辽宁绥中县"姜女坟"秦汉建筑遗址发掘简报》，《文物》1986 年第 8 期。

② 河北省文物研究所：《河北省新近十年的文物考古工作》，见《文物考古工作十年（1979—1989）》，第 31 页。

③ 董宝瑞：《"碣石宫"质疑》，《河北大学学报》1987 年第 4 期；《"碣石宫"质疑：兼与苏秉琦先生商榷》，《河北学刊》1987 年 6 期。

④ 中国社会科学院考古研究所编著：《中国考古学·秦汉卷》，中国社会科学出版社 2010 年版，第 55—70 页。

⑤ 史念海：《秦汉时期国内之交通路线》，《文史杂志》1944 年 3 卷第 1、2 期，收入《河山集》四集，陕西师范大学出版社 1991 年版，第 573 页。

⑥ 如《史记》卷 6《秦始皇本纪》：二十八年（前 219）第二次出巡，上泰山，又"并勃海以东，过黄、腄，穷成山，登之罘"。三十七年（前 210）第五次出巡，"还过吴，从江乘渡，并海上，北至琅邪"，又由之罘"并海西至平原津"。秦二世巡行郡县，曾"到碣石，并海，南至会稽"。《史记》卷 28《封禅书》说，汉武帝也曾自泰山"并海上，北至碣石"。第 244、263—264、267、476 页。《汉书》卷 6《武帝纪》记载，元封五年（前 110），由江淮"北至琅邪，并海，所过礼祠其名山大川"。第 196 页

⑦ 《三国志》卷 1《魏书·武帝纪》，第 29 页。参见王子今：《秦汉时代的并海道》，《中国历史地理论丛》1988 年第 2 辑。

一后，在战国长城基础上营建新的长城防线。因施工与布防的需要，沿长城出现了横贯东西的交通大道。《史记》卷6《秦始皇本纪》：秦始皇三十二年(前215)，"巡北边，从上郡入"。三十七年(前210)，秦始皇出巡途中病故，棺载辒辌车中，"从井陉抵九原"而后归，也特意绕行"北边"，说明此次出巡的既定路线是巡行"北边"后回归咸阳。后来，汉武帝亦曾巡行"北边"。《史记》卷28《封禅书》：汉武帝元封元年(前110)"自辽西历北边至九原"。显然，北边道自有可以适应帝王乘舆通过的规模。①

以往北边道和并海道被忽视的主要原因，在于论者往往从秦帝国中央集权的特点出发，过分强调了所谓以咸阳为中心向四方辐射(或者说向东作折扇式展开)的道路规划方针。② 其实，这两条道路的通行状况，对于秦汉大一统帝国的生存和发展，具有非常重要的意义。

"自碣石循海东行"的辽西道路，既属于并海道交通体系，也可以看作北边道交通格局中的重要线路。辽西道路实现了并海道与北边道两组交通系统的沟通，在秦汉帝国联通全国的交通网络中，成为体现出关键性意义的重要路段。王海认为，河西走廊通路主要由"卢龙—平刚"道、"白狼水—渝水"谷道和辽西"傍海道"三干道组成，形成多线并行、主次分明、布局合理的高效交通网。③ 而辽西"傍海道"是"中原政权处理东北民族关系的'高速路'，是走廊通行效率最高的交通线。"④所谓"高速路"，正符合借用《说文·马部》"驰，大驱也"对"驰道"的解说。段玉裁注："驰亦驱也，较大而疾耳。"⑤

四、辽西并海道战事

《盐铁论·险固》论"关梁者邦国之固，而山社稷之宝"，说到战国时代各

① 《史记》，第252、264、1398—1399页。王子今：《秦汉长城与北边交通》，《历史研究》1988年第6期。
② 研究秦汉交通的论著大多持与此类同的见解，一些国外学者也赞同这一观点，例如汤因比《历史研究》一书中就写道："古代中国统一国家的革命的建立者秦始皇帝，就是由他的京城向四面八方辐射出去的公路的建造者。"[英]汤因比：《历史研究》下册，第25—26页。
③ 王海：《燕秦汉时期辽西走廊考》，待刊稿。
④ 王海：《燕秦汉时期辽西走廊与东北民族关系》，《南都学坛》2013年第1期。
⑤ (汉)许慎撰，(清)段玉裁注：《说文解字注》，第467页。

国凭险筑关，"燕塞碣石，绝邪谷，绕援辽"。①

秦统一的战争历程中，有通过辽西道路灭燕的战役。《史记》卷6《秦始皇本纪》："二十年，燕太子丹患秦兵至国，恐，使荆轲刺秦王。秦王觉之，体解轲以徇，而使王翦、辛胜攻燕。燕、代发兵击秦军，秦军破燕易水之西。二十一年……遂破燕太子军，取燕蓟城，得太子丹之首。燕王东收辽东而王之。""二十五年，大兴兵，使王贲将，攻燕辽东，得燕王喜。"②也就是说，在统一天下的前一年，秦军通过辽西道路的胜利进击，结束了燕国的历史。

《史记》卷110《匈奴列传》记载："（元朔元年）秋，匈奴二万骑入汉，杀辽西太守，略二千余人。胡又入败渔阳太守军千余人，围汉将军安国。安国时千余骑亦且尽，会燕救至，匈奴乃去。"③匈奴骑兵突破"北边"防线，对辽西的侵害，有撼动全局的作用。然而此役之后，似乎汉王朝与匈奴的战争中，并没有再次出现胡骑自辽西南下的危局。辽西并海道路表现的强化"北边"防务的积极作用是值得肯定的。据《后汉书》卷90《乌桓传》："及武帝遣骠骑将军霍去病击破匈奴左地，因徙乌桓于上谷、渔阳、右北平、辽西、辽东五郡塞外，为汉侦察匈奴动静。其大人岁一朝见，于是始置护乌桓校尉，秩二千石，拥节监领之，使不得与匈奴交通。"④民族构成和军事格局又发生了重大变化。

汉武帝发起征伐朝鲜的战争，《史记》卷115《朝鲜列传》中有如下记述："天子募罪人击朝鲜。其秋，遣楼船将军杨仆从齐浮渤海；兵五万人，左将军荀彘出辽东；讨右渠。"《史记》卷30《平准书》说："彭吴贾灭朝鲜，置沧海之郡，则燕、齐之间靡然发动。"⑤朝鲜之战牵动"燕、齐之间"广大区域，辽西并海道路必然承担了重要的军事运输任务。

《后汉书》卷90《鲜卑传》记载："（元初四年）辽西鲜卑连休等遂烧塞门，寇百姓。乌桓……共郡兵奔击，大破之，斩首千三百级，悉获其生口牛马财物。""（熹平六年）冬，鲜卑寇辽西。"是为辽西军事史的重要一页。《后汉书》

---

① 王利器校注：《盐铁论校注》（定本），第526页。
② 《史记》，第233—234页。
③ 《史记》卷108《韩长孺列传》："匈奴大入边，杀辽西太守。"《史记》卷109《李将军列传》："匈奴入，杀辽西太守。"第2906、2864、2871页。
④ 《后汉书》，第2981页。
⑤ 《史记》，第2987、1421页。

卷81《独行列传·赵苞》：“（赵苞）迁辽西太守……遣使迎母及妻子，垂当到郡，道经柳城，值鲜卑万余人入塞寇钞，苞母及妻子遂为所劫质，载以击郡。苞率步骑二万，与贼对阵……即时进战，贼悉摧破，其母妻皆为所害。”①赵苞“甘陵东武城人”，由广陵令迁辽西太守，“苞母及妻子”应当经行辽西道路到郡。辽西郡治阳乐在今辽宁义县西，柳城则在今辽宁朝阳南。所谓“垂当到郡，道经柳城”，所行或即王海所谓“‘白狼水—渝水’谷道”。② 但是亦未可排除行经并海道部分路段的可能。

辽西郡人公孙瓒、辽东郡人公孙度都曾经以强大的军事实力雄踞辽河流域地方。

东汉末年，曹操平定乌丸，显然应当经历辽西并海道路。然而因为出现了异常情况，不得不由山路突击。“九月，公引兵自柳城还。”战胜后回军，应当由所谓“傍海道”通行。③

五、“大水，傍海道不通”与海侵记忆

辽西并海道路较卢龙平冈山路显然便捷平易，因而长期作为联系中原与辽河地区的主要交通线路。然而往往受季节性水害影响，难以通行。④《三国志》卷1《魏书·武帝纪》：“（建安十二年）北征三郡乌丸……夏五月，至无终。秋七月，大水，傍海道不通，田畴请为乡导，公从之。引军出卢龙塞，塞外道绝不通，乃堑山堙谷五百余里，经白檀，历平冈，涉鲜卑庭，东指柳城。未至二百里，虏乃知之。”

对乌丸的远征进展顺利。九月，曹操回军。据裴松之注引《曹瞒传》，“时寒且旱，二百里无复水，军又乏食，杀马数千匹以为粮，凿地入三十余丈乃得水。”井深“三十余丈”，可知“旱”是确凿的史实。“秋七月，大水，傍海道不通”，至九月之“旱”导致行军的另一种困难，这条道路经历的生态环境变化的两个极端，似乎都严重影响了曹操部队的运动。在刘备等敌对势力可能自后偷袭的背景下，曹操在郭嘉的微弱支持下冒险出军，反对意见甚多。战后曹

①　《后汉书》，第2987、2994、2692页。

②　王海：《燕秦汉时期辽西走廊与东北民族关系》，《南都学坛》2013年第1期。

③　《三国志》卷1《魏书·武帝纪》裴松之注引《曹瞒传》，第29页。

④　王子今：《秦汉时代的并海道》，《中国历史地理论丛》1988年2辑。

操亦肯定这些反对意见的合理性。① 后人评价曹操此战，称"徼幸一胜"②，如果注意到进军与退军的交通艰难，或许会有更多的感叹。

"大水，傍海道不通"这一军事史和交通史的重要记录，使人们很容易联想到东汉时期渤海湾西岸曾经发生的大规模的海侵。

《汉书》卷29《沟洫志》记载："大司空掾王横言：河入勃海，勃海地高于韩牧所欲穿处。往者，天尝连雨，东北风，海水溢，西南出，浸数百里；九河之地，已为海所渐矣。"③有学者注意到考古发现的渤海湾西岸的贝壳堤及其他文物遗迹，认为可以证明海岸的推移。④ 谭其骧指出，"发生海侵的年代约当在西汉中叶，距离王横时代不过百年左右。沿海人民对于这件往事记忆犹新，王横所说的，就是根据当地父老的传述"。⑤

《三国志》卷11《魏书·田畴传》关于"大水，傍海道不通"事，是这样记述的："(畴)随军次无终。时方夏水雨，而滨海洿下，泞滞不通，虏亦遮守蹊要，军不得进。太祖患之，以问畴。畴曰：'此道，秋夏每常有水，浅不通车马，深不载舟船，为难久矣。'"⑥于是别走他径，"引军出卢龙塞"。虽然敌方"遮守蹊要"也是重要因素，但是"军不得进"的主要障碍，似是季节性的水害，即所谓"时方夏水雨，而滨海洿下，泞滞不通"。

---

① 《三国志》卷1《魏书·武帝纪》裴松之注引《曹瞒传》："既还，科问前谏者，众莫知其故，人人皆惧。公皆厚赏之，曰：'孤前行，乘危以徼幸，虽得之，天所佐也，故不可以为常。诸君之谏，万安之计，是以相赏，后勿难言之。'"第29页。

② 宋代学者李弥逊说："魏武行三郡如归市，致(袁)熙、(袁)尚如拉枯，可谓英武矣。然天下未定，勒兵远掠，深入它人之境，乘危攻坚，徼幸一胜，亦兵家之所忌，有德者所不为也。"《筠溪集》卷10《议古》"魏武征三郡乌丸"条，《景印文渊阁四库全书》第1130册，第681页。"乘危""徼幸"，都是《三国志》卷1《魏书·武帝纪》裴松之注引《曹瞒传》所见曹操自己的话。

③ 《汉书》，第1697页。

④ 李世瑜：《古代渤海湾西部海岸遗迹及地下文物的初步调查研究》，《考古》1962年第12期；王颖：《渤海湾西部贝壳堤与古海岸线问题》，《南京大学学报(自然科学版)》1964年第3期；天津市文化局考古发掘队：《渤海湾西岸古文化遗址调查》，《考古》1965年第2期。

⑤ 谭其骧：《历史时期渤海湾西岸的大海侵》，《人民日报》1965年10月8日，收入《长水集》下册，人民出版社1987年版。

⑥ 《三国志》，第342页。

但是，所谓"滨海洿下""每常有水"，成为常识性判断，或许有可能与"父老的传述"体现的对于海侵"往事"的记忆有某种关系。而海侵时可能导致"傍海道不通"的推想，也可以帮助我们理解辽西道路的通行史。

第四节　沿海区域的行政与文化

秦汉大一统政体成立之后，中央执政机构面临的行政任务包括对漫长的海岸的控制，神秘的海域亦为秦皇汉武等有作为的帝王所关注。沿海地域共同的文化特征，也在这一时期开始形成。秦汉帝国执政集团的海洋意识与沿海区域控制，是行政史和文化史的研究课题，也是历史地理学的研究课题。

一、"削之会稽""夺之东海"：沿海区域控制

汉初被迫行分封，中央政权实际控制的地域在刘邦时代起初仅二十四郡。沿海地域除济北、临淄、胶东、琅邪外，尽为异姓诸侯所有。① 闽越和南越控制地方由于开发程度较低以及与中央政权的特殊关系，可以在讨论中忽略不计。刘邦时代晚期，有实力的异姓诸侯逐一被翦灭，然而分封的同姓诸侯完全控制了东方地区，汉郡仅余十五。沿海地方全为燕、赵、齐、楚、吴等诸侯王国所有。② 被多数学者判断年代为吕后二年（前186）的张家山汉简《二年律令》所记，透露出当时中央政权和诸侯王国的紧张关系。

汉文帝接受贾谊"众建诸侯而少其力"的建议，分齐为七，琅邪郡归属中央。又河间国除，其地入汉，勃海郡也归于中央。汉王朝对于沿海地方，只控制了勃海、琅邪二郡。据有漫长的海岸线的，是燕、济北、齐、淄川、胶东、楚、吴这几个诸侯王国。③

汉景帝二年（前155）将楚国的东海郡收归中央所有④，是特别值得重视的一项政治举措。秦始皇"立石东海上朐界中，以为秦东门"的地方，曾置东海

① 参见周振鹤：《西汉政区地理》，第9页，《汉高帝五年七异姓诸侯封域示意图》。
② 参见周振鹤：《西汉政区地理》，第11页，《高帝十二年十王国、十五汉郡示意图》。
③ 参见周振鹤：《西汉政区地理》，第13页，《文帝后期十七诸侯二十四郡示意图》。
④ 《史记》卷50《楚元王世家》："王戊立二十年，冬，坐为薄太后服私奸，削东海郡。"第1988页。《汉书》卷36《楚元王传》："王戊稍淫暴，二十年，为薄太后服私奸，削东海、薛郡。"第1924页。

郡，治郯。楚汉之际曾经称郯郡。汉初则属楚国，高帝五年（前202）又曾归于中央，后来仍属楚国。汉景帝二年"以过削"①，使得汉帝国重新据有了"东门"，开启了直通东海的口岸。又以此为据点，楔入吴楚之间，与亲中央的梁国东西彼此对应，实现了北方诸侯和南方诸侯的隔离。② 东海郡地位之重要，还在尹湾出土汉简数据上得以体现。③

汉景帝削藩，极其重视对沿海地方统治权的回收，突出表现在吴楚七国之乱平定之后对于沿海区域的控制，创造了对于高度集中的中央集权空前有利的形势。对于既属沿海又属北边的辽东、辽西、右北平、渔阳，已经由中央政府直接统领。环渤海又据有渤海、平原、东莱郡。黄海、东海海滨，则有琅邪、东海、会稽郡。这一时期诸侯国所控制的沿海地区，只有燕、齐、淄川、胶东、江都国所据海岸。④《史记》卷17《汉兴以来诸侯王年表》记述这一时期的政治地理形势：

> 吴楚时，前后诸侯或以适削地，是以燕、代无北边郡，吴、淮南、长沙无南边郡，齐、赵、梁、楚支郡名山陂海咸纳于汉。诸侯稍微，大国不过十余城，小侯不过数十里，上足以奉贡职，下足以供养祭祀，以蕃辅京师。而汉郡八九十，形错诸侯间，犬牙相临，秉其阨塞地利，强本干，弱枝叶之势，尊卑明而万事各得其所矣。⑤

所谓"名山陂海咸纳于汉"，值得治秦汉史者高度关注。平定吴楚七国之乱后，汉王朝中央政权不仅控制了"北边郡"和"南边郡"，也控制了沿海的东边郡。《盐铁论·晁错》：

> 晁生言诸侯之地大，富则骄奢，急即合从。故因吴之过而削之会稽，

---

① 《汉书》卷28上《地理志上》"东海郡"条："高帝置。"颜师古注引应劭曰："秦郯郡。"第1588页。（清）王先谦《汉书补注》："全祖望曰：'故秦郡，楚汉之际改名郯郡，属楚国。高帝五年属汉，复故，仍属楚国。景帝二年复故。'以过削。"第746页。
② 参见周振鹤：《西汉政区地理》，第14页，《景帝三年初吴楚七国叛乱前形势图》。
③ 连云港市博物馆、中国社会科学院简帛研究中心、东海县博物馆、中国文物研究所：《尹湾汉墓简牍》，中华书局1997年版。
④ 参见周振鹤：《西汉政区地理》，第15页，《景帝中元六年二十五王国示意图》。
⑤ 《史记》，第803页。

因楚之罪而夺之东海，所以均轻重，分其权，而为万世虑也。①

削藩战略的重要主题之一，或者说削藩战略的首要步骤，就是夺取诸侯王国的沿海地方。

有学者指出了吴楚七国之乱前后削藩的对象齐、楚、赵等国疆域的损失："吴楚七国之乱前，景帝削楚之东海郡……"，"齐'纳于汉'的支郡有北海、济南、东莱、平原和琅邪五郡"，赵地渤海"入汉为郡"。②

汉武帝时代除强制性实行推恩令使诸侯国政治权力萎缩，而中央权力空前增长，对原先属于诸侯国的沿海地区实现了全面的控制之外，又于元鼎六年(前111)灭南越、闽越，置南海、郁林、苍梧、合浦、儋耳、珠崖、交趾、九真、日南郡③，其中多数临海，就区域划分来说，均属于沿海地区。元封三年(前108)灭朝鲜及其附庸，置乐浪、真番、临屯、玄菟四郡。④"至此是西汉直属郡国版图臻于极盛之时"⑤，而汉帝国对于海岸的控制也达到空前全面、空前严密的程度。

二、削藩主题与"四海宾服"理想

汉帝国中央执政集团力求强有力地控制沿海区域的努力，从表面看来，其直接的出发点，似乎主要出于经济利益的考虑，即对食盐生产基地的掌控。晁错对吴王刘濞的指控，首先即"即山铸钱，煮海为盐，诱天下亡人谋作乱逆"。⑥《盐铁论·刺权》也指责诸侯王"以专巨海之富而擅鱼盐之利也"。⑦"巨

---

① 王利器校注：《盐铁论校注》(定本)，第114页。

② 董平均：《西汉分封制度研究——西汉诸侯王的隆替兴衰考略》，甘肃人民出版社2003年版，第128—129页。

③ 《史记·平准书》："汉连兵三岁，诛羌，灭南越，番禺以西至蜀南者置初郡十七。"裴骃《集解》："徐广曰：'南越为九郡。'骃案：晋灼曰：'元鼎六年，定越地，以为南海、苍梧、郁林、合浦、交趾、九真、日南、珠崖、儋耳郡。'"第1440页。

④ 《汉书·天文志》："朝鲜在海中。"第3867、1306页。

⑤ 参见周振鹤：《西汉政区地理》，第17页。

⑥ 《汉书·吴王濞传》，第1906页。

⑦ 王利器校注：《盐铁论校注》(定本)，第120页。

海鱼盐"是重要的资源。《盐铁论》中所谓"山海之货"①、"山海之财"②、"山海之利"③，"山海者，财用之宝路也"④，也反复强调海产收益的经济意义。然而事实上皇帝与诸侯王对沿海地方的争夺，绝不仅仅是贪求"海盐之饶"⑤，针对个别的盐产地。

　　对于"海"的控制，是据有"天下"的一种象征。《墨子·非命下》："贵为天子，富有天下。"⑥贾谊《过秦论》："贵为天子，富有四海。"⑦这种观念在汉代社会似已相当普及。《文选》卷37《曹子建求自试表》："方今天下一统。"李善注："《尚书大传》曰：'周公一统天下，合和四海。'"⑧《说苑·贵德》："大仁者，恩及四海。""桀纣以不仁失天下，汤武以积德有海土。"⑨《淮南子·览冥》："逮至当今之时，天子在上位，持以道德，辅以仁义，近者献其智，远者怀其德，拱揖指麾而四海宾服，春秋冬夏皆献其贡职，天下混而为一，子孙相代，此五帝之所以迎天德也。"《淮南子·兵略》："上视下如子，则必王四海；下视上如父，则必正天下。"⑩这些议论均体现出"四海"与"天下"的关系。"天子""富有四海"⑪，"四海之内莫不仰德"⑫，已经成为常识性的政治定理。《史记》卷8《高祖本纪》载萧何语："天子四海为家。"《汉书·高帝纪下》作"天子

---

① 《盐铁论》之《本议》《通有》《复古》，王利器校注：《盐铁论校注》（定本），第3—4、42、78页。

② 《盐铁论·力耕》，王利器校注：《盐铁论校注》（定本），第28页。

③ 《盐铁论·复古》，王利器校注：《盐铁论校注》（定本），第78页。

④ 《盐铁论·禁耕》，王利器校注：《盐铁论校注》（定本），第68页。

⑤ 《史记·货殖列传》，第3267页。

⑥ （清）孙诒让撰，孙启治点校：《墨子间诂》，中华书局2001年版，第279页。

⑦ （汉）贾谊撰，阎振益、钟夏校注：《新书校注》，中华书局2000年版，第16页。《汉书·东方朔传》，第2858页。

⑧ （梁）萧统编，（唐）李善、吕延济、刘良、张铣、吕向、李周翰注：《六臣注文选》，第688页。

⑨ （汉）刘向撰，赵善诒疏证：《说苑疏证》，第111页。

⑩ 何宁撰：《淮南子集释》，第497、1088页。

⑪ 《潜夫论·论荣》，（汉）王符著，（清）汪继培笺，彭铎校正：《潜夫论笺校正》，中华书局1985年版，第35页。

⑫ 《汉书》卷1上《高帝纪上》，第34页。

以四海为家"。① 如果不据有"海土",则不被认为拥有了"天下"。可能对于汉帝国最高执政者沿海区域政策的确立来说,这一观念是重要的政治文化因素之一。

《盐铁论·论邹》写道:"所谓中国者,天下八十一分之一,名曰赤县神州,而分为九州。绝陵陆不通,乃为一州,有大瀛海圜其外。此所谓八极,而天地际焉。《禹贡》亦著山川高下原隰,而不知大道之径。故秦欲达九州而方瀛海,牧胡而朝万国。""昔秦始皇已吞天下,欲并万国,亡其三十六郡;欲达瀛海,而失其州县。"②所谓"欲达瀛海",所谓"欲达九州而方瀛海",都体现了追求真正的"大一统"的政治雄心。

《盐铁论·错币》说:"吴王擅鄣海泽","山东奸猾,咸聚吴国"。③ 中央政府对这一现象的警觉和仇视,主要并不是基于经济因素,而是基于政治因素。

三、"苍海郡""珠崖郡"得失

汉武帝曾经置沧海郡。《史记》卷30《平准书》记载:"彭吴贾灭朝鲜,置沧海之郡。"④《汉书·食货志》:"彭吴穿秽貊朝鲜,置沧海郡。"⑤"沧海"又写作"苍海"。周振鹤有《苍海郡考》,其中推测:"苍海郡地当在朝鲜东部临海之地,即濊人所居处。"又说:"苍海郡之地望尚不能作肯定之说,于目前,只能暂据《汉书》,以单单大岭以东,今江原道之地当之,以俟今后进一步考订。"⑥《汉书》卷58《公孙弘传》:"时又东置苍海,北筑朔方之郡。弘数谏,以为罢弊中国以奉无用之地,愿罢之。于是上乃使朱买臣等难弘置朔方之便。发十策,弘不得一。弘乃谢曰:'山东鄙人,不知其便若是,愿罢西南夷、苍

---

① 《史记》,第386页。《汉书》,第64页。《潜夫论·浮侈》:"王者以四海为一家。"(汉)王符著,(清)汪继培笺,彭铎校正:《潜夫论笺校正》,第120页。蔡邕《独断》:"天子以四海为家。"(汉)蔡邕:《独断》,《丛书集成初编》第811册,商务印书馆1939年版,第2页。

② 王利器校注:《盐铁论校注》(定本),第551、552页。

③ 王利器校注:《盐铁论校注》(定本),第57页。

④ 《史记》卷30《平准书》:"东至沧海之郡,人徒之费拟于南夷。"第1421页。

⑤ 《汉书》,第1157页。

⑥ 周振鹤:《西汉政区地理》,第226—227页。

海，专奉朔方。'上乃许之。"①公孙弘起初对汉武帝的边疆政策全面提出异议，经过廷前辩论，放弃了对北边的主张，但是依然坚持罢苍海郡，得到汉武帝的认可。这似乎是汉王朝中央政权海洋政策有所收缩的迹象。

另一值得重视的历史现象，是珠崖郡的命运。

《汉书》卷 27 中之下《五行志中之下》："武帝元鼎五年秋，蛙与虾蟆群斗。是岁，四将军众十万征南越，开九郡。"颜师古注："谓得越地以为南海、苍梧、郁林、合浦、交趾、九真、日南、珠崖、儋耳郡也。"《汉书》卷 95《南粤传》："南粤已平。遂以其地为儋耳、珠崖、南海、苍梧、郁林、合浦、交趾、九真、日南九郡。"②《汉书》卷 96 下《西域传下》则说"建珠崖七郡"③。"九郡"之说和"七郡"之说的矛盾，或许可以由《晋书·地理志下》的记载得以澄清："武帝元鼎六年，讨平吕嘉，以其地为南海、苍梧、郁林、合浦、日南、九真、交趾七郡，盖秦时三郡之地。元封中，又置儋耳、珠崖二郡，置交趾刺史以督之。"④可知先有"七郡"后有"九郡"，而所谓"建珠崖七郡"的说法也是不确实的。"珠崖"不在"七郡"之中，而在"九郡"之中。

汉帝国对"珠崖"的经营曾经出现反复。《汉书》卷 28 下《地理志下》："自合浦徐闻南入海，得大州，东西南北方千里，武帝元封元年略以为儋耳、珠崖郡。民皆服布如单被，穿中央为贯头。男子耕农，种禾稻纻麻，女子桑蚕织绩。亡马与虎，民有五畜，山多麈麈。兵则矛、盾、刀，木弓弩，竹矢，或骨为镞。自初为郡县，吏卒中国人多侵陵之，故率数岁壹反。元帝时，遂罢弃之。"《汉书·宣帝纪》：甘露二年(前 52)，"夏四月，遣护军都尉禄将兵击珠崖。"《汉书·元帝纪》：初元三年(前 46)春，"珠厓郡山南县反，博谋群臣。待诏贾捐之以为宜弃珠崖，救民饥馑。乃罢珠厓。"⑤《后汉书·南蛮传》说："秦并天下，威服蛮夷，始开领外，置南海、桂林、象郡。汉兴，尉佗自立为

①　《汉书》，第 2619 页。
②　《汉书》，第 1430—1431、3859 页。《后汉书》卷 86《南蛮传》也说："秦并天下，威服蛮夷，始开领外，置南海、桂林、象郡。汉兴，尉佗自立为南越王，传国五世。至武帝元鼎五年，遂灭之，分置九郡，交趾刺史领焉。"第 2835 页。
③　《汉书》，第 3928 页。
④　《晋书》，第 464 页。
⑤　《汉书》，第 1670、269、283 页。

南越王，传国五世。至武帝元鼎五年，遂灭之，分置九郡，交阯刺史领焉。其珠崖、儋耳二郡在海洲上，东西千里，南北五百里。其渠帅贵长耳，皆穿而缒之，垂肩三寸。武帝末，珠崖太守会稽孙幸调广幅布献之，蛮不堪役，遂攻郡杀幸。幸子豹合率善人还复破之，自领郡事，讨击余党，连年乃平。豹遣使封还印绶，上书言状，制诏即以豹为珠崖太守。威政大行，献命岁至。中国贪其珍赂，渐相侵侮，故率数岁一反。元帝初元三年，遂罢之。凡立郡六十五岁。"①《晋书·地理志下》写道："昭帝始元五年，罢儋耳并珠崖。元帝初元三年，又罢珠崖郡。"②

关于"珠崖"罢弃，有贾捐之的著名辩议。《汉书·贾捐之传》："初，武帝征南越，元封元年立儋耳、珠厓郡，皆在南方海中洲居，广袤可千里，合十六县，户二万三千余。其民暴恶，自以阻绝，数犯吏禁，吏亦酷之，率数年壹反，杀吏，汉辄发兵击定之。自初为郡至昭帝始元元年，二十余年间，凡六反叛。至其五年，罢儋耳郡并属珠厓。至宣帝神爵三年，珠厓三县复反。反后七年，甘露元年，九县反，辄发兵击定之。元帝初元元年，珠厓又反，发兵击之。诸县更叛，连年不定。上与有司议大发军，捐之建议，以为不当击。上使侍中驸马都尉乐昌侯王商诘问捐之曰：'珠厓内属为郡久矣，今背畔逆节，而云不当击，长蛮夷之乱，亏先帝功德，经义何以处之？'"捐之对言批评秦时"兴兵远攻，贪外虚内，务欲广地，不虑其害"，以致失败的政策，也指责汉武帝以来"廓地泰大，征伐不休"，导致政治危局的出现。对于其海洋政策和沿海控制，也涉及"东过碣石以玄菟、乐浪为郡"和"制南海以为八郡"的情形，又警告说：

> 今陛下不忍悁悁之忿，欲驱士众挤之大海之中，快心幽冥之地，非所以救助饥馑，保全元元也。

他认为，关东地方"民众久困，连年流离，离其城郭，相枕席于道路"，已成"社稷之忧"。"骆越之人父子同川而浴，相习以鼻饮，与禽兽无异，本不足郡县置也。颛颛独居一海之中，雾露气湿，多毒草虫蛇水土之害，人未见虏，

① 《后汉书》，第2835—2836页。

② 《晋书》，第464页。

战士自死。又非独珠厓有珠犀瑇瑁也，弃之不足惜，不击不损威。其民譬犹鱼鳖，何足贪也！"坚决建议："愿遂弃珠厓，专用恤关东为忧。"贾捐之的意见得到丞相于定国的支持，于是汉元帝从之。遂下诏曰："珠厓虏杀吏民，背畔为逆，今廷议者或言可击，或言可守，或欲弃之，其指各殊。朕日夜惟思议者之言，羞威不行，则欲诛之；狐疑辟难，则守屯田；通于时变，则忧万民。夫万民之饥饿，与远蛮之不讨，危孰大焉？且宗庙之祭，凶年不备，况乎辟不嫌之辱哉！今关东大困，仓库空虚，无以相赡，又以动兵，非特劳民，凶年随之。其罢珠厓郡。民有慕义欲内属，便处之；不欲，勿强。"①珠厓于是撤郡。

汉元帝时期罢珠厓，对海南地方行政权力的放弃，后来受到历代儒学政论家的赞扬。元帝诏书被称颂为实践仁政的"德音"。②"罢珠厓郡"的举措，似乎可以说明西汉晚期海洋政策的消极倾向。然而当时作出这一决策，是因为国内政局的沉重压力。

四、海上战争与滨海区域文化

《盐铁论·地广》说："横海征南夷，楼船戍东越，荆、楚罢于瓯、骆；左将伐朝鲜，开临屯，燕、齐困于秽貉。"③海上战争行为，一方面使得沿海区域为运输军备、补充兵员，承受了沉重的负担；另一方面，使得这些地方的经济活力得到激发。

汉武帝时代曾经主动发起的对外战争，除了对匈奴的战争具有反击的性质而外，其他方向的攻击则都明显表现出扩张的特征。《盐铁论·备胡》写道：

> 往者，四夷俱强，并为寇虐：朝鲜逾徼，劫燕之东地；东越越东海，略浙江之南；南越内侵，滑服令……④

① 《汉书》，第 2830、2833—2835 页。
② 《后汉书·鲜卑传》载蔡邕议："昔珠厓郡反，孝元皇帝纳贾捐之言，而下诏曰：'珠厓背畔，今议者或曰可讨，或曰弃之。朕日夜惟思，羞威不行，则欲诛之；通于时变，复忧万民。夫万民之饥与远蛮之不讨，何者为大？宗庙之祭，凶年犹有不备，况避不嫌之辱哉！今关东大困，无以相赡，又当动兵，非但劳民而已。其罢珠厓郡。'此元帝所以发德音也。"第 2992—2993 页。
③ 王利器校注：《盐铁论校注》（定本），第 207—208 页。
④ 王利器校注：《盐铁论校注》（定本），第 445 页。

这样的说法看来是不确切的。值得我们注意的，还在于对朝鲜、东越和南越的战争，都调用了楼船军。①

《史记》卷30《平准书》："因南方楼船卒二十余万人击南越。"《史记》卷113《南越列传》："（汉武帝）下赦曰：'天子微，诸侯力政，讥臣不讨贼。今吕嘉、建德等反，自立晏如，令罪人及江淮以南楼船十万师往讨之。'""元鼎五年秋，卫尉路博德为伏波将军，出桂阳，下汇水；主爵都尉杨仆为楼船将军，出豫章，下横浦；故归义越侯二人为戈船、下厉将军，出零陵，或下离水，或抵苍梧；使驰义侯因巴蜀罪人，发夜郎兵，下牂柯江：咸会番禺。""元鼎六年冬，楼船将军将精卒先陷寻陕，破石门，得越船粟，因推而前，挫越锋，以数万人待伏波。伏波将军将罪人，道远，会期后，与楼船会乃有千余人，遂俱进。楼船居前，至番禺。建德、嘉皆城守。楼船自择便处，居东南面；伏波居西北面。会暮，楼船攻败越人，纵火烧城。越素闻伏波名，日暮，不知其兵多少。伏波乃为营，遣使者招降者，赐印，复纵令相招。楼船力攻烧敌，反驱而入伏波营中。犁旦，城中皆降伏波。""南越已平矣。遂为九郡。伏波将军益封。楼船将军兵以陷坚为将梁侯。"楼船将军杨仆的部队是征伐南越的主力，"出豫章，下横浦"，"陷寻陕，破石门"，于是先"至番禺"，之所以能够"陷坚""居前"，很可能是在水战中发挥了适应于海上作战的能力。而事实上东越人参战，确实有海上进军的计划。《史记》卷114《东越列传》："元鼎五年，南越反，东越王余善上书，请以卒八千人从楼船将军击吕嘉等。兵至揭扬，以海风波为解，不行，持两端，阴使南越。及汉破番禺，不至。"②

随即发生的平定东越的战事，可以看到海军的表现。"是时楼船将军杨仆使使上书，愿便引兵击东越。上曰士卒劳倦，不许，罢兵，令诸校屯豫章梅领待命。"元鼎六年（前111），"天子遣横海将军韩说出句章，浮海从东方往；楼船将军杨仆出武林；中尉王温舒出梅岭；越侯为戈船、下濑将军，出若邪、白沙。元封元年冬，咸入东越。东越素发兵距险，使徇北将军守武林，败楼

---

① 有人甚至说秦代已经有了"楼船军"。《史记·平津侯主父列传》："及至秦王，蚕食天下，并吞战国，称号曰皇帝，主海内之政……欲肆威海外，乃使蒙恬将兵以北攻胡，辟地进境，戍于北河，蜚刍挽粟以随其后。又使尉屠睢将楼船之士南攻百越。"第2958页。

② 《史记》，第1438—1439、2974—2976、2982页。

船军数校尉，杀长吏。楼船将军率钱唐辕终古斩徇北将军，为御儿侯。自兵
未往。"战役中，"横海将军先至"，"（余善属下）乃遂俱杀余善，以其众降横海
将军"，汉武帝"封横海将军说为案道侯；封横海校尉福为缭嫈侯"。①

《史记》卷 115《朝鲜列传》记载："天子募罪人击朝鲜。其秋，遣楼船将军
杨仆从齐浮渤海；兵五万人，左将军荀彘出辽东：讨右渠。右渠发兵距险。
左将军卒正多率辽东兵先纵，败散，多还走，坐法斩。楼船将军将齐兵七千
人先至王险。"楼船将军部队能够"先至"，是因为海路径直而陆路迂远。在许
多情况下通过海上航线可以实现较陆路先进的交通效率②，这使得借助航运
条件有利于沿海区域控制的情形为执政者所重视。

五、"海崖""海垂之际"的行政难度

"海广大无限界。"③海上，长期是中原内陆王朝控制力所不及的空间，而
沿海地方的行政机能亦比较落后。所谓"处海垂之际"④、"藩臣海崖"⑤，都指
出这些地方的边缘化地位。"吕望、伯夷自海滨来归之"⑥，标志着周文王受
命行德政的成就。"公孙弘自海濒而登宰相"，也曾经被看作异常现象，被归
结于明主"进拔幽隐"之功。⑦ 隽不疑面对直指使者暴胜之，也有"窃伏海濒，
闻暴公子威名旧矣"的自谦之辞。⑧

孔子曾经有"道不行，乘桴浮于海"的感叹。⑨ 这既可以读作一种无奈的
叹息，也可以读作向主流政治表示独立意志的文化宣言。《史记》卷 41《越王句
践世家》："范蠡浮海出齐，变姓名，自谓鸱夷子皮，耕于海畔，苦身戮

---

① 《史记》，第 2982—2983 页。

② 《史记》，第 2987 页。参见王子今：《秦汉时期的近海航运》，《福建论坛》1991 年第
5 期。

③ 《汉书》卷 25 下《郊祀志下》，第 1265 页。

④ 《说苑·奉使》，（汉）刘向撰，赵善诒疏证：《说苑疏证》，第 335 页。

⑤ 《盐铁论·险固》，王利器校注：《盐铁论校注》（定本），第 526 页。

⑥ 《史记》卷 99《刘敬叔孙通列传》，第 2715—2716 页。

⑦ 《汉书》卷 18《外戚恩泽侯表》。颜师古注："海濒，谓近海之地。"第 677、678 页。
据《汉书》卷 58《公孙弘传》，公孙弘早年"家贫，牧豕海上"。第 2613 页。

⑧ 《汉书》卷 71《隽不疑传》，第 3035 页。

⑨ 《论语·公冶长》，程树德撰，程俊英、蒋见元点校：《论语集释》，第 299 页。

力。"①是为一具体的"浮海"流亡事迹。又如《史记》卷 83《鲁仲连邹阳列传》："聊城乱，田单遂屠聊城。归而言鲁连，欲爵之。鲁连逃隐于海上。"②

另一个属于秦汉时期的典型的例证，是田横及其五百士的故事。

《史记》卷 94《田儋列传》记载田横事："汉灭项籍，汉王立为皇帝，以彭越为梁王。田横惧诛，而与其徒属五百余人入海，居岛中。高帝闻之，以为田横兄弟本定齐，齐人贤者多附焉，今在海中不收，后恐为乱，乃使使赦田横罪而召之。田横因谢曰：'臣亨陛下之使郦生，今闻其弟郦商为汉将而贤，臣恐惧，不敢奉诏，请为庶人，守海岛中。'使还报，高皇帝乃诏卫尉郦商曰：'齐王田横即至，人马从者敢动摇者致族夷！'乃复使使持节具告以诏商状，曰：'田横来，大者王，小者乃侯耳；不来，且举兵加诛焉。'田横乃与其客二人乘传诣雒阳。"未至三十里，至尸乡厩置，遂自刭，令客奉其头，从使者驰奏之高帝。高帝为之流涕，"而拜其二客为都尉，发卒二千人，以王者礼葬田横。既葬，二客穿其冢旁孔，皆自刭，下从之。高帝闻之，乃大惊，大田横之客皆贤。吾闻其余尚五百人在海中，使使召之。至则闻田横死，亦皆自杀"。所谓"与其徒属五百余人入海，居岛中""守海岛中"③，《后汉书》卷 24《马援传》李贤注写作"以五百人保于海岛"。田横所居之海岛，后世称"田横岛"，仍有流亡隐居故事。④

闽粤王弟余善面对汉军事压力，与宗族相谋："今杀王以谢天子。天子听，罢兵，固一国完；不听，乃力战；不胜，即亡入海。"⑤吴楚七国之乱发起时，刘濞集团中也有骨干分子在谋划时说："击之不胜，乃逃入海，未晚也。"⑥滨海地方"亡入海""逃入海"的方便，成为地方治安的难题。

---

① 《史记》，第 1752 页。

② 《史记》，第 2469 页。

③ 张守节《正义》："按：海州东海县有岛山，去岸八十里。"《史记》，第 2647—2649 页。

④ 《后汉书》，第 847 页。《北齐书》卷 34《杨愔传》说其愔从兄幼卿逃亡事："遂弃衣冠于水滨若自沉者，变易名姓，自称刘士安，入嵩山……又潜之光州，因东入田横岛，以讲诵为业，海隅之士，谓之刘先生。"第 455 页。

⑤ 《史记》卷 114《东越列传》，第 2981 页。

⑥ 《史记》卷 106《吴王濞列传》，第 2835 页。《汉书》卷 35《荆燕吴传·吴王刘濞》："不胜而逃入海，未晚也。"第 1917 页。

当中原内乱时，人们选择流亡路径，往往会考虑浮海远行。汉文帝三年（前177），济北王刘兴居反，王仲惧祸，"乃浮海东奔乐浪山中，因而家焉"。① 王莽专政，逢萌"即解冠挂东都城门，归，将家属浮海，客于辽东"。② 东汉末年，更多有"遭王道衰缺，浮海遁居"③的情形。东莱黄人太史慈，北朱虚人邴原、管宁，乐安盖人国渊，平原人王烈等，都曾避战乱入海至于辽东。④ 曹魏景初、正始年间，为安置"渡海""流民"特意规划新的行政区⑤，可知这种海上户口流动对于国家行政管理造成了怎样的新的困难。

六、陈寅恪：反叛与"滨海地域"文化

由于滨海地区特殊的地理条件，其地反政府的武装往往具有很强的机动性。汉安帝永初三年（109）发生"海贼"张伯路等起义，"自称'将军'，寇滨海九郡"，又"乘船浮海，深入远岛"，相机出击。曾经由东莱"遁走辽东，止海岛上"，又"复抄东莱闲"，在情势危急时再次"逃还辽东"。政府调集镇压的兵力，"发幽、冀诸郡兵，合数万人"，历时两年，方扑灭起义，致使"州界清静"。起义军席卷"滨海九郡"，政府动用了"幽、冀诸郡兵"，而指挥官法雄则是青州刺史，镇压的主力是东莱郡兵和辽东郡兵，起义者最终在辽东被"斩平"。⑥

秦始皇、汉武帝出巡时曾经往复经行的并海道，有沟通沿海地区经济文化的意义。⑦ 这一地区以其对外联系的方便，又成为往东海和南海扩张汉文化影响的强辐射带。⑧

---

① 《后汉书》卷76《循吏列传·王景》，第2464页。
② 《后汉书》卷83《逸民列传·逢萌》，第2759页。
③ 《三国志·魏书·管宁传》，第356页。
④ 《三国志》卷49《吴书·太史慈传》，《三国志》卷11《魏书·邴原传》，《三国志》卷11《魏书·管宁传》，《三国志》卷11《魏书·国渊传》，《三国志》卷11《魏书·王烈传》，《后汉书》卷81《独行列传·王烈》。
⑤ 《三国志》卷4《魏书·齐王纪》：景初三年（239），"夏六月，以辽东东沓县吏民渡海居齐郡界，以故纵城为新沓县以居徙民。"正始元年（240）春二月，"丙戌，以辽东汶、北丰县民流徙渡海，规齐郡之西安、临菑、昌国县界为新汶、南丰县，以居流民。"第118、119页。
⑥ 《后汉书》卷38《法雄传》，第1277页。
⑦ 参见王子今：《秦汉时代的并海道》，《中国历史地理论丛》1988年2辑。
⑧ 参见王子今：《秦汉时期的东洋与南洋航运》，《海交史研究》1992年第1期。

多种因素的历史作用导致"滨海地域"独特文化个性的形成。

陈寅恪曾经发表《天师道与滨海地域之关系》。他指出，天师道与滨海地域有密切关系，黄巾起义等反叛可以"用滨海地域一贯之观念以为解释"，"凡信仰天师道者，其人家世或本身十分之九与滨海地域有关"。① 这一文化地理现象，也值得我们注意。

"滨海地域"特殊的文化风格，使得处于内地的王朝执政集团的地方管理不得不面对复杂的行政难题。

七、"海濒仄陋"

南朝人江淹有《石劫赋并序》，其中说到"海人"。序文写道："海人有食石劫，一名紫蕾，蚌蛤类也。春而发华，有足异者。戏书为短赋。"其赋曰：

> 我海若之小臣，具品色于沧溟。既炉天而铜物，亦禽化而染灵。比文豹而无恤，方珠蛤而自宁。冀湖涛之蔽迹，愿洲渚以沦形。故其所巡，左委羽，右穷发。日照水而东升，山出波而隐没。光避伏而不耀，智埋冥而难发。何弱命之不禁，遂永至于夭阅？
>
> 已矣哉！请去海人之仄陋，充公子之嘉客。傥委身于玉盘，从风雨而可惜。

全文两次出现"海人"。关于"请去海人之仄陋"，有学者作注："张平子《思玄赋》曰：独幽守此仄陋兮，敢怠遑而舍勤。"②以汉赋解说江淹赋作，是因为六朝赋家多继承汉赋作者风格。其实汉代文献出现"仄陋"一语者，还有《汉书》卷89《循吏传》"宣帝繇仄陋而登至尊"③等。另一例即谏大夫鲍宣上言汉哀帝："高门去省户数十步，求见出入，二年未省，欲使海濒仄陋自通，远矣！愿赐数刻之间，极竭毣毣之思，退入三泉，死亡所恨。"④鲍宣"海濒仄陋"的说法，可以帮助我们理解江淹"请去海人之仄陋"的语义。鲍宣渤海高城人，地在今

---

① 陈寅恪：《天师道与滨海地域之关系》，《"中央研究院"历史语言研究所集刊》第3本第4分册，收入《金明馆丛稿初编》（陈寅恪文集之二），上海古籍出版社1980年版，第1—40页。

② （明）胡之骥注，李长路、赵威点校：《江文通集汇注》，中华书局1984年版，第23页。

③ 《汉书》，第3624页。

④ 《汉书》卷72《鲍宣传》，第3093页。

河北盐山东，正位于"海濒"。而"仄陋"一语的较早使用，见于《晏子春秋》卷8《外篇下》。同样可以看作出身"海濒"的齐国名臣晏子自称"婴者，仄陋之人也"。①

也许"海濒仄陋"、"海人""仄陋"，体现了沿海地区在一定历史时期因距离国家政治重心比较偏远，文化亦未能领先。前引《丹铅续录》所谓"微尔渔暨樵，邈矣其獢"，体现了对"海人"和"山客"共同的蔑视。曹植《与杨德祖书》："人各有好尚，兰茝荪蕙之芳，众人所好；而海畔有逐臭之夫。"②故事出自《吕氏春秋·遇合》："人有大臭者，其亲戚兄弟妻妾，知识无能与居者，自苦而居海上。海上人有说其臭者，昼夜随之而弗能去。"③《吕氏春秋》所谓"说其臭"的"海上人"，曹植所谓"海畔""逐臭之夫"，南北朝刘昼《刘子》卷8《殊好》就直接称之为"海人"："众鼻之所芳也，海人悦至臭之夫，不爱芳馨之气。海人者，其人在海畔住，乐闻死人极臭之气。有一人独来海边，其人受性，身作死人臭。海人闻之，竞逐死人臭，竟日闻气不足也。"④"海人""逐臭"的故事，或许反映了内地人对"海人"性情的生疏，也体现了对"海人"的某种歧视。而事实上"海人"对海洋探索和海洋开发的贡献，是我们总结中国海洋史和中国海洋学史时不应当忽视的。

第五节 "秦东门"与东海郡形势

秦始皇"立石东海上朐界中，以为秦东门"，是国家行政规划史和交通建设史上的大事，对于沿海区域管理、海域控制和海洋开发也有重要意义。东海郡作为海岸线的中点受到特别的重视。汉景帝时"夺之东海"，是削藩事业的重大动作，亦成为激起吴楚七国之乱的重要动因之一。尹湾汉简"武库永始四年兵车器集簿"所见兵器储存量的超大规模，也说明东海郡地位的特殊。就相关现象作历史学分析，可以透视秦汉帝国执政集团的海洋观和海洋政策，对于认识秦汉时期的海洋开发史，也有积极的意义。

---

① 吴则虞编著：《晏子春秋集释》，中华书局1962年版，第484页。
② 《文选》卷42，（梁）萧统编，（唐）李善、吕延济、刘良、张铣、吕向、李周翰注：《六臣注文选》，第790页。
③ 许维遹撰，梁运华整理：《吕氏春秋集释》，第345页。
④ 傅亚庶撰：《刘子校释》，中华书局1998年版，第383页。

一、"立石东海上朐界中，以为秦东门"

秦始皇二十六年(前221)"初并天下"，次年出巡陇西、北地。随后二十八年(前219)第二次出行，即以东海为巡察对象。他在统一之后的五次巡行，四次均行至海上。在国家行政力量支持下的燕齐海上方士们追求仙山仙药的航行，开启了海洋探索的新热潮。秦始皇对于海洋的特殊关注①，体现出当时社会文化视野中海洋地位的空前上升。而通过高层执政集团的表现，可以看到其异常积极的态度。琅邪刻石说秦始皇行程："东抚东土，以省卒士。事已大毕，乃临于海。"临海，是"抚东土""省卒士"的终极动作，也象征着事业大成。琅邪刻石又有一段"颂秦德"的文字："六合之内，皇帝之土。西涉流沙，南尽北户。东有东海，北过大夏。人迹所至，无不臣者。"②其中所谓"东有东海"，被看作秦帝国威权至上，"皇帝之土"空前广大的重要标志。

秦始皇经营驰道，创造了通行效率空前的交通网。驰道据说"濒海之观毕至"③，"并海"道路即所谓"傍海道"的开通④，体现出对沿海地方文化管理和行政控制的重视。秦始皇又在东海滨立石作为"秦东门"。《史记》卷6《秦始皇本纪》记载秦始皇三十五年(前212)事：

> 立石东海上朐界中，以为秦东门。⑤

《说苑·反质》的说法是："(秦始皇)立石阙东海上朐山界中，以为秦东门。"⑥《隶释》卷2《东海庙碑》则写道："碑阴：阙者秦始皇所立，名之秦东门。阙事在《史记》。"⑦

关于"秦东门"，秦人的早期规划只是置于河渭交汇处。《初学记》卷6引

---

① 参见王子今：《略论秦始皇的海洋意识》，《光明日报》2012年12月13日。
② 《史记》卷6《秦始皇本纪》，第245页。
③ 《汉书》卷51《贾山传》，第2328页。
④ 参见王子今：《秦汉时代的并海道》，《中国历史地理论丛》1988年2辑。
⑤ 《史记》，第256页。
⑥ (汉)刘向撰，赵善诒疏证：《说苑疏证》，第602页。
⑦ 碑文有言："惜勋绩不著，后世无闻，遂作颂曰：'浩浩仓海，百川之宗。经络八极，潢□□洪。波润……物，云雨出焉。天渊□□，祯祥所……'"(宋)洪适撰：《隶释　隶续》，《景印文渊阁四库全书》第681册，第448页。中华书局据洪氏晦木斋刊本1985年影印版"经络"作"经落"，第30页。

《三辅旧事》云：“初秦都渭北，渭南作长乐宫，桥通二宫间。表河以为秦东门，表汧以为秦西门，二门相去八百里。”①《史记》卷6《秦始皇本纪》张守节《正义》：“《三辅旧事》云：‘始皇表河以为秦东门，表汧以为秦西门，表中外殿观百四十五，后宫列女万余人，气上冲于天。’”②“秦东门”和“秦西门”之间，是秦的中心区域，有密集的宫殿建筑和人数众多的宫廷服务人员。这里所说的“表河以为秦东门”，应是秦始皇三十五年（前212）之前的事。秦始皇三十五年改置“秦东门”于“东海上胸界中”，对于我们考察秦政治格局中海洋的地位有重要意义。

“秦东门”有“阙”的设计，又可以与甘泉宫北的“石阙”③以及阿房宫南之所谓“表南山之颠以为阙”④形成空间对应关系。

《太平寰宇记》卷22《河南道二十二·海州》：“植石庙在县北四里。《史记》曰：始皇三十五年，立石东海上胸界中以为秦东门。今门石犹存，顷倒为数

---

① （唐）徐坚等著：《初学记》，第135页。

② 《史记》，第241页。

③ 《史记》卷117《司马相如列传》载司马相如赋作言甘泉宫形势，有“麗石阙，历封峦，过鳷鹊，望露寒”句。第3037页。《三辅黄图》卷4《苑囿》说“甘泉苑”有“石阙观”。同书卷5《观》：“石阙观，封峦观。《云阳宫记》云：宫东北有石门山，冈峦纠纷，干霄秀出。有石岩容数百人，上起甘泉观。《甘泉赋》云：封峦石阙，嶭迤乎延属。”何清谷撰：《三辅黄图校释》，第239、332页。后人有“秦北门”的说法。宋阮阅《诗话总龟》卷31《正讹门》引《笔谈》：“杜诗云：‘五城何迢迢，迢迢隔河水。延州秦北门，山川犹可恃。’”（宋）阮阅编，周本淳校点：《诗话总龟》（前集），人民文学出版社1987年版，第319页。“秦北门”句，《九家集注杜诗》卷3《塞芦子》作“延州秦北户，关防犹可倚”。洪业等编纂：《杜诗引得》，上海古籍出版社1985年版，第58页。宋沈括《梦溪笔谈》卷24《杂志一》引文同。（宋）沈括撰，金良年点校：《梦溪笔谈》，中华书局2015年版，第227页。唐鲍溶《述德上太原严尚书绶》诗：“帝命河岳神，降灵翼轩辕。天王委管钥，开闭秦北门。顶戴日月华，沾濡雨露恩。甲马不及汗，天骄自亡魂。青冢入内地，黄河穷本源。风云侵气象，鸟兽翔旗旜。军人歌凯旋，长剑倚昆仑。终古鞭血地，到今耕稼繁。”《鲍溶诗集》卷2，上海古籍出版社1994年版，第9—10页。

④ 《史记》卷6《秦始皇本纪》：“（秦始皇三十五年）乃营作朝宫渭南上林苑中。先作前殿阿房，东西五百步，南北五十丈，上可以坐万人，下可以建五丈旗。周驰为阁道，自殿下直抵南山。表南山之颠以为阙。”第256页。

段，在庙北百步许。今尚可识其文曰：汉桓帝永寿元年东海相任恭修理此庙。"①

秦汉时期，"阙"是具有象征意义的重要的政治文化坐标。"立石东海上朐界中，以为秦东门"，是国家行政规划史和交通建设史上的大事，"东海上朐"与关中政治轴心，形成了特殊的方位关系。②"秦东门"成为与行政中心咸阳地方东西对应的千里轴线的东方端点。秦执政集团的管理重心地域向东扩展至"东海"的行政趋向，也因此显现。

二、瞩目"东海"与"秦东门"确定

《史记》卷28《封禅书》记载，秦始皇即帝位不久，即出巡远方，曾经"东游海上，行礼祠名山大川及八神，求仙人羡门之属"。这里所说的"八神"，即一曰"天主"，祠天齐；二曰"地主"，祠泰山梁父；三曰"兵主"，祠蚩尤；四曰"阴主"，祠三山；五曰"阳主"，祠之罘；六曰"月主"，祠之莱山；七曰"日主"，祠成山；第八处，则祀所在"琅邪"："八曰'四时主'，祠琅邪。琅邪在齐东方，盖岁之所始。"司马贞《索隐》："案：《山海经》云'琅邪台在勃海间'。案：是山如台。《地理志》琅邪县有四时祠也。"③琅邪作为神祀中心又被秦始皇所重视的基本因素，一在于"东"，一在于"海"。

---

① (宋)乐史撰，王文楚等点校：《太平寰宇记》，第459页。《隶辨》卷7《碑考上》"东海庙碑阴"条："一行十七字。其文曰：阙者秦始皇所立，名之秦东门阙。事在《史记》。按碑有云□阙倚倾，即此阙也。《天下碑录》云：秦始皇碑，东海相任恭修理祠，于碑背刻，在朐山，此阴是也。碑缺任君之名，赵氏、洪氏皆以为惜，乃于此得之。"(清)顾蔼吉编撰：《隶辨》，中华书局1986年版，第260页。

② 参见秦建明、张在明等：《陕西发现以汉长安城为中心的西汉南北向超长建筑基线》，《文物》1995年第3期。

③ 《史记》，第1367、1368页。据《汉书》卷28上《地理志上》"琅邪郡"条，琅邪郡有多处祠所："不其，有太一、仙人祠九所，及明堂，武帝所起。""朱虚，凡山，丹水所出，东北至寿光入海。东泰山，汶水所出，东至安丘入维。有三山、五帝祠。""琅邪，越王句践尝治此，起馆台。有四时祠。""长广，有莱山莱王祠。""昌，有环山祠。"颜师古注："五帝祠在汶水之上。""《山海经》云琅邪台在琅邪之东。"又《汉书》卷25《郊祀志下》："祠四时于琅邪。"第1585—1587、1250页。

　　琅邪曾经是越王勾践经营的政治中心。① 秦始皇在这里又有特殊的表现。秦始皇二十八年(前219)"东行郡县","上泰山""禅梁父"之后,"于是乃并勃海以东,过黄、腄,穷成山,登之罘,立石颂秦德焉而去"。随后,"南登琅邪,大乐之,留三月。乃徙黔首三万户琅邪台下,复十二岁。作琅邪台,立石刻,颂秦德,明得意"。刻石内容明确说到"琅邪":"维秦王兼有天下,立名为皇帝,乃抚东土,至于琅邪。"②所谓"乃抚东土,至于琅邪"与"东抚东土,以省卒士;事已大毕,乃临于海"对照,可知秦始皇以"至于琅邪"作为"乃临于海"的正式标志。秦始皇"南登琅邪,大乐之,留三月",是在咸阳以外地方居留最久的记录,在出巡途中尤其异常。"徙黔首三万户琅邪台下,复十二岁",在秦强制移民的行为中,是组织向东方迁徙的唯一一例。其规模,也仅次于"徙天下豪富于咸阳十二万户"。③ 而"复十二岁"者,也是仅见于秦史的特殊优遇。

　　从秦始皇二十八年(前219)起初对琅邪的特别关照,到秦始皇三十五年(前212)在"朐界"确定"秦东门",对"东海上"之关注中心的转移,可能与南越归服之后,中央政府控制的海岸线向南延长有关。

　　至于汉初,东海郡又受到特殊的重视,后来成为武备集中的军事重心。

三、东海郡的超大规模武库

　　"秦东门"所在之东海郡地位之重要,在尹湾出土汉简数据上得以体现。尹湾汉简提供的资料告知我们若干重要的政治地理信息。例如东海郡所具有

---

①　《汉书》卷28上《地理志上》"琅邪郡"条关于属县"琅邪"写道:"琅邪,越王句践尝治此,起馆台。有四时祠。"第1586页。《史记》卷6《秦始皇本纪》说到"琅邪台",张守节《正义》引《括地志》云:"密州诸城县东南百七十里有琅邪台,越王句践观台也。台西北十里有琅邪故城。《吴越春秋》云:'越王句践二十五年,徙都琅邪,立观台以望东海,遂号令秦、晋、齐、楚,以尊辅周室,歃血盟。'即句践起台处。"第244页。所引《吴越春秋》,《太平御览》卷160引异文:"越王句践二十五年,徙都琅邪,立观台,周旋七里,以望东海。"(宋)李昉等撰:《太平御览》,第778页。参见辛德勇:《越王勾践徙都琅邪事析义》,《文史》2010年第1辑。

②　《史记》,第244页。

③　《史记》卷6《秦始皇本纪》,第244、239页。秦始皇行经琅邪的记录又有《史记》卷15《六国年表》:"(二十九年)帝之琅邪,道上党入。"第757页。《史记》卷28《封禅书》:"始皇复游海上,至琅邪,过恒山,从上党归。"第1370页。

的特殊的政治地位，是我们以往未曾认识的。

尹湾六号汉墓出土六号木牍，题《武库永始四年兵车器集簿》。被认为"是迄今所见有关汉代武库器物最完备的统计报告，指标项目甚多，数列明确"。最令人惊异的，是"库存量大"。以可知数量的常见兵器为例，数量超过十万的有："弩五十二万六千五百廿六"，"弩檗廿六万三千七百九十八"，"弩弦八十四万八百五十三"，"弩矢千一百卅二万四千一百五十九"，"弩犊丸廿二万六千一百廿三"，"弩兰十一万八百卅三"，"弓矢百十九万八千八百五"，"甲十四万二千三百廿二"，"铍四十四万九千八百一"，"幡胡□□锯齿十六万四千一十六"，"羽二百三万七千五百六十八"，"□□□十九万四千一百卅一"，"刀十五万六千一百卅五"，"刃卅四万九千四百六"，"□□卅三万二千一百九十七"，"□十二万五千一十六"，"铁甲扎五十八万七千二百九十九"，"有方□钦犊十六万三千二百五十一"，"□镞百七十万一千二百八十"。兵器中消耗量较大的"矢""镞"等数量巨大尚可理解，而"弩""铍""刀""刃"等件数惊人，特别值得注意。李均明指出，"以常见兵器为例"，"弩的总数达 537707 件"，"矛的总数达 52555 件"，"有方数达 78392 件。仅这几项所见，足可装备 50 万人以上的军队，远远超出一郡武装所需"。论者推测，"其供应范围必超出东海郡范围，亦受朝廷直接管辖，因此它有可能是汉朝设于东南地区的大武库"。类似情形，李均明指出，据居延汉简提供的信息可以得知，"张掖郡居延都尉属下使用的兵器有许多是从姑臧库领取的，其使用也受姑臧库的监督，则姑臧库供应武器的范围不局限于武威郡，有可能与整个河西地区有关。可见武威姑臧库是汉朝廷设于西北的地区性大库，与中央武库相呼应"。尹湾汉简所说"武库"，也应当"不属于东海郡直接管辖"。[①]

为什么东海郡设有如此规模的"受朝廷直接管辖"的"大武库"或"地区性大库"呢？推想或许是因为这里曾经是帝国的"东门"，有重要的政治文化象征意义。可能更重要的因素，在于东海郡的位置，正大致在汉王朝控制的海岸线的中点。

---

① 参见李均明：《尹湾汉墓出土"武库永始四年兵车器集簿"初探》，《尹湾汉简简牍综论》，科学出版社 1999 年版。

上郡武库的地位或许也可以借为旁证。上郡大致正当"北边二十二郡"①
的中点。《汉书》卷10《成帝纪》："(建始元年春正月)立故河间王弟上郡库令良
为王。"颜师古注："如淳曰：'《汉官》北边郡库，官之兵器所藏，故置令。'"
《汉书》卷53《景十三王传·河间献王德》也记载："成帝建始元年，复立元帝上
郡库令良，是为河间惠王。"颜师古注："如淳曰：'《汉官》北边郡库，官兵
之所藏，故置令。'"②上郡在"北边"之中点的判断，可以统领"防务"的蒙恬"居
上郡"故事以为旁证。③汉代"武库令"前缀地名者除此"上郡库令"外，只有
《汉书》卷74《魏相传》"雒阳武库令"一例，也说明上郡武库的重要。如淳引《汉
官》的说法略异，一说"官之兵器所藏"，一说"官兵之所藏"，或指明这里是
"北边郡"的武库，一如东海郡的武库那样重要。④收藏兵器的"北边郡库""上
郡库"大致正当"北边"的中点。⑤而东海郡或许可以看作"东边"的中点。

四、东海郡地位与"缘海""屯备"的军事需要

秦汉时期，海滨往往因地方僻远，行政力量难以直接介入并进行有效的
管理。汉代于是有"海滨仄陋"的说法。⑥而"海上"尤其不易控制。《史记》
卷114《东越列传》记载闽粤王弟余善与宗族相谋："……不胜，即亡入海。"据
《史记》卷106《吴王濞列传》，刘濞集团骨干分子谋划叛乱时说："击之不胜，
乃逃入海，未晚也。"⑦东海郡武库的作用，很可能也与"海上"控制的政治追
求有关。

---

① 《汉书》卷10《成帝纪》载元延元年秋七月诏："北边二十二郡举勇猛知兵法者各一
人。"第326页。

② 《汉书》，第303、2412页。

③ 《史记》卷88《蒙恬列传》："秦已并天下，乃使蒙恬将三十万众北逐戎狄，收河南。
筑长城，因地形，用制险塞，起临洮，至辽东，延袤万余里。于是渡河，据阳山，
逶蛇而北。暴师于外十余年，居上郡。"第2566页。《史记》卷6《秦始皇本纪》记载，
扶苏对秦始皇迫害"诸生"提出不同意见，"始皇怒，使扶苏北监蒙恬于上郡"。第
258页。也说蒙恬的指挥机构设在上郡。

④ 《汉书》，第3133、303、2412页。

⑤ 参见王子今：《秦汉"北边"交通格局与九原的地位》，见《2012·中国"秦汉时期的
九原"学术论坛专家论文集》，内蒙古人民出版社2012年版。

⑥ 《汉书》卷72《鲍宣传》："高门去省户数十步，求见出入，二年未省，欲使海濒仄陋
自通，远矣！"第3093页。

⑦ 《史记》，第2981、2835页。

两汉时期，"海上"确实曾经有反政府武装存在。《史记》卷 94《田儋列传》记载田横事。西汉初年，田横率徒属五百余人入海，居岛中，刘邦担心可能"为乱"。田横因刘邦追逼而自杀。① 刘邦就此专门有军事部署。据《史记》卷 98《傅靳蒯成列传》："（傅宽）为齐右丞相，备齐。"裴骃《集解》："张晏曰：'时田横未降，故设屯备。'"②

《汉书》卷 99 下《王莽传下》记述吕母起义情节："……引兵入海，其众浸多，后皆万数。"《后汉书》卷 11《刘盆子传》："入海中，招合亡命，众至数千。吕母自称'将军'，引兵还攻破海曲，执县宰。……遂斩之，以其首祭子冢，复还海中。"③这种主要活动于"海上""海中"的反政府武装，通常称为"海贼"。居延汉简可见"海贼"称谓："☐书七月己酉下∨一事丞相所奏临淮海贼∨乐浪辽东""☐得渠率一人购钱卌万诏书八月己亥下∨一事大"（33.8）。④ 这枚简的年代不排除西汉时期的可能。因汉明帝永平十五年（72）"改信都为乐成国，临淮为下邳国"⑤，则涉及"临淮海贼"简文的年代应在此之前。但是正史中"海贼"的出现，则均在此后。如《后汉书》卷 5《安帝纪》："（永初三年）秋七月，海贼张伯路等寇略缘海九郡。遣侍御史庞雄督州郡兵讨破之。"四年（110）春正月，"海贼张伯路复与勃海、平原剧贼刘文河、周文光等攻厌次，杀县令。遣御史中丞王宗督青州刺史法雄讨破之。"又《后汉书》卷 6《顺帝纪》记载：阳嘉元年（132）二月，"海贼曾旌等寇会稽，杀句章、鄞、郯三县长，攻会稽东部都尉。诏缘海县各屯兵戍。"⑥

东海郡位于海岸线的中点，对于"缘海""设屯备"以防卫并剿灭海上反政府武装有重要作用。吕母后来被称作"东海吕母"。其起事地点在琅邪海曲，距离东海郡甚远。所谓"东海吕母"者，强调其部众的海上根据地和主要活动地方可能在东海海域。而居延简例所言"临淮海贼"至"乐浪辽东"的活动，也

① 《史记》，第 2647 页。《后汉书》卷 24《马援传》注："田横初自称齐王，汉定天下，横犹以五百人保于海岛，高祖追横，横自杀。"第 847 页。

② 《史记》，第 2708 页。

③ 《汉书》，第 4150 页。《后汉书》，第 477 页。

④ 谢桂华、李均明、朱国炤：《居延汉简释文合校》，文物出版社 1987 年版，第 51 页。

⑤ 《后汉书》卷 2《明帝纪》，第 119 页。

⑥ 《后汉书》，第 213、214、259 页。

是要经过东海郡海面的。

海上反政府武装的机动性是非常强的。《后汉书》卷 38《法雄传》记载法雄镇压"海贼"事："永初三年，海贼张伯路等三千余人，冠赤帻，服绛衣，自称'将军'，寇滨海九郡，杀二千石令长。""乃遣御史中丞王宗持节发幽、冀诸郡兵，合数万人，乃征雄为青州刺史，与王宗并力讨之。"①法雄注意到"海贼"在海滨作战的机动能力，担心"贼若乘船浮海，深入远岛，攻之未易也"。而事实上"海贼张伯路"的部队果然"遁走辽东，止海岛上"。随后竟然"复抄东莱间"，在战败后又"逃还辽东"，也体现出其海上航行能力之强。而政府军不得不"发幽、冀诸郡兵"围攻，镇压的主力军的首领法雄是"青州刺史"，最终战胜张伯路"海贼"的是"东莱郡兵"和"辽东人李久等"的部队，也说明"海贼"沿海岸利用近海岛屿往复转战，频繁地"遁走""逃还"，是擅长使用海上运动战策略的。② 为适应联合"诸郡兵""并力讨之"的军事要求，在东海郡设置有充备武器储藏的"大武库"或"地区性大库"，显然是必要的，也是合理的。

---

① 《后汉书》，第 1277 页。

② 参见王子今、李禹阶：《汉代的"海贼"》，《中国史研究》2010 年第 1 期；王子今：《居延简文"临淮海贼"考》，《考古》2011 年第 1 期。

第四章 "海"与秦汉人的世界知识

秦汉时期，人们对于"天下"有了新的认识。而海上航行能力的进步与海外知识的多方面获得，使得秦汉社会的世界视野大为开阔。"天下"与"四海"，"天下"与"海内"，"海内"与"海外"，这些以"海"为界定的空间位置关系与空间环境条件，构成了秦汉人世界知识的新的格局。

第一节 登高明望四海

"天下"与"四海"，"天下"与"海内"，在秦汉时期有关"天下"的理念中，形成特殊的对应组合。"四海"，象征远方未知世界。

出土汉锦可见"登高明望四海"织文。其中透露的开放胸怀体现出积极的时代精神。文字内容涉及当时人对于"海"的认识，也值得我们关注。

一、居高明，远眺望

我们曾经在宋明诗文中读到"登高明"语，如宋人杨亿《豫章东湖涵虚阁记》："可以登高明而逃暑。"①孔武仲《信州学记》："去湫隘而即亢爽，脱卑暗而登高明。"②明人杨基《零陵感春》："舟行苦淫雨，雨晴身亦轻。畅如辞喧

---

① 《江西通志》卷 123，《景印文渊阁四库全书》第 517 册，第 292 页。
② (宋)孔文仲、孔武仲、孔平仲：《清江三孔集》卷 14，《景印文渊阁四库全书》第 1345 册，第 336 页。

卑，振衣登高明。"①原以为"登高明"一语出现较晚，然而看到新疆罗布泊地区出土汉代锦绣图案中"登高明望四海"的文字，可知这一说法起源甚早。

《礼记·月令》写道："（仲夏之月）可以居高明，可以远眺望，可以升山陵，可以处台榭。"郑玄解释说："高明，谓楼观也。"②这一说法或许只是狭义的理解。《日讲礼记解义》卷18说："山陵、台榭，皆高明之所。升焉、处焉，顺阳气之在上也。"③以这样的认识解释"高明"，似较郑说"楼观"为长。也许"登高明"和"居高明"中"高明"的含义略有差异，但是文句中升陟高敞之处的意思至少是接近的。

汉锦文字"登高明望四海"，曾经以为或许可以读作"登高，明望四海"，参考上引文献中所见"登高明""升高明"字样，现在看来，似以读作"登高明，望四海"为宜。

"登高明"不仅为了逃避暑气，又可以去离"湫隘"，告别"喧卑"，超脱"卑暗"。宋儒又有"居高明，远浊秽"的解说④，也有将"高明"与"迷暗"对举者。⑤如果从文化象征的角度理解，从"登高明"三个字中，其实可以体味到一种追求精神升华以接近"亢爽"境界的愿望。

二、雄大魄力与闳放胸怀

鲁迅在回顾中国古代历史文化时曾经写道："遥想汉人多少闳放"，"毫不拘忌"，"魄力究竟雄大"。这位虽不专门治史却对历史有透彻理解的思想家评价中国传统文化时往往多有悲凉感慨，然而他对于西汉时期民族精神之所谓"豁达闳大之风"的深情赞赏，却以积极肯定的态度，给人们留下了深刻印象。他总结当时人的历史创造时说，"要进步或不退步，总须时时自出新裁，至少也必取材异域"。⑥古丝绸之路上发现的汉锦织文"登高明望四海"，正反映了这一时期汉文化面对世界的雄阔的胸襟，而积极进取的意向，也得到生动鲜

---

① （明）杨基撰，杨世明、杨隽校点：《眉庵集》，巴蜀书社2005年版，第49页。

② （清）阮元校刻：《十三经注疏》，第1370页。

③ （清）爱新觉罗·玄烨钦定，（清）鄂尔泰等编撰：《日讲礼记解义》，中国书店2018年版，第297页。

④ （宋）王与之：《周礼订义》卷9，《景印文渊阁四库全书》第93册，第152页。

⑤ （宋）朱熹：《近思录》卷14，《丛书集成初编》第633册，商务印书馆1936年版，第337页。

⑥ 鲁迅：《坟·看镜有感》，《鲁迅全集》第1卷，人民文学出版社1973年版，第183页。

明的体现。

"登高明望四海"表现出的立高怀远的文化精神，是汉代文明繁荣的主要表现之一，也是中国文化史历程中我们至今可以引以为自豪的闪光点。

中国文化源远流长。在历史演进的长河中，有曲折的峡路，也有江波平阔之处。回顾文化史，我们应当关注民族文化取得辉煌创获的历史阶段。这些阶段，都是中国历史上的英雄时代。我们今天常常说要为中华文明的伟大复兴而努力，那么，这种关注无疑是必需的。而探索当时我们民族精神所以高昂激进的历史原因，也应当注意到"登高明望四海"作为一种文化态度、作为一种文化倾向、作为一种文化立场的意义。

第二节　上古地理意识中的"中原"与"四海"

上古社会意识中，中国、中土、中原被视作天下的中心，世界的中心。人们表记中原文化辐射渐弱或未及的远方的地理符号，有所谓"四海"。"海"之字义，起初与"晦"有某种关联，体现了中原人对遥远的未知世界的特殊心理。对于"中原"与"四海"、"天下"与"四海"，以及"海内"与"海外"诸意识的学术考察，有益于深化对中国早期海洋观和海洋探索理念，以及海洋开发实践的认识和理解。

一、"中原""中土""中国"

自文明初期逐步完成社会建构，开始形成区域文化影响的古国，以中原地方遗存最为集中。① 对于中原比较密集的历史悠久的政治中心和文化中心，

① 苏秉琦曾经划分考古学文化的六大区系，"同以往在中华大一统观念指导下形成的黄河流域是中华民族的摇篮，中国民族文化先从这里发展起来，然后向四周扩展，其他地区的文化比较落后，只是在中原地区影响下才得以发展的观点有所不同，从而对于在历史考古界根深蒂固的中原中心、汉族中心、王朝中心的传统观念提出了挑战"，但是仍然肯定"中原是六大区系之一，中原影响各地，各地也影响中原"。苏秉琦：《中国文明起源新探》，辽宁人民出版社 2009 年版，第 28—32 页。各"区系"之间文化进程的未必同步和文明积累的未必平衡，则可以通过考古资料和历史资料的具体分析有所认识。我们这里所说的"中原"，定义与苏秉琦所谓"以关中(陕西)、晋南、豫西为中心的中原"有所不同，区域界定主要以现今河南省内的黄淮流域地方为主。《国语·晋语三》："……公孙枝曰：'不可。耻大(转下页)

可以借用蔡邕《述行赋》的说法，称之为"群都"。近年考古学的新收获使我们对这种历史事实的认识越来越清晰。上古时期"群都"这一历史存在体现出中原地区作为文化重心的地位，自有交通地理方面的优势条件。中原"群都"作为文化地理现象，也可以通过生态环境史视角的自然地理的考察说明其背景。[①]《易·系辞上》所谓"河出图，洛出书，圣人则之"，体现出以河洛地方为主要基地的中原文化优势对于华夏文明奠基的特殊意义。中原文明先进的态势以及因交通开发有限所导致的对远方知识的匮乏，致使自我中心意识初步形成。

早期所谓"中原""中土""中国"均突出标识"中"的地理概念的产生，正是以此为背景的。

"中原"有指黄河中下游地区或更具体指今河南中部地区之义。《诗·小雅·南有嘉鱼之什·吉日》："瞻彼中原，其祁孔有。儦儦俟俟，或群或友。"郑玄笺："祁当作麎。麎，麋牝也，中原之野甚有之。"[②]《诗》及郑说对"中原"的理解皆不明朗。[③]而《国语·晋语三》有："耻大国之士于中原，又杀其君以重之……"其中"中原"被确认为"地区名"，"广义指整个黄河流域，狭义指今河南一带"。[④]《左传·僖公二十三年》中"若以君之灵，得反晋国，晋、楚治兵，遇于中原，其辟君三舍"[⑤]与《史记》卷112《平津侯主父列传》中"不能西攘

(接上页)国之士于中原，又杀其君以重之，子思报父之仇，臣思报君之仇。虽微秦国，天下孰弗患?"徐元诰撰，王树民、沈长云点校：《国语集解》(修订本)，第312页。《史记》卷112《平津侯主父列传》载主父偃语："七国谋为大逆，号皆称万乘之君，带甲数十万，威足以严其境内，财足以劝其士民，然不能西攘尺寸之地而身为禽于中原者，此其故何也?"第2956页。可知传统"中原"定义并不包括秦国重心地方即"关中(陕西)"。

① 参见王子今：《中原"群都"现象：上古文明史和国家史的考察》，《中州学刊》2012年第4期。
② (清)阮元校刻：《十三经注疏》，第429—430页。
③ 唐文编著《郑玄辞典》不收"中原"条。语文出版社2004年版。此"中原"有可能只是指原野之中。
④ 汉语大词典编辑委员会、汉语大词典编纂处编纂：《汉语大词典》第1卷，汉语大词典出版社1990年版，第600页。
⑤ (晋)杜预：《春秋左传集解》，第334页。

尺寸之地而身为禽于中原"①的"中原",有的辞书解释为"黄河下游之地,即河南山东之西部,河北与山西之南部,陕西东部等地之称,对于边地及蛮夷而言"。②《三国志》卷 35《蜀书·诸葛亮传》载《出师表》所谓"北定中原"③,"中原"亦指义明确。《宋书》卷 27《符瑞志上》亦言"北定中原"④。《文选》卷 19 谢灵运《述祖德》:"中原昔丧乱,丧乱岂解已。"李善注:"《晋中兴书》曰:'中原乱,中宗初镇江东。''中原'谓洛阳也。晋怀愍帝时有石勒、刘聪等贼破洛阳。"⑤于是又有语义相近的"中洛""中夏"之说。⑥

"中土"和"中原"有近似含义。如《新语·怀虑》:"鲁庄公据中土之地,承圣人之后。"⑦罪臣以"不宜在中土""徙合浦"案例,见于《汉书》卷 45《息夫躬传》、卷 77《毌将隆传》、卷 93《佞幸传·董贤》等。⑧《后汉书》卷 76《循吏列传·任延》:"时天下新定,道路未通,避乱江南者皆未还中土,会稽颇称多士。"《后汉书》卷 85《东夷列传》:"武乙衰敝,东夷浸盛,遂分迁淮、岱,渐居中土。"⑨所谓"中土"都与"中原"近义。

"中国"的早期含义亦与"中原""中土"相近。《庄子·田子方》有"中国之君子明乎礼义"⑩的说法。《韩非子·孤愤》:"夫越虽国富兵强,中国之主皆知

---

① 《史记》,第 2956 页。
② 中文大词典编纂委员会编纂:《中文大辞典》,中国文化研究所 1968 年版,第 1 册第 424 页。
③ 《三国志》,第 920 页。
④ 《宋书》,第 785 页。
⑤ (梁)萧统编,(唐)李善、吕延济、刘良、张铣、吕向、李周翰注:《六臣注文选》,第 358—359 页。
⑥ 《后汉书》卷 80 上《文苑列传上·杜笃》:"成周之隆,乃即中洛。"李贤注:"周成王就土中都洛阳也。"第 2595 页。《文选》卷 1 班固《东都赋》:"目中夏而布德,瞰四裔而抗棱。"吕向注:"'中夏',中国。"第 39 页。《后汉书》卷 40 下《班固传》同一文句,李贤注:"中夏,中国也。"第 1367 页。《史记》卷 1《五帝本纪》:"而后之中国,践天子位焉。"裴骃《集解》引刘熙曰:"帝王所都为中,故曰中国。"第 30、31 页。《文选》卷 19 谢灵运《述祖德》:"中原昔丧乱,丧乱岂解已。"张铣注:"言中夏丧乱,未解散也。"第 358—359 页。
⑦ 王利器:《新语校注》,中华书局 1986 年版,第 134 页。
⑧ 《汉书》,第 2187、3266、3740 页。
⑨ 《后汉书》,第 2460—2461、2808 页。
⑩ 郭庆藩辑,王孝鱼整理:《庄子集释》,第 704 页。

无益于己也，曰：非吾所得制也。"①《吕氏春秋·简选》："令行中国。"高诱注："中国，诸华。"②《史记》卷70《张仪列传》："中国无事。"司马贞《索隐》："按：谓山东诸侯齐、魏之大国等。"张守节《正义》："'中国'谓关东六国。无事，不共攻秦。"③《盐铁论·申韩》说：大河之决，"泛滥为中国害"。④《后汉书》卷85《东夷列传》："东夷率皆土著，憙饮酒歌舞，或冠弁衣锦，器用俎豆。所谓中国失礼，求之四夷者也。"《后汉书》卷88《西域传》："王莽篡位，贬易侯王，由是西域怨叛，与中国遂绝，并复役属匈奴。"⑤"中国"都有排除越地、秦地，以及东夷之地和西域之地的区域限定。《汉书》可见"不宜在中土"者"徙合浦"情形，《后汉书》卷86《南蛮传》言交阯文化，称"颇徙中国罪人"⑥。

二、"四极""四荒""四海"

"中原""中土""中国"居中，与其对应的地理概念是"四方"。《诗·大雅·民劳》："惠此中国，以绥四方。"⑦而边远方向的文明程度与"中原""中土""中国"存在距离。两者之间的文化冲突有时也是激烈的，如《诗·小雅·六月》毛序所说："《小雅》尽废，则四夷交侵，中国微矣。"⑧

《尔雅·释地》"野"条说到"四极"："东至于泰远，西至于邠国，南至于濮鈆，北至于祝栗，谓之'四极'。"⑨又有所谓"四荒"："觚竹、北户、西王母、日下，谓之'四荒'。"⑩而不同族类居住的远方世界称为"四海"：

> 九夷、八狄、七戎、六蛮谓之"四海"。

郭璞注："九夷在东，八狄在北，七戎在西，六蛮在南，次四荒者。"《尔雅·释

---

① 陈奇猷校注：《韩非子集释》，第207—208页。
② 许维遹撰，梁运华整理：《吕氏春秋集释》，第186页。
③ 《史记》，第2303页。
④ 王利器校注：《盐铁论校注》(定本)，第579页。
⑤ 《后汉书》，第2810、2909页。
⑥ 《后汉书》，第2836页。
⑦ (清)阮元校刻：《十三经注疏》，第548页。
⑧ (清)阮元校刻：《十三经注疏》，第424页。
⑨ 郭璞注："皆四方极远之国。"(清)阮元校刻：《十三经注疏》，第2616页。
⑩ 郭璞注："觚竹在北，北户在南，西王母在西，日下在东，皆四方昏荒之国，次四极者。"(清)阮元校刻：《十三经注疏》，第2616页。

地》"野"条又说："岠齐州以南，戴日为'丹穴'。北戴斗极为'空桐'。东至日所出为'大平'，西至日所入为'大蒙'。"①中原人对于遥远地方的人文状况也有所关注："'大平'之人仁，'丹穴'之人智，'大蒙'之人信，'空桐'之人武。"这种人文风格的差异，据说与地理条件有关。郭璞注："地气使之然也。"②

这种以"四极""四荒""四海"表抒的空间意识，应当看作上古天下观或说世界观的反映。

《文选》卷1班固《东都赋》："目中夏而布德，瞰四裔而抗棱。西荡河源，东澹海潣，北动幽崖，南曜朱垠。"吕向注："'中夏'，中国。""'海潣'，海畔也。''崖'根'，皆畔岸也。"③有可能"东澹海潣，北动幽崖，南曜朱垠"都是指抵达海"岸"。《后汉书》卷40下《班固传下》李贤注的解释是："'四裔'，四夷也。""'潣'，水涯。"④

《毛诗序》："《蓼萧》，泽及四海也。"郑玄笺："九夷、八狄、七戎、六蛮谓之'四海'。国在九州之外，虽有大者，爵不过子。《虞书》曰：州十有二师，外薄四海，咸建五长。"⑤《初学记》卷6引《博物志》云："天地四方皆海水相通，地在其中盖无几也。七戎、六蛮、九夷、八狄，形类不同，总而言之，谓之'四海'，言皆近于海也。四海之外，皆复有海云。"⑥人文地理观、政治地理观或民族地理观的"四海"，又与实际存在的自然地理意义的"四海"有一定的关系。

《荀子·议兵》写道："仁人之用十里之国，则将有百里之听；用百里之国，则将有千里之听；用千里之国，则将有四海之听，必将聪明警戒和传而一。"《荀子·君道》又说到理想政治形势："……四海之民不待令而一，夫是之

---

① 郭璞注："岠，去也。齐，中也。""戴，值。"大蒙，"即蒙汜也。"（清）阮元校刻：《十三经注疏》，第2616页。

② （清）阮元校刻：《十三经注疏》，第2616页。

③ （梁）萧统编，（唐）李善、吕延济、刘良、张铣、吕向、李周翰注：《六臣注文选》，第39页。

④ 《后汉书》卷60上《马融传上》载其《广成颂》"明德曜乎中夏，威灵畅乎四荒"，"中夏"与"四荒"也形成类同的对应关系。第1367、1967页。

⑤ （清）阮元校刻：《十三经注疏》，第420页。

⑥ （唐）徐坚等著：《初学记》，第114页。

谓至平。《诗》曰:'王猷允塞,徐方既来。'此之谓也。"①"四海"遥远,中原"仁人"期待其文化影响敷布"四海",实现所谓"四海之听"。而"四海之民不待令而一",被视为"至平"之治。"四海""而一",是相当完美的政治理想。《逸周书·大子晋》所谓"善至于四海,曰天子",《逸周书·武寤》所谓"王克配天,合于四海,惟乃永宁",发表了大致相同的意见。②蔡邕《明堂月令论》引《月令记》:"王者动作法天地,德广及四海。"③也是相类同的政治文化理念宣传。

顾颉刚、童书业指出:"最古的人实在是把海看做世界的边际的,所以有'四海'和'海内'的名称。(在《山海经》里四面都有海,这种观念实在是承受皇古人的理想。)《尚书·君奭篇》说:'海隅出日罔不率俾。'(从郑读)《立政篇》也说:'方行天下,至于海表,罔有不服。'这证明了西方的周国人把海边看做天边。《诗·商颂》说:'相土烈烈,海外有截。'(《长发》)这证明了东方的商国(宋国)人也把'海外有截'看做不世的盛业。《左传》记齐桓公去伐楚国,楚王派人对他说:'君处北海,寡人处南海,唯是风马牛不相及也;不虞君之涉吾地也。'(僖四年)齐国在山东,楚国在湖北和河南,已经是'风马牛不相及'的了。齐桓公所到的楚国境界还是在河南的中部,从山东北部到河南中部,已经有'南海''北海'之别了,那时的天下是何等的小?"④对于"最古的人"的"天下"观的分析,应当注意到他们有关"四海"和"海内"的认识。

三、"天下"与"四海"

《逸周书·允文》有"天下一旦而定,奄有四海"的说法。《逸周书·明堂》又写道:"大维商纣暴虐,脯鬼侯以享诸侯,天下患之,四海兆民,欣戴文武。"⑤"天下"和"四海"成为对应的概念。

又如《荀子·儒效》:"其为人上也,广大矣!志意定乎内,礼节修乎朝,

---

① 《荀子·王制》"四海之内若一家"也可以理解为同样认识的表达。(清)王先谦撰,沈啸寰、王星贤点校:《荀子集解》,第 268、232、161 页。

② 黄怀信、张懋镕、田旭东撰,黄怀信修订,李学勤审定:《逸周书汇校集注》(修订本),第 1023、338 页。

③ 邓安生:《蔡邕集编年校注》,第 520 页。

④ 顾颉刚、童书业:《汉代以前中国人的世界观与域外交通的故事》,《禹贡半月刊》第 5 卷第 3、4 合期(1936 年 4 月)。

⑤ 黄怀信、张懋镕、田旭东撰,黄怀信修订,李学勤审定:《逸周书汇校集注》(修订本),第 111、757—758 页。

法则度量正乎官，忠信爱利形乎下。行一不义，杀一无罪，而得天下，不为也。此若义信乎人矣，通于四海，则天下应之如欢。是何也？则贵名白而天下治也。故近者歌讴而乐之，远者竭蹶而趋之，四海之内若一家，通达之属莫不从服。夫是之谓人师。《诗》曰：'自西自东，自南自北，无思不服。'此之谓也。"这段文字三言"天下"，两言"四海"。《荀子·尧问》："尧问于舜曰：'我欲致天下，为之奈何？'对曰：'执一无失，行微无怠，忠信无倦，而天下自来。执一如天地，行微如日月，忠诚盛于内，贲于外，形于四海，天下其在一隅邪！夫有何足致也！'"此则三言"天下"，一言"四海"。所谓"天下"和"四海"，其实指示着大致对等的地理区域。《荀子·王霸》所谓"县天下，一四海"可以看作同样意识的简略表述。①

大致在战国时期，"天下""四海"的意识见于不同文化派别思想家的论述中。《韩非子·有度》："夫为人主而身察百官，则日不足，力不给。且上用目则下饰观，上用耳则下饰声，上用虑则下繁辞。先王以三者为不足，故舍己能，而因法数，审赏罚。先王之所守要，故法省而不侵。独制四海之内，聪智不得用其诈，险躁不得关其佞，奸邪无所依。远在千里外，不敢易其辞；势在郎中，不敢蔽善饰非。朝廷群下，直凑单微，不敢相逾越。故治不足而日有余，上之任势使然也。"说到"四海之内"。又《韩非子·奸劫弑臣》："明主者，使天下不得不为己视，天下不得不为己听。故身在深宫之中而明照四海之内，而天下弗能蔽、弗能欺者何也？暗乱之道废，而聪明之势兴也。"②言"四海之内"的同时三次说到"天下"。可知"天下"与"四海之内"也是彼此相近的概念。

西汉政论亦多见"天下""四海"并说的情形。晁错上书，有"德泽满天下，灵光施四海"语。③《盐铁论·能言》也以"言满天下，德覆四海"并说。又《世务》也写道："诚信著乎天下，醇德流乎四海。"④《淮南子·览冥》："逮至当今之时，天子在上位，持以道德，辅以仁义，近者献其智，远者怀其德，拱揖

① （清）王先谦撰，沈啸寰、王星贤点校：《荀子集解》，第120—121、547、213页。
② 与"独制四海之内"的说法意思相近的，又有《韩非子·功名》与《韩非子·人主》所谓"制天下"。陈奇猷校注：《韩非子集释》，第87—88、247、508、508、1118页。
③ 《汉书》卷49《晁错传》，第2293页。
④ 王利器校注：《盐铁论校注》（定本），第459、508页。

指麾而四海宾服，春秋冬夏皆献其贡职，天下混而为一，子孙相代，此五帝之所以迎天德也。"可知有关道德文化的讨论，也以"天下""四海"地理概念作为宣传方式。《淮南子·兵略》："上视下如子，则必王四海；下视上如父，则必正天下。"①此则可以看作指导行政方式和调整社会秩序的理念中相关认识的使用。

《淮南子·缪称》可见"有声之声，不过百里；无声之声，施于四海"的说法。"四海"是扩张文化影响的宏大空间。而据《淮南子·原道》："夫道者，覆天载地，廓四方，柝八极，高不可际，深不可测，包裹天地，禀授无形。原流泉浡，冲而徐盈；混混滑滑，浊而徐清。故植之而塞于天地，横之而弥于四海，施之无穷而无所朝夕。舒之幎于六合，卷之不盈于一握。约而能张，幽而能明，弱而能强，柔而能刚。横四维而含阴阳，纮宇宙而章三光。"注意其中"四海"一语的内涵，似乎可以理解为与"四方""八极"以及"天地""六合""四维""宇宙"构成可以比照对应的概念。其意义，又超越了"天下""四海"仅限于平面的情形，而具有了与立体空间照应的意义。②

《淮南子·主术》说："今使乌获、藉蕃从后牵牛尾，尾绝而不从者，逆也；若指之桑条以贯其鼻，则五尺童子牵而周四海者，顺也。"以"周四海"言说极辽阔的空间范围。由此理解汉代人对于"海"的意识，是有积极意义的。而《淮南子·修务》又说到"明照四海，名施后世，达略天地，察分秋豪，称誉叶语，至今不休"。③"四海"作为空间符号，与所谓"名施后世""至今不休"体现的时间理念在这里也彼此对应。

---

① 《淮南子·齐俗》所谓"德施四海"，也是内容相近的文献遗存。何宁撰：《淮南子集释》，第 497、1088、776 页。

② 《淮南子·原道》又说："道者，一立而万物生矣。是故一之理，施四海；一之解，际天地。"又《淮南子·俶真》："夫化生者不死，而化物者不化，神经于骊山、太行而不能难，入于四海九江而不能濡，处小隘而不塞，横扃天地之间而不窕。"又如《淮南子·道应》："尹佚曰：'天地之间，四海之内，善之则吾畜也，不善则吾雠也。'"《淮南子·泛论》以所谓"威动天地，声慑四海"颂扬周公功德。"四海"与"天地"的对应关系，也可以在讨论时参考。何宁撰：《淮南子集释》，第 753、2—4、60、150、874 页，926 页。

③ 何宁撰：《淮南子集释》，第 679、1349 页。

四、"天下"与"海内"

《韩非子·难四》有"桀索崏山之女，纣求比干之心，而天下离；汤身易名，武身受詈，而海内服"语。"海内"与"天下"地理称谓的同时通行，也可以说明当时中原居民对海洋的关注。①

贾谊《过秦论》写道："及至始皇，奋六世之余烈，振长策而御宇内，吞二周而亡诸侯，履至尊而制六合，执敲扑以鞭笞天下，威振四海。""秦并海内，兼诸侯，南面称帝，以养四海，天下之士斐然乡风。"②可以看到与"天下"和"四海"对应同时出现的，还有"天下"与"海内"的对应。在贾谊笔下，又有《新书·数宁》："大数既得，则天下顺治，海内之气，清和咸理，则万生遂茂。"又如同书《时变》篇："大贤起之，威振海内，德从天下，曩之为秦者，今转而为汉矣。"③可以体现一种行文习惯已经形成。

韩安国上书说道："今以陛下之威，海内为一，天下同任……"④主父偃谏伐匈奴，言"昔秦皇帝任战胜之威，蚕食天下，并吞战国，海内为一"。⑤同样的语言范式亦见于《淮南子》书。

《淮南子·主术》说："义者，非能遍利天下之民也，利一人而天下从风；暴者，非尽害海内之众也，害一人而天下离叛。"又同书《修务》篇："奉一爵酒不知于色，挈一石之尊则白汗交流，又况赢天下之忧，而海内之事者乎?"《要略》："天下未定，海内未辑……"又《泰族》："高宗谅暗，三年不言，四海之内寂然无声；一言声然，大动天下。"⑥

这些文字，都反映了以大一统理念为基点的政治理想的表达，已经普遍取用涉及海洋的地理概念。

《盐铁论·轻重》可见"天下之富，海内之财"⑦语，说明经济命题的论说，也使用"天下"与"海内"相对应的观念。

---

① 陈奇猷校注：《韩非子集释》，第 871 页。

② 《史记》卷 48《陈涉世家》，第 1963 页。《史记》卷 6《秦始皇本纪》，第 283 页。

③ (汉)贾谊撰，阎振益、钟夏校注：《新书校注》，第 30、6 页。

④ 《汉书》卷 52《韩安国传》，第 2399 页。

⑤ 《史记》卷 112《平津侯主父列传》，第 2954 页。

⑥ 何宁撰：《淮南子集释》，第 680、1316—1317、1458、1374 页。

⑦ 王利器校注：《盐铁论校注》(定本)，第 180 页。

五、"海内"与"海外"

《山海经》有《海内经》与《海外经》。《史记》卷123《大宛列传》："太史公曰：……至《禹本纪》、《山海经》所有怪物，余不敢言之也。"①《汉书》卷30《艺文志》"形法"家有《山海经》十三篇"。②《山海经》明确以"海内""海外"名篇，然而因成书年代尚不明了，则"海内""海外"观念的形成背景尚未可确知。现在看来，很可能中原人很早已经对"海外"有初步关注，前引顾颉刚、童书业所提示的"海外有截"诗句应是较早的例证。《管子》书中也有相关迹象显示。《管子·宙合》："宙合之意，上通于天之上，下泉于地之下，外出于四海之外，合络天地，以为一裹。"③

"四海"与"四海之外"的关系，可以通过对汉代相关文献的理解得以说明。《淮南子·道应》写道："景曰：'扶桑受谢，日照宇宙，昭昭之光，辉烛四海。阖户塞牖，则无由入矣。若神明，四通并流，无所不及，上际于天，下蟠于地，化育万物而不可为象，俯仰之间而抚四海之外。昭昭何足以明之！'故老子曰：'天下之至柔，驰骋天下之至坚。'"④这段文字，既体现了"四海"与"天""地"的对应，亦言及"四海之外"与相对更为宏阔的"天下"的关系。《史记》卷27《天官书》："甲、乙，四海之外，日月不占。"裴骃《集解》："晋灼曰：'海外远，甲乙日时不以占候。'"⑤

《史记》卷126《滑稽列传》褚少孙补述："圣帝在上，德流天下，诸侯宾服，威振四夷，连四海之外以为席，安于覆盂，天下平均，合为一家。"《汉书》卷65《东方朔传》："圣帝流德，天下震慑，诸侯宾服，连四海之外以为带，安于覆盂。"⑥两处都说到"圣帝"的"德"的传播，影响至于"四海之外"。

《淮南子·精神》又说："事有求之于四海之外而不能遇，或守之于形骸之内而不见也。"所谓"四海之外"与"形骸之内"对照，用以形容极远之地。又《淮南子·主术》："君人者不下庙堂之上，而知四海之外者，因物以识物，因人

① 《史记》，第3179页。
② 《汉书》，第1774页。
③ 黎翔凤撰，梁运华整理：《管子校注》，中华书局2004年版，第235—235页。
④ 何宁撰：《淮南子集释》，第891—892页。
⑤ 《史记》，第1332—1333页。
⑥ 《史记》，第3206页。《汉书》，第2865页。颜师古注："言如带之相连也。"

以知人也。"与"四海之外"对应的，是"庙堂之上"。"海外"被作为政治影响力扩张之理想幅度的标志性象征。《淮南子·原道》："昔者夏鲧作三仞之城，诸侯背之，海外有狡心。禹知天下之叛也，乃坏城平池，散财物，焚甲兵，施之以德，海外宾伏，四夷纳职，合诸侯于涂山，执玉帛者万国。"①"海外"成为中原文化扩张和征服的对象。

有学者指出，与"海外"对应的概念，又有"海中"。《汉书》卷 30《艺文志》"天文"家有："《海中星占验》十二卷；《海中五星经杂事》二十二卷；《海中五星顺逆》二十八卷；《海中二十八宿国分》二十八卷；《海中二十八宿臣分》二十八卷；《海中日月彗虹杂占》十八卷。"②顾炎武说："'海中'者，中国也。故《天文志》曰：'甲、乙，海外日月不占。'盖天象所临者广，而二十八宿专主中国，故曰'海中二十八宿'。"③《汉书》卷 30《艺文志》"天文"家论著所谓"海中"是否应当这样理解，还可以讨论。

六、"海"与"晦"，"四海"与"四晦"

"海"的字义，起初有"晦"有关。《释名·释水》："海，晦也。主承秽浊，其水黑如晦也。"④《说文·日部》："晦，月尽也。"段玉裁注："引伸为凡光尽之偁。"又《说文·雨部》："天气下，地不应曰霿。霿、晦也。"段玉裁注："《释

---

① 《淮南子·墬形》："凡海外三十六国：自西北至西南方，有修股民、天民、肃慎民、白民、沃民、女子民、丈夫民、奇股民、一臂民、三身民。自西南至东南方，结胸民、羽民、讙头国民、裸国民、三苗民、交股民、不死民、穿胸民、反舌民、豕喙民、凿齿民、三头民、修臂民。自东南至东北方，有大人国、君子国、黑齿民、玄股民、毛民、劳民。自东北至西北方，有跂踵民、句婴民、深目民、无肠民、柔利民、一目民、无继民。雒棠、武人在西北陬，蚑鱼在其南。"所言"海外"诸国，种族构成和文明程度均与"中原""中土""中国"大异。"海外"之民名义的怪异，也体现了当时中原居民对"海外"世界的无知。何宁撰：《淮南子集释》，第 511、627、30、355—358 页。

② 《汉书》，第 1764 页。

③ 《日知录》卷 30"海中五星二十八宿"条。(清)顾炎武著，黄汝成集释，栾保群、吕宗力校点：《日知录集释》(全校本)，第 1683 页。

④ 任继昉纂：《释名汇校》，齐鲁书社 2006 年版，第 62 页。《初学记》卷 6 引《释名》："海，晦也。主引秽浊，其水黑而晦。"(唐)徐坚等著：《初学记》，第 114 页。《太平御览》卷 60 引《释名》曰："海，晦也。主承秽浊，其水黑而晦也。"(宋)李昉等撰：《太平御览》，第 287 页。文字略异，而内容是一致的。

天》曰：天气下，地不应曰霿。今本作曰雺，或作曰雾。皆非也。霿，《释名》作蒙，《开元占经》作蒙。释名曰：蒙，日光不明蒙蒙然也。《开元占经》引郗萌曰：在天为蒙，在人为雾。日月不见为蒙，前后人不相见为雾。按霿与霿之别，以郗所言为确。许以霿系天气，以霿系地气。亦分别井然。大氐霿下霿上，霿湿霿干。霿读如务，霿读如蒙。霿之或体作雾，霿之或体作蒙。不可乱也。而《尔雅》自陆氏不能谘正，讹舛不可读。如《玉篇》云霿，天气下地不应也；霿，地气发天不应也。盖本《尔雅》而与《说文》互易，则又在陆氏前矣。其他经史雺、霿、雾三字往往淆讹。要当以许书为正。""晦本训月尽。引申为日月不见之偁。"①中原人对于"海"的知识的"不见"，即未知，使得"海"的原始字义来自"晦"。

楚辞《九歌·山鬼》："云容容兮而在下，杳冥冥兮羌昼晦。"王逸注："晦，暗也。"②对于茫茫海域昏暗不明的视觉感受，其实也容易生成类同的文化认识。英国学者约翰·迈克《海洋——一部文化史》引录了威斯坦·休·奥登（W. H. Auden）《迷人的洪水》中的一段话："大海，事实上是一种荒蛮的混沌和无序状态……"③这正是与"晦"相近的文化感觉。

清华大学藏战国简《赤鹄之集汤之屋》篇记述了一个神异的故事：古有赤鹄集于汤之屋，汤射获，命小臣"脂羹之"。汤妻纴厖强迫小臣让其尝羹。小臣又尝其余羹。汤返回后追究小臣，小臣出逃夏，为汤诅咒，病卧道中。后得"巫乌"相救治，又由"众鸟"与"巫乌"对言得知夏后有疾及解除之法。夏后按照小臣所言除却致病之祟。关于纴厖尝羹情节，有这样的记述："小臣自堂下受（授）纴厖羹。纴厖受小臣而尝之，乃邵（昭）然四亢（荒）之外，亡（无）不见也。小臣受亓（其）余（馀）而尝之，亦邵（昭）然四晦（海）之外，亡（无）不见也。"④小臣能够听懂"巫乌"与"众鸟"的对话，应与"尝""羹"之后能力得以提

① （汉）许慎撰，（清）段玉裁注：《说文解字注》，第 307、574 页。

② （宋）洪兴祖撰，白化文等点校：《楚辞补注》，中华书局 1983 年版，第 80 页。

③ ［英］约翰·迈克：《海洋——一部文化史》，冯延群、陈淑英译，上海译文出版社 2018 年版，第 84 页。

④ 李学勤编：《清华大学藏战国竹简（叁）》，中西书局 2012 年版，第 167 页。参见黄德宽：《清华简〈赤鹄之集汤之屋〉与先秦"小说"——略说清华简对先秦文学研究的价值》，《复旦学报》2013 年第 4 期。

升，"邵（昭）然四晦（海）之外，亡（无）不见也"有关。

这是古代文献中"海"写作"晦"的明确例证。① 而对于"四亢（荒）之外"及"四晦（海）之外"由"不见"到"亡（无）不见"的神奇变化，是古人探索未知世界的理想。

《史记》卷 74《孟子荀卿列传》言邹衍学说："其语闳大不经，必先验小物，推而大之，至于无垠。""先列中国名山大川，通谷禽兽，水土所殖，物类所珍，因而推之，及海外人之所不能睹。称引天地剖判以来，五德转移，治各有宜，而符应若兹。以为儒者所谓中国者，于天下乃八十一分居其一分耳。中国名曰赤县神州。赤县神州内自有九州，禹之序九州是也，不得为州数。中国外如赤县神州者九，乃所谓九州也。于是有裨海环之，人民禽兽莫能相通者，如一区中者，乃为一州。如此者九，乃有大瀛海环其外，天地之际焉。"②对于"海外人之所不能睹"的"闳大""无垠"世界的想象，应当是有一定的海洋知识为基础的。所谓"九州""有裨海环之"，"有大瀛海环其外"者，是符合地理形势的实际的。

当然，对于海洋溟溟蒙蒙未知世界的进一步的探索，在秦汉时期进入了有较明确历史记录的新的时代。③ 对于海洋的认识，中原人逐渐走出了以"晦"为文字表现的蒙昧境地。

---

① "海"写作"晦"及"晦"写作"海"者，又有：《易·明夷·上六》："不明晦，初登于天，后入于地。"汉帛书本"晦"作"海"。《老子》："澹兮其若海。"《释文》："严遵作'忽兮若晦'。"《吕氏春秋·求人》："北至人正之国，夏海之穷。"《淮南子·时则》"海"作"晦"。高亨纂著，董治安整理：《古字通假会典》，齐鲁书社 1989 年版，第 443 页。秦封泥有"晦陵丞印"（1458）、"晦□丞□"（1574）。傅嘉仪编著：《秦封泥汇考》，上海书店出版社 2007 年版，第 235、258 页。编著者写道："王辉先生考：晦疑应读为海。《易·明夷》上六：'不明晦，初登于天，后入于地。''晦'马王堆帛书本作'海'，长沙子弹库战国楚帛书乙篇：'乃命山川四晦（李零以为晦即晦）……''四晦'即四海（王辉：《古文字通假释例》，台湾艺文印书馆 1993 年版，10、11 页）。《汉书·地理志》临淮郡有海陵县。（清）王先谦《汉书补注》：'战国楚地海阳，见《楚策》吴注……《一统志》：故城今泰州治。'依其说，海陵初名海阳，汉始改为海陵。由此封泥看，则秦时已置县，名晦陵或海陵。"第 235 页。

② 《史记》，第 2344 页。

③ 参见王子今：《秦汉时期的海洋开发与早期海洋学》，《社会科学战线》2013 年第 7 期。

第三节 秦始皇陵"水银为海"的象征意义

秦始皇陵地宫结构见于《史记》卷 6《秦始皇本纪》的介绍。"以水银为百川江河大海"的设计，应当考虑到技术效用，而基本的出发点，应当寄寓了文化象征意义。"天下"与"四海"、"天下"与"海内"的空间观念，有重要的影响。

一、秦始皇陵地宫设计构想的海洋因子

秦王政即位之后，就开始经营陵墓建设。《史记》卷 6《秦始皇本纪》："始皇初即位，穿治郦山，及并天下，天下徒送诣七十余万人……"[①]统一实现之后，工程的等级有明显提升。秦始皇陵工程，是有明确记录的用工量最大的工程。虽然"始皇恶言死，群臣莫敢言死事"[②]，但是工程的进行是郑重的、庄严的。秦始皇陵作为国家最高等级的营造项目，体现了秦王朝的政府机能、统治资质、执政效率和管理水准。秦始皇陵作为体量最为宏大、形制最为完整、文化内涵最为丰富的帝王陵墓，可以看作秦政的标志性纪念。秦始皇陵也是集中体现一种文化风格、一种民族精神、一个时代的节奏特征的物质文化遗存。

我们今天获得的有关秦始皇陵的知识，从文献渠道来说，主要来自司马迁在《史记》卷 6《秦始皇本纪》中的记载。关于秦始皇陵营造规模及地宫的结构，司马迁写道：

> 始皇初即位，穿治郦山，及并天下，天下徒送诣七十余万人，穿三泉[③]，下铜[④]而致椁，宫观百官奇器珍怪徙臧满之。[⑤] 令匠作机弩矢，有所穿近者辄射之。以水银为百川江河大海，机相灌输，上具天文，下具地理。以人鱼膏为烛，度不灭者久之。[⑥]

---

① 《史记》卷 6《秦始皇本纪》，第 265 页。
② 《史记》卷 6《秦始皇本纪》，第 264 页。
③ 张守节《正义》："颜师古云：'三重之泉，言至水也。'"
④ 裴骃《集解》引徐广曰："一作'锢'。锢，铸塞。"
⑤ 张守节《正义》："言冢内作宫观及百官位次，奇器珍怪徙满冢中。"
⑥ 《史记》，第 265 页。

《北堂书钞》卷94《礼仪部·冢墓》有"水银为海"条。① 清人邵泰衢《史记疑问》卷上质疑"车载一石鲍鱼"故事："秦始虽崩，棺宁不慎？即曰仓卒，必不疏虞，况欲远达咸阳者哉？今也始抵九原，鲍鱼乱臭，事若齐桓，乌足深信！且穿及三泉，水银为海，而肯草草一棺乎？"②

秦宫苑中"海"的模型的存在③，可以与秦始皇陵中"水银为海"的设计联系起来理解。

按照有关秦始皇陵地宫设计和制作"大海"模型的这一说法，似乎陵墓主人对"海"的向往，至死仍不消减。④

二、"溷池"先例

陵墓地宫设计使用水银的方式，较早见于沿海国家齐国和吴国的丧葬史料。《韩非子·内储说上七术》曾经写道："齐国好厚葬，布帛尽于衣衾，材木尽于棺椁。桓公患之，以告管仲曰：'布帛尽则无以为蔽，材木尽则无以为守备，而人厚葬之不休，禁之奈何？'管仲对曰：'凡人之有为也，非名之则利之也。'于是乃下令曰：'棺椁过度者戮其尸，罪夫当丧者。'夫戮死无名，罪当丧者无利，人何故为之也？"⑤这段文字有关齐桓公和管仲对话的内容，当然未必真正属实，但是仍然可以作为"齐国好厚葬""人厚葬之不休"的社会风习的一种反映。齐桓公虽然有反对厚葬、禁止厚葬的言论，但是有关齐桓公墓的历史遗存，却证明他本人实际上也可以称得上是厚葬的典型。

齐桓公墓在西晋永嘉末年被盗掘，据《史记》卷32《齐太公世家》张守节《正义》引《括地志》的记载：

> 齐桓公墓在临菑县南二十一里牛山上，亦名鼎足山，一名牛首堈，一所二坟。晋永嘉末，人发之，初得版，次得水银池，有气不得入，经数日，乃牵犬入中，得金蚕数十薄，珠襦、玉匣、缯彩、军器不可胜数。

---

① （唐）虞世南编撰：《北堂书钞》，第360页。
② （清）邵泰衢：《史记疑问》，《景印文渊阁四库全书》第248册，第687页。
③ 王子今：《秦汉宫苑的"海池"》，《大众考古》2014年第2期。
④ 参见王子今：《略论秦始皇的海洋意识》，《光明日报》2012年12月13日。
⑤ 陈奇猷校注：《韩非子集释》，第548页。

又以人殉葬，骸骨狼藉也。①

其中有涉及"水银池"的记载。《史记》卷 31《吴太伯世家》："吴王病伤而死。"裴骃《集解》引《越绝书》言"阖庐冢"形制，有"澒池六尺"：

> 阖庐冢在吴县昌门外，名曰虎丘。下池广六十步，水深一丈五尺，桐棺三重，澒池六尺，玉凫之流扁诸之剑三千，方员之口三千，盘郢、鱼肠之剑在焉。卒十余万人治之，取土临湖。葬之三日，白虎居其上，故号曰虎丘。

司马贞《索隐》解释"澒池"："以水银为池。"②《太平御览》卷 812 引《吴越春秋》：

> 阖闾葬，墓中澒池广六丈。

同卷又引《广雅》：

> 水银谓之澒。③

我们现在还不清楚齐桓公墓和吴王阖闾墓"水银池"与秦始皇陵"以水银为百川江河大海"是否存在某种形制设计的继承关系，但不能忽视齐桓公接受管仲"海王之国"规划④，更早对海洋予以特殊关注的情形。而"吴王阖庐"作为临海大国强势君主的地位也值得注意。

---

① 《史记》，第 1495 页。又《后汉书》卷 65《张奂传》：李贤注引陆翙《邺中记》曰："永嘉末，发齐桓公墓，得水银池金蚕数十箔，珠襦、玉匣、缯彩不可胜数。"第 2143 页。《说郛》卷 27 下杨奂《山陵杂记》："齐桓公墓在临淄县南二十一里牛山上，亦名鼎足山，一名牛首堈，一所三坟。晋永嘉末，人发之。初得版，次得水银池，有气不得入，经数日乃牵犬入中，金蚕数十簿，珠襦玉匣缯彩军器，不可胜数。又以人殉葬，骨肉狼籍。"(明)陶宗仪等编：《说郛三种》，第 1311 页。

② 《史记》，第 1468 页。

③ (宋)李昉等撰：《太平御览》，第 3609 页。

④ 《史记》卷 32《齐太公世家》记述，齐桓公时代齐国的崛起，与海洋资源的开发有关："桓公既得管仲，与鲍叔、隰朋、高傒修齐国政，连五家之兵，设轻重鱼盐之利，以赡贫穷，禄贤能，齐人皆说。"第 1487 页。

三、"水银"的技术效用

《太平御览》卷812引《皇览》写道："关东贼发始皇墓，中有水银。"①似乎秦始皇陵"中有水银"的信息除《史记》的记录之外，还曾经有实际发现。白居易《草茫茫——惩厚葬也》诗讽刺秦始皇厚葬亦言及"水银"："草茫茫，土苍苍。苍苍茫茫在何处？骊山脚下秦皇墓。墓中下涸二重泉，当时自以为深固。下流水银象江海，上缀珠光作乌兔。别为天地于其间，拟将富贵随身去。一朝盗掘坟陵破，龙椁神堂三月火。可怜宝玉归人间，暂借泉中买身祸。"②看来，秦始皇陵使用水银的记载后人多予采信。

丧葬使用水银，据说有利于尸身防腐的作用。清人褚人获《坚瓠集》续集卷2有"漳河曹操墓"条，其中写道："国朝鼎革时，漳河水涸，有捕鱼者，见河中有大石板，傍有一隙，窥之黝然。疑其中多鱼聚，乃由隙入，数十步得一石门，心怪之，出招诸捕鱼者入。初启门，见其中尽美女，或坐或卧或倚，分列两行。有顷，俱化为灰，委地上。有石床，床上卧一人，冠服俨如王者。中立一碑。渔人中有识字者，就之，则曹操也。众人因跪而斩之，磔裂其尸。诸美人盖生而殉葬者。地气凝结，故如生人。既而门启，泄漏其气，故俱成灰。独（曹）操以水银敛，其肌肤尚不朽腐。"③又如《大金国志》卷31《齐国刘豫录》："西京兵士卖玉注椀与三路都统，（刘）豫疑非民间物，勘鞫之，知得于山陵中，遂以刘从善为河南淘沙官，发山陵及金人发不尽棺中水银等物。"④宋元间人周密《癸辛杂识》续集卷上"杨髡发陵"条引录杨琏真加"其徒互告状"，有关于盗发宋陵的较具体的资料，言"断理宗头，沥取水银、含珠"。⑤

水银又有防盗功能，如前引《史记》卷32《齐太公世家》张守节《正义》引《括地志》言"齐桓公墓"有"水银池"，于是"晋永嘉末，人发之"，"有气不得入，

---

① （宋）李昉等撰：《太平御览》，第3609页。
② （唐）白居易著，喻岳衡点校：《白居易集》，第62—63页。
③ （清）褚人获辑撰，李梦生校点：《坚瓠集》，上海古籍出版社2012年版，第844—845页。
④ （清）宇文懋昭撰，崔文印校证：《大金国志校证》，中华书局1986年版，第436页。
⑤ （宋）周密撰，吴企明点校：《癸辛杂识》，中华书局1988年版，第152页。

经数日，乃牵犬入中"。① 秦始皇陵地宫中储注水银以为河海，或许也有以剧毒汞蒸气杀死盗掘者的动机。以当时人对于水银化学特性的认识而言，不会不注意到汞中毒的现象，而利用水银的这一特性于防盗设计，是很自然的。

秦始皇陵"以水银为百川江河大海，机相灌输"的记载，1981 年已被考古学者和地质学者用新的地球化学探矿方法——汞量测量技术测定地下汞含量的结论所证实。② 2003 年秦始皇陵地宫地球物理探测成果"再次验证了地宫中存放着大量水银"，"再次验证了历史文献上关于地宫存在高汞的记载"。③

后世陵墓使用水银的情形见诸史籍。"水银为池"故事又见于《南史》卷 43《齐高帝诸子列传下·始兴简王鉴》的记载。萧鉴在益州时，"于州园地得古冢，无复棺，但有石椁。铜器十余种，并古形，玉璧三枚，珍宝甚多，不可皆识，金银为蚕、蛇形者数斗。又以朱沙为阜，水银为池。左右咸劝取之。(萧)鉴曰：'皇太子昔在雍，有发古冢者，得玉镜、玉屏风、玉匣之属，皆将还都，吾意常不同。'乃遣功曹何仁为之起坟，诸宝物一不得犯"。④

水银入葬确有技术层次的效用。然而我们讨论秦始皇陵地宫设计时更为关注的，不是水银的防腐和防盗功能，而是"以水银为百川江河大海，机相灌输"的构想所反映的海洋意识。

四、神仙追求

在秦汉社会的信仰世界中，神仙和"海"有密切的关系。

燕齐海上方士较早借助海洋的神秘性，宣传自己的学说。而发生于环渤海区域的"仙人""长生"理念的精神征服力，也因海洋扩展其影响。"入海求仙人""求仙药""求仙人不死之药""求芝奇药仙者"⑤，成为帝国政治中枢下达的重要行政任务。

---

① 墓中置"水银池"，用水银挥发的气体毒杀盗墓者，是一种充分利用各种手段反盗墓的典型史例。而盗墓者"经数日"以散发毒气，又"牵犬入中"，发明以狗带路的方式，正是所谓"道高一尺，魔高一丈"。
② 常勇、李同：《秦始皇陵中埋藏汞的初步研究》，《考古》1983 年第 7 期。
③ 刘士毅主编：《秦始皇陵地宫地球物理探测成果与技术》，地质出版社 2005 年版，第 26、58 页。
④ 《南史》，中华书局 1975 年版，第 1087 页。
⑤ 《史记》卷 6《秦始皇本纪》，第 247、258、252、257 页。

最高权力者接受了这样的说法，甚至亲身往"海上""求仙人"。《史记》卷28《封禅书》记载："……于是始皇遂东游海上，行礼祠名山大川及八神，求仙人羡门之属。"①

《史记》卷6《秦始皇本纪》记载："齐人徐市等上书，言海中有三神山，名曰蓬莱、方丈、瀛洲，仙人居之。请得斋戒，与童男女求之。于是遣徐市发童男女数千人，入海求仙人。"②时在秦始皇二十八年（前219）。此后又有"三十二年，始皇之碣石，使燕人卢生求羡门、高誓"，又"因使韩终、侯公、石生求仙人不死之药。"③看来，秦始皇曾经派遣多个方士团队，连续"入海"求仙。

关于秦始皇三十七年（前212）的记述，又有："方士徐市等入海求神药，数岁不得，费多，恐谴，乃诈曰：'蓬莱药可得，然常为大鲛鱼所苦，故不得至，愿请善射与俱，见则以连弩射之。'"而后"始皇梦与海神战"，"乃令入海者赍捕巨鱼具，而自以连弩候大鱼出射之。自琅邪北至荣成山，弗见。至之罘，见巨鱼，射杀一鱼。"于是"遂并海西。至平原津而病。""七月丙寅，始皇崩于沙丘平台。"④从徐市事迹及"数岁不得，费多，恐谴"等迹象看，他率领的"入海者"曾经反复出航。

据《史记》卷28《封禅书》记述，"海上""神山""仙人""奇药"形成的特殊的神奇的关系，致使秦始皇反复追寻，至死不懈：

> 威、宣、燕昭使人入海求蓬莱、方丈、瀛洲。此三神山者，其傅在勃海中，去人不远；患且至，则船风引而去。盖尝有至者，诸仙人及不死之药皆在焉。其物禽兽尽白，而黄金银为宫阙。未至，望之如云；及到，三神山反居水下。临之，风辄引去，终莫能至云。世主莫不甘心焉。⑤及至秦始皇并天下，至海上，则方士言之不可胜数。始皇自以为至海上而恐不及矣，使人乃赍童男女入海求之。船交海中，皆以风为解，

---

① 《史记》，第1367页。
② 《史记》，第247页。
③ 《史记》，第251、252页。
④ 《史记》，第263—264页。
⑤ 司马贞《索隐》："谓心甘羡也。"

日未能至，望见之焉。其明年，始皇复游海上，至琅邪，过恒山，从上
党归。后三年，游碣石，考入海方士，从上郡归。后五年，始皇南至湘
山，遂登会稽，并海上，冀遇海中三神山之奇药。不得，还至沙丘崩。①

"勃海中""诸仙人及不死之药"，使得这位帝王持续"甘心"，累年"冀遇"，而
最后走到人生终点依然"不得"。

如同宫苑中设置"海池"一样，陵墓地宫中"水银为海"的设计，或许也寄
托了这种希冀与追求的永久性的延续。

五、"天下"象征

在秦汉人的意识中，"海"不仅是"仙人"所居，"奇药"所在，其神秘境界
也被理解为体现政治气运的符命祥瑞。

《史记》卷1《五帝本纪》说，黄帝被尊为"天子"，"东至于海，登丸山，及
岱宗。西至于空桐，登鸡头。南至于江，登熊、湘。北逐荤粥，合符釜山，
而邑于涿鹿之阿"。关于"丸山"，裴骃《集解》："《地理志》曰丸山在郎邪朱虚
县。"张守节《正义》："《括地志》云：'丸山即丹山，在青州临朐县界朱虚故县
西北二十里，丹水出焉。'"②黄帝"东至于海，登丸山"，以对"海"的亲近宣示
政治权力。所谓"合符釜山"，有解释说亦与"东海"有关，并且有"瑞云""符
命"传说。司马贞《索隐》："案：郭子横《洞冥记》称东方朔云'东海大明之墟有
釜山，山出瑞云，应王者之符命'，如尧时有赤云之祥之类。盖黄帝黄云之
瑞，故曰'合符应于釜山'也。"③

"帝颛顼高阳"的政治威权，实现了"四远皆平而来服属"④："北至于幽
陵，南至于交阯，西至于流沙，东至于蟠木。动静之物，大小之神，日月所
照，莫不砥属。""交阯"临南海。所谓"东至于蟠木"，裴骃《集解》引《海外经》
言在"东海"："东海中有山焉，名曰度索。上有大桃树，屈蟠三千里。东北有
门，名曰鬼门，万鬼所聚也。天帝使神人守之，一名神荼，一名郁垒，主阅

---

① 《史记》，第1369—1370页。

② 《史记》，第3、6页。

③ 《史记》，第7页。

④ 《史记》卷1《五帝本纪》裴骃《集解》引王肃曰，第12页。

领万鬼。若害人之鬼，以苇索缚之，射以桃弧，投虎食也。"①帝尧的行政控制，四至甚为辽远。东方和南方，都到达海滨。"分命羲仲，居郁夷，曰旸谷。敬道日出，便程东作。""申命羲叔，居南交。便程南为，敬致。"所谓"郁夷"，裴骃《集解》："《尚书》作'嵎夷'。孔安国曰：'东表之地称嵎夷。日出于旸谷。羲仲，治东方之官。'"司马贞《索隐》："案：《淮南子》曰'日出汤谷，浴于咸池'，则汤谷亦有他证明矣。"张守节《正义》："《禹贡》青州云：'嵎夷既略。'案：嵎夷，青州也。尧命羲仲理东方青州嵎夷之地，日所出处，名曰阳明之谷。"关于"南交"，即临南海的"交阯"。司马贞《索隐》："南方地有名交阯者，或古文略举一字名地，南交则是交阯不疑也。"②

帝舜曾有"巡狩"行为。他的生命竟然结束于"巡狩"途中。③ 其行政实效，即"四海之内，咸戴帝舜之功"。张守节《正义》："《尔雅》云：'九夷八狄七戎六蛮谓之四海。'"④"四海"成为形容权力控制空间的最高等级的语汇。司马迁实地考察"五帝"的历史，有远程旅行的经历。据他明确的自述，曾经"东渐于海"。⑤

帝舜是在"巡狩"实践中"行视""治水"情景时发现了帝禹的。作为帝舜的继承者，帝禹行历九州，也在"巡狩"的行程中结束了他的人生。《史记》卷2《夏本纪》记载了他政治生涯亦可谓交通生涯的结束："帝禹东巡狩，至于会稽而崩。"⑥秦始皇实现统一，继秦王政时代的三次出巡之后，曾有五次出巡。不过，《史记》有关秦史的记录中称"巡"、称"行"、称"游"，不称"巡狩"。这应当是依据《秦记》的文字。⑦ 如《史记》卷6《秦始皇本纪》记载："二十七年，

① 《史记》，第11—12页。

② 《史记》，第16—18页。

③ 王子今：《论帝舜"巡狩"》，《陕西历史博物馆论丛》第25辑，三秦出版社2018年版。

④ 《史记》卷1《五帝本纪》，第43—44页。

⑤ 《史记》卷1《五帝本纪》，第46页。

⑥ 《史记》，第83页。

⑦ 王子今：《〈秦记〉考识》，《史学史研究》1997年第1期；《〈秦记〉及其历史文化价值》，《秦文化论丛》第5辑，西北大学出版社1997年版，《秦文化论丛选辑》，三秦出版社2004年版。

始皇巡陇西、北地。""二十八年，始皇东行郡县。"①"二十九年，始皇东游。"②
"三十七年十月癸丑，始皇出游。"③多用"巡""行""游"等字而不称"巡狩"，或
许体现了秦文化与东方六国文化的距离。不过，仍然有学者将这种交通行为
与传说中先古圣王的"巡狩"联系起来。《史记》卷6《秦始皇本纪》记载"二十九
年，始皇东游"，"登之罘，刻石"，其文字开篇就写道："维二十九年，时在
中春，阳和方起。皇帝东游，巡登之罘，临照于海。"④秦始皇三十七年(前210)
最后一次东巡，就有对追随帝禹行迹，纪念帝禹成功的意义："上会稽，祭大
禹，望于南海，而立石刻颂秦德。"⑤

　　统一实现之后，秦始皇五次出巡，四次行至海滨。刻石文字除前引"临照
于海"外，还有之罘刻石："皇帝东游，巡登之罘，临照于海。""逮于海隅，遂
登之罘，昭临朝阳。"⑥又琅邪刻石："东抚东土，以省卒士。事已大毕，乃临
于海。""皇帝之土。西涉流沙，南尽北户。东有东海，北过大夏。人迹所至，
无不臣者。""维秦王兼有天下，立名为皇帝，乃抚东土，至于琅邪。"又说同从
臣"与议于海上"，所谓"今皇帝并一海内，以为郡县，天下和平"的宣言⑦，
与"秦初并天下"时李斯等"议帝号"所言"今陛下兴义兵，诛残贼，平定天下，
海内为郡县"，驳"请立诸子"时所言"今海内赖陛下神灵一统，皆为郡县"，周
青臣进颂所言"赖陛下神灵明圣，平定海内，放逐蛮夷，日月所照，莫不宾
服"，以及博士齐人淳于越所言"今陛下有海内，而子弟为匹夫……"⑧，可以
联系起来理解。虽然政治意见并不相同，但是都强调秦统一"有海内""平定海
内""并一海内"、"海内""一统"、"海内为郡县"，即以"海"为政治空间界定的

---

① 《史记》，第241、243页。泰山刻石称"亲巡远方黎民""周览东极"；琅玡刻石称"东
　　抚东土""乃抚东土"。《史记》，第243、245—246页。
② 之罘刻石称"皇帝东游，巡登之罘，临照于海"；"维二十九年，皇帝春游，览省远
　　方"。《史记》，第249—250页。
③ 《史记》，第260页。会稽刻石称"三十有七年，亲巡天下，周览远方"。《史记》，第
　　261页。
④ 《史记》，第249—250页。
⑤ 《史记》，第260页。
⑥ 《史记》，第249—250页。
⑦ 《史记》，第245—247页。
⑧ 《史记》，第236、239、254页。

意义，值得我们重视。

秦二世欲仿效秦始皇出行所谓"先帝巡行郡县，以示强，威服海内"，与赵高讨论朝政所谓"制御海内"，都可以看作秦始皇时代之后这种政治理念的延续。贾谊《过秦论》所谓"不患不得意于海内"，以及总结秦亡教训时"海内之患""海内畔"诸语①，则表露出对秦王朝政风的理解。

关注典型反映秦政治意识的"海内"观，结合上文有所讨论的"天下"与"四海"、"天下"与"海内"的关系，在这一认识的基点上思考秦始皇陵"水银为海"的文化意义，可以推知这一设计有以"海"的模型作为"天下"象征的出发点。

第四节　秦汉人世界意识中的"北海"和"西海"

秦汉文献使用"北边"和"西边"的地理概念。这一地区湖泊池沼称谓"北海"和"西海"的出现和使用，与中原人有关"四海"的观念存在某种内在关联。有关"北海"和"西海"的历史文化信息，可以为历史自然地理、历史人文地理和生态环境史研究提供重要的史料，也有能够说明当时社会对于更广阔世界之认知程度的重要意义。

历史学、民族学、语言学、地理学乃至生态学研究者都应当关注相关问题的考察和研究，以拓展不同主题的学术空间，获取有推动学术进步意义的新知。

一、中原人"四海"意识的生成与变化

回顾中原人对于世界的知识的积累和更新，应当注意早期"四海"观念。中原地方被看作"四海之内"或说"海内"。在上古社会意识中，中国、中土、中原被视作天下的中心、世界的中心。人们表记中原文化辐射渐弱或未及的远方的地理符号，有所谓"四海"。"海"之字义，起初与"晦"有某种关联②，

---

① 《史记》卷6《秦始皇本纪》，第267、271、277、284、278页。

② 《释名》卷1《释水》："海，晦也。主承秽浊，其水黑如晦也。"任继昉纂：《释名汇校》，第62页。《初学记》卷6引《释名》云："海，晦也。主引秽浊，其水黑而晦。"（唐）徐坚等著：《初学记》，第114页。（明）彭大翼《山堂肆考》卷20《地理》引《释名》："海，晦也。主引晦浊，其水黑而晦也。"《景印文渊阁四库全书》第974册，第319页。（三国）张揖《广雅》卷9《释水》："海，晦也。"（清）钱大昭撰，黄建（转下页）

体现了中原人对遥远的未知世界的特殊心理。①

　　有关"四海"的意识，对于认识和理解历史时期中国人的世界观、天下观，有学术基础的意义，同时也有益于推进中国古代交通史的研究。

　　《尚书·大禹谟》写道："文命敷于四海，祗承于帝。""帝德广运，乃圣乃神，乃武乃文，皇天眷命，奄有四海，为天下君。""四海困穷，天禄永终。"《尚书·益稷》有"决九川，距四海"语，又曰："州十有二师，外薄四海，咸建五长。"又《尚书·禹贡》也如此称颂先古圣王的政治成功："九州攸同，四隩既宅，九山刊旅，九川涤源，九泽既陂，四海会同。""东渐于海，西被于流沙，朔南暨声教，讫于四海。禹锡玄圭，告厥成功。"此外，《胤征》"惟仲康肇位四海"，《伊训》"始于家邦，终于四海"，《说命下》"四海之内，咸仰朕德"等②，也表现了大致同样的意识。《山海经》以"海内""海外"名篇。③《孟子·梁惠王上》："海内之地，方千里者九。"④《墨子·辞过》也有"四海之内"的说法。《非

（接上页）中、李发舜点校：《广雅疏义》，中华书局2016年版，第755页。有关"海"与"晦"的关系的认识，承武汉大学陈伟教授提示，谨此致谢。有学者指出，"海""就是指荒远之地，与中国相对而言"。举列《荀子·王制》："北海则有走马吠犬焉，然而中国得而畜使之。""西海则有皮革文旄焉，然而中国得而用之。"杨倞注："海谓荒晦绝远之地，不必至海水也。"所谓"荒晦绝远"，又有显示民族差异和文化等级的用意。"古人多以'晦'释'海'。《诗·小雅·蓼萧序》：'蓼萧，泽及四海也。'《释文》：'海者，晦也，地险言其去中国险远，禀政教昏昧也。'孔颖达疏引孙炎曰：'海之言晦，晦暗于礼仪也。'"但是论者也写道："上古时期，中原地区离大海较远，大海也是荒晦绝远之地。"王国珍：《〈释名〉语源疏证》，上海辞书出版社2009年版，第41页。

①　参见王子今：《上古地理意识中的"中原"与"四海"》，《中原文化研究》2014年第1期。

②　《尚书正义》，（清）阮元校刻：《十三经注疏》，第134、136、141、143、152—153、157、163、176页。

③　袁珂校注：《山海经校注》，第181、207、229、251、267、285、305、327、441页。

④　焦循《正义》："古者内有九州，外有四海。""此'海内'，即指四海之内。"（清）焦循撰，沈文倬点校：《孟子正义》，第91页。

攻下》则谓"一天下之和，总四海之内"。①《荀子·不苟》亦言"揔天下之要，治海内之众"。②《韩非子》则可见"明照四海之内"③、"富有四海之内"④、"独制四海之内"⑤等体现对极端权力向往的语句。有关论说同时言及"天下"，《韩非子·奸劫弑臣》："明主者，使天下不得不为己视，天下不得不为己听。故身在深宫之中而明照四海之内，而天下弗能蔽、弗能欺者何也？暗乱之道废，而聪明之势兴也。"⑥又如《韩非子·难四》："桀索崏山之女，纣求比干之心，而天下离；汤身易名，武身受詈，而海内服。"⑦桀纣"天下离"与汤武"海内服"的对比，反映"海内"和"天下"的对应已经成为政治语言的习惯定式。"海内"与"天下"地理称谓的同时通行，可以从一个侧面说明当时中原社会意识中海洋地位有所上升。

秦汉时期政论家们的论著中，这一语言习惯依然有明显的表现。如《新书·时变》："威振海内，德从天下。"⑧《淮南子·要略》："天下未定，海内未辑……"⑨《汉书》卷52《韩安国传》载王恢语，也说："海内为一，天下同任。"⑩《盐铁论·轻重》可见所谓"天下之富，海内之财"，同书《能言》也以"言满天下，德覆四海"并说。又《世务》也写道："诚信著乎天下，醇德流乎四海。"⑪可见当时以大一统理念为基点的政治理想的表达，已经普遍取用涉及海洋的地理概念。而"四海"，成为习见的表述形式。

顾颉刚、童书业曾经分析汉代以前中国人的世界观，涉及有关"海"的理念。他们注意到"海"作为世界边际的意义："最古的人实在是把海看做世界的

① （清）孙诒让著，孙以楷点校：《墨子间诂》，中华书局1986年版，第34、130页。
② 梁启雄：《荀子简释》，中华书局1983年版，第31页。
③ 《韩非子·奸劫弑臣》，陈奇猷注："《长短经》引照作烛，义同。"陈奇猷校注：《韩非子集释》，第247、256页。
④ 《韩非子·六反》，陈奇猷校注：《韩非了集释》，第952页。
⑤ 《韩非子·有度》，陈奇猷校注：《韩非子集释》，第88页。
⑥ 陈奇猷校注：《韩非子集释》，第247页。
⑦ 陈奇猷校注：《韩非子集释》，第871页。
⑧ （汉）贾谊撰，阎振益、钟夏校注：《新书校注》，第96页。
⑨ 何宁撰：《淮南子集释》，第1458页。
⑩ 《汉书》，第2399页。
⑪ 王利器校注：《盐铁论校注》（定本），第180、459、508页。

边际的,所以有'四海'和'海内'的名称。(在《山海经》里四面都有海,这种观念实在是承受皇古人的理想。)《尚书·君奭篇》说:'海隅出日罔不率俾。'(从郑读)《立政篇》也说:'方行天下,至于海表,罔有不服。'这证明了西方的周国人把海边看做天边。《诗·商颂》说:'相土烈烈,海外有截。'(《长发》)这证明了东方的商国(宋国)人也把'海外有截'看做不世的盛业。"所谓"海隅""海表""海外",体现了对天下和世界的理解。

当时具体的"四海",有迹象表明与后世有明显的不同。顾颉刚、童书业就《左传》所见楚、齐政治对话这样写道:"《左传》记齐桓公去伐楚国,楚王派人对他说:'君处北海,寡人处南海,唯是风马牛不相及也;不虞君之涉吾地也。'(僖四年)齐国在山东,楚国在湖北和河南,已经是'风马牛不相及'的了。齐桓公所到的楚国境界还是在河南的中部,从山东北部到河南中部,已经有'南海''北海'之别了,那时的天下是何等的小?"①

"那时的天下"之"小",可以由"那时"人们对"'南海''北海'"的认识推断。秦始皇三十七年(210)出巡,《史记》卷6《秦始皇本纪》记载:"上会稽,祭大禹,望于南海,而立石刻颂秦德。"②此所谓"南海",实是现今地理学概念中的东海。《史记》卷2《夏本纪》张守节《正义》仍有"南海即扬州东大海"的说法。③ 而称"在山东"的"齐国"所临渤海为"北海",秦汉时期仍然有这样的习惯。如《史记》卷7《项羽本纪》:"徇齐至北海,多所残灭。"④《汉书》卷9《元帝纪》:"(初元二年六月)北海水溢,流杀人民。"《汉书》卷27中之下《五行志中之下》:"成帝永始元年春,北海出大鱼,长六丈,高一丈,四枚。"⑤这样的情形,应当看作"汉代以前"地理知识历史影响之文化惯性的表现。

顾颉刚、童书业所论"那时的天下"和后来不同时段的"天下",是有历史

---

① 顾颉刚、童书业:《汉代以前中国人的世界观与域外交通的故事》,《禹贡半月刊》第5卷第3、4合期(1936年4月)。

② 《史记》,第260页。

③ 《史记》,第71页。

④ 《史记》,第321页。

⑤ 《汉书》,第283、1431页。据《汉书》卷28上《地理志上》,勃海郡属幽州,北海郡属青州。"北海郡,景帝中二年置。属青州。户十二万七千,口五十九万三千一百五十九。县二十六:营陵,或曰营丘。莽曰北海亭。"第1583页。

变化的。而所谓"北海"以及"西海"的方位及其地理坐标的意义，也有历史的变化。如《史记》卷 60《三王世家》所见庄青翟、张汤等上奏所谓"内褒有德，外讨强暴。极临北海，西溱月氏，匈奴、西域，举国奉师"①的"北海"，当然已经绝不是渤海了。

二、关于"北海""西海""寓言"说

《释名》卷 2《释州国》："北海，海在其北也。西海，海在其西也。"②均是以中原为认识基点的地理判断。

对于《释名》所谓"北海"和"西海"，有研究者以为只是"泛指极远荒晦之地"。引据成蓉镜考证："汉时居延故县即今额济纳旗，在居延海西南。故《汉书·地理志》云：'张掖郡，居延。'居延泽在东北。以地望测之，青海在旗南，鱼海在旗东，而博斯腾泊、里海、地中海相距更远。旗之西境绝无池泽可以当西海之目者。然则兴平中立西海郡，亦只借以为名，并无实指。"③论者认为："成蓉镜所说是正确的。西海郡的西面并没有海。""古代之'海'可以实指湖泊、大海，也可以泛指极远荒晦之地。""'西海'在西方，故称西海。"所谓"北海""西海"者，"都是距中原相当远的地方。"④今按：成蓉镜说为王先谦《释名疏证补》引录。成蓉镜有言："古所谓'西海'有五：一为今之青海……一为今之昌宁湖水……一为今之博斯腾泊……一为今之里海……一为今之地中海……"⑤机械地拘泥于"海在其西"的解说也许不妥。成蓉镜说"立西海郡，亦只借以为名，并无实指"，引论者则说"成蓉镜所说是正确的。西海郡的西面并没有海"。然而实际上青海湖即当时称作"西海"者，正在西海郡郡治的西边。⑥ 王莽专政时代置西海郡，郡治城址在今青海海晏，正位于青海湖的东面。这里曾发现残高 12 米的城墙及南北城门，出土"虎符石匮"、石虎等重要

---

① 《史记》，第 2109 页。
② 任继昉纂：《释名汇校》，第 87 页。
③ 原注："《释名疏证补》'西海'条。"
④ 王国珍：《〈释名〉语源疏证》，第 54 页。
⑤ （清）王先谦：《释名疏证补》，上海古籍出版社 1984 年版，第 96 页。
⑥ 谭其骧主编：《中国历史地图集》第 2 册，第 33—34 页。

文物。石虎有铭文"西海郡始建国工河南",可以证实这一城址确是西海郡郡治。①

关于"北海"和"西海"作为空间概念的意义,顾炎武《日知录》卷22"四海"条写道:"《书正义》言天地之势,四边有水。《邹衍书》言九州之外,有大瀛海环之,是九州居水内,故以州为名。② 然'五经'无'西海'、'北海'之文,而所谓'四海'者,亦概万国而言之尔。""宋洪迈谓海一而已,地势西北高,东南下,所谓东、北、南三海,其实一也。北至于青沧,则曰'北海';南至于交广,则曰'南海';东渐吴越,则曰'东海'。无籁有所谓'西海'者。《诗》《书》《礼》经之称'四海',盖引类而言之,至如庄子所谓'穷发之北有冥海'及屈原所谓'指西海以为期',皆寓言尔。"

然而对于"北海""西海""皆寓言尔"的意见,顾炎武有所引录,但是明确表示并不认同。他指出古籍其实可见"西海":"程大昌谓条支之西有海,先汉使固尝见之,而载诸史。③ 后汉班超又遣甘英辈亲至其地。而西海之西,又有大秦,夷人与海商皆常往来。"

《日知录》卷22"四海"条又言"北海":"霍去病封狼居胥山,其山实临瀚海。苏武、郭吉皆为匈奴所幽,置诸北海之上。而《唐史》又言,突厥部北海之北有骨利干国,在海北岸。"顾氏写道:"然则《诗》《书》所称'四海',实环华裔而四之,非寓言也。"顾炎武否定"四海""寓言"之说。又写道:"然今甘州有居延海,西宁有青海,云南有滇海,安知汉、唐人所见之海,非此类邪?"④

按照这种意见,虽然"'五经'无'西海'、'北海'之文",但是一些历史迹象表明,"北海"和"西海"都是实际存在的。

---

① 格桑本主编:《中国文物地图集·青海分册》,中国地图出版社1996年版,第28、30、63、97、125页。
② 原注:"'州',古'洲'字。"
③ 原注:"《史记·大宛传》:于窴之西则水皆西流,注西海。又曰:奄蔡在康居西,北可二千里临大泽,无崖,盖乃北海云。《汉书·西域传》:条支国,临西海。"《史记》卷123《大宛列传》:"于窴之西,则水皆西流,注西海;其东水东流,注盐泽。""条枝在安息西数千里,临西海。"
④ (清)顾炎武著,(清)黄汝成集释,秦克诚点校:《日知录集释》,岳麓书社1994年版,第769页。

三、"北海"—"翰海"—"上海"

关于"北海"，其实有相当悠远的意识渊源。《庄子·应帝王》："北海之帝为忽。"①战国秦汉时期，"北海"屡见于文献。《史记》卷1《五帝本纪》："申命和叔；居北方，曰幽都。"司马贞《索隐》："《山海经》曰'北海之内有山名幽都'，盖是也。"《史记》卷110《匈奴列传》言匈奴"奇畜""騊駼"，司马贞《索隐》："按：郭璞注《尔雅》云'騊駼马，青色，音淘涂'。又《字林》云野马。《山海经》云'北海有兽，其状如马，其名騊駼'也。"②

前引《史记》卷60《三王世家》载庄青翟等上奏"极临北海，西溱月氏"，也说到"北海"。张守节《正义》："《匈奴传》云霍去病伐匈奴，北临翰海。"③"北海"即北方"翰海"的说法，更早可能见于三国魏人如淳对《汉书》卷55《霍去病传》"封狼居胥山，禅于姑衍，登临翰海"之"翰海"的解说。颜师古注："如淳曰：'翰海，北海名也。'"④而《史记》卷110《匈奴列传》记载"汉骠骑将军之出代二千余里，与左贤王接战"，击败匈奴左贤王，"骠骑封于狼居胥山，禅姑衍，临翰海而还"事，关于"翰海"，裴骃《集解》："如淳曰：'翰海，北海名。'"张守节《正义》："按：'翰海'自一大海名，群鸟解羽伏乳于此，因名也。"⑤《史记》卷111《卫将军骠骑列传》"封狼居胥山，禅于姑衍，登临翰海"，司马贞《索隐》："按：崔浩云：'北海名，群鸟之所解羽，故云翰海。'《广异志》云'在沙漠北'。"⑥又言"群鸟解羽"是崔浩说。柴剑虹指出，"既是湖泊，'登临'二字就很费解"。于是对"翰海"或"瀚海"的"本义和来历"提出了新的认识："两千多年前，居住在蒙古高原上的突厥民族称高山峻岭中的险隘深谷为'杭海'。霍去病率大军登临峻岭险隘，听当地居民称之为'杭海'，遂以隘名山，后又将这一带山脉统称为'杭海山'、'杭爱山'，泛称变成了专有名词。《史记》中译写成'翰海'，注家望文生义，将它解作海，或妄加臆测，后来又将错就错，使它变成了戈壁沙漠的统称。"这一意见依据民族语言调

---

① 郭庆藩辑，王孝鱼整理：《庄子集释》，第309页。
② 《史记》，第17、19、2879—2880页。
③ 《史记》，第2109页。
④ 《汉书》，第2486—2487页。
⑤ 《史记》，第2911页。
⑥ 《史记》，第2936—2938页。

查资料为说，又有岑仲勉的考论为参照，特别值得重视。但是，对历代诸家解说概称之"妄加臆测""将错就错"，似稍嫌武断，也许正如论者所说，重视"古代诗文中'瀚海'的不同用法"①，以考察和理解其"本义和来历"，是合理的思路。

我们看到，《史记》《汉书》均言"瀚海"，关于北方"翰海"的最早文字记录，《史记》中两见，即前引卷 110《匈奴列传》"临翰海而还"，卷 111《卫将军骠骑列传》"登临翰海"。《汉书》则四见，即前引卷 55《霍去病传》"登临翰海"，以及卷 94 上《匈奴传上》"临翰海而还"，卷 94 下《匈奴传下》"临翰海"，又卷 100 下《叙传下》："长平桓桓，上将之元，薄伐猃允，恢我朔边，戎车七征，冲輣闲闲，合围单于，北登阗颜。票骑冠军，猋勇纷纭，长驱六举，电击雷震，饮马翰海，封狼居山，西规大河，列郡祈连。述《卫青霍去病传》第二十五。"②班固沿用司马迁"临翰海"之说，在《匈奴传》中凡两次言及，又较司马迁多出一处。应当注意，王国维言"史公游踪"："是史公足迹殆遍宇内，所未至者，朝鲜、河西、岭南诸初郡耳。"③不过司马迁并没有行至匈奴地区的交通实践。然而班固却曾经行历大漠。《后汉书》卷 40 下《班固传》记载："永元初，大将军窦宪出征匈奴，以固为中护军，与参议。北单于闻汉军出，遣使款居延塞，欲修呼韩邪故事，朝见天子，请大使。宪上遣固行中郎将事，将数百骑与虏使俱出居延塞迎之。会南匈奴掩破北庭，固至私渠海，闻虏中乱，引还。"④"私渠海"即"私渠比鞮海"，或写作"私渠北鞮海"，"即今蒙古国西南拜德拉河注入之本察干湖"。⑤ 班固很可能曾经两次行临私渠

---

① 柴剑虹：《"瀚海"辨》，《学林漫录》二集，中华书局 1981 年版。

② 《汉书》，第 2846、3770、3813、4254 页。

③ 王国维：《太史公行年考》第 1 册，《王国维遗书》，上海古籍书店 1983 年版，第 4 页。

④ 《后汉书》，第 1385 页。

⑤ 史为乐主编：《中国历史地名大辞典》上册，中国社会科学出版社 2005 年版，第 1280 页。

海。① 他对于"翰海"名实应有更真切的感受，如以为司马迁"临翰海"文字失误，《汉书》中是应当更正的。

如柴剑虹说，"(翰海)既是湖泊，'登临'二字就很费解"。同样，"翰海"如解作"高山峻岭"，则用"临"一字，即"临"而不"登"，同样也"很费解"。如言"临""险隘深谷"，则似无记述意义。对于"登临翰海"的理解，或许《汉书》卷55《霍去病传》颜师古注引张晏的说法值得重视："登海边山以望海也。有大功，故增山而广地也。"颜师古似乎是赞同这一解释的，他首先引录张晏说，又引如淳曰："翰海，北海名也。"随后写道："师古曰：'积土增山曰封，为墠祭地曰禅也。'"②特别是班固在《汉书》卷100下《叙传下》"饮马翰海"语的书写③，明确告知我们，对于"翰海"所谓"峻岭险隘"或者"山脉"的简单理解是不大妥当的。

所谓"苏武、郭吉皆为匈奴所幽，置诸北海之上"之所谓"北海"，《史记》卷110《匈奴列传》："是时天子巡边，至朔方，勒兵十八万骑以见武节，而使郭吉风告单于。郭吉既至匈奴，匈奴主客问所使，郭吉礼卑言好，曰：'吾见单于而口言。'单于见吉，吉曰：'南越王头已悬于汉北阙。今单于能前与汉战，天子自将兵待边；单于即不能，即南面而臣于汉。何徒远走，亡匿于幕北寒苦无水草之地，毋为也。'语卒而单于大怒，立斩主客见者，而留郭吉不归，迁之北海上。"张守节《正义》："北海即上海也，苏武亦迁也。"④《汉书》卷54《苏武传》："徙武北海上无人处，使牧羝，羝乳乃得归。"⑤《史记》卷123

---

① 《后汉书》卷4《和帝纪》："夏六月，车骑将军窦宪出鸡鹿塞，度辽将军邓鸿出稠阳塞，南单于出满夷谷，与北匈奴战于稽落山，大破之，追至私渠比鞮海。窦宪遂登燕然山，刻石勒功而还。"《后汉书》卷23《窦宪传》："宪、秉遂登燕然山，去塞三千余里，刻石勒功，纪汉威德，令班固作铭曰：……""宪上遣大将军中护军班固行中郎将，与司马梁讽迎之。会北单于为南匈奴所破，被创遁走，固至私渠海而还。"《续汉书·天文志中》："(永元元年)六月，汉遣车骑将军窦宪、执金吾耿秉，与度辽将军邓鸿出朔方，并进兵临私渠北鞮海，斩虏首万余级，获生口牛马羊百万头。日逐王等八十一部降，凡三十余万人。追单于至西海。"第168、814、3233页。
② 《汉书》，第2487—2488页。
③ 《汉书》，第4254页。
④ 《史记》，第2912—2913页。
⑤ 《汉书》，第2463页。

《大宛列传》："奄蔡在康居西北可二千里，行国，与康居大同俗。控弦者十余万。临大泽，无崖，盖乃北海云。"①此"北海"应非郭吉、苏武所居之"北海"。有学者以为"指今里海"。②

关于苏武"北海"，齐召南说："《苏武传》'乃徙武北海上'，按'北海'为匈奴北界，其外即丁令也。塞外遇大水泽通称为'海'。《唐书·地理志》'骨利干都播二部落北有小海，冰坚时，马行八日可渡，海北多大山'③，即此'北海'也。今曰白哈儿湖，在喀尔喀极北，鄂罗斯国之南界。"④以为苏武事迹中涉及的"北海"应即贝加尔湖。⑤

宋吴仁杰《两汉刊误补遗》卷8"北海"条写道："奄蔡国临大泽，无崖，盖北海云。周日用曰：闻苏武牧羊之所只一池，号'北海'。《容斋随笔》曰：蒲昌非西海，疑亦亭居一泽耳。仁杰读《禹贡正义》：江南水无大小，皆呼为'江'。《太康地记》：河北得水名'河'，塞外得水名'海'。因是悟大泽蒲昌名'海'者如此。又吐番、吐谷浑有烈谟海、恕谌海、拔布海、青海、柏海、乌海，匈奴中有翰海、勃鞮海、私渠海、伊连海，与于阗、条支所谓两'西海'，及北匈奴所谓两'北海'，皆薮泽或海曲耳，非真'西海''北海'也。"⑥言中原西北方向的所谓"西海""北海"，不过"薮泽或海曲"而已。然而，其实即使是所谓"只一池"的"薮泽"，有的也有相当大的规模。元耶律铸《干海子》诗序说："北中凡陂洿皆谓之'海子'。"⑦有人形容，有的"海子"形势颇为辽阔："海子甚阔，望之者无畔岸，遥望水高如山，但见白浪隐隐，自高而下。"⑧对于规

---

① 《史记》，第3161页。

② 史为乐主编：《中国历史地名大辞典》上册，第722页。

③ 《新唐书》卷43下《地理志下》："骨利干都播二部落北有小海，冰坚时，马行八日可度，海北多大山。"第1149页。

④ 《前汉书》卷54附(清)齐召南《考证》，《景印文渊阁四库全书》第250册，第325页。

⑤ 史为乐主编《中国历史地名大辞典》以为苏武牧羊之"北海""指今贝加尔湖"。上册第722页。

⑥ (宋)吴仁杰：《两汉刊误补遗》，见徐蜀选编《二十四史订补》第4册，第1062页。

⑦ (元)耶律铸：《双溪醉隐集》卷2《乐府》，《景印文渊阁四库全书》第1199册，第405页。

⑧ (明)陆楫编《古今说海》卷1《说选一》引明金幼孜《北征录》，巴蜀书社1988年版，第11页。(清)姚之骃《元明事类钞》卷2《地理门》"水高如山"条引《北征录》："经阔滦海子，遥望水高如山，但见白浪隐隐，自高而下。"《景印文渊阁四库全书》第884册，第23页。

模"甚阔，望之者无畔岸"的水面，古来北人称之为"海"，是可以理解的。

四、"西海"的不同指义

程大昌、顾炎武说"西海"即"条支之西"之"海"。其实战国秦汉时期尚有相对明确的"西海"。

《史记》卷70《张仪列传》："拔一国而天下不以为暴，利尽西海而天下不以为贪。"司马贞《索隐》："西海为蜀川也。海者珍藏所聚生，犹谓秦中为陆海然也其实西亦有海所以云西海。"张守节《正义》："海之言晦也，西夷晦昧无知，故言海也。言利尽西方羌戎。"①虽然"西方羌戎"分布区域包括"蜀"地西隅，但是多数有关"西海"的信息，其方位指向并非"蜀川"。

《史记》卷78《春申君列传》："王之地一经两海。"司马贞《索隐》："谓西海至东海皆是秦地。"张守节《正义》："广言横度中国东西也。"②但是此"西海"所在"中国"之"西"是较模糊的地理方向。《史记》卷49《外戚世家》："（李夫人）其长兄广利为贰师将军，伐大宛，不及诛，还，而上既夷李氏，后怜其家，乃封为海西侯。"③张守节《正义》："汉武帝令李广利征大宛，国近西海，故号'海西侯'也。"④《汉书》卷61《李广利传》载汉武帝诏，言李广利"伐胜大宛"："赖天之灵，从泝河山，涉流沙，通西海，山雪不积，士大夫径度，获王首虏，珍怪之物毕陈于阙。其封广利为海西侯，食邑八千户。"⑤"海西侯"之封确实应与"西海"有关，如顾炎武说"国近西海，故号'海西侯'也"。此"西海"近"大宛"，空间方位大致可知。

《汉书》卷70《陈汤传》又载谷永上疏言："窃见关内侯陈汤，前使副西域都护，忿郅支之无道，闵王诛之不加，策虑愊忆，义勇奋发，卒兴师奔逝，横厉乌孙，逾集都赖，屠三重城，斩郅支首，报十年之逋诛，雪边吏之宿耻，

---

① 《史记》，第2283页。
② 《史记》，第2393页。
③ 《史记》卷49附（清）张照《史记考证》："余有丁曰：《匈奴》《大宛传》广利封时李氏未诛，后以将军伐匈奴，闻其家用巫蛊族，乃降匈奴。此文误。"《景印文渊阁四库全书》第244册，第270页。
④ 《史记》，第1980—1981页。
⑤ 《汉书》，第2703页。

威震百蛮，武畅西海，汉元以来，征伐方外之将，未尝有也。"①此"武畅西海"之"西海"，似是西极之地的模糊说法，然较"李广利征大宛，国近西海"的"西海"更为遥远。

顾炎武说"甘州有居延海，西宁有青海"，所谓"青海"，王莽时代曾经明称"西海"。《汉书》卷99上《王莽传上》记载，王莽奏言："今西域良愿等复举地为臣妾，昔唐尧横被四表，亦亡以加之。今谨案已有东海、南海、北海郡，未有西海郡，请受良愿等所献地为西海郡。"于是，"（元始四年）置西海郡，徙天下犯禁者处之"。②《汉书》卷28下《地理志下》："金城郡，昭帝始元六年置。莽曰'西海'。"③

此"西海"又称"鲜水海"。据齐召南考证，"按：莽所置西海郡，在金城郡临羌县塞外西北。《地理志》可证。'西海'曰'仙海'，亦曰'鲜水海'，即今青海也"。④"鲜水海"名号用"鲜"字，或许与渔产有关。"鲜水海"的南面和北面都有"鲜水"之称⑤，应是地名移用之例。或许与草原通路上频繁移徙的民族活动有关。⑥ 汉代"西海"名号的多种指向，或许也可以看作类似现象。前引"西海为蜀川也"之说，也有可能与此有关。

《史记》卷123《大宛列传》："于寘之西，则水皆西流，注西海；其东水东流，注盐泽。""条枝在安息西数千里，临西海。"⑦这里说到的"西海"应并不在

---

① 《汉书》，第3021页。

② 《汉书》，第4077、357页。

③ 《汉书》，第1610页。

④ 《前汉书》卷12附（清）齐召南《考证》，《景印文渊阁四库全书》第249册，第183页。

⑤ 对于《汉书》卷69《赵充国传》"合击罕、开在鲜水上者"（第2977页），齐召南以为此"鲜水"即青海湖："按：'鲜水'即'西海'，一名'青海'，又名'卑禾羌海'。《地理志》'金城郡临羌县西北至塞外有仙海盐池'者也。《后书·西羌传》：'武帝时先零羌与匈奴通，寇边，遣李息、徐自为击平之。羌乃去湟中，依西海盐池左右。'又本书《王莽传》：'羌豪献鲜水海允谷盐池地，为西海郡。'"《前汉书》卷69附（清）齐召南《考证》，《景印文渊阁四库全书》第250册，第565页。此说不确。此"鲜水"即羌谷水，即今自祁连山北流的黑水。

⑥ 参见王子今、高大伦：《说"鲜水"：康巴草原民族交通考古札记》，《中华文化论坛》2006年第4期，收入《穿越横断山脉——康巴地区民族考古综合考察》，天地出版社2008年版，收入《巴蜀文化研究集刊》第4卷，巴蜀书社2008年版。

⑦ 《史记》，第3160、3163页。

一处。有学者指出，"《山海经》所说之西海，其确实海域不详。后世地理知识逐渐增长，称西海之处较多，都指我国西部或以西之湖海。如《史记·大宛列传》：'于寅之西，则水皆西流注西海。'所指当今之咸海或里海。《汉书·西域传》：'条支国临西海。'指今波斯湾、红海、阿拉伯海及印度洋西北部。"①

"盐泽""盐池"亦多有称"海"者，所提供的信息可以看作有价值的生态史料。②《通典》卷191《西戎总序》言汉代"盐泽"，杜佑原注："即蒲昌海，在今交河、北庭界中。"③

《后汉书》卷2《明帝纪》记载："（永平十七年）冬十一月，遣奉车都尉窦固、驸马都尉耿秉、骑都尉刘张出敦煌昆仑塞，击破白山虏于蒲类海上，遂入车师。"《后汉书》卷19《耿夔传》："会北单于弟左鹿蠡王于除鞬自立为单于，众八部二万余人，来居蒲类海上，遣使款塞。以夔为中郎将，持节卫护之。"《后汉书》卷23《窦固传》："（窦）固、（耿）忠至天山，击呼衍王，斩首千余级。呼衍王走，追至蒲类海。"李贤注："蒲类海今名婆悉海，在今庭州蒲昌县东南也。"④齐召南也说到"非北海亦非西海"的"海"，他在解说《汉书》卷96下《西域传下》"焉耆国传治员渠城"句时写道："按《后书》作南柯城，又北与乌孙接近，海水多鱼。《后书》曰：其国四面有大山，与龟兹相连。有海水曲入四山

---

① 史为乐主编：《中国历史地名大辞典》上册，第938页。今按："《汉书·西域传》：'条支国临西海。'"应据《史记》卷123《大宛列传》。《中国历史地名大辞典》解释"西海"：①"为居延海"，②"即今青海省东部之青海湖"，③"指今蒙古国科布多东南之哈尔湖—德勒湖"。以为即《窦宪传》"遂及单于于西海上"之"西海"。

② 参见王子今：《"居延盐"的发现——兼说内蒙古盐湖的演化与气候环境史考察》，《盐业史研究》2006年第2期。

③ （唐）杜佑撰：《通典》，第1027页。吴玉贵以为，"'蒲昌海'即是汉代'盐泽'，这应该是没有问题的，但杜佑说蒲昌海在'北庭界中'"，"将'蒲类'与'蒲昌'混淆在了一起"。吴玉贵：《西突厥汗国汉文史料编年辑考》，待出版。

④ 《后汉书》，第122、719、810—811页。《旧唐书》卷40《地理志三》"西州中都督""蒲昌"条："县东南有旧蒲类海，胡人呼为婆悉海。"第1645页。吴玉贵指出："蒲类海（今巴里坤湖）在东部天山北麓，与此称蒲昌城东南方位不合，疑《通典》将'蒲类海'与'蒲昌海'（今罗布淖尔）相混淆，又从而将蒲类海的相关记载误置于蒲昌县下。如《通典》卷195，南匈奴'右谷蠡王于除鞬自立为单于，将数千人止蒲类海'，杜佑在'蒲类海'下注称：'今北庭府界。'正确地将蒲类海置于北庭。"吴玉贵：《西突厥汗国汉文史料编年辑考》，待出版。

之内，周匝其城三十余里。即其说也。焉耆北接乌孙，西去条支绝远。所谓'海'者，指大泽巨浸，如蒲类、蒲昌并称为'海'之比，非'北海'亦非'西海'也。"①

五、关于"北海君"与"西海君"

《唐开元占经》卷113《人及鬼神占·神瑞》"四海神"条引《金匮》可见这样的故事："武王伐纣，都洛邑。阴寒雨雪一十余日，深丈余。甲子朔旦，有五丈夫乘马车，从两骑，至王门外，欲谒武王。武王将出见之。太公曰：'不可。雪深丈余，五丈夫车骑无迹，恐是圣人。'太公乃持一器粥，出门而进五车两骑曰：'王方未出。天寒，故进热粥以御寒，而不知长幼从何来？'两骑曰：'先进南海君，次进东海君，次北海君，次西海君，次河伯、雨师、风伯。'粥既毕，使者告太公。太公谓武王曰：'此四海之神，王可见之。南海神曰祝融，东海神曰勾芒，北海神曰玄冥，西海神曰蓐收，河伯名为凭，雨师名咏，风伯名飞廉。请以名。'前五神皆惊，相视而叹。祝融等皆拜焉。武王曰：'天阴，远来何以教之？'四海曰：'天代立周，谨来受命。请敕风伯等各奉其职。'"②《太平御览》卷882引《太公金匮》文字略异："武王都洛邑，未成。阴寒雨雪十余日③，深丈余。甲子旦，有五丈夫乘车马，从两骑，止王门外，欲谒武王。武王将不出见。太公曰：'不可。雪深丈余而车骑无迹，恐是圣人。'太公乃持一器粥出，开门而进五车两骑，曰：'王在内，未有出意。时天寒，故进热粥以御寒。未知长幼从何起？'两骑曰：'先进南海君，次东海君，次西海君，次北海君，次河伯、雨师。'粥既毕，使者具告太公。太公谓武王曰：'前可见矣，五车两骑，四海之神与河伯、雨师耳。南海之神曰祝融，东海之神曰勾芒，北海之神曰玄冥，西海之神曰蓐收。请使谒者各以其名召之。'武王乃于殿上，谒者于殿下，门内引祝融进。五神皆惊，相视而叹。祝

---

① 《前汉书》卷96下附（清）齐召南《考证》，《景印文渊阁四库全书》第251册，第268—269页。

② （唐）瞿昙悉达编，李克和校点：《开元占经》，岳麓书社1994年版，第1135页。

③ 《太平御览》卷34引《太公金匮》曰："武王伐纣，纣驻洛邑，天阴寒，雨雪十余日。"（宋）李昉等撰：《太平御览》，第163页。（明）彭大翼《山堂肆考》卷5《天文·雪》"武都丈余"条：《太公金匮》：'武王伐纣，都洛邑，雨雪十日，深丈余。'"《景印文渊阁四库全书》第974册，第84页。

融拜。武王曰：'天阴乃远来，何以教之？'皆曰：'天伐殷立周，谨来受命，愿敕风伯、雨师，各使奉其职。'"①对照两种引文，可以获得《太公金匮》成书时代关于"四海之神"的较完整的认识。所谓"北海神曰玄冥，西海神曰蓐收"，或"北海之神曰玄冥，西海之神曰蓐收"，又称"北海君""西海君"。

《隶续》卷2《五君栖桦文》载录"五君"名号，即"大老君""西海君""东海君""真人君"和"仙人君"。洪适写道："右五君栖桦文十五字，予所见者，已装治成帙，不得详其形制。五君之旁，有桊各三，径三寸余。其中者圆若碑碣之穿，上下二桊则墙褊不匀，亦有阙其一者。藏碑若欧、赵皆所无有，复不见于诸家杂说中，殆莫知其为何物。独武阳黄伯思长睿作《洛阳九咏》，其《瞻上清》一篇中云'洼桦五兮石栖九，飨西后兮朕东后'，所注甚详。"洪适还写道："《宣和殿藏碑录》以为汉碑，而名之曰'真人君石樽刻石'，与'四老神祚机刻石'同帙，良由此石就其上有器物之状，以祀五君，故或谓之'栖桦'，或谓之'石樽'。而黄君之辞可据，始知是洛阳上清宫中之物。其文惟'大老君'三字最大，盖尊老子也。'西海''真人'六字却似晋人笔札，岂镌刻有工拙乎？《六经》无'真'字，独于诸子见之。延熹中蔡邕作《王子乔碑》及《仙人唐公房碑》，皆有'真人'之称矣。"②理解这里说到包括"西海君""东海君"的"五君"在社会信仰体系中的地位，应以道教的兴起作为认识基础。

《博物志》卷7《异闻》："太公为灌坛令，武王梦妇人当道夜哭，问之。曰：'吾是东海神女，嫁于西海神童。今灌坛令当道，废我行。我行必有大风雨，而太公有德，吾不敢以暴风雨过，是毁君德。'武王明日召太公，三日三夜，果有疾风暴雨从太公邑外过。"③"东海"神系与"西海"神系传说中的姻亲，暗示遥远的空间距离因"大风雨"之"行"形成相互的联系。

有关"北海君"、"西海君"以及"西海神童"的信息，年代似乎都不能确定

---

① （宋）李昉等撰：《太平御览》，第3918页。

② （宋）洪适撰：《隶释　隶续》，第302—303页。

③ （晋）张华撰，范宁校证：《博物志校证》，中华书局1980年版，第84页。《太平御览》卷10引《博物志》文字略异："太公为灌坛令。武王梦妇人当道夜哭，问之。曰：'吾是东海神女，嫁于西海神童。今为灌坛令当道，废我行。我行必有大风疾雨。大风疾雨是毁君之德也。'武王觉，召太公问之。果有疾雨暴风在太公邑外而过。"（宋）李昉等撰：《太平御览》，第52页。

于秦汉，但是对于认识秦汉时期相关现象，仍然是有一定的参考价值的。

六、遥远的"海西"

考察秦汉社会的世界观、天下观以及有关"四海"的知识，自然会涉及"海西"这一空间概念。

《史记》卷49《外戚世家》说李夫人事迹，写道："是时其长兄广利为贰师将军，伐大宛，不及诛，还，而上既夷李氏，后怜其家，乃封为海西侯。"张守节《正义》："汉武帝令李广利征大宛，国近西海，故号'海西侯'也。"①似说"海西侯"名号因"大宛""国近西海"而来。《史记》卷123《大宛列传》也记载："天子为万里而伐宛，不录过，封广利为海西侯。"②但是按通常理解，所谓"海西"应是"西海"之"西"。

《史记》卷123《大宛列传》记述张骞"凿空"，带回了有关西域远国的自然地理与人文地理知识："骞身所至者大宛、大月氏、大夏、康居，而传闻其旁大国五六，具为天子言之。"其中，"骞身所至者"及得自"传闻"的诸国及其与"西海"的空间关系为："大宛在匈奴西南，在汉正西，去汉可万里。""其北则康居，西则大月氏，西南则大夏，东北则乌孙，东则扞罙、于阗。于阗之西，则水皆西流，注西海；其东水东流，注盐泽。""盐泽去长安可五千里。""安息在大月氏西可数千里。……其西则条枝，北有奄蔡、黎轩。"司马贞《索隐》："按：三国并临西海，《后汉书》云'西海环其国，惟西北通陆道'。然汉使自乌弋以还，莫有至条枝者。"张守节《正义》："《魏略》云大秦在安息、条支西大海之西，故俗谓之海西。从安息界乘船直载海西，遇风利时三月到，风迟或一二岁。"关于"条支"，《史记》卷123《大宛列传》写道："条枝在安息西数千里，临西海。"张守节《正义》："……然先儒多引《大荒西经》云弱水云有二源，俱出女国北阿耨达山，南流会于女国东，去国一里，深丈余，阔六十步，非毛舟不可济，南流入海。阿耨达山即昆仑山也，与《大荒西经》合矣。然大秦国在西海中岛上，从安息西界过海，好风用三月乃到，弱水又在其国之西。"③当

---

① 《史记》，第1980—1981页。李广利封"海西侯"事，又见于《汉书》卷17《景武昭宣元成功臣传》，《汉书》卷61《李广利传》，《汉书》卷97上《外戚传·孝武李夫人》，第661、664、2703、3952页。

② 《史记》，第3178页。

③ 《史记》，第3160—3163、3163—3164页。

时人对于远方"西海"的知识多来自"传闻"，不免片断朦胧，理解各有不同。"海西"专指"大秦"，见于《后汉书》卷 86《西南夷传》："永宁元年，掸国王雍由调复遣使者诣阙朝贺，献乐及幻人，能变化吐火，自支解，易牛马头。又善跳丸，数乃至千。自言我大秦人。"①"海西即大秦也，掸国西南通大秦。"②《后汉书》卷 88《西域传》："条支国城在山上，周回四十余里。临西海，海水曲环其南及东北，三面路绝，唯西北通陆道。""自安息西行三千四百里至阿蛮国。从阿蛮西行三千六百里至斯宾国。从斯宾南行度河，又西南至于罗国九百六十里，安息西界极矣。自此南乘海，乃通大秦。其土多海西珍奇异物焉。大秦国一名犁鞬，以在海西，亦云海西国。地方数千里，有四百余城。小国役属者数十。以石为城郭。列置邮亭，皆垩墍之。""北虏呼衍王常展转蒲类、秦海之间。"李贤注："大秦国在西海西，故曰秦海也。"③

"南乘海，乃通大秦"，且"其土多海西珍奇异物焉"的"安息国"，与中原王朝曾有交往。而开拓西域交通的历史功臣班超曾经有直接联系"大秦"的设想，却为"安息西界船人"阻挠。《后汉书》卷 88《西域传》：

> 章帝章和元年，（安息国）遣使献师子、符拔。符拔形似麟而无角。和帝永元九年，都护班超遣甘英使大秦，抵条支。临大海欲度，而安息西界船人谓英曰："海水广大，往来者逢善风三月乃得度，若遇迟风，亦有二岁者，故入海人皆赍三岁粮。海中善使人思土恋慕，数有死亡者。"英闻之乃止。十三年，安息王满屈复献师子及条支大鸟，时谓之安息雀。④

"（甘）英闻之乃止"，当然是永久的历史遗憾。

对所谓"乘船直载海西"，"南乘海，乃通大秦"等知识的关心，以及"班超遣甘英使大秦，抵条支"，且"临大海欲度"的计划，都反映了以海上航行方式联络"海西"远国的意向。

---

① 关于"海西""幻人"西来通路，是交通史的研究课题，也是海洋史的研究课题。参见王子今：《海西幻人来路考》，《秦汉史论丛》第 8 辑，云南大学出版社 2001 年版。
② 《后汉书》，第 2851 页。
③ 《后汉书》，第 2918—2919、2911、2913 页。
④ 《后汉书》，第 2918 页。

第五章 "海"与秦汉人的神秘信仰

英国海洋学者约翰·迈克指出,"大海拥有很多可能性,它本身处于一种动态的情绪变化中。毕竟,它不仅仅是一种象征性的或寓意上的可变性,它本身也处在一种永恒的物理变化状态中"。① 或许正因为"永恒的""动态""变化"和无限的"可能",可以形成"象征性的""寓意","海"在秦汉人的精神生活中具有某种神秘的意义,在秦汉人的信仰世界中也占有比较特殊的地位。当时内地社会对于"海"的知识相对有限。"海"的广阔、深远、神异与雄奇,使得人们容易在面对"海"的时候产生敬畏心绪。"海"有待于探求的诸多特征,也往往使得人们习惯将"海"与一些神秘事物联系起来。

第一节 徐市船队的"童男女"

秦汉时期诸多社会现象是在神秘主义文化氛围中发生的。鲁迅曾经将这种历史特征称之为"巫风""鬼道":"中国本信巫,秦汉以来,神仙之说盛行,汉末又大畅巫风,而鬼道愈炽……"②有学者指出,"汉代巫者活动的'社会空间',几乎是遍及于所有的社会阶层,而其'地理范围',若结合汉代巫俗之地

---

① [英]约翰·迈克:《海洋——一部文化史》,第116页。
② 《中国小说史略》第五篇,《鲁迅全集》第9卷,人民文学出版社1981年版,第43页。

和祭祀所的分布情形来看，也可以说是遍布于各个角落。《盐铁论》中，贤良文学所说的'街巷有巫，闾里有祝'，似乎是相当真实的写照"。① 考察曾经深刻影响秦汉社会生活各个层面的"巫风""鬼道"，我们又注意到，儿童在当时这种富有神奇色彩的文化舞台上，有时扮演着特殊的角色。例如，"童男女"在若干神事巫事活动中即发挥着某种神秘的作用。其中徐市言"海中有三神山""与童男女求之"故事尤为典型。

一、徐市为什么率领"童男女"出海？

《史记》卷6《秦始皇本纪》记载秦始皇指派方士徐市入海求神仙，有调集"童男女"随行的情形：

> 齐人徐市等上书，言海中有三神山，名曰蓬莱、方丈、瀛洲，仙人居之。请得斋戒，与童男女求之。于是遣徐市发童男女数千人，入海求仙人。

张守节《正义》引《括地志》云："亶洲在东海中，秦始皇使徐福将童男女入海求仙人，止在此洲，共数万家，至今洲上人有至会稽市易者。吴人《外国图》云亶洲去琅邪万里。"②东海中传说"秦始皇使徐福将童男女入海求仙人"所至亶洲，则有可能是日本群岛、琉球群岛、台湾岛或者澎湖列岛。或以为徐市一去而不复返，历史事实却并非如此。《史记》卷6《秦始皇本纪》中，此后就另有两次说到徐市：

> （秦始皇三十五年）徐市等费以巨万计，终不得药。
>
> （秦始皇三十七年）方士徐市等入海求神药，数岁不得，费多，恐谴，乃诈曰："蓬莱药可得，然常为大鲛鱼所苦，故不得至，愿请善射与俱，见则以连弩射之。"③

《史记》卷118《淮南衡山列传》又有这样的记载：

> 又使徐福入海求神异物，还为伪辞曰："臣见海中大神，言曰：'汝

---

① 林富士：《汉代的巫者》，稻乡出版社1999年版，第180页。
② 《史记》，第247—248页。
③ 《史记》，第258、263页。

西皇之使邪?'臣答曰:'然。''汝何求?'曰:'愿请延年益寿药。'神曰:
'汝秦王之礼薄,得观而不得取。'即从臣东南至蓬莱山,见芝成宫阙,有
使者铜色而龙形,光上照天。于是臣再拜问曰:'宜何资以献?'海神曰:
'以令名男子若振女与百工之事,即得之矣。'"秦皇帝大说,遣振男女三
千人,资之五谷种种百工而行。徐福得平原广泽,止王不来。①

可见,徐市入海,确实有往有还,是在数次往复之后,终于远行不归的。《史
记》卷 28《封禅书》又写道:

> 自威、宣、燕昭使人入海求蓬莱、方丈、瀛洲。此三神山者,其傅
> 在勃海中,去人不远;患且至,则船风引而去。盖尝有至者,诸仙人及
> 不死之药皆在焉。其物禽兽尽白,而黄金银为宫阙。未至,望之如云;
> 及到,三神山反居水下。临之,风辄引去,终莫能至云。世主莫不甘心
> 焉。及至秦始皇并天下,至海上,则方士言之不可胜数。始皇自以为至
> 海上而恐不及矣,使人乃赍童男女入海求之。船交海中,皆以风为解,
> 曰未能至,望见之焉。②

其中"使人乃赍童男女入海求之",并没有指明所"使人"是徐市,也许方士们
多采取"赍童男女"的形式。《汉书》卷 25 下《郊祀志下》记载谷永谏汉成帝语:
"秦始皇初并天下,甘心于神仙之道,遣徐福、韩终之属多赍童男童女入海求
神采药,因逃不还,天下怨恨。"③说的就是"徐福、韩终之属"。关于这段史
事,《三国志》卷 47《吴书·吴主权传》也有一段文字:"遣将军卫温、诸葛直将
甲士万人浮海求夷洲及亶洲。亶洲在海中,长老传言秦始皇帝遣方士徐福将
童男童女数千人入海,求蓬莱神山及仙药,止此洲不还。世相承有数万家,
其上人民,时有至会稽货布,会稽东县人海行,亦有遭风流移至亶洲者。所

---

① 张守节《正义》:"《括地志》云:'亶州在东海中,秦始皇遣徐福将童男女,遂止此
  州。其后复有数洲万家,其上人有至会稽市易者。'阙文。"《史记》,第 3086—
  3087 页。
② 《史记》,第 1369、1370 页。
③ 《汉书》,第 1260 页。

在绝远，卒不可得至，但得夷洲数千人还。"①

对于海中神山仙人，入海方士为什么"请得斋戒，与童男女求之"呢？

按照《史记》卷118《淮南衡山列传》中记录的徐市的"伪辞"，是"海神"提出了要求："以令名男子若振女与百工之事。"对于这句话的理解，裴骃《集解》引徐广曰："《西京赋》曰：'振子万童。'"裴骃又引录了薛综的解释："振子，童男女。"②泷川资言《史记会注考证》引冈白驹曰："'令名男子'，良家男子也。'若'，及也。'振'当作'侲'，或古相通。"③

徐市为什么要带领"童男女"出海远航呢？

有人理解，徐市"发童男女"的真实目的，在于增殖人口。"他所要的数千童男女（年轻男女），是一支繁衍人口的后备大军。"④似乎徐市出海，最初就有在海外自立为王的计划。"徐福出海前就有雄心壮志，假寻药之名，行立国之实。"⑤而千百"童男女"就是第一代民众，于是"世相承"、"世世相承"。元代诗人吴莱"就中满载童男女，南面称王自民伍"的诗句⑥，或许就暗含这样的意思。有的学者明确写道："抑徐福之入海，其意初不在求仙，而实欲利用始皇求仙之私心，而借其力，以自殖民于海外。观其首则请振男女三千人及五谷种种百工以行，次则请善射者携连弩与俱。人口、粮食、武器及一切生产之所资，无不备具。其'得平原广泽而止王不来'，岂非预定之计划耶？可不谓之豪杰哉！"⑦这里发表的"豪杰"评价，正与唐人"六国英雄漫多事，到头

---

① 《三国志》，第1136页。《太平御览》卷六九引《吴志》曰："孙权遣卫温、诸葛直将甲士万人浮海求夷洲及亶洲在海中。长老传言秦始皇帝遣方士徐福将童男女数千人入海求蓬莱神仙及仙药，止此不返，世世相承，有万家。其上人民时有至会稽货市。"（宋）李昉等撰：《太平御览》，第327页。

② 《史记》，第3085—3087页。

③ （汉）司马迁撰，［日］泷川资言考证，［日］水泽利忠校补：《史记会注考证附校补》，第1926页。

④ 文贝武、黄慧显：《论徐福东渡日本的必然性》，《青岛海洋大学学报（社会科学版）》1994年第1、2期。

⑤ 参见崔坤斗、逄芳：《关于徐福东渡的几个问题》，《青岛海洋大学学报（社会科学版）》1994年第4期。

⑥ （元）吴莱：《听客话熊野山徐市庙》，《渊颖集》卷4，《景印文渊阁四库全书》第1209册，第83页。

⑦ 马非百：《秦集史》上册，第253页。

徐福是男儿"①诗意相合。所谓"振男女三千人"的请求，被解释为出自"殖民"目的的策略，其直接作用，和"人口"的追求有关。

然而，这种以为徐市在海外立国是蓄谋已久的阴谋的说法，其实是不符合历史逻辑的。因为许多迹象表明，徐市出海的最初目的并非要在海外定居，"止王不来"。正如有的学者所指出的，据《史记》卷6《秦始皇本纪》的记载，徐市两次出海，"第一次是始皇二十八年，一开始就率领童男女和百工同往的；第二次是始皇三十七年，徐福提出请善射与俱后的事"。"据三十七年记载，则徐福不但还回来，而且还见了秦始皇，提出了新要求，仍然得到了始皇的支持。"只是在这段文字中，"没有说清楚徐福过去率领泛海的童男女和百工的下文"。② 白居易诗《海漫漫》："蓬莱今古但闻名，烟水茫茫无觅处。海漫漫，风浩浩，眼穿不见蓬莱岛。不见蓬莱不敢归，童男丱女舟中老。"③所谓"舟中老"者，甚至不言登岛定居事。

徐市出海之所以"请得斋戒，与童男女求之"，看来应当在更深层次探求其文化原因。而特别值得注意的"请得斋戒"一语，暗示这一行为很可能与神仙信仰有某种关系。

随着徐市船队的帆影在水光雾色中消失，这些"童男女"从此即渺无踪迹。古人诗句"徐福载秦女，楼船几时回？"④，"闲忆童男女，悠悠去几年"⑤，"悲夫童男女，去作鱼鳖民"⑥，都在追忆的同时，抒发着感叹。

二、祠庙"歌儿"合唱

成书于西晋的《搜神记》一书中，也有"童男女"故事："吴时，有梓树巨围，叶广丈余，垂柯数亩。吴王伐树作船，使童男女三十人牵挽之。船自飞

① （唐）罗隐：《始皇陵》，《罗昭谏集》卷4，《景印文渊阁四库全书》第1084册，第244页。
② 汪向荣：《徐福、日本的中国移民》，见《日本的中国移民》《中日关系史论文集》第2辑），1987年版，第32—34页。
③ （唐）白居易著，喻岳衡点校：《白居易集》，第43页。
④ （清）王琦注：《李太白全集》，第92页。
⑤ （元）仇远：《镇海亭》，《山村遗集》，《景印文渊阁四库全书》第1198册，第70页。
⑥ （元）吴莱：《夕泛海东寻梅岑山观音大士洞遂登盘陀石望日出处及东霍山回过翁浦问徐偃王旧城》，《渊颖集》卷4，《景印文渊阁四库全书》第1209册，第65页。

水，男女皆溺死。至今潭中时有唱唤督进之音也。”①《说郛》卷 61 下邓德明《南康记》“梓树”条：“梓潭昔有梓树巨围，叶广丈余，垂柯数亩。吴王伐树作船，使童男女挽之，船自飞下，男女皆溺死。至今潭中时有歌唱之音。”②《太平御览》卷 48 引《南康记》曰：“梓潭山有大梓树，吴王令都尉肃武伐为龙舟，槽斫成而牵挽不动。占云须童男女数十人为歌乐，乃当得行。遂依其言，以童男女牵拽，没于潭中，男女皆溺焉。其后天晴朗，髣髴若见人船，夜宿潭边，或闻歌唱之声，因号梓潭焉。”③这里所说的“吴时”，不知是战国吴时还是三国孙吴时。值得我们注意的，不仅是“童男女”和航船的关系，还在于“童男女”“唱唤”“歌唱”“为歌乐”的行为。

秦汉时期的神祀活动中，也有与此相类似的“童男女”歌唱的表演。

《史记》卷 8《高祖本纪》记述了刘邦作《大风歌》的著名故事：“高祖还归，过沛，留。置酒沛宫，悉召故人父老子弟纵酒，发沛中儿得百二十人，教之歌。酒酣，高祖击筑，自为歌诗曰：‘大风起兮云飞扬，威加海内兮归故乡，安得猛士兮守四方！’令儿皆和习之。高祖乃起舞，慷慨伤怀，泣数行下。”④刘邦特意“发沛中儿得百二十人，教之歌”，自为歌诗后，“令儿皆和习之”，并非仅仅具有娱乐意义和纪念意义。《史记》卷 24《乐书》：

> 高祖过沛诗《三侯之章》，令小儿歌之。高祖崩，令沛得以四时歌儛宗庙。孝惠、孝文、孝景无所增更，于乐府习常肄旧而已。

司马贞《索隐》：“按：过沛诗即《大风歌》也。其辞曰：‘大风起兮云飞扬，威加海内兮归故乡，安得猛士兮守四方’是也。‘侯’，语辞也。《诗》曰‘侯其祎而’者是也。‘兮’亦语辞也。沛诗有三‘兮’，故云‘三侯’也。”“儿”“小儿”的歌

---

① （晋）干宝撰，汪绍楹校注：《搜神记》卷 18，中华书局 1979 年版，第 218 页。

② （明）陶宗仪等编：《说郛三种》，第 2824 页。

③ 《太平御览》卷 66 引《南康记》曰：“梓潭山在雩都县之东南六十九里，其山有大梓树。吴王令都尉萧武伐为龙舟，艚斫成而牵引不动。占云：湏童男女数十人为歌乐，乃当得下。依其言，以童男女牵拽艚，没于潭中。男女皆溺。其后每天晴朗净，髣髴若见人船焉，夜宿潭边，或闻歌唱之声，因号梓潭焉。”（宋）李昉等撰：《太平御览》，第 235—236、316 页。

④ 《史记》，第 389 页。

唱，是服务于"宗庙"的神祠音乐。①《汉书》卷22《礼乐志》也说到《史记》卷8《高祖本纪》所谓"歌儿"：

> 初，高祖既定天下，过沛，与故人父老相乐，醉酒欢哀，作"风起"之诗，令沛中僮儿百二十人习而歌之。至孝惠时，以沛宫为原庙，皆令歌儿习吹以相和，常以百二十人为员。②

此称"僮儿百二十人"。刘邦集合沛中儿童"得百二十人，教之歌"，后来"以沛宫为原庙"，形成"歌儿习吹以相和，常以百二十人为员"的制度。之所以确定"百二十人"，很可能与"天之大数，不过十二"的意识有关。③

《史记》卷28《封禅书》记载汉武帝时事，有设计郊祀音乐制度的情节：

> 既灭南越，上有嬖臣李延年以好音见。上善之，下公卿议，曰："民间祠尚有鼓舞乐，今郊祀而无乐，岂称乎？"公卿曰："古者祠天地皆有乐，而神祇可得而礼。"或曰："太帝使素女鼓五十弦瑟，悲，帝禁不止，故破其瑟为二十五弦。"于是塞南越，祷祠太一、后土，始用乐舞，益召歌儿，作二十五弦及空侯琴瑟自此起。④

---

① 《史记》，第1177页。

② 《汉书》，第1045页。

③ 《左传·哀公七年》："周之王也，制礼上物，不过十二，以为天之大数也。"杜预解释说："天有十二次，故制礼象之。"（晋）杜预：《春秋左传集解》，第1747—1748页。《礼记·郊特牲》规定郊祭仪程，也说："祭之日，王被衮以象天，戴冕璪十有二旒，则天数也。"同样以"十二"为"天数"。郑玄注："天之大数，不过十二。"（清）阮元校刻：《十三经注疏》，第1452页。《汉书》卷21上《律历志上》中，也有这样的内容："五星起其初，日月起其中，凡十二次，日至其初为节，至其中斗建下为十二辰。视其建而知其次。故曰：'制礼上物，不过十二，天之大数也。'"第984页。天时也以"十二"为纪。《周礼·春官·冯相氏》："掌十有二岁、十有二月、十有二辰。"（清）阮元校刻：《十三经注疏》，第818页。

④ 《史记》，第1396页。《史记》卷12《孝武本纪》作："既灭南越，上有嬖臣李延年以好音见。上善之，下公卿议，曰：'民间祠尚有鼓舞之乐，今郊祀而无乐，岂称乎？'公卿曰：'古者祀天地皆有乐，而神祇可得而礼。'或曰：'泰帝使素女鼓五十弦瑟，悲，帝禁不止，故破其瑟为二十五弦。'于是塞南越，祷祠泰一、后土，始用乐舞，益召歌儿，作二十五弦及箜篌瑟自此起。"第472页。《汉书》卷25上《郊祀志上》同，第1232页。

"素女""歌儿"的表演作为"郊祀"之"乐"，以"祠天地"、"礼""神祇"的情形，又见于《史记》卷22《乐书》的如下记载：

> 汉家常以正月上辛祠太一甘泉，以昏时夜祠，到明而终。常有流星经于祠坛上。使僮男僮女七十人俱歌。春歌《青阳》，夏歌《朱明》，秋歌《西暤》，冬歌《玄冥》。世多有，故不论。①

这里所说的"僮男僮女"，就是"童男童女"。《太平御览》卷5引《史记·天官书》："汉武帝以正月上辛祠太一甘泉，夜祠到明，忽有星至于祠坛上，使童男女七十人俱歌十九章之歌。"②《汉书》卷22《礼乐志》：

> 合八音之调，作十九章之歌。以正月上辛用事甘泉圜丘，使童男女七十人俱歌，昏祠至明。夜常有神光如流星止集于祠坛，天子自竹宫而望拜，百官侍祠者数百人皆肃然动心焉。③

由"用事甘泉圜丘"时所谓"使童男女七十人俱歌"，可以推知所谓"歌儿"的身份特征。

值得注意的是，《艺文类聚》卷12引周庾信《汉高祖置酒沛宫画赞》曰："游子思旧，来归沛宫。还迎故老，更召歌童。虽欣入沛，方念移丰。酒酣自舞，先歌《大风》。"④将前引《史记》卷8《高祖本纪》"高祖所教歌儿百二十人"之"歌儿"直接称作"歌童"。

"歌童"也写作"歌僮"。

《晋书》卷40《贾谧传》有这样的内容："谧好学，有才思。既为充嗣，继佐命之后，又贾后专恣，谧权过人主，至乃镊系黄门侍郎，其为威福如此。负其骄宠，奢侈逾度，室宇崇僭，器服珍丽，歌僮舞女，选极一时。"⑤其实，由前引《史记》卷8《高祖本纪》"高祖所教歌儿百二十人"及《汉书》卷22《礼乐志》"令沛中僮儿百二十人习而歌之"，可知"歌儿""僮儿"义近，则"歌僮"称谓

---

① 《史记》，第1178页。
② （宋）李昉等撰：《太平御览》，第27页。
③ 《汉书》，第1045页。
④ （唐）欧阳询撰，汪绍楹校：《艺文类聚》，第228页。
⑤ 《晋书》，第1173页。

所指代的身份也相应明朗。

"童男女"的歌唱，可以产生使得在场者"皆肃然动心焉"的精神效应。这可能与当时社会意识中这种身份所具有的特殊的神秘意义有关。然而，历史文献中也可以看到从事一般娱乐性表演的"歌儿"的事迹。

《史记》卷127《日者列传》记载卜者司马季主与宋忠、贾谊论"尊官""贤才"之可鄙，也说到"歌儿"："食饮驱驰，从姬歌儿。"①可知"歌儿"在民间文艺活动中也相当活跃。《盐铁论·散不足》写道："今富者钟鼓五乐，歌儿数曹，中者鸣竽调瑟，郑儛赵讴。"②《艺文类聚》卷12引桓子《新论》曰："歌儿卫子夫因幸爱重，乃阴求陈皇后过恶，而废退之。即立子夫，更其男为太子。"③这里所说的"歌儿"，已经不是本来意义上的"童男女"了。《后汉书·宦者列传》指出宦官生活消费的奢贵："南金、和宝、冰纨、雾縠之积，盈仞珍藏；嫱媛、侍儿、歌童、舞女之玩，充备绮室。狗马饰雕文，土木被缇绣。皆剥割萌黎，竞恣奢欲。"李贤注："《昌言》曰：'为音乐则歌儿、舞女，千曹而迭起。'"④由所谓"千曹而迭起"，可知当时社会权贵阶层消费生活中"歌儿"的数量。《后汉书·宦者列传》李贤注引《昌言》以"歌童"释"歌儿"，可见两者身份是相当接近的。《文选》卷50范晔《后汉宦者传论》："嫱媛、侍儿、歌童、舞女之玩，充备绮室。"李善注也说："仲长子《昌言》曰：'为音乐则歌儿、舞女，千曹而迭起。'"⑤

民间娱乐生活中的"歌童""歌儿"，与神祀体系中的"童男女"，其文化角色是明显不同的。

三、侲子与傩

前引《史记》言海神传说有关"以令名男子若振女与百工之事"事，裴骃《集解》引徐广的理解，与《西京赋》"振子万童"相联系，又引薛综语："振子，童

---

① 《史记》，第3217页。
② 王利器校注：《盐铁论校注》（定本），第353页。
③ （唐）欧阳询撰，汪绍楹校：《艺文类聚》，第231页。
④ 《后汉书》，第2510—2511页。
⑤ （梁）萧统编，（唐）李善、吕延济、刘良、张铣、吕向、李周翰注：《六臣注文选》，第942页。参见王子今：《居延汉简"歌人"考论》，《古史性别研究丛稿》，社会科学文献出版社2004年版。

男女。""振"可能就是"侲"。

《后汉书》卷 10 上《皇后纪上·和熹邓皇后》记载：永初三年（109）秋，"太后以阴阳不和，军旅数兴，诏飨会勿设戏作乐，减逐疫侲子之半，悉罢象橐驼之属。丰年复故。"李贤注："'侲子'，逐疫之人也，音'振'。薛综注《西京赋》云：'侲之言善也，善童，幼子也。'《续汉书》曰：'大傩，选中黄门子弟，年十岁以上，十二以下，百二十人为侲子。皆赤帻皂制，执大鼗。'"①说明了"侲子"通常的年龄。李贤所引《续汉书》即《续汉书·礼仪志中》：

> 先腊一日，大傩，谓之逐疫。其仪：选中黄门子弟年十岁以上，十二以下，百二十人为侲子。皆赤帻皂制，执大鼗。方相氏黄金四目，蒙熊皮，玄衣朱裳，执戈扬盾。十二兽有衣毛角。中黄门行之，冗从仆射将之，以逐恶鬼于禁中。夜漏上水，朝臣会，侍中、尚书、御史、谒者、虎贲、羽林郎将执事，皆赤帻陛卫。乘舆御前殿。黄门令奏曰："侲子备，请逐疫。"于是中黄门倡，振子和，曰："甲作食凶，胇胃食虎，雄伯食魅，腾简食不祥，揽诸食咎，伯奇食梦，强梁、祖明共食磔死寄生，委随食观，错断食巨，穷奇、腾根共食蛊。凡使十二神追恶凶，赫女躯，拉女干，节解女肉，抽女肺肠。女不急去，后者为粮！"因作方相与十二兽儛。嚾呼，周偏前后省三过，持炬火，送疫出端门；门外驺骑传炬出宫，司马阙门门外五营骑士传火弃雒水中。百官官府各以木面兽能为傩人师讫，设桃梗、郁櫑、苇茭毕，执事陛者罢。苇戟、桃杖以赐公、卿、将军、特侯、诸侯云。

"选中黄门子弟年十岁以上，十二以下，百二十人为侲子"，以及所谓"十二神""十二兽"，也应当与"天数"观念有关。对于有关"侲子"的一段文字，刘昭《注补》有如下的解释："《汉旧仪》曰：'方相帅百隶及童子，以桃弧、棘矢、土鼓，鼓且射之，以赤丸、五谷播洒之。'谯周《论语注》曰：'以苇矢射之。'薛综曰：'侲之言善，善童，幼子也。'"②薛综的话，是对《文选》卷 2 张衡《西京赋》文句的解释。张衡写道：

---

① 《后汉书》，第 424—425 页。
② 《后汉书》，第 3127—3128 页。

尔乃建戏车，树修旃，侲僮程材，上下翩翻。突倒投而跟挂，譬陨
绝而复联。

薛综还说："'程'，犹'见'也。'材'，伎能也。""侲僮程材"，其实可以读作
"侲僮逞才"。对于"侲僮"，李善又有补充说明：《史记》：徐福曰：'海神云：
若侲女，即得之矣。'"①

"童子"们"以桃弧、棘矢、土鼓，鼓且射之"，使人联想到睡虎地秦简《日
书》甲种驱鬼之术之"以桃为弓，牡棘为矢"②。《左传·昭公四年》："桃弧棘
矢，以除其灾。"杜预注："桃弓、棘箭，所以禳除凶邪。"又《昭公十二年》：
"唯是桃弧棘矢，以共御王事。"杜预注："桃弧、棘矢，以御不祥。"③《焦氏易
林》卷3《明夷·未既》："桃弓苇戟，除残去恶，敌人执服。"④《古今注》卷上：
"桃弓苇矢，所以被除不祥也。"⑤整理小组注释："牡棘，疑即牡荆，见《政和
本草》卷十二。《左传》昭公四年：'桃弧棘矢，以除其灾。'"⑥刘乐贤说："《周
礼·蝈氏》：'焚牡菊'郑注：'牡菊，菊不华者。'贾疏：'此则《月令·季秋》云
"菊有黄华"，是牝菊也。'显然，古人称开花之菊为牝菊，不开花的菊为牡菊。
《四民月令·五月》：'先后日至各五日，可种禾及牡麻。'其本注云：'牡麻有
花无实，好肌理，一名为枲。'《本草纲目·大麻》：释名：'雄者名麻枲、牡
麻。'牡麻是指雄性大麻。可见《日书》的牡棘也应指不开花结果实之棘，即雄
性之棘。棘作的矢本来就是避邪的器物(上引《左传》的'棘矢'、《日书》下文的
'棘椎'皆可为证)，雄性代表阳性，用牡棘做的矢驱鬼之效应当更强。"⑦今
按："棘"，又称作"酸枣"，是北部中国极为普遍，常常野生成丛莽的一种落
叶灌木，也有生成乔木者。其果实较枣小，肉薄味酸，民间一般通称为"酸
枣"。枣，在中国古代是一种富有神异特性的果品。我们现在一般所说的

---

① (梁)萧统编，(唐)李善、吕延济、刘良、张铣、吕向、李周翰注：《六臣注文选》，
　第60页。
② 睡虎地秦墓竹简整理小组编：《睡虎地秦墓竹简》，文物出版社1990年版，第212页。
③ (晋)杜预：《春秋左传集解》，第1239、1357页。
④ (汉)焦延寿撰，徐传武、胡真校点集注：《易林汇校集注》，第1376页。
⑤ (晋)崔豹：《古今注》，《丛书集成初编》第274册，商务印书馆1937年版，第274页。
⑥ 睡虎地秦墓竹简整理小组编：《睡虎地秦墓竹简》，第216页。
⑦ 刘乐贤：《睡虎地秦简日书研究》，文津出版社1994年版，第234—235页。

"枣"，古时称作"常枣"。而"棘"，则称作"小枣"。二者字形都源起于"刺"的主要部分，前者上下重写，后者左右并写。《诗·魏风·园有桃》："园有棘，其实之食。"毛亨传："棘，枣也。"①《淮南子·兵略》："伐棘枣而为矜。"高诱注："棘枣，酸枣也。"②刘向《九叹·愍命》："折芳枝与琼华兮，树枳棘与薪柴。"王逸注："小枣为棘。"③枣，是汉代风行的神话传说中仙人日常食用的宝物。④ 联系"枣"的神性，也可以帮助我们理解"棘"的神性。除《左传》所言"桃弧棘矢"可以除灾而外，《抱朴子·名实》也说："扩棘矢而望高手于广渠，策疲驽而求继轨于周穆。"⑤汉代史事中可以看到以"棘"辟鬼的实例。⑥ "棘"是"小枣"，"牡棘"又"不华"或者"有花无实"，也使人自然会联想到"童子"的性生理特征。

棘可以避鬼"以御不祥"的礼俗，在西方民族的文化传统中也有反映。如英国人类学家弗雷泽说：不列颠哥伦比亚的舒什瓦普人死去亲人后，必须实行严格的隔离。值得注意的是，"他们用带刺的灌木作床和枕头，为了使死者的鬼魂不得接近；同时他们还把卧铺四周也都放了带刺灌木。这种防范做法，明显地表明使得这些悼亡人与一般人隔绝的究竟是什么样的鬼魂的危险了。

---

① （清）阮元校刻：《十三经注疏》，第 358 页。
② 何宁撰：《淮南子集释》，第 1063 页。
③ （宋）洪兴祖撰，白化文等点校：《楚辞补注》，第 304 页。
④ 汉代铜镜铭文常见所谓"渴饮甘泉饥食枣"，是当时民间所理解的神仙世界的生活方式。《后汉书·方术列传下·王真》："孟节能含枣核，不食可至五年十年。"第 2751 页。
⑤ 杨明照撰：《抱朴子外篇校笺》，中华书局 1991 年版，第 506 页。
⑥ 如《汉书·景十三王传·广川惠王刘越》记载，广川王刘去残杀姬荣爱，"支解以棘埋之"。王莽曾以傅太后、丁太后陵墓不合制度，发掘其冢墓。《汉书·外戚传下·定陶丁姬》记载："既开傅太后棺，臭闻数里。……掘平共王母、丁姬故冢，二旬间皆平。莽又周棘其处以为世戒云。"所谓"周棘其处"，颜师古注："以棘周绕也。"又《翟方进传》说，翟义起兵反抗王莽，事败，"莽尽坏义第宅，污池之。发父方进及先祖冢在汝南者，烧其棺柩，夷灭三族，诛及种嗣，至皆同坑，以棘五毒并葬之"。又下诏曰："其取反虏逆贼之鲸鲵，聚之通路之旁……筑为武军，封以为大戮，荐树之棘。建表木，高丈六尺。"所谓"以棘五毒并葬之"和"荐树之棘"，都值得注意。第 2430、4004、3439 页。

其实只不过是害怕那些依恋他们不肯离去的死者鬼魂而已"。①

四、求雨"小童"

《春秋繁露·求雨》中说到当时"春旱求雨"的仪式规程：

> 春旱求雨。今县邑以水日祷社稷山川，家人祀户。无伐名木，无斩山林。暴巫聚尪。八日。于邑东门之外为四通之坛，方八尺，植苍缯八。其神共工，祭之以生鱼八，玄酒，具清酒、膊脯。择巫之洁清辩利者以为祝。祝斋三日，服苍衣，先再拜，乃跪陈，陈已，复再拜，乃起。祝曰："昊天生五谷以养人，今五谷病旱，恐不成实，敬进清酒、膊脯，再拜请雨，雨幸大澍。"以甲乙日为大苍龙一，长八丈，居中央。为小龙七，各长四丈。于东方。皆东乡，其间相去八尺。小童八人，皆斋三日，服青衣而舞之。田啬夫亦斋三日，服青衣而立之。凿社通之于间外之沟，取五虾蟆，错置社之中。池方八尺，深一尺，置水虾蟆焉。具清酒、膊脯，祝斋三日，服苍衣，拜跪，陈祝如初。取三岁雄鸡与三岁豭猪，皆燔之于四通神宇。令民阖里里南门，置水其外。开邑里北门，具老豭猪一，置之于里北门之外。市中亦置豭猪一，闻鼓声，皆烧豭猪尾。取死人骨埋之，开山渊，积薪而燔之。通道桥之壅塞不行者，决渎之。幸而得雨，报以豚一，酒、盐、黍财足，以茅为席，毋断。②

求雨礼俗，"四时皆以水日"，"四时皆以庚子之日"。而其他仪式节目"四时"各有不同。例如，我们看到：

春	东	小童八人皆斋三日，服青衣而舞之	田啬夫亦斋三日，服青衣而立之
	南	壮者三人皆斋三日，服赤衣而舞之	司空啬夫亦斋三日，服赤衣而立之
夏	中央	丈夫五人皆斋三日，服黄衣而舞之	老者五人，亦斋三日，服黄衣而立之
秋	西	鳏者九人皆斋三日，服白衣而舞之	司马亦斋三日，衣白衣而立之
冬	北	老者六人皆斋三日，衣黑衣而舞之	尉亦斋三日，服黑衣而立之

---

① ［英］詹姆斯·乔治·弗雷泽：《金枝：巫术与宗教之研究》，徐育新等译，大众文艺出版社 1998 年版，第 313 页。

② （清）苏舆撰，钟哲点校：《春秋繁露义证》，中华书局 1992 年版，第 426—430 页。

对于这种仪式的文化象征涵义，还需要认真研究方能作出合理的解说，然而人们会注意到，对应最常见而危害农事最严重的春旱的，是"小童"的表演。①

"小童八人""壮者三人""丈夫五人""鳏者九人""老者六人"，似都是男子。《春秋繁露》同篇强调"凡求雨之大体，丈夫欲藏匿，女子欲和而乐"的说法也值得重视。②"小童"与"鳏者""老者"同样，在"性"的意义上都是非"丈夫"。只有"壮者"和"丈夫"的活动看来与"丈夫欲藏匿"的原则相悖，然而他们必须"斋三日"，而且人数也明显较"小童"与"鳏者""老者"为少。③所谓"取三岁雄鸡与三岁豭猪，皆燔之于四通神宇"，"具老豭猪一，置之于里北门之外"，"市中亦置豭猪一，闻鼓声，皆烧豭猪尾"等，也是象征对雄性施行性压抑和性压迫的情节。④

"小童"在"求雨"仪式中的特殊作用，或许与人类学家注意到的某些民族的求雨礼俗在原始动机或者文化象征方面有共通之处。弗雷泽写道："在祖鲁兰，有时妇女们把她们的孩子埋在坑里只留下脑袋在外，然后退到一定距离长时间地嚎啕大哭，她们认为苍天将不忍目睹此景。然后她们把孩子挖出来，心想雨就会来到。"⑤

《太平御览》卷 526 引《汉旧仪》："元封六年，诸儒奏请施行董仲舒请雨事，始令丞相以下求雨，曝城南舞童女祷天神。成帝五年，始令诸官止雨，朱绳乃萦社击鼓攻之。"⑥这里说"求雨"时"舞童女祷天神"，与今本《春秋繁露》相关部分所陈述的内容不同。

汉代另有神祠用"童男"舞。例如"灵星"之"祠"。《续汉书·祭祀志下》写道："汉兴八年，有言：'周兴而邑立后稷之祀。'于是高帝令天下立灵星祠，

① 《公羊传·桓公五年》："'大雩'者何？旱祭也。"何休注："使童男女各八人，舞而呼雩。"(清)阮元校刻：《十三经注疏》，第 2216 页。所谓"童男女各八人"，与"小童八人"不同。或许两汉相关礼俗有所变化。
② (清)苏舆撰，钟哲点校：《春秋繁露义证》，第 437 页。
③ 在"皆斋三日"服五色衣而舞之的总计 31 位表演者中，按同比率计，"壮者"和"丈夫"应占 40％，即 12.4 人。而实际上只占到 25.8％。
④ 据《春秋繁露·止雨》，相反"凡止雨之大体，女子欲其藏而匿也，丈夫欲其和而乐也"。(清)苏舆撰，钟哲点校：《春秋繁露义证》，第 437 页。
⑤ ［英]詹姆斯·乔治·弗雷泽：《金枝：巫术与宗教之研究》，第 101—117 页。
⑥ (宋)李昉等撰：《太平御览》，第 2216 页。

言祠后稷而谓之灵星者，以后稷又配食星也。旧说：星谓天田星也。一曰：龙左角为天田官，主谷，祀用壬辰位祠之，壬为水，辰为龙，就其类也，牲用太牢，县邑令长侍祠，舞者用童男十六人，舞者象教田，初为芟除，次耕种，次耘耨驱爵及获刈舂簸之形，象其功也。"①这种舞蹈取农耕劳作动作，而又有"灵星"就是"天田星"的说法，或说"龙左角为天田官，主谷，祀用壬辰位祠之，壬为水，辰为龙，就其类也"。则这种祭祀活动与"龙""水"有关，那么，"灵星祠"仪式有与"求雨"形式相类的内容，也就是容易理解的了。

五、"童男女"的神性

对于徐市出海带领"童男女"的举动，有学者曾经分析"要求有男小子和小姑娘"的目的，写道："这种要求，同后来道家的采女有无联系，暂时存疑不论。"②这里提出了一种推测，然而并没有论证。现在看来，徐市以"童男女"编入船队，似与"后来道家的采女"并无联系。其动机，很可能与先秦秦汉社会意识中以为"童男女"具有某种神性，有时可以宣示天意的观念有关。

《左传·昭公三十一年》："十二月辛亥朔，日有食之。是夜也，赵简子梦童子臝而转以歌，且以占诸史墨，曰：'吾梦如是，今而日食，何也？'对曰：'六年及此月也，吴其入郢乎？终亦弗克，入郢必以庚辰，日月在辰尾，庚午之日，日始有谪，火胜金，故弗克。'"西晋人杜预解释说："简子梦适与日食会，谓咎在己，故问之。""史墨知梦非日食之应，故释日食之咎，而不释其梦。"所谓"童子臝而转以歌"，"转"被解释为"婉转"。据《左传·定公四年》，正是在鲁定公四年（前506）十一月的庚辰日，吴军攻入楚国的郢都。童子裸体，体现出更原初的形态。"梦童子臝而转以歌"，成为一种预言发布形式。③

《风俗通义·怪神》说到这样一个故事，司徒长史桥玄五月末夜卧，见白光照壁，呼问左右，左右都没有看见。有人为他解释说，这一"变怪"并不造成伤害，又预言六月上旬某日南家将有丧事，秋季将升迁北方郡级行政长官，其地"以金为名"，未来将官至将军、三公。桥玄并不相信。然而六月九日拂晓，太尉杨秉去世。七月二日，拜钜鹿太守，"钜"字从金。后来又任度辽将

---

① 《后汉书》，第3204页。
② 张文立：《秦始皇帝评传》，陕西人民教育出版社1996年版，第421页。
③ （晋）杜预：《春秋左传集解》，第1594、1628页。

军,"历登三事",先后任司空、司徒、太尉。应劭感叹道:"今妖见此,而应在彼,犹赵鞅梦童子裸歌而吴入郢也。"①即说怪神表现在此,而实应发生于彼,就好比《左传》"赵鞅梦童子裸歌而吴入郢"的故事一样啊。所谓"童子裸歌",被看作神奇的先兆。

《史记》卷5《秦本纪》记载"陈宝"神话:"(秦文公)十九年,得陈宝。"张守节《正义》的解释涉及"童子"神话:"《括地志》云:'宝鸡祠在岐州陈仓县东二十里故陈仓城中。'"又引《晋太康地志》:"秦文公时,陈仓人猎得兽,若彘,不知名,牵以献之。逢二童子,童子曰:'此名为媚,常在地中,食死人脑。'即欲杀之,拍捶其首。媚亦语曰:'二童子名陈宝,得雄者王,得雌者霸。'陈仓人乃逐二童子,化为雉,雌上陈仓北阪,为石,秦祠之。"《搜神记》云其雄者飞至南阳,其后光武起于南阳,皆如其言也。"②《封氏闻见记》卷6"羊虎"条引《风俗通》:"或说秦穆公时,陈仓人掘地得物若羊,将献之。道逢二童子,谓曰:'此名为蝹,常在地中食死人脑,若杀之,以柏东南枝捶其首。'由是墓侧皆树柏此上。"③是这一"童子"故事的又一翻版。《搜神记》卷8、《续博物志》卷6、《艺文类聚》卷90引《列异传》也都说是秦穆公时事。"童子"的神异品格,看来在秦人的意识中有相当鲜明的印迹。

唐玄宗曾经引曹丕"仙童""羽翼"诗句申说兄弟情谊。④《艺文类聚》卷78引《魏文帝游仙诗》曰:"西山一何高,高高殊无极。上有两仙童,不饮亦不食。与我一丸药,光曜有五色。服药四五日,胸臆生羽翼。轻举生风云,倏忽行万亿。浏览观四海,茫茫非所识。"⑤汉魏之际诗文遗存中所见"仙童"形象的出现,虽然可以看作新的文化信息,实际上却又是具有神性的"童男女"

---

① (汉)应劭撰,王利器校注:《风俗通义校注》,第442页。
② 《史记》,第179—180页。
③ (唐)封演撰,赵贞信校注:《封氏闻见记校注》,中华书局2005年版,第59页。
④ 《旧唐书·睿宗诸子列传·让皇帝宪》:"玄宗既笃于昆季,虽有谗言交构其间,而友爱如初。宪尤恭谨畏慎,未尝干议时政及与人交结,玄宗尤加信重之。尝与宪及岐王范等书曰:'昔魏文帝诗云:"西山一何高,高处殊无极。上有两仙童,不饮亦不食。赐我一丸药,光耀有五色。服药四五日,身轻生羽翼。"朕每思服药而求羽翼,何如骨肉兄弟天生之羽翼乎!'"第3011页。
⑤ (唐)欧阳询撰,汪绍楹校:《艺文类聚》,第1332页。

身份的一种衍变。①

晋人傅玄的乐府诗《云中白子高行》中描述了关于天宫之行的浪漫想象，其中可以看到："超登元气攀日月，遂造天门将上谒。阊阖辟，见紫微绛阙，紫宫崔嵬，高殿嵯峨，双阙万丈玉树罗。童女掣电策，童男挽雷车。云汉随天流，浩浩如江河。因王长公谒上皇，钧天乐作不可详。龙仙神仙，教我灵秘，八风子仪，与游我祥。"②其中"童女掣电策，童男挽雷车"诗句，明言"童男""童女"是神界中重要角色。

魏晋以来神仙思想中有关"童男""童女"的内容，其实与秦汉时期的思想礼俗有着紧密的文化联系。稍晚的例证，又有《说郛》卷62下范致明《岳阳风土记》引庾穆之《湘州记》中的故事："君山上有美酒数斗，得饮之即不死为神仙。汉武帝闻之，斋居七日，遣栾巴将童男女数十人来求之。果得酒，进御未饮。东方朔在旁，窃饮之。帝大怒，将杀之。朔曰：'使酒有验，杀臣亦不死。无验，安用酒为？'帝笑而释之。"③故事主角汉武帝、东方朔均为西汉人，而栾巴则为东汉人。《后汉书·栾巴传》："栾巴，字叔元，魏郡内黄人也。"李贤注："《神仙传》云：巴蜀郡人也，少而学道，不修俗事。"在道教崇拜体系中，栾巴颇有地位。④ 清人何焯以为"汉世异术之士"，而"上书极谏理陈窦之冤"后自杀，"以此不入方技"。⑤

君山神酒故事，汉武帝求之，有"斋居七日"的情节，又"遣栾巴将童男女数十人"前往，正与徐市"请得斋戒，与童男女求之"的情形相同。

《论衡·订鬼》说："世谓童子为阳，故妖言出于小童。童、巫含阳，故大雩之祭，舞童暴巫。"⑥"童、巫"竟然并称，可知其作用有某种共同之处。而童谣历来被看作历史语言，也与这一文化现象有关。关于童谣的文化性质，

---

① 顺便可以指出，"两仙童"和"二童子"的对应关系，也是值得注意的。

② （宋）郭茂倩编：《乐府诗集》，第921页。

③ （明）陶宗仪等编：《说郛三种》，第2881页。

④ 《后汉书》，第1841页。据《说郛》卷58下葛洪《神仙传》，栾巴名列汉淮南王刘安及李少君之前。可知《湘州记》中的时代错乱是有来由的。《说郛》卷57上陶弘景《真灵位业图》中，栾巴与葛洪并列。（明）陶宗仪等编：《说郛三种》，第2711、2649页。

⑤ （清）何焯著，崔高维点校：《义门读书记》，第382页。

⑥ 黄晖撰：《论衡校释》（附刘盼遂集解），第944页。

可以另文讨论。

　　"童男女"具有可以与神界沟通的特殊能力，也许体现了具有原始思维特征的文化现象。

　　一些人类学资料告诉我们，许多民族都有以"童男女"作为牺牲献祭神灵的风习。"在弗吉尼亚，印第安人奉献儿童作为牺牲。""腓尼基人为了使神发慈悲之心而将……自己心爱的孩子奉献作祭品。他们从贵族家庭中挑选牺牲以增大牺牲的价值。"①"在旁遮普的康格拉山区，每年都要用一个童女向一株老雪松献祭，村里人家年年挨户轮流奉献。""巴干达人每逢远航总要祈求维多利亚·尼昂萨湖神莫卡萨，献出两位少女做他妻子。"②中国的河伯娶妇的故事，也体现了相同的文化涵义。

　　为什么要以"童男女"作为牺牲呢？

　　一方面，可能是由于"童男女"在原始人群中，具有特殊的身份，他们"还不是社会集体的'完全的'成员"，"儿童在他的身体成长发育的时期，他也不是完全的'生'。他的人身还不是完全的。""行割礼前的男孩不被认为是拥有脱离父亲的人身。""在塞威吉岛，'没有行过玛塔普列加（mata pulega）仪式（类似割礼的仪式）的孩子永远不被认为是部族的正式成员。'""事实上就等于没有他这个人。""如同死人一样，没有达到青春期的孩子只可比做还没播下的种子。未及成年的孩子所处的状态就与这粒种子所处的状态一样，这是一种无活动的、死的状态，但这是包含着潜在之生的死。"他们是"还没有与社会集体的神秘本质互渗的男人"。只有经过成年礼仪式之后，他们才能成为"部族的'完全的'成员"，成为"完全的男人"。③

　　另一方面，也可能是因为"童男女"具有非常的生命力，体现着"潜在之生"。弗雷泽对克里特神话进行分析时写道："我们可以毫不鲁莽地推测，雅典人之所以必须每八年给弥诺斯送一次七个童男童女，是与另一八年周期中更新国王精力有一定联系的。关于这些童男童女到达克里特后的命运，一些

①　[英]爱德华·泰勒：《原始文化》，连树声译，上海文艺出版社1992年版，第812、826页。

②　[英]詹姆斯·乔治·弗雷泽：《金枝：巫术与宗教之研究》，第172、222页。

③　[法]列维-布留尔：《原始思维》，丁由译，商务印书馆1987年版，第339—342、349页。

传统说法各不相同，但通常的说法似乎是认为他们被关在迷宫里，在那里让人身牛头的怪物弥诺陶洛斯吃掉，或至少是终身囚禁。他们也许是在青铜制的牛像中或牛头人的铜像中被活活烤死献祭，以便更新国王和太阳的精力，国王就是太阳的化身。"①

此外，在有的情况下，被献祭的牺牲往往应当具有某种"神性"。国王献祭的牺牲应当"也具有国王的神性"，应当"代表他的神性"。②

在有的情况下，对"童男女"的身份要求可能确实与他们性经历的空白有关。例如，在有的民族中，点燃净火的人必须"贞洁"。"在塞尔维亚人中，有时由年纪在十一至十四岁之间男女两个孩子点燃净火。他们光着身子在一间黑房里点火"，在保加利亚，"点燃净火的人必须脱光衣服。"③"阿尔衮琴印第安人和休伦人每年三月中旬开始用拖网捕鱼的季节总要让他们的渔网同两个年纪只有六七岁的小女孩结婚。""为什么挑选这么小的姑娘来做新娘呢？理由是确保新娘都是处女。"④

"童男女"之所以在秦汉时期神秘主义信仰体系中占有地位，很可能是由于多种因素构成了十分复杂的文化背景。

尽管许多民族都有以"童女"嫁给水中神灵的神话传说，但徐市携"童男女"出海以其兼有"童男"和总计人数之多，似未可以出嫁作简单化的解说，很可能应当与汉代神祠制度中出现的"童男女"联系起来分析，其人数多至千百，可以理解为与神仙见面时隆重的仪仗。"大傩"仪式中的"侲子"最充分地体现出"童男女"的神性。"求雨"仪式中的"小童"，从某一视角观察，则隐约显露出牺牲的影像。

第二节 "东海黄公"的表演

"东海黄公"是秦汉时期比较成熟的民间"百戏"表演节目，后来又进入宫

---

① ［英］詹姆斯·乔治·弗雷泽：《金枝：巫术与宗教之研究》，第 413 页。

② ［英］詹姆斯·乔治·弗雷泽：《金枝：巫术与宗教之研究》，第 290 页。

③ ［英］詹姆斯·乔治·弗雷泽：《金枝：巫术与宗教之研究》，第 897 页。

④ ［英］詹姆斯·乔治·弗雷泽：《金枝：巫术与宗教之研究》，第 219 页。

廷。考察中国戏剧起源的学者，多注意到"东海黄公"的演出形式。除了与中国早期戏剧的关系之外，"东海黄公"所透露的文化信息，对于认识当时的社会历史，也有多方面的意义。

一、"东海黄公"：生于东海，死于东海

王国维《戏曲考源》说："戏曲一体，崛起于金元之间，于是有疑其出自异域而与前此之文学无关系者，此又不然。"他指出：

> 戏曲者，谓以歌舞演故事也。古《乐府》中如《焦仲卿妻诗》、《木兰辞》、《长恨歌》等，虽咏故事而不被之歌舞，非戏曲也。《柘枝》、《菩萨蛮》之队，虽合歌舞，而不演故事，亦非戏曲也。唯汉之角抵于鱼龙百戏外，兼演古人物。张衡《西京赋》曰："东海黄公，赤刀粤祝。冀厌白虎，卒不能救。"又曰："总会仙倡，戏豹舞罴。白虎鼓瑟，苍龙吹篪。女娥坐而长歌，声清畅而蜲蛇。洪涯立而指麾，被毛羽之襳襹。度曲未终，云起雪飞。"则所扮演之人物且自歌舞，然所演者实仙怪之事，不得云故事也。

王国维认为，"演故事者，始于唐之《大面》、《拨头》、《踏摇娘》等戏"。①

关于"东海黄公"表演，是否可以看作"仙怪之事，不得云故事"，因而被判定与"戏曲"之"源"无关，似乎有讨论的必要。

《文选》卷2张衡《西京赋》薛综注及李善注曾数次说到"东海黄公"故事。②例如：

> (1)"吞刀吐火，云雾杳冥。"
>
> 李善注："《西京杂记》曰：'东海黄公，立兴云雾。'"
>
> (2)"画地成川，流渭通泾。"
>
> 李善注："《西京杂记》曰：'东海黄公，坐成山河。'"
>
> (3)"东海黄公，赤刀粤祝。"
>
> 薛综注："(祝)音呪。东海有能赤刀禹步，以越人祝法厌虎者，号黄

① 王国维：《戏曲考源》，《王国维遗书》第15册，上海古籍书店1983年版。

② (梁)萧统编，(唐)李善、吕延济、刘良、张铣、吕向、李周翰注：《六臣注文选》，第59—60页。

公。又于观前为之。"

(4)"冀厌白虎，卒不能救。"

　　李善注："《西京杂记》曰：'东海人黄公，少时能幻，制蛇御虎，常佩赤金刀。及衰老，饮酒过度，有白虎见于东海，黄公以赤刀往厌之，术不行，遂为虎所食。故云不能救也。皆伪作之也。'"

所谓"立兴云雾""坐成山河""制蛇御虎"，看起来"东海章公"是多能的"仙怪"，然而实际上，"东海黄公"似乎已经成为擅长各种魔幻之术的表演艺术家的一种代号了。

　　今本《西京杂记》卷3可以看到有关"东海黄公"的事迹，为"术"以"制蛇御虎"：

　　　余所知有鞠道龙，善为幻术，向余说古时事，有东海人黄公，少时为术，能制蛇御虎，佩赤金刀，以绛缯束发，立兴云雾，坐成山河。及衰老，气力羸愦，饮酒过度，不能复行其术。秦末有白虎见于东海，黄公乃以赤刀往厌之。术既不行，遂为虎所杀。三辅人俗用以为戏，汉帝亦取以为角抵之戏焉。①

"三辅人俗用以为戏，汉帝亦取以为角抵之戏焉"，说明"东海黄公"实际上已经成为早期"戏"的主角。

　　"百戏"在汉代已经成为乐舞杂技的总称，"其种类虽很繁复，但并非全无头绪。其命名百戏，盖为总称。中国戏剧之单称为'戏'，似乎也是从这个总称支分出来，而成为专门名词。其中确也有不少的东西，在戏剧的形式上有相当的帮助"。正如周贻白所指出的，这是"汉代文化程度有了高速的进境的表见"。"百戏"的名目，"包括甚广"，"我们但知汉代对于这个'戏'字的使用，把意义扩大得极为宽泛，几乎凡系足以娱悦耳目的东西，都可以用'戏'来作代称"。② 当然，"东海黄公"这种"戏"和现今所说"戏曲"的关系，还需要认真

---

① （晋）葛洪撰：《西京杂记》，第16页。
② 周贻白：《中国戏剧史》，中华书局1953年版，第36—37页；《中国戏剧史长编》，人民文学出版社1960年版，第23—24页。"高速的进境"，《长编》改称"高速的进展"。

的澄清。但是讨论中国"戏曲"之"源"时应当注意到"东海黄公"的表演，则是没有疑义的。

二、戏剧史视角的巫术史考察

周贻白在有关中国戏剧史的研究论著中指出，"东海黄公"表演，"颇与后世戏剧有关"。"角抵之戏，本为竞技性质，固无须要有故事的穿插。东海黄公之用为角抵，或即因其最后须扮为与虎争斗之状。即此，正可说明故事的表演，随在都可以插入。各项技艺，已借故事的情节，由单纯渐趋于综合。后世戏剧，实于此完成其第一阶段。"①所谓"东海黄公"表演"颇与后世戏剧有关"的说法，周贻白后来又改订为"与后世戏剧具有直接渊源"②。所谓"后世戏剧，实于此完成其第一阶段"的说法，则改订为"后世戏剧，实于此发端"③。语气更为肯定。

张庚、郭汉城主编《中国戏曲通史》在论述汉代"角抵戏剧化"的过程时，也说到"东海黄公"表演，并强调这一表演"已经有了一个故事了"，已经有了"故事的预定"："这《东海黄公》的角抵戏，主要的部分乃是人与虎的搏斗，它不出角抵的竞技范围，但已经有了一个故事了。其中的两个演员也都有了特定的服装和化妆：去黄公的必须用绛缯束发，手持赤金刀，他的对手却必须扮成虎形。而在这个戏中的竞技，也已经不是凭双方的实力来分胜负，而是按故事的预定，最后黄公必须被虎所杀死。因此，这戏虽然仍是以斗打为兴趣的中心，却已具有一定的故事了。"④唐文标著《中国古代戏剧史》在"自汉迄唐宋的古剧"一章中，第一节即为"《东海黄公》的故事"。他认为，在由汉迄唐的"戏剧发展"中，"《东海黄公》的故事是一个很好的源流例子"。"张衡把这个故事夹杂在百戏表演中描写，显然是一个装扮故事取笑的小戏，内容虽简单，但代言体之意明朗，故后人每以为是中国戏剧的原型。"⑤

廖奔、刘彦君著《中国戏曲发展史》在关于"初级戏剧雏形——秦汉六朝百

① 周贻白：《中国戏剧史》，第 37 页。
② 周贻白：《中国戏剧史长编》，第 24 页。
③ 周贻白：《中国戏剧史长编》，第 25 页。
④ 张庚、郭汉城主编：《中国戏曲通史》上册，中国戏剧出版社 1980 年版，第 17—18 页。
⑤ 唐文标：《中国古代戏剧史》，中国戏剧出版社 1985 年版，第 47 页。

戏形态"的论述中，也专有"《东海黄公》"一节，论证更为详尽。论者以为"东海黄公"可以看作"完整戏剧表演"："《东海黄公》具备了完整的故事情节：从黄公能念咒制服老虎起始，以黄公年老酗酒法术失灵而为虎所杀结束，有两个演员按照预定的情节发展进行表演，其中如果有对话一定是代言体。从而，它的演出已经满足了戏剧最基本的要求：情节、演员、观众。成为中国戏剧史上首次见于记录的一场完整的初级戏剧表演。它的形式已经不再为仪式所局限，演出动机纯粹为了观众的审美娱乐，情节具备了一定的矛盾冲突，具有对立的双方，发展脉络呈现出一定的节奏性。这些都表明，汉代优戏已经开始从百戏杂耍表演里超越出来，呈现新鲜的风貌。"① 有的学者指出，"禳鬼的'傩'仪与戏剧同样有着密切的联系。如汉代的角抵戏《东海黄公》便是从傩仪中派生出来的"。而在中国古代，"以傩为代表的宗教社火中，有不少戏剧性表演，有的可以归入戏剧"。② 也有学者指出，从"东海黄公"可知，"当时之角抵为戏，已在演述故事"。"如果根据此角抵戏中已有中心人物（黄公）、戏剧情节（人与虎斗）、化装（绛缯束发）、表演（行其术），且已流行于京城与畿辅，而称之为中国古代戏剧的原始胚胎，亦并非全然没有道理。但究竟有无台词，有无说唱，却未可遽断。"③ 有的研究者指出，"东海黄公"等几种百戏表演，"都是化装的歌舞表演"，"特别是'东海黄公'，其中的两名演员，已有特定的服装和化妆，并有规定的故事情节，因此戏剧因素是更强的"。④

黄卉著《元代戏曲史稿》也肯定"东海黄公"已经"有了一定故事内容"，"与后世的戏曲有直接渊源关系"，应当看作"重要的戏剧萌芽"，"是当前发现的最早的，以表现故事为特征的戏剧的开端"。⑤ 也有学者将其定位为"悲剧"，称之为"最早的戏剧雏型"。⑥

---

① 廖奔、刘彦君：《中国戏曲发展史》第 1 卷，山西教育出版社 2000 年版，第 60—61 页。

② 李修生：《元杂剧史》，江苏古籍出版社 1996 年版，第 75 页。

③ 徐振贵：《中国古代戏剧统论》，山东教育出版社 1997 年版，第 26 页。

④ 赵山林：《中国戏剧学通论》，安徽教育出版社 1995 年版，第 68 页。

⑤ 黄卉：《元代戏曲史稿》，天津古籍出版社 1995 年版，第 17—19 页。

⑥ 傅起凤、傅腾龙：《中国杂技》，天津科学技术出版社 1983 年版，第 9 页。

看来，"东海黄公"作为"一个故事性较强的剧目"，"引起了戏剧史学家的关注"①，是显著的事实。

对于王国维关于"东海黄公""所演者实仙怪之事，不得云故事也"的意见，周贻白认为，"王氏未免过于拘执，如古希腊悲剧，其本事多半取材神话，甚至神人不分，鬼魔杂出，不见得即被否认其戏剧地位。按所谓故事，在戏剧方面言之，只要是有情节，有意义，不必定为历史故事或人类故事，始可表演于舞台。否则古今中外，不乏敷演天堂地狱，神仙鬼怪的戏剧，岂能一一为之甄别？""东海黄公，且作揶揄巫觋的演出，更不得与仙怪之事视同一例了。"②对于王国维"不得云故事也"的理解，有学者也以为，"这种理解是褊狭的。这种看法在后来的《宋元戏曲史》中有所改变"。王国维《宋元戏曲史》关于"上古至五代之戏剧"的论证时说："'东海黄公，赤刀粤祝；冀厌白虎，卒不能救'，则且敷衍故事矣。"至于所谓"有所改变"，论者指出："这里不将东海黄公传说排除于'故事'之外，立论比起《戏曲考原》，是更为通达了。"③其实，从字面看，此说"敷衍故事"，似乎与前说"实仙怪之事，不得云故事也"有所不同，然而只是"故事"词义的使用"有所改变"，前已强调"仙怪之事"不同于世间"故事"，因而就"戏曲"之"源"的理解，似乎未必较前明显"有所改变"。

有论者分析"东海黄公"故事的"本事来源"，指出，"这是一个古代方士以术厌兽遭致失败的故事，被陕西民间敷衍成小戏，又被汉朝宫廷吸收进来，它之所以成为角抵戏表演之一种，大概正由于其中人兽相斗的形式吧？"④此说将"三辅人俗用以为戏"理解为"被陕西民间敷衍成小戏"，似乎并不十分准确。西汉"三辅"作为政治文化地域，以今陕西关中地方为主，并不能够全括"陕西"。有人将"三辅"理解为"陕西中部"⑤，然而当时"三辅"其实又是包括陇东和豫西的局部地区的。

---

① 卜键：《角抵考》，见胡忌主编《戏史辨》，中国戏剧出版社 1999 年版，第 169 页。

② 周贻白：《中国戏剧史》，第 39 页。《中国戏剧史长编》，第 25—26 页。"揶揄"，《长编》误排为"揶揄"。

③ 赵山林：《中国戏剧学通论》，第 68 页。今按：《戏曲考原》为《戏曲考源》之误。

④ 廖奔、刘彦君：《中国戏曲发展史》第 1 卷，第 60—61 页。

⑤ 吴国钦：《汉代角抵戏〈东海黄公〉与"粤祝"》，《中山大学学报》2003 年第 6 期。

三、海上方士的幻术

有学者论定"东海黄公"出现于西汉,以事见葛洪采集西汉刘歆之说所成的《西京杂记》为证①,其实《西京杂记》托名刘歆不足为据,而所谓"三辅人俗用以为戏"的说法,因"三辅"这一标志时代特征的地名,似乎可以为"东海黄公"起初流行于西汉的说法提供佐证。

廖奔、刘彦君指出"东海黄公"演出所以受到欢迎的原因,与取"人兽相斗的形式"有关,并引汉代画像斗兽的画面为证,应当说是有重要价值的发现。汉代游乐习俗,有从斗兽到驯兽的演变。② 作为反映当时社会风习的文化迹象,"东海黄公"故事也有特殊的意义。以为"东海黄公"仅仅"是一个装扮故事取笑的小戏"的看法③,或许是低估了这一演出的文化价值。

有人在分析"东海黄公"表演的意义时曾经说:"这段故事是喜剧,还是悲剧?是赞颂为民除害的英雄,还是嘲谑装神弄鬼的方士?从张衡简简几笔的叙述中似乎能读出一点批判意识。"④有的学者发表的意见又有更多的肯定:"《东海黄公》是一个包涵着批判意识的戏剧,嘲弄的矛头直指方士或巫师的黄公。这是对汉武帝时期迷信方士巫师行为的反讽,这表明中国戏剧从产生之日起,就关注社会人生,整个演出充溢着喜剧精神。"⑤我们固然不能明确断定"东海黄公"的表演者以及张衡主观方面是否有意表达所谓"批判意识",但是所谓"赞颂"、所谓"嘲谑",这样的评价,则似乎是以今人的"批判"遮蔽古人的"批判",又不免有过度拔高之嫌。

有人曾经强调,"东海黄公"表演"反映了时人同自然灾害、毒蛇猛兽英勇斗争的社会现实"⑥,这样的分析是有说服力的。也有人说:"我更愿意把《东海黄公》看作是对人(与自然之对峙中)的命运的悲悯和感叹。"⑦推想"东海黄

---

① 赵山林:《中国戏剧学通论》,第 68 页。

② 参见王子今:《汉代的斗兽和驯兽》,《人文杂志》1982 年第 5 期。

③ 唐文标:《中国古代戏剧史》,第 47 页。

④ 卜键:《角抵考》,见胡忌主编《戏史辨》,第 170 页。

⑤ 吴国钦:《汉代角抵戏〈东海黄公〉与"粤祝"》,《中山大学学报》2003 年第 6 期。

⑥ 徐振贵:《中国古代戏剧统论》,第 26 页。

⑦ 姚珍明:《从人虎相斗开始……——汉代"百戏"与中国最早的剧目〈东海黄公〉》,《东方艺术》1996 年第 5 期。

公"少能"御虎"而"及衰老"又"为虎所杀"的故事，应当是与汉代"虎患"曾经盛行的历史现象有一定关系的。① 汉以后诗文中回顾"东海黄公"故事的篇什，也常突出与"虎患"的联系②，说明这种历史记忆有着长久的影响。

对于"东海黄公"故事，《搜神记》卷2也有一段文字遗存：

> 鞠道隆善为幻术。尝云："东海人黄公，善为幻，制蛇御虎。常佩制金刀。及衰老，饮酒过度。秦末，有白虎见于东海，诏遣黄公以赤刀往厌。术既不行，遂为虎所杀。"③

是"东海黄公"事与所谓"善为幻术"及"善为幻"的人士有关。

将"东海黄公"表演与方士巫术联系起来分析的思路，是有一定的合理性的。《后汉书》卷82下《方术列传下·徐登》写道："徐登者，闽中人也。本女子，化为丈夫。善为巫术。又赵炳，字公阿，东阳人，能为越方。时遭兵乱，疾疫大起，二人遇于乌伤溪水之上，遂结言约，共以其术疗病。各相谓曰：'今既同志，且可各试所能。'登乃禁溪水。水为不流，炳复次禁枯树，树即生荑，二人相视而笑，共行其道焉。"李贤注："越方，善禁咒也。""闽中地，今泉州也。""东阳，今婺州也。"两地都是通行"粤祝"即"越人祝法"之"越方"的越地。李贤又引《抱朴子》："道士赵炳，以气禁人，人不能起。禁虎，虎伏地，低头闭目，便可执缚。以大钉钉柱，入尺许，以气吹之，钉即跃出射去，如弩箭之发。"又引《异苑》云："赵侯以盆盛水，吹气作禁，鱼龙立见。"④所说"禁虎"之术，似与"东海黄公""御虎"之术、"厌虎"之术有某种关联。

---

① 参见王子今：《东汉洛阳的"虎患"》，《河洛史志》1994年第3期；《秦汉虎患考》，见《华学》第1期，中山大学出版社1995年版。

② 如(唐)李贺：《猛虎行》，见吴企明笺注《李长吉歌诗编年笺注》，中华书局2012年版，第151页。(元)耶律铸：《猎北平射虎》，《双溪醉隐集》卷3，《景印文渊阁四库全书》第1199册，第428—429页。(明)杨慎：《射虎图为箐溪都宪题》，《升庵集》卷23，《景印文渊阁四库全书》第1270册，第182页。(明)王世贞：《黑虎岩》，《弇州四部稿》卷46，《景印文渊阁四库全书》第1270册，第588页；《戏为册虎文》，《弇州四部稿》卷113，《景印文渊阁四库全书》第1280册，第774页。(清)施闰章：《梦杀虎》，《学余堂诗集》卷15，《景印文渊阁四库全书》第1313册，第497页。

③ (晋)干宝撰，汪绍楹校注：《搜神记》，第22页。

④ 《后汉书》，第2741—2742页。

宋人罗浚《宝庆四明志》卷20《叙祠·神庙》说到"黄公祠":"黄公祠在东海中。晋天福三年建。旧图经虽有之,其实未详。按晋贾充问会稽于夏统,统曰:'其人循循有大禹之遗风,太伯之义逊,严光之抗志,黄公之高节。'而《会稽典录》亦称人材则有'黄公','洁已暴秦之世',然则四皓之一也。至《西京杂记》乃曰东海人黄公,少能幻制蛇虎,尝佩赤金刀。及老,饮酒过度,有白虎见于东海。黄公以赤刀厌之。术不行,为虎所食。故张平子《西京赋》曰:'东海黄公,赤刀奥祝。冀厌白虎,卒不能救。挟邪作蛊,于是不售。'按据不同,今两存之。"①东海"黄公祠"以及所谓会稽人才"黄公之高节"等,都是和"越方""粤祝"的说法相一致的。

有学者又指出,以道教信仰为意识基底的炼丹术中,"铅"的隐语化、符号化的第一个阶段就是以"铅"为"虎"②,由这一思路是否可以增进对"东海黄公"故事的理解,似乎还有待于进一步的讨论。

四、《肥致碑》所见"海上黄渊"

有人将"东海黄公"的身份定位为"被迫卖艺而惨死的""驯虎"的"艺人"、"驯兽艺人"。③ 其说似不可取。

有学者认为,"东海黄公"的表演"是从傩仪中派生出来的"。"这位表演伏虎不成,为虎所杀的黄公,便是一位巫师。"④"巫师"身份,与方士有接近之处,亦有不同。"东海黄公"所行法术,似有早期道教的神秘主义色彩。

而汉《肥致碑》说方士肥致受皇帝"礼娉",能够"应时发筭,除去灾变",因而"与道逍遥,行成名立,声布海内,群士钦仰,来集如云",据说"君师魏郡张吴,斋(齐)晏子、海上黄渊、赤松子与为友"。⑤

其中说到的曾经和方士肥致"与为友"的"海上黄渊",有可能就是我们讨

---

① (宋)胡榘修、方万里纂:《宝庆四明志》卷20,宋刻本。
② [日]中野美代子:《〈西游记〉的秘密》,王秀文等译,中华书局2002年版,第535—537页。
③ 傅起凤、傅腾龙:《中国杂技》,第8—9页。
④ 李修生:《元杂剧史》,第75页。
⑤ 河南省偃师县文物管理委员会:《偃师县南蔡庄乡汉肥致墓发掘简报》,《文物》1992年第9期;虞万里:《东汉〈肥致碑〉考释》,《中原文物》1997年第4期。

论的"东海黄公"。①

就此邢义田有所论说。他在《东汉的方士与求仙风气——肥致碑读记》一文中写道："……海上黄渊亦不明为何人。私意以为可能是张衡《西京赋》中的东海黄公。""东海黄公是一位能立致云雾、坐成山河的方士，也是带有悲剧性的知名人物。三辅人以他的故事为戏，皇帝也以他的故事入角抵戏，可见他受欢迎的程度。"邢义田又说："为什么推测东海黄公可能是海上黄渊呢？第一，汉代'东海'和'海上'两词有时可以互用。《史记·齐太公世家》：'太公望吕尚者，东海上人。'所谓东海上人，是指东海之滨的人。《史记·齐世家》：'(康公)十九年，田常曾孙田和……迁康公海滨。'《史记·田敬仲完世家》则谓：'太公乃迁康公于海上。'这里的海上、海滨都指的是东海之滨。王利器注《颜氏家训·书训》引《史记》卷6《秦始皇本纪》'二十八年，丞相隗林、丞相王绾等，议于海上'一句，即云：'海上，东海之滨。'东海和海上两词互用，一个更直接的证据见《后汉书·方术传》。"《后汉书》卷82下《方术列传·费长房》：

> 后东海君来见葛陂君，因淫其夫人，于是长房劾系之三年，而东海大旱。长房至海上，见其人请雨，乃谓之曰："东海君有罪，吾前系于葛陂，今方出之使作雨也。"于是雨立注。②

邢义田写道："长房至海上，见东海人请雨，则所谓海上即东海，甚明。其次，黄公为尊称，其名曰渊。传说中或称黄渊，或称黄公而不名，这是常见的习惯。因此，虽缺少更明确的证据，却不妨假设海上黄渊即东海黄公。"③

《肥致碑》的年代，为汉灵帝建宁二年(169)。④

五、"东海黄公""安期生"与"青徐滨海妖巫"

明人刘基曾经将"东海黄公"的故事予以演绎，与东海神仙安期生的传说

---

① 王子今、王心一：《"东海黄公"考论》，见《陕西历史博物馆馆刊》第11辑，三秦出版社2004年版。

② 《后汉书》，第2744页。

③ 邢义田：《东汉的方士与求仙风气——肥致碑读记》，原刊《大陆杂志》94卷2期(1997年)，2007年3月27日增订，收入《天下一家：皇帝、官僚与社会》，中华书局2011年版。

④ 刘昭瑞：《汉魏石刻文字系年》，新文丰出版公司2001年版，第70—71页。

相互结合：

> 安期生得道于之罘之山，持赤刀以役虎，左右指使，进退如役小儿。东海黄公见而慕之，谓其神灵之在刀焉。窃而佩之。行遇虎于路，出刀以格之，弗胜，为虎所食。郁离子曰：今之若是者众矣。蔡人渔于淮，得符文之玉，自以为天授之命，乃往入大泽，集众以图大事，事不成而赤其族。亦此类也。于乎，枚叔、邹生眷眷然为吴王画自全之策，见及此矣。①

明代学者重视这一故事，李光瑨《两汉萃宝评林》卷上引《郁离子集》有所引述。② 郑仲夔《玉麈新谭·偶记》卷4"赤刀役虎"又有这一故事的缩写本："安期生在之罘山持赤刀役虎，左右指使，进退如役小儿。东海黄公见而慕之，谓其神灵在刀。遂窃佩之。行遇虎于路，出刀以相格，弗胜，为虎所食。"③虽然所说简略，"安期生""之罘山""东海黄公"等基本要素都是完整的。

所谓"东海""之罘""越""闽中""婺州"等方位提示，告诉我们相关巫术的发生地域，正在滨海地区。陈寅恪在著名论文《天师道与滨海地域之关系》中曾经指出，汉时所谓"齐学"，"即滨海地域之学说也"。他认为，神仙学说之起源及其道术之传授，必然与滨海地域有关，自东汉顺帝起至北魏太武帝、刘宋文帝时代，凡天师道与政治社会有关者，如黄巾起义、孙恩作乱等，都可以"用滨海地域一贯之观念以为解释"，"凡信仰天师道者，其人家世或本身十分之九与滨海地域有关"。陈寅恪引《世说新语·言语》"王中郎令伏玄度、习凿齿论青、楚人物"刘孝标注："寻其事，则未有赤眉、黄巾之贼。此何如青州邪？"于是指出："若更参之以《后汉书·刘盆子传》所记赤眉本末，应劭《风俗通义》玖《怪神篇》'城阳景王祠'条，及《魏志》壹《武帝纪》注引王沈《魏书》等，则知赤眉与天师道之祖先复有关系。故后汉之所以得兴，及其所以致亡，莫不由于青徐滨海妖巫之贼党。殆所谓'君以此始，必以此终'者欤？"陈寅恪还强调，两晋南北朝时期，"多数之世家其安身立命之秘，遗家训子之传，实为惑世诬民之鬼道"，"溯其信仰之流传多起于滨海地域，颇疑接受外

---

① （明）刘基著，林家骊点校：《刘基集》，浙江古籍出版社1999年版，第58页。

② （明）李光瑨：《两汉萃宝评林》，《四库未收书辑刊》第1辑，第21册，第532页。

③ （明）郑仲夔：《玉麈新谭·偶记》卷4，明刻本。

来之影响。盖二种不同民族之接触，其关于武事之方面者，则多在交通阻塞之点，即山岭险要之地。其关于文化方面者，则多在交通便利之点，即海滨湾港之地"。"海滨为不同文化接触最先之地，中外古今史中其例颇多。"①自战国以来燕齐方士的活跃，已经反映了滨海地区神秘主义文化的区域特色。②"东海黄公"传说，更充实了我们的相关认识。

有的学者注意到"东海黄公"表演与"越巫、越祠"对中原的影响有一定关系③，应当说是符合历史事实的见解。

而"黄公"故事与"安期生"故事相互糅合，又以"之罘"为表演场地，突出提示了齐地沿海方术与"东海黄公"传说的密切关系。

六、"黄公""黄神""黄神使者"与"之罘之山"的关系

吴荣曾曾经指出，反映汉代关于黄神的迷信的实物，有"属于黄神的印章"，如"黄神""黄神之印""黄神越章""黄神使者印章""黄神越章天帝神之印"等，以为"都是人们驱鬼辟邪所用之物"。④

相关文物又有"天帝使黄神越章"等。

方诗铭指出，作法的巫术之士"也是原始道教的道徒，巫与道教徒这时难于区分"，"吴荣曾文称为'道巫'，是很有见地的"。⑤

当时"道巫"对于自己的信仰突出强调"黄"字，是引人注目的。这使人不能不猜想，"东海黄公"的"黄"和"黄神""黄神使者"信仰的"黄"之间，是不是存在着某种文化联系呢？

要说明"黄公"与"黄神""黄神使者"的神秘关系，尚需进行认真的考察工作。我们注意到，《抱朴子·登涉》又言"佩'黄神越章'之印"可以"辟虎"：

> 或问："为道者多在山林，山林多虎狼之害也，何以辟之？"抱朴子
> 曰："古之人入山者，皆佩'黄神越章'之印，其广四寸，其字一百二十，

① 陈寅恪：《天师道与滨海地域之关系》，《"中央研究院"历史语言研究所集刊》第 3 本第 4 分册，收入《金明馆丛稿初编》（陈寅恪文集之二），上海古籍出版社 1980 年版。
② 参见王子今：《秦汉区域文化研究》，四川人民出版社 1998 年版，第 76—84 页。
③ 吴国钦：《汉代角抵戏〈东海黄公〉与"粤祝"》，《中山大学学报》2003 年第 6 期。
④ 吴荣曾：《镇墓文中所见到的东汉道巫关系》，《先秦两汉史研究》，中华书局 1995 年版，第 372 页。
⑤ 方诗铭：《曹操·袁绍·黄巾》，上海社会科学院出版社 1996 年版，第 231 页。

以封泥著所住之四方各百步，则虎狼不敢近其内也。行见新虎迹，以印顺印之，虎即去；以印逆印之，虎即还；带此印以行山林，亦不畏虎狼也。不但只辟虎狼，若有山川社庙血食恶神能作福祸者，以印封泥，断其道路，则不复能神矣。"①

这样的说法，或许也有助于我们认识"东海黄公"故事的意识史背景。除了"辟虎"以外，所谓"行见新虎迹，以印顺印之，虎即去；以印逆印之，虎即还"，则分明是驯虎的形式。借用"'黄神越章'之印"施行的这一法术再予提升，或许也可以实现前引《郁离子》书中"安期生得道于之罘之山"之后所谓"役虎"："持赤刀以役虎，左右指使，进退如役小儿。"

"安期生"是出身海滨的仙人。"之罘之山"在海滨。这些因子构成的神仙故事，与"海"的神秘关系是耐人寻味的。

七、关于"有白虎见于东海"

"戏""剧"（"戲""劇"）两字，字形皆可见"虍"，是耐人寻味的。有学者对其字义的分析，指出或许与"虎"有关。② 有的学者分解"戏"字，认为其中的三个主要符号，在甲骨文中已经出现。"虍"是虎头部的侧象形，"豆"是鼓的象形和鼓声的会意的结合，"戈"是手执兵器的象形。③ 于是，"戏"被解释为"拟兽的仪式舞蹈"。④ 也有学者说，"戏、剧两字，均从虍，两字都是一边拟兽，一边持刀或戈"。⑤

以"虎"为主要角色的"东海黄公"表演，被研究者看作"中国古代戏剧的原始胚胎"⑥，"中国戏剧的原型"⑦，"与后世戏剧具有直接渊源"，"后世戏剧，

---

① 王明撰：《抱朴子内篇校释》，中华书局1985年版，第313页。
② 姚华《说戏剧》指出，"虘"当是瓦豆而作虎文。豆为祭器而虎绝有力，上古之民，敬天祀祖而事鬼神，好勇斗狠而尚有力。"虡"有斗意，斗则用力甚，所以示武也。参见叶长海：《曲学与戏剧学》，学林出版社1999年版，第158—159页。
③ 参见康殷：《文字源流浅释》，荣宝斋1979年版；温少峰、袁庭栋：《古文字中所见的古代舞蹈》，《成都大学学报》1981年第2期。
④ 周华斌：《戏·戏剧·戏曲》，见胡忌主编《戏史辨》，第82—84页。
⑤ 徐振贵：《中国古代戏剧统论》，第10页。
⑥ 徐振贵：《中国古代戏剧统论》，第26页。
⑦ 唐文标：《中国古代戏剧史》，第47页。

实于此发端"①，"是当前发现的最早的，以表现故事为特征的戏剧的开端"②，
"中国戏剧史上首次见于记录的一场完整的初级戏剧表演"③，"我国早期出现
的一个戏剧实体"④，"后世戏剧，实于此完成其第一阶段"⑤，是有一定道
理的。

　　分析中国戏剧的早期形态，或许应当注意原始信仰的深远的文化背景和
复杂的表现形式。有学者曾经关注"云南民族民间戏剧"中"虎"的突出地位。
"如彝族的'跳虎节'，从当地彝民尊虎为'虎祖'来看，它是比较典型的图腾崇
拜；从'虎祖'们表演交媾的情节来看，又具有祖先崇拜、生殖崇拜的特点；
彝人认为'虎祖'教会了他们进行耕作，表演中遂有'虎驯牛'、'虎栽秧'、'虎
打谷'等关于生产的段落，表明其间杂糅了农神崇拜的因素；同时，当地人又
将虎视为保护神，在上演'跳虎节'时要到各家各户去'斩扫祸祟'，这一节目
又与英雄崇拜相合……我们认为，之所以形成如此复杂的情况，其根本原因
就在于'跳虎节'是真正体现原始信仰的文化产物，各种信仰的杂糅、交叉及
叠加的现象，恰好可以说明它代表着原始先民的一种更为宏观的思想观
念。"⑥研究者的以下分析，也许是我们在考察"东海黄公"故事时应当注意的：
"人作为大自然中的一个物种，必然与所处之环境构成关系。这种关系通常表
现为对立。""具体表现在戏剧方面，就是在狩猎时代所形成的人与兽的对立关
系。后世的戏剧文学常常将这一现象表述为'冲突'。这种冲突或可称之为结
构模式或集体情结，甚或是物种记忆。并以此作为主线不断地发展、绵延下
去。从戏剧特质来看，这种对立的情结是戏剧特性得以成立的根源之一。"研
究者指出："基于人类初年的原始信念，狩猎行为或其他对立的戏剧，并不一
定永远是以人的胜利而结束。""关于这一点，汉代的'东海黄公'是极有价值的
例证。同时也应强调，'东海黄公'的结构形态仍是狩猎戏剧的变体。只不过，

　①　周贻白：《中国戏剧史长编》，第24—25页。
　②　黄卉：《元代戏曲史稿》，第17—19页。
　③　廖奔、刘彦君：《中国戏曲发展史》第1卷，第60—61页。
　④　吴国钦：《汉代角抵戏〈东海黄公〉与"粤祝"》，《中山大学学报》2003年第6期。
　⑤　周贻白：《中国戏剧史》，第37页。
　⑥　王胜华：《中国戏剧的早期形态》，见胡忌主编《戏史辨》，第149—150页。

取胜的是老虎而失败的是猎手(黄公)罢了。"①

在中国传统剧目中,后世作品仍然可以看到以"伏虎"为主要情节者。

如《剧品》《读书楼目录》著录的明代杂剧张大谌《诛雄虎》,亦见于《读书楼目录》的元明阙名杂剧《打虎报怨》,《录鬼簿续编》著录的元明阙名杂剧《雁门关存孝打虎》,《今乐考证》著录的元明阙名杂剧《杨香跨虎》和明代传奇黄伯羽《蛟虎记》等。《录鬼簿》著录元代杂剧红字李二《折担儿武松打虎》"为《水浒传》第二十三回景阳冈打虎蓝本",所说故事更是人们所熟悉的。②

《杨香跨虎》本事出《异苑》。《太平御览》卷 415 引《异苑》曰:"顺阳南乡县杨丰与息女香于田获粟,丰因获为虎所噬。香年甫十四,手无寸刃,乃搤虎颈,丰因获免。香以诚孝至感猛兽为之逡巡。太守平昌孟肇之赐贷谷,旌其门闾焉。"③又《太平御览》卷 892 引《孝子传》曰:"杨香父为虎噬,忿愤搏之,父免害。"《蛟虎记》则说周处杀虎故事。④"伏虎"情节在中国古代戏剧源流中前后继递,长久不歇,反映了社会生活史中人与自然关系之古往今来若干共同的特征。民间文化切近实际生活的特色,由此可以体现。

传统戏曲中的"伏虎"故事,有时又似乎可以使人体会到某种特殊的文化象征意义。

中国宗教仪式剧中,多表现"擒妖逐魅"的主题。有研究者总结,其情节定式,往往是凶煞经过一番斗争后,最终由法力高强的神灵予以降服或驱逐,从此不能再作祟人间。粤剧的除煞性质例戏(又称"破台戏")《祭白虎》表演的

---

① 王胜华:《中国戏剧的早期形态》,见胡忌主编《戏史辨》,第 159—160 页。
② 庄一拂:《古典戏曲存目汇考》,上海古籍出版社 1982 年版,上册第 521 页,中册第 553、625、637、891、1134 页,上册第 301 页。
③ 又远山堂《曲品》著录明清阙名传奇《感虎记》亦说"孙山纯孝感虎"事。庄一拂:《古典戏曲存目汇考》下册,第 1660 页。
④ (宋)李昉等撰:《太平御览》,第 1915、3960 页。《世说新语·自新》:"周处年少时,凶强侠气,为乡里所患。又义兴水中有蛟,山中有遭迹虎,并皆暴犯百姓,义兴人谓为三横,而处尤剧。或说处杀虎斩蛟,实冀三横唯余其一。处即刺杀虎,又入水击蛟,蛟或浮或没,行数十里,处与之俱。经三日三夜,乡里皆谓已死,更相庆,竟杀蛟而出。闻里人相庆,始知为人情所患,有自改意。"(南朝宋)刘义庆著,(南朝梁)刘孝标注,余嘉锡笺注,周祖谟等整理:《世说新语笺疏》,中华书局 2007 年版,第 738 页。

是玄坛伏虎的故事。① "凶煞"以"虎"作为外在形象,值得我们注意。

　　研究者对演出《祭白虎》的原因和背景有如下叙述:"假若一个神功戏棚搭建于一块从未用作同样用途的地方,粤剧行内叫这种演出场地为'新台',戏班成员要在《祭白虎》的仪式后才能演出其他例戏或正本戏。相传白虎每年在惊蛰节令期间和之后开口,借昆虫和人畜之口伤害人畜。戏班成员尤其相信,白虎借人口说话伤害别人,或间接引起火灾及疾病等祸害。在《祭白虎》之前,戏班成员间只用动作沟通讯息,而避免开口说话,因为白虎可以利用说话伤人,答话的人每每受到伤害。"粤剧破台戏《祭白虎》的演出,反映了镇压场内邪魔妖魅的仪式空间观念。"戏班演出《祭白虎》,是为了净台出煞——肃清戏台上的凶星恶煞,使之不能伤害戏班成员,以确保演出无碍。"演出开始,后台工作人员燃放鞭炮,扮演玄坛的演员从右边"虎度门"冲出前台②,并立即从左边"虎度门"奔回后台,然后再一次从右边"虎度门"走出前台,方才"扎架亮相,继续演出"。《祭白虎》演至白虎吃过台上猪肉,玄坛手持钢鞭从象征一座高山的木桌跃下,与白虎打斗。经过一番追逐对打,玄坛将白虎制服,并骑在虎背上。这时,后台工作人员将一条铁链交给扮演玄坛的演员,并把铁链捆过白虎口部。玄坛用左手拉着铁链,右手高举钢鞭(行内称这姿势为"公明架"),象征白虎已被降服。③ 研究者认为,"《祭白虎》中缚紧白虎嘴巴的铁链"有特殊的"象征功能","表示白虎嘴巴已被锁紧,不能再伤害戏班成员"。④

---

① 玄坛神即财神赵玄坛,亦称赵公明或赵元帅。清人顾禄《清嘉录》卷3写道:"俗以三月十五日为玄坛神诞,谓神司财,能致人富,故居人多塑像供奉。或谓神回族,不食猪肉,每祀以烧酒牛肉,俗谓斋玄坛。"清道光刻本。神话学者吕微指出,《清嘉录》描述的只是清代苏州的地方民俗,但同样以财神为回民或伊斯兰教徒的说法也流传于京、津、沪等大城市。以财神及其侍者为回族人,暗示了财神信仰的背后隐含着中西交往的文化背景。吕微:《隐喻世界的来访者:中国民间财神信仰》,学苑出版社2000年版,第22—53页。

② 容世诚注:"'虎度门',又称'虎道门',粤剧术语,指戏台上演员出场之处,亦即前台和后台的分界处。"

③ 陈守仁:《香港粤剧研究·下卷》,中国戏曲研究计划(香港),1990年,第39—46页;《仪式、信仰、演剧:神功粤剧在香港》,香港中文大学粤剧研究计划,1996年,第39—56页。

④ 容世诚:《戏曲人类学初探:仪式、剧场与社群》,广西师范大学出版社2003年版,第122页。

所谓"虎度门"，容世诚有这样的解释："'虎度门'，又称'虎道门'，粤剧术语，指戏台上演员出场之处，亦即前台和后台的分界处。"容世诚又指出，这名演出者（既是一名演员，同时也可以说是一名巫师，在进行除煞的仪式）在戏台上的前台后台往返奔驰，是要驱赶台上前后左右、东南西北不同方位的凶煞，将仪式的效力伸展到戏台区域的每个部位。仪式中所呈现的空间观念，和《周礼》中记载方相氏在丧葬仪式里"先柩，及墓，入圹，以戈击四隅，驱方良"的象征意义是十分接近的。①

《祭白虎》的巫术色彩是浓重的。然而我们以为更值得重视的，是"虎"在这种表演中的地位和作用。以"伏虎"作为破台戏的主题，"戏班成员要在《祭白虎》的仪式后才能演出其他例戏或正本戏"，很容易使人联想到"东海黄公"演出被看作"后世戏剧，实于此发端"的情形。一种是"新台"演出的"发端"，一种是中国戏剧史的发端，这中间是否存在着某种内在的联系呢？也许，在《祭白虎》表演所寄托的意义之中，依然片断保留着"东海黄公"时代久远的历史记忆。

"东海黄公"当年"冀厌白虎，卒不能救"，而粤剧戏班成员为了保证"演出场地"的安全，所祭也是"白虎"。这种"巧合"，也是发人深思的。

认识"虎"在中国巫术传统中的角色形象以及在中国民俗文化中的象征意义，对于我们理解"东海黄公"故事的文化背景，是有必要的。有人注意到，十八罗汉中的第十八位被看作玄奘。而在一般情况下，这位第十八罗汉被塑造为伏虎的形态。有学者于是推想："在唐朝末期，是否有关于第十八罗汉玄奘驯服虎的传说呢？"

论者在对《西游记》进行文化考察时还注意到，第十四回《心猿归正，六贼无踪》说：孙行者初随三藏，"在前面，背着行李，赤条条，拐步而行。不多时，过了两界山，忽然见一只猛虎，咆哮剪尾而来。""行者在路旁欢喜道：'师父莫怕他。他是送衣服与我的。'""你看他拽开步，迎着猛虎，叫道：'业畜！那里去！'那只虎蹲着身，伏在尘埃，动也不敢动动。"孙行者打死猛虎，剥下虎皮，"围在腰间"。论者分析说："反体制的猴子脱胎换骨，再生为顺从体制的猴子，并且成了三藏取经的侍者，这种变化的具体象征就是虎皮。"也

---

① 容世诚：《戏曲人类学初探：仪式、剧场与社群》，第11—12页。

许，孙行者腰间的虎皮并不是一件简单的道具，而真的具有某种象征意义。

论者还提醒人们注意，"在佛教图像中，称为干闼婆的神是身披狮子皮"。在出土于敦煌莫高窟藏经洞的绘画中，有一幅画面可以看到作为毗沙门天侍者的干闼婆。"然而，这位干闼婆披的不是狮子皮，而是虎皮。"《西游记》第十三回记述三藏"初出长安第一场苦难"就是遇"老虎精""寅将军"，形容其凶恶的诗句有"锦绣围身体，文斑裹脊梁"，"东海黄公惧，南山白额王"等。其中"东海黄公惧"句，可以发人深思。三藏又于双叉岭遭遇山中猛虎。第三十回"黄袍怪"竟然用妖术将三藏变成了虎。第四十五和第四十六回，又有"虎力大仙"与孙悟空较量法术的情节。[1] 研究者关于《西游记》中神秘的"虎"迹的联想，或许也对我们有关"东海黄公"的讨论有一定的启示意义。[2]

《说文·虎部》："虎，山兽之君。"[3]《太平御览》卷 891 引《抱朴子》："山林，虎狼之室。"那么，为什么会发生"有白虎见于东海"的故事呢？应当注意到，"白虎"是神异之虎。《汉书》卷 8《宣帝纪》："南郡获白虎、威凤为宝。"[4]《太平御览》卷 891 引《抱朴子》："虎及鹿、兔皆寿千岁。满五百岁者，其色皆白。"而"白虎"又与"水"有神秘关系。[5]《说文·虎部》："虪，白虎也。从虎，昔省声。读若鼏。"段玉裁注："昔，当作冥，字之误也。《水部》曰：汨，从水，冥省声。《玉篇》曰：虪，俗虪字。可证也。又按《汉书》金日磾，说者谓密低二音。然则日声可同密。蚰部蠠、蜜同字。《礼》古文鼏皆为密。则鼏、密音同也。今音虪莫狄切。"[6]《太平御览》卷 891 引《括地图》曰："越俚之民，老者化为虎。"[7]又引《述异记》："扶南王范寻常畜生虎"，"若有讼未知曲直"，便投与虎，"虎不噬则为有理"。[8] 说到对"虎"的崇拜。又引《吴越春秋》："吴王葬昌门外，金玉精上为白虎。"则明说"白虎"地位的崇高。滨海文化区的这

---

① ［日］中野美代子：《〈西游记〉的秘密》，王秀文等译，第 526、522—523 页。
② 参见王子今、王心一：《"东海黄公"考论》，《陕西历史博物馆馆刊》第 11 辑，三秦出版社 2004 年版。
③ （汉）许慎撰，（清）段玉裁注：《说文解字注》，第 210 页。
④ 《汉书》，第 259 页。
⑤ （宋）李昉等撰：《太平御览》，第 3959 页。
⑥ （汉）许慎撰，（清）段玉裁注：《说文解字注》，第 210 页。
⑦ （宋）李昉等撰：《太平御览》，第 3961 页。
⑧ （宋）李昉等撰：《太平御览》，第 3958 页。

些文化迹象，是我们理解"有白虎见于东海"事可以参考的。

第三节　东方朔言"海上""仙人"

《资治通鉴》卷 20"汉武帝元封元年"记载，汉武帝封禅泰山后"欲自赴海求蓬莱"，东方朔以"仙者，得之自然"，成功劝阻"至蓬莱见仙人"行为。这是汉武帝时代对求仙狂热直接谏止而最终得以说服这位独断帝王仅见之史例，因而值得研究汉代思想史及海洋文化的学者充分重视。东方朔研究学者亦应有所关注。此事《史记》《汉书》均无记载，司马光当有所据。考察相关史事，应注意东方朔海滨出身，可能与燕齐方术之学有一定文化关联的背景。注意后世东方朔神异传说的形成和影响，或许可以在汉武帝时代发现早期渊源。通过传东方朔撰《神异经》与《十洲记》，可以发现与东方朔相关的文化现象的海洋元素。

一、《资治通鉴》谏止武帝"欲自赴海求蓬莱"记载

汉武帝东巡，封禅泰山，又有至"海上"欲"求蓬莱"的历史记载。《资治通鉴》卷 20"汉武帝元封元年"写道："其以十月为元封元年。行所巡至博、奉高、蛇丘、历城、梁父，民田租、逋赋皆贷除之，无出今年筭。赐天下民爵一级。又以五载一巡狩，用事泰山，令诸侯各治邸泰山下。"随后又"东至海上"：

> 天子既已封泰山，无风雨，而方士更言蓬莱诸神若将可得，于是上欣然庶几遇之，复东至海上望焉。上欲自浮海求蓬莱，群臣谏，莫能止。东方朔曰："夫仙者，得之自然，不必躁求。若其有道，不忧不得；若其无道，虽至蓬莱见仙人，亦无益也。臣愿陛下第还宫静处以须之①，仙人将自至。"上乃止。

《资治通鉴》又写道："会奉车霍子侯暴病，一日死。子侯，去病子也。上甚悼之；乃遂去，并海上，北至碣石，巡自辽西，历北边，至九原，五月，乃至甘泉。凡周行万八千里云。"②

---

① 胡三省注："须，待也。"
② （宋）司马光编著，（元）胡三省音注，"标点资治通鉴小组"校点：《资治通鉴》，第680 页。

关于封禅泰山后"方士更言蓬莱诸神若将可得，于是上欣然庶几遇之"事，《史记》《汉书》有所记载，然而都并未出现东方朔谏止情节。

《史记》卷28《封禅书》："天子既已封泰山，无风雨灾，而方士更言蓬莱诸神若将可得，于是上欣然庶几遇之，乃复东至海上望，冀遇蓬莱焉。奉车子侯暴病，一日死。① 上乃遂去，并海上，北至碣石，巡自辽西，历北边至九原。五月，反至甘泉。"②《史记》卷12《孝武本纪》："天子既已封禅泰山，无风雨菑，而方士更言蓬莱诸神山若将可得，于是上欣然庶几遇之，乃复东至海上望，冀遇蓬莱焉。奉车子侯暴病，一日死。上乃遂去，并海上，北至碣石，巡自辽西，历北边至九原。五月，返至甘泉。"裴骃《集解》："骃案：《汉书音义》曰：'周万八千里也。'"③

《汉书》卷25上《郊祀志上》："天子既已封泰山，无风雨，而方士更言蓬莱诸神若将可得，于是上欣然庶几遇之，复东至海上望焉。奉车子侯暴病，一日死。上乃遂去，并海上，北至碣石，巡自辽西，历北边至九原。五月，乃至甘泉，万八千里云。"④裴骃引《汉书音义》"周万八千里也"应据此。而《资治通鉴》对"凡周行万八千里云"予以采用。

《史》《汉》均于"复东至海上望"文后，接叙"奉车子侯暴病，一日死"，《通鉴》则插入东方朔进言事："上欲自浮海求蓬莱，群臣谏莫能止。东方朔曰：'夫仙者，得之自然，不必躁求。若其有道，不忧不得；若其无道，虽至蓬莱见仙人亦无益也。臣愿陛下第还宫静处以须之，仙人将自至。'上乃止。"清人傅恒《通鉴辑览》卷16"汉武帝元封元年"将这段文字在上下文即《史》《汉》记述"复东至海上望"与"奉车子侯暴病，一日死"之间特别用小字排出，以示区别，似有深意。⑤

---

① 司马贞《索隐》："《新论》云：'武帝出玺印石，财有朕兆，子侯则没印，帝畏恶，故杀之。'《风俗通》亦云然。顾胤案：《武帝集》帝与子侯家语云'道士皆言子侯得仙，不足悲'。此说是也。"《史记》，第1399页。

② 《史记》，点校本二十四史修订本，中华书局2013年版，第1671页。

③ 《史记》，点校本二十四史修订本，第598页。

④ 《汉书》，第1236页。

⑤ （清）傅恒等：《通览辑览》，《景印文渊阁四库全书》第335册，第391页。

二、东方朔谏言可否信据

《资治通鉴》记载东方朔以所谓"夫仙者，得之自然，不必躁求。若其有道，不忧不得；若其无道，虽至蓬莱见仙人亦无益也"谏止汉武帝"自浮海求蓬莱"事未见于《史记》《汉书》，不免使人心存疑惑。

司马光在《资治通鉴》有关战国秦汉史的记述中采用未知出处之史料的情形还有其他例证。我们看到，《资治通鉴》卷4"周赧王三十一年"记载："乐毅修整燕军，禁止侵掠，求齐之逸民，显而礼之。宽其赋敛，除其暴令，修其旧政，齐民喜悦。""祀桓公、管仲于郊，表贤者之闾，封王蠋之墓。齐人食邑于燕者二十余君，有爵位于蓟者百有余人。"①杨宽《战国史》中关于乐毅破齐故事的记述，先后版次不同，对《资治通鉴》这一记载的判断曾经有重大改动。原版写道："乐毅为了拉拢齐国地主阶级，在齐国封了二十多个拥有燕国封邑的封君，还把一百多个燕国爵位赏赐给齐人。"作者注明"根据《资治通鉴》周赧王三十一年"。② 新版则不再保留这段文字，又特别在"绪论"中"战国史料的整理和考订"题下专门讨论了"《资治通鉴》所载乐毅破齐经过的虚假"这一问题。作者论证《通鉴》所称"齐人食邑于燕者二十余君，有爵位于蓟者百有余人"事不可能发生，又指出，"所有这些，都是后人夸饰乐毅为'王者之师'而虚构的"。"所有这些伪托的乐毅政绩，符合于《通鉴》作者的所谓'治道'，因而被采纳了。"并直接批评司马光"竟如此辑录杜撰历史以符合作者宗旨"。③这样的分析，有益于澄清战国史的重要史实，但是所谓"伪托"的判定，仍不免显得有些简单武断。④ 如果探求到有关"后人夸饰""虚构"之渊源脉络的明确的实证，其论点自然会更有说服力。近来，辛德勇对田余庆《论轮台诏》文中所引据《资治通鉴》记录的可信度提出质疑，认为"《通鉴》相关记载不见于《史记》、《汉书》等汉代基本史籍，而是出自南朝刘宋王俭著的小说《汉武故

---

① (宋)司马光编著，(元)胡三省音注，"标点资治通鉴小组"校点：《资治通鉴》，第130页。

② 杨宽：《战国史》，上海人民出版社1955年版，第349页。

③ 杨宽：《战国史》(增订本)，第18—20页。

④ 王子今：《战国史研究的扛鼎之作——简评新版杨宽〈战国史〉》，《光明日报》2003年9月2日。

事》，完全不可信据"。论者称司马光的"重构"体现了"过分强烈的主观价值取舍"。① 论说显示了作者文献学的深厚功底，读来多受教益。相关学术讨论的积极意义应当肯定，但就此进行进一步的深层次的探究也许还有必要。比如，论者指出《汉武故事》"藉取前人相关行事，作为创作的原型"情形，举颜驷故事可见《论衡·逢遇》中"更早的原型"，其说甚是。同样的道理，似乎我们也不能排除《资治通鉴》和《汉武故事》分别采用了共同的可以看作"原型"的早期史料的可能。②

那么，《资治通鉴》记载东方朔谏止汉武帝"自浮海求蓬莱"事是否可能来自可疑材料，而司马光失考误信，或甚至"虚构""伪托""杜撰"呢？正如辛德勇所说，"我们今天要想尽知《通鉴》的史料来源，确实是无法做到的事情"③，但是，我们却不能因不知晓东方朔谏言的"史料来源"，就简单否定《资治通鉴》相关内容的可信性。

宋人魏了翁《古今考》卷 14《汉武帝封禅祀明堂考》说汉武帝准备亲自"浮海"追寻蓬莱，为东方朔谏止："元封元年，天子既已封泰山，无风雨，而方士更言蓬莱诸神于上，上忻然庶几遇之，复东至海上，欲自浮海求蓬莱，以东方朔谏而止。"④与《资治通鉴》记载一致。宋人祝穆《事文类聚》前集卷 34《仙佛部》"汉武求仙"条写道："汉武帝时，方士言蓬莱诸神若将可，上欣然庶几遇之，复至海上望焉。上欲自浮海求蓬莱，东方朔曰：'陛下第还宫静处以须之，仙人将自至。'乃止。遂去，并海上，凡周行万八千里云。"⑤又宋人谢维新《事类备要》前集卷 50《道教门》"汉武求仙"条："汉武帝时，方士言蓬莱诸神若将可得，上欣然庶几遇之，复至海上望焉。上欲自浮海求蓬莱，东方朔曰：'陛下第还宫静处以须之，仙人将自至。'乃止。遂去，并海上，凡周行万八千

① 辛德勇：《汉武帝晚年政治取向与司马光的重构》，《清华大学学报》2014 年第 6 期。

② 王子今：《"守住科学良心"——追念田余庆先生》，《中华读书报》2014 年 12 月 31 日。

③ 辛德勇：《汉武帝晚年政治取向与司马光的重构》，《清华大学学报》2014 年第 6 期。

④ （宋）魏了翁：《古今考》，《景印文渊阁四库全书》第 853 册，第 319—320 页。

⑤ （宋）祝穆：《古今事文类聚》前集，《景印文渊阁四库全书》第 925 册，第 551 页。

里云。《本纪》。"①看来距司马光时代相近的这些学者，对汉武帝"欲自浮海求蓬莱"，东方朔谏"乃止"的说法予以取信。我们尚不能排除他们与司马光看到了同样前代文献信息的可能。

三、东方朔谏止汉武帝"自浮海求蓬莱"事的文化影响

元代诗人梁寅《上之回》写道："海波如白山，三山不可到。凌云台观思仙人，金舆远出回中道。回中道，何逶迤。朝旭照黄屋，灵飙卷鸾旗。青鸟西来集行殿，王母云軿初降时。碧藕味逾蜜，冰桃甘若饴。笑饮九霞觞，侍女皆瑶姬。从臣罗拜称万岁，终不学穆天子，八骏无停辔。还宫静处仙自来，愿与轩辕同久视。"②诗句所谓"还宫静处仙自来"者，完全出自《资治通鉴》记载的东方朔谏止汉武帝"欲自浮海求蓬莱"言辞。

清人张贵胜《遣愁集》卷1《一集韵谈》说到东方朔"仙人将自至"语："汉武帝幸缑氏，礼祭中岳太室，从官在山下闻有若呼万岁者三。乃禅泰山，白云出封中，群臣皆上寿颂功德。又欲自浮海至蓬莱山，求神仙不死药。东方朔曰：'陛下茅还宫静以须之，仙人将自至。'上悟乃止。"③对东方朔谏止汉武帝"欲自浮海至蓬莱山，求神仙不死药"事有所宣传。

清人易佩绅《通鉴触绪》卷8《汉》就东方朔这一谏言有所讨论："是时武帝之愚盖不可以理谕矣，故东方朔以滑稽动之而已。夏侯湛谓东方朔戏万乘若僚友，吾直谓其戏之若婴儿耳。"④其实，从东方朔言谈，看不出"以滑稽动之"，"戏万乘""若婴儿"的迹象，读来可以感觉到语气诚恳，态度严肃。清人盛百二《柚堂笔谈》卷2将东方朔此言与襄楷谏汉桓帝语联系比照，分析颇为中肯："东方朔谓武帝曰：'夫仙者，得之自然，不必躁求。若其有道，不忧不得；若其无道，虽至蓬莱见仙人亦无益也。臣愿第还宫静处以须之，仙人将自至。'桓帝时襄楷上书曰：'闻宫中立浮屠之祠，此道清虚，贵尚无为，好生恶杀，省欲去奢。'又曰：'或言老子入夷狄为浮屠，浮屠不三宿桑下不欲久生恩爱精之至也。其守一如此，乃能成道。'二臣皆是因其主之所好而引诱之，

---

① (宋)谢维新：《事类备要》前集，《景印文渊阁四库全书》第939册，第399页。所谓出《本纪》说显然不确。

② (元)梁寅：《石门集》卷3，《景印文渊阁四库全书》第1222册，第634页。

③ (清)张贵胜：《遣愁集》卷1，清康熙二十七年刻本。

④ (清)易佩绅：《通鉴触绪》卷8，清光绪刻本。

即孟子好货好色之对也。二君求仙奉佛，乃左右有真仙真佛而不能用，其叶公之好龙乎!"①

汉武帝最终对方术形成清醒认识的说法亦见于史书。清人蒋伊《万世玉衡录》卷4"戒"条写道："汉武帝好神仙，信方士李少君，言可使丹砂化为黄金，于是始亲祠灶，遣方士入海求蓬莱。方士栾大言往来海上，见安期、羡门之属，不死之药可得，仙人可致也。复因公孙卿言，亲幸缑氏，观大人迹，命郡国各除道缮治官观，以望幸焉。上欲自浮海求蓬莱，东方朔曰：'仙者得之自然，不必躁求，陛下第还宫静处以须之，仙人将自至。'上乃还。后栾大等以诬罔伏诛。田千秋曰：'方士言神仙者甚众，而无显功。臣请罢之。'上感悟，悉罢方士候神人者，叹曰："天下岂有仙人? 尽妖妄耳! 节食服药，差可少病而已。'"②所记以为汉武帝最终"感悟"方士宣传之"妖妄"，有东方朔谏言启示的作用。

应当注意，"田千秋曰"及"上感悟"诸记述，据《资治通鉴》卷22"汉武帝征和四年"："田千秋曰：'方士言神仙者甚众，而无显功，臣请皆罢斥遣之。'上曰：'大鸿胪言是也。'于是悉罢诸方士候神人者。是后上每对群臣自叹：'向时愚惑，为方士所欺。天下岂有仙人，尽妖妄耳! 节食服药，差可少病而已。'"③辛德勇已有考论，以为"强自截取《汉武故事》"，"点窜而成"。④ 此说值得注意。而"东方朔曰"与"田千秋曰"是否存在同样的问题，也是我们应当警觉的。有所不同的似乎是，"田千秋曰"据辛德勇说已找到《汉武故事》这一信息源头⑤，而"东方朔曰"始出文献则目前似乎并不明朗。

---

① (清)盛百二：《柚堂笔谈》卷2，清乾隆三十四年潘莲庚刻本。

② (清)蒋伊：《万世玉衡录》，《四库全书存目丛书》子部第23册，齐鲁书社1995年，第268页。

③ (宋)司马光编著，(元)胡三省音注，"标点资治通鉴小组"校点：《资治通鉴》，第738页。

④ 辛德勇：《汉武帝晚年政治取向与司马光的重构》，《清华大学学报》2014年第6期。(明)王祎撰《大事记续编》卷1载《解题》曰："《通鉴》载：'上每对群臣自叹曰：乡时愚惑，为方士所欺。天下岂有仙人? 尽妖妄耳! 节食服药，差可少病而已。'此出《汉武故事》，其言绝不类西汉，《通鉴》误取尔。"《景印文渊阁四库全书》第333册，第10页。

⑤ 当然，如前所说，也许《资治通鉴》所依据的，还有比《汉武故事》更早的"原型"。

《太平御览》卷825及卷984引《东方朔别传》都说到东方朔劝阻求神仙而汉武帝终于"罢方士"故事。① 关于《东方朔别传》，《汉书》卷65《东方朔传》记录东方朔"著论设客难己"及"设非有先生之论"，班固说："朔之文辞，此二篇最善。其余有《封泰山》，《责和氏璧》及《皇太子生禖》，《屏风》，《殿上柏柱》，《平乐观赋猎》，八言、七言上下，《从公孙弘借车》，凡刘向所录朔书具是矣。② 世所传他事皆非也。"颜师古注："谓如《东方朔别传》及俗用五行时日之书，皆非实事也。"③看来，根据颜师古的判断，《东方朔别传》内容"非实事"，

① 《太平御览》卷825引《东方朔别传》曰："武帝求神仙，朔言能上天取药。上知其谩，欲极其言，即遣方士与朔上天。朔曰：'当有神来迎我。'后方士昼卧，朔遽口呼：'若极真者，吾从天上还。'方士遂以闻。上以为面欺，下朔狱。朔泣曰：'臣几死者再。天公问臣：下方何衣？朔曰：衣蚕。蚕若何？曰：啄呐呐类马，色班班类虎。天公大怒，以臣为谩，系臣司空。使使下问，还报有之，乃出臣。今陛下以臣为诈，愿使使上问之。'上曰：'齐人多诈，欲以喻我止方士也。'罢方士。"《太平御览》卷984引《东方朔别传》曰："孝武皇帝好方士，敬鬼神，使人求神仙不死之药，甚至初无所得，天下方士四面蜂至，不可胜言。东方朔睹方士虚语以求尊显，即云'上天'，欲以喻之。其辞曰：'陛下所使取神药者，皆天地之间药也，不能使人不死。独天上药能使人不死耳。'上曰：'然。天何可上也？'朔对曰：'臣能上天。'上知谩诈，极其语，即使朔上天，取其不死之药。朔既辞去，出殿门，复还曰：'今臣上天，似谩诈者。愿得一人为信验。'上即遣方士与朔俱往，期三十日而反。朔等既辞而行，日日过诸侯传饮，往往留十余日。期又且尽，无上天意。方士谓之曰：'期且尽，日日饮酒为奈何？'朔曰：'鬼神之事难豫言，当有神来迎我者。'于是方士昼卧良久，朔遽觉之曰：'呼君极久，不应我，今者属从天上来。'方士大惊，还具以闻。上以为面欺，诏下朔狱。朔啼对曰：'朔顷几死者再。'上曰：'何也？'朔对曰：'天公问臣：下方人何衣？臣朔曰：衣虫。虫若何？朔曰：虫喙髯髯类马，邠邠类虎。天公大怒，以臣为谩言，系臣。使下问，还报有之，名蚕。天公乃出臣。今陛下苟以臣为诈，愿使人上问之。'上大惊曰：'善。齐人多诈，欲以喻我止方士也。'罢诸方士弗复用也，由此朔日以亲近。"(宋)李昉等撰：《太平御览》，第3676、4357—4358页。"东方朔睹方士虚语以求尊显"，《景印文渊阁四库全书》本作"东方朔谐方士虚语以求尊显"。第901册，第663页。所谓"谐"，体现对方士行为习惯的熟悉。

② 《汉书》卷30《艺文志》"杂家者流"载录《东方朔》二十篇"，第1741页。《汉书》卷51《枚皋传》："武帝春秋二十九乃得皇子，群臣喜，故皋与东方朔作《皇太子生赋》及《立皇子禖祝》。"第2366页。《汉书》卷63《武五子传·戾太子据》："初，上年二十九乃得太子，甚喜，为立禖，使东方朔、枚皋作《禖祝》。"第2741页。

③ 《汉书》，第2873页。

然而，此书汉代已经为"世所传"，应当在班固之前甚至在刘向时代已经成书。据《太平御览经史图书纲目》所见，《东方朔别传》在 64 种"别传"中列为第一种①，这也是值得注意的。

即使东方朔谏止"武帝求神仙"事也被断定为不足以凭信，相关文化现象的发生，也是研究者应予关注的问题。

四、东方朔成功谏止汉武帝"自浮海求蓬莱"的因由

导致汉武帝放弃"欲自浮海至蓬莱山"动议的原因，有这样两种说法：一是"奉车子侯暴病，一日死。上乃遂去……"，《史记》《汉书》均用此说；二是东方朔的谏言，司马光《资治通鉴》采用此说。

如果《资治通鉴》言东方朔谏止汉武帝事记述可靠，人们还会提出这样的问题：东方朔为什么能够谏止汉武帝？在"群臣谏，莫能止"的情况下，汉武帝何以能够被东方朔说服？

《艺文类聚》卷 81 引《东方朔记》记述了一则东方朔说服汉武帝"止方士"的故事：

> 武帝好方士。朔曰："陛下所使取神药者，皆天地之间药，不能使人不死。独使取神药天上药，能使人不死耳。"上曰："天何可上？"朔曰："臣能上天。"既辞去，出殿门。复还曰："今臣上天，似谩诞者，愿得一人为信验。"上即遣方士与朔俱，期三十日而返。朔等辞而行，日日过诸侯传饮。方士昼卧，朔遽呼之曰："若极久不应我何耶？今者属从天上来。"方士大惊，乃具以闻。上问朔，朔曰："诵天上之物，不可称原。"上以为面欺，诏朔下狱问之。左右方提去，朔啼泣对曰："使须几死者再。"上曰："何也？"朔对曰："天公问臣：下方人何衣？臣对曰：'衣虫。'虫何若？'臣对曰：'虫喙颙颙类马，色邠邠类虎。'天公大怒，以臣为谩。使使下问，还报，名曰'蚕'。天公乃出臣。今陛下苟以为诈，愿使人上天问之。"上大惊曰："善。欲以喻我止方士也。"②

《太平御览》卷 825 及卷 984 引《东方朔别传》皆曰："上曰：'齐人多诈，欲以

---

① （宋）李昉等撰：《太平御览》，第 8 页。
② （唐）欧阳询撰，汪绍楹校：《艺文类聚》，第 1380 页。

喻我止方士也。'"卷 825 引文随后有"罢方士"字样。卷 984 引文则曰:"罢诸方士弗复用也。由是朔日以亲近。"这一故事中,东方朔"欲以喻"汉武帝"止方士"的这段话,似乎有"以滑稽动之","戏万乘""若婴儿"的意味。① 而雄才大略之汉武帝之所以为其所"动",为其所"戏",应当有值得深究的缘由。

故事可见先有"方士大惊",而后有"上大惊"的情节,体现出东方朔的智慧对方术之学及其拥有最高权力的支持者均形成强有力的冲击。汉武帝之所以称"善",并最终认同东方朔"止方士"的态度,"罢方士",或曰"罢诸方士弗复用也",当是因为东方朔"能上天"及所说与"天公"间的故事生动具体,有感染力和说服力。

关于东方朔与天界和仙界的神秘联系,曾经有多种传说。《艺文类聚》卷 1 引《列仙传》曰:"东方朔,楚人也。后卖药五湖,知其岁星焉。"②《艺文类聚》卷 2 引《汉武帝内传》曰:"东方朔乘云飞去,仰望大雾覆之,不知所在。"《艺文类聚》卷 4 引《汉武故事》曰:"七月七日,上于承华殿斋,正中,忽有一青鸟从西方来,集殿前。上问东方朔。朔曰:'此西王母欲来也。'有顷,王母至。"③《艺文类聚》卷 86 引《汉武故事》曰:"东郡献短人,呼东方朔。朔至,短人因指朔谓上曰:'西王母种桃三千岁一为子,此儿不良也,已三过偷之矣。'"④

---

① (宋)李昉等撰:《太平御览》,第 3676、4358 页。

② 《太平御览》卷 5 引《汉武故事》曰:"西王母使者至,东方朔死。上问使者,对曰:'朔是木帝精,为岁星,下游人中,以观天下,非陛下臣也。'"(宋)李昉等撰:《太平御览》,第 28 页。

③ 《太平御览》卷 31 引《汉武帝故事》:"七月七日,上于承华殿斋。其日忽有青鸟从西方来,集殿前。上问东方朔,朔曰:'此西王母欲来也。'有顷,王母至。有二青鸟如凤,夹侍王母旁也。"(宋)李昉等撰:《太平御览》,第 148 页。

④ (唐)欧阳询撰,汪绍楹校:《艺文类聚》,第 11、37、75、1468 页。《太平御览》卷 378 引《汉武故事》曰:"东郡送一短人,长七寸,衣冠具足,疑其山精。常令在案上行。召东方朔问,朔至,呼短人曰:'巨灵,汝何忽叛来,阿母还未?'短人不对,因指朔谓上曰:'王母种桃,三千年一作子。此儿不良,已三过偷之矣。遂失王母意,故被谪来此。'上大惊,始知朔非世中人。"《太平御览》卷 967 引《汉武故事》曰:"东郡献短人,帝呼东方朔。朔至,短人指朔谓上曰:'王母种三千年桃结子,此儿不良,已三过偷之矣。后西王母下,出桃七枚,母自啖二,以五枚与帝。帝留核着前,王母问曰:'用此何为?'上曰:'此桃美,欲种之。'母叹曰:'此桃三千年一着子,非下土所植也。'后上杀诸道士妖妄者百余人,西王母遣使谓(转下页)

《太平御览》卷188引《汉武故事》曰："西王母降，东方朔于朱鸟牖中窥母。母谓帝曰：'此儿无赖，久被斥逐，原心无恙，寻当得还。'"①

东方朔神秘身世②与神秘能力③，使得其言行具有浓重的神秘色彩。还应当注意到，东方朔"齐人"出身，"平原厌次人也。"④厌次县治据谭其骧主编《中国历史地图集》，距当时的海岸约30千米。⑤可以说，东方朔与自战国至西汉上层政治舞台上十分活跃的"燕齐海上之方士"们⑥，曾经生活在同样的以海洋为背景的文化生态之中。⑦他的思想不大可能不受到环渤海文化圈方术之学的影响。

可能正因为东方朔与"燕齐海上之方士"具有某种文化渊源方面的神秘关

（接上页）上曰：'求仙信邪？欲见神人而杀戮，吾与帝绝矣。'又致三桃曰：'食此可得极寿。'"（宋）李昉等撰：《太平御览》，第1745、4289页。

① （宋）李昉等撰：《太平御览》，第910页。

② 《太平御览》卷22引《洞冥记》曰："东方朔母田氏寡，梦太白星临其上，因有娠。田氏叹曰：'无夫而孕，人得弃我。'乃移向代郡之东方里。五月生朔，仍以所居为姓。"《太平御览》卷360引《洞冥记》曰："东方朔母田氏寡居，梦太白星临其上，因有娠。田氏叹曰：'无夫而姙，人将弃我。'乃移向代都东方里为居。五月旦生朔，因以所居里为氏，朔为名。"（宋）李昉等撰：《太平御览》，第108、1660页。

③ 《太平御览》卷6引《风俗通》："东方朔，太白星精，黄帝时为风后，尧时为务成子，周时为老子，越为范蠡，齐为夷。言其变化无常也。"《太平御览》卷13引《汉武内传》曰："西王母曰：东方朔为太山仙官，太仙使至方丈助三天司命。朔但务山水游戏，擅弄雷电，激波扬风，风雨失时。"《太平御览》卷51引《荆楚岁时记》曰："张骞寻河源，得一石，示东方朔。朔曰：'此石是织女支机石，何至于此？'"（宋）李昉等撰：《太平御览》，第32、68、250页。

④ 《汉书》卷65《东方朔传》，第2841页。

⑤ 谭其骧主编：《中国历史地图集》第2册，第44—45页。

⑥ 《史记》卷28《封禅书》："自齐威、宣之时，驺子之徒论著终始五德之运，及秦帝而齐人奏之，故始皇采用之。而宋毋忌、正伯侨、充尚、羡门高最后皆燕人，为方仙道，形解销化，依于鬼神之事。驺衍以阴阳主运显于诸侯，而燕齐海上之方士传其术不能通，然则怪迂阿谀苟合之徒自此兴，不可胜数也。"第1368—1369页。

⑦ 王子今：《秦汉时期的环渤海地区文化》，《社会科学辑刊》2000年第5期。

系，"陛下所使取神药者，皆天地之间药，不能使人不死。独使取神药天上药，能使人不死耳"等意见可以为汉武帝真心倾听。

东方朔思想确实具有"燕齐海上"方术色彩。

讨论东方朔思想与方术之学是否存在某种内在关系，还可以参考以下例证。《汉书》卷65《东方朔传》言"刘向所录朔书"，颜师古注："谓如《东方朔别传》及俗用五行时日之书，皆非实事也。"[①]《后汉书》卷82上《方术列传上》序文说道："……其流又有风角、遁甲、七政、元气、六日七分、逢占、日者、挺专、须臾、孤虚之术，及望云省气，推处祥妖，时亦有以效于事也。"关于其中所谓"逢占"，李贤注："《前书》班固曰：'东方朔之逢占、覆射。'《音义》云：'逢人所问而占之也。'"[②]在汉代人的知识体系中，"五行""杂占"都属于"数术"之学。[③]

五、题东方朔撰《神异经》《十洲记》的海洋文化元素

《汉书》卷30《艺文志》"杂家"类有"《东方朔》二十篇"。[④]《隋书》卷33《经籍志二》"史志"有"《东方朔传》八卷"，"《十洲记》一卷，东方朔撰"，"《神异经》一卷，东方朔撰，张华注"。《隋书》卷34《经籍志三》"子经志"有"《东方朔岁占》一卷""《东方朔占》二卷""《东方朔书》二卷""《东方朔书钞》二卷""《东方朔历》一卷""《东方朔占候水旱下人善恶》一卷"。"《杂占梦书》一卷"条下注文写道："梁有《师旷占》五卷，《东方朔占》七卷……"《隋书》卷35《经籍志四》"集志"有"汉太中大夫《东方朔集》二卷"。[⑤]《旧唐书》卷46《经籍志上》有"《东方朔传》八卷""《十洲记》一卷，东方朔撰""《神异经》一卷，东方朔撰"。《旧唐书》卷47《经籍志下》有"《东方朔占书》一卷""《东方朔集》二卷"。[⑥]《新唐书》卷58《艺文志二》有"《东方朔传》八卷"。《新唐书》卷59《艺文志三》有"东方朔《神异

---

① 《汉书》，第2873页。
② 《后汉书》，第2703—2704页。《汉书》卷65《东方朔传》："朔之诙谐，逢占射覆……"颜师古注："如淳曰：'逢占，逢人所问而占之也。'师古曰：'此说非也。逢占，逆占事，犹云逆刺也。'"第2874页。
③ 《汉书》卷30《艺文志》，第1767—1775页。
④ 《汉书》，第1741页。
⑤ 《隋书》，第976、983、1030、1035、1038、1056页。
⑥ 《旧唐书》，第2003、2016、2043页。

经》二卷”“《东方朔占书》一卷”。《新唐书》卷 60《艺文志四》有“《东方朔集》二卷”。①

东方朔是海滨齐人②，其著作中直接说到“海”的文字看起来却似乎并不很多。《汉书》卷 65《东方朔传》载东方朔《答客难》：“语曰‘以筦窥天，以蠡测海，以莛撞钟’，岂能通其条贯，考其文理，发其音声哉！”其中所谓“以蠡测海”，称“语曰”。③ 这样的说法，其实对海没有直观感受的内地人也可以发表。另一可以曲折反映东方朔海洋情结的实例，即“陆海”之说。称关中为“陆海”，见于《汉书》卷 28 下《地理志下》：“（秦地）有鄠杜竹林，南山檀柘，号称‘陆海’，为九州膏腴。”颜师古注：“言其地高陆而饶物产，如海之无所不出，故云‘陆海’。”④《文选》卷 1 班固《西都赋》有“陆海珍藏”语。李善注：“《汉书》：东方朔曰：‘汉兴，去三河之地，止灞浐以西，都泾渭之南北，谓天下陆海之地。’”济曰：“海者，富有如海，故言‘陆海珍藏’。”⑤“陆海”一语的使用，可能最初还是始于东方朔。《汉书》卷 65《东方朔传》记载，汉武帝行猎南山下，“乃使太中大夫吾丘寿王与待诏能用算者二人，举籍阿城以南，盩厔以东，宜春以西，提封顷亩，及其贾直，欲除以为上林苑，属之南山。又诏中尉、左右内史表属县草田，欲以偿鄠杜之民。吾丘寿王奏事，上大说称善”。东方朔进谏，说到农耕条件的可贵：“夫南山，天下之阻也，南有江淮，北有河渭，其地从汧陇以东，商雒以西，厥壤肥饶。汉兴，去三河之地，止霸产以西，都泾渭之南，此所谓天下‘陆海’之地，秦之所以虏西戎兼山东者也。”颜师古注：“高平曰陆，关中地高故称耳。海者，万物所出，言关中山川物产饶富，是以谓之‘陆海’也。”⑥“陆海”之称，不大可能原出于海洋知识相对贫

---

① 《新唐书》，第 1479、1517、1553、1572 页。还有一些题署“东方朔”的论著，有的已为文献学研究者关注。参见辛德勇：《记东方朔〈五岳真形图序〉存世最早的写本》，见《九州》第 5 辑，商务印书馆 2014 年版。

② 《太平御览》卷 674 引《洞冥记》曰：“宜都崇台，正紫泥之海，东方朔宴息之所也。”东方朔“宴息”之地在海上。（宋）李昉等撰：《太平御览》，第 3005 页。

③ 《汉书》，第 2867 页。

④ 《汉书》，第 1642—1643 页。

⑤ （梁）萧统编，（唐）李善、吕延济、刘良、张铣、吕向、李周翰注：《六臣注文选》，第 27 页。

⑥ 《汉书》，第 2847—2850 页。

乏，对于海洋资源富饶缺少直接感受的关中人。所谓"海者，万物所出"，所谓"海者，富有如海"，应当是对海洋有一定了解的人们的知识。言关中"饶物产，如海之无所不出"，"言关中山川物产饶富，是以谓之'陆海'也"。东方朔这样的对海有真切认知，对海有深厚感情的人，进行"陆海"这样的语词创制，是很自然的。

《太平御览经史图书纲目》列有题名"东方朔"的文献 4 种：《东方朔别传》，东方朔《客难》，东方朔《神异经》，东方朔《十洲记》。① 现在看来，《神异经》和《十洲记》都是对于早期海洋学知识有所记录的论著。

《后汉书》卷 59《张衡传》李贤注："东方朔《十洲记》曰'瀛洲，在东海之东，上生神芝仙草，有玉石膏出泉如酒味，名之为玉酒，饮之令人长生'也。"② "东方朔《神异经》曰：'南方有火山，长四十里，广四五里，昼夜火然。'"③ 《十洲记》关于"东海之东""瀛洲"的文字，有浓重的方术之学的色彩，充分体现出神仙学说的"长生"向往。而《神异经》言"南方有火山"，似是对大洋中火山的描述。《太平御览》卷 966 引《神异经》曰："东方朔云：东南外有建春山，其上多美甘树。"④这应当是对东南方向海岛植被的记述。

《三国志》卷 4《魏书·齐王芳纪》载西域献火浣布事，裴松之注："东方朔《神异经》曰：'南荒之外有火山，长三十里，广五十里，其中皆生不烬之木，昼夜火烧，得暴风不猛，猛雨不灭。火中有鼠，重百斤，毛长二尺余，细如丝，可以作布。常居火中色洞赤，时时出外而色白。以水逐而沃之，即死。续其毛，织以为布。"⑤火山活跃时期的存留生物，会使陆地居民深心惊异。

---

① （宋）李昉等撰：《太平御览》，第 8、12、13、15 页。
② 《后汉书》，第 1920 页。
③ 《后汉书》，第 1922 页。
④ （宋）李昉等撰：《太平御览》，第 4284 页。
⑤ 《三国志》，第 118 页。《后汉书》卷 86《南蛮西南夷列传》李贤注引《神异经》："南方有火山，长四十里，广四五里。生不烬之木，昼夜火然，得烈风不猛，暴雨不灭。火中有鼠，重百斤，毛长二尺余，细如丝，恒居火中，时时出外，而色白，以水逐沃之即死。续其毛，织以作布。用之若污，以火烧之，则清洁也。"第 2861 页。《太平御览》卷 820 引东方朔《神异经》曰："南荒之外有火山，长四十里，广五十里。其中皆生不烬之木，昼夜火烧，得暴风猛雨不灭。火中有鼠，重百斤，毛长二尺余，细如丝。可以作布，恒居火中，色洞赤，时时出外而色白。以水逐而沃之，即死，织以为布。"（宋）李昉等撰：《太平御览》，第 3561—3562 页。

所谓"火浣布"与石棉有关。东方朔《神异经》看来是记录海外"神异"发现的著作。

东方朔《十洲记》也保存了若干珍贵的海外知识。所谓"洲",即远海陆地。《太平御览》卷53引东方朔《十洲记》曰:"长洲,一名青丘,在南辰巳地。地五千里,去岸二十五万里。上饶山川,又多大树,树有二千围者。一洲之上,专是林木。故一名'青丘'。仙草、灵药、甘液、玉英,靡所不有。"①当是指南洋资源。《太平御览》卷60引东方朔《十洲记》曰:"祖洲,东海中,地方五百里。上有不死草生琼田中。草似菰苗。人已死者,以草覆之,皆活。又曰:扶桑在碧海中,树长数千尺,一千余围,两两同根,更相依倚,是以名'扶桑'。"②这是关于"东海"的记述。而所谓"有不死草生琼田中",所谓"人已死者以草覆之,皆活",体现了追求不死之药所表露的方术文化风格。

我们现在看到的《神异经》和《十洲记》,都应当是托名东方朔借以扩大传播幅面的论著。但是由此或可得知东方朔的文化形象与海洋的关系,也可以在获得对于早期海洋学若干片断发现的同时,了解海洋文化对当时社会知识构成的影响。

第四节　汉景帝阳陵外藏坑出土海产品遗存的意义

汉景帝阳陵陵园外藏坑出土作为食物的海产品,丰富了我们对于当时上层社会饮食内容的认识。当时皇族的食物构成,以及相关品味风格和营养意识,可以得以反映。同时,亦能够说明海洋资源开发的成就,以及因保鲜要求而体现的交通运输效率的水准。考察相关现象,对于全面认识当时社会生活和社会生产的面貌,有重要的意义。西汉文献记录提示我们,蛤的食用与神仙追求的关系是当时海上方术文化关注的内容。因此阳陵外藏坑发现的海产品遗存,可以与社会意识史、社会精神生活史的考察联系起来。

一、阳陵发现:"海相的螺和蛤"

西汉帝陵的考古工作持续获得新的认识,为中国古代帝陵营造史及西汉

---

① （宋)李昉等撰:《太平御览》,第257页。
② （宋)李昉等撰:《太平御览》,第288页。

史研究提供了一系列新的历史文化信息。① 汉景帝阳陵陵园及周边地方的考古调查与发掘，也有值得注意的发现。

阳陵陵园内封土东侧外藏坑 K13、K14 和 K16 发掘收获包括多种动物骨骼。有学者介绍了其中 K16 和 K14 盗洞中发现的动物骨骼，而所谓"海相的螺和蛤"的出土尤为引人注目。

据研究者报告，相关标本是：

无脊椎动物 Invertebrate

瓣腮纲 Lamellibranchia

真瓣腮目 Eulamellibranchia

蚌科 Unionidae

贾氏丽蚌 *lampratula chiai*

帘蛤科 Veneridae

文蛤 *Meretrix meretrix*

腹足纲 Gastropoda

中腹足目 Mesogastropoda

汇螺科 Potamididae

珠带拟蟹守螺 *Cerithidea cingulata*

黑螺科 Melaniidae

短沟蜷 *Semisulcospira sp.*

玉螺科 Potamididae

扁玉螺 *Neverita didyma*

新腹足目 Neogastropoda

笋螺科 Conidae

白带笋螺 *Duplicaria dussumierii*

研究者指出，"海洋性动物螺和蛤共计 4 个种 12 个个体，是这批动物骨骼的

---

① 焦南峰：《西汉帝陵田野考古工作的新进展》，《考古与文物》2011 年第 3 期；焦南峰、马永赢：《西汉帝陵选址研究》，《考古》2011 年第 11 期；焦南峰：《西汉帝陵形制要素的分析与推定》，《考古与文物》2013 年第 5 期。

一大显著特征。海相动物的出现对外藏坑功能的研究提供了新的视角"。①

关于这些水生动物的"习性及地理分布",有一些生存于淡水江湖中,但是有一些以海洋为基本生存环境。研究者指出:"文蛤","分布于中国、朝鲜和日本沿海,多生活在河口附近有内湾的潮间带沙滩或浅海细沙底。属海产经济贝类。古书云:'文蛤为蛤中上品',说明古代已食用,又是出口的主要对象,尚可入药。②""珠带拟蟹守螺","现生种生活在潮间带的浅海,有淡水注入的泥和泥沙上。此种除在我国沿海分布外,在朝鲜、日本和印度等地也有分布,可食用。""扁玉螺","化石标本见于中国台湾和日本(本州)、爪哇、苏门答腊第三纪中新世以及第四纪晚期,现生种分布于中国沿海、朝鲜、日本和东南亚。生活在潮间带低潮区或稍深的沙质海底,肉供佐膳,贝壳供观赏或制作工艺品。""白带笋螺","生活于低潮线附近至水深数十米的沙或沙质底层,我国南北沿海均有分布,为习见种类,可食用,贝壳可供观赏。从印度尼西亚到日本都有分布。"这些发现,研究者称为"来自关中以外地区"的"外来海洋动物"。研究者指出,"汉阳陵位于陕西省咸阳市渭城区正阳镇后沟村北的咸阳原上,属于典型的内陆地区,这些海相的蛤(文蛤)和螺(珠带拟蟹守螺、扁玉螺、白带笋螺)绝不可能产于本地,可能是当时沿海郡国供奉给皇室的海产品,也不排除作为商品进行贸易的可能。这些海相的贝和螺均为海相经济软体动物③,尤其文蛤的肉是非常鲜美的,享有'天下第一鲜'的盛名。有些贝壳如白带笋螺还有观赏的价值。从动物考古方面讲,这些海产品的出现是很有意义的。"④

阳陵发现的"海洋性动物螺和蛤"是十分珍贵的资料,有益于深化我们对

---

①　胡松梅、杨武站:《汉阳陵帝陵陵园外藏坑出土的动物骨骼及其意义》,《考古与文物》2010 年第 5 期。

②　胡松梅、杨武站:《汉阳陵帝陵陵园外藏坑出土的动物骨骼及其意义》,《考古与文物》2010 年第 5 期。原注:齐仲彦主编. 中国经济软体动物[M]. 北京:中国农业出版社,2005(6):72—84.

③　胡松梅、杨武站:《汉阳陵帝陵陵园外藏坑出土的动物骨骼及其意义》,《考古与文物》2010 年第 5 期。原注:胡松梅. 陕北靖边五庄果墚动物遗存及古环境分析[J]. 考古与文物,2005(6):72—84.

④　胡松梅、杨武站:《汉阳陵帝陵陵园外藏坑出土的动物骨骼及其意义》,《考古与文物》2010 年第 5 期。

于当时海洋开发乃至海洋文化如何影响社会生活风貌的认识。

二、"海物""可食者众"

沿海地方食用海产品，久已成为海洋资源开发的成功例证。据《史记》卷 32《齐太公世家》记载，齐的建国者吕尚原本就是海滨居民："太公望吕尚者，东海上人。""或曰，吕尚处士，隐海滨。""太公至国"后，"通商工之业，便鱼盐之利"，致使"齐为大国"。① "具有许多内陆国家所不能有的海洋文化的特点"②，构成齐文化的重要基因。《禹贡》写道："海岱惟青州"，"海滨广斥"，"厥贡盐绪，海物惟错。"③"盐"列为贡品第一。而所谓"海物"，可能主要是指海洋渔产。《史记》卷 2《夏本纪》引《禹贡》，裴骃《集解》："郑玄曰：'海物，海鱼也。鱼种类尤杂。'"④宋人傅寅《禹贡说断》卷 1 解释"海物惟错"，引张氏曰："海物，奇形异状，可食者众，非一色而已，故杂然并贡。"⑤宋人夏僎《夏氏尚书详解》卷 6《夏书·禹贡》也说："海物，即水族之可食者，所谓蠯蠃蜃蚳之属是也。"⑥对"海物"的解说，包括所有"水族之可食者"，如"蠯蠃蜃蚳之属"，已经不限于郑玄所谓"海鱼"。又如元人吴澄《书纂言》卷 2《夏书》："海物，水族排蜃罗池之类。"⑦这里所谓"海物"，亦指"可食"之各种海洋"水族"。《管子·海王》提出了"海王之国"的概念。⑧ 据《史记》卷 69《苏秦列传》载苏秦说赵肃侯语，齐国最强势的经济构成是"鱼盐之海"。⑨ 齐国在海洋资源开发方面的优势，使得国际地位迅速提升。

动物考古学者指出，"文蛤除在汉阳陵出土外，还在长安沣西马王村周代

---

① 《史记》，第 1477—1478、1480 页。

② 张光明：《齐文化的考古发现与研究》，第 40 页。

③ (清)胡渭著，邹逸麟整理：《禹贡锥指》，第 89、102、104 页。

④ 《史记》，第 55—56 页。

⑤ (宋)傅寅：《禹贡说断》，《丛书集成初编》第 3028 册，第 37 页。

⑥ (宋)夏僎：《尚书详解》，《丛书集成初编》第 3606 册，第 150 页。

⑦ (宋)吴澄：《书纂言》，《景印文渊阁四库全书》第 61 册，第 52 页。

⑧ 马非百：《管子轻重篇新诠》，第 188 页。

⑨ 《史记》，第 2245 页。

晚期灰坑 H9 中出土过"，有的研究者"认为是文化交流的结果"。① 如果推想这是齐地所贡之"海物"的遗存，也并不是全无根据的。《说苑·君道》说弦章对语称齐景公之心，"是时海人入鱼，公以五十乘赐弦章归，鱼乘塞涂。"②也体现海洋渔产因可以满足食用需求而被看作财富。

海产品介入内陆地方饮食生活，应与秦汉大一统政体成立的历史条件有关，也可以看作与社会海洋意识生成相关的现象。

三、《说文·鱼部》渔业史料所见"蚌"

《说文·鱼部》收 102 字，所涉及鱼种，有的记述了可能与出产地相关的区域信息。如"鳙……周雒谓之鲄，蜀谓之鰝鮎"，"鳖……九江有之"，"一曰鰠鱼出九江"，"鮨，鱼胳酱也，出蜀中……一曰鲔鱼名"，"鲞，藏鱼也，南方谓之鲐，北方谓之鲞"，"周成王时，杨州献鳎"。明确指示为海产的，可见"东海之鲕"，又"鲐，海鱼也"，"鲌，海鱼也"，"鲛，海鱼也"，"鳢，海大鱼也"，此外，"鰸，鰸鱼也……出辽东"，"鈇，鳀鱼，出东莱"等，应当也都是"海鱼"。③

特别值得我们注意的，是《说文·鱼部》记录了若干来自非常遥远之海域的水产。如出产于朝鲜半岛海域的"鮸""鲼""鳙""鲮""鲕""鲷""鲹""鳒""鲜""鲷"等鱼种。

与前引"鮨，鱼胳酱也"类似，《说文·鱼部》有"鲒"字，说的也是一种鱼酱。其原料则接近阳陵出土的"海洋性动物螺和蛤"：

> 鲒，蚌也，从鱼，吉声。《汉律》：会稽郡献鲒酱二斗。

所谓"鲒酱"，明确是食品。段玉裁注有这样的说明："'二斗'二字依《广韵》补。《广韵》'斗'误'升'。小徐本作'三斗'。"④

---

① 胡松梅、杨武站：《汉阳陵帝陵陵园外藏坑出土的动物骨骼及其意义》，《考古与文物》2010 年第 5 期。原注："袁靖. 沣西出土动物骨骼研究报告[J]. 考古学报，2000(2)."

② （汉）刘向撰，赵善诒疏证：《说苑疏证》，第 32 页。

③ （汉）许慎撰，（清）段玉裁注：《说文解字注》，第 575—580 页。

④ （汉）许慎撰，（清）段玉裁注：《说文解字注》，第 581 页。

四、"食蛤蜊"与"求神仙"

前引"古书云：'文蛤为蛤中上品'，说明古代已食用"的说法，其中"文蛤为蛤中上品"未知所据"古书"，但是我们注意到，汉代人以"海洋性动物螺和蛤"作为餐食原料的方式，或许与神仙追求的意识背景有某种关系。

《淮南子·道应》讲述了一个有关海滨方士"卢敖"的故事，其中说到"食蛤梨"行为与"下无地而上无天，听焉无闻，视焉无晌"之神异能力的关系：

> 卢敖游乎北海，经乎太阴，入乎玄阙，至于蒙谷之上。见一士焉，深目而玄鬓，泪注而鸢肩，丰上而杀下，轩轩然方迎风而舞。顾见卢敖，慢然下其臂，邂逃乎碑。卢敖就而视之，方倦龟壳而食蛤梨。卢敖与之语曰："唯敖为背群离党，穷观于六合之外者，非敖而已乎？敖幼而好游，至长不渝。周行四极，唯北阴之未窥。今卒睹夫子于是，子殆可与敖为友乎？"若士者齰然而笑曰："嘻！子中州之民，宁肯而远至此。此犹光乎日月而载列星，阴阳之所行，四时之所生。其比夫不名之地，犹窦奥也。若我南游乎冈㟞之野①，北息乎沉墨之乡，西穷窅冥之党，东开鸿蒙之光。此其下无地而上无天，听焉无闻，视焉无晌。此其外犹有汰沃之汜。其余一举而千万里，吾犹未能之在。今子游始于此，乃语穷观，岂不亦远哉！然子处矣！吾与汗漫期于九垓之外，吾不可以久驻。"若士举臂而竦身，遂入云中。卢敖仰而视之，弗见，乃止驾，止枑治，悖若有丧也。曰："吾比夫子，犹黄鹄与壤虫也，终日行不离咫尺，而自以为远，岂不悲哉！"故庄子曰："小人不见大人，小知不及大知，朝菌不知晦朔，蟪蛄不知春秋。"此言明之有所不见也。②

"卢敖"，即秦代出身燕地的著名方士"卢生"，《史记》卷6《秦始皇本纪》："三十二年，始皇之碣石，使燕人卢生求羡门、高誓。"③"燕人卢生使入海还，以

---

① 《景印文渊阁四库全书》本《太平御览》卷37引《淮南子》作"冈㟞之野"。第893册，第443页。中华书局用上海涵芬楼影印宋本1960年复制重印版《太平御览》作"冈㟞之野"。
② 何宁撰：《淮南子集释》，第881—890页。
③ "羡门"，裴骃《集解》："韦昭曰：'古仙人。'""高誓"，张守节《正义》："亦古仙人。"

鬼神事，因奏录图书，曰'亡秦者胡也'。"①秦始皇三十五年（前 212），他又有与秦始皇关于"求芝奇药仙者"的直接对话。有关"恶鬼"与"真人"的论说得到秦始皇的赞同。② 同年，"卢生"和另一方士"侯生"的潜逃，导致了"坑儒"惨案的发生。③ 高诱注："卢敖，燕人。秦始皇召以为博士，使求神仙，亡而不反也。""蛤梨"，许注："蛤梨，海蚌。"④何宁注："案：'蛤梨，即蛤蜊。'中立本作'蜊'。《论衡·道虚》篇作'合蜌'。《玉篇》：'蛤，古合切。蜊音梨。'"⑤《太平御览》卷 37 引《淮南子》作"蛤蜊"。高诱注："蛤蜊，海蚌也。"⑥

《论衡·道虚》也说到"卢敖"这一故事，"食蛤梨"情节作"食合梨"。黄晖说："'梨'，旧校曰：一本作'蜌'。按：'合梨'读作'蛤蜌'。《淮南》作'蛤梨'。

---

① 《史记》，第 251—252 页。

② 《史记》卷 6《秦始皇本纪》："卢生说始皇曰：'臣等求芝奇药仙者常弗遇，类物有害之者。方中，人主时为微行以辟恶鬼，恶鬼辟，真人至。人主所居而人臣知之，则害于神。真人者，入水不濡，入火不爇，陵云气，与天地久长。今上治天下，未能恬倓。愿上所居宫毋令人知，然后不死之药殆可得也。'于是始皇曰：'吾慕真人，自谓"真人"，不称"朕"。'乃令咸阳之旁二百里内宫观二百七十复道甬道相连，帷帐钟鼓美人充之，各案署不移徙。行所幸，有言其处者，罪死。"第 257 页。

③ 《史记》卷 6《秦始皇本纪》："三十二年，始皇之碣石，使燕人卢生求羡门、高誓。""燕人卢生使入海还，以鬼神事，因奏录图书，曰'亡秦者胡也'。""侯生卢生相与谋曰：'始皇为人，天性刚戾自用，起诸侯，并天下，意得欲从，以为自古莫及己。专任狱吏，狱吏得亲幸。博士虽七十人，特备员弗用。丞相诸大臣皆受成事，倚辨于上。上乐以刑杀为威，天下畏罪持禄，莫敢尽忠。上不闻过而日骄，下慑伏谩欺以取容。秦法，不得兼方不验，辄死。然候星气者至三百人，皆良士，畏忌讳谀，不敢端言其过。天下之事无小大皆决于上，上至以衡石量书，日夜有呈，不中呈不得休息。贪于权势至如此，未可为求仙药。'于是乃亡去。始皇闻亡，乃大怒曰：'吾前收天下书不中用者尽去之。悉召文学方术士甚众，欲以兴太平，方士欲练以求奇药。今闻韩众去不报，徐市等费以巨万计，终不得药，徒奸利相告日闻。卢生等吾尊赐之甚厚，今乃诽谤我，以重吾不德也。诸生在咸阳者，吾使人廉问，或为訞言以乱黔首。'于是使御史悉案问诸生，诸生传相告引，乃自除犯禁者四百六十余人，皆坑之咸阳，使天下知之，以惩后。"第 251—252、258 页。

④ 张双棣撰：《淮南子校释》，北京大学出版社 1997 年版，第 1288—1289、1291 页。

⑤ 何宁撰：《淮南子集释》，第 883 页。

⑥ （宋）李昉等撰：《太平御览》，《景印文渊阁四库全书》第 893 册，第 443 页。中华书局用上海涵芬楼影印宋本 1960 年复制重印版作"合梨"。注："合梨，海蚌。"第 174 页。《三国志》卷 42《蜀书·郄正传》裴松之注引《淮南子》亦作"合梨"。第 1040 页。

高注：'海蚌也。'盼遂案：吴承仕曰：后文作'蜇'。疑一本作'蜇'者是。"但是王充对于"食合梨"又有自己的议论：

> ……且凡能轻举入云中者，饮食与人殊之故也。龙食与蛇异，故其举措与蛇不同。闻为道者，服金玉之精，食紫芝之英。食精身轻，故能神仙。若士者，食合蜇之肉，与庸民同食，无精轻之验，安能纵体而升天？闻食气者不食物，食物者不食气。若士者食物，如不食气，则不能轻举。

王充又写道："或时卢敖学道求仙，游乎北海，离众远去，无得道之效，惭于乡里，负于论议，自知以必然之事见责于世，则作夸诞之语，云见一士。其意以为有仙，求之未得，期数未至也。淮南王刘安坐反而死，天下并闻，当时并见，儒书尚有言其得道仙去、鸡犬升天者，况卢敖一人之身，独行绝迹之地，空造幽冥之语乎？"①卢敖事迹，被指为"夸诞之语""幽冥之语"，然而也许"夸诞""幽冥"的神秘故事中，可以透露出当时社会对于"仙"的意识。王充所谓"卢敖学道求仙，游乎北海"，使这一故事的文化背景得以明朗。他说："食精身轻，故能神仙。若士者，食合蜇之肉，与庸民同食，无精轻之验，安能纵体而升天？"大概在王充生活的时代，"食合蜇之肉"，已经是"庸民"饮食等级。但是在汉初或者至《淮南子》成书时代的社会观念中，这可能是获得"精轻之验"，能够实现"轻举入云中"、"纵体而升天"境界的具有一定神秘意味的特殊食品。

五、汉景帝时代的神仙学与可能的"蛤蜊"迷信

唐人李贺《苦昼短》诗："飞光飞光，劝尔一杯酒。吾不识青天高，黄地厚，唯见月寒日暖，来煎人寿。食熊则肥，食蛙则瘦。神君何在，太一安有？天东有若木，下置衔烛龙。吾将斩龙足，嚼龙肉，使之朝不得回，夜不得伏。自然老者不死，少者不哭。何为服黄金，吞白玉，谁是任公子，云中骑白驴？刘彻茂陵多滞骨，嬴政梓棺费鲍鱼。"②诗句将上文说到的"鲍鱼"主题与求仙长寿期望联系起来。宋人王十朋的咏史诗《秦始皇》写道："鲸吞六国帝人寰，

---

① 黄晖撰：《论衡校释（附刘盼遂集解）》，第321—325页。
② （清）王琦等注：《李贺诗歌集注》，上海古籍出版社1977年版，第221—222页。

遣使遥寻海上山。仙药未来身已死，銮舆空载鲍鱼还。"①"銮舆""鲍鱼"与"海上""仙药"相联系。又所谓"遣使遥寻海上山"，也是这位有影响的政治人物历史行迹的重要表现。

燕齐海上方士是环渤海地区较早关注海上景物，并参与开发海上交通的知识人群。他们的海洋探索因帝王们的长生追求，获得了行政支持。方士们知识人生的一面，表现为以富贵为目的的阴险的政治诈骗；其另一面，即以艰险航行为方式的海洋知识探求，又具有积极的历史意义。内地上层人物的海洋知识，多通过方士们获得。神仙理想与海洋探索的先期结合，很可能使得方士们熟悉的"倦龟壳而食蛤梨"的饮食生活形式也具有了神秘气息②，而蛤蜊这种海产品或许因此具有了神仙味道。汉初因张良、四皓等人的表现，早期道教开始形成影响。③ 这种文化倾向在政治方面的表现，即黄老之学成为国家行政主导思想。从这一视角观察阳陵出土海产品的文化意义，可能是适宜的。

我们看到，其实后世仍存在以为蛤蜊具有神秘作用的社会意识。例如《能改斋漫录》卷3"寺立观音像"条写道："天下寺立观音像，盖本于唐文宗好嗜蛤蜊。一日，御馔中有擘不开者，帝以为异。因焚香祝之，乃开。即见菩萨形，梵相具足。遂贮以金粟檀香合，覆以美锦，赐兴善寺。仍敕天下寺，各立观音像。"④蛤蜊需"焚香祝之，乃开"，其中可见"梵相具足"的"菩萨形"，推想应是因其形似而引生附会。但是蛤蜊与"观音"存在神秘关系的传说之所以产生并得以传播，或许也可以在民间意识中追寻神化蛤蜊的文化渊源。

阳陵外藏坑的发现称"海相的螺和蛤"。"螺和蛤"，《史记》卷129《货殖列传》写作"蠃蛤"。张守节《正义》作"螺蛤"。⑤ "螺蛤"有时混称，如《太平御览》卷971引《云南记》曰："平琴州有槟榔五月熟，以海螺壳烧作灰，名为贲蛤灰。共扶留藤叶和而嚼之香美。"⑥

---

① （宋）王十朋：《梅溪集》卷10《咏史诗》，梅溪集重刊委员会编：《王十朋全集》，上海古籍出版社1998年版，第144页。

② 张双棣解释"倦龟壳而食蛤梨"："此盖言蹲于龟甲之上而食海蚌。"张双棣撰：《淮南子校释》，第1291页。

③ 王子今：《"四皓"故事与道家的关系》，《人文杂志》2012年第2期。

④ （宋）吴曾撰：《能改斋漫录》，上海古籍出版社1960年版，第38页。

⑤ 《史记》，第3270页。

⑥ （宋）李昉等撰：《太平御览》，第4305页。

第五节　秦汉宫苑的"海池"与"渐台"

秦始皇实现统一之后五次出巡，其中四次行临海滨。汉武帝至少十次经历面向大海的东巡。秦汉帝王对海洋的特殊情感以及探索海洋和开发海洋的意识，还表现在宫廷建设规划中有"海"的特殊设计。宫苑中特意营造象征海洋的人工湖泊，也体现了海洋在当时社会意识中的重要地位和神秘意义。

一、《秦记》"兰池"疑问

司马迁对于秦始皇陵地宫的结构有这样的记载："以水银为百川江河大海，机相灌输。"①按照有关地下陵墓设计和制作"大海"模型的这一说法，似乎陵墓主人对"海"的向往，至死仍不消减。其实，有迹象表明，秦始皇生前的居所附近，可能也有象征"海"的宫苑园林规划。

《史记》卷6《秦始皇本纪》记载："三十一年十二月……始皇为微行咸阳，与武士四人俱，夜出逢盗兰池，见窘，武士击杀盗，关中大索二十日。"这是秦史中所记录的唯一一次发生在关中秦国故地的威胁秦帝国最高执政者安全的事件。秦始皇仅带四名随从，以平民身份"夜出""微行"，在咸阳宫殿区内竟然遭遇严重破坏都市治安的"盗"。《北堂书钞》卷20引《史记》写作"兰池见窘"。②《初学记》卷9则作"见窘兰池"。③ 所谓"见窘"的"窘"，汉代人多以"困""急"解释。④ 又有"窘急"⑤"窘滞"⑥"窘迫"⑦"窘惶"⑧诸说。按照司马迁

---

① 《史记》卷6《秦始皇本纪》，第265页。
② （唐）虞世南编撰：《北堂书钞》，第47页。
③ （唐）徐坚等著：《初学记》，第209页。
④ 《诗·小雅·正月》："终其永怀，又窘阴雨。"毛传："窘，困也。"（清）阮元校刻：《十三经注疏》，第443页。《离骚》："何桀纣之猖披兮，夫唯捷径以窘步。"王逸注："窘，急也。"（宋）洪兴祖撰，白化文等点校：《楚辞补注》，第8页。
⑤ 《史记》卷124《游侠列传》："适有天幸，窘急常得脱。"第3185页。
⑥ 《淮南子·要略》："穿通窘滞，决渎壅塞。"何宁撰：《淮南子集释》，第1443页。
⑦ 刘向《九叹·远逝》："日杳杳以西颓兮，路长远而窘迫。"（宋）洪兴祖撰，白化文等点校：《楚辞补注》，第295页。
⑧ 王粲《大暑赋》："体烦茹以于悒，心愤闷而窘惶。"（宋）李昉等撰：《太平御览》，第160页。

的语言习惯，所言"窘"与秦始皇兰池遭遇的面对武装暴力威胁的"困""急"情势类似，如秦穆公和晋惠公战场遇险史例。① "微行咸阳"，"夜出逢盗兰池"时，秦始皇身边随行"武士"以非常方式保卫主上的生命安全，"击杀盗"，随后在整个关中地区戒严，搜捕可疑人等。

事件发生的地点"兰池"，就是位于秦咸阳宫东面的"兰池宫"。《史记》的相关记述，注家有所解说。南朝宋学者裴骃在《史记集解》中写道："《地理志》：渭城县有兰池宫。"②他引录的是《汉书》卷 28 上《地理志上》。我们今天看到的《汉书》的文字，在"右扶风""渭城"县条下是这样书写的："渭城，故咸阳，高帝元年更名新城，七年罢，属长安。武帝元鼎三年更名渭城。有兰池宫。"③唐代学者张守节《史记正义》引录了唐代地理学名著《括地志》："兰池陂即古之兰池，在咸阳县界。"④秦汉时期的"兰池"，唐代称作"兰池陂"，可知这一湖泊，隋唐时代依然存在。

张守节又写道："《秦记》云：'始皇都长安，引渭水为池，筑为蓬、瀛，刻石为鲸，长二百丈。'逢盗之处也。"⑤他认为秦始皇"微行""夜出逢盗"的地点，是在被称作"兰池"的湖泊附近。所谓《秦记》的记载，说秦始皇在都城附近引渭河水注为池，在水中营造蓬莱、瀛洲海中仙山模型，又"刻石为鲸"，以表现这一人工水面其实是海洋的象征。

来自《秦记》的历史信息非常重要。因为秦始皇焚书时，宣布"史官非《秦记》皆烧之"。《史记》卷 6《秦始皇本纪》明确记载，除了《秦记》外，其他史书全部烧毁。《史记》卷 15《六国年表》又写道："秦既得意，烧天下《诗》《书》，诸侯史记尤甚，为其有所刺讥也。""惜哉！惜哉！独有《秦记》，又不载日月，其文

---

① 《史记》卷 5《秦本纪》记载"缪公窘"情形，即："与晋惠公夷吾合战于韩地。晋君弃其军，与秦争利，还而马鷔。缪公与麾下驰追之，不能得晋君，反为晋军所围。晋击缪公，缪公伤。"晋君"马鷔"，是晋惠公先于秦穆公而"窘"。张守节《正义》："《国语》云：'晋师溃，戎马还泞而止。'韦昭云：'泞，深泥也。'"第 188—189 页。《史记》卷 39《晋世家》记载："秦缪公、晋惠公合战韩原。惠公马鷔不行，秦兵至，公窘……""马鷔不行"，司马贞《索隐》："谓马重而陷之于泥。"第 1653—1654 页。

② 《史记》，第 251 页。

③ 《汉书》，第 1546 页。

④ 《史记》，第 251 页。

⑤ 《史记》，第 251 页。

略不具。"①司马迁深切感叹各诸侯国历史记录之不存，"独有《秦记》"，然而"其文略不具"。不过，他同时又肯定，就战国历史内容而言，《秦记》的真实性是可取的。司马迁还以为因"见秦在帝位日浅"而产生鄙视秦人历史文化的偏见，是可悲的。《史记》卷15《六国年表》还有两次，即在序文的开头和结尾都说到《秦记》："太史公读《秦记》，至犬戎败幽王，周东徙洛邑，秦襄公始封为诸侯，作西畤用事上帝，僭端见矣。""余于是因《秦记》，踵《春秋》之后，起周元王，表六国时事，讫二世，凡二百七十年，著诸所闻兴坏之端。后有君子，以览观焉。"②王国维曾指出《史记》"司马迁取诸《秦记》者"情形。孙德谦《太史公书义法·详近》说，《秦记》这部书，司马迁一定是亲眼看过的。所以他"所作列传，不详于他国，而独详于秦"。在商鞅之后，如张仪、樗里子、甘茂、甘罗、穰侯、白起、范雎、蔡泽、吕不韦、李斯、蒙恬诸人，历史人物记录唯秦为多。难道说司马迁对秦人有特殊的私爱吗？这很可能只是由于他"据《秦记》为本，此所以传秦人特详"。金德建《司马迁所见书考》一书于是推定："《史记》的《六国年表》纯然是以《秦记》的史料做骨干写成的。秦国的事迹，只见纪于《六国年表》里而不见于别篇，也正可以说明司马迁照录了《秦记》中原有的文字。"③

如果张守节《史记正义》引录的"始皇都长安，引渭水为池，筑为蓬、瀛，刻石为鲸，长二百丈"这段文字确实出自《秦记》，其可靠性是值得特别重视的。④

不过，我们又发现了疑点。《续汉书·郡国志一》"京兆尹长安"条写道：

---

① 《史记》，第686页。

② 《史记》，第685、687页。

③ 金德建：《〈秦记〉考征》，《司马迁所见书考》，上海人民出版社1963年版，第415—416页。参见王子今：《〈秦记〉考识》，《史学史研究》1997年第1期；《〈秦记〉及其历史文化价值》，《秦文化论丛》第5辑，西北大学出版社1997年版。

④ 张守节"《秦记》"说，明严衍《资治通鉴补》卷191《唐纪七》（上海古籍出版社2007年版，第5册，第71页，《秦记》作《秦纪》）、清顾炎武《历代宅京记》卷3《关中一·周秦汉》（中华书局1984年版，第43页）、清许鸣磐《方舆考证》卷34（清济宁潘氏华鉴阁本，作《奏记》，应是《秦记》之误）予以取信。清王昶《金石萃编》卷4《秦·瓦当文字》"兰池宫当"条则以为《三秦记》。中国书店1985年据1921年扫叶山堂本影印，卷4，第5页。

"有兰池。"刘昭注补："《史记》曰：'秦始皇微行夜出，逢盗兰池。'《三秦记》曰：'始皇引渭水为长池，东西二百里，南北三十里，刻石为鲸鱼二百丈。'"①唐代学者张守节以为《秦记》的记载，南朝梁学者刘昭却早已明确指出出自《三秦记》。我们又看到《说郛》卷61上《辛氏三秦记》"兰池"条确实有这样的内容："秦始皇作兰池，引渭水，东西二百里，南北二十里，筑土为蓬莱山。刻石为鲸鱼，长二百丈。"②清代学者张照已经判断，张守节所谓《秦记》其实就是《三秦记》，只是脱写了一个"三"字。③

《三秦记》或《辛氏三秦记》的成书年代要晚得多。这样说来，秦宫营造海洋及海中神山模型的记载，可信度不免要打折扣了。

二、"兰池"像海的可能性与秦封泥所见"晦池""每池"

不过，秦咸阳宫存在仿像海洋的人工湖泊的可能性还是存在的。我们从有关秦始皇陵"以水银为百川江河大海，机相灌输"的记载，可以知道海洋在秦帝国缔造者心中的地位。

秦始皇在统一战争中每征服一个国家，都要把该国宫殿的建筑图样采集回来，在咸阳以北的塬上予以复制。这就是《史记》卷6《秦始皇本纪》记载的"秦每破诸侯，写放其宫室，作之咸阳北阪上"。④ 而翻版燕国宫殿的位置，正在咸阳宫的东北方向，与燕国和秦国的方位关系是一致的。兰池宫曾经出土"兰池宫当"文字瓦当，其位置大体明确。秦的兰池宫也在咸阳宫的东北方向，正在"出土燕国形制瓦当"的秦人复制燕国宫殿建筑以南。⑤ 如果说这一湖泊象征渤海水面，从地理位置上考虑，也是妥当的。

渤海当时称"勃海"，又称"勃澥"。这是秦始皇相当熟悉的海域。他的东巡，曾经沿渤海西岸和南岸行进，又曾经在海上浮行，甚至有使用连弩亲自"射杀"海上"巨鱼"的行为。燕、齐海上方士们关于海上神山的宣传，其最初的底本很可能是对于渤海海面海市蜃楼的认识。在渤海湾西岸发掘的秦汉建

① 《后汉书》，第3403页。
② （明）陶宗仪等编：《说郛三种》，第2808页。
③ 《史记》卷6附（清）张照《考证》，《景印文渊阁四库全书》第243册，第182页。
④ 《史记》，239页。
⑤ 张在明主编：《中国文物地图集·陕西分册》，第195、348页。

筑遗存，许多学者认为与秦始皇巡行至碣石的行迹有关，被称作"秦行宫遗址"。① 所出土大型夔纹建筑材料，仅在秦始皇陵园有同类发现。秦始皇巡行渤海的感觉，很可能会对秦都咸阳宫殿区建设规划的构想产生一定的影响。从姜女石石碑地秦宫遗址的位置看，这里完全被蓝色的水世界紧密拥抱。这位帝王应当也希望居住在咸阳宫室的时候，同样开窗就能够看到海景。

秦封泥有"晦池之印"。② "晦"可以读作"海"。《释名·释水》："海，晦也。"③清华大学藏战国简《赤鹄之集汤之屋》"四海"写作"四晦"。④《易·明夷·上六》："不明晦，初登于天，后入于地。"汉帛书本"晦"作"海"。《吕氏春秋·求人》："北至人正之国，夏海之穷。"《淮南子·时则》"海"作"晦"。⑤ 秦封泥"东晦□马"⑥、"东晦都水"⑦，"东晦"都是"东海"的异写形式。这样说来，秦有管理"晦池"即"海池"的官职。而"海池"见于汉代宫苑史料，指仿照海洋营造的湖沼。另外，秦封泥又有"每池"⑧，应当也是"海池"。

三、西汉长安宫苑中的"海池"

汉武帝是秦始皇之后又一位对海洋有着特殊热情的帝王。⑨ 他在宫苑营造规划中，专门设计了有明确的仿像海洋性质的湖泊。

《史记》卷28《封禅书》记载，汉武帝在汉长安城以西、萧何为刘邦修建的未央宫的旁侧建造了宏大的建章宫："作建章宫，度为千门万户。前殿度高未央。"宫殿区的北面，有一个规模可观的湖泊，其中有象征海中神山的岛屿："其北治大池，渐台高二十余丈，命曰太液池，中有蓬莱、方丈、瀛洲、壶

① 中国社会科学院考古研究所编著：《中国考古学·秦汉卷》，第55—70页。
② 路东之编著：《问陶之旅——古陶文明博物馆藏品掇英》，第171页。
③ 任继昉纂：《释名汇校》，第62页。
④ 李学勤编：《清华大学藏战国竹简（叁）》，第167页
⑤ 高亨纂著，董治安整理：《古字通假会典》，第443页。
⑥ 傅嘉仪编著：《秦封泥汇考》，第179页。
⑦ 周晓陆、陈晓捷、李凯：《于京新见秦封泥中的地理内容》，《西北大学学报》2005年第4期。
⑧ 陈晓捷、周晓陆：《新见秦封泥五十例考略》，见西安碑林博物馆编《碑林集刊》第11辑，陕西人民美术出版社2005年版。
⑨ 参见王子今：《汉武帝时代的海洋探索与海洋开发》，《中国高校社会科学》2013年第4期。

梁，象海中神山龟鱼之属。"所谓"有蓬莱、方丈、瀛洲、壶梁，象海中神山龟鱼之属"，出自司马迁笔下，是明确的以宫廷中人工湖泊"象海"的历史记录。①《史记》卷 12《孝武本纪》有同样的内容，司马贞《索隐》引《三辅故事》说："殿北海池北岸有石鱼，长二丈，宽五尺，西岸有石龟二枚，各长六尺。"②所谓"殿北海池"特别值得注意，这一湖泊名叫"海池"，其位置在建章宫前殿正北。这是我们在历史文献记录中看到的名义确定的"海池"。以汉时尺度计③，"石龟"长 1.386 米，应是仿海龟。"石鱼"长 4.62 米，宽 1.155 米，也应当是仿海鱼。

与《三秦记》"兰池""刻石为鲸"的情形类似，《西京杂记》记载，在汉武帝为操演水军经营的昆明池中放置有"石鲸"："昆明池刻玉石为鲸，每至雷雨，鲸常鸣吼，鬐尾皆动。汉世祭之以祈雨，往往有验。"④《三辅黄图》卷 4《池沼》："《三辅故事》又曰：'（昆明）池中有豫章台及石鲸。刻石为鲸鱼，长三丈，每至雷雨，常鸣吼，鬐尾皆动。'"⑤昆明池"石鲸"在唐代受到诗人们的关注。宋之问、苏颋、储光羲、苏庆余、温庭筠等均有咏唱。杜甫《秋兴八首》其七写道："昆明池水汉时功，武帝旌旗在眼中。织女机丝虚月夜，石鲸鳞甲动秋风。"清初学者陈廷敬以为"笔端高绝，出寻常蹊径之外"。⑥

传说"每至雷雨"，"石鲸"都有异常的表现，"常鸣吼，鬐尾皆动"。杜诗所谓"石鲸鳞甲动秋风"，也说明在古人对于海洋的神秘主义意识中，"刻石"或"刻玉石"为之的"石鲸"，似乎是有生命，又有特别的神异功能的。

四、秦汉宫廷海洋象征的神秘意义

秦汉宫苑"象海"的人工湖泊，是在帝王们对于海洋神仙文化系统充满憧憬和向往的心理背景下专心营造的。

以汉武帝在建章宫前殿"其北治大池，渐台高二十余丈，命曰太液池，中

---

① 《史记》，第 1402 页。
② 《史记》，第 483 页。
③ 据丘光明编著《中国古代度量衡考》，西汉尺度每尺 23.1 厘米。文物出版社 1992 年版，第 55 页。
④ （晋）葛洪撰：《西京杂记》，第 6 页。
⑤ 何清谷撰：《三辅黄图校释》，第 253 页。
⑥ （清）陈廷敬：《午亭文编》卷 50《杜律诗话下》，《清代诗文集汇编》第 153 册，第 521 页。

有蓬莱、方丈、瀛洲、壶梁,象海中神山龟鱼之属"的记载为例,在"太液池"及"蓬莱、方丈、瀛洲、壶梁""海中神山"模型设计和施工之前,这位帝王的思想言行表现出对"蓬莱"世界的特别关注。据《史记》卷28《封禅书》记述,方士李少君对汉武帝说:"……益寿而海中蓬莱仙者乃可见。""安期生仙者,通蓬莱中……"于是汉武帝"遣方士入海求蓬莱安期生之属"。"求蓬莱安期生莫能得,而海上燕齐怪迂之方士多更来言神事矣。""入海求蓬莱者,言蓬莱不远,而不能至者,殆不见其气。上乃遣望气佐候其气云。""欲放黄帝以上接神仙人蓬莱士,高世比德于九皇,而颇采儒术以文之。""上遂东巡海上,行礼祠八神。齐人之上疏言神怪奇方者以万数,然无验者。乃益发船,令言海中神山者数千人求蓬莱神人。""天子既已封泰山,无风雨灾,而方士更言蓬莱诸神若将可得,于是上欣然庶几遇之,乃复东至海上望,冀遇蓬莱焉。""临勃海,将以望祀蓬莱之属,冀至殊廷焉。"①事在元光二年(前133)至太初元年(前103)间,30年来,汉武帝心中似乎始终萦绕着"蓬莱"之梦。在"太液池"建"蓬莱"等"海中神山"模型,其实是"求蓬莱""冀遇蓬莱""望祀蓬莱"等一系列动作的继续。宫廷"海池"以及附属的"蓬莱、方丈、瀛洲、壶梁,象海中神山龟鱼之属"等,作为特殊的信仰象征,于是具有了接近"海中神山""神怪""神仙人"的神秘意义。

《文选》卷1班固《西都赋》以生动细致的笔法,比较详尽地描叙了西汉长安宫殿区的"海池""沧海""神岳"诸景观:

> 前唐中而后太液,揽沧海之汤汤,扬波涛于碣石,激神岳之嶙嶙,滥瀛洲与方壶,蓬莱起乎中央。

李善注:"《汉书》曰:建章宫,其西则有唐中数十里,其北沼太液池,渐台高二十余丈,名曰太液,池中有蓬莱、方丈、瀛州、台梁,象海中仙山。如淳曰:唐,庭也。《尚书》曰:汤汤洪水方割。《苍颉篇》曰:涛,大波。《尚书》曰:夹右碣石入于河。孔安国曰:海畔山也。《毛诗》曰:应门将将。《说文》曰:滥,泛也,力暂切。《列子》:渤海之中有大壑,其中有山,一曰岱舆,

---

① 《史记》,第1385—1402页。

二曰员峤，三曰方壶，四曰瀛州，五曰蓬莱。"①

《文选》卷 2 张衡《西京赋》关于长安风景，也有描述"唐中""太液""沧池"的绚丽文字：

> 前开唐中，弥望广潒。顾临太液，沧池漭沆。渐台立于中央，赫胪胪以弘敞。清渊洋洋，神山峨峨。列瀛洲与方丈，夹蓬莱而骈罗。上林岑以垒嶵，下崭岩以岩龉。长风激于别墙，起洪涛而扬波。浸石菌于重涯，濯灵芝以朱柯。海若游于玄渚，鲸鱼失流而蹉跎。于是采少君之端信，庶栾大之贞固。……

李善注："《字林》曰：潒，水潒瀁也，大朗切。漭沆，犹洸潒，亦宽大也。""《埤苍》曰：胪，赤文也，音户。三山形貌也。峨峨，高大也。善曰：《三辅三代旧事》曰：建章宫北作清渊海。《毛诗》曰：河水洋洋。""水中之洲曰墙，音岛。善曰：《高唐赋》曰：长风至而波起。石菌、灵芝，皆海中神山所有神草名，仙之所食者。浸，濯也。重涯，池边也。朱柯，芝草茎赤色也。善曰：菌，芝属也。《抱朴子》曰：芝有石芝。菌，求陨切。海若，海神。鲸，大鱼。善曰：《楚辞》曰：令海若舞冯夷。又曰：临沅、湘之玄渊。薛君《韩诗章句》曰：水一溢而为渚。《三辅旧事》曰：清渊北，有鲸鱼，刻石为之，长三丈。《楚辞》曰：骥垂两耳，中阪蹉跎。《广雅》曰：蹉跎，失足也。"②山水形貌，草木种属，都仿像"海中神山"。

五、渐台：王莽人生和新朝政治史的终点

王莽临近覆亡时最后的表演，竟然是以"渐台"为舞台的。据《汉书》卷 99 下《王莽传下》记载，反抗王莽政权的暴动民众逼近宫中，"群臣扶掖莽，自前殿南下椒除，西出白虎门……莽就车，之渐台，欲阻池水"。近臣"尚千余人

---

① （梁）萧统编，（唐）李善、吕延济、刘良、张铣、吕向、李周翰注：《六臣注文选》，第 31 页。《后汉书》卷 40 上《班固传》载《西都赋》李贤注："《前书》曰：'建章宫，其西唐中数十里。《音义》曰："唐，庭也。"'其北太液池中有蓬莱、方丈、瀛洲、壶梁，象海中神山。汤汤，流貌也。《苍颉篇》曰：'涛，大波也。'碣石，海畔山也。《说文》曰：'滥，泛也。'《列子》曰：'海中有神山，一曰岱舆，二曰员峤，三曰方壶，四曰瀛洲，五曰蓬莱。'"第 1346 页。

② （梁）萧统编，（唐）李善、吕延济、刘良、张铣、吕向、李周翰注：《六臣注文选》，第 50—51 页。

随之"。"军人入殿中，呼曰：'反虏王莽安在？'有美人出房曰：'在渐台。'众兵追之，围数百重。台上亦弓弩与相射，稍稍落去。矢尽，无以复射，短兵接。"效忠王莽的近卫士兵多战死，于是，"众兵上台……商人杜吴杀莽"。有人斩莽首，"军人分裂莽身，支节肌骨脔分，争相杀者数十人"。①

王莽为什么在濒死时刻"之渐台"顽抗？难道仅仅只是"欲阻池水"吗？王莽是一位心理极端偏执的政治人物。当反新莽武装已经冲入宫中，他仍然衣冠端正，绂佩齐整，口出荒诞之言："绀袀服，带玺韨，持虞帝匕首……旋席随斗柄而坐，曰：'天生德于予，汉兵其如予何！'"②在来到"渐台"时"犹抱持符命、威斗"。王莽在其政治人生的终点"之渐台"，可能有特殊的动机。也许"海池""海中神山"的神秘象征意义给予了垂死的王莽以建立在迷妄基点上的精神支撑。

前引张衡《西京赋》说"渐台立于中央"，班固《西都赋》说"蓬莱起乎中央"，可知"渐台"即象征"蓬莱"。

王莽是在未央宫"渐台"结束了他的执政生涯以及新莽王朝的行政史的。未央宫有"渐台"，见于《汉书》卷75《翼奉传》所载翼奉上疏。邓通故事有"渐台"情节③，事在汉文帝时，而建章宫当时还没有修建。《汉书》卷98《元后传》又有明确记载："（王莽）为太后置酒未央宫渐台，大纵众乐。"④《后汉书》卷11《刘玄传》："长安中起兵攻未央宫。九月，东海人公宾就斩王莽于渐台，收玺绶，传首诣宛。"关于"渐台"，李贤注："渐台，太液池中台也。为水所渐润，故以为名。"⑤

不过，截至目前考古勘察获得的信息不能确定未央宫"太液池"和"渐台"的位置和形制、规模。在未央宫遗址西南部则发现了"沧池故址"。考古学者指出："今马家寨村西南，有一片洼地，其地势低于周围地面1～2.5米，平面呈不规整的圆形，东西400米，南北510米。地表以下0.7～1米见淤土，1.2～2米见沙子，沙层厚2米，再下则依次为黑卤土、淤土、水浸土、细沙。

---

① 《汉书》，第4191、4192页。
② 《汉书》，第4190页。
③ 《汉书》卷93《佞幸传·邓通》，第3722页。
④ 《汉书》，第4032—4033页。
⑤ 《后汉书》，第470页。

此洼地应为沧池故址……《水经注·渭水》载：'……飞渠引水入城，东为仓池。池在未央宫西，池中有渐台。'仓池即'沧池'，亦名'苍池'。"①王莽最终丧生的"渐台"，是否"沧池"的"渐台"呢？毕沅的《关中胜迹图志》"汉长乐未央宫图"没有标示未央宫"太液池"和"渐台"所在。而"沧池"在前殿西北方向，池中描绘了高大的"渐台"图样。而同书"汉建章宫图"显示的"太液池""渐台"以及"海中神山""蓬莱山""方丈山""瀛州山"的情形②，也可以作为我们理解相关问题的参考。

---

① 中国社会科学院考古研究所编著：《汉长安城未央宫》，中国大百科全书出版社 1996 年版，第 19 页。

② （清）毕沅撰，张沛校点：《关中胜迹图志》，三秦出版社 2004 年版，第 116—117、128—129 页。

第六章　秦汉早期海洋学

　　对于海洋的探索与开发，有关海洋的经验汇集与知识积累，成就了秦汉时期的早期海洋学。秦汉有关海洋的学说包括海洋生物学、海洋气象学、海洋水文学等。有关内容保留了海洋史的珍贵记录。秦汉海洋学在中国海洋学史上有重要的地位。

第一节　《汉书》："北海出大鱼"

　　《汉书》可见渤海"出大鱼"的记录，应当是关于鲸鱼往往死于海滩这种海洋生物现象的最早记载。这一记载有明确的时间、地点以及死亡鲸鱼的测量尺度，对于海洋史研究有重要的价值。

一、成哀时代渤海"出大鱼"事件

　　《汉书》卷 27 中之下《五行志中之下》可以看到有关发现"大鱼""巨鱼"死于海岸这种特殊的海洋生物现象的记载：

　　　　成帝永始元年春，北海出大鱼，长六丈，高一丈，四枚。哀帝建平三年，东莱平度出大鱼，长八丈，高丈一尺，七枚，皆死。京房《易传》曰："海数见巨鱼，邪人进，贤人疏。"①

---

①　《汉书》，第 1431 页。

永始元年(前16)和建平三年(前4)"出大鱼"事,从"大鱼"的体形看,应当都是鲸鱼。前者所谓"北海",应当是指北海郡所属滨海地区。

北海郡郡治在今山东安丘西北。当时"出大鱼"的"北海"海岸,大致在今山东寿光东北25千米至今山东昌邑北20千米左右的地方。

哀帝建平三年"出大鱼"事,所谓"东莱平度",颜师古注:"平度,东莱之县。"其地在今山东掖县西南。

事实上,汉成帝和汉哀帝时期发生的这两起"出大鱼"事,地点都在今天人们所谓渤海莱州湾的南海岸。由于入海河流携带泥沙的淤积,古今海岸相距已经相当遥远。但是当时的海滩地貌,是可以大致推定的。

二、最早的鲸鱼生命现象记录

"成帝永始元年春,北海出大鱼,长六丈,高一丈",以汉尺相当于现今尺度0.231米计,长13.86米,高2.31米;"哀帝建平三年,东莱平度出大鱼,长八丈,高丈一尺",则长18.48米,高2.53米。体长与体高的尺度比例,大致合于我们有关鲸鱼体态的生物学知识。

当时的尺度记录,应是粗略估算或者对"大鱼"一枚的实测,当然不大可能"四枚""七枚"尺寸完全一致。

《前汉纪》卷26《孝成三》记"永始元年春"事,写作:

> 春正月癸丑,太官凌室灾。戊午,戾太后园阙灾。北海出大鱼,长六丈,高一丈,四枚。①

明确指出其事在"春正月"。这一对《汉书》的补记,或许自有实据。《前汉纪》卷28《孝哀一》的记录,不言"平度"②,而京房《易传》文字稍异:"京房《易传》曰:'……海出巨鱼,邪人进,贤人疏。'"

《文子·上仁》:"老子曰:'鲸鱼失水,则制于蝼蚁。'"③《淮南子·主术》:"吞舟之鱼,荡而失水,则制于蝼蚁,离其居也。"④《说苑·谈丛》:"吞

① (汉)荀悦、(晋)袁宏著,张烈点校:《两汉纪》上册,第453页。
② (汉)荀悦、(晋)袁宏著,张烈点校:《两汉纪》上册,第497页。
③ 王利器撰:《文子疏义》,中华书局2000年版,第440页。
④ 高诱注:"鱼能吞舟,言其大也。"何宁撰:《淮南子集释》,第668页。

舟之鱼，荡而失水，制于蝼蚁者，离其居也。"①体现了对相关现象的理解。明人杨慎《异鱼图赞》卷3据《说苑》语有"嗟海大鱼，荡而失水，蝼蚁制之，横岸以死"的说法，所谓"横岸以死"，描述尤为具体真切。杨慎又写道："东海大鱼，鲸鲵之属。大则如山，其次如屋。时死岸上，身长丈六。膏流九顷，骨充栋木。"②据潘岳《沧海赋》"吞舟鲸鲵"，左思《吴都赋》"长鲸吞航"，可知通常所谓"吞舟之鱼"是指鲸鱼。③《晋书》卷107《石季龙载记下》"沉航于鲸浪"④，也可以反映"鲸"可能对"航"的危害。

现在看来，关于西汉晚期"北海出大鱼""东莱平度出大鱼"的记载，是世界最早的比较完备的关于今人所谓"鲸鱼集体搁浅""鲸鱼集体自杀"情形的比较明确的历史记录。

三、《续汉书》："东莱海出大鱼"

记载东汉史事的文献也可以看到涉及"出大鱼"的内容。《续汉书·五行志三》"鱼孽"题下写道：

> 灵帝熹平二年，东莱海出大鱼二枚，长八九丈，高二丈余。明年，中山王畅、任城王博并薨。

刘昭《注补》：

> 京房《易传》曰："海出巨鱼，邪人进，贤人疏。"臣昭谓此占符灵帝之世，巨鱼之出，于是为征，宁独二王之妖也！⑤

清代学者姚之骃《后汉书补逸》卷21《司马彪〈续后汉书〉第四》"大鱼"条写道："东莱北海海水溢时出大鱼二枚，长八九丈，高二丈余。"又有考论："案今海滨居民有以鱼骨架屋者，又以骨节作臼春米，不足异也。"⑥《四库全书总目提要》这样评价姚之骃书："是编搜辑《后汉书》之不传于今者八家，凡班固等《东

---

① （汉）刘向撰，向宗鲁校证：《说苑校证》，第408页。

② （明）杨慎：《异鱼图赞》，《景印文渊阁四库全书》第847册，第745页。

③ （宋）李昉等撰：《太平御览》，第4167页。

④ 《晋书》，第2798页。

⑤ 《后汉书》，第3317页。

⑥ （清）姚之骃：《后汉书补逸》，见徐蜀选编《二十四史订补》第4册，第274页。

观汉记》八卷，谢承《后汉书》四卷，薛莹《后汉书》、张璠《汉记》、华峤《后汉书》、谢沈《后汉书》、袁崧《后汉书》各一卷，司马彪《续汉书》四卷，捃拾细琐，用力颇勤。惟不著所出之书，使读者无从考证，是其所短。"①

关于灵帝熹平二年(173)"东莱海出大鱼二枚"事，姚著《后汉书补逸》所说"长八九丈，高二丈余"，与《续汉书·五行志三》说同，然而所谓"东莱北海海水溢时出大鱼二枚"指出"东莱北海海水溢时"，虽然"不著所出之书，使读者无从考证"，然而"海水溢"的条件符合涨潮退潮情形，应当是大体符合历史实际的。

四、《淮南子》"鲸鱼死"记录

其实，人们对于海中"出大鱼"的认识，可能在汉成帝永始元年春之前，也有历史文化表现。京房活跃在元成时代。据《汉书》卷75《京房传》，"初元四年，以孝廉为郎"②，当时即参与政事，此后热心行政文化咨询。京房《易传》所谓"海数见巨鱼"，很有可能包括汉元帝在位16年间的鲸鱼发现。

《淮南子·天文》关于天文和人文的对应，有"人主之情，上通于天，故诛暴则多飘风，枉法令则多虫螟，杀不辜则国赤地，令不收则多淫雨"语，同时也说到其他自然现象的对应关系，包括"鲸鱼死而彗星出"，值得海洋学史研究者注意。③ 推想当时人们尚没有猎鲸能力，如果"鲸鱼死"在海中，也少有可能为人们观察记录，"鲸鱼死"，很可能一如成帝永始元年春、哀帝建平三年、灵帝熹平二年"出大鱼"情形。

《淮南子·览冥》也写道："东风至而酒湛溢，蚕咡丝而商弦绝，或感之也；画随灰而月运阙，鲸鱼死而彗星出，或动之也。"对于所谓"鲸鱼死"，高诱的解释就是："鲸鱼，大鱼，盖长数里，死于海边。"④大概在《淮南子》成书的时代，人们已经有了关于鲸鱼"死于海边"的经验性知识。而《太平御览》卷935引《星经》曰："天鱼一星在尾后河中，此星明，则河海出大鱼。"⑤清人胡世安《异鱼图赞笺》卷3引《星经》则作"此星明，则海出大鱼"，随文写道：

---

①　(清)永瑢等撰：《四库全书总目》，中华书局1965年版，第452页。

②　《汉书》，第3160页。

③　何宁撰：《淮南子集释》，第117页。

④　何宁撰：《淮南子集释》，第451页。

⑤　(宋)李昉等撰：《太平御览》，第4153页。

"又《淮南子》：鲸鱼死而彗星出。"①可理解为《星经》之"海出大鱼"就是鲸鱼。这一说法如果可信，则应当是更早的海中"出大鱼"的记录了。

《元和郡县图志》卷1《关内道·京兆府一》写道，秦始皇引渭水为兰池，"东西二百里，南北二十里，筑为蓬莱山，刻石为鲸鱼，长二百丈"。② 秦封泥"晦池""每池"的发现，可以说明秦宫苑中海洋模型的存在。③ 但是兰池的规模和石鲸的尺寸可能都是传说。《三辅黄图》卷4《池沼》说，汉武帝作昆明池，池中有"石鲸"，"刻石为鲸鱼，长三丈，每至雷雨常鸣吼，鬐尾皆动"。《初学记》卷7引《汉书》及《西京杂记》，也有"刻石为鲸鱼"的说法。④ 出土于汉昆明池遗址的石鲸实物，现存陕西历史博物馆。石鲸的雕制，应当有对于真实鲸鱼体态的了解作为设计的基础。这种知识很可能来自对"海出大鱼"的观察和记录。

《淮南子》"鲸鱼死而彗星出"的说法为纬书所继承，其神秘主义色彩得以进一步渲染。《太平御览》卷7及卷938引《春秋考异邮》都说到"鲸鱼死而彗星出"，卷875引《春秋考异邮》作"鲸鱼死彗星合"，原注："鲸鱼，阴物，生于水。今出而死，是为有兵相杀之兆也。故天应之以妖彗。"⑤

其中"出而死"的说法值得我们特别注意。

这些有关"鲸鱼死"的观念史的映象或者自然史的解说，都反映当时人们对这一现象是比较熟悉的。

五、《西京赋》所谓"鲸鱼失流"

《文选》卷2张衡《西京赋》描述宫苑中仿照海域营造的"太液沧池"所谓"鲸鱼失流而蹉跎"，则是文学遗产中保留的有关"鲸鱼死"信息的记录。其文"海若游于玄渚，鲸鱼失流而蹉跎"连说。李善注："海若，海神。鲸，大鱼。善曰：《楚辞》曰：令海若舞冯夷。又曰：临沅、湘之玄渊。薛君《韩诗章句》曰：水一溢而为渚。《三辅旧事》曰：清渊北，有鲸鱼，刻石为之，长三丈。《楚

---

① （清）胡世安：《异鱼图赞笺》，《景印文渊阁四库全书》第847册，第798页。

② （唐）李吉甫撰，贺次君点校：《元和郡县图志》，第13页。

③ 王子今：《秦汉宫苑的"海池"》，《大众考古》2014年第2期。

④ （唐）徐坚等著：《初学记》，第147页。

⑤ （宋）李昉等撰：《太平御览》，第34、4167、3881页。

辞》曰：骥垂两耳，中阪蹉跎。《广雅》曰：蹉跎，失足也。"①大约长安宫苑"海池"中"刻石为之"的"鲸鱼"，其形态仿拟"失流而蹉跎"的情形。这正是人们可能认真观察这种海中"大鱼"的形式。

《史记》卷6《秦始皇本纪》记载，秦始皇陵中"以人鱼膏为烛，度不灭者久之"。裴骃《集解》引徐广曰："人鱼似鲇，四脚。"②《太平御览》卷938引徐广语则说："人鱼似鲇而四足，即鲵鱼也。"同卷引崔豹《古今注》："鲸，海鱼也，大者长千里，小者数十丈。""其雌曰鲵，大者亦长千里。"③《太平御览》卷870引《三秦记》则直接说："始皇墓中燃鲸鱼膏为灯。"④很可能体现了对"死于海边"的鲸鱼形体有所利用的记录，⑤

较具体记述"东海""大鱼""鲸鲵"死于"岸上"情景的，有《太平御览》卷938引《魏武四时食制》：

> 东海有大鱼如山，长五六丈，谓之鲸鲵。次有如屋者，时死岸上，膏流九顷。其须长一丈，广三尺，厚六寸。瞳子如三升椀。大骨可为矛矜。⑥

又木玄虚《海赋》写道："其鱼则横海之鲸，突兀孤游，巨鳞刺云，颅骨成岳，流膏为渊。"曹毗《观涛赋》形容"神鲸来往，乘波跃鳞"情形，也说"骸丧成岛屿之墟，目落为明月之珠"。任昉《述异记》："南海有珠，即鲸鱼目瞳，夜可以鉴，谓之夜光。"⑦此说鲸鱼目瞳珠出南海，而《新唐书》卷219《北狄列传·黑水靺鞨》记载："拂涅，亦称大拂涅，开元、天宝间八来，献鲸睛……"⑧此则说北海事。也许鲸鱼"死岸上"情形，在许多沿海地方都曾经发生。

---

① （梁）萧统编，（唐）李善、吕延济、刘良、张铣、吕向、李周翰注：《六臣注文选》，第51页。

② 《史记》，第265—266页。

③ （宋）李昉等撰：《太平御览》，第4167页。

④ （宋）李昉等撰：《太平御览》，第3885页。

⑤ 王子今：《秦始皇陵"人鱼膏"之谜》，《秦始皇帝陵博物院》2014年，陕西人民出版社2014年版。

⑥ （宋）李昉等撰：《太平御览》，第4167页。

⑦ （宋）李昉等撰：《太平御览》，第4167页。

⑧ 《新唐书》，第6176页。

六、后世大鱼"暍岸侧"史迹

正史中所见汉代以后鲸鱼集体搁浅的记录，又有《南齐书》卷 19《五行志》的记载：

> 永元元年四月，有大鱼十二头入会稽上虞江，大者近二十余丈，小者十余丈，一入山阴称浦，一入永兴江，皆暍岸侧，百姓取食之。①

又如《新唐书》卷 36《五行志三》：

> 开成二年三月壬申，有大鱼长六丈，自海入淮，至濠州招义，民杀之。②

前者言"暍岸侧"，后者说"民杀之"。大概所谓"民杀之"者，也是在"大鱼"生命力微弱时才能实现。

这两例被传统史家看作"鱼孽"的事件，都是鲸鱼闯入内河死亡，有鲜明的特殊性。或许沿海地方的类似发现，已经不被视作异常情形为史籍收录。也可能在历代史书《五行志》作者的心目中，曾经发生的此类现象没有对应的天文现象与人文事件可以合构为历史鉴诫的组合。

如果确实如此，则《汉书》卷 27 中之下《五行志中之下》"北海出大鱼"和"东莱平度出大鱼"的记录，更值得研究者珍视。③

鲸鱼死于内河的情形，可能有特殊的原因。

应当注意到，相关史迹的保留，明显受到《汉书》作者海洋学视角史学观察方式的学术启示。

第二节　汉代"海溢"灾害

自秦始皇实现统一之后多次巡行海上起，秦汉帝王对海洋的关注，成为显著的历史文化现象。海上方士的文化影响与沿海区域的行政控制，都出现

---

① 《南齐书》，中华书局 1972 年版，第 384 页。
② 《新唐书》，第 935 页。
③ 参见王子今：《鲸鱼死岸：〈汉书〉的"北海出大鱼"记录》，《光明日报》2009 年 7 月 21 日。

了新的历史迹象。关于海洋资源利用、海洋航运开发，以及海洋气象观察、海洋生物研究等方面，都有开拓性的进步。这些现象都体现出汉代社会的海洋意识提升到了新的文化层次。

这是汉代文化历史性进步的重要表现。

与此相关，在汉代灾异史中，可以看到关于海洋灾难的记录。

一、汉元帝时代见于史籍"最早的海啸"

《汉书》卷26《天文志》记载了汉元帝初元元年（前49）的灾异，灾情表现有"勃海水大溢"：

> 元帝初元元年四月，客星大如瓜，色青白，在南斗第二星东可四尺。占曰："为水饥。"其五月，勃海水大溢。六月，关东大饥，民多饿死，琅邪郡人相食。①

有学者认为，这是中国古代"目前所知最早的海啸"，也是"最早的地震海啸"。②"五月，勃海水大溢"之后关东地区的"大饥"，不知道是否存在一定的联系。而"琅邪郡人相食"事，虽发生在沿海，不过不是"勃海"海滨，而是当时的"东海"海滨。《汉书》卷9《元帝纪》对于相关事件有如下记载：

> （初元二年）六月，关东饥，齐地人相食。秋七月，诏曰："岁比灾害，民有菜色，惨怛于心。已诏吏虚仓廪，开府库振救，赐寒者衣。今秋禾麦颇伤，一年中地再动，北海水溢，流杀人民。阴阳不和，其咎安在？公卿将何以忧之？其悉意陈朕过，靡有所讳。"③

所谓"一年中地再动，北海水溢，流杀人民"，指出了这次"海溢"导致的直接的灾难。初元二年（前47）七月诏所说"一年中"，则不应指初元元年五月"勃海水大溢"事。如此，初元元年（前48）五月"勃海水大溢"和初元二年"北海水溢，流杀人民"，看来是两次灾害。

二、新莽"海水溢"

王莽时代，有人在有关水利工程决策的讨论中说到以往一次"海水溢"事

---

① 《汉书》，第1309页。
② 宋正海、郭永芳、陈瑞平：《中国古代海洋学史》，第291、297页。
③ 《汉书》，第282—283页。

件。《汉书》卷 29《沟洫志》记载：

> 大司空掾王横言："河入勃海，勃海地高于韩牧所欲穿处。往者天尝
> 连雨，东北风，海水溢，西南出，浸数百里，九河之地已为海所
> 渐矣。"①

其事虽说"往者"，然而与"天尝连雨，东北风"连说，与"一年中地再动，北海
水溢，流杀人民"体现的地震"海溢"不同，因而不大可能是回述 50 多年前的
初元元年"海溢"。谭其骧推测，"发生海侵的年代约当在西汉中叶，距离王横
时代不过百年左右。沿海人民对于这件往事记忆犹新，王横所说的，就是根
据当地父老的传述"。谭其骧还写道，这次海侵可以在地貌资料方面得到证
明②，还可以在考古资料方面得到证明。③ 对于王横所说，谭其骧指出："他
把海侵的原因说成是'天尝连雨，东北风'，更显然是不科学的。按之实际，
暴风雨所引起的海啸，只能使濒海地带暂时受到海涛袭击，不可能使广袤数
百里的大陆长期'为海所渐'。"④后来，关于这次渤海湾西岸"为海所渐"的现
象，相关考古工作的新发现，使得人们的认识又有所深入。而对这一地区汉
代遗存分布的认真考察，使以往的若干误见得以澄清。⑤ 现在看来，这次"海
水溢""应是发生在局部地区、升降幅度小的短期海平面变动"⑥，其年代，大

① 《汉书》，第 1697 页。
② ［希腊］克雷陀普：《华北平原的形成》，《中国地质学会志》第 27 卷，1947 年；王
颖：《渤海湾西部贝壳堤与古海岸线问题》，《南京大学学报》（自然科学）1964 年第 3
期。
③ 李世瑜：《古代渤海湾西部海岸遗迹及地下文物的初步调查研究》，《考古》1962 年
第 12 期；天津市文化局考古发掘队：《渤海湾西岸古文化遗址调查》，《考古》1965
年第 2 期。
④ 谭其骧：《历史时期渤海湾西岸的大海侵》，《人民日报》1965 年 10 月 8 日，收入
《长水集》，人民出版社 1987 年版。
⑤ 参见天津市文化局考古发掘队：《渤海湾西岸考古调查和海岸线变迁研究》，《历史
研究》1966 年第 1 期；韩嘉谷：《西汉后期渤海湾西岸的海侵》，《考古》1982 年第 3
期；陈雍：《渤海湾西岸东汉遗存的再认识》，《北方文物》1994 年第 1 期；韩嘉谷：
《再谈渤海湾西岸的汉代海侵》，《考古》1997 年第 2 期。
⑥ 陈雍：《渤海湾西岸汉代遗存年代甄别——兼论渤海湾西岸西汉末年海侵》，《考
古》2001 年第 11 期。

约在西汉末期。也就是说，王横所谓"往者"云云，应是对年代较近的"海溢"灾难的回顾。

三、东汉"海溢"

关于东汉时期发生的"海溢"之灾，我们又看到《后汉书》卷6《质帝纪》的记载：

> （本初元年五月）海水溢。戊申，使谒者案行，收葬乐安、北海人为水所漂没死者，又禀给贫羸。①

说派"谒者"前往灾区施行赈救，是在"戊申"日，却没有说灾害发生的日子。不过，在"海水溢"前句写道："五月庚寅，徙乐安王为勃海王。"如果"海水溢"发生在"庚寅"日，那么，皇帝派出救灾专员，是在灾害发生的第18天。"海水溢"的发生更可能是在"庚寅"日之后的某一天，如此朝廷的应急措施则体现出更高的行政效率。对于这次灾害，《续汉书·五行志三》也写道："质帝本初元年五月，海水溢乐安、北海，溺杀人物。"②

《后汉书》卷7《桓帝纪》记载了汉桓帝永康元年（167）发生在"勃海"的"海溢"：

> （永康元年秋八月）勃海海溢。③

《续汉书·五行志三》"水变色"条下记载此事，写道："永康元年八月，六州大水，勃海海溢，没杀人。"④《续汉书·五行志六》"日蚀"条下也记载：永康元年"其八月，勃海海溢"。⑤

汉灵帝时代又曾经发生两次与地震相联系的"海水溢"灾难。时间在建宁四年（171）和熹平二年（173），仅仅相隔两年。《后汉书》卷8《灵帝纪》记载：

> （建宁四年）二月癸卯，地震，海水溢，河水清。

---

① 《后汉书》，第281页。
② 《后汉书》，第3310页。
③ 《后汉书》，第319页。
④ 《后汉书》，第3312页。
⑤ 《后汉书》，第3369页。

（熹平二年）六月，北海地震。东莱、北海海水溢。①

建宁四年(171)事，"地震，海水溢"，没有说明地点。《后汉纪》卷23《孝灵皇帝纪上》："二月癸卯，地震，河水清。"不言"海水溢"。② 明彭大翼撰《山堂肆考》卷20《海溢》说："'海溢'一曰'海啸'。"举列历代"海溢"事件11例，包括汉代3例，即："东汉质帝本初元年夏四月，海水溢；桓帝永康元年八月，海溢；灵帝建宁四年二月，海溢。"③则对建宁四年"海溢"予以重视。

对于熹平二年(173)事，李贤注引《续汉志》曰："时出大鱼二枚，各长八九丈，高二丈余。"④这种"各长八九丈，高二丈余"的"大鱼"，很可能是在"地震"和"海水溢"发生的时候遇难的鲸鱼。⑤《后汉书》卷8《灵帝纪》没有说到这次"海溢"对民众的伤害，《续汉书·五行志三》记载了"质帝本初元年五月，海水溢乐安、北海，溺杀人物"事及此次"海溢"灾难，对此次灾难平民生命财产受到的伤害有所反映：

熹平二年六月，东莱、北海海水溢出，漂没人物。⑥

所谓"漂没人物"，可知灾情之严重，导致了相当数量的民众死亡。

四、"'海溢'一曰'海啸'"

就现有资料看，汉代"海溢"现象，史籍记载计有：

(1)元帝初元元年(前48)五月，勃海水大溢。(《汉书》卷26《天文志》)

---

① 《后汉书》，第332、335页。

② (汉)荀悦、(晋)袁宏著，张烈点校：《两汉纪》下册，第455页。《文献通考》卷296《物异考·水灾》："灵帝建宁四年二月，河水清。"甚至略去"地震"事。(宋)马端临著，上海师范大学古籍研究所、华东师范大学古籍研究所点校：《文献通考》，中华书局2011年版，第8066页。

③ (明)彭大翼：《山堂肆考》，《景印文渊阁四库全书》第974册，第326页。

④ 《后汉书》，第335页。

⑤ 清人姚之骃撰《后汉书补逸》卷21"大鱼"条："东莱、北海海水溢，时出大鱼二枚，长八九丈，高二丈余。案：今海滨居民有以鱼骨架屋者，又以骨节作白舂米，不足异也。"徐蜀选编：《二十四史订补》第4册，第274页。

⑥ 《后汉书》，第3310、3312页。

（2）元帝初元二年（前47）七月诏：一年中地再动，北海水溢，流杀人民。（《汉书》卷9《元帝纪》）

（3）西汉末年，海水溢，西南出，浸数百里，九河之地已为海所渐矣。（《汉书》卷29《沟洫志》）

（4）质帝本初元年（146）五月，海水溢乐安、北海，溺杀人物。（《后汉书》卷6《质帝纪》，《续汉书·五行志三》）

（5）桓帝永康元年（167）秋八月，勃海海溢，没杀人。（《后汉书》卷7《桓帝纪》，《续汉书·五行志三》《续汉书·五行志六》）

（6）灵帝建宁四年（171）二月癸卯，地震，海水溢。（《后汉书》卷8《灵帝纪》）

（7）灵帝熹平二年（173）六月，北海地震，东莱、北海海水溢出，漂没人物。（《后汉书》卷8《灵帝纪》，《续汉书·五行志三》）①

如《山堂肆考》卷20《海溢》所谓"'海溢'一曰'海啸'"，② 这些"海溢""海水溢""海水大溢"现象，按照传统理解，也被看作"海啸"。清人张伯行《居济一得》卷7写道："潘印川先生曰：'海啸'之说，未之前闻。愚按：'海啸'之说，自古有之。或潘先生偶未之见耳。"③张伯行的说法看来是正确的。"海啸"之称虽然出现较晚，然而此前对于"海啸"现象的记录，可以说确实"自古有之"。古代史籍记载的"海溢""海水溢""海潮溢""海水大溢""潮水大溢""海潮涌溢""海水翻上""海涛奔上""海水翻潮""海水泛滥""大风架海潮""海水日三潮"等现象，其实就往往反映了"海啸"灾害。大约在元代，已经可以看到明确以"海啸"作为这种灾害定名的实证。④

以上汉代"海溢"诸例，宋正海等《中国古代海洋学史》第二十二章"海啸"

---

① 《汉书》，第1309、283、1697页。《后汉书》，第3310、319、332、335、3312页。
② （明）彭大翼：《山堂肆考》，《景印文渊阁四库全书》第974册，第326页。
③ （清）张伯行：《居济一得》，《丛书集成初编》第1488册，商务印书馆1936年版，第138页。
④ 例如元人刘埙《隐居通议》卷29《地理》有"恶溪沸海"条，其中写道："郭学录又言：尝见海啸，其海水拔起如山高。"《丛书集成初编》第215册，商务印书馆1937年版，第293页。

中说到(1)(2)。① 宋正海总主编《中国古代重大自然灾害和异常年表总集》中"海洋象"之"海洋大风风暴潮"条录有(1)，"海啸"条录有(2)(4)(7)。② 宋正海等《中国古代自然灾异相关性年表总汇》第三编"水象"之"大水—海溢"条录有(4)，"地震—海啸"条录有(2)(6)(7)。③ 同一位学者领衔或主持完成的研究成果，对汉代"海溢"现象的认识却有所不同，是一件有意思的事。陆人骥《中国历代灾害性海潮史料》则录有(1)(2)(4)(5)(6)(7)。④《中国古代重大自然灾害和异常年表总集》中"海洋象"之"海啸"条题注写道："现代海洋学已明确定义海啸是由水下地震、火山爆发或水下塌陷和滑坡所激起的巨浪。按此定义，中国古代史料中，符合现代定义的海啸很少。因此我们把古代虽记载有'海啸'二字，但明显可确定为风暴潮的条目放入'海洋大风风暴潮'等年表中。"⑤

对于"海啸"定义的理解，似乎各有不同。《现代汉语词典》："由海底地震或风暴引起的海水剧烈波动。海水冲上陆地，往往造成灾害。"⑥《汉语大词典》："由风暴或海底地震造成的海面恶浪并伴随巨响的现象。"⑦也有学者指出，"海啸的成因有海底地震、海底火山和海洋风暴等原因"。⑧《中文大辞典》的定义，则借用了中国古籍中的解释："海啸(Tidal bore)，因海底发生地震或火山破裂、暴风突起，致海水上涌，卷入陆地，其声或大或小，若远若近，是为海啸，亦曰海吼。"⑨清人施鸿保《闽杂记》卷 3 正是这样说的："近海

① 宋正海、郭永芳、陈瑞平：《中国古代海洋学史》，第 291 页。
② 宋正海总主编：《中国古代重大自然灾害和异常年表总集》，广东教育出版社 1992 年版，第 383、393 页。今按：该书所录(2)，竟然将康熙《青州府志》卷 21 记录置于《前汉书·元帝纪》之前，可见编者对史学常识的无知。
③ 宋正海等：《中国古代自然灾异相关性年表总汇》，安徽教育出版社 2002 年版，第 462、468 页。
④ 陆人骥编：《中国历代灾害性海潮史料》，海洋出版社 1984 年版，第 1—3 页。
⑤ 宋正海总主编：《中国古代重大自然灾害和异常年表总集》，第 393 页。
⑥ 中国社会科学院语言研究所词典编辑室编：《现代汉语词典》，商务印书馆 1996 年 7 月修订第 3 版，第 492 页。
⑦ 《汉语大词典》，汉语大词典出版社 1990 年版，第 5 卷第 1232 页。
⑧ 宋正海、郭永芳、陈瑞平：《中国古代海洋学史》，第 297 页。
⑨ 《中文大辞典》第 19 册，中国文化研究所 1962—1968 年版，第 307 页。

诸处常闻海吼，亦曰'海唑'，俗有'南唑风，北唑雨'之谚，亦曰'海啸'。其声或大或小，小则如击花鼓，点点如撒豆声，乍近乍远，若断若续，逾一二时即止；大则汹涌澎湃，虽十万军声未足拟也；久则或逾半月，日夜閗间，暂则三四日或四五日方止。"①《中文大字典》"其声或大或小，若远若近"，即用施说"其声或大或小……乍近乍远"②。这些理解中，"海啸"成因都包括"风暴""暴风"。《简明不列颠百科全书》的解释如下："海啸 tsunami，亦称津波，是一种灾难性的海浪，通常由震源在海底下 50 公里以内、里氏震级 6.5 以上的海底地震所引起。水下或沿岸山崩或火山爆发也可能引起海啸。"③tsunami，即日语"津波"（つなみ）译音。诸桥辙次等著《广汉和辞典》解释"津波"为"因地震和暴风雨引起的突然上涌的巨浪"。④《国语大辞典》则写道："つなみ，［津波·津浪·海嘯］因地震和海底变动形成波长的传播甚远、震荡期也相当长的海浪。"⑤此说也排除了"暴风雨"的成因。

我们看到，以上列举汉代"海溢"资料中，(1)(2)和地动有关，(6)同一天"地震，海水溢"，(7)"北海地震，东莱、北海海水溢"，这 4 次"海溢"，应当都是由海底地震引起；也就是说，是严格意义上的"海啸"。

汉代由海底地震或者火山爆发引起的"海啸"占"海溢"总记录的 57.14%。如果按照谭其骧的意见，对于(3)排除与"天尝连雨，东北风"的关系，则也是因"海底变动"引发的"海啸"。如此，这种"海啸"占"海溢"总记录的比率达到 71.43%。即使以 57.14% 计，对中国古代的"海溢"记录进行总体的分析比较，这一比率也是相当高的。有人认为，由海底地震或火山爆发等所激起的"海啸"，"在中国是很少见的"⑥，就汉代的情形而言，事实可能并非如此。

汉代"海溢"资料例(3)，历史文献本来的记载是"天尝连雨，东北风，海

---

① （清）施鸿保撰，来新夏校点：《闽杂记》，福建人民出版社 1985 年版，第 28 页。

② 《中文大字典》，汉荣书局 1982 年版，第 979 页。

③ 中国大百科全书出版社《简明不列颠百科全书》编辑部译编：《简明不列颠百科全书》第 3 卷，中国大百科全书出版社 1985 年版，第 660 页。

④ ［日］诸桥辙次、镰田正、米山寅太郎：《广汉和辞典》中册，大修馆书店 1982 年版，第 851 页。

⑤ ［日］尚学图书编集：《国语大辞典》，小学馆 1981 年版，第 1676 页。

⑥ 宋正海等：《中国古代自然灾异动态分析》，安徽教育出版社 2002 年版，第 324 页。

水溢，西南出，浸数百里，九河之地已为海所渐矣”，谭其骧曾经写道：“（王横）把海侵的原因说成是‘天尝连雨，东北风’，更显然是不科学的。按之实际，暴风雨所引起的海啸，只能使濒海地带暂时受到海涛袭击，不可能使广袤数百里的大陆长期‘为海所渐’。”然而，如果我们尊重考古学者基于科学发掘资料的判断，对“海侵”的说法进行慎重的再思索，似乎可以认真看待“东北风，海水溢，西南出”之说，并得出这很可能是一次由风暴引起的“海溢”的推测。海水急促漫上，能够“浸数百里，九河之地已为海所渐”，与这一地区特殊的地形特征有关。有人认为，“在中国古代丰富的潮灾记载中，最早记载风暴与潮灾关系的比地震海啸晚得多”，其最早“大风，海溢”资料，是公元 228 年的记录，所依据的资料，竟然是年代甚晚的方志资料“乾隆《绍兴府志》”。研究者指出，“正史记载的风暴潮则是公元 251 年（三国吴太元元年），‘秋八月朔，大风，江海涌溢，平地水深八尺’《三国志·吴志》）”。① 论者似乎没有注意到《汉书》卷 29《沟洫志》记录的王横所说“往者天尝连雨，东北风，海水溢，西南出，浸数百里，九河之地已为海所渐矣”事。②

后世地方志有说“东汉灵帝建宁三年六月，海水溢北海郡，溺杀人物”者，如明嘉靖十二年《山东通志》卷 39《灾祥》，在前说汉代史籍记载的 7 例“海溢”灾情之外，未知所据，似不足取信。③

汉代“海溢”灾害见于史籍者，都在“勃海”“北海”，只有（1）“（初元元年）五月，勃海水大溢”又涉及“六月，关东大饥，民多饿死，琅邪郡人相食”。而这段文字前面说到“占曰：‘为水饥’”，“水”与“饥”连说，不知琅邪郡饥馑是否也与海事有关。当时也称“东海”的黄海也曾发生“海溢”，并在北部中国沿海，这和后世“海溢”记录以东海、南海更为密集的情形显然不同。分析其原

---

① 宋正海等：《中国古代自然灾异群发期》，安徽教育出版社 2002 年版，第 233 页。今按：《三国志》卷 47《吴书·吴主传》原文为：“秋八月朔，大风，江海涌溢，平地深八尺。”第 1148 页。引文衍“水”字。又宋正海等《中国古代自然灾异相关性年表总汇》引此例，引《晋书·五行志》及乾隆《海宁府志》卷 16，却不引《三国志》，也明显违背史学常识。

② 《汉书》，第 1697 页。

③ 陆人骥编《中国历代灾害性海潮史料》关于汉代的部分多引用明清以至民国地方志文字，不符合史学规范。此事列为汉代第 5 条，依据只有嘉靖《山东通志》卷 39《灾祥》一例。第 3 页。

因，首先应当注意到当时中国北方是经济文化的重心地区。

五、"陨石—海啸"现象

有研究者指出，根据史料记载，"有大陨石引起的海啸"。① 宋正海等《中国古代自然灾异相关性年表总汇》所列"陨石—海啸"现象者，仅有光绪《镇海县志》卷 37 所载同治元年（1862）一例："七月二十二日夜，东北有彗星流入海中，光芒闪烁，声若雷鸣，潮为之沸。"②其实，可能汉代已经有类似现象发生。

《开元占经》卷 76《杂星占·星陨占五》："《文曜钩》曰：'镇星坠，海水溢。'《考异邮》曰：'黄星骋，海水跃。'《运斗枢》曰：'黄星坠，海水倾。'《淮南子》曰：'奔星坠而渤海决。'"③《文献通考》卷 281《象纬考四·星杂变》："……又曰：'填星坠，海水溢'；'黄星骋，海水跃'；又曰：'黄星坠，海水倾'；亦曰：'瓆星坠，而渤海决。'"似乎说的都是"陨石引起的海啸"。④ 参考安居香山、中村璋八辑《纬书集成》，《春秋文曜钩》"镇星坠，海水溢"，《春秋运斗枢》"黄星坠，海水倾"，"出典"均为《开元占经》卷 76，"资料"为清赵在翰辑《七纬》、黄奭辑《汉学堂丛书》、黄奭撰《黄氏逸书考》。而四库全书本《开元占经》卷 76 引《春秋考异邮》"黄星骋，海水跃"，《纬书集成》则作"黄星坠，海水跃"，"出典"亦为《开元占经》卷 76，"资料"为清马国翰辑《玉堂山房辑佚书》、黄奭辑《汉学堂丛书》、黄奭撰《黄氏逸书考》。⑤ 张衡曾说，"图谶成于哀、平之际"。⑥ 王先谦《后汉书集解》引阎若璩说："读班书《李寻传》，成帝元延中，寻说王根曰：'五经六纬，尊术显士'，则知成帝朝已有纬名矣。"⑦李学勤说："成帝时已有整齐的六纬，同五经相提并论，足证纬书有更早的起源。近年发现的长沙马王堆汉墓帛书，埋藏于文帝前期，有的内容已有与纬书相似处。

---

① 宋正海等：《中国古代自然灾异群发期》，第 232 页。
② 宋正海等：《中国古代自然灾异相关性年表总汇》，第 470 页。
③ （唐）瞿昙悉达编，李克和校点：《开元占经》，第 807 页。
④ （宋）马端临著，上海师范大学古籍研究所、华东师范大学古籍研究所点校：《文献通考》，第 7690 页。
⑤ ［日］安居香山、中村璋八辑：《纬书集成》中册，河北人民出版社 1994 年版，第 703、729、798 页。
⑥ 《后汉书》卷 59《张衡传》，第 1912 页。
⑦ （清）王先谦：《后汉书集解》，中华书局 1984 年版，第 668 页。

哀、平之际，不过是纬书大盛的时期而已。"①《开元占经》卷76将三种纬书所见"星坠"与"海水""溢""跃""倾"的关系，与《淮南子》曰：'奔星坠，而渤海决'"并列，文句内容风格十分接近，也暗示其年代不迟。《淮南子·天文》："贲星坠而勃海决。"高诱注："决，溢也。"②而前句"鲸鱼死而彗星出"，使人联想到《后汉书·灵帝纪》："（熹平二年）六月，北海地震。东莱、北海海水溢。"李贤注引《续汉志》曰："时出大鱼二枚，各长八九丈，高二丈余。"③

六、灾难史视野中的"海溢"

汉代"海溢"是被作为严重灾害记录在史册的。

除前引(1)初元元年"五月，勃海水大溢"与"六月，关东大饥，民多饿死，琅邪郡人相食"事的逻辑关系尚嫌模糊外，直接的灾情，可见(2)初元二年"流杀人民"，(3)"海水溢，西南出，浸数百里，九河之地已为海所渐矣"，(4)本初元年"海水溢"，"乐安、北海人"有"为水所漂没死者"，又多有"贫羸"待救助，或说"海水溢乐安、北海，溺杀人物"，（5）元康元年"勃海海溢，没杀人"，(7)熹平二年"东莱、北海海水溢出，漂没人物"等，都造成了民众生命财产的严重损失。

有关汉代灾害的学术研究成果，除了少数论著涉及"海溢"④外，其他的往往忽略了这种自然灾变的危害。就此进行更为深入的研究，可以补足这种缺憾，也有益于更全面地理解两汉时期社会和自然环境的关系。

第三节　"海中星占"书

汉代文献学遗存中，可以看到以"海中星占"为主题的论著。对于《汉书》卷30《艺文志》载录这些著作的性质，学者有不同的判断。但是认真分析相关

①　李学勤：《〈纬书集成〉序》，见［日］安居香山、中村璋八辑《纬书集成》上册，第4页。
②　何宁撰：《淮南子集释》，第177页。
③　《后汉书》，第335页。
④　如陈业新的论文《地震与汉代荒政》说到因地震引起的"海溢"，《中南民族学院学报》1997年第3期。他的学术专著《灾害与两汉社会研究》所附《两汉灾害年表》中，记录了本书讨论的"海溢"史例(1)(4)(5)(6)(7)。上海人民出版社2004年版，第383、417、421—422页。

文化信息，应当视"海中星占"诸书为早期海洋学的成就。与此相关，《淮南子》等文献所见以星象判定海上航行方向的情形，可以说明航海技术的进步。有关天文学史以及航海技术史的若干认识，或许因此应予更新。

一、《艺文志》"天文"题下的"海中星占"书

《汉书》卷 30《艺文志》有"天文二十一家，四百四十五卷"。其中可见题名冠以"海中"字样的文献：

> 《海中星占验》十二卷。
>
> 《海中五星经杂事》二十二卷。
>
> 《海中五星顺逆》二十八卷。
>
> 《海中二十八宿国分》二十八卷。
>
> 《海中二十八宿臣分》二十八卷。
>
> 《海中日月彗虹杂占》十八卷。①

这些论著，有的篇幅相当可观，如《海中五星顺逆》《海中二十八宿国分》《海中二十八宿臣分》都多达 28 卷，而"《海中五星经杂事》二十二卷"，篇幅也超过"天文二十一家，四百四十五卷"各家平均数 21.19 卷。以上 6 种著作总计 136 卷，平均每种 22.67 卷，都是"天文"家中分量较重的著作。可惜这些对于文献学史和天文学史研究均有重要意义的论著现今皆已亡佚。

关于"《海中星占验》十二卷"，沈钦韩《汉书疏证》卷 26："《隋志》：《海中星占》、《星图海中占》并一卷。"②关于"《海中二十八宿国分》二十八卷"，沈钦韩说："《晋书·天文志》'州郡躔次'：陈卓、范蠡、鬼谷先生、张良、诸葛亮、谯周、京房并云：角、亢、氐，郑，兖州；房、心，宋，豫州；尾、箕，燕，幽州；斗、牵牛、须女，吴、越，扬州；营室、东壁，卫，并州；奎、娄、胃，鲁，徐州；昴、毕，赵，冀州；觜、参，魏，益州；东井、舆鬼，秦，雍州；柳、七星、张，周，三辅；翼、轸，楚，荆州。《隋志》：《二十八宿分野图》一卷。"③关于"《海中二十八宿臣分》二十八卷"，沈钦韩又写道：

---

① 《汉书》，第 1764 页。

② 《隋书》卷 34《经籍志三》："《海中星占》一卷。《星图海中占》一卷。""《海中星占》一卷"，原注："梁有《论星》一卷。"第 1020 页。

③ 《晋书》卷 11《天文志上》，第 309—313 页。《隋书》卷 34《经籍志三》，第 1021 页。

"王氏考证未详。'臣分'按张衡云：'在野象物，在朝象官，在人象事。'《隋志》：《二十八宿二百八十三官图》一卷，《天文外官占星官次占》一卷①，即臣分也。"②

这些著作题目均首先强调"海中"，使人们很容易想到应与海上生活有关，很可能包括海上航行时判断方位和航向的经验总结。

二、"海人之占"说

《艺文志》列入"天文"类的题名"海中"的文献，有人认为即张衡《灵宪》所谓"海人之占"。张衡《灵宪》言"海人之占"，见于《续汉书·天文志上》刘昭注补。刘昭写道："臣昭以张衡天文之妙，冠绝一代。所著《灵宪》、《浑仪》，略具辰耀之本，今写载以备其理焉。"引《灵宪》曰："夫日譬犹火，月譬犹水，火则外光，水则含景。故月光生于日之所照，魄生于日之所蔽，当日则光盈，就日则光尽也。众星被耀，因水转光。当日之冲，光常不合者，蔽于地也。是谓暗虚。在星星微，月过则食。日之薄地，其明也。繇暗视明，明无所屈，是以望之若火。方于中天，天地同明。繇明瞻暗，暗还自夺，故望之若水。火当夜而扬光，在昼则不明也。月之于夜，与日同而差微。星则不然，强弱之差也。众星列布，其以神著，有五列焉，是为三十五名。一居中央，谓之北斗。动变挺占，寔司王命。四布于方，为二十八宿。日月运行，历示吉凶，五纬经次，用告祸福，则天心于是见矣。中外之官，常明者百有二十四，可名者三百二十，为星二千五百，而海人之占未存焉。微星之数，盖万一千五百二十。庶物蠢蠢，咸得系命。不然，何以总而理诸。"③

《唐开元占经》卷1《天体浑宗》开篇即引"后汉河间相张衡《灵宪》曰"，文字略同，"海人之占"说依然醒目。④

《续汉书·天文志中》刘昭注补引用过《海中占》。如："(汉章帝元和七年)二月癸酉，金、火俱在参。"刘昭注补："《巫咸占》曰：'荧惑守参，多火灾。'

---

① 《隋书》卷34《经籍志三》，第1020页。

② (清)沈钦韩撰：《汉书疏证(外二种)》第1册，上海古籍出版社据清光绪二十六年浙江官书局刻本2006年4月影印版，第719—720页。顾实《汉书艺文志讲疏》引作"即臣分之义也"，衍"之义"二字。上海古籍出版社1987年版，第212页。

③ 《后汉书》，第3215—3217页。

④ (唐)瞿昙悉达编，李克和校点：《开元占经》上册，第1—2页。

《海中占》曰：'为旱。太白守参，国有反臣。'郗萌曰'有攻战伐国'也。'"（元兴元年）闰月辛亥，水、金俱在氐。"刘昭注补："巫咸曰：'辰星守氐，多水灾。'《海中占》曰：'天下大旱，所在不收。'《荆州星占》曰：'太白守氐，国君大哭。'""（汉顺帝永和二年）八月庚子，荧惑犯南斗。斗为吴。"刘昭注补："《黄帝经》曰：'不莙年，国有乱，有忧。'《海中占》：'为多火灾。一曰旱。'《古今注》曰：'九月壬午，月入毕口中。'"①所谓《海中占》，很可能就是《汉书》卷30《艺文志》所见"《海中星占验》"和"《海中日月彗虹杂占》"一类文献。

宋代学者王应麟《汉艺文志考证》卷9"《海中星占验》十二卷"条说到《海中占》等论著，以为"即张衡所谓'海人之占'也"：

> 《后汉天文志》注引《海中占》。《隋志》有《星占》、《星图海中占》各一卷。即张衡所谓"海人之占"也。《唐天文志》：开元十二年，诏太史交州测景，以八月自海中南望老人星殊高。老人星下，众星粲然。其明大者甚众，图所不载，莫辨其名。②

清人徐文靖《管城硕记》卷30《杂述》写道："张衡《灵宪》曰：微星之数万一千五百二十，海人之占所未详也。按：唐开元中，测影使者太相元太云：'交州望极才出地三十余度，以八月自海中望老人星殊高。老人星下，众星灿然，其明大者甚众，图所不载，莫辨其名。大率去南极二十度以上，其星皆见。乃自古浑天以为常设地中，伏而不见之所也。'今西洋《南极星图》有火马、金鱼、海石、十字架之类，即《灵宪》所云'海人之占'，《唐志》所云'莫辨其名'者也。《坤舆图说》曰：'天下有五大州，利未亚州其地南至大浪山，已见南极出地三十五度矣。'"③可知有关"海人之占"的认识，其学术脉络至后世依然清晰。

赵益《〈汉志〉数术略考释证补》注意到，王应麟所引《旧唐书》卷35《天文志上》文字之后还写道："大率去南极二十度以上，其星皆见，乃古浑天家以为常没地中，伏而不见之所也。"④赵益写道："张衡明言海人之占，《旧唐书·天

---

① 《后汉书》，第3235—3238、3245页。

② （宋）王应麟撰，张三夕、杨毅点校：《汉艺文志考证》，中华书局2011年版，第272—273页。

③ （清）徐文靖撰，范祥雍点校：《管城硕记》，中华书局1998年版，第550页。

④ 《旧唐书》，第1304页。

文志》又有自海中南望之事，故至海极南而观天象以校中土所得，并非虚事。唐《开元占经》引'海中占'甚多，亦可证。要之，后世所谓'海中占'，当据临海测星而来，以言更广大地区所见之星及其星占。"①

张衡"海人之占"所谓"海人"，应当是以"海"为基本生计条件的人们。三民书局《大辞典》"海人"条："①古时指中国以外的海岛居民。《南史·夷貊传·倭国》：'又西南万里，有海人，身黑眼白，裸而丑，其肉没，行者或射而食之。'②在海上捕鱼的人。《述异记·下》：'东海有牛鱼，其形如牛，海人采捕。'"②考察汉代"海人"语义，很可能是指海洋渔业或海洋航运业的从业人员。《说苑·君道》说弦章对语称齐景公之心，"是时海人入鱼，公以五十乘赐弦章归，鱼乘塞涂"。③ 这是比较早的出现"海人"称谓的记录。

所谓"海人"指代的秦汉时期的社会身份，也应包括最早进行海洋探索的知识人"燕齐海上方士"。赵益《古典术数文献述论稿》认为，"《隋志》有'海中仙人占灾祥书'等，此'海中仙人'与海中占无关"。④ "海中占"与"海中仙人""无关"的说法，或许失之于武断。

《汉书》卷30《艺文志》著录《海中星占验》等可能可以归入"海人之占"的文献，似乎有数术学的意义，自然有神秘主义色彩。但是能够总结成为篇幅可观的专门著作，应有海上航行的实践经验以为确定的基础，可以看作早期海洋学的成就。

三、《日知录》"海中""中国"说

对于被看作"海人之占"的这些汉代论著，还有另外的理解。顾炎武《日知录》卷30"海中五星二十八宿"条写道：

> 《汉书·艺文志》："《海中星占验》十二卷，《海中五星经杂事》二十二卷，《海中五星顺逆》二十八卷，《海中二十八宿国分》二十八卷，《海中二十八宿臣分》二十八卷，《海中日月彗虹杂占》十八卷。""海中"者，中国也。故《天文志》曰："甲、乙，海外日月不占。"盖天象所临者广，而二十

---

① 赵益：《古典术数文献述论稿》，中华书局2005年版，第7页。
② 三民书局辞典编辑委员会编辑：《大辞典》中册，第2648页。
③ （汉）刘向撰，赵善诒疏证：《说苑疏证》，第32页。
④ 赵益：《古典术数文献述论稿》，第7页。

八宿专主中国，故曰"海中二十八宿"。①

按照这样的判断，也就是说，这些"海中星占"之书，是与海上生活、海上航行完全无关的。

沈钦韩注意到顾炎武的这种意见。《汉书疏证》卷26就"《海中星占验》十二卷"写道：

> 顾炎武曰："'海中'者，中国也。故《天文志》曰：'甲、乙，海外日月不占。'"愚谓海中混芒，比平地难验，著"海中"者，言其术精。算法亦有《海岛算经》。王氏云："即张衡所谓'海人之占'也。"②《后志》注："《海中占》曰：荧惑守参'为旱'。'太白守参，国有反臣。'"唐《封氏闻见记》云：齐武成帝即位，大赦天下，其日设金鸡。宋孝王不识其义，问于光禄大夫司马膺之，答曰：按《海中星占》：天鸡星动，必当有赦。③

沈钦韩以为"海中混芒，比平地难验"，明确主张"海中"异于"平地"，又赞同"海人之占"说，持否定顾炎武"'海中'者，中国"意见的立场。

张舜徽则支持顾炎武的判断。他在《汉书艺文志通释》"《海中日月彗虹杂占》十八卷"条下引顾炎武说，又写道："按：顾说是也。昔人言海中，犹今日言海内耳。天象实临全宇，而中土诸书所言，惟在禹域。故上列五书，皆冠之以海中二字。不解此旨者，多以为从大海中仰观天象，至谓海中占验书不少，乃汉以前海通之征，谬矣。"④不过，张舜徽在"《海中星占验》十二卷"条下也引用了沈钦韩直接反驳顾炎武的说法："沈钦韩曰：'海中混芒，比平地难验，著海中者，言其术精。算法亦有《海岛算经》。'"但是并未有所讨论。⑤

---

① （清）顾炎武著，（清）黄汝成集释，秦克诚点校：《日知录集释》，第1056页。
② 原注："《后天文志》注：张衡《灵宪》曰：'中外之官可明者三百二十，为星二千五百，而海人之占未存焉。'"
③ （清）沈钦韩撰：《汉书疏证（外二种）》第1册，第719—720页。司马膺之说，见（唐）封演《封氏闻见记》卷4"金鸡"条："武成帝即位，大赦天下，其日设金鸡。宋孝王不识其义，问于光禄大夫司马膺之曰：'赦建金鸡，其义何也？'答曰：'按《海中星占》：天鸡星动，必当有赦。'由是王以鸡为候。"（唐）封演撰，赵贞信校注：《封氏闻见记校注》，第30页。
④ 张舜徽：《汉书艺文志通释》，华中师范大学出版社2004年版，第395页。
⑤ 张舜徽：《汉书艺文志通释》，第394页。

赵益认为，"顾、张说亦未全是，盖若以此故，则他书皆当冠以海中二字矣"。①

沈钦韩"海中混芒"语确然无疑。《隶释》卷 2《东海庙碑》："浩浩仓海，百川之宗。经落八极，潢□□洪。波润……物，云雨出焉。天渊□□，祯祥所……"②汉代人对于海洋水文气象具备初步的知识，对于海洋天文星象亦当有所关心，《艺文志》"天文"家论著所谓"海中"究竟应当怎样理解，看来有必要认真讨论。

四、《汉书》"海中"语义

其实，所谓"昔人言海中，犹今日言海内耳"，其说不确。《汉书》中所谓"海中"，语义是比较明确的，都并非"言海内"。顾炎武"'海中'者，中国也"之说，未能得到汉代文献资料的支持。

例如，《汉书》卷 25 上《郊祀志上》："自威、宣、燕昭使人入海求蓬莱、方丈、瀛洲。此三神山者，其传在勃海中。""船交海中，皆以风为解，曰未能至，望见之焉。""始皇南至湘山，遂登会稽，并海上，几遇海中三神山之奇药，不得。""少君言上：'祠灶皆可致物，致物而丹沙可化为黄金，黄金成以为饮食器则益寿，益寿而海中蓬莱仙者乃可见之。……'""（栾）大言曰：'臣常往来海中，见安期、羡门之属。……'""上遂东巡海上，行礼祠八神。齐人之上疏言神怪奇方者以万数，乃益发船，令言海中神山者数千人求蓬莱神人。"《汉书》卷 25 下《郊祀志下》："治大池，渐台高二十余丈，名曰泰液，池中有蓬莱、方丈、瀛州、壶梁，象海中神山龟鱼之属。"③《汉书》卷 26《天文志》的说法可能有益于理解《艺文志》著录冠名"海中"的"天文"家的学术收获："汉兵击拔朝鲜，以为乐浪、玄菟郡。朝鲜在海中，越之象也；居北方，胡之域也。"④《汉书》卷 28 下《地理志下》："乐浪海中有倭人，分为百余国，以岁时来献见云。"⑤所谓"朝鲜在海中"以及"倭人"在"乐浪海中"，都说明"海中"

①　赵益：《古典术数文献述论稿》，第 7 页。
②　（宋）洪适撰：《隶释　隶续》，中华书局 1985 年版，第 30 页。"经落"，《景印文渊阁四库全书》作"经络"。第 681 册，第 448 页。
③　《汉书》，第 1204—1206、1216、1222、1234、1245 页。
④　《汉书》，第 1306 页。
⑤　《汉书》，第 1658 页。

一语体现的空间距离已经并非近海。而前引诸例，似乎可以说明"海中"语汇的使用，较早或与李少君、栾大一类"燕齐海上方士"的航海实践有关。

其他例证，又有《汉书》卷33《田儋传》："高帝闻之，以横兄弟本定齐，齐人贤者多附焉，今在海中不收，后恐有乱，乃使使赦横罪而召之。""高帝闻而大惊，以横之客皆贤者，'吾闻其余尚五百人在海中'，使使召至，闻横死，亦皆自杀。"①《汉书》卷64下《贾捐之传》："初，武帝征南越，元封元年立儋耳、珠崖郡，皆在南方海中洲居。"②"海中"都是指海上，并无指"中国"之例。

又《汉书》卷96下《西域传下》："设酒池肉林以飨四夷之客，作《巴俞》都卢、海中《砀极》、漫衍鱼龙、角抵之戏以观视之。"③其中"海中"似乎也未可解为"中国"。④

王应麟引《旧唐书》卷35《天文志上》"以八月自海中南望老人星殊高"，所谓"海中"，应当也不是顾炎武所谓"中国"。

五、《淮南子》："乘舟而惑者""见斗极则寤"

张舜徽以为"谬矣"的"谓海中占验书不少，乃汉以前海通之征"的说法，见于顾实《汉书艺文志讲疏》。他在"《海中日月彗虹杂占》十八卷"条下写道：

> 以上海上占验书不少，盖汉以前海通之征。故今之日本，稽其谱牒，

---

① 《汉书》，第1851—1852页。

② 《汉书》，第2830页。

③ 《汉书》，第3928页。

④ 我们还可以通过成书早于《汉书》的《史记》所见"海中"考察汉代语言习惯。《史记》中可见多例"海中"，如卷6《秦始皇本纪》："齐人徐市等上书，言海中有三神山，名曰蓬莱、方丈、瀛洲"。卷28《封禅书》："此三神山者，其傅在勃海中"，"船交海中，皆以风为解"，"始皇南至湘山，遂登会稽，并海上，冀遇海中三神山之奇药"，"黄金成以为饮食器则益寿，益寿而海中蓬莱仙者乃可见"，"臣常往来海中，见安期、羡门之属"，"乃益发船，令言海中神山者数千人求蓬莱神人"，"其北治大池，渐台高二十余丈，命曰太液池，中有蓬莱、方丈、瀛洲、壶梁，象海中神山龟鱼之属"。卷94《田儋列传》："高帝闻之，以为田横兄弟本定齐，齐人贤者多附焉，今在海中不收，后恐为乱，乃使使赦田横罪而召之"，"吾闻其余尚五百人在海中"。卷118《淮南衡山列传》："臣见海中大神，言曰：'汝西皇之使邪？'"第247、1369—1370、1385、1390、1397、1402、2647—2649、3086页。"海中"也都是言海上。

有秦、汉族颇多欤！①

李零也以为这样的"海上占验书"应当与航海行为有直接的关系。他称《艺文志》著录的这 6 种书为"海中星占验书六种"，认为：

> 这六种和航海有关。航海要靠观星。海中观星，视觉效果胜于陆地。

所谓"海中观星，视觉效果胜于陆地"，与沈钦韩"海中混芒，比平地难验"说分析角度不同，但是都指明了"海中"与陆上不同的环境背景。李零对于"海中星占验书六种"又分别予以解说：

> 《海中星占验》，是乘船航海，在海上占星。
> 《海中五星经杂事》，属五星占。
> 《海中五星顺逆》，属五星占。"顺逆"，指躔度的盈缩。
> 《海中二十八宿国分》，属二十八宿占。"国分"，是以天下郡国上应天星，将星野划分。
> 《海中二十八宿臣分》，属二十八宿占。"臣分"，是以天下官曹上应天星，讲星官划分。
> 《海中日月彗虹杂占》，是以日月、彗星、虹霓占。②

所谓"乘船航海，在海上占星"，与《旧唐书》卷 35《天文志上》"自海中南望老人星"情形有类同之处，但是这样的情形是否可以看作"海通之征"呢？

以"海中占验书"出现的数量，以为"海通之征"，虽张舜徽认为"谬矣"，却是有一定道理的。不过，"航海要靠观星"，汉代"海中占验书""和航海有关"的认识，似乎尚未被天文史学者认可。有天文学史论著在讨论"航海天文观测"时写道："观测星象，可以确定航海中船只的位置和指导航行的方向，这样也就促进了天文学的发展。但在我国，至少从文献上看不出起过多大作用。宋代以前，关于航海方面的文献很少，到了宋代，一由于商品经济的发展，使远洋航行比较发达。我们从《萍洲可谈》中的记载，可以知道当时的航

---

① （汉）班固编撰，顾实讲疏：《汉书艺文志讲疏》，第 213 页。
② 李零：《兰台万卷：读〈汉书·艺文志〉》（修订版），生活·读书·新知三联书店 2013 年版，第 177 页。

海家们，已经能够利用天文观测和阴雨天利用指南针的辅助，来确定船舶的位置。"原注："《萍洲可谈》称：'舟师识地理，夜则观星，昼则观日，阴晦则观指南针，或以十丈绳钩取海底泥嗅之，便知所至。'"作者还写道："由于长时期航海经验的积累和中外文化交流的加强，到了宋代航海家们已能够利用天文观测来导航。"①

将"能够利用天文观测来导航"确定在"宋代"，恐失之于保守。汉代远洋航运已经得到初步开发②，如果未曾借助天文观测实现导航，大概是不可能的。确定的例证有《淮南子·齐俗》：

> 夫乘舟而惑者，不知东西，见斗极则寤矣。

另一说法作："见斗极则晓然而寤矣。"③

有学者曾经指出，"自周汉至明清，汉文史籍中持续记载了古代船家依托天体星象进行的导航实践"。所举最早的年代明确的资料，就是《淮南子·齐俗》的这一记录。④ 有海洋学者指出，"北极星在北方的天空中有着独一无二的特征，无论观察者的经度位置如何变化，也不管一年四季的不断更替，它的基本位置总是保持不变"。这一知识应当在《淮南子》成书的时代已经为中国航海家所应用。另外，"除了北极星的指北性上有一定的可靠性外，它的这一特性使得人们可以凭借估算北极星高出地平线的高度来确定纬度。对于赤道

---

① 陈遵妫：《中国天文学史》中册，上海人民出版社 2006 年版，第 596—597 页。

② 王子今：《秦汉时期的东洋与南洋航运》，《海交史研究》1992 年第 1 期。

③ 刘文典《淮南鸿烈集解》："文典谨按：《文选》应修琏《与从弟君苗君胄书》注引，作'见斗极则晓然而寤矣'。"中华书局 1989 年版，上册第 352 页。何宁以为"《文选》注引'晓然而'三字疑非本文"。何宁撰：《淮南子集释》，第 776 页。"疑非本文"的判断，没有提出怀疑的根据。

④ 杜石然、范楚玉、陈美东、金秋鹏、周世德、曹婉如编著《中国科学技术史稿》也持同样意见。在分析秦汉时期的"海路交通"后论者指出："与此相适应的是航海船舶的发展与航海术的进步。这时的航海术，大抵是依沿海地理等知识的了解，凭航海者的经验沿海岸航行，但天文航海的知识也不断增长并得到运用。汉初《淮南子·齐俗篇》曾说到大海中航行'夫乘舟而惑者不知东西，见北极则悟矣'，这是人们已经利用天文知识以确定航向的说明。"科学出版社 1982 年版，第 227 页。"北极"应即"斗极"误写。

以北纬度相似的地区，这个特性全年保持不变"。① 秦汉时人是否已经获得这样的经验，尚无资料可以说明。

晚于《淮南子》，又有《抱朴子外篇·嘉遯》的说法："夫群迷乎云梦者，必须指南以知道；并乎沧海者，必仰辰极以得反。"②又如《法显传》："大海弥漫无边，不识东西，唯望日月星宿而进。"③这些信息的年代，都远远早于宋代。④

六、关于书题所冠"汉"与"海中"的意义

《艺文志》所见这 6 种"海中星占"书，或称"海中占验书""海中星占验书"，是否都体现了航海天文导航技术的应用，似乎还难以判定。李零分析"海中星占验书六种"时虽然说："这六种和航海有关。航海要靠观星。海中观星，视觉效果胜于陆地。"但是具体分析时则只说："《海中星占验》，是乘船航海，在海上占星。"对于其他 5 种，则未作涉及"航海"的评论。现在看来，言此 6 种书均"和航海有关"，是正确的。

还有一种情形值得我们注意，即在题名冠以"海中"的这 6 种书之前，还有 6 种书的题名冠以"汉"字：

> 《金度玉衡汉五星客流出入》八篇。
>
> 《汉五星彗客行事占验》八卷。
>
> 《汉日旁气行事占验》三卷。
>
> 《汉流星行事占验》八卷。
>
> 《汉日旁气行占验》十三卷。
>
> 《汉日食月晕杂变行事占验》十三卷。

李零指出，"《金度玉衡、汉五星客流出入》，是合《金度玉衡》、《汉五星客流

---

① ［英］约翰·迈克：《海洋——一部文化史》，第 140—141 页。

② 杨明照撰：《抱朴子外篇校笺》，第 61 页。

③ 吴春明：《古代航海术中的天文导航——从中国史到南岛民族志的再思考》，见吴春明主编《海洋遗产与考古》，科学出版社 2012 年版，第 427—429 页。

④ 陈遵妫《中国天文学史》书中有些地方透露出历史年代知识方面的不足。如关于"秦汉天文学"的内容中，说到"秦始皇在位三十七年（公元前 246—前 210 年），秦二世仅三年（公元前 209—前 207 年），秦代共计只有 40 年"。上册第 143 页。以秦王政即位为秦代起始，显然是误识。

出入》为一书，中间要点断"。这一意见是正确的。这样说来，《汉五星客流出入》与后面的 5 种书，合计 6 种，均是以"汉"为首要标志。李零称之为"汉代的占星候气书六种"，大概是以"汉代的"解释书题共同的首字"汉"，又明确说："这六种，除《金度玉衡》，都带'汉'字，可见是汉代古书。"①

不过，李零所说"都带'汉'字，可见是汉代古书"的说法，似乎还可以商榷。《艺文志》著录书名冠以"汉"字的，除此 6 种外，甚为少见。如"《春秋》二十三家，九百四十八篇"中的"《汉著记》百九十卷"，"《汉大年纪》五篇"，以及"歌诗二十八家，三百一十四篇"中的"《汉兴以来兵所诛灭歌诗》十四篇"，"汉"字都是作为历史断限的符号，但均指示文献内容记述的时代，并非标示"是汉代古书"。② 又有"《礼》十三家，五百五十五篇"中的"《汉封禅群祀》三十六篇"，"'汉'字"是制度史的时间标记，与相并列的"《封禅议封》十九篇"③明显不同。"谱历十八家，六百六卷"中的"《汉元殷周谱历》十七卷"，则比较特殊，沈钦韩言"按此以汉元上推殷周"④，张舜徽引姚振宗曰："其曰汉元殷周，岂自汉代建元改历之时，以上溯殷周两代欤？"⑤李零也以为《汉元殷、周谍历》，是以汉代纪年上推殷周纪年的历表"。⑥

也许，《艺文志》"天文二十一家，四百四十五卷"中著录书名冠以"汉"字的这 6 种书，称"汉代的占星候气书六种"，不若称"汉的占星候气书六种"或"汉地的占星候气书六种"，即将"汉"字与下列 6 种书题所冠"海中"名号，均视作地理标识和空间符号。《艺文志》所列书名，这样前冠地域代号的情形是

---

① 李零：《兰台万卷：读〈汉书·艺文志〉》（修订版），第 176—177 页。

② 王应麟《汉艺文志考证》："《汉著记》百九十卷。刘毅曰：'汉之旧典，世有注记。'荀悦《申鉴》曰：'先帝故事，有起居注，日注动静之节，必书焉。'《通典》曰：'汉武帝有《禁中起居注》，马后撰《名帝起居注》，则汉起居似在宫中，为女史之任。'谷永言灾异，有'八世著记，久不塞除'之语。""《汉大年纪》五篇。高祖、文帝、武帝《纪》，臣瓒注引《汉帝年纪》，盖即此书。"第 178 页。李零《兰台万卷：读〈汉书·艺文志〉》（修订版）："《汉兴以来兵所诛灭歌诗》，疑即《汉鼓吹铙歌》……"第 133 页。

③ 原注："武帝时也。"

④ （清）沈钦韩撰：《汉书疏证（外二种）》，第 722 页。

⑤ 张舜徽：《汉书艺文志通释》，第 397 页。

⑥ 李零：《兰台万卷：读〈汉书·艺文志〉》（修订版），第 180 页。

比较多的，如齐、鲁、韩、燕、秦、河间、卫等。

关于《海中二十八宿国分》《海中二十八宿臣分》，前引顾炎武《日知录》言"盖天象所临者广，而二十八宿专主中国，故曰'海中二十八宿'"，姚明辉《汉书艺文志姚氏注解》不同意"二十八宿专主中国"说："窃谓国分非汉一隅之封，既属海中，疑为邹衍所说大九州之分。"赵益就此驳议："案姚说无据。二十八宿既为分野说，则'国分'云云必乃一种实际分野，然其详情不可考。"这样的反驳显得无力。其实姚明辉"国分非汉一隅之封"的见解，有益于理解此 6 种书何以书题冠以"汉"字。姚明辉还指出：《汉日食月晕》以上五家，皆以汉统之，疑若今所谓本国；《海中星占验》以下六家，皆以海中统之，疑若今所谓世界。"赵益以为"说亦可参"。① 如此理解以"汉"与"海中"作为天文占验著作的特别标识的意义，并且注意后者"和航海有关"，应当是符合汉代海洋探索获得诸多成就的历史实际的。

就"汉"与"海中"形成的对应关系而言，顾炎武《日知录》"'海中'者，中国也"解说的合理性，当然就更为可疑了。

姚明辉以为"以汉统之"者"疑若今所谓本国"，"以海中统之"者"疑若今所谓世界"的意见值得重视，还在于可以启发我们对于当时相关海上航行经验之可能的多种来源的思考。关注《汉书》卷 28 下《地理志下》关于南洋航路除汉人"译长""与应募者俱入海市明珠、璧流离、奇石异物，赍黄金杂缯而往"之外，又有"蛮夷贾船，转送致之"的记载②，似可考虑或有"蛮夷贾船"的驾驶者亦提供航海经验使得中原海洋学知识得以充实的可能。

---

① 赵益：《古典术数文献述论稿》，第 8 页。
② 《汉书》，第 1671 页。

第七章　秦汉军事史的海上篇章

　　"楼船将军""横海将军""伏波将军"等名号，标志汉代海上武装列入正规军事序列，并且有重要的表现。其军事行为曾经影响战争形势，甚至主导战事走向。海洋成为进军的交通条件，成为直接的战场，成为军事史进程的醒目的时代标志。这一历史现象，是以航运能力为基本条件的。

第一节　闽越海战史略

　　越人航海传统的继承，使得闽越国在汉初拥有显著的海上航运能力方面的优势。闽越于是侵凌百越，兼并邻国，导致东南地方的安定受到威胁。汉王朝出军，控制了局面。此次海上军事竞争的终结，使得"横海将军"成就了功勋。

一、闽越王"阴计奇策，入燔寻阳楼船"

　　闽越与汉王朝中央政权关系微妙。这表现在与皇帝离心的诸侯势力往往联络闽越，以谋求策应。《史记》卷10《孝文本纪》："六年，有司言淮南王长废先帝法，不听天子诏，居处毋度，出入拟于天子，擅为法令，与棘蒲侯太子奇谋反，遣人使闽越及匈奴，发其兵，欲以危宗庙社稷。"①《史记》卷106《吴

①　《史记》，第426页。《史记》卷118《淮南衡山列传》："六年，令男子但等七十人与棘蒲侯柴武太子奇谋，以辇车四十乘反谷口，令人使闽越、匈奴。事觉，治之，使使召淮南王。淮南王至长安。大夫但、士五开章等七十人与棘蒲侯太子奇谋反，欲以危宗庙社稷。使开章阴告长，与谋使闽越及匈奴发其兵。"第3077页。

王濞列传》："七国之发也，吴王悉其士卒，下令国中曰：'寡人年六十二，身自将。少子年十四，亦为士卒先。诸年上与寡人比，下与少子等者，皆发。'发二十余万人。南使闽越、东越，东越亦发兵从。"叛军被击败后，吴王刘濞被东越所杀，他的两个儿子在流亡中为闽越所收留。"吴大败，士卒多饥死，乃畔散。于是吴王乃与其麾下壮士数千人夜亡去，度江走丹徒，保东越。东越兵可万余人，乃使人收聚亡卒。汉使人以利啗东越，东越即绐吴王，吴王出劳军，即使人鏦杀吴王，盛其头，驰传以闻。吴王子子华、子驹亡走闽越。"①

闽越对长安政权的这种态度，与背靠外海的地理形势有关。《史记》卷114《东越列传》记载，闽粤王弟余善面对汉军事压力，与宗族相谋："今杀王以谢天子。天子听，罢兵，固一国完；不听，乃力战；不胜，即亡入海。"②可知其有依恃滨海地理条件争取政治抗衡地位的考虑。③

闽越又曾经取与汉王朝完全敌对的立场。《汉书》卷64上《严助传》："今闽越王狼戾不仁，杀其骨肉，离其亲戚，所为甚多不义，又数举兵侵陵百越，并兼邻国，以为暴强，阴计奇策，入燔寻阳楼船，欲招会稽之地，以践句践之迹。今者，边又言闽王率两国击南越。陛下为万民安危久远之计，使人谕告之曰：'天下安宁，各继世抚民，禁毋敢相并。'有司疑其以虎狼之心，贪据百越之利，或于逆顺，不奉明诏，则会稽、豫章必有长患。且天子诛而不伐，焉有劳百姓苦士卒乎？故遣两将屯于境上，震威武，扬声乡。屯曾未会，天

① 《史记》，第2827、2834页。

② 《史记》，第2981页。

③ 《汉书》卷25下《郊祀志下》说："海广大无限界。"第1265页。海上，长期是中原内陆王朝控制力所不及的空间，而沿海地方的行政机能亦比较落后。《盐铁论·险固》所谓"藩臣海崖"（第516页），《汉书》卷72《鲍宣传》载鲍宣上书所谓"海濒仄陋"（第3093页），《说苑·臣术》所谓"处海垂之际"（第302页），都指出这些地方的边缘化地位。孔子曾经有"道不行，乘桴浮于海"的感叹（《论语·公冶长》）。《史记》卷41《越王句践世家》："范蠡浮海出齐。"这是一具体的"浮海"流亡事迹。第1752页。又如《史记》卷83《鲁仲连邹阳列传》："鲁连逃隐于海上。"第2469页。另一属于秦汉时期的典型的例证，是田横及其五百士的故事。据《史记》卷106《吴王濞列传》，吴楚七国之乱发起时，刘濞集团中也有骨干分子在谋划时说："击之不胜，乃逃入海，未晚也。"第2835页。《汉书》卷35《荆燕吴传·吴王刘濞》："不胜而逃入海，未晚也。"第1917页。

诱其衷,闽王陨命,辄遣使者罢屯,毋后农时。"①这段文字,是站在汉王朝立场上对闽越外交军事行为的指责。

"闽越王"或说"闽王"的进取,包括对汉王朝的侵犯,"阴计奇策,入燔寻阳楼船,欲招会稽之地,以践句践之迹"。此说未可判断是已经破坏了寻阳楼船基地,还是仅仅只是"阴计奇策",只是"欲",而尚未实施。

关于"寻阳楼船",颜师古注:"汉有楼船贮在寻阳也。"闽越王"入燔寻阳楼船",即使只是策划,也体现出对航运特别是军事航运能力的重视。推想闽越王考虑的出发点,应有维护自我航海优势的因素。

二、闽越王"侵陵百越,并兼邻国"

《汉书》卷 64 上《严助传》所见对"闽越王"或称"闽王"的指责,较直接冒犯汉王朝更为严重的,可能是对"百越"其他政治实体的进攻:"又数举兵侵陵百越,并兼邻国,以为暴强"。另一明确的罪责,是"闽王率两国击南越"。

《史记》卷 114《东越列传》记述了闽越对东瓯的侵犯,较具体地涉及严助论说:"孝景三年,吴王濞反,欲从闽越。闽越未肯行,独东瓯从吴。及吴破,东瓯受汉购,杀吴王丹徒。以故皆得不诛,归国。吴王子子驹亡走闽越,怨东瓯杀其父,常劝闽越击东瓯。至建元三年,闽越发兵围东瓯。东瓯食尽,困,且降,乃使人告急天子。天子问太尉田蚡。蚡对曰:'越人相攻击,固其常。又数反复,不足以烦中国往救也。自秦时弃弗属。'于是中大夫庄助诘蚡曰:'特患力弗能救,德弗能覆,诚能,何故弃?且秦举咸阳而弃之,何乃越也。今小国以穷困来告急天子,天子弗振,当安所告愬?又何以子万国乎?'上曰:'太尉未足与计。吾初即位,不欲出虎符发兵郡国。'乃遣庄助以节发兵会稽。会稽太守欲距不为发兵,助乃斩一司马,谕意指。遂发兵浮海救东瓯。未至,闽越引兵而去。东瓯请举国徙中国,乃悉举众来,处江淮之间。"②闽越对东瓯的武力压迫,致使这一部族联盟或国家已经不能在原先的居地自存。③

---

① 《汉书》,第 2787—2788 页。
② 《史记》,第 2980 页。裴骃《集解》:"徐广曰:'《年表》云东瓯王广武侯望,率其众四万余人来降,家庐江郡。'"司马贞《索隐》:"徐广据《年表》而为说。"
③ 《史记》卷 114《东越列传》:"天子曰东越狭多阻,闽越悍,数反复,诏军吏皆将其民徙处江淮间。东越地遂虚。"第 2984 页。

所谓"率两国击南越"，即闽越对"百越"控制权的争夺，是汉王朝绝对不能容忍的。闽越曾经附从南越。《史记》卷113《南越列传》："（赵）佗乃自尊号为南越武帝，发兵攻长沙边邑，败数县而去焉。高后遣将军隆虑侯灶往击之。会暑湿，士卒大疫，兵不能逾岭。岁余，高后崩，即罢兵。佗因此以兵威边，财物赂遗闽越、西瓯、骆，役属焉，东西万余里。乃乘黄屋左纛，称制，与中国侔。"然而后来闽越发起了对南越的军事攻击。"佗孙胡为南越王。此时闽越王郢兴兵击南越边邑，胡使人上书曰：'两越俱为藩臣，毋得擅兴兵相攻击。今闽越兴兵侵臣，臣不敢兴兵，唯天子诏之。'于是天子多南越义，守职约，为兴师，遣两将军往讨闽越。① 兵未逾岭，闽越王弟余善杀郢以降，于是罢兵。"②汉王朝对南越的解救，体现了中央权力居高临下安定国家的效能。"天子使庄助往谕意南越王，胡顿首曰：'天子乃为臣兴兵讨闽越，死无以报德！'"

闽越"举兵侵陵百越，并兼邻国"，"率两国击南越"，应充分利用了近海航运的便利。据《史记》卷114《东越列传》传留的文献，司马迁所谓"越虽蛮夷……何其久也！历数代常为君王……越世世为公侯矣"③，汉武帝所谓"闽越悍，数反复"，都说明闽越无疑依恃海上航行能力的强大。

三、"横海将军"战功

《史记》卷114《东越列传》记载了闽越与汉王朝的直接军事冲突，战事包括"横海"情节。"元鼎六年秋，余善闻楼船请诛之，汉兵临境，且往，乃遂反，发兵距汉道。号将军驺力等为'吞汉将军'，入白沙、武林、梅岭，杀汉三校尉。是时汉使大农张成、故山州侯齿将屯，弗敢击，却就便处，皆坐畏懦诛。余善刻'武帝'玺自立，诈其民，为妄言。"④

这就是《盐铁论·备胡》指为"四夷俱强，并为寇虐"表现之一的"东越越东海，略浙江之南"⑤。所谓"越东海"，明确指出是航海北侵。

汉王朝给予强硬的回应："天子遣横海将军韩说出句章，浮海从东方往；

① "两将军"，司马贞《索隐》："王恢、韩安国。"
② 《史记》，第2969—2971页。
③ 《史记》，第2984页。
④ 《史记》，第2982页。
⑤ 王利器校注：《盐铁论校注》（定本），第445页。

楼船将军杨仆出武林；中尉王温舒出梅岭；越侯为戈船、下濑将军，出若邪、白沙。元封元年冬，咸入东越。"汉王朝向南方远征，又一次施行多路并进的战略。其中"浮海从东方往"的"横海将军"部应是主力。

"东越素发兵距险，使徇北将军守武林，败楼船军数校尉，杀长吏。楼船将军率钱唐辕终古斩徇北将军，为御儿侯。自兵未往。故越衍侯吴阳前在汉，汉使归谕余善，余善弗听。及横海将军先至，越衍侯吴阳以其邑七百人反，攻越军于汉阳。从建成侯敖，与其率，从繇王居股谋曰：'余善首恶，劫守吾属。今汉兵至，众强，计杀余善，自归诸将，傥幸得脱。'乃遂俱杀余善，以其众降横海将军，故封繇王居股为东成侯，二万户；封建成侯敖为开陵侯；封越衍侯吴阳为北石侯；封横海将军说为案道侯；封横海校尉福为缭嫈侯。福者，成阳共王子，故为海常侯，坐法失侯。旧从军无功，以宗室故侯。诸将皆无成功，莫封。"①《史记》卷 117《司马相如列传》言"喻告巴蜀民"时颂扬"陛下即位，存抚天下，辑安中国"的功德，所谓"移师东指，闽越相诛"应当就是指此次军事胜利。②所谓"横海将军先至"，指出海上进攻的一路承担了主攻任务，且及时实现了战役目标。横海将军部得到"吴阳"部的策应，对方降众"降横海将军"，体现这支部队已经基本独力控制战局。战后"横海将军""横海校尉"封侯，其他"诸将皆无成功，莫封"，说明汉王朝海路主攻部队实际已经实现了平定余善叛乱军事行为的主要目的。

"横海将军韩说出句章，浮海从东方往"取得的战功，应以利用这一海域可能主要由闽越人积累的海上航行经验为技术基础。

《汉书》卷 64 上《朱买臣传》："是时东越数反复，买臣因言：'故东越王居保泉山，一人守险，千人不得上。今闻东越王更徙处南行，去泉山五百里，居大泽中。今发兵浮海，直指泉山，陈舟列兵，席卷南行，可破灭也。'上拜买臣会稽太守。""诏买臣到郡治楼船，备粮食，水战具，须诏书到，军与俱进。"③据此可知战役策划起初的设计，就是以"浮海"进攻为主。

所谓"泉山"，颜师古注："泉山即今泉州之山也，临海，去海十余里。"

---

①　《史记》，第 2983 页。
②　《史记》，第 3044 页。
③　《汉书》，第 2972 页。

《盐铁论·地广》言"横海征南夷，楼船戍东越，荆、楚罢于瓯、骆"，①这是当时南中国政治经济生活中的一件大事，也是中国航海史进程中的鲜明记录。

第二节　杨仆击朝鲜楼船军"从齐浮渤海"

汉武帝时代置郡朝鲜，是汉文化扩张的重要步骤。推进这一文化过程的最有力的军事措施，是杨仆楼船军的渡海远征。杨仆击朝鲜楼船军"从齐浮渤海"，开创了武装舰队远航的历史纪录，应当看作中国航海史乃至东方航海史上的重要事件。说明这一历史现象，对于东方早期航海史、海军史、海洋开发史以及民族关系史的认识，都有不宜忽视的意义。事实告诉我们，战国至西汉时期山东半岛地方的文化优势和文化强势，除了儒学的丰厚内容和广泛影响而外，还表现为航海技术和海洋学的先进。

一、杨仆从齐浮渤海先至王险

汉武帝元封二年（前109）发军击朝鲜，是在"定越地，以为南海、苍梧、郁林、合浦、交阯、九真、日南、珠崖、儋耳郡；定西南夷，以为武都、牂柯、越巂、沈黎、文山郡"，以及"分武威、酒泉地置张掖、敦煌郡，徙民以实之"两年之后，"行自云阳，北历上郡、西河、五原，出长城，北登单于台，至朔方，临北河。勒兵十八万骑，旌旗径千余里，威震匈奴"，又"祠黄帝于桥山"、"登封泰山"的第二年。同年发生的重要历史事件，又有"发巴蜀兵平西南夷未服者，以为益州郡"。②

对于杨仆楼船军进击朝鲜，司马迁在《史记》卷115《朝鲜列传》中有如下记述：

> 天子募罪人击朝鲜。其秋，遣楼船将军杨仆从齐浮渤海；兵五万人，左将军荀彘出辽东：讨右渠。右渠发兵距险。左将军卒正多率辽东兵先纵，败散，多还走，坐法斩。楼船将军将齐兵七千人先至王险。右渠城守，窥知楼船军少，即出城击楼船，楼船军败散走。将军杨仆失其众，

---

① 王利器校注：《盐铁论校注》（定本），第208—209页。

② 《汉书》卷6《武帝纪》，第188—191、194页。

遁山中十余日，稍求收散卒，复聚。左将军击朝鲜浿水西军，未能破自前。①

由此我们可以获得这样的信息：楼船将军杨仆率军"从齐浮渤海"，"楼船将军将齐兵七千人"较"出辽东"的"左将军荀彘"的部队"先至王险"，遭到"右渠"的攻击，"楼船军败散走"，将军杨仆"遁山中十余日，稍求收散卒，复聚"。

此后，"天子为两将未有利，乃使卫山因兵威往谕右渠。右渠见使者顿首谢：'愿降，恐两将诈杀臣；今见信节，请服降。'遣太子入谢，献马五千匹，及馈军粮。人众万余，持兵，方渡浿水，使者及左将军疑其为变，谓太子已服降，宜命人毋持兵。太子亦疑使者左将军诈杀之，遂不渡浿水，复引归。山还报天子，天子诛山"。② 右渠"请服降"，"遣太子入谢，献马五千匹，及馈军粮"，然而拒绝"毋持兵"的要求，坚持不放下武器，于是"降"与"不降"，有所反复。战事的进展，又出现新的曲折：

> 左将军破浿水上军，乃前，至城下，围其西北。楼船亦往会，居城南。右渠遂坚守城，数月未能下。

> 左将军素侍中，幸，将燕代卒，悍，乘胜，军多骄。楼船将齐卒，入海，固已多败亡；其先与右渠战，因辱亡卒，卒皆恐，将心惭，其围右渠，常持和节。左将军急击之，朝鲜大臣乃阴间使人私约降楼船，往来言，尚未肯决。左将军数与楼船期战，楼船欲急就其约，不会；左将军亦使人求间郄降下朝鲜，朝鲜不肯，心附楼船：以故两将不相能。左将军心意楼船前有失军罪，今与朝鲜私善而又不降，疑其有反计，未敢发。天子曰将率不能，前乃使卫山谕降右渠，右渠遣太子，山使不能剸决，与左将军计相误，卒沮约。今两将围城，又乖异，以故久不决。使济南太守公孙遂往正之，有便宜得以从事。遂至，左将军曰："朝鲜当下久矣，不下者有状。"言楼船数期不会，具以素所意告遂，曰："今如此不取，恐为大害，非独楼船，又且与朝鲜共灭吾军。"遂亦以为然，而以节召楼船将军入左将军营计事，即命左将军麾下执捕楼船将军，并其军，

---

① 《史记》，第 2987 页。
② 《汉书》，第 2987—2988 页。

以报天子。天子诛遂。

左将军已并两军，即急击朝鲜。①

面对强劲攻势，朝鲜臣民终于杀其王来降，"朝鲜相路人、相韩阴、尼溪相参、将军王唊相与谋曰：'始欲降楼船，楼船今执，独左将军并将，战益急，恐不能与，王又不肯降。'阴、唊、路人皆亡降汉。路人道死。元封三年夏，尼溪相参乃使人杀朝鲜王右渠来降。王险城未下，故右渠之大臣成巳又反，复攻吏。左将军使右渠子长降、相路人之子最告谕其民，诛成巳，以故遂定朝鲜，为四郡"。② 朝鲜执政者在复杂的军事外交形势下"欲降楼船"，"私约降楼船"，一方面有"楼船军""入海，固已多败亡；其先与右渠战，因辱亡卒，卒皆恐，将心惭，其围右渠，常持和节"的因素；另一方面，或许也可以说明"楼船军"有更强的军事威慑力，在朝鲜贵族的眼中，是被看作汉王朝远征军的主力的。楼船将军杨仆为"左将军麾下"拘捕，"楼船军"在"左将军"指挥下依然在平定朝鲜的战事中发挥了重要作用。

朝鲜置郡之后，"封参为澅清侯，阴为荻苴侯，唊为平州侯，长［降］为几侯。最以父死颇有功，为温阳侯"。③ 据裴骃《集解》引韦昭曰，其地分别"属齐""属勃海""属梁父""属河东""属齐"。"降汉"朝鲜贵族"凡五人"④，其中二人封地在齐。"最"是"路人"之子，"阴、唊、路人皆亡降汉。路人道死。"据司马贞《索隐》引应劭云："路人，渔阳县人。"原本是燕地往朝鲜的"亡人"⑤，封

---

① 《汉书》，第 2988 页。

② 《汉书》，第 2988—2989 页。

③ 《史记》，第 2989 页。

④ 议降时"朝鲜相路人、相韩阴、尼溪相参、将军王唊相与谋"，裴骃《集解》："《汉书音义》曰：'凡五人也。戎狄不知官纪，故皆称相。'"司马贞《索隐》："应劭云：'凡五人。戎狄不知官纪，故皆称相也。'如淳云：'相，其国宰相。'"《史记会注考证》引张守节《正义》："以上至路人凡四人。"《考证》引颜师古曰："相路人一也，相韩陶二也，尼溪相参三也，将军王陕四也。应氏乃云'五人'，误读为句，谓'尼溪'人名，失之矣。不当寻下文乎。"（汉）司马迁撰，［日］泷川资言考证，［日］水泽利忠校补：《史记会注考证附校补》下册，第 1859 页。今按：汉廷分封朝鲜降臣，确是"五人"。

⑤ 参见王子今：《略论秦汉时期朝鲜"亡人"问题》，《社会科学战线》2008 年第 1 期。

地则确定"属齐",也是很有意思的事情。①

二、"楼船军"作战方式

通常以为"楼船军"是"海军""水军""水兵"。② 有学者指出,"秦之水兵称楼船之士"。所引例证即《汉书·严安传》说:'(秦)使尉屠睢将楼船之士攻越'"。③ 分析秦汉"军兵种"构成时,似乎多"以'楼船之士'称水军"。④ 有学者在考论秦汉"军种、兵种和编制时"也说:"'水兵'在文献中称'舟师'或'楼船士',这是利用舟船在水上作战的一个军种。"⑤或说:"汉代水军称楼船军。在我国武装力量中正式设置水军,是从西汉开始的。据《汉官仪》记载:'高祖命天下郡国,选能引关蹶张,材力武猛者,以为轻车、骑士、材官、楼船……平地用车骑,山阻用材官,水泉用楼船。'又据《汉书·刑法志》记载,汉武帝发动统一东南沿海战争时,'内增七校,外有楼船,皆岁时讲肄,修武备'。这两项记载说明,楼船军是在屯骑(骑兵)、步兵等七校之外,根据沿江海的地理条件和防务需要而设立的,属汉代郡国兵制备军。"⑥

而事实上汉代"楼船军"主要的作战形式仍然是陆战,汉武帝时代征服南越和东越的战争中大体都是如此。朝鲜战事中可见所谓"楼船军败散走",将军杨仆"遁山中十余日,稍求收散卒,复聚"。这里所说的"楼船军"已可以看作陆战部队,与《史记》卷114《东越列传》"东越素发兵距险,使徇北将军守武林,败楼船军数校尉,杀长吏"相同。⑦ "楼船",似乎并非战舰,在某种意义上只是运兵船。看来,简单地以"水军"定义"楼船军"的说法,还可以斟酌。

---

① 击朝鲜两将军战后的处置,《史记》卷115《朝鲜列传》记载:"左将军征至,坐争功相嫉,乖计,弃市。楼船将军亦坐兵至洌口,当待左将军,擅先纵,失亡多,当诛,赎为庶人。"第2989—2990页。

② 中国航海学会编《中国航海史(古代航海史)》写道:"史书对汉代水军称作'楼船'。这个名称实际包括两种含义。一是对战船的通称;另一含义是对水军兵种的专称。"第78页。

③ 今按:此处宜用《史记》卷112《平津侯主父列传》的记载:"又使尉佗屠睢将楼船之士南攻百越。"第2958页。

④ 熊铁基:《秦汉军事制度史》,第190—191页。

⑤ 黄今言:《秦汉军制史论》,第213页。

⑥ 张铁牛、高晓星:《中国古代海军史》(2006年修订版),第24页。

⑦ 《史记》,第2983页。

或许黄今言的意见是正确的："当时的船只还不是武器，只是一种运输工具，作战时水兵借助船只实施机动，到了作战地，即舍舟登陆，在陆上进行战斗。"

黄今言接着写道："至于水兵渡海作战的情况更少。"①而杨仆"楼船军"击朝鲜"从齐浮渤海"事，对于理解汉代军事史有特殊的意义。

三、杨仆"楼船军"规模

"楼船军"的编成，船只可能也是大小相杂，并非一色"大船"。可能正如有的研究者所指出的，"楼船军""以楼船为主力"，"舰队中除了楼船以外，还配备有其他各种作战舰只"。②

《后汉书》卷24《马援传》："援将楼船大小二千余艘，战士二万余人，进击九真贼征侧余党都羊等，自无功至居风，斩获五千余人，峤南悉平。"③所谓"楼船大小二千余艘，战士二万余人"，则每艘战船平均只有10人。有学者就此对汉代"水军"编制有所分析："大小二千余艘船，有战士二万余人，则平均每船十人左右。当然，大船肯定不只十人，小船亦当少于十人。但既要划船，又设干戈于船上（应有弓箭手和使用戈矛之士），至少也不会少于五人。水军也很可能与什伍编制的。"④我们更为关注的，是舰队船只的规模。"平均每船十人左右"，"大船"的数量必然有限。而据《太平御览》卷768引《后汉书》曰："马援平南越，将楼船大小三千余艘，士二万余人，进击九贞贼征侧余党都羊等，自无功至居风，斩获五千余人，峤南悉平。"⑤又写作"将楼船大小三千余艘，士二万余人"，按照这样的记录，则"每艘战船平均只有"不到7人。

《史记》卷115《朝鲜列传》："天子募罪人击朝鲜。其秋，遣楼船将军杨仆从齐浮渤海；兵五万人，左将军荀彘出辽东：讨右渠。"⑥此据中华书局标点本，"兵五万人"与"楼船将军杨仆从齐浮渤海"分断，可以理解为"兵五万人"随"左将军荀彘出辽东"。其实，也未必不可以"遣楼船将军杨仆从齐浮渤海，

---

① 黄今言：《秦汉军制史论》，第 213—214 页。
② 金秋鹏：《中国古代的造船和航海》，中国青年出版社 1985 年版，第 84 页。
③ 《后汉书》，第 839 页。
④ 熊铁基：《秦汉军事制度史》，第 197 页。
⑤ （宋）李昉等撰：《太平御览》，第 3407 页。
⑥ 《史记》，第 2987 页。

兵五万人"连读。① 有的研究论著就写道："楼船将军杨仆率领楼船兵 5 万人"进攻朝鲜。②《汉书》卷 95《朝鲜列传》即作："天子募罪人击朝鲜。其秋，遣楼船将军杨仆从齐浮勃海，兵五万，左将军荀彘出辽东，诛右渠。"③如果杨仆"楼船军"有"兵五万人"，按照《后汉书》卷 24《马援传》"楼船大小二千余艘，战士二万余人"的比例，应有"楼船大小五千余艘"。按照《太平御览》卷 768 引《后汉书》"楼船大小三千余艘，士二万余人"的比例，则应有"楼船大小七千五百余艘"。

若以"楼船将军将齐兵七千人先至王险"的兵员数额计，按照《后汉书》卷 24《马援传》"楼船大小二千余艘，战士二万余人"的比例，应有"楼船大小七百余艘"。按照《太平御览》卷 768 引《后汉书》"楼船大小三千余艘，士二万余人"的比例，则应有"楼船大小一千又五十余艘"。

无论如何，这都是一支规模庞大的舰队。

四、"王险"的位置

所谓"楼船将军将齐兵七千人先至王险"，"王险"的位置在哪里呢？

谭其骧主编《中国历史地图集》第二册《秦·西汉·东汉时期》没有标示"王险"地望。④ 以解释《中国历史地图集》东北地方地名为主题的论著也没有对"王险"进行必要的说明。⑤ 不过，我们通过古代文献中的信息，可以大致了解这一古城的位置。

《史记》卷 6《秦始皇本纪》："地东至海暨朝鲜。"张守节《正义》："'海'谓渤海南至扬、苏、台等州之东海也。'暨'，及也。东北朝鲜国。《括地志》云：

---

① 荀悦《汉纪》卷 14"汉武帝元封二年"："遣楼船将军杨仆、左将军荀彘将应募罪人击朝鲜。"(汉)荀悦、(晋)袁宏著，张烈点校：《两汉纪》上册，第 237 页。《资治通鉴》卷 21"汉武帝元封三年"："上募天下死罪为兵，遣楼船将军杨仆从齐浮渤海，左将军荀彘出辽东以讨朝鲜。"(宋)司马光编著，(元)胡三省音注，"标点资治通鉴小组"校点：《资治通鉴》，第 685 页。都不说"兵五万人"事。《汉书》卷 6《武帝纪》的记载正是："遣楼船将军杨仆、左将军荀彘将应募罪人击朝鲜。"第 194 页。

② 张炜、方堃主编：《中国海疆通史》，第 65 页。

③ 《汉书》，第 3865 页。

④ 谭其骧主编：《中国历史地图集》第 2 册《秦·西汉·东汉时期》。

⑤ 谭其骧主编，张锡彤、王钟翰、贾敬颜、郭毅生、陈连开等著：《〈中国历史地图集〉释文汇编·东北卷》，中央民族学院出版社 1988 年版。

'高骊治平壤城，本汉乐浪郡王险城，即古朝鲜也。'"《史记》卷25《律书》："历至孝文即位，将军陈武等议曰：'南越、朝鲜自全秦时内属为臣子，后且拥兵阻阨，选蠕观望。……'"张守节《正义》："高骊平壤城本汉乐浪郡王险城，即古朝鲜地，时朝鲜王满据之也。"《史记》卷115《朝鲜列传》："燕王卢绾反，入匈奴，满亡命，聚党千余人，魋结蛮夷服而东走出塞，渡浿水，居秦故空地上下鄣，稍役属真番、朝鲜蛮夷及故燕、齐亡命者王之，都王险。"张守节《正义》："《括地志》云：'高骊都平壤城，本汉乐浪郡王险城，又古云朝鲜地也。'"裴骃《集解》："应劭注《地理志》辽东险渎县：'朝鲜王旧都。'臣瓒云'王险城在乐浪郡浿水之东'也。"①

看来，有的历史地理学者的如下判断是大体正确的："王险城，西汉初卫满朝鲜都城。在今朝鲜平壤市西南大同江南岸。一说即今平壤市。《史记》卷115《朝鲜列传》：燕人卫满渡浿水，'居秦故空地上下障，稍役属真番，朝鲜蛮夷及故燕、齐亡命者王之，都王险'。《集解》：'臣瓒云：王险城在乐浪郡浿水之东。'元封三年（前108）置朝鲜县及乐浪郡于此。"②

所谓"从齐浮渤海"，《史记会注考证》引丁谦曰："'渤海'，一名'黄海'，今直隶山东东面之海也。"③丁谦之说，未能清晰辨明海域界限，然而可以提醒我们注意，杨仆的"楼船军""从齐"出发至于"浿水"地方，不排除亦经行黄海海域的可能。《史记》卷115《朝鲜列传》："楼船将军亦坐兵至洌口，当待左将军，擅先纵，失亡多，当诛，赎为庶人。"对于"兵至洌口"，司马贞《索隐》引苏林曰："县名。度海先得之。"④以为杨仆"楼船军"正是在洌口附近登陆。《史记会注考证》："《汉书》'洌口'作'列口'。乐浪郡有列口县。"⑤

如果杨仆"楼船军""从齐"出发，直抵列水入海口即今大同江口，无疑是

---

① 《史记》，第239—240、1242—1243、2985—2986页。

② 史为乐主编：《中国历史地名大辞典》上册，第282页。

③ （汉）司马迁撰，[日]泷川资言考证，[日]水泽利忠校补：《史记会注考证附校补》下册，第1858页。

④ 《史记》，第2989—2900页。

⑤ 又引梁玉绳曰："此与《汉传》同。而《汉表》云，'坐为将军击朝鲜，畏懦，入竹二万个赎，完为城旦。'罪状与此不同。入竹赎罪亦奇。"（汉）司马迁撰，[日]泷川资言考证，[日]水泽利忠校补：《史记会注考证附校补》下册，第1859页。

选取了最便捷的航线。有的论著就肯定地说："杨仆的前军 7000 人，皆为齐兵，首先渡海，在列口(今朝鲜南浦之河口)登陆……"①如果杨仆军是循辽东半岛海岸航行，与于辽东半岛南端登陆后陆路行军相比，也可以更为迅速地抵达战场。这样的选择，也是与杨仆的个人风格相符合的。杨仆行政"严酷"，"敢挚行"②，征南越时急进立功，征东越时，又不顾"士卒劳倦"，积极请战，"使使上书，愿便引兵击东越"③，史称"数有大功"④。

很可能正是因为选择了这样的路线，杨仆军才能够行进疾速，远远早于"出辽东"的左将军荀彘的部队"先至王险"。《史记》卷 115《朝鲜列传》记载："楼船将军将齐兵七千人先至王险。右渠城守，窥知楼船军少，即出城击楼船，楼船军败散走。将军杨仆失其众，遁山中十余日，稍求收散卒，复聚。左将军击朝鲜浿水西军，未能破自前。"⑤则杨仆至少早荀彘"十余日"抵达战地。

五、齐地"楼船军"基地

杨仆"楼船军"的兵员构成主要是齐人。所以有"楼船将齐卒，入海"，"楼船将军将齐兵七千人先至王险"的说法。"楼船将军杨仆从齐浮渤海"，其中"从齐"二字，明确了当时齐地存在"楼船军"基地的事实。

所谓"从齐"，究竟是自齐地的哪里出发的呢？

有人说杨仆楼船军"自胶东之罘渡渤海"⑥，然而没有具体的论证。

乾隆《山东通志》卷 20《海疆志·海运附》中的《附海运考》说到唐以前山东重要海运记录：

> 史书自秦纪飞刍挽粟，起于黄腄，而未详其道海之由。今考从海转输之事，当自汉始。
>
> 汉元封二年，遣楼船将军杨仆从齐浮渤海，击朝鲜。
>
> 魏景初二年，司马懿伐辽东，屯粮于黄县，造大人城，船从此出。

---

① 张炜、方堃主编：《中国海疆通史》，第 65 页。
② 《史记》卷 122《酷吏列传》，第 3149 页。
③ 《史记》卷 114《东越列传》，第 2982 页。
④ 《汉书》卷 6《武帝纪》李贤注引应劭曰，第 183 页。
⑤ 《史记》，第 2987 页。
⑥ 张炜、方堃主编：《中国海疆通史》，第 65 页。

隋开皇十八年，汉王谅军出榆关，值水潦，馈饷不通。周罗睺自东莱泛海。

大业七年，敕幽州总管元宏嗣往东莱海口造船三百只。

唐贞观二十二年，将伐高丽，敕沿海具舟舰为水运。①

"汉元封二年"事，即讨论的重心。关于出发地点，只说"从齐"。"魏景初二年"出发地点在黄县大人城。"隋开皇十八年"和"大业七年"的起航港口都在"东莱"。"唐贞观二十二年"一例不著地名，应当与隋代两例大体一致。

有学者说："汉代以后，史籍中才出现有关山东沿海直航朝鲜半岛的记录。"所举最早的史例，是《后汉书》卷76《王景传》所记载王景"八世祖仲，本琅琊不其人"，"诸吕作乱……仲惧祸及，乃浮海东奔乐浪山中，因而家焉"。第二个例证，是"西汉元封三年（前108年），汉武帝置乐浪郡，治所在今朝鲜平壤一带，辖有今朝鲜半岛北部地区，当时这片区域属于中原王朝管辖。山东人前往乐浪，只能通过海上航道。根据当时的航海技术来看，王仲从不其（在今崂山西北）乘船出发，应当沿海岸线绕行，最终到达朝鲜半岛西海岸"。论者还指出："有关山东沿海至朝鲜半岛的绕行航线，唐代史籍有明确记载，其航道、坐标和区间里程，一目了然。当时的起航基地为登州，海船先向北行驶，沿辽东半岛东南岸而绕至新罗国。"②《新唐书》卷43下《地理志下》称之为"登州海行入高丽渤海道"。③

《资治通鉴》卷178"隋文帝开皇十八年"记载："周罗睺自东莱泛海趣平壤城。"胡三省注："《隋书》：平壤城东西六里，随山屈曲，南临浿水。杜佑曰：平壤城，则故朝鲜国王险城也。"④也正是经行这一航路。而"自东莱泛海趣平壤城"即注家所谓"故朝鲜国王险城也"，似乎在遵循杨仆往赴朝鲜的旧路。

顾炎武《日知录》卷29《海师》也说到汉唐航海史事：

汉武帝遣楼船将军杨仆从齐浮渤海击朝鲜。魏明帝遣汝南太守田豫

---

① 乾隆《山东通志》，《景印文渊阁四库全书》第540册，第385页。
② 王赛时：《山东海疆文化研究》，齐鲁书社2006年版，第332页。
③ 《新唐书》，第1143页。
④ （宋）司马光编著，（元）胡三省音注，"标点资治通鉴小组"校点：《资治通鉴》，第5561页。

督青州诸军，自海道讨公孙渊。秦符坚遣石越率骑一万自东莱出右径袭和龙。唐太宗伐高丽，命张亮率舟师自东莱渡海，趋平壤；薛万彻率甲士三万自东莱渡海，入鸭绿水。此山东下海至辽东之路。①

乾隆《山东通志》卷20《海疆志·海运附》中《附海运考》又涉及明代海上运输事："万历二十五年，诏征倭，自登州运粮至朝鲜。"②也说到这条海上航线的长期畅通。

现在我们还不能判定"楼船将军杨仆从齐浮渤海"的具体出发地点，然而可以推知，当时的"楼船军"基地大致应当在后来驶向朝鲜的海船的起航港"东莱"与"登州"。有学者说，登州港就是"黄腄港"。当时"可以容纳较大船队远行的港口"，有"黄腄港（今山东龙口、蓬莱沿海）、之罘港（今山东烟台）、琅邪港（今山东胶州湾一带）和斥山港（今山东石岛一带）"。③ 有学者指出："东方海上丝绸之路的起点，开始全部是山东半岛沿海的各个渔港，胶东的之罘港（今属烟台之罘区）、斥山港（今属威海荣成石岛镇）、琅琊港（今属山东胶南）都是当时远近闻名的出海港口。""海上丝绸之路真正的'始发港'、'启锚地'、'源头'、'首发地'应在春秋战国时期山东半岛沿海的之罘、斥山、成山、琅琊等港口。""山东半岛沿海的之罘、斥山、成山、琅琊等港口，包括古登州（今蓬莱）、古黄县（今龙口）、古莱州（今莱州）沿海的港口，一直到宋、元时期，都是中国与朝鲜半岛和日本列岛贸易往来的主要基地。"④有学者提出"登州古港启用于唐代"的说法⑤，似未可使人信服。

杨仆"楼船军""从齐浮渤海"可能性较大的出发港，应当是烟台、威海、龙口。以现今航海里程计，烟台港至大连90海里（约167千米），威海港至大连94海里（约174千米），龙口港至大连140海里（约259千米），大连至朝鲜

① （清）顾炎武著，（清）黄汝成集释，秦克诚点校：《日知录集释》，第1011页。
② 乾隆《山东通志》，《景印文渊阁四库全书》第540册，第388页。
③ 朱亚非：《古代山东与海外交往史》，第23—24页。
④ 刘凤鸣：《山东半岛与东方海上丝绸之路》，人民出版社2007年版，第33、35—36页。
⑤ 王赛时：《山东海疆文化研究》，第298页。

平壤地区的出海口南浦 180 海里（约 333 千米）。①　就现有信息而言，我们已经可以为汉武帝时代的这一大型舰队的航海记录深感惊异了。

虽然确实"目前我们还无法考证上古时期山东通向海外的具体航线"②，但是杨仆"楼船军""从齐浮渤海"的历史记载，已经为推进相关研究提供了值得重视的条件。

六、"楼船军"出发港造船能力推想

"楼船军"的基地应当也是造船业的中心。

《太平御览》卷 771 引《越绝书》的说法可以支持这样的认识："木客大冢者，句践之兄弟冢也。初徙之琅邪，使楼船卒二千八百人伐松栢以为梓，故曰'木客'也。"③"楼船卒"兼而承担造船劳作，这也是值得我们注意的史实。

有学者指出："山东沿海黄县至成山一带，自古盛产木材，其中的楸木，就是造船的上等材料。"④对汉代造船业的总结，多强调"南方是造船业中心"。也有学者曾经注意到反映"北方沿海地区"如齐地造船技术先进的史例："《汉书·郊祀志》记战国以至秦朝，那些乘坐入海求神仙的船⑤，在当时社会条件下，只能是出自北方沿海地区所造。汉武帝时，吕嘉反于南越，齐相卜式上书，'愿与子男及临菑习弩，博昌习船者请行，死之以尽臣节。'⑥博昌在今山

---

① 《中华人民共和国分省地图集》，中国地图出版社 2008 年版，第 105—107、48—49 页。

② 王赛时：《山东海疆文化研究》，第 331 页。

③ （宋）李昉等撰：《太平御览》，第 3417 页。

④ 朱亚非：《古代山东与海外交往史》，第 25 页。

⑤ 今按：《史记》卷 28《封禅书》："自威、宣、燕昭使人入海求蓬莱、方丈、瀛洲。此三神山者，其傅在勃海中，去人不远；患且至，则船风引而去。盖尝有至者，诸仙人及不死之药皆在焉。其物禽兽尽白，而黄金银为宫阙。未至，望之如云；及到，三神山反居水下。临之，风辄引去，终莫能至云。世主莫不甘心焉。及至秦始皇并天下，至海上，则方士言之不可胜数。始皇自以为至海上而恐不及矣，使人乃赍童男女入海求之。船交海中，皆以风为解，曰未能至，望见之焉。"第1369—1370 页。

⑥ 《汉书》卷 58《卜式传》："会吕嘉反，式上书曰：'臣闻主愧臣死。群臣宜尽死节，其弩下者宜出财以佐军，如是则强国不犯之道也。臣愿与子男及临菑习弩博昌习船者请行死之，以尽臣节。'"第 2626—2627 页。

东博兴县南，汉世濒临渤海，当地民众习于舟船。"①卜式上书事已先见于《史记》卷30《平准书》："齐相卜式上书曰：'臣闻主忧臣辱。南越反，臣愿父子与齐习船者往死之。'"②"博昌习船者"作"齐习船者"。"习船"有可能只是说驾驶船舶，而当地多有"习船者"，在市场化程度甚低的情况下也可以间接反映造船生产的发达程度。

有治造船史学者指出："北方的山东半岛和渤海沿岸，早在战国时代即有舟船之盛，是齐国和燕国进行航海活动的基地。秦始皇攻匈奴以及汉代楼船将军杨仆征朝鲜，都曾以山东半岛沿岸为造船和补给基地。"③所谓"秦始皇攻匈奴""曾以山东半岛沿岸为造船和补给基地"，可能是对《史记》卷112《平津侯主父列传》"使天下蜚刍挽粟，起于黄、腄、琅邪负海之郡，转输北河，率三十钟而致一石"的误解。④而所谓"汉代楼船将军杨仆征朝鲜""曾以山东半岛沿岸为造船和补给基地"，可惜缺乏论证。

或许今后的考古发现，可以为我们提供更为具体的有关汉代齐地造船成就的资料。

第三节　马援楼船军击交阯九真与刘秀的南海经略

汉光武帝建武十八年（42）夏，马援受命以伏波将军名义率军平定征侧、征贰武装暴动，又进而南下九真，到达上古时代中原王朝军事力量南进的极点。这次成功的远征，由海陆两道并进。楼船军经海路南下，战争规模、进军效率以及与陆路部队的配合都超过汉武帝时代楼船军浮海击南越、击东越、击朝鲜故事，成为战争史中新的航海记录。刘秀西北政策的保守和南海经略的积极，值得军事史、外交史以及区域经济文化史研究者关注。这一情形与东汉以后全国经济重心向东南的转移呈示方向一致的历史趋势。而讨论汉代

① 郭松义、张泽咸：《中国航运史》，第31页。

② 《史记》，第1439页。

③ 席龙飞：《中国造船史》，第73页。

④ 《史记》，第2954页。今按：既说"蜚刍挽粟"，仍然是陆运。"起于黄、腄、琅邪负海之郡，转输北河"，是形容其运程遥远。由"黄、腄、琅邪负海之郡"往"北河"应不需渡海。

海洋探索和海洋开发的进步，尤其应当重视这一史实。南海海面马援军"楼船""伏波"的成功，有汉武帝时代数次海上远征经验以及不同民族不同身份的南海航行者艰险的海洋探索所提供的技术基础。

一、马援"破交阯""击九真"与楼船军战功

《后汉书》卷1下《光武帝纪下》记载，天下初定①，"（建武）十六年春二月，交阯女子征侧反，略有城邑。""（建武十八年夏四月）遣伏波将军马援率楼船将军段志等击交阯贼征侧等。"②"（建武十九年春正月）伏波将军马援破交阯，斩征侧等。因击破九真贼都阳等，降之。"《后汉书》卷22《刘隆传》："以中郎将副伏波将军马援击交阯蛮夷征侧等，隆别于禁溪口破之，获其帅征贰，斩首千余级，降者二万余人。"③由此可大致得知战役的规模和进程。

《后汉书》卷24《马援传》关于伏波将军马援率军远征交阯、九真事，有这样的记载：

> ……又交阯女子征侧及女弟征贰反，攻没其郡，九真、日南、合浦蛮夷皆应之，寇略岭外六十余城，侧自立为王。于是玺书拜援伏波将军，以扶乐侯刘隆为副④，督楼船将军段志等南击交阯。军至合浦而志病卒，诏援并将其兵。遂缘海而进，随山刊道千余里。十八年春，军至浪泊上，与贼战，破之，斩首数千级，降者万余人。援追征侧等至禁溪，数败之，贼遂散走。明年正月，斩征侧、征贰，传首洛阳。⑤ 封援为新息侯，食

---

① 《后汉书》卷1下《光武帝纪下》：建武十三年（37），"夏四月，大司马吴汉自蜀还京师，于是大飨将士，班劳策勋"。"十四年春正月……匈奴遣使奉献"，"秋九月，平城人贾丹杀卢芳将尹由来降"。"莎车国、鄯善国遣使奉献。"十五年（39）十二月，"卢芳自匈奴入居高柳"。十六年（40），"卢芳遣使乞降。十二月甲辰，封芳为代王"。中华书局1965年版，第62—67页。

② 《后汉书》，第69页。马援、段志远征，有刚刚经历皖城之战平定李广的背景。《后汉书》卷1下《光武帝纪下》：建武十七年（41），"秋七月，妖巫李广等群起据皖城，遣虎贲中郎将马援、骠骑将军段志讨之。九月，破皖城，斩李广等"。第68页。"击交阯贼征侧等"与平定皖城，仅仅间隔六个月。

③ 又《后汉书》卷24《马援传》："斩首数千级，降者万余人。"第70、781、838页。

④ 李贤注："扶乐，县名，属九真郡。"第839页。

⑤ 李贤注："《越志》云：'征侧兵起，都麓泠县。及马援讨之，奔入金溪究中，二年乃得之。'"第839页。

邑三千户。

于是，"援乃击牛酾酒，劳飨军士"。又从容与官属就此战功言及人生志向："吾从弟少游常哀吾慷慨多大志，曰：'士生一世，但取衣食裁足，乘下泽车，御款段马，为郡掾史，守坟墓，乡里称善人，斯可矣。致求盈余，但自苦耳。'当吾在浪泊、西里间，虏未灭之时，下潦上雾，毒气重蒸，仰视飞鸢跕跕堕水中，卧念少游平生时语，何可得也！今赖士大夫之力，被蒙大恩，猥先诸君纡佩金紫，且喜且惭。"马援的感叹引致吏士欢呼。马援随即又进军九真：

> 援将楼船大小二千余艘，战士二万余人，进击九真贼征侧余党都羊等，自无功至居风①，斩获五千余人，峤南悉平。援奏言西于县户有三万二千，远界去庭千余里，请分为封溪、望海二县②，许之。援所过辄为郡县治城郭，穿渠灌溉，以利其民。条奏越律与汉律驳者十余事，与越人申明旧制以约束之，自后骆越奉行马将军故事。

前后历时不过一年半，马援班师，"二十年秋，振旅还京师，军吏经瘴疫死者十四五。赐援兵车一乘，朝见位次九卿"。③据说主要由于"瘴疫"④，部队减员数量甚多，然而战事顺利，马援受到嘉奖。

关于"征侧"身世行迹，李贤注有所说明："征侧者，麓泠县雒将之女也，

---

① 李贤注："无功、居风，二县名，并属九真郡。居风，今爱州。"第840页。
② 据谭其骧主编《中国历史地图集》第2册，西于，在今越南民主共和国河内市东英西；封溪，在永富省福安；望海，在河北省北宁西北。第63—64页。
③ 《后汉书》，第838—840页。
④ 理解所谓"瘴疫"，应注意马援"下潦上雾，毒气重蒸，仰视飞鸢跕跕堕水中"语。"毒气重蒸"，《后汉纪》写作"毒气浮蒸"。参见王子今：《汉晋时代的"瘴气之害"》，《中国历史地理论丛》2006年第3期。又《后汉书》卷86《南蛮传》记载，汉顺帝永和二年(137)"日南、象林徼外蛮夷"反，"烧城寺，杀长吏。交阯刺史樊演发交阯、九真二郡兵万余人救之。兵士惮远役，遂反，攻其府。二郡虽击破反者，而贼势转盛。会侍御史贾昌使在日南，即与州郡并力讨之，不利，遂为所攻。围岁余而兵谷不继，帝以为忧"。明年，议发荆、杨、兖、豫四万人赴之。大将军从事中郎李固提出七条反驳意见，其中所谓"南州水土温暑，加有瘴气，致死亡者十必四五"，也可以参考。第2837—2838页。此所谓"加有瘴气，致死亡者十必四五"，应是记取了马援事迹所谓"军吏经瘴疫死者十四五"的历史教训。

嫁为朱鸢人诗索妻，甚雄勇。交阯太守苏定以法绳之，侧怨怒，故反。"①《马援传》"都羊"，或作"都阳"。《后汉书》卷1下《光武帝纪下》："因击破九真贼都阳等，降之。"《后汉书》卷86《南蛮传》："进击九真贼都阳等，破降之。徙其渠帅三百余口于零陵，于是领表悉平。"②

与其他军事征服行为有异，马援"破交阯，斩征贰等"之后，我们又看到他在当地进行行政建设、法制宣传和经济开发等"以利其民"的工作的历史记录。

马援受命"督楼船将军段志等南击交阯"，然而"军至合浦而志病卒，诏援并将其兵"。随后的进军路线，据《后汉书》卷24《马援传》记述，"遂缘海而进，随山刊道千余里"。主力似是由陆路"缘海"行军，有"随山刊道"的情节。"十八年春，军至浪泊上，与贼战，破之。"③

然而马援进一步平定九真，则由海路南下，"援将楼船大小二千余艘，战士二万余人，进击九真贼征侧余党都羊等，自无功至居风，斩获五千余人，峤南悉平"。无功和居风都距离海岸数十公里，然而均临江河。《汉书》卷28上《地理志上》"益州郡"题下"来唯"条："劳水出徼外，东至麋泠入南海，过郡

---

① 《后汉书》，第839页。

② 《后汉书》，第70、2837页。考察马援击九真事，应注意一个背景，即《后汉书》卷1下《光武帝纪下》：建武十二年（36），"九真徼外蛮夷张游率种人内属，封为归汉里君。"第60页。《后汉书》卷86《南蛮传》："光武中兴，锡光为交阯，任延守九真，于是教其耕稼，制为冠履，初设媒娉，始知姻娶，建立学校，导之礼义。建武十二年，九真徼外蛮里张游，率种人慕化内属，封为归汉里君。""蛮里张游"，李贤注："里，蛮之别号，今呼为俚人。"第2836—2837页。

③ 清人吴裕垂《史案》卷15"始海运"条："马伏波讨交阯，缘海而进。厥后交阯贡献皆从东治泛海而至，尔时海运之行概可知矣。"《四库未收书辑刊》第4辑，第20册，第389页。薛福成亦言马援开辟的通路后世长期沿用："昔汉伏波将军马援南征交阯，由合浦缘海而进，大功以成。厥后水军入交，皆用此道。诚以廉州北海一日形势稳便，海道顺利，驶往越南各海口皆不过一二日海程，必以此为会师之地也。"《庸庵文编》外编卷3，《清代诗文集汇编》第738册，第240页。然而前者言"泛海而至""海运之行"，后者言"水军""海程""海道顺利"，均理解"缘海而进"为循近海航道航行。如此则不合"随山刊木"文意。薛福成所谓"会师之地"，似说海陆两军在合浦"会师"，随后皆由"海道""入交"。这也是对"遂缘海而进，随山刊道千余里"的误解。明人唐胄《琼台志》卷6《儋州》引王桐乡的说法是正确的："史称'缘海而进'，乃循北海以进，道非渡海也。"（明）唐胄纂，彭静中点校：《正德琼台志》上册，海南出版社2006年版，第110页。

三，行三千五百六十里。"①劳水至麋泠后分两流，南流一支过"无功"。今称马江者流经"居风"。② 马援"进击九真贼征侧余党都羊等，自无功至居风"，楼船军可以由海入江，实施军事进攻。例如，龙编东汉时曾经是交趾郡治所在。在秦汉南洋贸易中，龙编又始终是重要的中间转运港。船队可以乘潮迎红河直抵城下。郡属有定安县。《续汉书·郡国志五》交趾郡定安条下刘昭注引《交州记》曰："越人铸铜为船，在江潮退时见。"③这种当地人铸造的铜船，可能是与航运有关的水文标记。

这支立下"峤南悉平"战功的楼船军舰队，不可能在交趾生成，应当就是"楼船将军段志"的部队。所谓"军至合浦而志病卒"，继续向西南进军，应当由合浦沿海岸取近海航路。楼船军与"缘海而进，随山刊道千余里"陆路行进的部队，应当呈互相策应的态势。

这种战略安排，与汉武帝时代此前三次调发楼船军作战的前例看来有因袭继承的关系。

二、"楼船""横海""伏波"事业

在马援南征 154 年之前，汉武帝元鼎五年（前 112）发起远征南越之战，"令罪人及江淮以南楼船十万师往讨之"。据司马迁记载："元鼎五年秋，卫尉路博德为伏波将军，出桂阳，下汇水；主爵都尉杨仆为楼船将军，出豫章，下横浦；故归义越侯二人为戈船、下厉将军，出零陵，或下离水，或抵苍梧；使驰义侯因巴蜀罪人，发夜郎兵，下牂柯江：咸会番禺。""元鼎六年冬，楼船将军将精卒先陷寻陕，破石门，得越船粟，因推而前，挫越锋，以数万人待伏波。伏波将军将罪人，道远，会期后，与楼船会乃有千余人，遂俱进。楼船居前，至番禺。建德、嘉皆城守。楼船自择便处，居东南面；伏波居西北面。会暮，楼船攻败越人，纵火烧城。越素闻伏波名，日暮，不知其兵多少。伏波乃为营，遣使者招降者，赐印，复纵令相招。楼船力攻烧敌，反驱而入伏波营中。犁旦，城中皆降伏波。吕嘉、建德已夜与其属数百人亡入海，以船西去。伏波又因问所得降者贵人，以知吕嘉所之，遣人追之。以其故校尉

---

① 《汉书》，第 1601 页。言水路"行"若干"里"者，通常可以理解为航程数据。

② 谭其骧主编：《中国历史地图集》第 2 册，第 63—64 页。

③ 《后汉书》，第 3532 页。

司马苏弘得建德，封为海常侯；越郎都稽得嘉，封为临蔡侯。"①又据《史记》卷 114《东越列传》："至元鼎五年，南越反，东越王余善上书，请以卒八千人从楼船将军击吕嘉等。兵至揭阳，以海风波为解，不行，持两端，阴使南越。及汉破番禺，不至。"②可知楼船将军杨仆所部应当是从东越海面南下进攻南越的。③伏波将军路博德的部队循北江南进，虽不由海路，然而吕嘉、建德等"亡入海，以船西去"，汉军"追之"得获，只能使用舰船入海逐捕。战后"伏波将军益封"④，说明其功绩受到肯定。

破南越三年之后，汉武帝元封元年(前 119)征伐东越，同样采取海陆同时并进的攻击方式。战事记录所谓"横海将军先至"⑤，也体现海上一路实现了较快的进军速度。

在马援进军交阯、九真 150 年之前，汉武帝元封三年(前 108)征服朝鲜的军事计划也取海路和陆路并进的方式。《史记》卷 115《朝鲜列传》中有如下记述："天子募罪人击朝鲜。其秋，遣楼船将军杨仆从齐浮渤海；兵五万人，左将军荀彘出辽东：讨右渠。右渠发兵距险。左将军卒正多率辽东兵先纵，败散，多还走，坐法斩。楼船将军将齐兵七千人先至王险。右渠城守，窥知楼船军少，即出城击楼船，楼船军败散走。将军杨仆失其众，遁山中十余日，稍求收散卒，复聚。左将军击朝鲜浿水西军，未能破自前。"⑥楼船将军杨仆率军"从齐浮渤海"，而由陆路进击的是"出辽东"的"左将军荀彘"的部队。杨仆军"先至王险"，遭到"右渠"的攻击，"楼船军败散走"，将军杨仆"遁山中十余日，稍求收散卒，复聚"。海陆两军进军速度不同，与灭南越时"伏波"军与"楼船"军情形类同，抵达作战地点的时间差，导致两军不能圆满配合，故使攻势受挫。

汉武帝时代三次海路征伐，成为大规模海上用兵的壮举。⑦ 每间隔两年

---

① 《史记》卷 113《南越列传》，第 2975—2976 页。

② 《史记》，第 2982 页。

③ 参见王子今：《秦汉闽越航海史略》，《南都学坛》2013 年第 5 期。

④ 《史记》卷 113《南越列传》，第 2977 页。

⑤ 《史记》卷 114《东越列传》，第 2983 页。

⑥ 《史记》，第 2987 页。

⑦ 参见王子今：《汉武帝时代的海洋探索与海洋开发》，《中国高校社会科学》2013 年第 4 期。

即一发军的战争节奏，也值得我们注意。

汉光武帝刘秀"玺书拜援伏波将军，以扶乐侯刘隆为副，督楼船将军段志等南击交阯"①，明确马援是主将，在段志意外死亡之后又"诏援并将其兵"，应有避免诸军并进互不统属，又未能配合默契，如"楼船力攻烧敌，反驱而入伏波营中"等教训的用意。特别是击朝鲜时杨仆、荀彘"两将不相能"②，荀彘"争功相嫉，乖计"，借口疑心杨仆"有反计"，竟与受命"往正之"的济南太守公孙遂合谋，"执捕楼船将军，并其军"。这一情形激怒汉武帝③，也使得刘

---

① 《后汉书》，第 838 页。楼船将军段志进军，应当与"吕嘉、建德已夜与其属数百人亡入海，以船西去"以及"伏波又因问所得降者贵人，以知吕嘉所之，遣人追之"航线大体一致。

② 王念孙《读书杂志》志三之六《史记·朝鲜列传》"朝鲜不肯心附楼船"条："此言楼船不会左将军，左将军亦不肯心附楼船，故曰'两将不相能'。"江苏古籍出版社 1985年版，第 155 页。

③ 关于杨仆和荀彘在前线不能较好配合的情形，《史记》卷 115《朝鲜列传》写道："左将军素侍中，幸，将燕代卒，悍，乘胜，军多骄。楼船将齐卒，入海，固已多败亡；其先与右渠战，因辱亡卒，卒皆恐，将心惭，其围右渠，常持和节。左将军急击之，朝鲜大臣乃阴间使人私约降楼船，往来言，尚未肯决。左将军数与楼船期战，楼船欲急就其约，不会；左将军亦使人求间郤降下朝鲜，朝鲜不肯，心附楼船：以故两将不相能。左将军心意楼船前有失军罪，今与朝鲜私善而又不降，疑其有反计，未敢发。天子曰将率不能，前乃使卫山谕降右渠，右渠遣太子，山使不能剸决，与左将军计相误，卒沮约。今两将围城，又乖异，以故久不决。使济南太守公孙遂往正之，有便宜得以从事。遂至，左将军曰：'朝鲜当下久矣，不下者有状。'言楼船数期不会，具以素所意告遂，曰：'今如此不取，恐为大害，非独楼船，又且与朝鲜共灭吾军。'遂亦以为然，而以节召楼船将军入左将军营计事，即命左将军麾下执捕楼船将军，并其军，以报天子。天子诛遂。"战后，"左将军征至，坐争功相嫉，乖计，弃市。楼船将军亦坐兵至洌口，当待左将军，擅先纵，失亡多，当诛，赎为庶人"。第 2988—2990 页。参见王子今：《论杨仆击朝鲜楼船军"从齐浮渤海"及相关问题》，《鲁东大学学报（哲学社会科学版）》2009 年第 1 期。《资治通鉴》卷 21"汉武帝元封三年"记载"天子诛遂"事，胡三省注："《考异》曰：《汉书》'许遂'。按左将军亦以'争功相嫉，乖计''弃市'，则武帝必以遂执楼船为非。《汉书》作'许'，盖字误。今从《史记》。"（宋）司马光编著，（元）胡三省音注，"标点资治通鉴小组"校点：《资治通鉴》，第 688 页。"两将不相能"导致"两军俱辱"，即"太史公曰"所谓："右渠负固，国以绝祀。涉何诬功，为兵发首。楼船将狭，及难离咎。悔失番禺，乃反见疑。荀彘争劳，与遂皆诛。两军俱辱，将率莫侯矣。"《史记》，第 2990 页。

秀深心有所警惕。

马援的陆路部队特意"缘海"行进，虽然符合秦及西汉重视"并海""傍海"交通的传统①，但是在万里赴战，"兵之情主速"②的情况下艰苦开辟道路，甚至不惜付出"随山刊道千余里"的交通建设成本，应当有特别的缘由。这一举措，或许有"交阯女子征侧及女弟征贰反"，"合浦蛮夷皆应之"，合浦地区陆路未能畅通的因素。但是更重要的原因，很可能出于记取历史教训，力求不再发生此前作战时海上进攻部队"先至"，而陆路进攻部队"会期后""数期不会"等失误的考虑。

马援指挥的楼船部队由海路南下，战事规模、进军效率以及与陆路部队的完好配合，都超过汉武帝时代浮海击南越、击东越与击朝鲜故事，成为战争史中新的航海记录，也书写了边疆史、民族史与海洋开发史新的一页。

三、刘秀南海经略与西域政策的对比

东汉初年，西域地方民族关系与行政控制出现复杂情势。汉光武帝刘秀的政策呈现出与汉武帝时代的显著不同。"王莽篡位，贬易侯王，由是西域怨叛，与中国遂绝，并复役属匈奴。匈奴敛税重刻，诸国不堪命，建武中，皆遣使求内属，愿请都护。光武以天下初定，未遑外事，竟不许之。"《后汉书》卷88《西域传》又记载："（建武）十七年，（莎车王）贤复遣使奉献，请都护。……帝乃因其使，赐贤西域都护印绶，及车旗黄金锦绣。敦煌太守裴遵上言：'夷狄不可假以大权，又令诸国失望。'诏书收还都护印绶，更赐贤以汉大将军印绶。其使不肯易，遵迫夺之，贤由是始恨。而犹诈称大都护，移书诸国，诸国悉服属焉，号贤为单于。贤浸以骄横，重求赋税，数攻龟兹诸国，诸国愁惧。"汉光武帝刘秀对西域采取倾向于消极保守的政策。"二十一年冬，车师前王、鄯善、焉耆等十八国俱遣子入侍，献其珍宝。及得见，皆流涕稽首，愿得都护。"这一请求遭到拒绝，"天子以中国初定，北边未服，皆还其侍

---

① 参见王子今：《秦汉时代的并海道》，《中国历史地理论丛》1988 年 2 辑。

② 《孙子·九地》。注家对"速"的解释，有李筌曰："不虞不戒，破敌之速。"陈皞曰："须速进，不可迟疑也。"王晳曰："兵上神速。"何氏引李靖曰："兵贵神速，机不可失。"又引《卫公兵法》："兵用上神，战贵其速。"张预曰："用兵之理，惟尚神速。所贵乎速者，乘人之仓卒，使不及为备也。"（三国）曹操等注：《十一家注孙子》，第 192—193 页。

子，厚赏赐之。是时贤自负兵强，欲并兼西域，攻击益甚。诸国闻都护不出，而侍子皆还，大忧恐，乃与敦煌太守檄，愿留侍子以示莎车，言侍子见留，都护寻出，冀且息其兵。裴遵以状闻，天子许之。"实际上诸国侍子只是留居敦煌。"二十二年，贤知都护不至，遂遗鄯善王安书，令绝通汉道。安不纳而杀其使。贤大怒，发兵攻鄯善。安迎战，兵败，亡入山中。贤杀略千余人而去。其冬，贤复攻杀龟兹王，遂兼其国。鄯善、焉耆诸国侍子久留敦煌，愁思，皆亡归。鄯善王上书，愿复遣子入侍，更请都护。都护不出，诚迫于匈奴。"刘秀的答复即后人所谓"辞而未许"，"任其所从"，"天子报曰：'今使者大兵未能得出，如诸国力不从心，东西南北自在也。'于是鄯善、车师复附匈奴，而贤益横"。①

《汉书》卷96下《西域传下》班固赞语有对于当时形势和刘秀态度的历史评论："西域诸国，各有君长，兵众分弱，无所统一，虽属匈奴，不相亲附。匈奴能得其马畜旃罽，而不能统率与之进退。与汉隔绝，道里又远，得之不为益，弃之不为损。盛德在我，无取于彼。故自建武以来，西域思汉威德，咸乐内属。唯其小邑鄯善、车师，界迫匈奴，尚为所拘。而其大国莎车、于阗之属，数遣使置质于汉，愿请属都护。圣上远览古今，因时之宜，羁縻不绝，辞而未许。虽大禹之序西戎，周公之让白雉，太宗之却走马，义兼之矣，亦何以尚兹！"②班固对汉光武帝冷漠回复西域诸国"遣使""请属"之"辞而未许"的态度予以高度肯定。刘秀所谓"如诸国力不从心，东西南北自在也"，表现出极端退让的表态，可以理解为对汉武帝以来西域经营成果的全面放弃。其原因，似可以"中国初定"，"使者大兵未能得出"，于是不得不"因时之宜"作以解释。

---

① 《后汉书》，第2909、2923—2924页。"东西南北自在也"，（清）王先谦《后汉书集解》："言任所归向。'自在'语未明显，亦疑'在'为'任'之讹。"第1029页。

② 《汉书》，第3930页。《资治通鉴》卷43"汉光武帝建武二十二年"于叙"帝报曰：'今使者大兵未能得出，如诸国力不从心，东西南北自在也。'于是鄯善、车师复附匈奴"事后引"班固论曰"删略"唯其小邑鄯善、车师，界迫匈奴，尚为所拘。而其大国莎车、于阗之属"及"亦何以尚兹"数字。（宋）司马光编著，（元）胡三省音注，"标点资治通鉴小组"校点：《资治通鉴》，第1404页。"东西南北自在也"，胡三省注："任其所从。"第1403页。（清）王先谦《后汉书集解》以为"东西南北自在也""言任所归向"，"疑'在'为'任'之讹"，与胡三省理解接近。第1029页。

　　然而与西域决策形成鲜明对照的史实，是马援率领的"大兵"远征南海。①

　　刘秀为什么在西域取保守政策，在南海却坚定地决策远征呢？如果说"交阯女子征侧及女弟征贰反，攻没其郡，九真、日南、合浦蛮夷皆应之，寇略岭外六十余城"，可以看作严重的危局，不能不认真对待，那么莎车王贤在西域与汉帝国对抗，"诸国悉服属焉"，"诸国愁惧"，又策划"绝通汉道"，"攻杀龟兹王，遂兼其国"，而"鄯善、车师复附匈奴"等事件，其实体现出更为危急的形势。

　　进行汉光武帝南海经略和西域政策的对比，也许应当从国家防务重心的认识②、区域经济形势的判断③等方面综合理解西域方向"辞""让""却"的原因。西汉晚期王莽的东都经营④，已经显现关东地方的经济文化实力受到重视，而两汉之际黄河流域大批移民南下的史实，已经开启了全国经济文化重心向东南方向转移的历史变化。⑤　我们也应当注意，海洋开发意识的成熟，

---

①　班固参与编写的《东观汉记》，其中《马援传》记载马援"击交阯，谓官属曰"诸语，言"吾从弟少游尝哀吾慷慨多大志"。又记录"马援于交阯铸铜马"，"诏置马德阳殿下"。"马援振旅还京师，赐衣服、酒、床、什器，粟五百斛，侯车一乘。"马援"男儿要当死于边野，以马革裹尸还葬耳，何能卧床上在儿女子手中耶"等壮语在班固等笔下闪射英雄主义光彩，也反映了当时时代精神积极的一面。(汉)刘珍等撰，吴树平校注：《东观汉记校注》卷12，中州古籍出版社1987年版，第422页。

②　如班固言西域形势所谓"与汉隔绝，道里又远"。

③　如班固所谓"得之不为益，弃之不为损"，"盛德在我，无取于彼"。

④　参见王子今：《西汉末年洛阳的地位和王莽的东都规划》，《河洛史志》1995年第4期。

⑤　以《续汉书·郡国志五》提供的汉顺帝永和五年(140)户口数字和《汉书》卷28《地理志》提供的汉平帝元始二年(2)户口数字相比较，可以在看到全国户口呈负增长形势(分别为−20.7％与−17.5％)的情况下，丹阳、吴郡、会稽、豫章、江夏、南郡、长沙、桂阳、零陵、武陵等郡国户口增长的幅度达到户数为140.50％，口数为112.13％。其中豫章郡户数增长502.35％，口数增长374.17％；零陵郡户数增长906.47％，口数增长618.61％。《后汉书》，第3486、3489、3488、3491、3482、3479、3485、3483、3482、3484页。《汉书》，第1592、1590、1593、1567、1566、1539、1594、1595—1506、1639页。参见王子今：《秦汉时期生态环境研究》，北京大学出版社2007年版，第458页。岭南户口亦有增长，在永和五年缺郁林、交阯郡户口数的情况下，岭南户数增长25.67％，口数则只下降了18.79％。(清)王先谦《后汉书集解》引陈景云曰："交阯、郁林二郡，皆阙户口之数。建武（转下页）

或许对于南海方向的进取战略有积极的影响。①

扬雄《解嘲》称颂汉帝国"明盛之世"的文化强势时所谓"今大汉左东海，右渠搜，前番禺，后陶涂，东南一尉，西北一候"②，言"东南""西北"两个军事外交重心。而刘秀一时轻忽"西北"而倾重"东南"，是历史上值得特别注意的情形。当然，刘秀的政策择定，绝不是出于一己私意，而与当时社会的经济动态、移民方向和普遍的关注倾重相趋同。正是在这一时期启动的历史演进，即全国经济重心向东南方向的转移，对中国历史文化的走向产生了显著的影响。③对于马援平定"武溪蛮"暴动的军事行为以及其他相关历史迹象，也应当置于这一历史观察的大背景下分析。

（接上页）中，马援平交趾，请分西于县为封溪、望海二县。时西于一县，户已有三万二千。合余数县计之，户口之繁，必甲岭表诸郡矣。"第1304页。前引《后汉书》卷24《马援传》"援奏言西于县户有三万二千，远界去庭千余里，请分为封溪、望海二县"，李贤注："西于县属交阯郡，故城在今交州龙编县东也。""封溪、望海，县，并属交阯郡。"顾炎武《日知录》卷8《州县税赋》引此以为"远县之害"一例。（清）顾炎武著，黄汝成集释，秦克诚点校：《日知录集释》，第276页。《续汉书·郡国志五》列"交阯郡"所属"十二城"："龙编，赢陵，安定，苟漏，麊泠，曲阳，北带，稽徐，西于，朱鸢，封溪（建武十九年置），望海（建武十九年置）。""西于县户有三万二千"，与马援家乡右扶风相比悬殊。右扶风这一位列三辅，拥有15县的郡级行政单位，只有"户万七千三百五十二"，仅仅只相当于"西于"一个县户数的54.22%。《后汉书》，第3531—3532、839、3406页。西于县户数，可以作为我们考察汉代岭南开发程度的重要信息。分析这一历史变化，当然不能忽略户口显著增长有当地土著部族归附汉王朝管理之因素的可能性，而这种归附，也是开发成功的重要标志。即使户口增长有可能部分来自当地人附籍，人口密度竟然超过中原富足地区的情形，依然值得研究者重视。参见王子今：《岭南移民与汉文化的扩张——考古资料与文献资料的综合考察》，《中山大学学报》2010年第4期。

① 参见王子今：《秦汉时期的海洋开发与早期海洋学》，《社会科学战线》2013年第7期。

② 《汉书》卷87下《扬雄传下》，第3568页。

③ 正如傅筑夫所指出的，"从这时起，经济重心开始南移，江南经济区的重要性亦即从这时开始以日益加快的步伐迅速增长起来，而关中和华北平原两个古老的经济区则在相反地日益走向衰退和没落。这是中国历史上一个影响深远的巨大变化，尽管表面上看起来并不怎样显著。"傅筑夫：《中国封建社会经济史》第2卷，人民出版社1982年版，第25页。

四、交州军事征服的航海技术基础

马援交州军事征服充分利用了航海能力方面的优越条件。马援楼船军利用的航海技术基础的形成有诸多条件，包括多年的历史积累，以及民族构成不同的航海家们的共同贡献。

《史记》卷114《东越列传》记载，因东越王余善"持两端，阴使南越"，平定南越后，"楼船将军杨仆使使上书，愿便引兵击东越。上曰士卒劳倦，不许"。① 这说明今杨仆及其楼船军对于福建广东沿海海面的航线已经相当熟悉。随即发生东越与汉王朝的直接的军事冲突。汉军进击，最以"横海"情节令史家瞩目。"元鼎六年秋，余善闻楼船请诛之，汉兵临境，且往，乃遂反，发兵距汉道。""余善刻'武帝'玺自立，诈其民，为妄言。"②这就是《盐铁论·备胡》以为导致汉王朝边境压力的"四夷俱强，并为寇虐"表现之一的所谓"东越越东海，略浙江之南"。③ 言"越东海"者，明确指出是通过海域侵扰。汉王朝立即以强硬的态度武力回应："天子遣横海将军韩说出句章，浮海从东方往；楼船将军杨仆出武林；中尉王温舒出梅岭；越侯为戈船、下濑将军，出若邪、白沙。元封元年冬，咸入东越。"汉王朝向南方远征，又一次施行海陆结合的多路并进战略。其中"浮海从东方往"的"横海将军"部应作为主力。

"及横海将军先至，越衍侯吴阳以其邑七百人反，攻越军于汉阳。"所谓"横海将军先至"，指出海上一路进军速度最快，并承担了主攻任务，基本实现了战役目标。横海将军部得到"吴阳"部的策应，对方降众"降横海将军"的记录，体现"横海将军"统率的这支部队能够独力控制战局。战后"横海将军""横海校尉"均得封侯，而其他各路"诸将皆无成功，莫封"④，说明"横海将军"的主攻部队实际已经实现了平定余善叛乱军事行为的主要目的。

据《汉书》卷64上《朱买臣传》："是时东越数反复，买臣因言：'故东越王居保泉山，一人守险，千人不得上。今闻东越王更徙处南行，去泉山五百里，居大泽中。今发兵浮海，直指泉山，陈舟列兵，席卷南行，可破灭也。'上拜

---

① 《史记》，第2982页。《汉书》卷95《闽粤传》："及汉破番禺，楼船将军仆上书愿请引兵击东粤，上以士卒劳倦，不许。"第3861页。

② 《史记》，第2982页。

③ 王利器校注：《盐铁论校注》（定本），第445页。

④ 《史记》，第2982—2983页。

买臣会稽太守。""诏买臣到郡治楼船，备粮食，水战具，须诏书到，军与俱进。"通过朱买臣"发兵浮海，直指泉山，陈舟列兵，席卷南行"的军事设计以及"治楼船，备粮食，水战具"的备战实践，可知起初的战役策划，就是以"浮海"进攻为主。所谓"泉山"，即泉州港的山地屏障。颜师古注："泉山即今泉州之山也，临海，去海十余里。"①王先谦《汉书补注》解释《朱买臣传》"买臣受诏，将兵与横海将军韩说等俱击破东越"，引用齐召南说："按说出句章，浮海从东方往，即前买臣所画'浮海，直指泉山'之策也。"②《盐铁论·地广》所谓"横海征南夷，楼船戍东越，荆、楚罢于瓯、骆"③，说到这次海上征伐的胜利。这是影响当时南中国政治走向的一件大事，也是体现中国航海能力进步的明确的记录。④

"伏波将军"马援指挥的击交阯、九真的战争能够取胜，"楼船"部队航海能力的优越是决定性的条件。其技术基础，应以沿海越人和汉人海洋探索的积年经验为条件。

全面考察马援"破交阯""击九原"海上进军的技术能力，还应当重视开辟南海航路的先行者们的历史功绩。

《汉书》卷12《平帝纪》记载："（元始）二年春，黄支国献犀牛。"颜师古注："黄支在日南之南，去京师三万里。"⑤犀牛经海路进献的可能性很大。《汉书》卷28下《地理志下》也说到黄支国献犀牛事，同时记述了南洋航路开通的情形："自日南障塞、徐闻、合浦船行可五月，有都元国；又船行可四月，有邑卢没国；又船行可二十余日，有谌离国；步行可十余日，有夫甘都卢国。自夫甘都卢国船行可二月余，有黄支国，民俗略与珠厓相类。其州广大，户口多，多异物，自武帝以来皆献见。有译长，属黄门，与应募者俱入海市明珠、璧流离、奇石异物，赍黄金杂缯而往。所至国皆禀食为耦，蛮夷贾船，转送致之。亦利交易，剽杀人。又苦逢风波溺死，不者数年来还。大珠至围二寸以下。平帝元始中，王莽辅政，欲耀威德，厚遗黄支王，令遣使献生犀牛。

① 《汉书》，第2792页。
② （清）王先谦：《汉书补注》，第1259页。
③ 王利器校注：《盐铁论校注》（定本），第308—309页。
④ 参见王子今：《秦汉闽越航海史略》，《南都学坛》2013年第5期。
⑤ 《汉书》，第352页。

自黄支船行可八月，到皮宗；船行可二月，到日南、象林界云。黄支之南，有已程不国，汉之译使自此还矣。"①谢承《后汉书》说，孟尝为合浦太守，"被征当还，吏民攀车请之，不得进，乃附商人船遁去"。② 合浦港的"商人船"应当也有远航南洋者。认识汉代南洋航海事业的规模，还需要多方面的研究。当时民间力量的海洋开发值得重视。

又所谓"蛮夷贾船，转送致之"，可知推进航海史的这种进步，有多民族的共同贡献。而所谓"汉之译使"及"应募者"的活动，则体现中原人有颇为主动的历史表现。

第四节　汉代的"海贼"

西汉初年，田横率徒属五百余人入海，居岛中，刘邦担心可能"为乱"。田横因刘邦追逼而自杀。③ 西汉末年琅邪吕母起义也以"海上"作为活动基地。东汉以来，普遍称海上反政府武装为"海贼"。"海贼"以较强的机动性，形成了对"缘海"郡县行政秩序的威胁和破坏。凭借航海能力的优越，"海贼"的活动区域幅面十分宽广。讨论"海贼"的活动与影响，也有必要注意陈寅恪曾经论述的"天师道与滨海地域之关系"。

一、海上反政府武装与"海贼"称谓的发生

《论语·公冶长》所见孔子"道不行，乘桴浮于海"的感叹，有人以为"寓言"④，有人以为"微言"⑤，有人以为"戏言"⑥，有人以为"假设之言"⑦，有

① 《汉书》，第 1671 页。
② （清）姚之骃：《后汉书补逸》卷 10《谢承后汉书·孟尝》，见徐蜀选编《二十四史订补》第 4 册，第 149 页。
③ 《后汉书·马援传》："田横初自称齐王，汉定天下，横犹以五百人保于海岛，高祖追横，横自杀。"第 847 页。
④ （宋）张侃：《观海》，《张氏拙轩集》卷 1，《景印文渊阁四库全书》第 1181 册，第 381 页；（明）邱浚：《孔侍郎传》，《重编琼台稿》卷 20，《景印文渊阁四库全书》第 1248 册，第 409 页。
⑤ （清）毛奇龄：《论语稽求篇》卷 2，《景印文渊阁四库全书》第 210 册，第 155 页。
⑥ （宋）黎靖德编，王星贤点校：《朱子语类》卷 36《子欲居九夷章》，中华书局 1986 年版，第 972 页。
⑦ （元）胡炳文：《四书通·论语通》卷 3，《景印文渊阁四库全书》第 203 册，第 166 页。

人以为"叹咄"①，有人以为"吁嗟"②。或说"乘桴浮海，当时发言，有无限酸楚"③，或说"浮海居夷，讥天下无贤君也"④。确实，孔子的牢骚，也可以读作向主流政治表示独立意志的文化宣言。《史记》卷41《越王句践世家》："范蠡浮海出齐，变姓名，自谓鸱夷子皮，耕于海畔，苦身戮力。"⑤这是一例具体的"浮海"流亡事迹。又如《史记》卷83《鲁仲连邹阳列传》："聊城乱，田单遂屠聊城。归而言鲁连，欲爵之。鲁连逃隐于海上。"⑥这也是同样的在"海上"坚守个人文化立场的实例。有学者曾经指出中国古代"海域圈"与"陆""保持着独自性"的特征⑦，这自然是以交通条件为背景的。另一"入海"以显示自异于大陆政治文化形态的典型例证，是属于秦汉时期的田横及其五百士的事迹。与范蠡、鲁连不同，这是一起武装集团"在海中"与正统王朝相抗争的事件。

《史记》卷94《田儋列传》记载田横事："汉灭项籍，汉王立为皇帝，以彭越为梁王。田横惧诛，而与其徒属五百余人入海，居岛中。"刘邦遣使招田横。"高帝闻之，以为田横兄弟本定齐"，刘邦因田横在齐地的威望，担心"今在海中不收，后恐为乱"。田横表示对汉政治体制的顺从，"请为庶人，守海岛中"。然而即使如此，依然不能减除刘邦的忧虑。"使还报，高皇帝乃诏卫尉郦商曰：'齐王田横即至，人马从者敢动摇者致族夷！'乃复使使持节具告以诏商状，曰：'田横来，大者王，小者乃侯耳；不来，且举兵加诛焉。'"随即发生了著名的"田横感义士"⑧的故事："田横乃与其客二人乘传诣雒阳。"未至三十里，至尸乡厩置，遂自刭，令客奉其头，从使者驰奏之高帝。高帝为之流涕，"而拜其二客为都尉，发卒二千人，以王者礼葬田横。既葬，二客穿其冢

① （明）刘宗周：《知命赋》，《刘蕺山集》卷17，《景印文渊阁四库全书》第1294册，第618页。
② （三国魏）曹植：《磐石篇》，赵幼文校注：《曹植集校注》，中华书局2016年版，第387页。
③ （明）刘宗周：《论语学案》卷3，《景印文渊阁四库全书》第207册，第545页。
④ 《程氏经说》卷7《论语说》，《景印文渊阁四库全书》第183册，第127页。
⑤ 《史记》，第1752页。
⑥ 《史记》，第2469页。
⑦ 于逢春：《构筑中国疆域的文明板块类型及其整合模式序说》，《中国边疆史地研究》2006年第3期。
⑧ 《南史》卷64《张彪传》，第1567页。

旁孔,皆自刭,下从之。高帝闻之,乃大惊,以田横之客皆贤。吾闻其余尚五百人在海中,使使召之。至则闻田横死,亦皆自杀"。① 田横五百士壮烈表现形成的文化影响,《史记》卷94《田儋列传》司马贞《索隐述赞》称之为"海岛传声"。所谓"与其徒属五百余人入海,居岛中","守海岛中"②,《后汉书》卷24《马援传》李贤注写作"以五百人保于海岛"③。田横所居之海岛,后世称"田横岛",仍有流亡隐居故事。④

田横"与其徒属五百余人入海,居岛中",割据海岛的情形,使得刘邦有"今在海中不收,后恐为乱"的担忧。《汉书》卷1下《高帝纪下》作"(田横)与宾客亡入海,上恐其久为乱"。刘邦就此专门有军事部署。⑤ 据《史记》卷98《傅靳蒯成列传》:"(傅宽)为齐右丞相,备齐。"裴骃《集解》:"张晏曰:'时田横未降,故设屯备。'"⑥

《史记》卷114《东越列传》记载,闽粤王弟余善面对汉王朝军事压力,与宗族相谋:"今杀王以谢天子。天子听,罢兵,固一国完;不听,乃力战;不胜,即亡入海。"⑦据《史记》卷116《吴王濞列传》,吴楚七国之乱发起时,刘濞集团中也有骨干分子在谋划时说:"击之不胜,乃逃入海,未晚也。"⑧《汉书》卷35《荆燕吴传·吴王刘濞》:"不胜而逃入海,未晚也。"⑨所谓"亡入海""逃入海",其实是另一种武装抗争的形式。

王莽专政时期出现的武装反抗势力"盗贼"中,有以"海上"为根据地或者主要活动区域的。《汉书》卷99下《王莽传下》记述吕母起义情节:

> 临淮瓜田仪等为盗贼,依阻会稽长州,琅邪女子吕母亦起。初,吕

---

① 《史记》,第2648—2649页。
② 张守节《正义》:"按:海州东海县有岛山,去岸八十里。"《史记》,第2648页。
③ 《后汉书》,第846页。
④ 《北齐书》卷34《杨愔传》说杨愔从兄幼卿逃亡事:"遂弃衣冠于水滨若自沉者,变易名姓,自称刘士安,入嵩山……又潜之光州,因东入田横岛,以讲诵为业,海隅之士,谓之刘先生。"第455页。
⑤ 《汉书》,第57页。
⑥ 《史记》,第2708页。
⑦ 《史记》,第2981页。
⑧ 《史记》,第2835页。
⑨ 《汉书》,第1917页。

母子为县吏，为宰所冤杀。母散家财，以酤酒买兵弩，阴厚贫穷少年，得百余人，遂攻海曲县，杀其宰以祭子墓。引兵入海，其众浸多，后皆万数。①

《后汉书》卷11《刘盆子传》也有相关记载：

> 天凤元年，琅邪海曲有吕母者②，子为县吏，犯小罪，宰论杀之。吕母怨宰，密聚客，规以报仇。母家素丰，赀产数百万，乃益酿醇酒，买刀剑衣服。少年来酤者，皆赊与之，视其乏者，辄假衣裳，不问多少。数年，财用稍尽，少年欲相与偿之。吕母垂泣曰："所以厚诸君者，非欲求利，徒以县宰不道，枉杀吾子，欲为报怨耳。诸君宁肯哀之乎！"少年壮其意，又素受恩，皆许诺。其中勇士自号"猛虎"，遂相聚得数十百人，因与吕母入海中，招合亡命，众至数千。吕母自称"将军"，引兵还攻破海曲，执县宰。诸吏叩头为宰请。母曰："吾子犯小罪，不当死，而为宰所杀。杀人当死，又何请乎？"遂斩之，以其首祭子冢，复还海中。③

吕母作为"盗贼"，"入海中，招合亡命，众至数千"，"引兵入海，其众浸多，后皆万数"，成事后"复还海中"的活动特征是值得注意的。吕母因此被后世称为"东海吕母"。④

这种主要活动于"海上""海中"的反政府武装，通常称为"海贼"。

"海贼"称谓频繁出现于东汉时期，反映当时已经形成了具有较大影响的反政府的海上武装集团。"海贼"遭遇朝廷军队"讨破"，反映这样的武装力量

---

① 《汉书》，第4150页。
② 李贤注："海曲，县名，故城在密州莒县东。"《续汉书·郡国志三》"琅邪国"无"海曲"，有"西海"县。（清）王先谦《后汉书集解》："钱大昕曰，《前志》无西海，盖'海曲'之讹。""引惠栋曰，何焯云疑'海曲'之讹。"第1235页。
③ 《后汉书》，第477页。
④ 《晋书·列女传·何无忌母刘氏》："何无忌母刘氏，征虏将军建之女也。少有志节。弟牢之为桓玄所害，刘氏每衔之，常思报复。及无忌与刘裕定谋，而刘氏察其举厝有异，喜而不言。会无忌夜于屏风里制檄文，刘氏潜以器覆烛，徐登橙于屏风上窥之，既知，泣而抚之曰：'我不如东海吕母明矣！既孤其诚，常恐寿促，汝能如此，吾仇耻雪矣。'因问其同谋，知事在裕，弥喜，乃说桓玄必败、义师必成之理以劝勉之。后果如其言。"第2518—2519页。

对抗汉王朝的性质。东汉"楼船军"有南海航行的记录①，勃海与东海控制能力似有衰减。"楼船军"建设的高潮已成过去。②"海贼"势力的兴起，或许也与此有关。

二、"海贼"活动对"缘海"地方行政的威胁

当时勃海、东海、南海海域都有"海贼"活动。

史籍记述"海贼"的活动包括"寇略"地方，"攻"行政机关，"杀"军政长官。如"海贼张伯路等寇略缘海九郡"，对沿海行政秩序的冲击是强烈的。《后汉书·法雄传》说，"海贼张伯路等"遭遇多路政府军的联合围攻，"共斩平之，于是州界清静"。③可知"海贼"活动对正常社会秩序的破坏。

《后汉书·顺帝纪》记载"海贼曾旌等寇会稽，杀句章、鄞、鄮三县长，攻会稽东部都尉"事，《续汉书·天文志中》写作：

> 会稽海贼曾于等千余人烧句章，杀长吏，又杀鄞、鄮长，取官兵，拘杀吏民，攻东部都尉。

"曾于"应当就是"曾旌"。与《顺帝纪》不同的是，《续汉书》称其为"会稽海贼"。对其行为的记录也更为具体。所谓"烧句章，杀长吏，又杀鄞、鄮长，取官兵，拘杀吏民，攻东部都尉"，反映了其攻击力的强劲。其实，在"会稽海贼

---

① 《后汉书》卷 1 下《光武帝纪下》：建武十八年四月，"遣伏波将军马援率楼船将军段志等击交阯贼征侧等"。第 69 页。《后汉书》卷 24《马援传》："玺书拜援伏波将军，以扶乐侯刘隆为副，督楼船将军段志等南击交阯。""援将楼船大小二千余艘，战士二万余人，进击九真贼征侧余党都羊等。"第 838—839 页。《后汉书》卷 86《南蛮传》："十六年，交阯女子征侧及其妹征贰反"，"十八年，遣伏波将军马援、楼船将军段志，发长沙、桂阳、零陵、苍梧兵万余人讨之"。第 2836—2837 页。又《后汉书》卷 17《岑彭传》：建武九年，岑彭攻公孙述，"装直进楼船、冒突露桡数千艘"。第 660 页。有学者据此以为"水军出征"史例。张铁牛、高晓星：《中国古代海军史》(修订版)，第 33 页。然而此战使用"楼船"，却不是"楼船军"作战。

② 《后汉书》卷 1 下《光武帝纪下》：建武七年三月丁酉诏，以"今国有众军，并多精勇"，宣布"宜且罢""楼船士"，"令还复民伍"。第 51 页。参见王子今：《秦汉帝国执政集团的海洋意识与沿海区域控制》，《白沙历史地理学报》第 3 期(2007 年 4 月)，收入中国人民大学国学院国史教研室编：《国学视野下的历史秩序》，中国社会科学出版社 2016 年版。

③ 《后汉书》，第 1277 页。

曾于"危害地方行政之前，已经有"海贼浮于会稽"的记载。《续汉书·天文志中》刘昭《注补》引《古今注》：

> 六年，彗星出于斗、牵牛，灭于虚、危。虚、危为齐，牵牛吴、越，故海贼浮于会稽，山贼捷于济南。

"海贼"和"山贼"的对应关系所透露的历史行政地理的信息，也值得注意。

据《后汉书·刘盆子传》，赤眉军起事正在海滨地区：

> 后数岁，琅邪人樊崇起兵于莒，众百余人，转入太山，自号"三老"。时青、徐大饥，寇贼蜂起，众盗以崇勇猛，皆附之，一岁间至万余人。崇同郡人逢安，东海人徐宣、谢禄、杨音，各起兵，合数万人，复引从崇。共还攻莒，不能下，转掠至姑幕，因击王莽探汤侯田况，大破之，杀万余人，遂北入青州，所过虏掠。还至太山，留屯南城。初，崇等以困穷为寇，无攻城徇地之计，众既浸盛，乃相与为约：杀人者死，伤人者偿创。以言辞为约束，无文书、旌旗、部曲、号令。其中最尊者号"三老"，次"从事"，次"卒史"，泛相称曰"巨人"。王莽遣平均公廉丹、太师王匡击之。崇等欲战，恐其众与莽兵乱，乃皆朱其眉以相识别，由是号曰"赤眉"。赤眉遂大破丹、匡军，杀万余人，追至无盐，廉丹战死，王匡走。崇又引其兵十余万，复还围莒，数月。或说崇曰："莒，父母之国，奈何攻之？"乃解去。

而以"海中"作为隐蔽和集结地点的吕母的部队与赤眉军有友军的关系。吕母去世后，其部众并入赤眉等军：

> 时吕母病死，其众分入赤眉、青犊、铜马中。赤眉遂寇东海，与王莽沂平大尹战，败，死者数千人，乃引去。

《后汉书·安帝纪》"海贼张伯路复与勃海、平原剧贼刘文河、周文光等攻厌次，杀县令，遣御史中丞王宗督青州刺史法雄讨破之"的记载，更明确说明了"海贼"和陆上"剧贼"联合作战的情形。①

---

① （宋）李昉等撰：《太平御览》卷 880 引《后汉书》："安帝时……郡国九地震。明年，海贼张伯路与平原刘文何、周文光等叛，攻杀令长。"第 3908 页。

史籍可见"渤海贼"的称谓。清人姚之骃《后汉书补逸》卷21《司马彪续后汉书第四·渤海贼》："渤海妖贼盖登等称'太上皇帝'，有玉印五，皆如白石。文曰'皇帝信玺'、'皇帝行玺'，其三无文字。璧二十二，珪五，铁券十一，开王庙，带玉绶，衣绛衣，相署置也。"①是司马彪写作"渤海妖贼"，姚之骃作"渤海贼"。司马彪原意，可能只是指出盖登主要活动地域是渤海郡。《后汉书·桓帝纪》记载延熙六年(163)年十一月事："南海贼寇郡界。"这里"南海贼"之"南海"，是南海郡的意思，似乎并非指说"南海"海域。②《三国志》卷60《吴书·吕岱传》："庐陵贼李桓、路合、会稽东冶贼随春、南海贼罗厉等一时并起。"下文又说叛乱平定之后，"三郡晏然"。③ 可知"南海"与"庐陵""会稽"同样，也是郡名。然而孙权诏说到"(罗)厉负险作乱"，所谓"负险"，指出其部众利用了"海上"自然地理条件。

不过，吕母后来被称作"东海吕母"。其起事地点在琅邪海曲，距离东海郡甚远。所谓"东海吕母"者，强调其部众的海上根据地和主要活动地方在东海海域。

《后汉书·独行列传·彭修》记录了这样的故事："彭修字子阳，会稽毗陵人也。年十五时，父为郡吏，得休，与修俱归，道为盗所劫，修困迫，乃拔佩刀前持盗帅曰：'父辱子死，卿不顾死邪？'盗相谓曰：'此童子义士也，不宜逼之。'遂辞谢而去. 乡党称其名。"④这位"童子义士"后来任地方官，有平定"海贼"的经历。《太平御览》卷465引《吴录》："彭循字子阳，毗陵人。建国二年，海贼丁仪等万人据吴。太守秋君闻循勇谋，以守令。循与仪相见，陈说利害，应时散。民歌之曰：'时岁仓卒贼纵横，大戟强弩不可当，赖遇贤令

---

① 姚之骃原注："案贼事何必细载，范删为是。"(清)姚之骃：《后汉书补逸》，见徐蜀选编《二十四史订补》第 4 册，第 281 页。《后汉书》卷 7《桓帝纪》："勃海妖贼盖登等称'太上皇帝'，有玉印、珪、璧、铁券，相署置，皆伏诛。"李贤注引《续汉书》曰："时登等有玉印五，皆如白石，文曰'皇帝信玺'、'皇帝行玺'，其三无文字。璧二十二，珪五，铁券十一。开王庙，带王绶，衣绛衣，相署置也。"第 316 页。

② 《晋书》卷 10《安帝纪》："(义熙十三年秋七月)南海贼徐道期陷广州，始兴相刘谦之讨平之。"第 266 页。所谓"南海贼"，也应如此理解。

③ 《三国志》，第 1385 页。

④ 《后汉书》，第 2673 页。

彭子阳。'"①这里的"彭循"就是"彭修",因"修""循"形近而讹。姚之骃《后汉书补逸》卷11《谢承后汉书第三·彭修》："彭修,字子阳。海贼丁义欲向郡,郡内惊惶,不能捍御。太守闻修义勇,请守吴令。身与义相见,宣国威德,贼遂解去。民歌之曰:'时岁仓卒,盗贼从横,大戟强弩不可当,赖遇贤令彭子阳。'"②

"会稽海贼曾于等千余人","与吕母入海中"的"亡命",据说"众至数千",或说"引兵入海,其众浸多,后皆万数",这些都是体现"海贼"集团规模的史例。③《三国志》卷73《魏书·陈登传》裴松之注引《先贤行状》说:"太祖以登为广陵太守,令阴合以图吕布。登在广陵,明审赏罚,威信宣布。海贼薛州之群万有余户,束手归命。"④"海贼"拥众竟然至于"万有余户",规模是相当惊人的。

《后汉书》卷77《酷吏列传·董宣》记载了北海相董宣以残厉手段镇压大户公孙丹的史例:"董宣字少平,陈留圉人也。初为司徒侯霸所辟,举高第,累迁北海相。到官,以大姓公孙丹为五官掾。丹新造居宅,而卜工以为当有死者,丹乃令其子杀道行人,置尸舍内,以塞其咎。宣知,即收丹父子杀之。丹宗族亲党三十余人,操兵诣府,称冤叫号。宣以丹前附王莽,虑交通海贼,乃悉收系剧狱,使门下书佐水丘岑尽杀之。青州以其多滥,奏宣考岑,宣坐征诣廷尉。在狱,晨夜讽诵,无忧色。及当出刑,官属具馔送之,宣乃厉色

---

① (宋)李昉等撰:《太平御览》,第2138页。
② 原注:"案修,会稽毗陵人。时仕郡为功曹。海贼所向,即修之本郡也。《范书》称贼张子林作乱,郡请修守吴,修与太守俱出讨贼,飞矢雨集。修障扞太守,而为流矢所中,死。太守得全,贼素闻其恩信,即杀弩中修者,余悉皆降。言曰:'自为彭君故,降不为太守服也。'与此不同。"文渊阁《四库全书》本。今按:《后汉书·独行列传·彭修》:"后州辟从事。时贼张子林等数百人作乱,郡言州,请修守吴令。修与太守俱出讨贼,贼望见车马,竞交射之,飞矢雨集。修障扞太守,而为流矢所中死,太守得全。贼素闻其恩信,即杀弩中修者,余悉降散。言曰:'自为彭君故降,不为太守服也。'"《后汉书》,第2674页。
③ 《三国志》卷46《吴书·孙坚传》中"会稽妖贼许昌"与"海贼胡玉"事连说,这一武装集团"众以万数"的情形也值得重视。第1093页。
④ 《三国志》,第230页。元人郝经《郝氏续后汉书》卷14《汉臣列传·陈登》:"登赴广陵,治射阳,明审赏罚,宣布威信。海贼薛州以万户归命。未及期年,政化大行,百姓畏而爱之。"《景印文渊阁四库全书》第385册,第127页。

曰：'董宣生平未曾食人之食，况死乎！'升车而去。时同刑九人，次应及宣，光武驰使驺骑特原宣刑，且令还狱。遣使者诘宣多杀无辜，宣具以状对，言水丘岑受臣旨意，罪不由之，愿杀臣活岑。使者以闻，有诏左转宣怀令，令青州勿案岑罪。岑官至司隶校尉。"①董宣故事所见沿海郡国主要行政长官对地方豪族"交通海贼"的防范，竟然采用"悉收系剧狱"，"尽杀之"的手段，说明"海贼"势力对沿海地方行政确实形成了严重的威胁。

《三国志》卷12《魏书·何夔传》："海贼郭祖寇暴乐安、济南界，州郡苦之。"②显示"海贼"活动深入陆地的事实。东汉以后，似乎东南方向的"海贼"危害更为严重。这就是"会稽海贼"活跃以及频繁见于史籍的"海贼……寇会稽"情形。前引《古今注》称之为"海贼浮于会稽"。《三国志》卷48《吴书·三嗣主传·孙休》："（永安七年）秋七月，海贼破海盐，杀司盐校尉骆秀。"③也体现了"海贼"严重侵害王朝行政的情形。《晋书·食货志》："（咸和）六年，以海贼寇抄，运漕不继，发王公以下余丁，各运米六斛。""海贼寇抄"导致朝廷"运漕不继"，也就是说，执政王朝的经济命脉也为"海贼"扼控。"海贼浮于会稽"的形势，也与全国经济重心向东南方向转移的历史变化有关。④

三、"海贼"的海上运动战

"海贼张伯路等寇略缘海九郡"等记载⑤，表明这些海上反政府武装的机动性是非常强的。《后汉书》卷38《法雄传》关于法雄镇压"海贼"的内容：

> 永初三年，海贼张伯路等三千余人，冠赤帻，服绛衣，自称"将军"，寇滨海九郡，杀二千石令长。初，遣侍御史庞雄督州郡兵击之，伯路等

---

① 《后汉书》，第2489页。
② 《三国志》，第380页。
③ 《三国志》，第1161页。
④ 自两汉之际以来，江南经济得到速度明显优胜于北方的发展。正如傅筑夫所指出的："从这时起，经济重心开始南移，江南经济区的重要性亦即从这时开始以日益加快的步伐迅速增长起来，而关中和华北平原两个古老的经济区则在相反地日益走向衰退和没落。这是中国历史上一个影响深远的巨大变化，尽管表面上看起来并不怎样显著。"傅筑夫：《中国封建社会经济史》第2卷，第25页。
⑤ 《后汉书》卷38《法雄传》写作"寇滨海九郡"。第1227页。《太平御览》卷876引《后汉书》曰："安帝时，京师大风，拔南郊梓树九十六。后海贼张伯路略九郡。"第3886页。

乞降，寻复屯聚。明年，伯路复与平原刘文河等三百余人称"使者"，攻
厌次城，杀长吏，转入高唐，烧官寺，出系囚，渠帅皆称"将军"，共朝
谒伯路。伯路冠五梁冠，佩印绶，党众浸盛。乃遣御史中丞王宗持节发
幽、冀诸郡兵，合数万人，乃征雄为青州刺史，与王宗并力讨之。连战
破贼，斩首溺死者数百人，余皆奔走，收器械财物甚众。会赦诏到，贼
犹以军甲未解，不敢归降。于是王宗召刺史太守共议，皆以为当遂击之。
雄曰："不然。兵，凶器；战，危事。勇不可恃，胜不可必。贼若乘船浮
海，深入远岛，攻之未易也。及有赦令，可且罢兵，以慰诱其心，势必
解散，然后图之，可不战而定也。"宗善其言，即罢兵。贼闻大喜，乃还
所略人。而东莱郡兵独未解甲，贼复惊恐，遁走辽东，止海岛上。五年
春，乏食，复抄东莱间，雄率郡兵击破之，贼逃还辽东，辽东人李久等
共斩平之，于是州界清静。①

法雄注意到"海贼"在海滨作战的机动能力，担心"贼若乘船浮海，深入远岛，
攻之未易也"。而事实上"海贼张伯路"的部队果然"遁走辽东，止海岛上"。随
后竟然"复抄东莱间"，在战败后又"逃还辽东"，也体现出其海上航行能力之
强。而政府军不得不"发幽、冀诸郡兵"围攻，镇压的主力军的首领法雄是"青
州刺史"，最终战胜张伯路"海贼"的是"东莱郡兵"和"辽东人李久等"的部队，
也说明"海贼"在山东半岛和辽东半岛间往复转战，频繁地"遁走""逃还"，是
擅长使用海上运动战策略的。

《后汉书》卷 6《顺帝纪》在"海贼曾旌等寇会稽，杀句章、鄞、鄮三县长，
攻会稽东部都尉"句后记述：

　　　　诏缘海县各屯兵戍。②

也说明"海贼"的攻击，是利用航海力量方面的优势的。

《三国志》卷 1《魏书·武帝纪》写道：建安十年（205），"秋八月，公东征海
贼管承，至淳于，遣乐进、李典击破之，承走入海岛。"③"海贼管承"在被"击

---

① 《后汉书》，第 1277 页。
② 《后汉书》，第 259 页。
③ 《三国志》，第 28 页。

破"之后，实际上并没有被彻底剿灭，还可以转移到"海岛"休整。《三国志》卷17《魏书·乐进传》说，"（管）承破走，逃入海岛，海滨平。"①正如方诗铭所指出的，"管承仍可以'逃入海岛'，曹操所取得的胜利不过是'海滨平'，仅是将作为'黄巾贼帅'的管承赶出青州沿海地区而已"。②

四、"海贼"与陈寅恪所论"天师道与滨海地域之关系"

陈寅恪《天师道与滨海地域之关系》一文曾经指出，天师道与滨海地域有密切关系，黄巾起义等反叛可以"用滨海地域一贯之观念以为解释"，"凡信仰天师道者，其人家世或本身十分之九与滨海地域有关"。这一文化地理现象的揭示，给予我们重要的启示。

《汉书》卷99下《王莽传下》说道"临淮瓜田仪等为盗贼，依阻会稽长州，琅邪女子吕母亦起"③，并提到空间跨度甚大的沿海武装反抗。《续汉书·天文志中》说："会稽海贼曾于等千余人烧句章，杀长吏，又杀鄞、鄮长，取官兵，拘杀吏民，攻东部都尉；扬州六郡逆贼章何等称'将军'，犯四十九县，大攻略吏民。"④史家将"会稽海贼曾于等"和"扬州六郡逆贼章何等"事一并记述，也是值得注意的。

《三国志》卷6《吴书·吕岱传》："黄龙三年，以南土清定，召（吕）岱还屯长沙沤口。会武陵蛮夷蠢动，岱与太常潘濬共讨定之。嘉禾三年，权令岱领潘璋士众，屯陆口，后徙蒲圻。四年，庐陵贼李桓、路合、会稽东冶贼随春、南海贼罗厉等一时并起。权复诏岱督刘纂、唐咨等分部讨击，春即时首降，岱拜春偏将军，使领其众，遂为列将，桓、厉等皆见斩获，传首诣都。权诏岱曰：'厉负险作乱，自致枭首；桓凶狡反复，已降复叛。前后讨伐，历年不禽，非君规略，谁能枭之？忠武之节，于是益著。元恶既除，大小震慑，其余细类，扫地族矣。自今已去，国家永无南顾之虞，三郡晏然，无怵惕之惊，又得恶民以供赋役，重用叹息。赏不逾月，国之常典，制度所宜，君其裁之。'"⑤所谓"负险作乱"的"南海贼罗厉"与"庐陵贼李桓、路合、会稽东冶贼

---

① 《三国志》，第521页。
② 方诗铭：《曹操·袁绍·黄巾》，第258页。
③ 《汉书》，第4150页。
④ 《后汉书》，第3244页。
⑤ 《三国志》，第1385页。

随春""一时并起"，朝廷军队虽然"分部讨击"，却是统一"规略"，由吕岱一人部署指挥"讨伐"事，事平之后孙权又有"国家永无南顾之虞，三郡晏然，无怵惕之惊"的说法，"会稽东冶贼随春""即时首降"，随即导致"(李)桓、(罗)厉等皆见斩获，传首诣都"，看来庐陵、会稽、南海的反叛，联合行动与彼此策应的关系是明显的。关于"会稽东冶贼"，可以联系《三国志》卷46《吴书·孙坚传》中的记载理解其特征："会稽妖贼许昌起于句章，自称阳明皇帝，与其子诏扇动诸县，众以万数。(孙)坚以郡司马募召精勇，得千余人，与州郡合讨破之。是岁，熹平元年也。"①

对于"海贼"的活动，方诗铭曾经以较宽广的历史文化视角进行考察。他指出，东汉末年的青州是一个特殊地区，这里有着自然地理上濒临渤海和黄海的特点，又是河北、中原间的交通孔道，因而成为袁绍、公孙瓒、曹操割据势力之间的必争之地。同时，"黄巾"在这个地区结集了大量军事力量，被称为"海贼"的"黄巾贼帅"管承更长期据有滨海之地。②《三国志》卷12《魏书·何夔传》："迁长广太守。郡滨山海，黄巾未平，豪杰多背叛，袁谭就加以官位。长广县人管承，徒众三千余家，为寇害。议者欲举兵攻之。夔曰：'承等非生而乐乱也，习于乱，不能自还，未被德教，故不知反善。今兵迫之急，彼恐夷灭，必并力战。攻之既未易拔，虽胜，必伤吏民，不如徐喻以恩德，使容自悔，可不烦兵而定。'乃遣郡丞黄珍往，为陈成败，承等皆请服。"③《三国志》卷1《魏书·武帝纪》则直称"海贼管承"。"为什么讨伐这个'海贼'的战争有必要由曹操亲自指挥，并派出乐进、张合、李典等大将出击？④ 原因即是，管承是长期雄据长广的'黄巾贼帅'，属于与曹操为敌的黄巾军。"管承"黄巾贼帅"的身份，见于《太平御览》卷74引《齐地记》："崂山东北五里入海有管彦

① 《三国志》，第1093页。
② 方诗铭：《青州·"青州兵"·"海贼"管承——论东汉末年的青州与青州黄巾》，《史林》1993年第2期。
③ 《三国志》，第379页。
④ 《三国志》卷1《魏书·武帝纪》："公东征海贼管承，至淳于，遣乐进、李典击破之。"第28页。方诗铭还指出，又《乐进传》《张郃传》《李典传》都说到"征管承""讨管承""击管承"事。

岛，是黄巾贼帅管承后也。"①正如方诗铭所分析的，"管承以'黄巾'的秘密宗教为纽带，作为他与这些'徒众'之间的联系"，此外，这样的武装力量，还有更为复杂的政治关系背景。如《三国志》卷12《魏书·何夔传》关于管承事，除了说到"郡滨山海"的地理形势而外，还指出："黄巾未平，豪杰多背叛，袁谭就加以官位。"②而"被称为'海贼'的郭祖，也是袁绍所任命的中郎将③，同样可以说明这一点"。④ 方诗铭还指出："安帝时被称为'海贼'的张伯路起义，是原始道教形成过程中的重要标志之一，也是黄巾起义的先驱。""有一点值得注意，即在张伯路起义时使用了'使者'这一称号。""'使者'是原始道教的称号，即'天帝使者'的简称。"⑤

"滨海地域"形成了具有鲜明个性的特殊的文化区域，当与自勃海至南海漫长地带南北相互联系的方便的交通条件有关。除了秦汉时期"并海道"的陆路交通条件而外⑥，沿海地方的海上交通的便利也许表现出更重要的意义。⑦而"海贼"们利用了这样的条件，也以自己的政治经济实践，推促了海上交通的新的历史进步。探讨中国古代海洋文化的发展，不宜忽视"海贼"的历史作用。

通过对历史记录的分析我们可以发现，有的"海贼"也许并不以反抗执政王朝为目标，仅仅只是以抢掠"财物"为主要活动方式。《三国志》卷46《吴书·孙坚主传》中有少年孙权击杀"海贼"的记载：

> 少为县吏。年十七，与父共载船至钱唐，会海贼胡玉等从匏里上掠取贾人财物，方于岸上分之，行旅皆住，船不敢进。坚谓父曰："此贼可击，请讨之。"父曰："非尔所图也。"坚行操刀上岸，以手东西指麾，若分部人兵以罗遮贼状。贼望见，以为官兵捕之，即委财物散走。坚追，斩

---

① （宋）李昉等撰：《太平御览》，第347页。
② 《三国志》，第379页。
③ 方诗铭原注："《三国志·魏志·吕虔传》。"
④ 方诗铭：《曹操·袁绍·黄巾》，第254—257页。
⑤ 方诗铭：《曹操·袁绍·黄巾》，第234—237页。
⑥ 王子今：《秦汉时代的并海道》，《中国历史地理论丛》1988年2辑。
⑦ 王子今：《秦汉时期的近海航运》，《福建论坛》1991年第5期；《秦汉时期的东洋与南洋航运》，《海交史研究》1992年第1期。

得一级以还；父大惊。由是显闻，府召署假尉。①

"海贼""掠取贾人财物"，只是破坏经济秩序和社会治安的匪徒。从他们"从匏里上掠取贾人财物，方于岸上分之，行旅皆住，船不敢进"等情节透露的行为特征看，"海贼"利用优越的海上航运的能力，也在江河水面作案。

说到这里，似应提示对汉代出现的"江贼"称谓的注意。《隶释》卷6《国三老袁良碑》有"讨江贼张路等，威震徐方"文句。② 有学者认为此"张路"就是"张伯路"。③ 方诗铭说："张伯路的根据地是在辽东海岛，军事行动所及也只在幽、冀、青三州，未曾到达过徐州。看来，张路不可能是张伯路，而是另一次起义的首领。"④其实，讨论张伯路"军事行动所及"，《后汉书》卷5《安帝纪》"寇略缘海九郡"⑤，《后汉书》卷38《法雄传》"寇滨海九郡"⑥，都还可以作进一步的分析。"缘海九郡"或"滨海九郡"，自辽东起，有辽西、右北平、渔阳、勃海、乐安、北海、东莱、琅邪。而右北平、渔阳海岸线甚短，如果不计入"缘海""滨海"郡中，则"九郡"可以包括属于"徐方"的东海郡。我们更为关注的，是"海贼"和"江贼"并出的现象。因航运能力提高机动性和攻击力的武装集团能够形成社会影响，毕竟反映了交通史学者瞩目的历史事实。

五、居延"临淮海贼"简文

居延汉简中可以看到出现"海贼"字样的简文：

　　☑书七月己酉下∨一事丞相所奏临淮海贼∨乐浪辽东
　　☑得渠率一人购钱卌万诏书八月己亥下∨一事大(33.8)⑦

对于简33.8所见"海贼"称谓的意义，研究者以往似重视不够。陈直相关论述未就"海贼"身份进行讨论。大庭修主持编定的《居延汉简索引》不列"海

① 《三国志》，第1093页。
② (宋)洪适撰：《隶释　隶续》，第71页。
③ 曾庸：《汉碑中有关农民起义的一些材料》，《文物》1960年8、9期。
④ 方诗铭：《曹操·袁绍·黄巾》，第235—236页。
⑤ 《后汉书》，第213页。
⑥ 《后汉书》，第1277页。
⑦ 谢桂华、李均明、朱国炤：《居延汉简释文合校》，第51页。

贼"条。①

在已经发表的居延汉简中，简 33.8 中出现的"临淮""乐浪""辽东"郡名，都是仅见的一例。② 以东方沿海地区军事行政事务为主题的公文在西北边塞发现，值得我们关注。

简文涉及"诏书"内容，其中"得渠率一人购钱卅万"，悬赏额度之高是十分惊人的。查河西汉简可能属于"购科赏"③"购赏科条"④的简文，"购钱"通常为"十万""五万"：

> 购钱十万居延简 EPF22：224，EPF22：225，敦煌简 792
> 购钱五万居延简 EPF22：226，EPF22：233，EPF22：234⑤

居延汉简可以看到同时出现两种赏格的简文，例如：

> 群辈贼发吏卒毋大爽宜以时行诛愿设购赏有能捕斩严訢君阑等渠率
> 一人购钱十万党与五万吏捕斩强力者比三辅
> 　☑司劾臣谨☐如☐言可许臣请☐☑严訢等渠率一人☑党与五万☑
> （503.17，503.8）⑥

"渠率"和"党与"的"购钱"，分别是"十万"和"五万"。这里"渠率一人购钱十

---

① 关西大学东西学术研究所：《居延汉简索引》，关西大学出版部 1995 年版。

② 可见"乐浪"郡名者，又有敦煌汉简一例，即"戍卒乐浪王谭"（826）。甘肃省文物考古研究所编：《敦煌汉简》，中华书局 1991 年版，第 251 页。张德芳主编《敦煌汉简集释》作"乐涫"，为酒泉郡属县。甘肃文化出版社 2013 年版，第 591 页。

③ 居延汉简 EPF22：231，甘肃省文物考古研究所、甘肃省博物馆、中国文物研究所、中国社会科学院历史研究所：《居延新简：甲渠候官》，中华书局 1994 年版，上册第 217 页，下册第 511 页。

④ 额济纳汉简 2000ES9SF4：6，魏坚主编：《额济纳汉简》，广西师范大学出版社 2005 年版，第 232 页。

⑤ 甘肃省文物考古研究所、甘肃省博物馆、中国文物研究所、中国社会科学院历史研究所：《居延新简：甲渠候官》上册，第 217 页。张德芳：《居延新简集释（七）》，甘肃文化出版社 2016 年版，第 488—489 页。甘肃省文物考古研究所编：《敦煌汉简》，第 249 页。

⑥ 谢桂华、李均明、朱国炤：《居延汉简释文合校》，第 602 页。简牍整理小组编：《居延汉简（肆）》（"中央研究院"历史语言研究所专刊之一〇九），"中央研究院"历史语言研究所 2017 年版，第 144 页。

万",而简 33.8"渠率一人购钱卅万"。数额相差之悬殊,体现出"海贼"活动对当时行政秩序危害之严重。

记录东汉历史的文献中可以看到"海贼"称谓。"海贼"称谓频繁出现于东汉时期,反映当时已经形成了具有较大影响的反政府的海上武装集团。"海贼"遭遇朝廷军队"讨破",体现出这样的武装力量对抗汉王朝的性质。西汉海军建制"楼船军"在东汉已经不见诸史籍,或许体现执政集团海洋控制能力的衰落。[①]"海贼"势力的兴起,也许与此有关。

简 33.8 所见"临淮海贼∨乐浪辽东"字样,反映"临淮海贼"的活动区域幅面之广阔,竟然可以至于"乐浪辽东",冲击辽东半岛和朝鲜半岛的社会生活。以现今航海里程计,连云港至大连 339 海里(约 628 千米),大连至朝鲜平壤地区的出海口南浦 180 海里(约 333 千米)。[②]

居延汉简 33.8 所见"海贼"字样,为我们从词汇史的角度理解"海贼"称谓提供了新的资料。

分析简 33.8 的年代,不宜忽略简文中"七月己酉"和"八月己亥"两个日期所提供的信息。从简文内容看,"七月己酉"和"八月己亥"应在同一年。据徐锡祺《西周(共和)至西汉历谱》,自汉武帝太始时期至新莽时期,有 15 个年份有"七月己酉"日和"八月己亥"日:汉武帝太始元年(前 96),汉昭帝始元六年(前 81),汉宣帝本始三年(前 71),汉宣帝本始四年(前 70),汉宣帝神爵二年(前 60),汉宣帝甘露四年(前 50),汉宣帝黄龙元年(前 49),汉元帝永光五年(前 39),汉成帝阳朔元年(前 24),汉成帝永始三年(前 14),汉成帝永始四年(前 13),汉哀帝建平四年(前 3),汉孺子婴居摄三年(8),王莽天凤元年(14),王莽天凤五年(18)。[③] 其中汉宣帝神爵二年(前 60)与汉成帝永始四年(前 13),得到居延汉简简文的印证。据任步云对居延汉简简文的研究,又有两个年份汉成帝阳朔元年(前 24)和永始四年(前 13)有"七月己酉"日和"八月

---

① 参见王子今:《秦汉帝国执政集团的海洋意识与沿海区域控制》,《白沙历史地理学报》第 3 期(2007 年 4 月),收入中国人民大学国学院国史教研室编《国学视野下的历史秩序》,中国社会科学出版社 2016 年版。

② 《中华人民共和国分省地图集》,中国地图出版社 1999 年版,第 65—66、25—26 页。

③ 徐锡祺:《西周(共和)至西汉历谱》,北京科学技术出版社 1997 年版。

己亥"日。① 据陈垣《二十史朔闰表》，东汉初年的汉光武帝、汉明帝时代，又有7个年份有"七月己酉"日和"八月己亥"日。即汉光武帝建武十年（34），建武二十年（44），建武二十一年（45），建武三十年（54），建武三十一年（55），汉明帝永平八年（65），永平十三年（70）。②

《汉书》卷28上《地理志上》记载："临淮郡，武帝元狩六年置。莽曰淮平。"③谭其骧指出："《后书·侯霸传》：王莽时为淮平大尹。"④《汉书》卷99中《王莽传中》说王莽肆意更改地名，事在"莽即真"当年即天凤元年（14）。⑤有地名学者指出："'新朝'建立不久，王莽下令……任意更改各级地名……"⑥依照这样的说法，似可排除简33.8年代为王莽天凤元年（14）、王莽天凤五年（18）的可能。陈直《居延汉简综论》讨论这枚简时指出："木简应为王莽天凤六年诏书残文，《汉书·王莽传》卷下云：'临淮瓜田仪等为盗贼，依阻会稽长州，琅邪吕母亦起兵'，此天凤四年事。据《二十史朔闰表》，天凤四年八月为癸丑朔，十月为壬子朔。天凤五年八月为丁未朔，十月为丁未朔。皆八月中不得有己亥，十月中不得有乙酉。惟天凤六年八月为辛未朔，廿九日为己亥，十月为庚午朔，十六日为乙酉，皆与本简符合。《后汉书·刘盆子传》，记吕母起义，事在天凤元年，至本简诏书缉捕，已经过六年之久，与《汉书》亦可互相参证……"他的《居延汉简解要》称之为"王莽时名捕临淮海贼诏书"。讨论时引"《汉书·王莽传》卷下"，又举吕母起义故事详细情节："初吕母子为县吏，为宰所冤杀，母散家财以酤酒，买兵弩，阴厚贫穷少年，得百余人，遂攻海曲县，杀其宰以祭子墓。引兵入海，其众浸多，后皆万数。"以为："此天凤四年事，与本简所记丞相所奏临淮海贼，完全符合。又《王莽传》，'地皇二年瓜田仪文降未出而死，莽求其尸，谥曰瓜宁殇男。'瓜田仪自

① 任步云：《甲渠候官汉简年号朔闰表》，见甘肃省文物工作队、甘肃省博物馆编《汉简研究文集》，甘肃人民出版社1984年版，第425、443、438、441页。
② 陈垣：《二十史朔闰表》，中华书局1962年版。
③ 《汉书》，第1589页。
④ 谭其骧：《新莽职方考》，见《二十五史补编》第2册，中华书局1955年版，第1741页。
⑤ 《汉书》卷99中《王莽传中》："其后，岁复变更，一郡至五易名，而还复其故。吏民不能纪，每下诏书，辄系其故名。"第4137页。
⑥ 华林甫：《中国地名学源流》，湖南人民出版社1999年版，第34页。

起义至投降，前后达五年之久。又按：《太平御览》卷481引《东观汉记》叙述吕母起义事，与《王莽传》略同。《后汉书·刘盆子传》，叙吕母起义事，在天凤元年，数岁吕母病死，其众分入赤眉青犊铜马中。惟李贤注，记吕母子名吕育，为游徼犯罪，则较《汉书·王莽传》为详。"①以为瓜田仪、吕母就是"临淮海贼"，还需要更深入的论证。而居延汉简33.8即"王莽天凤六年诏书残文"的判断，则与王莽天凤元年(14)即改"临淮"郡为"淮平"郡的事实不符合。而《汉书》卷99下《王莽传下》说"临淮瓜田仪等为盗贼，依阻会稽长州，琅邪女子吕母亦起"之所谓"临淮"，是班固的记述，使用的是《汉书》卷99中《王莽传中》所谓"吏民不能纪，每下诏书，辄系其故名"的"故名"。

"临淮"郡名的又一次变化，是汉明帝将临淮郡"更为下邳国"，一说将临淮郡地"益下邳国"。《后汉书》卷2《明帝纪》："(永平)十五年春二月……癸亥，帝耕于下邳。""夏四月庚子，车驾还宫。改……临淮为下邳国。"②封皇子刘衍"为下邳王"。《续汉书·郡国志三》"下邳国"条："武帝置为临淮郡，永平十五年更为下邳国。"③而《后汉书》卷50《孝明八王列传·下邳惠王刘衍》则记载："下邳惠王衍，永平十五年封。衍有容貌，肃宗即位，常在左右。建初初冠，诏赐衍师傅已下官属金帛各有差。四年，以临淮郡及九江之钟离、当涂、东城、历阳、全椒合十七县益下邳国。"④关于"临淮郡"与"下邳国"关系的年代记录略有差异。然而汉明帝以后即不存在"临淮郡"，是可以明确的。

这样说来，简33.8的年代，至迟应在汉明帝永平十三年(70)之前。也就是说，简33.8简文所见"海贼"称谓，至迟也早于正史中最早的"海贼"记录汉安帝永初三年(109)39年。毫无疑问，简33.8提供了有关"海贼"活动年代的最早的明确历史文化信息。这一资料对于我们研究汉代社会史、行政史、地方治安史、航海史，都有非常重要的价值。

《隶释》卷6《国三老袁良碑》说到"讨江贼张路等，威震徐方"事。⑤ 有学者

① 陈直：《居延汉简研究》，天津古籍出版社1986年版，第104、200、274页。

② 《后汉书》，第118—119页。

③ 《后汉书》，第3461页。

④ 《后汉书》，第1674页。

⑤ (宋)洪适撰：《隶释 隶续》，第71页。

认为此"张路"就是被《后汉书》卷38《法雄传》称为"海贼"的"张伯路"。① 方诗铭认为，"张伯路的根据地是在辽东海岛，军事行动所及也只在幽、冀、青三州，未曾到达过徐州。看来，张路不可能是张伯路，而是另一次起义的首领。"②其实，讨论"海贼张伯路""军事行动所及"是否"曾到达过徐州"，对于《后汉书》卷5《安帝纪》"寇略缘海九郡"以及《法雄传》"寇滨海九郡"其"九郡"所指，都还可以作进一步的分析。一般"幽、冀、青三州"地方的河流，不大称"江"。汉代言"江"，通常专指今人所谓长江。③ 后来有南方诸水多称"江"的情形。④ 既然得"江贼"称号，也许这一武装集团形成于长江流域，其活动波及区域之广，确曾"到达过徐州"即至于"徐方"。从居延汉简33.8所见"临淮海贼"的活跃竟然影响到"乐浪辽东"的事实来看，我们不妨拓展分析"江贼张路"事迹的思路。

六、关于《堂邑元寿二年要具簿》"库兵"数量

山东青岛土山屯汉堂邑令刘赐墓出土编号为 M147：25－1 的木牍为两件文书的合抄。据发掘报告："两面书写，每面分两栏书写。第一面及第二面上栏为《堂邑元寿二年要具簿》，三十八行。记载了吏员数量、城池大小、户口人数、犯罪人数、库兵数量、提封数量、疾病、垦田、钱粮市税、传马数量、赈济贫民等方面的内容。第二面下栏为《元狩二年十一月见钱及逋簿》，十四行，所载内容为税收和欠缴的各类税收细节。"

两件文书保留了汉哀帝元寿二年（前 1）临淮郡堂邑县的若干行政史信息。时间和空间都非常明确。

据木牍文书《堂邑元寿二年要具簿》，其中包括"城"，"户""口"（包括"奴婢""复口""定事口"），"筭"（包括"奴婢""复除罢癃筭""定事筭"），卒（包括

---

① 曾庸：《汉碑中有关农民起义的一些材料》，《文物》1960 年第 8、9 期。
② 方诗铭：《曹操·袁绍·黄巾》，第 235—236 页。
③ 《释名·释水》："江，公也。小水流入其中，公共也。"任继昉纂：《释名汇校》，第 56 页。《说文·水部》："江，江水。出蜀湔氐徼外崏山。入海。从水，工声。"段玉裁注："'崏山'，即《禹贡》'岷山'。"（汉）许慎撰，（清）段玉裁注：《说文解字注》，第 517 页。
④ 《尚书·禹贡》孔颖达疏："江以南，水无大小，俗人皆呼为'江'。或从江分出，或从外合来。"（清）阮元校刻：《十三经注疏》，第 149 页。

"罢癃皖老卒""见甲卒""卒复除繇使""定更卒""一月更卒"），"库兵"（包括"完""伤可缮"），"提封"（包括"邑居不可垦""群居不可垦""县官波湖溪""可垦不可垦田""垦田""它作务田""租""菑害""定当收田""园田""民种宿麦"），"所收事它郡国民"（包括"户""口""卒"），"一岁市租钱"，"湖池税鱼一岁得钱"，"昆（鳏）寡孤独高年"（包括"昆（鳏）""寡""孤""独""高年"），"一岁诸当食者用谷"，"吏员"，"三老官属员"，"楼船士"，"库工"，"民放流不知区处"（包括"户""口""算"），"以春令贷贫民"（包括"户""口"）各种统计数字。似乎并没有发掘报告所说"犯罪人数"和"疾病"等信息。

刘赐墓出土木牍文书《堂邑元寿二年要具簿》中关于"库兵"数量的记录特别引人注目：

> 库兵小大廿七万三千三百六十七，其廿三万七千一百卅三完，三万
> 二千五十一伤可缮

237133"完"，32051"伤可缮"，则总数为 269184，与"库兵小大廿七万三千三百六十七"数目不合，数量统计出现 4183 件的误差。

木牍文字内容涉及"吏员""三老官属员""楼船士""库工"等身份，应是公职人员的员额统计：

> 吏员百一十三人
> 三老官属员五十三人
> 楼船士四百一十四人
> 库工七十人①

"吏员"不过 113 人，"三老官属员"53 人，而"库工"多达 70 人，可见"库"在堂邑县行政工作中的比重较大。这些"库工"应是修理"伤可缮""库兵"的专业技术人员。

不考虑数字误差，即以木牍文字"库兵大小廿七万三千三百六十七，其……三万二千五十一伤可缮"计，残坏兵器占"库兵"总数的 11.72%。"三万二千五十一伤可缮"者，"库工七十人"承担"缮"的工作量，平均每人 457.87

---

① 青岛市文物保护考古研究所、黄岛区博物馆：《山东青岛土山屯墓群四号封土与墓葬的发掘》，《考古学报》2019 年第 3 期。

件。假使每位"库工"每天完成 1 件"伤可缮""库兵""缮"的工作，没有休息日，也要劳作一年再加一个季度。

木牍文字"楼船士四百一十四人"，也有特别重要的意义。

临淮郡堂邑县治在今江苏六合西北，临近长江航道，距离当时的长江口 150 千米左右。① 县级行政机关管理的"楼船士"，其身份或许可以与汉代文献出现过的"习船者"对应，即以江海航行能力见长的军人。②

《堂邑元寿二年要具簿》中"楼船士"与"吏员""三老官属员"并列，说明军事航运设置的重要。这一情形或许与"临淮海贼"以及"江贼"的活跃有关。从现有资料看，"堂邑""库兵"数额仅次于东海郡"武库"收藏的兵器，很可能体现了重视活动于"江""海"的反政府武装的敌情意识。

---

① 谭其骧主编：《中国历史地图集》第 2 册，第 19—20 页。
② 王子今：《"博昌习船者"考论》，《齐鲁文化研究》总第 13 辑，泰山出版社 2013 年版。

第八章　秦汉社会的海洋情结

　　秦汉时期社会意识中的海洋观，是认识当时文化形态与文化风格应当关注的对象。考察秦汉社会有关海洋理念，对于理解中国历史时期的海洋文化史，也是有意义的。秦汉社会对于海洋的认识，对于海洋的态度，对于海洋的情感，显现出积极探求的倾向。在中国海洋学史中，这一宝贵的片段，值得我们珍视。

第一节　秦始皇的海洋意识

　　秦始皇实现统一之后五次出巡，其中四次来到海滨。这当然与《史记》卷6《秦始皇本纪》所见关于秦帝国海疆"东有东海""地东至海"的政治地理意识有关。秦始皇多次长途"并海"巡行。这种出巡的规模和次数，在中国古代帝王行旅记录中仅次于汉武帝。

　　秦始皇来到最后征服的东方强国——齐国，他在以"威服"①为主要目的的巡行途中，却不得不受到齐地海洋文化的深深感染。

---

①　《史记》卷6《秦始皇本纪》："二世与赵高谋曰：'朕年少，初即位，黔首未集附。先帝巡行郡县，以示强，威服海内。今晏然不巡行，即见弱，毋以臣畜天下。'"第267页。

一、"东游海上，行礼祠名山大川及八神"

秦始皇正视齐人海洋开发的成功，对齐地海洋文化的辉煌，似有肯定的倾向。这首先表现为对"八神"的恭敬礼拜。

《史记》卷28《封禅书》记载，秦始皇东巡，专门祭祀了齐人传统崇拜对象"八神"：

> 于是始皇遂东游海上，行礼祠名山大川及八神，求仙人羡门之属。八神将自古而有之，或曰太公以来作之。齐所以为齐，以天齐也。① 其祀绝莫知起时。八神：一曰天主②，祠天齐。天齐渊水，居临菑南郊山下者。二曰地主，祠泰山梁父。盖天好阴，祠之必于高山之下，小山之上，命曰"畤"；地贵阳，祭之必于泽中圜丘云。三曰兵主，祠蚩尤。蚩尤在东平陆监乡，齐之西境也。四曰阴主，祠三山。③ 五曰阳主，祠之罘。④ 六曰月主，祠之莱山。⑤ 在齐北，并勃海。七曰日主，祠成山。成山斗入海⑥，最居齐东北隅，以迎日出云。八曰四时主，祠琅邪。琅邪在齐东方，盖岁之所始。皆各用一牢具祠，而巫祝所损益，珪币杂异焉。⑦

来自西北的秦始皇表现了对齐人信仰世界的充分尊重。"八神"之中，"阴主，祠三山"，"阳主，祠之罘"，"月主，祠之莱山"，都"在齐北，并勃海"，而"日主，祠成山"，其位置在胶东半岛最东端，即所谓"成山斗入海，最居齐东北隅"，而"四时主，祠琅邪"，琅邪也位于海滨，"在齐东方"。所谓"八神"多数都在海边。《史记》卷28《封禅书》于是以为"八神"礼祠是秦始皇"东游海上"

---

① 裴骃《集解》："苏林曰：'当天中央齐。'"

② 司马贞《索隐》："谓主祠天。"

③ 司马贞《索隐》："小颜以为下所谓三神山。顾氏案：《地理志》东莱曲成有参山，即此三山也，非海中三神山也。"

④ 张守节《正义》："《括地志》云：'之罘山在莱州文登县西北九十里。'"

⑤ 裴骃《集解》："韦昭曰：'在东莱长广县。'"

⑥ 裴骃《集解》："韦昭曰：'成山在东莱不夜，斗入海。不夜，古县名。'"司马贞《索隐》："不夜，县名，属东莱。案：解道彪《齐记》云：'不夜城盖古有日夜出见于境，故莱子立城以不夜为名。'斗入海，谓斗绝曲入海也。"

⑦ 《史记》，第1367—1368页。

"东巡海上"的重要文化主题:"于是始皇遂东游海上,行礼祠名山大川及八神。""上遂东巡海上,行礼祠八神。"①礼祠"八神",被看作"东游海上""东巡海上"的行旅目的之一。在这样的文化史叙事方式中,以宏观人文地理和宗教地理的视角观察,"八神"明确被归入"海上"文化存在。

顾炎武《日知录》卷 31"劳山"条讨论"劳山"名义,也涉及"八神"中之"日主,祠成山":

> "劳山"之名,《齐乘》以为登之者劳。又云:一作牢丘。长春又改为鳌。皆鄙浅可笑。按《南史》明僧绍隐于长广郡之崂山,《本草》天麻生太山、崂山,诸山则字本作崂。若《魏书·地形志》、《唐书·姜抚传》、《宋史·甄栖真传》并作"牢",乃传写之误。
>
> 《诗》:"山川悠远,维其劳矣。"《笺》云:"劳劳,广阔。"则此山或取其广阔而名之。郑康成齐人,"劳劳",齐语也。
>
> 《山海经·西山经》亦有"劳山",与此同名。
>
> 《寰宇记》:"秦始皇登劳盛山,望蓬莱。"后人因谓此山一名"劳盛山",误也。"劳"、"盛",二山名。"劳",即劳山;"盛",即成山。《史记·封禅书》:"七曰日主,祠成山。成山斗入海。"《汉书》作"盛山"。古字通用。齐之东偏环以大海,海岸之山,莫大于劳、成二山,故始皇登之。《史记·秦始皇纪》:"令入海者赍捕巨鱼具,而自以连弩候大鱼至射之。自琅邪北至荣成山,弗见。至之罘,见巨鱼,射杀一鱼。"《正义》曰:"荣成山即成山也。"按史书及前代地理书并无荣成山,予向疑之,以为其文在琅邪之下,成山之上,必"劳"字之误。后见王充《论衡》引此,正作"劳成山",乃知昔人传写之误,唐时诸君,亦未之详考也。遂使劳山并盛之名,成山冒荣之号。今特著之,以正史书二千年之误。②

顾炎武的考论,得到清代学者何焯的赞同。③ 尤其值得注意的,是关于郑玄所谓"劳劳,广阔"的提示。"郑康成齐人,'劳劳',齐语",特别值得我们注意。不过,"此山或取其广阔而名之",可能不是取其"山"的"广阔",而是说

---

①　又见《汉书》卷 25 上《郊祀志上》,第 1202、1234 页。

②　(清)顾炎武著,(清)黄汝成集释,秦克诚点校:《日知录集释》,第 1128 页。

③　(清)何焯著,崔高维点校:《义门读书记》卷 13《史记上》,第 200—201 页。

"登之者"凭高望海感觉到的"广阔"。

据《史记》卷 6《秦始皇本纪》记载，秦始皇泰山刻石有"周览东极"文字，琅邪刻石说："东抚东土，以省卒士。事已大毕，乃临于海。""乃抚东土，至于琅邪。"又有"皇帝之明，临察四方"，"皇帝之德，存定四极"语。又宣称："六合之内，皇帝之土。西涉流沙，南尽北户。东有东海，北过大夏。人迹所至，无不臣者。功盖五帝，泽及牛马。莫不受德，各安其宇。"之罘刻石言"皇帝东游，巡登之罘，临照于海"，"皇帝春游，览省远方。逮于海隅，遂登之罘，昭临朝阳"。又有"周定四极""经纬天下""振动四极""阐并天下"文辞。① 可知秦始皇东巡的主要动机，是出于政治目的的权威宣示。但是大海的"广丽"，同时给予来自西北黄土地带的帝王以心理震撼。

之罘刻石"临照于海""昭临朝阳"等文字，似乎也透露出秦始皇面对大海朝阳时胸中与政治自信同样真实的文化自谦。所谓"观望广丽，从臣咸念，原道至明"与"望于南海"时会稽刻石"群臣诵功，本原事迹，追首高明"②，似乎可以对照理解。借"从臣""群臣"态度表达的对"原道至明"和"本原""高明"的特殊心理，或许体现了某种文化新知或者文化觉醒。而这种理念是面对大海生成的。这也许值得我们特别注意。

二、"南登琅邪，大乐之"

《史记》卷 6《秦始皇本纪》记载："二十八年，始皇东行郡县。"登泰山之后，"于是乃并勃海以东，过黄、腄，穷成山，登之罘，立石颂秦德焉而去"。秦始皇行至琅邪地方的特殊表现，尤其值得史家重视：

> 南登琅邪，大乐之，留三月。乃徙黔首三万户琅邪台下，复十二岁。作琅邪台，立石刻，颂秦德，明得意。③

远程出巡途中留居三月，是极异常的举动。这也是秦始皇在咸阳以外地方居留最久的记录。而"徙黔首三万户"，达到关中以外移民数量的极点。"复十二岁"的优遇，则是秦史仅见的一例。这种特殊的行政决策，应有特殊的心理背景。

---

① 《史记》，第 245—250 页。

② 司马贞《索隐》："今检会稽刻石文'首'字作'道'，雅符人情也。"《史记》，第 245 页。

③ 《史记》，第 242、244 页。

《汉书》卷 28 上《地理志上》"琅邪郡"条关于属县"琅邪"这样写道："琅邪，越王句践尝治此，起馆台。有四时祠。"①《史记》卷 6《秦始皇本纪》说到"琅邪台"，张守节《正义》引《括地志》云："密州诸城县东南百七十里有琅邪台，越王句践观台也。台西北十里有琅邪故城。《吴越春秋》云：'越王句践二十五年，徙都琅邪，立观台以望东海，遂号令秦、晋、齐、楚，以尊辅周室，歃血盟。'即句践起台处。"②所引《吴越春秋》，《太平御览》卷 160 引异文："越王句践二十五年，徙都琅琊，立观台，周旋七里，以望东海。"③此"观台"，《汉书》卷 28 上《地理志上》作"馆台"。

今本《吴越春秋》卷 10《勾践伐吴外传》记载："越王既已诛忠臣，霸于关东，从琅邪起观台，周七里，以望东海。"又写道："越王使人如木客山，取元常之丧，欲徙葬琅邪。三穿元常之墓，墓中生熛风，飞砂石以射人，人莫能入。勾践曰：'吾前君其不徙乎！'遂置而去。"勾践以后的权力继承关系是：勾践—兴夷—翁—不扬—无强—玉—尊—亲。"自勾践至于亲，共历八主，皆称霸，积年二百二十四年。亲众皆失，而去琅邪，徙于吴矣。""尊、亲失琅邪，为楚所灭。"④可知"琅邪"确实是越国后期的政治中心。

历史文献所见勾践都琅邪事，有《竹书纪年》卷下："(周)贞定王元年癸酉，于越徙都琅琊。"⑤《越绝书》卷 8《外传记地传》："亲以上至句践凡八君，都琅琊，二百二十四岁。"⑥《后汉书》卷 85《东夷列传》："越迁琅邪。"⑦《水经注》卷 26《潍水》："琅邪，山名也。越王句践之故国也。句践并吴，欲霸中国，徙都琅邪。"又卷 40《浙江水》："句践都琅邪。"⑧顾颉刚予相关历史记录以特殊

①　《汉书》，第 1586 页。

②　《史记》，第 244 页。

③　(宋)李昉等撰：《太平御览》，第 778 页。

④　周生春：《吴越春秋辑校汇考》，第 176—178 页。

⑤　(梁)沈约注，(清)洪颐煊校：《竹书纪年》，《丛书集成初编》第 3679 册，商务印书馆 1937 年版，第 70 页。

⑥　(东汉)袁康、吴平辑录，乐祖谋点校：《越绝书》，第 58 页。

⑦　《后汉书》，第 2809 页。

⑧　(北魏)郦道元著，陈桥驿校证：《水经注校证》，第 630、941 页。

重视。① 辛德勇《越王句践徙都琅邪事析义》就越"徙都琅邪"事有具体考论。②

其实，早在越王勾践活动于吴越地方时，相关历史记录已经透露出勾践身边的执政重臣对"琅邪"的特殊关注。《吴越春秋》卷8《勾践归国外传》有范蠡帮助越王勾践"树都"也就是规划建设都城的故事："越王曰：'寡人之计，未有决定，欲筑城立郭，分设里闾，欲委属于相国。'于是范蠡乃观天文拟法，于紫宫筑作小城，周千一百二十一步，一圆三方。西北立龙飞翼之楼，以象天门。东南伏漏石窦，以象地户。陵门四达，以象八风。外郭筑城而缺西北，示服事吴，也不敢雍塞。内以取吴，故缺西北，而吴不知也。北向称臣，委命吴国，左右易处，不得其位，明臣属也。城既成，而怪山自生者，琅琊东武海中山也。一夕自来，故名怪山。""范蠡曰：'臣之筑城也，其应天矣。'昆仑即龟山也，在府东南二里。一名飞来，一名宝林，一名怪山。《越绝》曰：'龟山，勾践所起游台也。'《寰宇记》："龟山即琅琊东武山，一夕移于此。"③

越国建设都城的工程中，传说"琅琊东武海中山""一夕自来"，这一神异故事的生成和传播，暗示当时勾践、范蠡等谋划的复国工程，是对"琅邪"予以特别关注的。而后来不仅勾践曾经营"琅邪"，《史记》卷41《越王句践世家》记载："范蠡浮海出齐，变姓名，自谓鸱夷子皮，耕于海畔，苦身戮力，父子治产。居无几何，致产数十万。齐人闻其贤，以为相。范蠡喟然叹曰：'居家则致千金，居官则至卿相，此布衣之极也。久受尊名，不祥。'乃归相印，尽散其财，以分与知友乡党，而怀其重宝，间行以去，止于陶，以为此天下之

① 顾颉刚《林下清言》写道："琅邪发展为齐之商业都市，奠基于勾践迁都时。""《孟子·梁惠王下》：'昔者齐景公问于孟子曰：吾欲观于转附、朝儛，遵海而南，放于琅邪。吾何修而可以比于先王观也？'以齐手工业之盛，'冠带衣履天下'，又加以海道之通（《左》哀十年，'徐承帅舟师，将自海入齐'，吴既能自海入齐，齐亦必能自海入吴），故滨海之转附（之罘之转音）、朝儛、琅邪均为其商业都会，而为齐君所愿游观。《史记》，始皇二十六年'南登琅邪，大乐之，留三月，乃徙黔（今按：应为黔）首三万户琅邪台下'，正以有此大都市之基础，故乐于发展也。司马迁作《越世家》乃不言勾践迁都于此，太疏矣！"《顾颉刚读书笔记》第10卷，联经出版事业公司1990年版，第8045—8046页。
② 辛德勇：《越王句践徙都琅邪事析义》，《文史》2010年第1辑。
③ 周生春：《吴越春秋辑校汇考》，第176—179、131页。

中，交易有无之路通，为生可以致富矣。"①虽然史籍记录没有明确指出范蠡"浮海出齐"，"耕于海畔"的具体地点，但是可以看到，他北上的基本方向和勾践控制"琅邪"的努力，其思路可以说是大体一致的。

战国秦汉时期位于今山东胶南的"琅邪"作为"四时祠所"所在，曾经是"东海"大港，也是东洋交通线上的名都。

《史记》卷 6《秦始皇本纪》张守节《正义》引吴人《外国图》云"亶洲去琅邪万里"，指出往"亶洲"的航路自"琅邪"启始。② 又《汉书》卷 28 上《地理志上》说秦置琅邪郡王莽改称"填夷"，而琅邪郡属县临原，王莽改称"填夷亭"。③ 以所谓"填夷"即"镇夷"命名地方，体现其联系外洋的交通地理地位。《后汉书》卷 85《东夷列传》说到"东夷""君子、不死之国"。对于"君子"国，李贤注引《外国图》曰："去琅邪三万里。"④也指出了"琅邪"往"东夷"航路开通，已经有相关里程记录。"琅邪"也被看作"东海"重要的出航起点。秦始皇在"琅邪"的特殊表现或许有繁荣这一重要海港，继越王勾践经营琅邪之后建设"东海"名都的意图。这样的推想，也许有成立的理由。而要探求秦始皇进一步的目的，已经难以找到相关迹象。

秦始皇在琅邪还有一个非常特殊的举动，即与随行权臣"议于海上"。琅邪刻石有这样的内容：

> 维秦王兼有天下，立名为皇帝，乃抚东土，至于琅邪。列侯武城侯王离、列侯通武侯王贲、伦侯建成侯赵亥、伦侯昌武侯成、伦侯武信侯冯毋择、丞相隗林、丞相王绾、卿李斯、卿王戊、五大夫赵婴、五大夫杨樛从，与议于海上。曰："古之帝者，地不过千里，诸侯各守其封域，或朝或否，相侵暴乱，残伐不止，犹刻金石，以自为纪。古之五帝三王，知教不同，法度不明，假威鬼神，以欺远方，实不称名，故不久长。其

---

① 《史记》，第 1752 页。参见王子今：《关于"范蠡之学"》，《光明日报》2007 年 12 月 15 日；《"千古一陶朱"：范蠡兵战与商战的成功》，《河南科技大学学报（社会科学版）》2008 年第 1 期；《范蠡"浮海出齐"事迹考》，《齐鲁文化研究》第 8 辑（2009 年），泰山出版社 2009 年版。

② 《史记》，第 248 页。

③ 《汉书》，第 1585—1586 页。

④ 《后汉书》，第 2807 页。

身未殁，诸侯倍叛，法令不行。今皇帝并一海内，以为郡县，天下和平。
昭明宗庙，体道行德，尊号大成。群臣相与诵皇帝功德，刻于金石，以
为表经。"①

对于所谓"与议于海上"，张守节《正义》："言王离以下十人从始皇，咸与始皇
议功德于海上，立石于琅邪台下，十人名字并刻颂。"实际上，所列"从始皇"
者重臣王离、王贲、赵亥、成、冯毋择、隗林、王绾、李斯、王戊、赵婴、
杨樛共 11 人。说"王离以下十人"是可以的，但如果说共 10 人，即"十人名字
并刻颂"，则人数有误。

对照《史记》卷 28《封禅书》汉武帝"宿留海上"的记载，可以推测这里"与议
于海上"之所谓"海上"，很可能并不是指海滨，而是指海面上。秦始皇集合文
武大臣"与议于海上"，发表陈明国体与政体的文告，应理解为站立在"并一海
内""天下和平"的政治成功的基点上，宣示超越"古之帝者""古之五帝三王"的
"功德"，或许也可以理解为面对陆上已知世界和海上未知世界、陆上已征服
世界和海上未征服世界所发表的政治文化宣言。

三、海中"三神山"追求

《史记》卷 28《封禅书》说，"八神"之中，"四曰阴主，祠三山"。司马贞《索
隐》："小颜以为下所谓三神山。顾氏案：《地理志》东莱曲成有参山，即此三
山也，非海中三神山也。"②这一认识可能是正确的。

不过，所谓"三神山"确实打动了秦始皇的心，激发了他的长生追求。《史
记》卷 6《秦始皇本纪》记载：

> 齐人徐市等上书，言海中有三神山，名曰蓬莱、方丈、瀛洲，仙人
> 居之。请得斋戒，与童男女求之。于是遣徐市发童男女数千人，入海求
> 仙人。③

海中"三神山"神话，其实有相当复杂的生成渊源。有学者指出："在世界神话
中，海洋大都与宇宙创生论有密切关联。"《山海经·海内北经》："蓬莱山在海

---

① 《史记》，第 246—247 页。
② 《史记》，第 1367—1368 页。
③ 《史记》，第 247 页。

中，大人之市在海中。"①"'海中'的'蓬莱山'，在于方丈、瀛洲神山神话相互结合增衍后，始见其神圣空间的性质。"《史记》卷 28《封禅书》：

> 自威、宣、燕昭使人入海求蓬莱、方丈、瀛洲。此三神山者，其傅在勃海中，去人不远；患且至，则船风引而去。盖尝有至者，诸仙人及不死之药皆在焉。其物禽兽尽白，而黄金银为宫阙。未至，望之如云；及到，三神山反居水下。临之，风辄引去，终莫能至云。世主莫不甘心焉。②

《史记》卷 6《秦始皇本纪》张守节《正义》据《汉书》卷 24 上《郊祀志上》引录了这一说法：

> 《汉书·郊祀志》云："此三神山者，其传在渤海中，去人不远，盖曾有至者，诸仙人及不死之药皆在焉。其物禽兽尽白，而黄金白银为宫阙。未至，望之如云；及至，三神山乃居水下；临之，患且至，风辄引船而去，终莫能至云。世主莫不甘心焉。"③

有神话学者指出："未至，望之如云；及到，三神山反居水下"以及"临之，风辄引去，终莫能至云"等说法，说明了三神山的浮动性，而它"终莫能至"的远隔与神秘，更加强了其封闭、隔绝的神圣空间意向，以及它异于凡俗的异质化空间特征。④ 可能"在渤海中""三神山"的神异特性，更刺激了秦始皇的追求欲望。

关于秦始皇的"三神山""诸仙人及不死之药"追求，《史记》卷 6《秦始皇本纪》还写道：

> 因使韩终、侯公、石生求仙人不死之药。始皇巡北边，从上郡入。燕人卢生使入海还，以鬼神事，因奏录图书，曰："亡秦者胡也。"始皇乃

---

① 袁珂校注：《山海经校注》，第 324—325 页。
② 《史记》，第 1369—1370 页。
③ 《史记》，第 247—248 页。
④ 高莉芬：《蓬莱神话——神山、海洋与洲岛的神圣叙事》，陕西师范大学出版总社有限公司 2013 年版，第 34—35 页。

使将军蒙恬发兵三十万人北击胡，略取河南地。①

以"求仙人不死之药"为目的的"入海"航行，曾经组织多次。"卢生说始皇曰：'臣等求芝奇药仙者常弗遇，类物有害之者。'"可知除"韩终、侯公、石生"外，尚有"卢生"等。方士们"使入海还，以鬼神事，因奏录图书"透露的信息，即使如"亡秦者胡也"这样具有明显负面性质者，秦始皇也是相信的。② 卢生"入海"带来的政治预言，甚至影响了秦始皇的战略决策。

秦始皇后来因侯生、卢生出亡大怒曰："悉召文学方术士甚众，欲以兴太平，方士欲练以求奇药。③ 今闻韩众去不报，徐市等费以巨万计，终不得药，徒奸利相告日闻。"④

"三神山"传说是"燕、齐海上方士"共同的文化创造。而据《史记》记载，"齐人徐市等上书，言海中有三神山"，很可能作为"齐人"的发现和"齐人"的宣传，"三神山"成为秦始皇"求奇药"的追寻目标。而秦始皇有言"徐市等费以巨万计，终不得药"，指出"齐人徐市"应是花费最多的探求者。而《史记》卷6《秦始皇本纪》又记载，秦始皇三十七年（前210），"还过吴，从江乘渡。并海上，北至琅邪。方士徐市等入海求神药，数岁不得，费多，恐谴，乃诈曰：'蓬莱药可得，然常为大鲛鱼所苦，故不得至，愿请善射与俱，见则以连弩射之。'"⑤可知徐市"求神药"应有多次"入海"经历。

四、"与议于海上"

秦始皇巡行所至重要地点，都留有刻石纪念，"颂秦德，明得意"。即《峄山刻石》所谓"群臣诵略，刻此乐石，以著经纪"⑥，《琅邪刻石》所谓"群臣相与诵皇帝功德，刻于金石，以为表经"，《之罘刻石》所谓"群臣诵功，请刻于石，表垂于常式"，《碣石刻石》所谓"群臣诵烈，请刻此石，垂著仪矩"，《会稽刻石》所谓"从臣诵烈，请刻此石，光垂休铭"等。当时的刻石地点，据《史

---

① 《史记》，第252页。
② 《史记》，第257、252页。
③ 裴骃《集解》引徐广曰："一云'欲以练求'。"
④ 裴骃《集解》引徐广曰："一云'间'。"《史记》，第258页。
⑤ 《史记》，第263页。
⑥ 参见袁维春：《秦汉碑述》，北京工艺美术出版社1990年版，第46页。

记》卷6《秦始皇本纪》说，有邹峄山、泰山、梁父、琅邪、之罘、碣石、会稽诸处，其多数在海滨。我们还注意到，秦始皇二十八年《琅邪刻石》中有这样的内容：

> 维秦王兼有天下，立名为皇帝，乃抚东土，至于琅邪。列侯武城侯王离①、列侯通武侯王贲、伦侯建成侯赵亥、伦侯昌武侯成、伦侯武信侯冯毋择、丞相隗林、丞相王绾、卿李斯、卿王戊、五大夫赵婴、五大夫杨樛从，与议于海上。曰："古之帝者，地不过千里，诸侯各守其封域，或朝或否，相侵暴乱，残伐不止，犹刻金石，以自为纪。古之五帝三王，知教不同，法度不明，假威鬼神，以欺远方，实不称名，故不久长。其身未殁，诸侯倍叛，法令不行。今皇帝并一海内，以为郡县，天下和平。昭明宗庙，体道行德，尊号大成。群臣相与诵皇帝功德，刻于金石，以为表经。"②

值得深思的是，秦始皇为什么集合十数名文武权臣"与议于海上"，发表陈明国体与政体的政治宣言呢？

对照《史记》卷28《封禅书》汉武帝"宿留海上"的记载，可以推测这里"与议于海上"之所谓"海上"，很可能并不是指海滨，而是指海面上。

"海上"，作为最高执政集团的议政地点，对于秦王朝政治原则的确立，如所谓"并一海内，以为郡县"，"体道行德，尊号大成"，是不是有什么特殊的政治文化含义呢？

秦始皇刻石的主题，无疑是颂扬帝德、建定法度、显著纲纪的政治宣传，然而其中的有些内容，仍然可以透露出重要的文化信息。例如，我们通过对《之罘刻石》"逮于海隅""临照于海"以及《琅邪刻石》"议于海上""并一海内"等文字的分析，或许能够窥见刻石文字撰著者心理背景的某一侧面。

五、"始皇梦与海神战"

秦始皇三十七年（前210）最后一次出巡，曾经有"渡海渚"，"望于南海"的经历，又"并海上，北至琅邪"。《史记》卷6《秦始皇本纪》记载，方士徐市等解

---

① 有一种意见，"疑王离为王翦之误字"。参见陈直：《史记新证》，第22—23页。
② 《史记》，第247、249、252、262、246—247页。

释"入海求神药，数岁不得"的原因在于海上航行障碍："蓬莱药可得，然常为大鲛鱼所苦，故不得至，愿请善射与俱，见则以连弩射之。"随后又有秦始皇与"海神"以敌对方式直接接触的心理记录和行为记录：

> 始皇梦与海神战，如人状。问占梦，博士曰："水神不可见，以大鱼蛟龙为候。今上祷祠备谨，而有此恶神，当除去①，而善神可致。"乃令入海者赍捕巨鱼具，而自以连弩候大鱼出射之。自琅邪北至荣成山，弗见。至之罘，见巨鱼，射杀一鱼。遂并海西。②

亲自以"连弩"射海中"巨鱼"，竟然"射杀一鱼"。对照历代帝王行迹，秦始皇的这一行为堪称中国千古之最，也很可能是世界之最。"自琅邪北至荣成山"，似可理解为航海记录。

所谓"自以连弩候大鱼出射之"，"至之罘，见巨鱼，射杀一鱼"，有人理解为"与海神战"的表现。③

通过司马迁笔下的这一记载，我们看到秦始皇以生动的个人表演，体现了探索海洋的热忱和挑战海洋的意志。④ 我们还应当看到，提示航海障碍所

---

① 《太平御览》卷86引《史记》作"当降去"。《景印文渊阁四库全书》第893册，第819页。

② 《史记》，第263页。

③ 如宋王楙《野客丛书》卷23"集注坡诗"条写道："《集注坡诗》有未广者，如《看潮诗》曰：'安得夫差水犀手，三千强弩射潮低。'自注：'吴越王尝以弓弩射潮，与海神战。自尔水不近州。'赵次公注：'三千强弩字，杜牧《宁陵县记》中语。'不知此语已先见《前汉·张骞传》，曰：汉兵不过三千人，强弩射之即破矣。又《五代世家》亦有三千强弩事，何但牧言。"王文锦点校，中华书局1987年版，第263页。所谓"以弓弩射潮，与海神战"，有助于理解秦始皇以连弩射巨鱼故事。笔者曾经讨论历代"射潮""射涛"行为较早的史例，有《水经注》记载索劢屯田楼兰"横断注滨河"工程中因"水奋势激，波陵冒堤"，以兵士"且刺且射"方式厌服水势的事迹。参见王子今：《索劢楼兰屯田射水事浅论》，《甘肃社会科学》2013年第6期。

④ 汉武帝元封五年（前106）出巡海上，"遂北至琅邪，并海，所过礼祠其名山大川"。途中有浮行江中亲自挽弓射蛟事，可以看作秦始皇之罘射巨鱼的翻版。《汉书》卷6《武帝纪》："自寻阳浮江，亲射蛟江中，获之。"颜师古注："许慎云：'蛟，龙属也。'郭璞说其状云似蛇而四脚，细颈，颈有白婴，大者数围，卵生，子如一二斛瓮，能吞人也。"第196页。后世有诗句秦皇汉武并说，如"张文潜诗云：'龙惊汉武英雄射，山笑秦皇烂漫游。'"（宋）苏籀：《栾城遗言》，《景印文渊阁四库全书》第864册，第179页。

谓"常为大鲛鱼所苦，故不得至"的方士徐市是齐人。在这一海上英雄主义演出中同样作为群众演员的"善射"和"入海者"们，很多应当也是齐人。

《论衡·纪妖》将"梦与海神战"事解释为秦始皇即将走到人生终点的凶兆："始皇且死之妖也。"王充注意到秦始皇不久即病逝的事实：

> 始皇梦与海神战，恚怒入海，候神射大鱼。自琅邪至劳成山不见，至之罘山还见巨鱼，射杀一鱼。遂旁海西至平原津而病，到沙丘而崩。①

王充的分析，或可以"天性刚戾自用""意得欲从"在晚年益得骄横偏执的病态心理作为说明。通过王充不能得到证实的"且死之妖"的解说，也可以看出秦始皇"梦与海神战"确实表现了常人所难以理解的特殊的性格和异常的心态。又有以"海神"为政治文化象征的解说：

> 秦始皇尝梦与海神战，不胜。岂真海神哉？海，阴也，人民之象也。不胜者，败也。不能自勉，很戾治兵，求报其神，所以丧天下而无念之也，可不惧哉！②

此乃借"梦与海神战"故事对秦始皇施行政治批判。这或许可以看作对"海神"意象的扩展性理解。

六、"连弩"与"临菑习弩""善射"者

在"始皇梦与海神战"故事中，有关"连弩"的情节，即徐市"愿请善射与俱，见则以连弩射之"，始皇"自以连弩候大鱼出射之"特别引人注目。

"连弩"是一种怎样的"弩"呢？

在半坡及河姆渡等史前遗址出土一种单翼呈钩状的骨鱼镖，应是早期专门的渔业生产工具。1989年江西新干大洋洲商墓出土一件形制特殊的单翼铜镞。李学勤联系新石器时代的这种骨鱼镖，推定商代的这种单翼铜镞是用来射鱼的。③秦始皇"令入海者"所"赍捕巨鱼具"是怎样的形制，他亲自"射杀一鱼"用"连弩"发射的究竟是何种镞，是否与这种"单翼铜镞"有关，现在不得而

---

① 黄晖撰：《论衡校释》（附刘盼遂集解），第922—923页。
② （南唐）徐锴：《说文解字系传》通释卷14，中华书局1987年版，第152页。
③ 李学勤：《海外访古续记·单翼铜镞》，《四海寻珍》，清华大学出版社1998年版，第77—78页。

知。而"连弩"确实是汉魏时应用于实战的兵器。

《史记》卷 109《李将军列传》裴骃《集解》：孟康曰"太公《六韬》曰'陷坚败强敌，用大黄连弩'"。①《汉书》卷 30《艺文志》："《望远连弩射法具》十五篇。"可知对于这种兵器的使用，有专门教授"射法"的著作。《汉书》卷 54《李陵传》："……因发连弩射单于，单于下走。"颜师古注："服虔曰：'三十弩共一弦也。'张晏曰：'三十絭共一臂也。'师古曰：'张说是也。'"②刘攽曰，三十弩一弦，三十絭一臂，"皆无此理。盖如今之合蝉，或并两弩共一弦之类"。③《三国志》卷 8《魏书·公孙渊传》："起土山、修橹，为发石连弩射城中。"都说明"连弩"在实战中的应用。诸葛亮曾经改进过这种兵器。《三国志》卷 35《蜀书·诸葛亮传》裴松之注引《魏氏春秋》："又损益连弩，谓之元戎，以铁为矢，矢长八寸，一弩十矢俱发。"然而有人批评诸葛亮的改进并不完善。《三国志》卷 29《魏书·方技传·杜夔》裴松之注引傅玄《序》："先生见诸葛亮连弩，曰：'巧则巧矣，未尽善也。'言作之可令加五倍。"④关于实用兵器"连弩"的具体形制，《资治通鉴》卷 21"汉武帝天汉二年"："……因发连弩射单于。"胡三省注引服虔、张晏、刘攽诸说，又写道："余据《魏氏春秋》诸葛亮'损益连弩'，'以铁为矢，矢长八寸，一弩十矢俱发'，今之划车弩、梯弩，盖亦损益连弩而为之。虽不能三十臂共一弦，亦十数臂共一弦，射而亦翻。"⑤

对于"连弩"的形制有多种的解说，对于"连弩"的发明者仍未可确知，然而《太平御览》卷 336、卷 348、卷 349 引《太公六韬》都有齐国的建国者"太公"使用"大黄叁连弩"的内容。⑥ 而且我们看到的明确无疑的事实是"连弩"这种先进兵器，关于其使用的最早的确切记载，是在齐地海面上。我们现在不知道徐市出海希求配合之所谓"愿请善射与俱，见则以连弩射之"的"善射"者有

① 《史记》，第 2873 页。
② 《汉书》，第 1761、2453—2454 页。
③ (宋)司马光编著，(元)胡三省音注，"标点资治通鉴小组"校点：《资治通鉴》，第 714 页。
④ 《三国志》，第 254、928、807 页。
⑤ (宋)司马光编著，(元)胡三省音注，"标点资治通鉴小组"校点：《资治通鉴》，第 714 页。
⑥ (宋)李昉等撰：《太平御览》，第 1544、1604、1609 页。

否可能是他的同乡，但是汉武帝时代的一则故事可以作为思考相关问题时的参考。

汉武帝元鼎五年（前112），南越国贵族发起对抗汉王朝的反叛。汉武帝调发大军南下征伐。《史记》卷30《平准书》记载："南越反……于是天子为山东不赡，赦天下囚，因南方楼船卒二十余万人击南越。……齐相卜式上书曰：'臣闻主忧臣辱。南越反，臣愿父子与齐习船者往死之。'"①《汉书》卷58《卜式传》写道："会吕嘉反，式上书曰：'臣闻主愧臣死。群臣宜尽死节，其驽下者宜出财以佐军，如是则强国不犯之道也。② 臣愿与子男及临菑习弩、博昌习船者请行死之，以尽臣节。'"③《史记》"齐习船者"，《汉书》作"博昌习船者"。《前汉纪》卷14《孝武五》："齐相卜式上书，愿父子将兵死南越，以尽臣节。"不言"习船者"事。④《资治通鉴》卷20"汉武帝元鼎五年"则取《史记》"齐习船者"说。⑤《卜式传》所谓"临菑习弩"，当然可以与《秦始皇本纪》所谓徐市"愿请""与俱"的"善射"对照理解。

徐市希望一同出海的能够熟练使用连弩的"善射"们，很有可能就是齐人。

明人丘浚引述此事只言"临淄习弩"不言"习船者"，是因为论说主题限于"弩"的军事功用的缘故。⑥ 清代学者沈钦韩解释《汉书》"临菑习弩"语：

> 《齐书·高帝纪》："杨运长领三齐射手七百人引强命中。"《新唐书·杜

---

① 《史记》，第1438—1439页。
② 据《史记》卷30《平准书》，"是时汉方数使将击匈奴，卜式上书，愿输家之半县官助边。""会军数出，浑邪王等降，县官费众，仓府空。其明年，贫民大徙，皆仰给县官，无以尽赡。卜式持钱二十万予河南守，以给徙民。""是时富豪皆争匿财，唯式尤欲输之助费。"卜式确曾"出财以佐军"。回应天子使者关于其动机的询问，卜式回答："天子诛匈奴，愚以为贤者宜死节于边，有财者宜输委，如此而匈奴可灭也。"第1431页。此说与所谓"群臣宜尽死节，其驽下者宜出财以佐军，如是则强国不犯之道也"语义相同。
③ 《汉书》，第2626—2627页。
④ （汉）荀悦、（晋）袁宏著，张烈点校：《两汉纪》上册，第234页。
⑤ （宋）司马光编著，（元）胡三省音注，"标点资治通鉴小组"校点：《资治通鉴》，第669页。
⑥ （明）丘浚：《大学衍义补》卷122，《景印文渊阁四库全书》第713册，第426页。

牧传》："今若以青州弩手五千……"则"临菑习弩"，古今所同。①

注意到"三齐射手""青州弩手"的出生地，发现了齐人"善射"延续"古今"的久远传统。这自然有助于我们理解徐市所谓"愿请善射与俱，见则以连弩射之"的"善射"者们的身份。

七、"辒舆空载鲍鱼还"：秦始皇最后的行程

秦始皇最后一次出巡海上，病逝于途中。关于他人生终点的故事，竟然也有涉及一种海产品的情节。《史记》卷6《秦始皇本纪》记载：

> 七月丙寅，始皇崩于沙丘平台。丞相斯为上崩在外，恐诸公子及天下有变，乃秘之，不发丧。棺载辒凉车中，故幸宦者参乘，所至上食。百官奏事如故，宦者辄从辒凉车中可其奏事。独子胡亥、赵高及所幸宦者五六人知上死。……行，遂从井陉抵九原。会暑，上辒车臭，乃诏从官令车载一石鲍鱼，以乱其臭。
>
> 行从直道至咸阳，发丧。②

秦始皇的回归路，"从井陉抵九原"，"行从直道至咸阳"。《资治通鉴》卷7"秦始皇三十七年"采用《史记》说："遂从井陉抵九原。会暑，辒车臭，乃诏从官令车载一石鲍鱼，以乱之。"胡三省注有关于"鲍鱼"究竟是何鱼种的讨论："孟康曰：'百二十斤曰石。'班书《货殖传》：'鲐鲍千钧。'师古注曰：'鲐，脯鱼也。即今之不著盐而干者也。鲍，今之鲲鱼也。而说者乃读鲍为鲍鱼之鲍，失义远矣。郑康成以鲲于煏室干之，亦非也。煏室干之，即鲍耳。盖今巴、荆人所呼鳠鱼者是也。秦皇载鲍乱臭者，则是鲲鱼耳。而煏室干者本不臭也。鲍，白卯翻。鲐，音接。鲲，于业翻。鲍，五回翻。煏，蒲北翻。鳠，居偃翻。'③胡三省说，当然只是一种意见。其实，对"会暑，上辒车臭，乃诏从官令车载一石鲍鱼，以乱其臭"的"鲍鱼"进行明确的海洋生物学判定，还不是简单的事。

---

① （清）沈钦韩撰：《汉书疏证》卷29，第22页。
② 《史记》，第264—265页。
③ （宋）司马光编著，（元）胡三省音注，"标点资治通鉴小组"校点：《资治通鉴》，第250页。

宋人王十朋的咏史诗《秦始皇》写道："鲸吞六国帝人寰，遣使遥寻海上山。仙药未来身已死，銮舆空载鲍鱼还。"①又如元人胡助《始皇》诗："祖龙才略亦雄哉，六合为家席卷来。函谷出师从约散，骊山筑苑后人哀。可怜万世帝王业，只换一坑儒士灰。环柱中车几不免，沙丘同载鲍鱼回。"②以"鲍鱼"作为秦始皇"万世帝王业"政治表演最后落幕时的重要道具。而所谓"遣使遥寻海上山"，也是这位有影响的政治人物历史行迹的重要表现。

第二节 汉武帝"行幸东海"

秦始皇、秦二世之后，历史上又出现了一位对"东海"心存热望，多次"东至海上望"，甚至"宿留海上"的帝王，这就是汉武帝。汉武帝时代，齐地海滨多次受到最高执政集团特殊的眷顾，出身于齐的方士再次活跃于历史舞台。

一、"东巡海上"

司马迁在《史记》卷28《封禅书》中记录了汉武帝出巡海上的经历。他第一次东巡前往海滨，是在元封元年（前110）：

> 上遂东巡海上，行礼祠"八神"。齐人之上疏言神怪奇方者以万数，然无验者。乃益发船，令言海中神山者数千人求蓬莱神人。公孙卿持节常先行候名山，至东莱，言夜见大人，长数丈，就之则不见，见其迹甚大，类禽兽云。群臣有言见一老父牵狗，言"吾欲见巨公"，已忽不见。上即见大迹，未信，及群臣有言"老父"，则大以为仙人也。宿留海上，予方士传车及间使求仙人以千数。

"四月，还至奉高。"在泰山行封禅之礼。随后又再次东行海上：

> 天子既已封泰山，无风雨灾，而方士更言蓬莱诸神若将可得，于是上欣然庶几遇之，乃复东至海上望，冀遇蓬莱焉。奉车子侯暴病，一日

① （宋）王十朋：《梅溪前集》卷10《咏史诗》，梅溪集重刊委员会编：《王十朋全集》，第144页。
② （元）胡助：《纯白斋类稿》卷10《七言律诗》，《景印文渊阁四库全书》第1214册，第612页。

死。上乃遂去，并海上，北至碣石，巡自辽西，历北边至九原。五月，反至甘泉。

司马迁记述，第二年，即元封二年（前109）：

> 其春，公孙卿言见神人东莱山，若云"欲见天子"。天子于是幸缑氏城，拜卿为中大夫。遂至东莱，宿留之数日，无所见，见大人迹云。复遣方士求神怪采芝药以千数。

元封五年（前106），汉武帝又"巡南郡，至江陵而东，登礼灊之天柱山，号曰南岳，浮江，自寻阳出枞阳，过彭蠡，礼其名山川"。随后又行至海滨：

> 北至琅邪，并海上。

汉武帝又一次东巡海上，是在太初元年（前104）：

> 东至海上，考入海及方士求神者，莫验，然益遣，冀遇之。……临勃海，将以望祀蓬莱之属，冀至殊廷焉。

同年作建章宫，"其北治大池，渐台高二十余丈，命曰'太液池'，中有蓬莱、方丈、瀛洲、壶梁，象海中神山龟鱼之属"。

太初三年（前102），汉武帝又有海上之行：

> 东巡海上，考神仙之属，未有验者。①

汉武帝东巡海上的交通实践，有些是司马迁亲身随从直接参与的，他在《史记》卷28《封禅书》中总结说："太史公曰：余从巡祭天地诸神名山川而封禅焉。入寿宫侍祠神语，究观方士祠官之意，于是退而论次自古以来用事于鬼神者，具见其表里。后有君子，得以览焉。"②汉武帝"东巡海上，行礼祠'八神'"，司马迁很可能也是主要"从祭"官员之一。

除了《史记》卷28《封禅书》中这6次"东至海上"的记录外，《汉书》卷6《武帝纪》还记载了晚年汉武帝4次出行至于海滨的情形：

---

① 《史记》，第1397—1398、1398—1399、1399、1401、1401—1402、1403页。

② 《史记》，第1404页。

　　（天汉）二年春，行幸东海。

　　（太始三年）行幸东海，获赤雁，作《朱雁之歌》。幸琅邪，礼日成山。① 登之罘，浮大海。

　　（太始四年）夏四月，幸不其②，祠神人于交门宫③，若有乡坐拜者。作《交门之歌》。

　　（征和）四年春正月，行幸东莱，临大海。④

汉武帝先后至少10次"行幸东海"，超过了秦始皇。他最后一次来到海滨，"行幸东莱，临大海"，已经是68岁的高龄。

　　二、成山"斗入海"

　　《史记》卷6《秦始皇本纪》记载，"二十八年，始皇东行郡县，上邹峄山"，又"上泰山，立石，封，祠祀"，又"禅梁父"，随后行至海上："于是乃并勃海以东，过黄、腄，穷成山，登之罘，立石颂秦德焉而去。""穷成山"，是秦始皇此次礼祀行旅的重要日程。张守节《正义》引《括地志》云："成山在文登县西北百九十里。"并且解释说："'穷'，犹登极也。"⑤《史记》卷117《司马相如列传》列述齐地诸名胜时，也特别说到了"成山"："齐东陼巨海，南有琅邪，观乎成山，射乎之罘，浮勃澥，游孟诸，邪与肃慎为邻，右以汤谷为界，秋田乎青丘，傍偟乎海外……"⑥"成山"与"琅邪""之罘"并说，对应"巨海"和"勃澥"，并远望"海外"，形成"齐"特殊的地理景观。

　　秦始皇礼祠"八神"，"'八神'将自古而有之，或曰太公以来作之"，其中"七曰'日主'，祠成山。成山斗入海，最居齐东北隅，以迎日出云"。

　　《史记》卷28《封禅书》裴骃《集解》："韦昭曰：'成山在东莱不夜，斗入海。不夜，古县名。'"司马贞《索隐》："不夜，县名，属东莱。案：解道彪《齐记》

---

① 颜师古注引孟康曰："礼日，拜日也。"如淳曰："祭日于成山也。"
② 颜师古注引应劭曰："东莱县也。"（清）王先谦《汉书补注》："不其，在今莱州府即墨县西南。"第101页。
③ 颜师古注："应劭曰：'神人，蓬莱仙人之属也。'晋灼曰：'琅邪县有交门宫，武帝所造。'"
④ 《汉书》，第203、206、207、210页。
⑤ 《史记》，第242、244页。
⑥ 《史记》，第3015页。

云：'不夜城，盖古有日夜出见于境，故莱子立城以不夜为名。'斗入海，谓斗绝曲入海也。"①

这里所说的"斗入海"，司马贞解释为"谓斗绝曲入海也"。其实，"斗"，直接的意思是凸、突。现今有些地区方言仍然读"凸""突"如"斗"。汉代人写"凸""突"如"斗"的实例，可见《盐铁论·地广》："先帝举汤、武之师，定三垂之难，一面而制敌，匈奴遁逃，因山河以为防，故去沙石咸卤不食之地，故割斗僻之县，弃造阳之地以与胡。"因而可以"省曲塞"，"以宽徭役，保士民"。② 又如《史记》卷110《匈奴列传》："汉遂取河南地，筑朔方，复缮故秦时蒙恬所为塞，因河以为固。汉亦弃上谷之什辟县造阳地以予胡。"裴骃《集解》与司马贞《索隐》都说："'什'音斗。"③同一史事。《汉书》卷94上《匈奴传上》则直接写作"汉亦弃上谷之斗辟县造阳地以予胡"。④ 又《后汉书》卷23《窦融传》："(窦)融与梁统等计议曰：'今天下扰乱，未知所归。河西斗绝在羌胡中，不同心戮力，则不能自守。'"⑤这里所说的"斗僻""斗绝"之地，都是指突出孤立于边境的地方。所谓"斗绝"，正与司马贞所谓"斗入海，谓斗绝曲入海也"接近。《汉书》卷94下《匈奴传下》还记述了汉王朝与匈奴外交史中一件著名的史例：汉遣中郎将夏侯藩、副校尉韩容使匈奴。时帝舅大司马票骑将军王根领尚书事，或说根曰："匈奴有斗入汉地，直张掖郡，生奇材木，箭竿就羽，如得之，于边甚饶，国家有广地之实，将军显功，垂于无穷。"根为上言其利，上直欲从单于求之，为有不得，伤命损威。根即但以上指晓藩，令从藩所说以求之。藩至匈奴，以语次说单于曰："窃见匈奴斗入汉地，直张掖郡。汉三都尉居塞上，士卒数百人寒苦，候望久劳。单于宜上书献此地，直断阏之，省两都尉士卒数百人，以复天子厚恩，其报必大。"后来匈奴以"匈奴

---

① 《史记》，第1368页。
② 王利器校注：《盐铁论校注》(定本)，第208页。
③ 《史记》，第2906页。
④ 颜师古注："孟康曰：'县斗辟曲近胡。'师古曰：'斗，绝也。县之斗曲入匈奴界者，其中造阳地也。'"《汉书》，第3766—3767页。
⑤ 《后汉书》，第797页。《三国志》卷33《蜀书·后主传》："阶缘蜀土，斗绝一隅。"第900页。《魏书》卷102《西域传·焉耆》："焉耆为国，斗绝一隅，不乱日久。"与此文意相近。第2266页。

西边诸侯作穹庐及车，皆仰此山材木，且先父地，不敢失也"予以拒绝。后来"单于遣使上书，以藩求地状闻"，汉成帝于是回报单于："（夏侯）藩、擅称诏从单于求地，法当死，更大赦二，今徙藩为济南太守，不令当匈奴。"①"斗入汉地"，颜师古注："斗，绝也。"其实这里也是凸入、突入的意思。

凸入海或突入海，长期被写作"斗入海"，直到顾炎武的时代仍然沿用这样的说法。他在《〈劳山图志〉序》中写道："齐之东偏，三面环海，其斗入海处南崂而北盛，则近乎齐东境矣。其山高大深阻，旁薄二三百里，以其僻在海隅，故人迹罕至。凡人之情以罕为贵，则从而夸之，以为神仙之宅，灵异之府。"顾炎武还说："余游其地，观老君、黄石、王乔诸迹，类皆后人之所托名，而耐冻白牡丹花在南方亦是寻尝之物。惟山深多生药草，而地暖能发南花，自汉以来，修真守静之流，多依于此，此则其可信者。乃自田齐之末，有神仙之论，而秦皇、汉武谓真有此人在穷山巨海之中，于是八神之祠遍于海上，万乘之驾常在东莱。"②

"古有日夜出见于境，故莱子立城以不夜为名。"成山作为日崇拜的信仰基地，已经有久远的历史。对于东海深怀热忱的秦始皇、汉武帝辛苦巡行来到海滨，成山，是他们行历东方的极点。据《汉书》卷28上《地理志上》记载："（东莱郡）不夜，有成山日祠。莽曰夙夜。"颜师古注："《齐地记》云：'古有日夜出，见于东莱，故莱子立此城，以不夜为名。'"③《汉书》卷6《武帝纪》："（太始三年二月）行幸东海"，"礼日成山。"颜师古注："孟康曰：'礼日，拜日也。'师古曰：'成山在东莱不夜县，斗入海。《郊祀志》作盛山，其音同。'"④《汉书》卷25下《郊祀志下》还有汉宣帝祠成山于不夜的记载，又说明"成山祠日"。⑤ 可见，"成山祠日"礼俗，西汉帝王仍予继承。直到汉成帝时，成山"礼日"的制度，方才罢除。⑥

---

① 《汉书》，第3810页。
② （清）顾炎武撰，华忱之点校：《顾亭林诗文集》，中华书局1959年版，第38—39页。
③ 《汉书》，第1585页。
④ 《汉书》，第206、207页。
⑤ 《汉书》，第1250页。
⑥ 据《汉书》卷25下《郊祀志下》，成帝初即位，丞相匡衡、御史大夫张谭奏言诸祠"不应礼，或复重，请皆罢"，终于"奏可"，成山之祠也在"皆罢"之中。第1257页。

帝王选择"斗入海"的成山作为"祠日"的地点，对日神的礼拜，以广阔浩瀚、气势磅礴、"泱漭无垠"①的海面作为礼仪背景，或许是别有深意的。

《史记》卷128《龟策列传》褚先生补述曾经引孔子的话："日为德而君于天下。"②这一观念在秦汉时期大约已经成为一种政治定式。"明并日月"③"明象乎日月"④，是通常赞美帝德的颂辞。《史记》卷49《外戚世家》还写道："（王夫人）内之太子宫。太子爱幸之，生三女一男。男方在身时，王美人梦日入其怀。以告太子，太子曰：'此贵征也。'未生而孝文帝崩，孝景帝即位，王夫人生男。"汉景帝已立栗姬所生长男刘荣为太子，然而，"长公主日誉王夫人男之美，又有昔者所梦日符，计未有所定"。后来王夫人"阴使人趣大臣立栗姬为皇后"，致使景帝震怒，"废太子为临江王，栗姬愈恚恨，不得见，以忧死。卒立王夫人为皇后，其男为太子"。⑤ 这就是汉武帝。汉武帝政治地位的取得，是与其母王夫人"所梦日符"，即"梦日入其怀"的传说有直接关系的。

尽管"日月星辰之神"⑥"日月星辰之纪"⑦长期受到重视，《史记》卷4《周本纪》说到"先王之制"的基本规范，"日祭"明确被列于首位。但是日崇拜这一信仰形式与政治权力的全面结合，则似乎是秦汉时期的事。而"成山祠日"礼俗得以成为汉王朝正统祠祀程序，是肯定和继承了齐人涉及海洋的文化观念的。

三、海水祠·万里沙祠·江海会祠

原本属于齐人神秘主义文化系统中的崇拜对象的所谓"八神"，包括天地之神、阴阳之神、日月之神、四时之神、兵战之神，结成了比较完备的祭祀体系。尤其值得注意的是，"八神"之中，有六神完全位于海滨。

---

① 司马相如《子虚赋》用"泱莽"语，《史记》卷117《司马相如列传》，第3017页。冯衍《显志赋》写作"泱漭"，《后汉书》卷28下《冯衍传下》，第991页。茂陵采集汉瓦当"泱茫无垠"文字，也透露出当时社会对"泱漭""泱茫"的文化感觉。王世昌：《陕西古代砖瓦图典》，三秦出版社2004年版，第387页。

② 《汉书》，第3237页。

③ 《史记》卷106《吴王濞列传》，第2833页。

④ 《史记》卷10《孝文本纪》，第436页。

⑤ 《史记》，第1975、1977页。

⑥ 《史记》卷42《郑世家》，第1772页。

⑦ 《史记》卷127《日者列传》，第3216页。

《汉书》卷 25 上《郊祀志上》记载，汉初定天下，“悉召故秦祀官，复置太祝、太宰，如其故礼仪”。刘邦下诏宣布：“吾甚重祠而敬祭，今上帝之祭及山川诸神当祠者，各以其时礼祠之如故。”①事实是承袭了秦时祭祀制度，又在长安招致各地巫人，如“梁巫”“晋巫”“秦巫”“荆巫”“河巫”等，分别主持不同的祭祀典礼，“越巫”及“胡巫”的活动，也相当活跃。② 然而当时长安神祀系统中，似乎没有“齐巫”的地位。

这是为什么呢？这大概并不说明最高执政集团对齐地神祀礼俗不予重视，或许恰恰相反，正说明了他们对自己始终怀有神秘感觉的东方信仰传统的一种特殊的崇敬。

事实上，西汉时期，秦地和齐地，在当时正统礼祀体系中，形成了一西一东两个宗教文化的重心。

《汉书》卷 28《地理志》中所记录各地正式的祀所，共计 352 处，然而仅右扶风雍县就有“太昊、黄帝以下祠三百三所”。滨海郡国有 24 所，占全国总数的 6.82%。如果不计右扶风雍县的祀所，则滨海郡国占 48.98%之多。

全国列有正式祀所的县，共 37 个，滨海郡国有 15 个，占 40.54%，比重也是相当大的。

《汉书》卷 28《地理志》所列滨海郡国神祠，计有：

齐　郡	临朐	有逢山祠
东莱郡	腄县	有之罘山祠
	黄县	有莱山松林莱君祠
	临朐	有海水祠
	曲成	有参山万里沙祠
	㡉县	有百支莱王祠
	不夜	有成山日祠
琅邪郡	不其	有太一、仙人祠九所
	朱虚	有三山、五帝祠

① 《汉书》，第 1210 页。

② 参见王子今：《西汉长安的“胡巫”》，《民族研究》1997 年第 5 期；《两汉的“越巫”》，《南都学坛》2005 年第 1 期。

	琅邪	有四时祠
	长广	有莱山莱王祠
临淮郡	海陵	有江海会祠
胶东国	即墨	有天室山祠
广陵国	江都	有江水祠①

可以看到，齐地滨海祀所占总数的 78.57％。

当然，临淮郡山阴"有历山，春申君岁祠以牛"，山阴"会稽山在南，上有禹冢、禹井，扬州山"等，虽然没有正式确定为祀所，但是作为传统礼祀中心的影响，仍然是存在的。

特别值得我们注意的，是东莱郡"临朐，有海水祠"。临朐，在今山东掖县北。②"海水"成为祠祀场所的正式名号，意义是深刻的。这一现象可以理解为齐人对"海水"的崇拜。而这种崇拜已经为汉王朝认可，"海水祠"于是被确定为官方正统的祭祀对象之一。

《晋书》卷15《地理志下》"青州"条："(东莞郡)临朐，有海水祠。"③西晋东莞郡临朐在今山东临朐④，如此则"海水祠"距离当时莱州湾海岸最近处也超过了 70 千米。似乎西晋东莞郡临朐的空间定位存在疑点。

"海水祠"之外，"万里沙祠"与"江海会祠"，应当也是祀海之祠。

四、令言海中神山者数千人求蓬莱神人

汉武帝"东巡海上，行礼祠'八神'"，即受到了齐地方术文化狂热的欢迎。据说，"齐人之上疏言神怪奇方者以万数"，对初次来到"海上"的帝王形成了包围和冲击。不过，所言"神怪奇方"竟"无验者"。但是来自西方的这位帝王似乎坚信方士所言的真实性，"乃益发船，令言海中神山者数千人求蓬莱神人"。

虽然没有实际收效，汉武帝求仙的期望依然执着："公孙卿持节常先行候名山，至东莱，言夜见大人，长数丈，就之则不见，见其迹甚大，类禽兽云。群臣有言见一老父牵狗，言'吾欲见巨公'，已忽不见。上即见大迹，未信，

① 《汉书》，第1583、1585、1585—1586、1590、1635、1638页。
② 谭其骧主编：《中国历史地图集》第2册，第19—20页。
③ 《晋书》，第452页。
④ 谭其骧主编：《中国历史地图集》第3册，第51—52页。

及群臣有言'老父'，则大以为仙人也。"①

汉武帝对于"海中神山"以及"蓬莱神人""仙人""大人"，虽信而求之，积极访寻，但是也并非全然没有疑惑。如所谓"上即见大迹，未信"。

汉武帝第一次来到海滨，有"宿留海上"，同时"予方士传车及间使求仙人以千数"的举动。

唐人曹唐《汉武帝将候西王母下降》诗："昆仑凝想最高峰，王母来乘五色龙。歌听紫鸾犹缥缈，语来青鸟许从容。风回水落三清月，漏苦霜传五夜钟。树影悠悠花悄悄，若闻箫管是行踪。"②又《汉武帝于宫中宴西王母》诗："鳌岫云低太﹒坛，武皇斋洁不胜欢。长生碧字期亲署，延寿丹泉许细看。剑佩有声宫树静，星河无影禁花寒。秋风袅袅月朗朗，玉女清歌一夜阑。"③两首诗都描绘了汉武帝求仙热情的旺盛。诗句虽说"西王母"，但是对"蓬莱神人"的热望似乎更为强烈。唐代诗人李贺《仙人》诗言及"海滨"："弹琴石壁上，翻翻一仙人。手持白鸾尾，夜扫南山云。鹿饮寒涧下，鱼归清海滨。时时汉武帝，书报桃花春。"④宋代史学家司马光《读汉武帝纪》也说到"蓬莱"："方士陈仙术，飘飘意不疑。云浮仲山鼎，风降寿宫祠。上药行当就，殊庭庶可期。蓬莱何日返，五利不吾欺。"⑤即说到汉武帝对"仙术"深信"不疑"的心态特征。

汉武帝的神仙意识在历史上常常受到指责。

唐人许浑《学仙二首》之二："心期仙诀意无穷，采画云车起寿宫。闻有三山未知处，茂陵松柏满西风。"⑥讽刺汉武帝追寻"三山"求仙不成，最终还是长眠于茂陵。

宋人葛立方《韵语阳秋》卷12写道："（汉武帝）斋戒求仙，毕生不倦，亦可谓痴绝矣。李颀《王母歌》云：'武皇斋戒承华殿，端拱须臾王母见。手指元梨使帝食，可以长生临宇县。'又云：'若能炼魄去三尸，后当见我天皇所。'观武帝所为，是能炼魄去三尸者乎？善哉东坡之论也，'安期与羡门，乘龙安在

① 《史记》，第1397页。

② （明）曹学佺编：《石仓历代诗选》卷84，《景印文渊阁四库全书》第1388册，第511页。

③ （宋）李昉等：《文苑英华》卷225，第1127页。

④ （清）王琦等注：《李贺诗歌集注》，第201页。

⑤ （宋）司马光：《传家集》卷7，《景印文渊阁四库全书》第1094册，第70页。

⑥ （明）赵宦光、黄习远编定，刘卓英校点：《万首唐人绝句》，第665—666页。

哉！茂陵秋风客，劝尔麾一杯。帝乡不可期，楚些招归来。'言武帝非得仙之姿也。又有《安期生诗》云：'尝干重瞳子，不见龙准翁。茂陵秋风客，望祀犹蚁蜂。海上如瓜枣，可闻不可逢。'言安期尚不见高祖，而肯见武帝乎？其薄武帝甚矣。吴筠《览古诗》云：'尝稽真仙道，清淑秘众烦。秦皇及汉武，焉得游其藩。既欲先宇宙，仍规后乾坤。崇高与久远，物莫能两存。翔乃恣所欲，荒淫伐灵根。安期反蓬莱，王母还昆仑。'此诗殆与东坡之旨合。"①

所谓"安期与羡门，乘龙安在哉"，"海上如瓜枣，可闻不可逢"，都体现对汉武帝"痴绝"求仙的鄙薄。然而连带这位帝王多欲有为的性格，甚至他的一系列积极的政策一同批判，表现"薄武帝甚"的态度，则似不可取。在齐地浓重神秘主义文化空气的包围之中，清醒自持，似乎需要克服很多的心理障碍。汉武帝对于齐方士的宣传时有"未信"，已经是比较难得的表现了。

我们通过汉武帝对神仙方术的态度，可以看到这位历史人物的迷妄和多疑，如何交错于胸，形成了特殊的心态。而形成这种文化现象的主要因素，首先是齐地海洋神秘文化的强大影响力。

五、"会大海气"

元封五年(前106)汉武帝的海上之行，途中行历长江，有江上射蛟的壮举。《汉书》卷6《武帝纪》记载：

> (元封)五年冬，行南巡狩，至于盛唐，望祀虞舜于九嶷。登灊天柱山，自寻阳浮江，亲射蛟江中，获之。舳舻千里，薄枞阳而出，作《盛唐枞阳之歌》。遂北至琅邪，并海，所过礼祠其名山大川。②

颜师古注："许慎云：'蛟，龙属也。'郭璞说其状，云似蛇而四脚，细颈，颈有白婴，大者数围，卵生，子如一二斛瓮，能吞人也。"汉武帝"亲射蛟江中，获之"，所杀获的，应当是扬子鳄。③

春三月，汉武帝"还至泰山，增封。"在"甲子"这一天，"祠高祖于明堂，以配上帝，因朝诸侯王列侯，受郡国计"。随后，在返回关中，"还幸甘泉"之

① (宋)葛立方：《韵语阳秋》，上海古籍出版社1984年影印宋刻本，第155页。
② 《汉书》，第196页。
③ 龙的原型，有的学者以为与鳄有关。参见卫聚贤：《古史研究》第3辑，商务印书馆1934年版，第230页；祁庆富：《养鳄与豢龙》，《博物》1981年第2期。

前，颁布诏书，对此次出行的意义有所回顾：

> 夏四月，诏曰："朕巡荆扬，辑江淮物，会大海气，以合泰山。上天见象，增修封禅。其赦天下。所幸县毋出今年租赋，赐鳏寡孤独帛，贫穷者粟。"①

什么是"辑江淮物"？颜师古注引如淳曰："'辑'，合也。'物'犹'神'也，《郊祀志》所祭祀事也。"颜师古又说："'辑'与'集'同。"对于"会大海气"的理解，颜师古注："郑氏曰：'会合海神之气，并祭之。'"所谓"以合泰山"，颜师古解释说："集江淮之神，会大海之气，合致于太山，然后修封，总祭飨也。"

汉武帝以诏书形式充满自信地宣告，他完成了对于江淮之神、大海之神和尊贵的泰山的系列神祀，得到了"上天"的认可。

这是秦汉时期皇帝诏书中唯一可见出现"大海气"字样的文例，也是目前所见秦汉文献中言及"大海气"仅见的一例。

汉武帝说"朕巡荆扬，辑江淮物，会大海气，以合泰山"，循出巡行程时序。由"江淮"而"大海"，很可能经历上文说到的《汉书》卷28上《地理志上》所见临淮郡海陵县的"江海会祠"。此后的行程，按照《武帝纪》的记述，"遂北至琅邪，并海，所过礼祠其名山大川。春三月，还至泰山，增封"。很可能一路循《地理志上》所叙郡次，即：临淮郡——东海郡——琅邪郡——东莱郡——北海郡——齐郡——泰山郡。也就是说，所谓"会大海气，以合泰山"，有可能是行历齐地诸多沿海郡而完成的。②

---

① 《汉书》，第196页。

② 据《史记》卷28《封禅书》，汉武帝元封元年(前110)在封泰山之前与之后，两次行至"海上"："上遂东巡海上，行礼祠'八神'。……宿留海上……四月，还至奉高。"在泰山行封禅之礼。随后又再次东行海上："天子既已封泰山，无风雨灾，而方士更言蓬莱诸神若将可得，于是上欣然庶几遇之，乃复东至海上望，冀遇蓬莱焉。……并海上，北至碣石，巡自辽西，历北边至九原。五月，反至甘泉。"第1397、1398页。《汉书》卷6《武帝纪》记载："春正月，行幸缑氏。……行，遂东巡海上。夏四月癸卯，上还，登封泰山。……行自泰山，复东巡海上，至碣石。自辽西历北边九原，归于甘泉。"第190—192页。这是一次特殊的行程，与元封五年(前106)不同。前者"历北边"，后者则有"浮江"的交通实践。

六、"海上燕齐之间"又一次求仙狂热

汉武帝对于海上神仙的迷信和对长生不死的追求，使得东海方士再次活跃于政治文化舞台。

李少君在齐方士中有特别突出的表现。《史记》卷28《封禅书》写道：

> 是时李少君亦以祠灶、谷道、却老方见上，上尊之。少君者，故深泽侯舍人，主方。匿其年及其生长，常自谓七十，能使物，却老。其游以方偏诸侯。无妻子。人闻其能使物及不死，更馈遗之，常余金钱衣食。人皆以为不治生业而饶给，又不知其何所人，愈信，争事之。少君资好方，善为巧发奇中。……少君见上，上有故铜器，问少君。少君曰："此器齐桓公十年陈于柏寝。"已而案其刻，果齐桓公器。一宫尽骇，以为少君神，数百岁人也。①

对齐桓公"故铜器"的判定，体现出对齐文化的熟悉。"此器齐桓公十年陈于柏寝"句，司马贞《索隐》："案：《韩子》云：'齐景公与晏子游于少海，登柏寝之台而望其国。'"可知所谓"齐桓公器"，是一件可以证实海洋史一则重要史迹的文物遗存。后来李少君病死，"天子以为化去不死，而使黄锤史宽舒受其方。求蓬莱安期生莫能得，而海上燕齐怪迂之方士多更来言神事矣"。"黄锤"，裴骃《集解》引徐广曰："锤县、黄县皆在东莱。"李少君的继承人"黄锤史宽舒"，应当也有齐"海上"方术的文化渊源。

后来又有"齐人少翁"受到汉武帝信用。"其明年，齐人少翁以鬼神方见上。上有所幸王夫人，夫人卒，少翁以方盖夜致王夫人及灶鬼之貌云，天子自帷中望见焉。于是乃拜少翁为文成将军，赏赐甚多，以客礼礼之。"少翁以骗术败露诛。"文成言曰：'上即欲与神通，宫室被服非象神，神物不至。'乃作画云气车，及各以胜日驾车辟恶鬼。又作甘泉宫，中为台室，画天、地、太一诸鬼神，而置祭具以致天神。居岁余，其方益衰，神不至。乃为帛书以饭牛，详不知，言曰此牛腹中有奇。杀视得书，书言甚怪。天子识其手书，问其人，果是伪书，于是诛文成将军，隐之。"②

---

① 《史记》，第1385页。
② 《史记》，第1387—1388页。

随后又有曾经服务于胶东王的"胶东宫人"栾大出现在汉武帝身边，亦自称"常往来海中"，结识海中仙人：

> 乐成侯上书言栾大。栾大，胶东宫人，故尝与文成将军同师，已而为胶东王尚方。而乐成侯姊为康王后，无子。康王死，他姬子立为王。而康后有淫行，与王不相中，相危以法。康后闻文成已死，而欲自媚于上，乃遣栾大因乐成侯求见言方。天子既诛文成，后悔其蚤死，惜其方不尽，及见栾大，大说。大为人长美，言多方略，而敢为大言处之不疑。大言曰："臣常往来海中，见安期、羡门之属。顾以臣为贱，不信臣。又以为康王诸侯耳，不足与方。臣数言康王，康王又不用臣。臣之师曰：'黄金可成，而河决可塞，不死之药可得，仙人可致也。'然臣恐效文成，则方士皆奄口，恶敢言方哉！"上曰："文成食马肝死耳。子诚能修其方，我何爱乎！"大曰："臣师非有求人，人者求之。陛下必欲致之，则贵其使者，令有亲属，以客礼待之，勿卑，使各佩其信印，乃可使通言于神人。神人尚肯邪不邪。致尊其使，然后可致也。"于是上使验小方，斗棋，棋自相触击。①

胶东王宫廷对方术的热心，也许反映了当时齐地的文化风习。所谓"臣恐效文成，则方士皆奄口，恶敢言方哉"，迫使汉武帝不得不表态："文成食马肝死耳。子诚能修其方，我何爱乎！"体现了栾大的狡猾。关于"上使验小方，斗棋，棋自相触击"，司马贞《索隐》："顾氏案：《万毕术》云：'取鸡血杂磨针铁杵，和磁石棋头，置局上，即自相抵击也。'"

栾大获取了最高等级的富贵。"是时上方忧河决，而黄金不就，乃拜大为五利将军。居月余，得四印，佩天士将军、地士将军、大通将军印。制诏御史：'……其以二千户封地士将军大为乐通侯。'赐列侯甲第，僮千人。乘舆斥车马帷幄器物以充其家。又以卫长公主妻之，赍金万斤，更命其邑曰当利公主。天子亲如五利之第。使者存问供给，相属于道。自大主将相以下，皆置酒其家，献遗之。于是天子又刻玉印曰'天道将军'，使使衣羽衣，夜立白茅上，五利将军亦衣羽衣，夜立白茅上受印，以示不臣也。而佩'天道'者，且

---

① 《史记》，第1389—1390页。

为天子道天神也。于是五利常夜祠其家，欲以下神。神未至而百鬼集矣，然颇能使之。其后装治行，东入海，求其师云。大见数月，佩六印，贵震天下，而海上燕齐之间，莫不搤捥而自言有禁方，能神仙矣。"值得我们注意的，还有栾大曾经"装治行，东入海"。①

"海上燕齐之间"一时都自称"有禁方，能神仙"。又据司马迁记述："入海求蓬莱者，言蓬莱不远，而不能至者，殆不见其气。上乃遣望气佐候其气云。"②大概在这一时期，"入海求蓬莱"的航行试探，再次掀起了一个高潮。

当时对上层社会影响颇深的"宝鼎"迷信，也因"齐人公孙卿"大力煽动。他通过"嬖人"奏上言"黄帝得宝鼎"后"仙登于天"的"札书"，"上大说，乃召问卿。对曰：'受此书申公，申公已死。'上曰：'申公何人也？'卿曰：'申公，齐人。与安期生通，受黄帝言，无书，独有此鼎书。……"黄帝"学仙"最终"上天"的故事打动了汉武帝，于是"乃拜卿为郎，东使候神于太室"。③ 看来，齐地神秘主义文化对汉武帝时代的信仰和政治，确实有深刻的影响。

《封禅书》记述："五利将军使不敢入海，之泰山祠。上使人随验，实毋所见。五利妄言见其师，其方尽，多不雠。上乃诛五利。"④

汉武帝对于齐方士们的种种妄言，亦信亦疑，半信半疑，时信时疑。他处决过一些方士，但是随即又往往被新来的方士所迷惑。

在汉武帝时代，可以看到齐方士们暴起急落的人生轨迹。以方术震惊宫廷而"上尊之"的李少君，被封为"文成将军"的齐人少翁和被封为"五利将军"的胶东宫人栾大，他们从备受信用，极端显贵而意外猝死，荣辱与生死，都与汉武帝不寻常的心境有关。以栾大为例，元鼎四年(前113)春，栾大封侯。元鼎五年(前112)九月，就被处死。这位曾经被汉武帝看作"天若遣朕士"的方士，虽一时"贵震天下"，然而只风光了一年半左右，就终于全面败露，而陷于死地。

不过，在栾大被诛之后，汉武帝依然有"求蓬莱神人"的积极动作。据《封

① 《史记》，第1390—1391页。
② 《史记》，第1393页。
③ 《史记》，第1393—1394页。
④ 《史记》，第1395页。

禅书》记载："上遂东巡海上，行礼祠八神。"又为齐方士的狂热所影响，"齐人之上疏言神怪奇方者以万数……乃益发船，令言海中神山者数千人求蓬莱神人"。听到公孙卿"至东莱，言夜见大人，长数丈，就之则不见，见其迹甚大，类禽兽云"的报告，汉武帝又"宿留海上，予方士传车及间使求仙人以千数"。后来，"方士更言蓬莱诸神若将可得，于是上欣然庶几遇之，乃复东至海上望，冀遇蓬莱焉"。齐人公孙卿此后依然有活跃的表现，"公孙卿言见神人东莱山，若云'欲见天子'。天子于是幸缑氏城，拜卿为中大夫。遂至东莱，宿留之数日，无所见，见大人迹云"。汉武帝求仙之心不死，后来又曾"临勃海，将以望祀蓬莱之属，冀至殊廷焉"。司马迁在《封禅书》文末写道："太史公曰：余从巡祭天地诸神名山川而封禅焉。入寿宫侍祠神语，究观方士祠官之意，于是退而论次自古以来用事于鬼神者，具见其表里。后有君子，得以览焉。"①

东海方向以齐人为主要创造者和主要操作者、主要宣传者和主要传递者的方术之学，在汉武帝时代进入鼎盛阶段，在汉武帝以后即宣告结束。或许可以说，汉武帝通过亲身的试验，使得西汉王朝的最高执政集团体验了齐海上方术的神奇，也发现了这种文化存在的虚妄。然而在海洋探索和海洋学建设的历程中，对于齐方士们的思想和实践，也许还需要认真探究和思考。司马迁所谓"后有君子，得以览焉"，应有期待后人深思的含义。

七、行幸东海，获赤雁，作《朱雁之歌》

《汉书》卷 6《武帝纪》记载："（太始三年）行幸东海，获赤雁，作《朱雁之歌》。幸琅邪，礼日成山。登之罘，浮大海，山称万岁。"是年汉武帝 63 岁。

"获赤雁，作《朱雁之歌》"事不见于《史记》卷 28《封禅书》，可能因此也为《汉书》卷 25《郊祀志》不载。

《汉书》卷 22《礼乐志》记录了《朱雁之歌》，即"《郊祀歌》十九章"中的"《象载瑜》十八"：

> 象载瑜，白集西，食甘露，饮荣泉。
> 赤雁集，六纷员，殊翁杂，五采文。

---

① 《史记》，第 1397—1399、1402、1404 页。

神所见，施祉福，登蓬莱，结无极。

《象载瑜》十八，太始三年行幸东海获赤雁作。①

服虔以为"象载，鸟名也"，颜师古则释为"象舆"："山出象舆，瑞应车也。瑜，美貌也。言此瑞车瑜然色白而出西方也。"王先谦《汉书补注》引刘攽说，则不同意这样的解释，以为："此诗四句，先叙所见祥瑞之物。'象载瑜'，黑车也；'白集西'，雍之麟也；'甘露''荣泉'，天之所降，地之所出也。注非。"应当承认，"'白集西'，雍之麟也"的理解，是正确的。所谓"纷员"，应即纷纭②，颜师古说："多貌也。"所获"赤雁"，应为六只，雁羽文色"五采"。前两句，颜师古解释说："言西获象舆，东获赤雁，祥瑞多也。"后一句，则将此祥瑞理解为神意的昭示，并与"蓬莱"神仙世界的追求联系起来。③

有关获雁的记载，已先见于司马迁《史记》关于周史的记述中，并且都被赋予不寻常的含义。《史记》卷35《管蔡世家》记载了曹国伯阳专政时导致亡国的政治变乱，其中涉及田弋获雁的传说。公孙强"获白雁而献之"，成为曹国亡国的凶兆。④《史记》卷40《楚世家》又写道，楚顷襄王十八年(前281)，"楚人有好以弱弓微缴加归雁之上者，顷襄王闻，召而问之"。这位射雁者的回答以射雁比喻战争，其中所谓"若王之于弋诚好而不厌，则出宝弓，碆新缴，射噣鸟于东海"，"朝射东莒，夕发浿丘，夜加即墨"，值得注意。他又说："北游目于燕之辽东而南登望于越之会稽，此再发之乐也。"⑤以射雁喻军政之事，体现出早期兵战与田猎保持密切关系的传统。而后一例对"东海"以及具体如"东莒""浿丘""即墨"的关注，是涉及齐滨海地区的。

此外，我们在《史记》中还可以看到另一种关于"雁"的文化记录。上文说到《史记》卷28《封禅书》言齐人公孙卿"札书"："黄帝得宝鼎宛朐，问于鬼臾区。鬼臾区对曰：'帝得宝鼎神策，是岁己酉朔旦冬至，得天之纪，终而复始。'于是黄帝迎日推策，后率二十岁复朔旦冬至，凡二十推，三百八十年，

---

① 《汉书》，第1069页。

② (清)王先谦《汉书补注》引钱大昭曰："'纷员'即'纷纭'。'员''云'古字通。"

③ (清)王先谦《汉书补注》："《武纪》所谓《朱雁之歌》也。上自此遂幸琅邪，礼日成山，登之罘，浮大海，故末云然。"第490页。

④ 《史记》，第1573页。

⑤ 《史记》，第1730页。

黄帝仙登于天。"鬼臾区是黄帝时名臣。《史记》卷28《封禅书》又写道："鬼臾区号大鸿，死葬雍，故鸿冢是也。"所谓"自华以西，名山七"中，第六即"鸿冢"。司马贞《索隐》："黄帝臣大鸿葬雍，'鸿冢'盖因大鸿葬为名也。"①又《史记》卷1《五帝本纪》也说："（黄帝）举风后、力牧、常先、大鸿以治民。"②所谓"鸿"，一说天鹅③，一说大雁④。《说文·鸟部》段玉裁注："学者多云雁之大者。"⑤雁作为候鸟，对于以农业为主体经济形式的民族来说，具有标志季节、报告农时的作用，于是很早就受到重视。《礼记·月令》："（仲秋之月）鸿雁来，玄鸟归。"⑥由此我们也可以联想到"鸿雁"崇拜与"玄鸟"崇拜的关系。而"鬼臾区号大鸿，死葬雍，故鸿冢是也"的说法，正与秦人早期渊源与"玄鸟"的神秘关系相互印合。《淮南子·俶真》："以鸿蒙为景柱。"高诱注："鸿蒙，东方之野，日所出，故以为景柱。"又《淮南子·道应》："东开鸿蒙之光。"⑦或许也可以说明"鸿"与东方的关系。

　　传说"大鸿"是"黄帝大臣"，"黄帝时诸侯"，甚至有"大鸿即黄帝"的说法⑧，说明以"鸿"为图腾标志的东方部族的活动，当时曾经有重要的文化影响。

---

① 《史记》，第1393、1372—1373页。

② 《史记》，第6页。

③ 《说文·鸟部》："鸿，鸿鹄也。"（汉）许慎撰，（清）段玉裁注：《说文解字注》，第152页。《诗·豳风·九罭》："鸿飞遵渚。"郑玄笺："鸿，大鸟也。"陆玑疏："鸿鹄羽毛光泽纯白，似鹤而大，长颈，肉美如雁。"（清）阮元校刻：《十三经注疏》，第399页。

④ 《易·渐》："鸿渐于干。"虞翻注："鸿，大雁也。"（清）阮元校刻：《十三经注疏》，第63页。《楚辞·招魂》："鹄酸臇凫，煎鸿鸧些。"王逸注："鸿，鸿雁也。"（宋）洪兴祖撰，白化文等点校：《楚辞补注》，第208页。

⑤ （汉）许慎撰，（清）段玉裁注：《说文解字注》，第152页。

⑥ （清）阮元校刻：《十三经注疏》，第1373页。

⑦ 何宁撰：《淮南子集释》，第49、407页。刘文典《淮南鸿烈集解》引王念孙曰："'东开鸿蒙之光'，'开'当为'关'。""二形相似，故'关'误为'开'。""《太平御览》、《楚辞补注》引此，作'东开鸿蒙之光'，则所见本已误。《论衡》作'东贯泓蒙之光'，《蜀志》注引此作'东贯鸿蒙之光'，'贯''关'古字通，则'开'为'关'之误明矣。"第407—408页。

⑧ （宋）郑樵《通志·氏族略四》："鸿氏，大鸿氏之后也。大鸿即黄帝，亦谓帝鸿氏。"（宋）郑樵撰，王树民点校：《通志二十略》，中华书1995年版，第122页。

从这样的角度来理解《朱雁之歌》的文化意义，或许可以体会其作者汉武帝在齐文化影响下对"蓬莱"深怀向往的内心世界。

《史记》卷126《滑稽列传》褚少孙补述，记录了这样一个关于"鹄"的故事："昔者，齐王使淳于髡献鹄于楚。出邑门，道飞其鹄，徒揭空笼，造诈成辞，往见楚王曰：'齐王使臣来献鹄，过于水上，不忍鹄之渴，出而饮之，出我飞亡。吾欲刺腹绞颈而死，恐人之议吾王以鸟兽之故令士自杀伤也。鹄，毛物，多相类者，吾欲买而代之，是不信而欺吾王也。欲赴佗国奔亡，痛吾两主使不通。故来服过，叩头受罪大王。'楚王曰：'善，齐王有信士若此哉！'厚赐之，财倍鹄在也。"[1]司马贞《索隐》和梁玉绳《史记志疑》都说到同一故事又见于《韩诗外传》卷10及《说苑·奉使》。[2]《说苑》中所说是献"鸿"。钱锺书又指出，《初学记》卷20、《太平御览》卷916引《鲁连子》载鲁君使展无所遗齐襄君鸿，中道失鸿，不肯"隐君蔽罪"。[3] 大约其事本原，是齐王遣使献鸿鹄于楚。

看来，鸿、鹄、雁以齐地所产闻名。"获赤雁，作《朱雁之歌》"事发生于齐地，并且可以使人产生"神所见，施祉福，登蓬莱，结无极"的联想，亦自有滨海区域文化的背景。

第三节　史学的海洋视角

《史记》作为史学经典，班彪有"今之所以知古，后之所由视前，圣人之耳目也"之称誉。[4] 司马迁于史学建设多所创制，梁启超因称"司马迁以前，无所谓史学也"，"史界太祖，端推司马迁"，"迁以后史学开放"，"迁书出后，续者蜂起"，然而"二千年来所谓正史者，莫能越其范围"。[5]《史记》对于海洋的关注，表现出司马迁特殊的文化眼光和学术视角，也值得关心《史记》的人们注意。

---

① 《史记》，第 3209—3210 页。

② （清）梁玉绳撰：《史记志疑》，第 1456 页。

③ 钱锺书：《管锥编》第 1 册，中华书局 1979 年版，第 380 页。

④ 《后汉书》卷 40 上《班彪传上》，第 1326—1327 页。

⑤ 梁启超：《中国历史研究法》，东方出版社 1996 年版，第 18—19 页。

一、先古圣王"东海"行迹与司马迁史学考察"东渐于海"

在对于许多学者称作古史传说时代的记述中，《史记》最早明确突出地强调了先古圣王有关"海"的事迹。《史记》卷 1《五帝本纪》记述黄帝"迁徙往来无常处"："东至于海，登丸山，及岱宗。西至于空桐，登鸡头。南至于江，登熊、湘。北逐荤粥，合符釜山。"①首先称颂黄帝至于东海的行迹。而据司马贞《索隐》引郭子横《洞冥记》称东方朔云"东海大明之墟有釜山"，则黄帝获"王者之符命"的地方，也在"东海"。

黄帝"东至于海，登丸山，及岱宗"。丸山，裴骃《集解》引徐广曰："丸，一作'凡'。"又写道："骃案：《地理志》曰丸山在郎邪朱虚县。"司马贞《索隐》注："丸，一作'凡'。"张守节《正义》："丸音桓。《括地志》云：'丸山即丹山，在青州临朐县界朱虚故县西北二十里，丹水出焉。'丸音纨。守节案：地志唯有凡山，盖凡山丸山是一山耳。诸处字误，或'丸'或'凡'也。《汉书·郊祀志》云'禅丸山'，颜师古云'在朱虚'，亦与《括地志》相合，明丸山是也。"据注文，有"丸山""凡山""丹山"诸说，但均言在山东沿海。岱宗，张守节《正义》："泰山，东岳也。在兖州博城县西北三十里也。"则黄帝"东至于"所临海域应即山东半岛所面对的海面。

司马迁说，黄帝"举风后、力牧、常先、大鸿以治民"②，取得行政成功。裴骃《集解》引《帝王世纪》说，黄帝"得风后于海隅，登以为相"。裴骃《集解》引郑玄曰："风后，黄帝三公也。"这位成为黄帝高级助手的人才，是在"海隅"发现的。

关于舜的成就，司马迁有"四海之内咸戴帝舜之功"的说法。③ 而自战国至于秦汉，"四海之内"或说"海内"，已经成为与"天下"对应的语汇。《史记》卷 118《淮南衡山列传》所谓"临制天下，一齐海内"就是典型的例证。④ 当时以大一统理念为基点的政治理想的表达，已经普遍取用涉及海洋的地理概念。政治地理语汇"四海"与"天下"、"海内"与"天下"的同时通行，在某种意义上

---

① 《史记》，第 6 页。

② 《史记》，第 6 页。

③ 《史记》，第 43 页。

④ 《史记》，第 3090 页。

反映了中原居民的世界观和文化观已经初步表现出对海洋的重视。司马迁就是在这样的文化环境中留下了有关秦汉社会海洋意识与海洋探索的诸多历史记录的。

司马迁说他考察黄帝、尧、舜事迹，曾经进行实地调查，"西至空桐，北过涿鹿，东渐于海，南浮江淮矣，至长老皆各往往称黄帝、尧、舜之处"。①特别说到"东渐于海"。司马迁所行历的海岸，应当就在齐地。司马迁记述的"东海"地方的早期文明史以及人才史和行政史，应当包括了齐人海洋开发的成就。

二、秦皇汉武"入海"故事与司马迁的"海上"体验

秦始皇统一后五次出巡，四次行至海滨。《史记》卷6《秦始皇本纪》记录了他"梦与海神战"并亲自持连弩射杀海中大鱼的故事。② 燕齐海上方士借助秦始皇提供的行政支持，狂热地进行以求仙为目的的海上航行。这种航海行为客观上促进了对海上未知世界的探求。《史记》卷118《淮南衡山列传》第一次记录了徐福出海"止王不来"的情形。③ 秦始皇陵墓中制作海洋模型，体现出这位帝王对海洋的深厚情感至死亦未消减。这些情节均因司马迁的生动写叙成为珍贵的历史记忆。

《史记》卷6《秦始皇本纪》出现"海"字38次。而以汉武帝的历史表现作为记述主体内容的《史记》卷28《封禅书》中，"海"字出现多达39次。汉武帝至少10次东巡海上，超过了秦始皇的纪录。他最后一次行临东海，已经是68岁的高龄。在汉武帝时代，"入海求蓬莱"的航海行为更为密集，所谓"乃益发船，令言海中神山者数千人求蓬莱神人"，"予方士传车及间使求仙人以千数"，又说明其规模也超过前代。④

汉武帝基于"冀遇蓬莱"的偏执心理，多次动员数以千计的"言海中神山者"驶向波涛。虽然当时就直接的目的而言"其效可睹"，但是汉武帝内心的冀望客观上刺激了航海行为的发起，促成了航海经验的积累，推动了航海能力

---

① 《史记》卷1《五帝本纪》，第46页。
② 《史记》，第263页。
③ 《史记》，第3086页。
④ 《史记》，第1397页。

的提升。《史记》的这些记录，成为中国航海史上多有闪光点的重要篇章。

有人说司马迁著《封禅书》意在批评汉武帝"求神仙狂侈之心"，"迁作《封禅书》，反复纤悉，皆以著求神仙之妄"①，"子长为《封禅书》，意在讽时"②。也有人说："此书有讽意，无贬词，将武帝当日希冀神仙长生，一种迷惑不解情事，倾写殆尽。"③也许后人看作"狂侈""之妄"事，当时人们只是"迷惑不解"。而即使有"讽时"之意，所记述方士这些对于早期海洋学有积极贡献的知识分子航海实践的情节则是客观的。有人以为"以徐福赍童男女及针织工艺辈数千，漂流海外"是导致秦末政治危机的因由④，然而从文化传播史的视角看，徐福东渡可能对东亚史的进程产生了有益的影响。

司马迁曾经以太史令身份从汉武帝出游。这位帝王的"东巡海上""东至海上望"，"宿留海上"，"并海上"⑤，甚至"浮大海"⑥等海上交通行为，司马迁很可能都曾亲身参与。

有研究者认为，元封元年（前110），汉武帝封禅泰山，司马迁"侍从东行"。"武帝到了山东，先东巡海上"，又往泰山行封禅之礼。司马迁在《史记》卷28《封禅书》中写道："余从巡祭天地诸神名山川而封禅焉。"论者说："可见《封禅书》对武帝的愚蠢、昏庸之讽刺笑骂，并非偶然，而是从实际考察中得来。并且由于东巡海上，对齐就有了更深刻的认识，他说，'吾适齐，自泰山属之琅邪，北被于海，膏壤二千里，其民阔达多匿知，其天性也。'（《齐太公世家》）认为齐地人民的特性是地理环境决定的。又《史记》中关于驺衍、公孙弘和一些方士如少翁、栾大、公孙卿、丁公、公玉等齐人的行迹的记载，也大都是侍从东巡时所得而形成文字的了。"汉武帝"登泰山封禅"后，"乘兴又'东至海上，冀遇蓬莱焉。'不料奉车都尉子侯（即霍去病子霍嬗）暴病死，武帝

---

①　（宋）黄震：《黄氏日抄》卷46《史记》，《景印文渊阁四库全书》第708册，第258页。
②　（明）郝敬：《史汉愚按》卷2，明崇祯间郝氏刻山草堂集本。
③　（清）高嵣：《史记抄》卷2《封禅书》，清乾隆五十三年广郡永邑培元堂刊本。
④　（清）沈湛钧：《知非斋古文录·书史记封禅书后》，《清代诗文集汇编》第788册，第756页。
⑤　《史记》卷28《封禅书》，第1397、1398页。
⑥　《汉书》卷6《武帝纪》，第207页。

便由东海北到碣石"，"司马迁此次从巡"，"又游历了海上"。① 另有一种司马迁传也写道："司马迁随驾东行，到了海上"，汉武帝封禅泰山之后，"又东至海上，希望有可能遇到神仙，看到蓬莱仙岛。不料奉车都尉霍嬗暴病而死，武帝一时扫兴，只好沿海北上到了碣石"，"司马迁随同汉武帝巡行"，"又游历了海上"。②

从这一认识基点判断司马迁对于汉武帝"东巡海上"行为的一系列记录的客观性，应当基本予以肯定。而司马迁通过亲自体验记载的齐人对于这一时期得到行政权力空前支持的海上航运事业的贡献，应当是真切可信的。当然，司马迁随汉武帝至于"海上"的经历，也许并不限于元封元年这一次。

三、司马迁"海上"行旅与《史记》的"奇气"

苏辙说："太史公行天下，周览四海名山大川……故其文疏荡，颇有奇气。"③指出司马迁行旅生活中"周览四海"的体验，成就了其文气之"奇"。这当然包括司马迁对于"东海"的文化感觉的作用。马存所谓"尽天下之观以助吾气，然后吐而为书"，"见狂澜惊波，阴风怒号，逆走而横击，故其文奔放而浩漫"④，也大致有同样的意思。梁启超言《史记》成就于"波澜壮阔"，而后"恬波不扬"的时代，司马迁"制作之规模"，"文章之佳妙"，"其影响所被之广且远"，应与此有关。⑤

桓谭说，"通才著书以百数，惟太史公为广大。"⑥王充曾经说，"汉著书者多"，司马迁堪称"河、汉"，其余不过"泾、渭"而已。⑦ 其实，以司马迁才学之"广大"，是可以以"海"来比拟的。

而《史记》书中有关"海"的文字，即直接体现了他学术视野的"广大"。陈

---

① 聂石樵：《司马迁论稿》，北京师范大学出版社1987年版，第22—23页。
② 许凌云：《司马迁评传——史家绝唱　无韵离骚》，广西教育出版社1994年版，第25页。
③ （宋）苏辙：《栾城集》卷22《上枢密韩太尉书》，陈宏天、高秀芳点校：《苏辙集》，中华书局1990年版，第381页。
④ （宋）马子才：《子长游赠盖邦式序》，（宋）祝穆：《古今事文类聚》别集卷25，《景印文渊阁四库全书》第927册，第906页。
⑤ 梁启超：《中国历史研究法》，第18—19页。
⑥ （宋）李昉等撰：《太平御览》卷602引《新论》，第2709页。
⑦ 《论衡·案书》，黄晖撰：《论衡校释》（附刘盼遂集解），第1170页。

继儒形容"《史记》之文"所谓"洞庭之鱼龙怒飞","山海之鬼怪毕出","史家以体裁义例掎摭之，太史公不受也"①，其说自有深刻意境，可以体现史学演进史中《史记》的新异和奇伟。

《史记》特殊的文化风采，应与司马迁的海洋感知有关。这种非同寻常的史学风格，亦表现于他关于海洋探索和海洋开发的值得珍视的历史记录中。②

四、《汉书》的海洋纪事

《汉书》作为记录西汉和新莽历史的史学经典，有关海洋的纪事反映了当时执政集团和社会各层次对于海洋的认识，以及这一时期海洋开发的历史。海洋学的早期成就亦因《汉书》的记载保留了文献学的遗存。《汉书》可以看作中国史学论著中较早较充分地重视海洋纪事的典籍。其中有关齐人海洋探索和海洋开发的多种努力的记述，有重要的文化史价值。

"海内"与"天下"地理称谓的同时通行，是我们考察社会海洋意识进步历程时应当关注的文化现象。西汉时期的政治语汇中，"海内"与"天下"对应关系的表现更为明朗。《新语·慎微》："诛逆征暴，除天下之患，辟残贼之类，然后海内治，百姓宁。"③又《新书·数宁》："大数既得，则天下顺治，海内之气，清和咸理，则万生遂茂。"同书《时变》也有"威振海内，德从天下"的说法。④《汉书》比较客观地表现了当时人包括海洋观念在内的多层次多色彩的社会思想。对于"天下"和"海内"的关系的意识，也可见具有典型意义的记述。

《汉书》多见"天下"与"海内"并说的情形，如卷31《项籍传》："分裂天下而威海内。"卷39《萧何曹参传》赞："天下既定，因民之疾秦法，顺流与之更始，二人同心，遂安海内。"卷48《贾谊传》："天下顺治，海内之气清和咸理。"卷49《晁错传》："为天下兴利除害，变法易故，以安海内。"卷56《董仲舒传》："今陛下并有天下，海内莫不率服。"卷64上《严助传》："汉为天下宗，操杀生之柄，以制海内之命。"卷72《贡禹传》："海内大化，天下断狱四百。"卷99上《王莽传上》："事成，以传示天下，与海内平之。"⑤"海内"即"四海之内"，有

① （明）陈继儒：《新刻史记定本序》，《陈太史评阅史记》，明黄嘉惠刻本。
② 参见王子今：《〈史记〉的海洋视角》，《博览群书》2013年第12期。
③ 王利器：《新语校注》，第99页。
④ （汉）贾谊撰，阎振益、钟夏校注：《新书校注》，第30、96页。
⑤ 《汉书》，第1826、2021、2231、2297、2511、2787、3077、4071页。

时又只写作"四海"。如《汉书》卷 64 上《严助传》："号令天下，四海之内莫不向应。"卷 72《贡禹传》："四海之内，天下之君，微孔子之言亡所折中。"①

"海内"和"天下"形成严整对应关系的文例，《汉书》中可以看到：

> 贞天下于一，同海内之归。（卷 21 上《律历志上》）
>
> 临制天下，壹齐海内。（卷 45《伍被传》）②
>
> 天下少双，海内寡二。（卷 64 上《吾丘寿王传》）
>
> 威震海内，德从天下。（卷 48《贾谊传》）
>
> 海内为一，天下同任。（卷 52《韩安国传》）
>
> 海内晏然，天下大洽。（卷 65《东方朔传》）③

"海内"和"天下"对仗往往颇为工整。卷 49《晁错传》："德泽满天下，灵光施四海。"则是"天下"和"四海"对应的例证。

《汉书》反映的，看来是当时社会的语言习惯。《淮南子·要略》："天下未定，海内未辑……"④《盐铁论·轻重》可见"天下之富，海内之财"，同书《能言》也以"言满天下，德覆四海"并说。又《世务》也写道："诚信著乎天下，醇德流乎四海。"⑤在这种语言形式背后，是社会对海洋的关心。

讨论汉代社会的"天下"观和海疆意识，不应忽略《汉书》等文献所见有关"天下"与"海内""四海"文字遗存透露的思想史信息。在进行这样的考察时，自然不能忽略秦始皇东巡海上刻石中涉及相关政治背景的内容，如二十八年琅邪刻石："东抚东土，以省卒士。事已大毕，乃临于海。""普天之下，抟心揖志。""皇帝之明，临察四方。""皇帝之德，存定四极。""六合之内，皇帝之土。西涉流沙，南尽北户。东有东海，北过大夏。人迹所至，无不臣者。"空间的控制，以"东有东海"为界。"天下"与"海内"的直接对应，可见所谓"今皇帝并一海内，以为郡县，天下和平"。又如二十九年之罘刻石："皇帝东游，巡登之罘，临照于海。"随即说到"周定四极""经纬天下""宇县之中，承顺圣

① 《汉书》，第 2785、3078 页。

② 亦见《史记》卷 118《淮南衡山列传》，作"临制天下，一齐海内"，第 3090 页。

③ 《汉书》，第 972、2172、2244、2795、2399、2872 页。

④ 何宁撰：《淮南子集释》，第 709 页。

⑤ 王利器校注：《盐铁论校注》（定本），第 180、459、508 页。

意"。关于"宇县",裴骃《集解》:"宇,宇宙。县,赤县。"刻石言"振动四极""阐并天下""经营宇内"的同时,又有如下内容:"维二十九年,皇帝春游,览省远方。逮于海隅,遂登之罘,昭临朝阳。"①

在关于郡县制与分封制的廷前辩论中,周青臣所谓"赖陛下神灵明圣,平定海内","博士齐人淳于越"所谓"今陛下有海内",争辩双方都已经习惯使用"海内"这一语汇。"海内"与随即李斯所言"古者天下散乱,莫之能一","今天下已定,法令出一","今皇帝并有天下,别黑白而定一尊"②的所谓"天下"其实是同义的。李斯的这番话,三言"天下",皆与"一"对应。李斯言论表露的政治倾向与上文引录的"贞天下丁一,同海内之归","海内为一",当然是一致的。

五、关于班固《览海赋》

《汉书》的主要作者班固是否有行旅至于海滨的经历呢?

有学者写道:"从现有记载来看,东汉以前,出巡次数较多的皇帝,莫过于秦始皇、汉武帝二人了。""东汉皇帝之中,巡狩次数之多,可以和秦皇、汉武相比的,就是章帝了。章帝在位仅13年,即出巡8次之多。""从建初七年(82年)到章和元年(公元87年),6年之中,章帝先后8次出巡,所至之处,北到长城,南过长江,东临泰岱,西抵关中,几乎走遍了大半个中国。其中最隆重、规模最大的一次,是元和二年(公元85年)的东巡。"但是这次东巡,汉章帝巡视至于齐地,却没有到达海滨。班固曾经"随从皇帝出巡"。据《后汉书》卷40下《班固传》:"每行巡狩,辄献上赋颂。""班固在侍从巡狩时写的赋颂,现在所知道的只有《南巡赋》和《东巡赋》两篇。(见《班兰台集》)"在"上《东巡赋》"的这一年,班固54岁。③ 就我们现今所见班固《东巡赋》的内容看,他没有走到海滨。

当然,班固随汉章帝东巡齐地,虽然我们没有发现他行至"海上"的迹象,

---

① 《史记》,第245、247、249—250、250页。

② 《史记》卷6《秦始皇本纪》,第255页。

③ 安作璋:《班固评传——一代良史》,广西教育出版社1996年版,第56—57、135页。陈其泰、赵永春著《班固评传》附录《班固生平大事年表》:"元和二年(公元85年),54岁。作《东巡赋》献上。《班兰台集》有《东巡赋》,无系年。章帝于二月'东巡狩',四月还宫,故系于此。"南京大学出版社2002年版,第427页。

但也未能完全排除他行临海滨体验海上风光的可能。

据《后汉书》卷3《章帝纪》的记载，汉章帝"耕于定陶"，"幸太山，柴告岱宗"，"进幸奉高"，"宗祀五帝于汶上明堂"，宣告"复博、奉高、嬴，无出今年田租、刍稿"，又"进幸济南"，"进幸鲁"，"祠孔子于阙里"，"进幸东平"，"幸东阿"，随后"北登太行山"。① 班固在这样的行程中，即使没有亲历海滨，对于齐地在海洋环境中形成的文化特点，以及齐人在海洋探索和海洋开发中的历史贡献，也应当有一定的体会。

我们读班固的赋作，有涉及"海"的名句。如《西都赋》："东郊则有通沟大漕，溃渭洞河，泛舟山东，控引淮、湖，与海通波。""前唐中而后太液，揽沧海之汤汤，扬波涛于碣石，激神岳之嶈嶈。滥瀛洲与方壶，蓬莱起乎中央。""玄鹤白鹭，黄鹄鵁鶄，鸧鸹鸨鶂，凫鹥鸿雁，朝发河海，夕宿江汉，沉浮往来，云集雾散。"②《东都赋》："四海之内，学校如林，庠序盈门。""太液、昆明，鸟兽之囿。曷若辟雍海流，道德之富。"③只是在这里，"海"只是遥远的想象，只是宏大的象征。

费振刚等辑校《全汉赋》有班固《览海赋》。辑得内容只有8个字："运之修短，不豫期也。"据"校记"："本篇残句，录自《文选》潘岳《西征赋》李善注。此赋仅存二句，《艺文类聚》卷8所载乃班彪作。汉魏六朝百三家集《班兰台集》误收，百三家本有'游居赋'，即'冀州赋'，乃班彪所作，亦误收。"④班彪的《冀州赋》有"遍五岳与四渎，观沧海以周流"句，说到巡行观海。《全汉赋》辑《冀州赋》存在疑问。"校记"写道："本篇残篇，录自《艺文类聚》卷六、二八。又参校《初学记》卷八、《后汉书·郡国志》注、《水经注·荡水注》。'冀州赋'，《类聚》卷二八引、《水经注·荡水注》引、《后汉书·郡国志》一注引均作'游居赋'。《类聚》卷六引、《初学记》卷八引、《文选》李善本颜延之《秋胡诗》注引均

①　《后汉书》，第149—150页。
②　(梁)萧统编，(唐)李善、吕延济、刘良、张铣、吕向、李周翰注：《六臣注文选》，第27、31、34页。
③　(梁)萧统编，(唐)李善、吕延济、刘良、张铣、吕向、李周翰注：《六臣注文选》，第41页。
④　费振刚、胡双宝、宗明华辑校：《全汉赋》，第355页。

作'冀州赋',今从。"①今按:篇名一作《冀州赋》,一作《游居赋》,据残篇首句"夫何事于冀州,聊托公以游居",可知是一篇,而《艺文类聚》卷6作《冀州赋》,卷28作《游居赋》。卷6《冀州赋》六十字,除个别异字外,皆在卷28《游居赋》一百六十八字之中②。辑校者从《类聚》卷6引、《初学记》卷8引、《文选》李善本颜延之《秋胡诗》注引,定名《冀州赋》,虽言之有据,但是应当注意两个事实:一是现存残篇字数最多的《艺文类聚》卷28作《游居赋》,二是现今所见年代最早的资料《水经注·荡水》所引作《游居赋》。其文曰:"荡水又东与长沙沟水合,其水导源黑山北谷,东流径晋鄙故垒北,谓之晋鄙城,名之为魏将城,昔魏公子无忌矫夺晋鄙军丁是处。故班叔皮《游居赋》曰'过荡阴而吊晋鄙,责公子之不臣'者也。"③明代学者徐应秋《玉芝堂谈荟》卷30《〈世说〉注》及顾起元《说略》卷13《典述中》都说"裴松之注《三国志》亦旁引诸书,史称与孝标之注《世说》可为后法,今观其所载……"云云④,所列裴注所引诸书,即包括"班叔皮《游居赋》"。虽今本《三国志》裴注已不见班彪此赋,但明人此说,似仍可作为本篇题名原作《游居赋》的旁证。《艺文类聚》卷6作《冀州赋》,卷28作《游居赋》,很可能与前者在《州部》题下,后者在《人部·游览》题下有关。《初学记》卷8作《冀州赋》,亦因在《州郡部·河东道》题下。而从残篇内容看,实多言往冀州途中观感,除"常山""北岳"外⑤,如"京洛""孟津""淇澳""洹泉""牖城""荡阴"等地,均不在"冀州"。班彪的这篇赋作,似乎以"游居"为主题的可能性更大。⑥ 尽管这篇赋作的题名还需要考订,但是其中"观沧海以周流"句对于理解当时人对于海洋的感觉和认识的意义,依然是值得重视的。

---

① 费振刚、胡双宝、宗明华辑校:《全汉赋》,第353页。

② (唐)欧阳询撰,汪绍楹校:《艺文类聚》,第111、506—507页。

③ (北魏)郦道元著,陈桥驿校证:《水经注校证》,第244页。

④ (明)徐应秋:《玉芝堂谈荟》,《景印文渊阁四库全书》第883册,第707页。(明)顾起元:《说略》,《景印文渊阁四库全书》第964册,第584页。

⑤ 秦及西汉时"北岳"在"常山"。后来北移。参见王子今:《关于秦始皇二十九年"过恒山"——兼说秦时"北岳"的地理定位》,见《秦文化论丛》第11辑,三秦出版社2004年版;《〈封龙山颂〉及〈白石神君碑〉北岳考论》,《文物春秋》2004年第4期。班彪时代,可能尚在转换过程中。

⑥ 王子今:《〈全汉赋〉班彪〈冀州赋〉题名献疑》,《文学遗产》2008年第6期。

班彪另有《览海赋》，是汉魏涉及"海"的赋作中比较精彩的一篇。《艺文类聚》卷 8 引后汉班叔皮《览海赋》曰：

> 余有事于淮浦，览沧海之茫茫。悟仲尼之乘桴，聊从容而遂行。驰鸿濑以缥骛，翼飞风而回翔。顾百川之分流，焕烂漫以成章。风波薄其裹裛，邈浩浩以汤汤。指日月以为表，索方瀛与壶梁。曜金璆以为阙，次玉石而为堂。莫芝列于阶路，涌醴渐于中唐。朱紫彩烂，明珠夜光。松乔坐于东序，王母处于西箱。命韩众与岐伯，讲神篇而校灵章。愿结旅而自托，因离世而高游。骋飞龙之骖驾，历八极而回周。遂竦节而响应，忽轻举以神浮。遵霓雾之掩荡，登云涂以凌厉。乘虚风而体景，超太清以增逝。麾天阍以启路，辟阊阖而望余。通王谒于紫宫，拜太一而受符。①

虽然以"淮浦"开篇，其中所谓"悟仲尼之乘桴""索方瀛与壶梁"，以及"松乔""韩众"等，均言齐地海事。《史记》卷 6《秦始皇本纪》记载，方士侯生、卢生以秦始皇"贪于权势至如此，未可为求仙药""亡去"，秦始皇大怒，曰："吾前收天下书不中用者尽去之。悉召文学方术士甚众，欲以兴太平，方士欲练以求奇药。今闻韩众去不报，徐市等费以巨万计，终不得药，徒奸利相告日闻。卢生等吾尊赐之甚厚，今乃诽谤我，以重吾不德也。诸生在咸阳者，吾使人廉问，或为訞言以乱黔首。"②于是导致"坑儒"惨剧。"韩众"身份与"徐市""卢生等"相同。

看来，作为《汉书》作者之一的班彪似曾亲自"览海"。可能正是因此，这部史学名著得以对海洋文化有切实的关注。

第四节　徐幹《齐都赋》海洋经济史料研究

汉末政局动荡，经济残破，民生艰辛。而文化史少见的繁荣局面也在这一时期出现。建安时代，被看作中国文学的一个丰收季节。建安七子之中，

---

① （唐）欧阳询撰，汪绍楹校：《艺文类聚》，第 152 页。
② 《史记》，第 258 页。

徐幹有显赫文名。《文心雕龙·诠赋》称"伟长博通，时逢壮采"①，指出了徐幹的成就是在人才辈出的历史条件下实现的。事实上徐幹同时也以自己的非凡才华助成了时代文化的雄奇与纯美。

徐幹，字伟长，北海郡剧县（今山东昌乐西）人。自幼"乐诵九德之文"，正式启动"五经"之学后，据说"发愤忘食，下帷专思，以夜继日"②，以至"总识博洽，操翰成章"③。徐幹自己曾说："艺者，所以事成德者也；德者，以道率身者也。艺者，德之枝叶也；德者，人之根干也。斯二物者，不偏行，不独立。""若欲为夫君子，必兼之乎。"④他强调"君子"应当养德修艺，力求双兼，然而"德"又是"根干"，意义更为重要。徐幹的《齐都赋》或可称作其"艺"的代表作，虽自以为"枝叶"，却大有文化价值。其中透露的海洋意识，体现

---

① （梁）刘勰撰，姜书阁述：《文心雕龙绎旨》，齐鲁书社 1984 年版，第 27 页。

② （汉）徐幹：《〈中论〉原序》，（魏）徐幹撰，孙启治解诂：《中论解诂》，中华书局 2014 年版，第 393 页。清姚振宗《三国艺文志》卷 3《子部》："唐马总《意林》曰：'《中论》六卷，徐伟长作，任氏注。'严可均《全三国文编》曰：'《中论》序，元刊本有之。案此序徐幹同时人作。旧无名氏《意林》：《中论》六卷，任氏注。任嘏与幹同时，多著述。疑此序及注皆任嘏作，无以定之。'按《中论》旧序末云：'故追述其事，粗举其显露易知之数，沈冥幽微、深奥广远者，遗之精通君子，将自赞明之也。'此数语有似乎为之注者。"（清）姚振宗撰，朱莉莉整理：《三国艺文志》，王承略、刘心明主编：《二十五史艺文经籍志考补粹编》第 9 卷，清华大学出版社 2012 年版，第 249 页。姚振宗《隋书经籍志考证》卷 24《子部一》："案《中论》旧序末云'故追述其事，为举其显露易知之数，沈冥幽微、深奥广远者，遗之精通君子，将自赞明之也。'此数语则为注其书者之所作可知已。"（清）姚振宗撰，刘克东、董建国、尹承整理：《隋书经籍志考证》，王承略、刘心明主编：《二十五史艺文经籍志考补粹编》第 15 卷，清华大学出版社 2014 年版，第 1072 页。

③ （唐）虞世南编撰：《北堂书钞》卷 98 引《徐幹集》序。孔广陶校注："今按：陈本改注《先贤行状》。"第 376 页。《三国志》卷 21《魏书·徐幹传》裴松之注引《先贤行状》曰："幹清玄体道，六行修备，聪识洽闻，操翰成章，轻官忽禄，不耽世荣。建安中，太祖特加旌命，以疾休息。后除上艾长，又以疾不行。"第 599 页。

④ （汉）徐幹：《中论》卷上《艺纪》，（魏）徐幹撰，孙启治解诂：《中论解诂》，第 112 页。

出齐文化的特色。徐幹生于北海，又长期在海滨生活①，《齐都赋》描写的真实性，应当是可信的。通过《齐都赋》透露的文化信息，可以体会当时齐地海洋经济资源开发的程度。

一、徐幹的"齐气"

有的建安文学研究者高度评价徐幹政论的意义，以为其中所表现的"他的思想具有鲜活的时代内容"，因而他"不失为建安时代重要的思想建设者"。对于其文学贡献，却未予说明。② 有学者则直接否定徐幹赋作的价值："今天看来，他的辞赋成就并不高，值得我们重视的倒是他的政治论文和诗歌。他作品的特点，也主要体现在政论散文和诗歌创作上。"③然而《文心雕龙·才略》说："徐幹以赋论标美。"④也许其"赋"和"论"，前者更集中地展示"艺"或谓"文学"，后者更突出地论说"德"或谓"思想"。徐幹的"论"，代表作是《中论》。关于他的"赋"，曹丕在《典论论文》中有这样的评价："王粲长于辞赋，徐幹时有齐气，然粲之匹也。……幹之《玄猿》、《漏卮》、《圆扇》、《橘赋》，虽张、蔡不过也。然于他文，未能称是。"⑤同样是文学巨匠的曹丕称赞徐幹有些赋作的水准与张衡、蔡邕相当。无论徐幹的同代人和后代人，对"张、蔡"都有相当高的赞誉。《三国志》卷42《蜀书·杜周杜许孟来尹李谯郤传》评曰，"张、蔡之风"，"文辞灿烂"。刘勰在《文心雕龙·才略》中也说："张衡通赡，蔡邕

---

① 据《〈中论〉原序》，"灵帝之末年"，徐幹"病俗迷昏，遂闭户自守"，"董卓作乱，幼主西迁，奸雄满野，天下无主"，又"避地海表，自归旧都"。文渊阁《四库全书》本。俞绍初《建安七子年谱》："谢灵运《拟魏太子邺中集诗》八首《徐幹诗》代叙幹之生平云：'伊昔家临菑，提携弄齐瑟。置酒饮胶东，淹留憩高密。'《文选》卷40杨修《答临菑侯笺》李善注亦谓：'伟长淹留高密。'胶东、高密皆近海之地，《中论序》'海表'即指此。盖徐幹旧居临菑，以战乱迭起，临菑牢落，故往避之。"大约建安十一年（206），"徐幹三十七岁，应命归曹操"。建安十九年（214），"徐幹四十四岁，为临菑侯文学。"俞绍初辑校：《建安七子集》，中华书局1989年版，第372、431页。李文献《徐幹思想研究》也以为"徐幹任临菑侯文学事，当为可信"。文津出版社1992年版，第31页。则徐幹的生活场景应当又回到"近海之地"。
② 徐俊祥：《建安文学史大纲》，广陵书社2009年版，第336页。
③ 张可礼：《建安文学论稿》，山东教育出版社1986年版，第144页。
④ （梁）刘勰撰，姜书阁述：《文心雕龙绎旨》，第182页。
⑤ （梁）萧统编，（唐）李善注：《文选》卷52，中华书局1977年11月据嘉庆十四年胡克家刻本影印版，第720页。

精雅。文史彬彬，隔世相望。是则竹柏异心而同贞，金玉殊质而皆宝也。"①
而曹丕"虽张、蔡不过也"的评断，肯定了徐幹赋作的文学水准。

曹丕所谓"徐幹时有齐气"，《文选》卷52《典论论文》李善注："言齐俗文体
舒缓，而徐幹亦有斯累。《汉书·地理志》曰：故《齐诗》曰：'子之还兮，遭我
乎猛之间兮。'此亦其舒缓之体也。"李周翰注："齐俗文体舒缓，言徐幹文章时
有缓气，然亦是粲之俦也。"②这样的理解，指"齐气"为一种批评。《史记》
卷129《货殖列传》指出齐地"其俗宽缓阔达"。③《汉书》卷28下《地理志下》是
这样说齐俗"舒缓"的："初太公治齐，修道术，尊贤智，赏有功，故至今其土
多好经术，矜功名，舒缓阔达而足智，其失夸奢朋党，言与行缪，虚饰不情，
急之则离散，缓之则放纵。"④"舒缓"语在"其失"句前，似乎并不是直接的批
评。《汉书》卷83《朱博传》也说"齐郡舒缓养名"。关于朱博赴齐地任地方行政
长官，有这样的故事。杜陵人朱博初任琅邪太守，因齐地"舒缓"风习而愤怒：
"齐郡舒缓养名，博新视事，右曹掾史皆移病卧。博问其故，对曰：'惶恐！
故事二千石新到，辄遣吏存问致意，乃敢起就职。'博奋髯抵几曰：'观齐儿欲
以此为俗邪！'"⑤所谓"欲以此为俗"，言区域民间文化的节奏特征影响行政⑥，
这可能是朱博"奋髯抵几"的原因。

《汉书》卷27中之下《五行志中之下》："上不明，暗昧蔽惑，则不能知善
恶，亲近习，长同类，亡功者受赏，有罪者不杀，百官废乱，失在舒缓，故
其咎舒也。"又说："成公元年'二月，无冰'。董仲舒以为方有宣公之丧，君臣
无悲哀之心，而炕阳，作丘甲。刘向以为时公幼弱，政舒缓也。"又有"善恶不
明，诛罚不行，周失之舒"的说法。又可见："僖公三十三年'十二月，陨霜不
杀草'。刘歆以为草妖也。刘向以为今十月，周十二月。于易，五为天位，君

---

① （梁）刘勰撰，姜书阁述：《文心雕龙绎旨》，第182页。
② （梁）萧统编，（唐）李善、吕延济、刘良、张铣、吕向、李周翰注：《六臣注文选》
　　卷52，第967页。
③ 《史记》，第3265页。
④ 《汉书》，第1661页。
⑤ 《汉书》，第3400页。
⑥ 参见王子今：《两汉人的生活节奏》，见《秦汉史论丛》第5辑，法律出版社1992年
　　版；《中国文化节奏论》，陕西人民教育出版社1998年版，第83—85页；《文化节
　　奏的区域差别》，《学习时报》2000年3月13日。

位，九月阴气至，五通于天位，其卦为剥，剥落万物，始大杀矣，明阴从阳命，臣受君令而后杀也。今十月陨霜而不能杀草，此君诛不行，舒缓之应也。""京房《易传》曰：'臣有缓兹谓不顺，厥异霜不杀也。'"又如："僖公三十三年'十二月，李梅实'。刘向以为周十二月，今十月也，李梅当剥落，今反华实，近草妖也。先华而后实，不书华，举重者也。阴成阳事，象臣颛君作威福。一曰，冬当杀，反生，象骄臣当诛，不行其罚也。故冬华者，象臣邪谋有端而不成，至于实，则成矣。是时僖公死，公子遂颛权，文公不寤，后有子赤之变。一曰，君舒缓甚，奥气不臧，则华实复生。董仲舒以为李梅实，臣下强。""惠帝二年，天雨血于宜阳，一顷所，刘向以为赤眚也。时又冬雷，桃李华，常奥之罚也。是时政舒缓，诸吕用事，谗口妄行，杀三皇子，建立非嗣，及不当立之王，退王陵、赵尧、周昌。""周之末世舒缓微弱，政在臣下，奥暖而已……"《汉书》卷 27 下之下《五行志下之下》："刘向以为胐者疾也，君舒缓则臣骄慢，故日行迟而月行疾也。仄慝者不进之意，君肃急则臣恐惧，故日行疾而月行迟，不敢迫近君也。不舒不急，以正失之者，食朔日。刘歆以为舒者侯王展意颛事，臣下促急，故月行疾也。肃者王侯缩朒不任事，臣下弛纵，故月行迟也。"①《史通》卷 19《外篇·汉书五行志错误》就此是以"以为其政弛慢，失在舒缓"予以概括的。② 看来，在许多情况下，"舒缓"对于行政，是可能导致失败的一种弊病。这正是朱博"奋髯抵几"的原因。

然而就文化评价而言，"舒缓"其实又有比较复杂的含义。《容斋随笔》续笔卷 7"迁固用疑字"条："（司马迁、班固）其语舒缓含深意。"③对于"舒缓"表现的审慎，似有所肯定。又《朱子语类》卷 80《解诗》："《诗本义》中辨毛、郑处，文辞舒缓，而其说直到底，不可移易。"④此言"舒缓"似是中性评价。宋吕乔年编《丽泽论说集录》卷 1《门人集录易说上》："常人之情，处至险之中必惶惧逼迫，无所聊赖。五处至险而从容舒缓，饮食宴乐，是知险难之中自有

安闲之地也。"①则"舒缓"与"从容"并说，与镇定、安详、稳重近义。又宋黄震撰《黄氏日抄》卷44《读本朝诸儒书》所谓"舒缓不振"②，则是一种批评。对于"徐幹时有齐气"，李善注所谓"言齐俗文体舒缓，而徐幹亦有斯累"，也是负面的评价。而郝氏《续后汉书》卷66下《文艺列传·魏》有如下论议："文章以'气'为主。孔融气体高妙，徐幹时有齐气，文章有大体，无定体，气盛则格高，格高则语妙。以'气'为主，则至论也。"③对于徐幹的"齐气"，论者似乎是有所赞赏的。

《论衡·率性》的说法或许较直接表现了汉代人对"舒缓"的理解："楚、越之人，处庄、岳之间，经历岁月，变为舒缓，风俗移也。故曰：'齐舒缓，秦慢易，楚促急，燕戆投。'以庄、岳言之，更相出入，久居单处，性必变易。"所谓"庄、岳"，据黄晖《校释》："《孟子》赵注：'庄、岳，齐街里名也。'顾炎武曰：'庄是街名，岳是里名。'"对于"舒缓"，黄晖《校释》："《公羊》庄十年《传》疏引李巡曰：'齐，其气清舒，受性平均。'又曰：'济东至海，其气宽舒，秉性安徐。'"④王充所言"舒缓"并无褒贬。李巡则明确说到了这种文化风格的环境背景，特别是与"海"的关系。如果我们理解徐幹的"齐气"在某种意义上体现了与海洋有关的文化倾向，也许也是有一定合理性的。

有学者说："'齐气'指由齐地舒缓风俗所致的舒缓的文章风格。""舒缓的文章风格，非常适合于表达深邃细腻的思想情感。就好像一条静静的长河，在缓缓的流淌中诉说着自己的深长。"论者称颂"'时有齐气'的舒缓文风的艺术魅力"，给予"齐气"以完全正面的评价。⑤ 刘跃进对于"齐气"的分析，是迄今就这一主题进行研究的比较成熟的论作。所论"齐俗以'舒缓'为核心"，齐人

---

① （宋）吕乔年编：《丽泽论说集录》，《景印文渊阁四库全书》第703册，第273页。明茅元仪《三戍丛谭》卷10引"吕东莱祖谦《易说》""论'需'"："常人之情，处至险之中，必皇惧逼迫，无所聊赖。五处至险而从容舒缓，饮食宴乐，是知险难之中自有安闲之地也。"《续修四库全书》第1133册，第537页。

② （宋）黄震《黄氏日抄》卷44《读本朝诸儒书》"元城语"条："祖宗以仁慈治天下，至嘉佑末，似乎舒缓不振。故神庙必欲变法。"《景印文渊阁四库全书》第708册，第233—234页。

③ （元）郝经：《郝氏续后汉书》，《景印文渊阁四库全书》第385册，第641页。

④ 黄晖撰：《论衡校释》（附刘盼遂集解），第79页。

⑤ 韩格平：《建安七子综论》，东北师范大学出版社1998年版，第179、182页。

的文化"优越感"、"富于幻想"的特点以及"齐地强调融通意识"等意见，都可以给我们启示。所论徐幹文字"沉潜的特色"，也值得研究者注意。也许对所谓"齐气"的全面准确的文化解说是比较复杂的任务，正如论者所说，"深入系统的探讨，还有待于来日"。①

二、"沧渊"无垠无鄂

对于徐幹《齐都赋》，有研究者评价，"体制较大"，"以颂美家乡为主，在现实基础上通过想象铺叙都邑不凡的历史、所处的地理位置及其山川景色、繁华气象、丰富物产、奇珍异宝等，其中不无夸饰……"，然而"其夸饰有现实的基础"。② 其中关于海洋经济资源的认识，特别值得重视。

《艺文类聚》卷 61 引魏徐幹《齐都赋》曰："齐国实坤德之膏腴．而神州之奥府。"③刘跃进这样评价徐幹的赋作："他的辞赋创作自然无法与张衡、蔡邕相比"，然而，"就其保存比较完整的辞赋而言，依然可以鲜明地体味出另外一种情怀"。对此句的评价，以为"流露出对家乡的美好记忆"。④ 其中关于资源之富有的赞美，其实有经济史料的价值。

关于所谓"神州之奥府"，《焦氏易林》所谓"天之奥府""国之奥府"可以对照理解。其说多强调自然条件之"水"的优势，往往言及"海"。如卷 1《乾·观》、卷 4《谦·豫》都写道："江河淮海，天之奥府。众利所聚，可以饶有，乐我君子。"卷 7《颐·坤》则作："江河淮海，天之奥府。众利所聚，宾服饶有，乐我君子。"卷 13《震·随》："江河淮海，天之奥府。众利所处，可以富有，好乐喜友。"卷 7《无妄·大有》："海河都市，国之奥府。商人受福，少子玉

---

① 刘跃进：《论"齐气"》，《文献》2008 年第 1 期，收入《秦汉文学论丛》，凤凰出版社 2008 年版。

② 王鹏廷：《建安七子研究》，北京大学出版社 2004 年版，第 155—156 页。

③ （唐）欧阳询撰，汪绍楹校：《艺文类聚》，第 1103 页。

④ 刘跃进：《论"齐气"》，《文献》2008 年第 1 期，收入《秦汉文学论丛》，凤凰出版社 2008 年版。应当注意到，就对家乡的描写而言，即"颂美家乡"或表达"对家乡的美好记忆"，汉赋作家情感的深厚和记述的真实应当是特别可贵的。其史料价值因而值得珍视。例如张衡的《南都赋》。参见王子今：《〈南都赋〉自然生态史料研究》，《中国历史地理论丛》2004 年第 3 期。

食。"①对于海洋提供的"利""饶""富""福"的认识，与《齐都赋》"坤德之膏腴""神州之奥府"的区域经济观是大体一致的。

徐幹《齐都赋》说到"齐都"的水资源形势，特别言及"川渎"入海的壮观场面：

> 其川渎则洪河洋洋，发源昆仑，惊波沛厉，浮沫扬奔，南望无垠，北顾无鄂。……②

《水经注》卷1《河水》引徐幹《齐都赋》字句有所不同：

> 川渎则洪河洋洋，发源昆仑，九流分逝，北朝沧渊，惊波沛厉，浮沫扬奔。③

费振刚等辑注《全汉赋》作：

> 齐国实坤德之膏腴，而神州之奥府。其川渎则洪河洋洋，发源昆仑，九流分逝，北朝沧渊，惊波沛厉，浮沫扬奔，南望无垠，北顾无鄂。……④

这样的复原，大致是合理的。"北朝沧渊"之后，所谓"惊波沛厉，浮沫扬奔，南望无垠，北顾无鄂"，应是对渤海海面壮阔形势的真实写述。"惊波沛厉，浮沫扬奔"云云，生动地描绘了海上浪花飞扬、波涛激荡的场景。所谓"南望""北顾"均面对"无垠""无鄂"的水面，说海域辽阔广大。

"无垠""无鄂"同义。《说文·土部》："垠，地垠咢也。"段玉裁注："咢字各本无。今补。《玄应书》卷8引：'圻，地圻咢也。'《文选·七发》注引：'圻、

---

① "玉食"或作"玉石"。(汉)焦延寿：《易林注》，河北人民出版社1989年版，第3、126、232、450、215页。有学者分析卷1《乾·观》，以为这里所谓"海"，即"辽阔的大海"。并写道："这是一首赞美国土富饶的诗歌，钟惺于'奥府'称赞'字奇'；又评全诗是'绝妙颂语'。"认为这是对司马迁《史记》卷129《货殖列传》中对于"汉朝疆土的富饶"之描述的"高度概括并加以诗化，具有宏大的气势，且情着欢快，充满自豪感"。陈良运：《焦氏易林诗学阐释》，百花洲文艺出版社2000年版，第107页。
② (唐)欧阳询撰，汪绍楹校：《艺文类聚》，第1103页。
③ (北魏)郦道元著，陈桥驿校证：《水经注校证》，第2页。
④ 费振刚、胡双宝、宗明华辑校：《全汉赋》，第623页。

地圻墲也。'‘墲'者，后人增‘土'。‘咢'则许书本然。浅人以‘咢'为怪，因或改或删耳。按古者边畔谓之‘垠咢'。《周礼·典瑞》、《辀人》，《礼记·郊特牲》、《少仪》、《哀公问》五注皆云‘圻鄂'。‘圻'或作‘沂'。张平子《西京赋》作‘垠锷'。注引许氏《淮南子注》曰：‘垠锷，端厓也。'《甘泉赋》李注曰：‘鄂，垠鄂也。'按‘垠'亦作‘圻'，或作‘沂'者叚借字。《淮南书》亦作‘壁'。《玉篇》曰：‘古文也。'‘咢'作‘鄂'作‘锷'者，皆叚借字。或作‘壄'作‘墲'者，异体也。‘咢'者，哗讼也。叚借之。《毛诗》‘鄂不韡韡'。‘鄂'盖本作‘咢'。《毛传》曰：‘咢犹咢咢然。'言外发也。笺云：‘承华者曰鄂，不当作柎。柎，鄂足也。'毛意本谓花瓣外出者。《郑笺》则以诗上句为华，不谓蒂。故谓鄂为下系于蒂，而上承华瓣者。毛云：‘咢咢犹今人云鸒鸒。'毛、郑皆谓其四出之状。《长笛赋》注：《字林》始有从卩之‘鄂'，‘垠咢'字之别体也。俗‘卩'‘阝'混殽，故作‘鄂'不作‘卾'。物之边畔有齐平者，有高起者，有捷业如锯齿者，故统评之曰‘垠咢'。有单言‘垠'、单言‘咢'者，如《甘泉赋》既云‘亡鄂'，又曰‘无垠'是也。故许以‘地垠咢'释‘垠'。《广韵》曰：‘圻，圻墲。又岸也。'正本《说文》。"①对"鄂"即"端厓""边畔"的解说，是准确的。

徐干《齐都赋》所谓"南望无垠，北顾无鄂"，即使用当时通行语言形容了"海"的最宏大的气象。

汉武帝茂陵附近出土瓦当文字有"泱茫无垠"。② 汉赋文字"泱茫"或作"泱莽"③，或作"泱漭"④。《史记》卷31《吴太伯世家》说："吴使季札聘于鲁，请观周乐。"对于各地音乐文化的风格，季札均有非常到位的感觉。其中对"歌《齐》"的体味，可见季札的评价："歌《齐》。曰：‘美哉，泱泱乎大风也哉。表

----

① （汉）许慎撰，（清）段玉裁注：《说文解字注》，第690页。

② 王世昌：《陕西古代砖瓦图典》，第387页。1979年兴平南位乡道常村出土，现藏茂陵博物馆。

③ 《史记》卷117《司马相如列传》载录《子虚赋》，第3017页；《汉书》卷57上《司马相如传上》载录《子虚赋》，第2548页。

④ 《后汉书》卷28下《冯衍传》载录《显志赋》，第991页。又《艺文类聚》卷2引曹植《愁霖赋》，卷7引刘伶《北芒客舍诗》，卷34引王粲《思友赋》，卷57引曹植《七启》，卷63引李尤《平乐观赋》，卷94引曹植《上牛表》也可见"泱漭"字样。（唐）欧阳询撰，汪绍楹校：《艺文类聚》，上册第30、137、601、1027页，下册第1134、1628页。

东海者，其太公乎？国未可量也。'"①季札的判断极富深意，值得齐史和齐文化研究者重视。

对于所谓"泱泱乎大风也哉"，裴骃《集解》引服虔曰："泱泱，舒缓深远，有大和之意。其诗风刺，辞约而义微，体疏而不切，故曰'大风'。"司马贞《索隐》："泱，于良反。泱泱犹汪汪洋洋，美盛貌也。杜预曰'弘大之声'也。"②"泱泱"字义与"大风""大和""弘大""美盛"的关系，都切合齐地所面对的"海"的广阔浩荡气象。"泱泱犹汪汪洋洋"，即形象化的解说。而服虔所谓"泱泱，舒缓深远"，也可以帮助我们深化对上文所讨论的"齐气""舒缓"的理解。

季札随即说："表东海者，其太公乎？国未可量也。"所谓"表东海"，裴骃《集解》："王肃曰：'言为东海之表式。'"对于所谓"国未可量也"，人们视其为国势强盛，文化复兴的预言。裴骃《集解》："服虔曰：'国之兴衰，世数长短，未可量也。'杜预曰：'言其或将复兴。'"③理解"齐气"，注意到"太公"倡起的文化风格与"东海"有某种关联，可能是合理的思路。

徐幹赋作的"齐气"，有学者以为其内涵"除'舒缓'之外，还应有潜在的自负意识和明快的贯通意识"。因对于这种"自负之情""潜在的自负""自许甚高之感"，或说"特别的自豪感"④的理解，有学者直接解释"齐气"为"骄气"。⑤这种文化气度体现出来的自信和自矜，以及富有幻想色彩的神仙学说和"怪迂"之谈⑥的产生，应当都与"泱泱""美盛"的大海有关。

三、"蒹葭苍苍"，水禽"群萃"

汉赋往往注重水泽植被及野生动物的描写，其中有些信息，可以看作宝

---

① 《史记》，第 1452 页。

② 《汉书》卷 28 下《地理志下》："吴札闻《齐》之歌，曰：'泱泱乎，大风也哉！其太公乎？国未可量也。'"颜师古注："泱泱，弘大之意也。"第 1659—1660 页。

③ 《史记》，第 1452、1454 页。

④ 刘跃进：《论"齐气"》，《文献》2008 年第 1 期，收入《秦汉文学论丛》，凤凰出版社 2008 年版。

⑤ 赵仲邑将《文心雕龙·风骨》中"论徐幹，则云'时有齐气'"译作"评论徐幹，就说他时有骄气"。赵仲邑译注：《文心雕龙译注》，漓江出版社 1982 年版，第 261 页。

⑥ 《史记》卷 28《封禅书》："求蓬莱安期生莫能得，而海上燕齐怪迂之方士多更来言神事矣。"第 1386 页。章太炎《自述学术次第》以为"杂以燕齐方士怪迂之谈"为"汉世齐学"杂收其中。《章炳麟传记汇编》，大东图书公司 1978 年版，第 255 页。

贵的生态环境史料。① 有人对建安辞赋题材进行分类，以"自然"为一大类，包括岁时（10 篇）、天象（9 篇）、地理（5 篇）、植物（20 篇）、动物（24 篇）。植物又分花类（1 篇）、果类（3 篇）、草类（5 篇）、木类（11 篇）。动物又分鸟类（18 篇）、兽类（2 篇）、虫类（2 篇）、鱼类（2 篇）。即以植物、动物而论，这样的分类且不说多有不合理处，只按照篇题分类，确实是过于简单化了。徐幹《齐都赋》被论者划分到"社会"大类的都邑类中②，然而其中关于自然生态的内容，包括"植物"和"动物"，其实都是非常精彩、非常重要的。

关于"齐都"海滨优越的生态条件，《艺文类聚》卷 61 引徐幹《齐都赋》有这样的内容：

> 蒹葭苍苍，莞菰沃若。瑰禽异鸟，群萃乎其间。戴华蹈缥，披紫垂丹。应节往来，翕习翩翻。

关于"王"的后宫生活，有"盈乎灵圃之中"句。徐幹又写道：

> 于是羽族咸兴，毛群尽起，上蔽穹庭，下被皋薮。③

形容这里的环境可以使得野生动物"毛群""羽族"数量充盈，以致"被"野"蔽"天。所谓"蒹葭苍苍，莞菰沃若"，说明有大面积的草滩湿地分布。于是形成了自然蕃生、自由翩飞的水禽世界。所谓"应节往来，翕习翩翻"，应是指候鸟随季节往徙停落，形成了生态规律。"瑰禽异鸟"，"群萃""翕习"，形成了"齐都"一道美丽的风景。

《建安七子集》卷 4《徐幹集》之《赋·齐都赋》又据《韵补》三"鸹"字注辑得以下一句：

> 鴐鹅鸧鸹，鸿雁鹭鸨，连轩翚霍，覆水掩渚。④

《全汉赋校注》以为应与前说"瑰禽异鸟"一段有关。校注写道："鸧鸹"，"宋本

---

① 参见王子今：《〈南都赋〉自然生态史料研究》，《中国历史地理论丛》2004 年第 3 期。
② 廖国栋：《建安辞赋之传承与拓新：以题材及主题为范围》，文津出版社有限公司 2000 年版，第 188—192、196 页。
③ （唐）欧阳询撰，汪绍楹校：《艺文类聚》，第 1103—1104 页。
④ 俞绍初辑校：《建安七子集》，第 143 页。

《韵补》'鹄'作'鸧',《四库》本、连筠簃本作'鸧'。"①

《文心雕龙·诠赋》说："赋者，铺也。铺采摛文，体物写志也。"汉赋采用怎样的"体物"形式呢？《文心雕龙·比兴》指出："至于扬、班之伦，曹、刘以下，图状山川，影写云物，莫不织综比义，以敷其华，惊听回视，资此效绩。"②汉赋注重对自然景观的描绘。有学者因此说："汉赋有绘形绘声的山水描写，是山水文学的先声。"③而"山水"之中，为"绘形绘声"的文学手法所记录的，以富有生命力的草木禽兽最为引人注目。④ 司马相如《上林赋》又写道上林湖泽的水鸟："鸿鹄鹔鸨，鴐鹅鸀瑀，鵁鸬鸀目，烦鹜鷛鶆，鵁鸊鸊鸬，群浮乎其上。泛淫泛滥，随风澹淡，与波摇荡，掩薄草渚，唼喋菁藻，咀嚼菱藕。"⑤有学者在批评汉赋"闳侈巨衍""重叠板滞"的重大缺点时，依然承认"《上林赋》写水禽一段""是很值得称赞的"。⑥ 应当看到，徐幹《齐都赋》也有类似笔意。《文心雕龙·诠赋》指出，汉赋注重"品物毕图"，在"京殿苑猎、述行叙志，并体国经野，义尚光大；既履端于唱序，亦归余于总乱"之外，"至于草区禽族，庶品杂类，则触兴致情，因变取会"。特别倾力于"拟诸形容"，"象其物宜"。⑦ 有研究者指出，"东汉赋家"《两都》《二京》等作品"以史事入赋，则非张诞夸饰之作可比"。而汉末赋作"写节候之情景"，"绘禽甲之殊态"⑧，作为生态史料尤有价值。有学者说，徐幹《齐都赋》"有大量的校猎描

① 费振刚、仇仲谦、刘南平校注：《全汉赋校注》，第 995 页。

② (梁)刘勰撰，姜书阁述：《文心雕龙绎旨》，第 26、139 页。或将"图状山川，影写云物"解释为"图绘山川，描写风景"。赵仲邑：《文心雕龙译注》，第 310 页。

③ 康金声：《汉赋纵横》，山西人民出版社 1992 年版，第 148 页。

④ 姜书阁《汉赋通义》分析汉赋"所铺陈的事物内容"，首先指出的是"山川、湖泽、鸟兽、草木"。齐鲁书社 1989 年版，第 282 页。

⑤ 《史记》卷 117《司马相如列传》，第 3017—3018 页；《汉书》卷 57 上《司马相如列传上》，第 2548 页。禽鸟名称或字异，作"鸿鹔鹄鸨，鴐鹅属玉，交精旋目，烦鹜庸渠，箴疵鵁卢"。

⑥ 姜书阁：《汉赋通义》，第 291—292 页。

⑦ (梁)刘勰撰，姜书阁述：《文心雕龙绎旨》，第 26—27 页。

⑧ 何沛雄：《〈汉魏六朝赋论集〉序》，《汉魏六朝赋论集》，联经出版事业公司 1990 年版，第 2 页。

写"。① 所谓"戎车云布，武骑星散；钲鼓雷动，旌旗虹乱"应当就是这样的"描写"②，然而所谓"大量"一语则不免夸张。不过，注意到其中确实有"校猎描写"的内容并涉及"草区禽族"，是合理的分析。

汉赋的笔触涉及自然生态，确实有往往"兴"有"情"，而且多由较为平易的写述风格，透露出与自然极为亲近的深忱厚意。《汉书》卷64《王褒传》说："上令褒与张子侨等并待诏，数从褒等放猎③，所幸宫馆，辄为歌颂，第其高下，以差赐帛。议者多以为淫靡不急。"汉宣帝针对这种批评，引用了《论语·阳货》中孔子的话："不有博弈者乎，为之犹贤乎已！"又有这样的表态："辞赋大者与古诗同义，小者辩丽可喜。辟如女工有绮縠，音乐有郑卫，今世俗犹皆以此虞说耳目，辞赋比之，尚有仁义风谕，鸟兽草木多闻之观，贤于倡优博弈远矣。"④有学者就此写道："连皇帝都要强调这个问题，可见这个问题在当时人们心目中的地位。"⑤汉代"歌颂""放猎"的赋作确实多有描述"鸟兽草木"的内容。⑥汉宣帝评价汉赋时"鸟兽草木多闻之观"的肯定之辞，或许真的反映了"当时人们心目中"对自然生态环境中"鸟兽草木"的某种关注。⑦

我们认为徐幹《齐都赋》对于理解和说明齐地与海洋相关的生态环境有值得重视的价值，诸如"蒹葭苍苍，莞菰沃若"以及"瑰禽异鸟，群萃乎其间"等内容，都可以看作直接的例证。

徐幹笔下的"蒹葭""莞菰"以及"瑰禽异鸟"一类生物资源是否具有经济价值呢？以禽鸟为例，我们注意到秦汉时期野生"羽族"曾经成为自然资源开发利用的对象。里耶秦简有关于"捕羽""求羽"的内容。相关简文信息，反映了

---

① 曹胜高：《汉赋与汉代制度——以都城、校猎、礼仪为例》，北京大学出版社2006年版，第180页。

② 有研究者认为这些文句下文"盈乎灵囿之中"的"灵囿"即"游猎之地"。费振刚、仇仲谦、刘南平校注：《全汉赋校注》下册，第993页。

③ 颜师古注："放，士众大猎也，一曰游放及田猎。"

④ 《汉书》，第2829页。

⑤ 龚克昌：《汉赋研究》，山东文艺出版社1984年版，第220页。论者以为"汉宣帝肯定汉赋的重点之一就是它有讽谕作用"，我们关注的视点则有所不同。

⑥ 蔡辉龙《两汉名家畋猎赋研究》一书中专门讨论了汉代以"畋猎"为主题的赋作有关"林木花草"和"飞鸟走兽"的内容，可以参考。天工书局2001年版，第104—143页。

⑦ 王子今：《汉赋的绿色意境》，《西北大学学报》2006年第5期。

秦洞庭郡地方的生态条件以及以猎取禽鸟贡献为特殊表现的经济生活方式。里耶秦简"买羽""买白翰羽""卖白翰羽"简文，可以说明"鸟""羽"消费需求的普遍及其进入市场的情形。简文有关"捕羽""求羽""求翰羽"以及"输羽"等劳作形式作为政府管理的劳役人员工作任务的记录，值得秦史研究者注意。而"羽赋"等简文，似可说明秦统一以后中央政府以楚地为对象的赋敛行为，包括"鸟""羽"的征收。① 徐幹言"瑰禽异鸟"，可能与这种经济制度有关。《艺文类聚》卷 61 引徐幹《齐都赋》有"发翠华之煌煌"句，使人联想到汉代盛行以"翠华"作为装饰方式的情形。司马相如《上林赋》："建翠华之旗。"颜师古注："翠华之旗，以翠羽为旗上葆也。"②以鸟羽装饰的"羽葆"，可以形成很盛大的气象。《汉书》卷 22《礼乐志》载《安世房中歌》十七章其一："芬树羽林，云景杳冥，金支秀华，庶旄翠旌。"颜师古注："文颖曰：'析羽为旌，翠羽为之也。'臣瓒曰：'乐上众饰，有流遨羽葆，以黄金为支，其首敷散，若草木之秀华也。'师古曰：'金支秀华，瓒说是也。庶，众也。庶旄翠旌，谓析五采羽，注翠旄之首而为旌耳。'"③

汉武帝最后一次出巡，后元元年（前 88）春正月至甘泉，又抵达安定。次月有诏，言"巡于北边，见群鹤留止"而"不罗罔"事，可以看作体现"北边"生态环境条件的史料，而当"郊泰畤"有所需求时对野生鹤群未予捕杀，亦可理解为生态环境保护意识的反映。而通过马王堆汉墓出土资料有关以鹤加工食品的信息④，可以推知正常情况下，猎杀这些候鸟"荐于泰畤"，是有合理的

---

① 王子今：《说"捕羽"》，《里耶秦简博物馆藏秦简》，中西书局 2016 年版；《里耶秦简"捕羽"的消费主题》，《湖南大学学报（社会科学版）》2016 年第 4 期；《里耶秦简"捕鸟及羽"文书的生活史料与生态史料意义》，见《西部考古》第 12 辑，科学出版社 2016 年版。

② 《汉书》卷 57 上《司马相如传上》，第 2569 页。

③ 《汉书》，第 1046 页。

④ 中国科学院动物研究所脊椎动物分类区系研究室、北京师范大学生物系：《动物骨骼鉴定报告》，见《长沙马王堆一号汉墓出土动植物标本的研究》，文物出版社 1978 年版，第 67—68 页。又《楚辞·天问》："缘鹄饰玉，后帝是飨。"汉代学者王逸的解释是："后帝，谓殷汤也。言伊尹始仕，因烹鹄鸟之羹，修饰玉鼎以事于汤。汤贤之，遂以为相也。"其中"缘鹄"，或作"缘鹤"。一代名相伊尹，竟然是因向殷汤奉上"鹤羹"而得到信用的。（宋）洪兴祖撰，白化文等点校：《楚辞补注》，第 105 页。参见王子今：《"煮鹤"故事与汉代文物实证》，《文博》2006 年第 3 期。

野生动物资源开发意识为背景的礼祀方式。①

四、盐产："海滨""大利"

《史记》卷 32《齐太公世家》记述齐桓公时代齐国的崛起："桓公既得管仲，与鲍叔、隰朋、高傒修齐国政，连五家之兵，设轻重鱼盐之利，以赡贫穷，禄贤能，齐人皆说。"②正是信用管仲，包括推行管仲倡起的"设轻重鱼盐之利"的政策，方才促成了齐国霸业的实现。③

《管子·海王》提出了"海王之国"的概念。文中"管子"与"桓公"的对话，讨论立国强国之路，"海王之国，谨正盐筴"的政策得以明确提出："……桓公曰：'然则吾何以为国？'管子对曰：'唯官山海为可耳。'桓公曰：'何谓官山海？'管子对曰：'海王之国，谨正盐筴。'"什么是"海王"？按照马非百的理解，"此谓海王之国，当以极慎重之态度运用征盐之政策"。盐业对于社会经济生活非常之重要，受到齐人的重视。而这一重要海产，也成为国家经济的主要支柱。

唐人房玄龄《管子》注："'海王'，言以负海之利而王其业。"④马非百则认为："'海王'当作'山海王'。山海二字，乃汉人言财政经济者通用术语。《盐铁论》中即有十七见之多。本篇中屡以'山、海'并称。又前半言盐，后半言铁。盐者海所出，铁者山所出。正与《史记》卷 30《平准书》所谓'齐桓公用管仲之谋，通轻重之权，徼山海之业，以朝诸侯。用区区之齐显成霸名'及《盐铁论·轻重篇》文学所谓'管仲设九府徼山海'之传说相符合。"⑤然而言"盐者海所出"在先，也显然是重点。篇名《海王》，应当就是原文无误。

对于所谓"官山海"，马非百以为："'官'即'管'字之假借"。又指出："本书'官'字凡三十见。其假'官'为'管'者估其大多数。""又案：《盐铁论》中，除

---

①　王子今：《北边"群鹤"与泰峙"光景"——汉武帝后元元年故事》，《江苏师范大学学报（哲学社会科学版）》2013 年第 5 期。

②　《史记》，第 1487 页。

③　如池万兴《从〈管子〉看齐桓公的人才思想及其特点》指出，"（齐桓公）之所以能建立'九合诸侯，一匡天下'的赫赫功业，就在于他能重用管仲"。《宁夏师范学院学报》2014 年第 4 期。

④　黎翔凤撰，梁运华整理：《管子校注》，第 1246 页。

⑤　马非百：《管子轻重篇新诠》，第 193—198 页。

'管山海'外，又另有'擅山海'(《复古》)、'总山海'(《园池》)、'徼山海'(《轻重》)及'障山海'(《国病》)等语，意义皆同。"①

在春秋时代，"齐国的海盐煮造业"已经走向"兴盛"。至战国时代，齐国的"海盐煮造业更加发达"。《管子·地数》所谓"齐有渠展之盐"，即反映了这一经济形势。正如杨宽所指出的，"海盐的产量比较多，流通范围比较广，所以《禹贡》说青州'贡盐'"。②

《北堂书钞》卷146"皓皓乎若白雪之积，鄂鄂乎若景阿之崇"条引徐幹《齐都赋》，生动地形容了齐地盐业生产的繁荣景象：

> 若其大利，则海滨博者，溲盐是钟，皓皓乎云云。

有注家以为："溲：淘洗。此指海滨晒盐。"③这样的理解，与有的学者提出的"宋代以前的海盐制造，全出于煎炼"，"从北宋开始，海盐出现晒法，由于技术的原因，效果并不太好，所以煎盐仍多于晒盐"的对于采盐技术的认识似乎存在矛盾。论者指出，"到了清末，海盐各产区大都改用晒制之法，技术逐渐完善起来"。就山东地方而言，"崂山青盐迟到清光绪二十七年(1901)，盐民才用沟滩之法，改煎为晒，从而结束了煎盐的历史"。"那些沿海岸架设的燃烧了几千年的烧锅煎盐设备，自然成了历史的陈迹。"④如果此说确实，则以为"溲"即"指海滨晒盐"的解说可以商榷。

又《北堂书钞》卷146"金赖是肤"条引徐幹《齐都赋》曰：

> 若其大利，则海滨博诸，溲盐是钟。

光绪十四年南海孔氏刊本校注："今案：陈本脱。俞本删'若其'以下。严辑

---

① 马非百：《管子轻重篇新诠》，第192页。
② 杨宽：《战国史》(增订本)，第102页。关于"渠展"，杨宽注："前人对渠展，有不同的解释，尹知章注认为是'沸水(即济水)所流入海之处'。张佩纶认为'勃'有'展'义，渠展是勃海的别名(见《管子集校》引)。钱文霈又认为'展'是'养'字之误，渠展即《汉书·地理志》琅邪郡长广县西的奚养泽(见《钱苏斋述学》所收《管子地数篇释》引)。"
③ 费振刚、仇仲谦、刘南平校注：《全汉赋校注》，第993页。
④ 王仁湘、张征雁：《盐与文明》，辽宁人民出版社2007年版，第9页。

《徐幹集》据旧钞引同，惟无'金赖'四字。"①

这段文字，费振刚、胡双宝、宗明华辑校《全汉赋》引作：

> 若其大利，则海滨博者溲盐是钟，皓皓乎若白雪之积，鄂鄂乎若景阿之崇。②

而费振刚、仇仲谦、刘南平校注《全汉赋校注》则引作：

> 若其大利，则海滨博诸，溲盐是钟，金赖是肤。皓皓乎若白雪之积，鄂鄂乎若景阿之崇。③

均言"本段录自《书钞》卷一四六"④，"此段录自《书钞》卷一四六"⑤，而文句有所不同。但大致理解文意，已经可以体会临淄海滨盐业生产的繁荣。《全汉赋校注》解释"金赖是肤"："肤，人体之表层，这里指盐滩。"⑥也坚持了"海滨晒盐"之说。

我们还看到，《北堂书钞》卷146又引刘桢《鲁都赋》：

> 又有咸池漭沆，煎炙赐春。燋暴渍沫，疏盐自殷。挹之不损，取之不动。

> 其盐则高盆连冉，波酌海臻。素蹉凝结，皓若雪氛。

> 汤盐池东西长七十里，南北七里，盐生水内，暮取朝复生。⑦

这些文句都可以说明齐鲁海盐生产的盛况。有注家解释说："汤盐池：犹今言晒盐场。高盆：此指巨大的浸盐场。高，巨大。盆，盛物之器，这里指盐场聚海水的低洼处。连冉：此指浸盐场与大海紧紧相连。"⑧有关"晒盐"的分析，

---

① （唐）虞世南编撰：《北堂书钞》，第616页。今按：《景印文渊阁四库全书》明陈禹谟补注《北堂书钞》无"金赖是肤"条。第889册，第752页。
② 费振刚、胡双宝、宗明华辑校：《全汉赋》，第623页。
③ 费振刚、仇仲谦、刘南平校注：《全汉赋校注》，第990页。
④ 费振刚、胡双宝、宗明华辑校：《全汉赋》，第624页。
⑤ 费振刚、仇仲谦、刘南平校注：《全汉赋校注》，第993页。
⑥ 费振刚、仇仲谦、刘南平校注：《全汉赋校注》，第993页。
⑦ （唐）虞世南编撰：《北堂书钞》，第616页。
⑧ 费振刚、仇仲谦、刘南平校注：《全汉赋校注》，第1127页。

涉及制盐技术史的知识，似乎需要论证。所谓"挹之不损，取之不动"，"暮取朝复生"，都体现运输实际上是海盐由生产走向流通与消费的重要的转化形式，又是其生产过程本身的最关键的环节。

参考汉代齐地盐业生产的相关信息，也有助于理解作为其基础的大一统政治形势实现之前齐人海洋资源开发的成就。

五、关于渔业经济史的片断记忆

《史记》卷 2《夏本纪》引《禹贡》言青州物产，说到"海物惟错"。裴骃《集解》："郑玄曰：'海物，海鱼也。鱼种类尤杂。'"①《说苑·君道》说弦章对语称齐景公之心，"是时海人入鱼，公以五十乘赐弦章归，鱼乘塞涂"。② 体现齐地海洋渔产因可以满足食用需求而被看作财富。不过徐幹《齐都赋》现在存留的文字，并没有关于海洋渔业的完整信息。费振刚等《全汉赋校注》录自《北堂书钞》卷 142 的"兰豕臑羔，炰鳖胎鲤，嘉旨杂沓，丰实左右，前彻后著，恶可胜数"，注家以为"写齐都宫中的饮食"。③《北堂书钞》中国书店据光绪十三年南海孔氏刊本 1989 年 7 月影印版及文渊阁《四库全书》本均未见这段文字。所说"饮食"内容中"炰鳖胎鲤"是水产，但似乎出自淡水。我们还看到，《全汉赋校注》又自《韵补》一"鲨"字注中辑出《齐都赋》佚文：

> 罛鱣鲩，网鲤鲨，拾蠙珠，籍蛟鼍。

所说包括海洋生物资源的开发。所谓"罛鱣鲩，网鲤鲨"之"罛""网"，或应部分反映海洋渔业的生产方式。对于"籍蛟鼍"，校注："籍：绳，系，缚。宋本《韵补》作'藉'。蛟：鲨鱼。鼍，大龟。"④

《艺文类聚》卷 61 引徐幹《齐都赋》可见"玄蛤""驳蚌"。⑤ 徐幹以此作为海产"宝玩"，但是当时人们食用蛤蚌，是可以确定的。宋人夏僎《夏氏尚书详解》卷 6《夏书·禹贡》说："海物，即水族之可食者，所谓蠃蠃蜃蚳之属是

---

① 《史记》，第 55—56 页。

② (汉)刘向撰，赵善诒疏证：《说苑疏证》，第 32 页。

③ 费振刚、仇仲谦、刘南平校注：《全汉赋校注》，第 990、994 页。

④ 费振刚、仇仲谦、刘南平校注：《全汉赋校注》，第 991、995 页。

⑤ (唐)欧阳询撰，汪绍楹校：《艺文类聚》，第 1103 页。

也。"①又如元人吴澄《书纂言》卷2《夏书》："海物，水族排蜃罗池之类。"②这里所谓"海物"包括各种海洋"水族"。而"蜃"是受到共同重视的。

汉景帝阳陵陵园内封土东侧外藏坑K13、K14和K16发掘收获包括多种动物骨骼。有学者介绍了其中K16和K14盗洞中发现的动物骨骼，而所谓"海相的螺和蛤"的出土尤为引人注目。研究者指出，"海洋性动物螺和蛤共计4个种12个个体，是这批动物骨骼的一大显著特征。海相动物的出现对外藏坑功能的研究提供了新的视角。"③研究者称这些发现为"来自关中以外地区"的"外来海洋动物"。研究者指出："汉阳陵位于陕西省咸阳市渭城区正阳镇后沟村北的咸阳原上，属于典型的内陆地区，这些海相的蛤（文蛤）和螺（珠带拟蟹守螺、扁玉螺、白带笋螺）绝不可能产于本地，可能是当时沿海郡国供奉给皇室的海产品，也不排除作为商品进行贸易的可能。这些海相的贝和螺均为海相经济软体动物④，尤其文蛤的肉是非常鲜美的，享有'天下第一鲜'的盛名。有些贝壳如白带笋螺还有观赏的价值。从动物考古方面讲，这些海产品的出现是很有意义的。"⑤

《齐都赋》所见"玄蛤""驳蚌"，可以与阳陵海产品发现联系起来理解。⑥

六、海产"宝玩"

前引研究者评价，说到徐幹《齐都赋》对家乡"丰富物产、奇珍异宝"的记述。如《北堂书钞》卷148引徐幹《齐都赋》说到"齐都"名酒"三酒既醇，五齐惟醹"。⑦《太平御览》卷686引徐幹《齐都赋》说到"齐都"出产的丝织品："纤纚

---

① （宋）夏僎：《尚书详解》，《丛书集成初编》第3606册，第150页。

② （元）吴澄：《书纂言》，《景印文渊阁四库全书》第61册，第52页。

③ 胡松梅、杨武站：《汉阳陵帝陵陵园外藏坑出土的动物骨骼及其意义》，《考古与文物》2010年第5期。

④ 原注：胡松梅．陕北靖边五庄果壕动物遗存及古环境分析［J］．考古与文物，2005（6）：72—84．

⑤ 胡松梅、杨武站：《汉阳陵帝陵陵园外藏坑出土的动物骨骼及其意义》，《考古与文物》2010年第5期。

⑥ 王子今：《汉景帝阳陵外藏坑出土海产品遗存的意义》，见《汉阳陵与汉文化研究》第3辑，陕西科学技术出版社2016年版。

⑦ （唐）虞世南编撰：《北堂书钞》，第624页。

细缨，轻配蝉翼。自尊及卑，须我元服。"①我们更为注意的，是其中所涉及的来自海洋的"宝玩"。

例如，《艺文类聚》卷 61 引徐干《齐都赋》又说到"齐都"地方特别的物产"玄蛤抱玑，駁蚌含珰"：

> 灵芝生乎丹石，发翠华之煌煌。其宝玩则玄蛤抱玑，駁蚌含珰。②

费振刚等辑校《全汉赋》作"驳蚌含珰"③，费振刚等校注《全汉赋校注》作"駁蚌含珰"，注释："駁，此指蚌壳的颜色混杂不纯。'駁'，'驳'的异体字。'蚌'，同'蚌'。"④文渊阁《四库全书》本作"驳蚌含珰"。⑤

《全汉赋校注》解释说："宝玩：供人玩赏收藏的珍宝。玄蛤駁蚌：皆产于江河湖海之中有甲壳的软体动物，壳内有珍珠层或能产出珠。"⑥

可能也属于"宝玩"类者，《全汉赋校注》又自《韵补》四"烂"字、"焕"字注中辑出徐干《齐都赋》文字：

> 隋珠荆宝，礌起流烂。雕琢有章，灼烁明焕。生民以来，非所视见。

既言"隋珠荆宝"，应非本地出产，这里强调的大概是"齐都"珠宝加工业的成就，即所谓"雕琢有章"。

前引《全汉赋校注》又自《韵补》一"鲨"字注中辑出《齐都赋》佚文："众鱣鲲，网鲤鲨，拾蠙珠，籍蛟蠵。"其中"拾蠙珠"，《全汉赋校注》解释说："蠙珠，蚌珠。"⑦所说应与前引"其宝玩则玄蛤抱玑，駁蚌含珰"有关。

齐地海上水产"玄蛤抱玑，駁蚌含珰"的发现，以及"拾蠙珠"的生产方式，

---

① （宋）李昉等撰：《太平御览》，第 3062 页。"轻配蝉翼"，费振刚、胡双宝、宗明华辑校《全汉赋》引作"薄配蝉翼"，第 623 页。费振刚、仇仲谦、刘南平校注《全汉赋校注》下册作"轻配蝉翼"，注："录自《御览》卷六八六。"第 990、994 页。

② （唐）欧阳询撰，汪绍楹校：《艺文类聚》上册，第 1103 页。

③ 费振刚、胡双宝、宗明华辑校：《全汉赋》，第 623 页。

④ 费振刚、仇仲谦、刘南平校注：《全汉赋校注》下册，第 990、992 页。

⑤ （唐）欧阳询撰：《艺文类聚》，《景印文渊阁四库全书》第 888 册，第 395 页。

⑥ 费振刚、仇仲谦、刘南平校注：《全汉赋校注》下册，第 992 页。

⑦ 费振刚、仇仲谦、刘南平校注：《全汉赋校注》，第 991、995 页。又解释"籍蛟蠵"，校注："籍：绳，系，缚。宋本《韵补》作'藉'。蛟：鲨鱼。蠵，大龟。"

徐幹《齐都赋》的记述应当是最早的。稍晚的资料，我们看到《艺文类聚》卷 61 引晋左思《吴都赋》所谓"蟂蛤珠胎"。① 这里说吴地东海产珠。人们熟知的"珠还合浦"的故事，即《后汉书》卷 76《循吏列传·孟尝》："（孟尝）迁合浦太守。郡不产谷实，而海出珠宝，与交阯比境，常通商贩，贸籴粮食。先时宰守并多贪秽，诡人采求，不知纪极，珠遂渐徙于交阯郡界。于是行旅不至，人物无资，贫者饿死于道。尝到官，革易前敝，求民病利。曾未逾岁，去珠复还，百姓皆反其业，商货流通，称为神明。"②这是说南海产珠。关于采珠生产的较早史料有扬雄《校猎赋》"方椎夜光之流离，剖明月之珠胎……"，颜师古注："珠在蛤中若怀妊然，故谓之胎也。"③而与徐幹《齐都赋》年代相近者又有曹植《七启》："弄珠蟂，戏鲛人。"④不过此"珠胎""珠蟂"均未知地点。徐幹《齐都赋》"拾蠙珠"及"玄蛤抱玑，骇蚌含珰"文句的意义，在于提示我们齐地海域亦"出珠宝"，与"合浦"类同。有生物学者指出，珠母贝〔*Pteria*（*Pinctada*）*martensii*〕产于我国南海。"广西合浦所产为最著名，汉代有合浦还珠的故事，故我国采珠事业至少已有 1700 年的历史。"⑤徐幹《齐都赋》显然提供了新的历史信息。

徐幹《齐都赋》"玄蛤抱玑"之所谓"玄蛤"，学名"蛤仔"（*Venerupis philippinarum*），瓣鳃纲，帘蛤科。"另种'杂色蛤仔'（*V. vaviegata*），也称'花蛤'。""壳面有排列细密的布纹，颜色和花纹变化很大，一般为淡褐色，并有密集的褐色、赤褐色斑点或花纹。""蛤仔"和"杂色蛤仔"即"花蛤"，"两种均生活在浅海泥沙滩中。我国南北沿海均产。"⑥也许"杂色蛤仔"或"花蛤"，就是徐幹《齐都赋》所谓"骇蚌"或"骇蚌"，即瓣鳃纲帘蛤科海生动物中"蚌壳的颜色混杂不纯"者。

《史记》卷 129《货殖列传》写道："江南出柟、梓、姜、桂、金、锡、连、

---

① （唐）欧阳询撰，汪绍楹校：《艺文类聚》，第 1107 页。
② 《后汉书》，第 2473 页。
③ 《汉书》卷 87 上《扬雄传上》载录《校猎赋》，第 3550、3552 页。
④ （唐）欧阳询撰，汪绍楹校：《艺文类聚》卷 57 引，第 1028 页。
⑤ 《辞海·生物分册》，第 422 页。
⑥ 《辞海·生物分册》，第 423 页。

丹沙、犀、瑇瑁、珠玑、齿革。"①可知据司马迁记述，"珠玑"产地与"枏、梓、姜、桂、金、锡、连、丹沙、犀、瑇瑁"及"齿革"等同样，原在"江南"。徐幹《齐都赋》所提供渤海海域出产"玑""珰"等"宝玩"的相关信息增进了我们对中国古代早期采珠史的认识。《北堂书钞》卷136《初学记》卷26引刘桢《鲁都赋》："纤纤丝履，灿烂鲜新。灵草寻梦，华荣奏口。表以文组，缀以珠蠙。"②所谓"珠履"，战国时期已经成为上层社会服用时尚。③刘桢《鲁都赋》所见作为"丝履"装饰的"珠蠙"应与徐幹《齐都赋》"拾蠙珠"有关。此"珠蠙"或许来自齐地，也不能排除"鲁、东海"地方出产的可能。④

或说《管子·侈靡》"若江湖之大也，求珠贝者不令也"⑤之"珠贝"是"产珠

---

① 《史记》，第3253—3254页。

② （唐）虞世南编撰：《北堂书钞》，第557页。费振刚、胡双宝、宗明华辑校《全汉赋》及费振刚、仇仲谦、刘南平校注《全汉赋校注》出处均误，作"录自《书钞》卷一四六"（第715页），"录自《书钞》一四六"（第1127页）。《初学记》卷26引刘桢《鲁都赋》："纤纤丝履，灿烂鲜新。表以文綦，缀以朱蠙。"（唐）徐坚等著：《初学记》，第629页。

③ 《史记》卷78《春申君列传》："赵使欲夸楚，为瑇瑁簪，刀剑室以珠玉饰之，请命春申君客。春申君客三千余人，其上客皆蹑珠履以见赵使，赵使大惭。"第2395页。

④ 对于《初学记》卷6引刘桢《鲁都赋》"巨海分焉"，费振刚、仇仲谦、刘南平校注《全汉赋校注》的解释是"意思是大海离鲁都很远"，下册第1127页。恐理解有误。对于《北堂书钞》卷146引刘公干《鲁都赋》："汤盐池东西长七十里，南北七里，盐生水内，暮去朝复生。""其盐则高盆连冉，波酌海臻。素醝凝结，皓若雪氛。""又有咸池渧沆，煎炙赐春。燋暴溃沫，疏盐自殷。挹之不损，取之不动。"校注者却说，"汤盐池，犹今言晒盐场。高盆：此指巨大的浸盐场。高：巨大。盆：盛物之器，这里指盐场聚海水的低洼处。连冉：此指浸盐场与大海紧紧相连。冉：渐进。波酌海臻：此指海水一次次冲到盐场上来。似被斟酌一般。""溃沫：此指海上盐场的海浪在烈日下变成浪珠高涌。""这两句说因海水取之不尽，所以盐滩也取之不减，岿然不动。与前面'盐生水内，暮去朝复生'句义相近。"下册第1127页。可知刘桢写述"鲁都"形势，是包括海洋资源优势的。大概不会强调"大海离鲁都很远"。虞世南编撰《北堂书钞》卷148引《古艳歌》云："白盐海东来，美豉出鲁门。"第618页。也说到"鲁"与"海东"盐产的关系。汉代"鲁、东海"作为一个区域代号，又有《汉书》卷28下《地理志下》"汉兴以来，鲁、东海多至卿相"及《汉书》卷51《枚乘传》载枚乘说吴王语所谓"鲁、东海绝吴之饷道"等例证。第1663、2364页。

⑤ 洪颐煊云："令"当作"舍"，谓舍而去之。黎翔凤以为洪说谬，"此为'合'字。"黎翔凤撰，梁运华整理：《管子校注》，第722、725页。

之贝"。① 如此说可信，则似可看作齐地采珠史早于徐幹《齐都赋》"玄蛤抱玑，駮蚌含珰"的史例。不过，"珠贝""产珠之贝"的解说似不确。《后汉书》卷 34《梁商传》："死必耗费帑藏，衣衾饭唅玉匣珠贝之属，何益朽骨。"李贤注："唅，口实也。《白虎通》曰'大夫饭以玉，唅以贝；士饭以珠，唅以贝'也。"②"珠贝"应即"珠"与"贝"。《隶释》卷 4《桂阳太守周憬功勋铭》："其成败也，非徒丧宝玩、陨珍奇、替珠贝、沴象犀也。"③"珠贝"大致是"泛指珍珠宝贝"。《太平御览》卷 807 引《相贝经》："素质红黑谓之'珠贝'。"④可能也与"产珠"无关。

徐幹《齐都赋》所谓"其宝玩则玄蛤抱玑，駮蚌含珰"，既是海洋生态史的重要资料，也是海洋开发史的重要资料。

第五节　王充的海洋观察与《论衡》的海洋识见

王充著《论衡》，成就了体现东汉时期思想文化丰收的代表作。作为汉代文化史乃至中国古代思想史进程中具有标志性意义亦形成深刻影响的名著，《论衡》内容丰赡，视野宏阔，思辨精深，论说明朗。《论衡》中涉及海洋观察乃至海洋开发之有关鱼盐经营、航运实践、地理知识、神秘信仰等方面的内容，以越人重视海洋开发的传统为基础，亦以战国秦汉时期海洋探索及早期海洋知识积累为文化背景，具有值得重视的价值。有些认识，来自亲近海洋的自身体验和具体感觉。《论衡》书中涉及海洋气象知识、海洋水文知识、海洋生物知识的论说，开启了我们认识汉代海洋学的一扇视窗。《论衡》作者王充的海洋情结以及体现出开放胸怀、进取意识和实学理念的海洋意识，也值得予以认真的分析、总结和说明。秦汉社会有关海洋的理念显现了体现出时

---

① 汉语大词典编辑委员会、汉语大词典编纂处编纂：《汉语大词典》"珠贝"条："①产珠之贝，泛指珍珠宝贝。"书证即《管子·侈靡》："若江湖之大也，求珠贝者不舍也。"第 4 卷，第 547 页。

② 《后汉书》，第 1177 页。

③ (宋)洪适撰：《隶释　隶续》，第 55 页。

④ (宋)李昉等撰：《太平御览》，第 3588 页。

代意义的觉醒，这一时期的海洋开发曾经取得空前的成就。① 考察和分析汉代的海洋文化，理解并说明汉代的海洋文化，不能忽略《论衡》这部著作，也不能忽略王充这位对海洋予以颇多关心，亦对海洋具有较多知识的思想家。

一、"负海""浮海"体验：越人的远航能力与海洋情感

王充《论衡》在政治论说中经常用"海"以为比喻。如《论衡·须颂》，言"圣世""圣主"其"德""大哉"，又言"汉德酆广，日光海外"，以"海"为喻："夜举灯烛，光曜所及，可得度也；日照天下，远近广狭，难得量也。浮于淮、济，皆知曲折；入东海者，不晓南北。故夫广大，从横难数；极深，揭厉难测。"②《论衡·定贤》关于"衰乱之世"政治识见的讨论中，也说到"海"："浮于海者，迷于东西，大也。行于沟，咸识舟楫之迹，小也。小而易见，衰乱亦易察。故世不危乱，奇行不见；主不悖惑，忠节不立。鸿卓之义，发于颠沛之朝；清高之行，显于衰乱之世。"③他在讨论认识论的规律时言"大""小"，以"海"之"大"与"沟"之"小"对比。而所谓"浮于海者，迷于东西"，似是亲身经历航海实践获得的体验。《淮南子·齐俗》写道："夫乘舟而惑者，不知东西，见斗极则寤矣。"④《淮南子》所谓"不知东西"之"惑"，即《论衡》所谓"迷于东西"。又《论衡·说日》写道："盖望远物者，动若不动，行若不行。何以验之？乘船江海之中，顺风而驱，近岸则行疾，远岸则行迟。船行一实也，或疾或迟，远近之视使之然也。"⑤有这种"顺风而驱，近岸则行疾，远岸则行迟"的感受，并经思考，得到"或疾或迟，远近之视使之然也"的认识，应当也是通过"乘船江海之中"的航行实践获取的心得。所谓"何以验之"，明说这一知识来自"船行"海上的亲身体验。

《文选》卷 28 谢灵运《会吟行》："列宿炳天文，负海横地理。"李善注："《汉书·地理志》曰：'吴地斗分野。'《论衡》曰：'天晏列宿炳奂。'晁错《新书》曰：'齐地僻远负海，地大人众。'宋衷《易纬注》曰：'天文者谓三光，地理谓

---

① 王子今：《秦汉时期的海洋开发与早期海洋学》，《社会科学战线》2013 年第 7 期。
② 黄晖撰：《论衡校释》（附刘盼遂集解），第 850 页。
③ 黄晖撰：《论衡校释》（附刘盼遂集解），第 1111 页。
④ 刘文典《淮南鸿烈集解》："文典谨按：《文选》应休琏《与从弟君苗君胄书》注引，作'见斗极则晓然而寤矣'。"第 352 页。
⑤ 黄晖撰：《论衡校释》（附刘盼遂集解），第 500 页。

五土也。'"吕向注："星纪吴之分野，故云'列宿炳天文'。炳，明。负，背也。言后背海水横镇于地理。"①所谓"《论衡》曰'天晏列宿炳奂'"，今本《论衡·超奇》作"天晏列宿焕炳"。谢灵运"列宿炳天文，负海横地理"语，注家引《论衡》解释"列宿"，而"负海"其实是《论衡》作者王充出生与多年生活的"地理"背景。

　　所谓"负海"，言背靠大海，是战国秦汉时期人们指说滨海地方的习用语。《史记》卷70《张仪列传》："齐，负海之国也。"②《史记》卷78《春申君列传》："（齐）东负海。"③《史记》卷60《三王世家》载录汉武帝语"齐东负海"。④ 对于秦政的批判，常见涉及滨海地方经济政策的"使天下蜚刍挽粟，起于黄、腄、琅邪负海之郡，转输北河，率三十钟而致一石"之说。⑤ 或言"转负海之粟致之西河"。⑥《汉书》卷27下之上《五行志下之上》："秦大用民力转输，起负海至北边。"颜师古注："负海，犹言背海也。"⑦《汉书》卷24上《食货志上》所谓"募发天下囚徒丁男甲卒转委输兵器，自负海江淮而至北边"⑧，"负海江淮"的说法突破了"齐地负海"⑨的认识，体现"负海之郡""负海之国"⑩已经不限于齐地，而扩展至于"江淮"地方。"负海江淮"的说法又见于《汉书》卷99中《王莽传中》："募天下囚徒、丁男、甲卒三十万人，转众郡委输五大夫衣裘、兵器、粮食，长吏送自负海江淮至北边，使者驰传督趣，以军兴法从事……"⑪而《后汉书》卷18《陈俊传》："诏报曰：'东州新平，大将军之功也。负海猾夏，

① （梁）萧统编，（唐）李善、吕延济、刘良、张铣、吕向、李周翰注：《六臣注文选》，第527页。
② 《史记》，第2294页。
③ 《史记》，第2392页。齐国"负海"之说，又见于《史记》卷97《郦生陆贾列传》，第2694页。
④ 《史记》，第2115页。
⑤ 《史记》卷112《平津侯主父列传》，第2954页。
⑥ 《史记》卷118《淮南衡山列传》，第3086页。又《汉书》卷94下《匈奴传下》："转输之行，起于负海。"第3824页。
⑦ 《汉书》，第1447—1448页。此说与前引谢灵运《会吟行》吕向注"负，背也，言后背海水……"同。
⑧ 《汉书》，第1143页。
⑨ 《汉书》卷28下《地理志下》，第1660页。
⑩ 《汉书》卷27下之下《五行志下之下》，第1517页。
⑪ 《汉书》，第4121页。

盗贼之处，国家以为重忧，且勉镇抚之。'"其中"负海"与"东州"对应，"负海"所指即东部滨海地方。陈俊以军力平定"镇抚""青、徐""东州"，包括琅邪、赣榆、朐等地。李贤注引《华峤书》写道："赐俊玺书曰：'将军元勋大著，威震青、徐，两州有警，得专征之。'"①可知此所谓"东州""负海"地方，指"青、徐""两州"。而《续汉书·五行志二》言黄巾暴动致使"役起负海"，由黄巾军"七州二十八郡同时俱发"②推想，"负海"所指空间区域可能更为广阔。

王充出生与长期生活的会稽地方，也是"负海之郡"。这里曾经是越文化的重心区域。越人在航海能力方面的优势，有悠远的历史记忆。

宋黄㽦修、陈耆卿纂《嘉定赤城志》卷39《遗迹》"古城"条："在黄岩县南三十五里大唐岭东。外城周十里，高仅存二尺，厚四丈。内城周五里。有洗马池、九曲池。故宫基十窑一十四级。城上有高木可数十围。故老云即徐偃王城也。城东偏有偃王庙。"③宋胡榘修、方万里纂《宝庆四明志》："徐偃王庙在东。地名翁浦，俗呼为城隍头。《十道四蕃志》云：徐偃王城翁洲以居，其址今存。按史记载偃王之败，北走彭城武原东山下以死。疑非此海中。而韩文公为《衢州庙碑》，乃记曰：偃王之逃战不之彭城，之越城之隅。弃玉几研于会稽之水。则《十道四蕃志》或可信矣。"④徐偃王故事北则彭城，南则会稽，其实是体现了沿近海航运的实力的。越人"引属东海"，较早掌握了航海技术，号称"以船为车，以楫为马，往若飘风，去则难从"。⑤ 吴王夫差曾"从海上攻齐，齐人败吴，吴王乃引兵归"。⑥ 这一海上远征的历史记录，是吴越人共同创造的。夫差与晋公会盟于黄池，"越王句践乃命范蠡、舌庸，率师沿海泝淮

---

① 《后汉书》，第 691 页。

② 《后汉书》，第 3297 页。

③ (宋)黄㽦修、陈耆卿纂：《嘉定赤城志》卷39《遗迹》"古城"条，《景印文渊阁四库全书》第 486 册，第 943 页。

④ (宋)胡榘修、方万里纂：《宝庆四明志》卷20《昌国县志叙祠·神庙》，宋刻本。

⑤ 《越绝书》卷8《外传记地传》，(东汉)袁康、吴平辑录，乐祖谋点校：《越绝书》，第 57、58 页。

⑥ 《史记》卷31《吴太伯世家》，第 1473 页。

以绝吴路。"①所谓"沿海泝淮",利用了水军优势。越徙都琅邪,也是一次大规模的航海行动,"从琅邪起观台","以望东海",其武装部队的主力为"死士八千人,戈船三百艘",据说"初徙琅邪,使楼船卒二千八百人伐松柏以为桴"。② 越国霸业的基础,通过近海航运能力方面的优势得以实现。其军称"大船军",航海工具称"桴",称"楼船",称"君船"。③ 而私家长距离近海航行的史例,则有范蠡在协助勾践复国灭吴后"浮海出齐"的事迹。④

王充"博通众流百家之言"⑤,不会不了解有关越人海洋探索与海洋开发的历史记录。王充作为浙江上虞人,生于斯长于斯,且长期居"乡里""教授""论说"⑥,无疑会受到家乡亲近海洋的生产方式与生活方式的影响,极有可能亦亲身参与过海上航行。史称王充"异人",《论衡》"异书"⑦,认识与理解其人其书,不应忽略其所居滨海地方之生存环境与文化传统的作用。

二、海洋史记忆:秦始皇"望于南海"与汉景帝"削之会稽"

会稽作为越国与吴国多年经营的滨海重心城市,与齐地南北对应,成为东方大陆生民海洋探索的另一个重要的出发点。《史记》卷6《秦始皇本纪》张守节《正义》引《括地志》:"亶洲在东海中,秦始皇使徐福将童男女入海求仙人,止在此州,共数万家。至今洲上人有至会稽市易者。吴人《外国图》云亶洲去琅邪万里。"⑧在与"东海"方向包括"市易"的海上交通往来中,"会稽"与"琅

---

① 《国语》卷19《吴语》,韦昭注:"沿,顺也。逆流而上曰泝。循海而逆入于淮,以绝吴王之归路。"上海师范学院古籍整理组校点:《国语》,上海古籍出版社1978年版,第604页。

② 《越绝书》卷8《外传记地传》,(东汉)袁康、吴平辑录,乐祖谋点校:《越绝书》,第58、62页。

③ 《越绝书》卷8《外传记地传》,(东汉)袁康、吴平辑录,乐祖谋点校:《越绝书》,第62—63页。

④ 王子今:《范蠡"浮海出齐"事迹考》,《齐鲁文化研究》第8辑(2009年),泰山出版社2009年版。

⑤ 《后汉书》卷49《王充传》,第1629页。

⑥ 《后汉书》卷49《王充传》,第1629页。

⑦ 《后汉书》卷49《王充传》李贤注引《袁山松书》,第1629页。

⑧ 《史记》,第247—248页。

邪"具有彼此相当的地位。①

　　中国第一个大一统政权秦王朝建立之后，最高执政集团对新认识的海疆予以特殊的重视。② 秦始皇出巡海上，在齐地沿海多有非常表现，又曾亲至会稽，"望于南海"。《史记》卷5《秦始皇本纪》记载："三十七年十月癸丑，始皇出游。左丞相斯从，右丞相去疾守。少子胡亥爱慕请从，上许之。十一月，行至云梦，望祀虞舜于九疑山。浮江下，观籍柯，渡海渚。过丹阳，至钱唐。临浙江，水波恶，乃西百二十里从狭中渡。上会稽，祭大禹，望于南海，而立石刻颂秦德。"司马贞《索隐》："望于南海而刻石。三句为韵，凡二十四韵。"张守节《正义》写道："此二颂三句为韵。其碑见在会稽山上。其文及书皆李斯，其字四寸，画如小指，圆镳。今文字整顿，是小篆字。"③会稽地方为秦始皇三十七年(前210)最后一次出巡所行历。会稽刻石的内容与文字，也是秦始皇出巡刻石中特别值得重视的文化遗存。而"望于南海"字样尤其醒目。秦始皇"南海"置郡，对于中国海洋史及南洋交通史有非常重要的战略意义。④然而此"望于南海"之所谓"南海"，当时其实是说东海。

　　王充颇看重秦始皇巡游海上又至于会稽的历史行迹。他在自己的著述中多次回顾这一史事。《论衡·书虚》写道："当二〔三〕十七年，游天下，到会稽，至琅邪，北至劳、盛山，并海，西至平原津而病。到沙丘平台，始皇崩。"⑤《论衡·实知》又说到秦始皇的此次巡行："始皇三十七年十月癸丑出游，至云梦，望祀虞舜于九嶷。浮江下，观藉柯，度梅渚，过丹阳，至钱唐，临浙江，涛恶，乃西百二十里，从陕(狭)中度，上会稽，祭大禹，立石刊颂，望于南海。还过，从江乘，旁海上，北至琅邪。自琅邪北至劳、成山，因至之罘，遂并海，西至平原津而病，崩于沙丘平台。"⑥秦始皇"到会稽"，"上会

　　① 关于"琅邪"在秦汉海洋交通格局中的地位，参见王子今：《东海的"琅邪"和南海的"琅邪"》，《文史哲》2012年第1期。

　　② 王子今：《略论秦始皇的海洋意识》，《光明日报》2012年12月13日11版；《论秦始皇南海置郡》，《陕西师范大学学报(哲学社会科学版)》2017年第1期。

　　③ 《史记》，第260、261页。

　　④ 王子今：《论秦始皇南海置郡》，《陕西师范大学学报(哲学社会科学版)》2017年第1期。

　　⑤ 黄晖撰：《论衡校释》(附刘盼遂集解)，第200—201页。

　　⑥ 黄晖撰：《论衡校释》(附刘盼遂集解)，第1071—1072页。

稽"及此后"并海""旁海"的行程，回叙相当具体。

西汉帝国建立，最高执政者对于起初放弃沿海郡国控制权的情形有所反省。"削藩"即夺回诸侯王国对诸多地方统治权力的政治动作，以沿海地区为重心。于是，另一体现出海洋意识的涉及"会稽"的行政决策，亦为王充《论衡》所关注。如《盐铁论·晁错》言"侵削诸侯"事，所谓"因吴之过而削之会稽，因楚之罪而夺之东海"①，竟然引发了吴楚七国之乱。《论衡·实知》写道："高皇帝封吴王，送之，拊其背曰：'汉后五十年，东南有反者，岂汝邪？'到景帝时，濞与七国通谋反汉。建此言者，或时观气见象，处其有反，不知主名；高祖见濞之勇，则谓之是。"②其事见《史记》卷106《吴王濞列传》："荆王刘贾为布所杀，无后。上患吴、会稽轻悍，无壮王以填之，诸子少，乃立濞于沛为吴王，王三郡五十三城。已拜受印，高帝召濞相之，谓曰：'若状有反相。'心独悔，业已拜，因拊其背，告曰：'汉后五十年东南有乱者，岂若邪？然天下同姓为一家也，慎无反！'濞顿首曰：'不敢。'"裴骃《集解》："徐广曰：'汉元年至景帝三年反，五十有三年。'骃案：应劭曰'克期五十，占者所知。若秦始皇东巡以厌气，后刘项起东南，疑当如此耳'。如淳曰'度其贮积足用为难，又吴楚世不宾服'。"司马贞《索隐》："案：应氏之意，以后五十年东南有乱，本是占气者所说，高祖素闻此说，自以前难未弭，恐后灾更生，故说此言，更以戒濞。如淳之说，亦合事理。"③黄晖《论衡校释》特别指出，王充《论衡》的见解与应劭之说是一致的："按：应说与仲任义同。"④王充作为会稽人，对于汉景帝"因吴之过而削之会稽"以及随后发生的政治史变乱显然是熟知的。

《论衡》记述秦始皇"上会稽"，"望于南海"及"高皇帝封吴王，送之，拊其背"预言"汉后五十年，东南有反者"，而"到景帝时，濞与七国通谋反汉"事，

---

① 王利器校注：《盐铁论校注》（定本），第113—114页。王子今：《秦汉帝国执政集团的海洋意识与沿海区域控制》，《白沙历史地理学报》第3期（2007年4月），收入中国人民大学国学院国史教研室编：《国学视野下的历史秩序》，中国社会科学出版社2016年版。

② 黄晖撰：《论衡校释》（附刘盼遂集解），第1070—1071页。

③ 《史记》，第2821—2822页。

④ 黄晖撰：《论衡校释》（附刘盼遂集解），第1071页。

均是会稽人记会稽事。王充熟悉会稽在汉代海洋史上的地位，另一史事也一定会在他的知识构成中形成深刻的印象，这就是汉武帝时代命朱买臣于会稽"治楼船"。《汉书》卷 64 上《朱买臣传》："上拜买臣会稽太守。上谓买臣曰：'富贵不归故乡，如衣绣夜行。今子何如？'买臣顿首辞谢。诏买臣到郡治楼船，备粮食水战具，须诏书到，军与俱进。"①关于"治楼船"，《史记》卷 30《平准书》记载："大修昆明池，列观环之。治楼船，高十余丈，旗帜加其上，甚壮。"②这是有关在昆明池操练用楼船的叙说。而关于实战用楼船制作的文献记载，仅此《朱买臣传》一例。会稽因此成就了中国古代造船史上的辉煌。③

三、海"巨大之名"

关于"海"的地理知识，王充似乎有以切身体会为基点的了解。相关信息，在汉代文献中，应以《论衡》最为集中。

《论衡》有诸多论说言及"海"的广阔宏大。《论衡·别通》："大川相间，小川相属，东流归海，故海大也。海不通于百川，安得巨大之名？夫人含百家之言，犹海怀百川之流也。不谓之大者，是谓海小于百川也。夫海大于百川也，人皆知之。通者明于不通，莫之能别也。润下作咸水之滋味也。东海水咸，流广大也。西州盐井，源泉深也，人或无井而食，或穿井不得泉，有盐井之利乎？不与贤圣通业，望有高世之名，难哉！"④以"海"和"百川"的关系，联系水文与人文，陈说哲理，或比喻学识才俊的聚会，是古诗文中常用的借

---

① 《汉书》，第 2792 页。

② 《史记》，第 1436 页。

③ 关于会稽"治楼船"，有学者指出，"楼船"军在西汉时期是"远征南方平定封建割据势力的水上武装力量"。上海交通大学、上海市造船工业局《造船史话》编写组编：《造船史话》，上海科学技术出版社 1979 年版，第 64 页。"汉朝以楼船为主力的水师已经非常强大。"金秋鹏：《中国古代的造船和航海》，第 84 页。"汉武帝时，为巩固东南沿海地区的统一，大事扩建楼船军。"房仲甫、李二和：《中国水运史》（古代部分），新华出版社 2003 年版，第 82 页。"会稽（今绍兴）"是"西汉的造船中心"，能造出"适航性好的海船"。张铁牛、高晓星：《中国古代海军史》（修订版），第 20 页。

④ 黄晖撰：《论衡校释》（附刘盼遂集解），第 592 页。

比方式。①而《论衡》所谓"海不通于百川，安得巨大之名"，可能是比较早的使用这种语辞形式的文例。

《论衡·别通》又写道："东海之中，可食之物，杂糅非一，以其大也。夫水精气渥盛，故其生物也众多奇异。故夫大人之胸怀非一，才高知大，故其于道术无所不包。学士同门，高业之生，众共宗之。何则？知经指深，晓师言多也。夫古今之事，百家之言，其为深，多也。岂徒师门高业之生哉？"其中"夫水精气渥盛"句，黄晖校释："朱校元本'夫'作'海.'"②即据朱宗莱校元本，作"海水精气渥盛"。所谓"东海""精气渥盛"，"生物""众多奇异"，当然直接来自对海产资源丰盛的认识。说"大人之胸怀"与"高业""学士""能博学问"者，可以"东海"之"大"，"海水精气渥盛"相比拟，则借用了对海洋广博气势之理解。

我们看到，文士才人之"遇"与"不遇"，是汉代知识人经常思考的人生主题。③《论衡·逢遇》全篇言"遇不遇"，其中写道："操行有常贤，仕宦无常遇。贤不贤，才也；遇不遇，时也。才高行洁，不可保以必尊贵；能薄操浊，

---

① 《史记》卷2《夏本纪》裴骃《集解》引孔安国曰："百川以海为宗。"第61页。《汉书》卷25下《郊祀志下》："夫江海，百川之大者也。"第1249页。《后汉书》卷89《南匈奴列传》："传曰：'江海所以能长百川者，以其下之也。'"第2951页。《续汉书·志礼仪志中》"冬至"条刘昭注补引《乐叶图·征》曰："四海合岁气，百川一合德。"《后汉书》，第3126页。《三国志》卷38《蜀书·许靖传》："……亦足悟海岱之所常在，知百川之所宜注矣。"第969页。《晋书》卷68《纪瞻传》："亿兆向风，殊俗毕至，若列宿之绾北极，百川之归巨海。"第1821页。魏太子《邺中集》诗："百川赴巨海，众星环北辰。"（梁）萧统编，（唐）李善注：《文选》卷30，第437页。后世又有（唐）李白《金门答苏秀才》："巨海纳百川，麟阁多才贤。"（清）王琦注：《李太白全集》，第882页。

② 黄晖撰：《论衡校释》（附刘盼遂集解），第594—595页。

③ 《艺文类聚》卷30有汉董仲舒《士不遇赋》及汉司马迁《悲士不遇赋》。《艺文类聚》卷21引刘孝标《辨命论》称之为"史公相不遇之文"。又《艺文类聚》卷25引后汉崔寔《答讥》："观夫人之进趋也，不揣己而干禄，不揆时而要会。或遭否而不遇，或智小而谋大。纤芒豪末，祸亟无外。荣速激电，辱必弥世。"《艺文类聚》卷1引魏文帝《浮云诗》曰："西北有浮云，亭亭如车盖。惜哉时不遇，忽与飘风会。吹我东南行，行行至吴会。"（唐）欧阳询撰，汪绍楹校：《艺文类聚》，第541、386—387、459—460、14页。《浮云诗》，魏宏灿校注《曹丕集校注》作《杂诗（二首）》其二。安徽大学出版社2009年版，第69页。

不可保以必卑贱。或高才洁行，不遇，退在下流；薄能浊操，遇，在众上。"①《论衡·效力》言"文儒之知"，即得到识拔的机会，可以"升陟圣主之庭，论说政事之务"时，则以"江""河""流通入乎东海"相比照："河发昆仑，江起岷山，水力盛多，滂沛之流，浸下益盛，不得广岸低地，不能通流入乎东海。如岸狭地仰，沟洫决洩，散在丘墟矣。文儒之知，有似于此。文章滂沛，不遭有力之将援引荐举，亦将弃遗于衡门之下。固安得升陟圣主之庭，论说政事之务乎？"②"江""河"虽"水力盛多，滂沛之流，浸下益盛"，但只有"流通入乎东海"，才相当于"文儒"知识人生的成功。

《论衡·须颂》赞美"汉德"之"盛"，也借用"海"之"广大"为喻："夜举灯烛，光曜所及，可得度也；日照天下，远近广狭，难得量也。浮于淮、济，皆知曲折；入东海者，不晓南北。故夫广大，从横难数；极深，揭厉难测。汉德酆广，日光海外也。知者知之，不知者不知汉盛也。"③海的"广大从横难数，极深揭厉难测"成为"汉德酆广，日光海外"的代表性象征。

以"海"喻事，以"海"辨理，是《论衡》的论说习惯，也体现了王充对于"海"多有看重的思维倾向与识见背景。

四、海潮"随月盛衰"说

前引《史记》卷5《秦始皇本纪》关于秦始皇南巡会稽，"临浙江，水波恶，乃西百二十里从狭中渡"事，《论衡·实知》作"临浙江，涛恶，乃西百二十里从陕（狭）中度"。④"水波恶"即"涛恶"，应当是说海潮。

《论衡·书虚》辩说伍子胥冤死兴海潮故事："传书言：吴王夫差杀伍子胥，煮之于镬，乃以鸱夷橐投之于江。子胥恚恨，驱水为涛，以溺杀人。今时会稽丹徒大江，钱唐浙江，皆立子胥之庙。盖欲慰其恨心，止其猛涛也。夫言吴王杀子胥投之于江，实也；言其恨恚驱水为涛者，虚也。"⑤关于"吴王

---

① 黄晖撰：《论衡校释》（附刘盼遂集解），第1页。
② 黄晖撰：《论衡校释》（附刘盼遂集解），第584页。
③ 黄晖撰：《论衡校释》（附刘盼遂集解），第850—851页。
④ 黄晖撰：《论衡校释》（附刘盼遂集解），第1071页。
⑤ 黄晖撰：《论衡校释》（附刘盼遂集解），第180—181页。《太平御览》卷60引《论衡》曰："儒书言：伍子胥恨吴王，驱水为涛，而溺杀。今会稽钱塘、丹徒江，皆立子胥祠，欲止其涛也。"（宋）李昉等撰：《太平御览》，第289页。

杀子胥投之于江"之所在，王充写道："投于江中，何江也？有丹徒大江，有钱唐浙江，有吴通陵江。或言投于丹徒大江，无涛。欲言投于钱唐浙江，浙江、山阴江、上虞江皆有涛。三江有涛，岂分橐中之体，散置三江中乎？"又说："吴、越在时，分会稽郡，越治山阴，吴都。今吴，余暨以南属越，钱唐以北属吴。钱唐之江，两国界也。山阴、上虞，在越界中，子胥入吴之江为涛，当自上（止）吴界中，何为入越之地？怨恚吴王，发怒越江，违失道理，无神之验也。"这样的讨论，体现出对"上虞"地方历史文化的熟悉。

辨正"子胥为涛"事，王充有多层次多角度的论说。他写道："夫地之有百川也，犹人之有血脉也。血脉流行，泛扬动静，自有节度。百川亦然。其朝夕往来，犹人之呼吸，气出入也。天地之性，上古有之。经曰：'江、汉朝宗于海。'唐、虞之前也，其发海中之时，漾驰而已。入三江之中，殆小浅狭，水激沸起，故腾为涛。"①清人俞思谦指出："王充《论衡》：海之潮水之溢而泛行者，喻人血脉循环周作上下于支体间。盖随荣卫之气耳。潮之衍漾进退，亦随海之气耳。"②清人王仁俊研究《论衡》，也写道："夫水也者，地之血脉，随气进退而为潮。案《海潮论》曰：地浮与大海随气出入上下，地下则沧海之水入于江，谓之潮。地上则江湖之水之沧海，谓之汐。与王充合西人论潮汐为吸力与随气之说略同。"③

王充所谓"其朝夕往来，犹人之呼吸，气出入也"之"朝夕"，其实可以读作"潮汐"。刘盼遂指出："'朝夕'即'潮汐'之古字。"④《水经注》卷9《淇水》："浮渎又东北径汉武帝望海台，又东注于海。应劭曰：浮阳县，浮水所出，入海，朝夕往来，日再。"⑤文渊阁《四库全书》本注："案'朝夕'，近刻作'潮汐'。"清赵一清《水经注释》卷9《淇水》即作"潮汐往来"。⑥ 在后来文献有关海

①　黄晖撰：《论衡校释》（附刘盼遂集解），第183—185页。
②　(清)俞思谦：《海潮辑说》卷上《潮说存疑》，《丛书集成初编》第1334册，商务印书馆1937年版，第13页。
③　(清)王仁俊：《格致古微》卷4《论衡》，《四库未收书辑刊》第9辑，第15册，第110页。
④　黄晖撰：《论衡校释》（附刘盼遂集解），第184页。
⑤　(北魏)郦道元著，陈桥驿校证：《水经注校证》，第242页。
⑥　(清)赵一清：《水经注释》，《景印文渊阁四库全书》第575册，第180页。

洋水文现象的陈述中，"潮汐往来"是习见语。《越绝书》卷1《外传记吴地传》："吴古故祠江汉于棠蒲东，江南为方墙，以利朝夕水。"①《汉书》卷51《枚乘传》记载"枚乘复说吴王"："游曲台，临上路，不如朝夕之池。"颜师古注："苏林曰：'吴以海水朝夕为池也。'"②《初学记》卷6引应劭《风俗通》："海，一云朝夕池。"③又左思《吴都赋》："造姑苏之高台，临四远而特建，带朝夕之浚池，佩长洲之茂菀。"吕延济注："浚，深也。吴有朝夕池，谓潮水朝盈夕虚，因为名焉。"④所谓"朝夕"均为"潮汐"。

王充所谓"气"的说法，使我们联想到汉武帝所谓"会大海气"。《汉书》卷6《武帝纪》记载："（元封）五年冬，行南巡狩……遂北至琅邪，并海，所过礼祠其名山大川。……夏四月，诏曰：'朕巡荆扬，辑江淮物，会大海气，以合泰山。上天见象，增修封禅。其赦天下。所幸县毋出今年租赋，赐鳏寡孤独帛，贫穷者粟。'"对于"会大海气"的理解，颜师古注："郑氏曰：'会合海神之气，并祭之。'"⑤

对于王充海潮"入三江之中，殆小浅狭，水激沸起，故腾为涛"之说，有学者理解为："靠海的河流有波涛，是因为受潮汐的影响……"⑥

王充关于"涛""潮"之起因与"月"有关的论点，值得海洋学研究者特别重视："涛之起也，随月盛衰，小大满损不齐同。如子胥为涛，子胥之怒，以月为节也？"⑦王充《论衡》所谓"发海中""入三江之中"的"涛"其实"随月盛衰"的判断，是关于海潮发生理论最早的非常明晰的观点。此说关注到月球引潮力的作用。有学者指出，王充对"潮汐"的解释"非常科学、精彩"。他"根据潮汐

---

① （东汉）袁康、吴平辑录，乐祖谋点校：《越绝书》，第16页。
② 《汉书》，第2363—2364页。《文选》卷39枚乘《上书重谏吴王》："游曲台，临上路，不如朝夕之池。"李善注："苏林曰：以海水朝夕为池。"张铣注："朝夕池，海也。汉宫池小，故不如也。"（梁）萧统编，（唐）李善、吕延济、刘良、张铣、吕向、李周翰注：《六臣注文选》，第734页。
③ （唐）徐坚等著：《初学记》，第115页。
④ （梁）萧统编，（唐）李善、吕延济、刘良、张铣、吕向、李周翰注：《六臣注文选》，第108页。
⑤ 《汉书》，第196—197页。
⑥ 北京大学历史系《论衡》注释小组：《论衡注释》，中华书局1979年版，第231页。
⑦ 黄晖撰：《论衡校释》（附刘盼遂集解），第186页。

与月亮相应的事实验斥伍子胥冤魂为涛的传闻"，"是首先承认客观实际，并用客观实际来判定理论的真假是非。"①分析王充之所以能够发现这种"客观实际"也许是必要的。他对于潮汐的观察和理解，应当与滨海生活的实际条件相关。对于海洋水文现象中潮汐的观察和体验，充实了王充的科学意识，提升了《论衡》的文化水准。

有学者认为，王充"是远远超越时代的具备了完整科学精神与气质的最早一个思想家"。论者甚至说："在王充身上，人们看到一种近代科学精神的超前觉醒。"②考察王充所谓"科学精神与气质"，如果以潮汐学为例，其"超前觉醒"的基础，是濒临海洋的生活条件及亲近海洋的文化感觉。

五、磁学原始与"司南"发明

《韩非子·有度》说："先王立司南以端朝夕。"③看来"司南"一语出现很早。《论衡·是应》写道："司南之杓，投之于地，其柢指南。"④有人解释"司南之杓"："司南之杓：古代一种辨别方向的仪器，原理和指南针相同，用磁铁制的小勺放在方盘上，勺柄指南。"⑤《太平御览》卷 762 引《论衡》："司南之勺，投之于地，其柄指南。"《太平御览》卷 944 引《论衡》："司南之杓，投于地，其柄南指。"⑥有学者指出："'投之于地'乃'投之于池'之误。这里的'池'，指'流珠池'或'澒池'，即水银或汞池。"⑦此说可信。当时"司南"可能还没有应用于海洋航行实践，即在"浮于海者，迷于东西"的情况下定向、定位，但是这种需求必然会促进用以"辨别方向"的技术生成，在航海事业发展较为先进的地方尤其如此。王充对"司南"的关注，或许可以从海洋文化考察的视角认识其意识背景。

所谓"司南之杓，投之于地，其柢指南"，体现了对地磁感应的早期认识。

① 周桂钿：《王充评传》，南京大学出版社 1993 年版，第 542—543 页。
② 朱亚宗：《王充：近代科学精神的超前觉醒》，《求索》1990 年第 1 期。
③ 陈奇猷校注：《韩非子集释》，第 88 页。
④ 黄晖撰：《论衡校释》（附刘盼遂集解），第 759 页。
⑤ 北京大学历史系《论衡》注释小组：《论衡注释》，第 1003 页。
⑥ （宋）李昉等撰：《太平御览》，第 3382、4192 页。
⑦ 闻人军：《考工司南：中国古代科学名物论集》，上海古籍出版社 2017 年版，第 218 页。

《论衡·乱龙》还说到"礠石引针"现象："顿牟掇芥，礠石引针，皆以其真是，不假他类。他类肖似，不能掇取者，何也？气性异殊，不能相感动也。刘子骏掌雩祭，典土龙事，桓君山亦难以顿牟、礠石不能真是，何能掇针取芥？子骏穷无以应。子骏，汉朝智囊，笔墨渊海，穷无以应者，是事非议误，不得道理实也。"① 王充所谓"礠石引针"，可能是关于磁学的最早的比较严肃的文献记录。

有航海史研究者指出，指南针作为"理想的指向仪器"在海上航行中的应用，是非常重要的发明。"我国是什么时候发明人工磁化方法和制造出指南针的，现在还无法确切地知道。"现在看来，"最迟在北宋初期就已经发明了人工磁化的方法，并且成功地制造出了指南针"。"在北宋末期，我国已经把指南针作为导航仪器，应用在航海事业中。""指南针的发明和应用"，"是我国古代对人类文明进化的极其伟大的贡献"。② 马克思曾经赞扬"指南针""是预告资产阶级社会到来的三大发明"之一，"指南针打开了世界市场"。③ 作为指南针发明之技术基础的"司南之杓"，以及作为指南针发明之理念基础的"礠石引针"等现象的记录见于《论衡》，是对王充文化意识与学术思想进行总结时绝不可以忽略的。

六、"鲸鱼死"："天道自然，非人事也"

在《论衡·乱龙》篇讨论"顿牟掇芥，礠石引针，皆以其真是，不假他类"之后，王充在论证"天道自然"这一科学主题时，又说到一种海洋生物的生命现象，即"鲸鱼死"："夫以非真难，是也；不以象类说，非也。夫东风至，酒湛溢；鲸鱼死，彗星出。天道自然，非人事也。事与彼云龙相从，同一实也。"④

中国大陆古代居民对于"鲸鱼"的认识，可以追溯到殷商时代。有学者指出："关于鲸类，不晚于殷商，人们对它已有认识。安阳殷墟出土的鲸鱼骨即可为证。"⑤ 据德日进、杨钟健《安阳殷墟之哺乳动物群》记载，殷墟哺乳动物

---

① 黄晖撰：《论衡校释》（附刘盼遂集解），第 695 页。

② 金秋鹏：《中国古代的造船和航海》，第 147、149、151 页。

③ 《马克思恩格斯全集》第 47 卷，人民出版社 1979 年版，第 427 页。

④ 黄晖撰：《论衡校释》（附刘盼遂集解），第 695—696 页。

⑤ 宋正海、郭永芳、陈瑞平：《中国古代海洋学史》，第 348 页。

骨骼发现有："鲸鱼类　若干大脊椎骨及四肢骨。但均保存破碎，不能详为鉴定。但鲸类遗存之见于殷墟中，乃确切证明安阳动物群之复杂性。有一部，系人工搬运而来也。"①《史记》卷 6《秦始皇本纪》记载："始皇梦与海神战，如人状。问占梦，博士曰：'水神不可见，以大鱼蛟龙为候。今上祷祠备谨，而有此恶神，当除去，而善神可致。'乃令入海者赍捕巨鱼具，而自以连弩候大鱼出射之。自琅邪北至荣成山，弗见。至之罘，见巨鱼，射杀一鱼。遂并海西。"②《论衡·纪妖》记述秦始皇最后滨海行程，也说到秦始皇"梦与海神战"及"候神射大鱼"情节："……明三十七年，梦与海神战，如人状。是何谓也？曰：皆始皇且死之妖也。始皇梦与海神战，恚怒入海，候神射大鱼，自琅邪至劳、成山不见。至之罘山，还见巨鱼，射杀一鱼，遂旁海西至平原津而病，到沙丘而崩。"③这里所谓"大鱼""巨鱼"，有人认为就是"鲸鱼"。④ 有关"大鱼如山""死岸上"，"膏流九顷"，骨骼可以利用的记载⑤，说明沿海人们对"鲸鱼死"的现象是熟悉的。秦汉宫苑仿拟海洋的池沼中，有鲸鱼模型。⑥

关于鲸鱼集中死于海滩这种海洋生物生命现象的明确记载，最早见于

---

① 德日进、杨钟健：《安阳殷墟之哺乳动物群》，《中国古生物志》丙种第十二号第一册，实业部地质研究所、国立北平研究院地质学研究所中华民国二十五年六月印行，第 2 页。此信息之获得承中国社会科学院考古研究所袁靖教授赐示，谨此致谢。

② 《史记》，第 263 页。

③ 黄晖撰：《论衡校释》（附刘盼遂集解），第 922—923 页。

④ 如（唐）李白《古风五十九首》之三："秦皇扫六合，虎视何雄哉。挥剑决浮云，诸侯尽西来。……连弩射海鱼，长鲸正崔嵬。额鼻象五岳，扬波喷云雷。鬐鬛蔽青天，何由睹蓬莱。徐市载秦女，楼船几时回。但见三泉下，金棺葬寒灰。"（清）王琦注：《李太白全集》卷 2，第 92 页。又如（元）吴莱《昭华管歌》诗："临洮举杵送役夫，碣石挟弩射鲸鱼。"《渊颖集》卷 4，《景印文渊阁四库全书》第 1209 册，第 76 页。

⑤ 《太平御览》卷 938 引《魏武四时食制》曰："东海有大鱼如山，长五六丈，谓之鲸鲵。次有如屋者。时死岸上，膏流九顷，其须长一丈，广三尺，厚六寸，瞳子如三升碗大，骨可为方臼。"《景印文渊阁四库全书》第 901 册，第 364 页。中华书局 1960 年用上海涵芬楼影印宋本复制重印版"膏流九顷"作"毫流九顷"，"骨可为方臼"作"骨可为矛矜"。第 4167 页。

⑥ 王子今：《秦汉宫苑的"海池"》，《大众考古》2014 年第 2 期。

中国古代文献《汉书》卷 27 中之上《五行志中之上》："成帝永始元年春，北海出大鱼，长六丈，高一丈，四枚。哀帝建平三年，东莱平度出大鱼，长八丈，高丈一尺，七枚。皆死。京房《易传》曰：'海数见巨鱼，邪人进，贤人疏。'"①现在看来，关于西汉晚期"北海出大鱼""东莱平度出大鱼"的记载，是世界最早的关于今人所谓"鲸鱼集体搁浅""鲸鱼集体自杀"情形的比较明确的历史记录。记载东汉史事的文献也可以看到涉及"出大鱼"的内容。《续汉书·五行志三》"鱼孽"题下写道："灵帝熹平二年，东莱海出大鱼二枚，长八九丈，高二丈余。明年，中山王畅、任城王博并薨。"刘昭《注补》："京房《易传》曰：'海出巨鱼，邪人进，贤人疏。'臣昭谓此占符灵帝之世，巨鱼之出，于是为征，宁独二王之妖也！"②《淮南子·天文》关于天文和人文的对应，有"人主之情，上通于天，故诛暴则多飘风，枉法令则多虫螟，杀不辜则国赤地，令不收则多淫雨"语，同时也说到其他自然现象的对应关系，包括"鲸鱼死而彗星出"。《淮南子·览冥》也写道："东风至而酒湛溢，蚕咡丝而商弦绝，或感之也；画随灰而月运阙，鲸鱼死而彗星出，或动之也。"对于所谓"鲸鱼死"，高诱的解释就是："鲸鱼，大鱼，盖长数里，死于海边。"③《淮南子》"鲸鱼死而彗星出"的说法为纬书所继承，其神秘主义色彩得以进一步渲染。《太平御览》卷 7 引《春秋考异邮》："鲸鱼死而彗星出。"注："《淮南子》亦云。"又《太平御览》卷 938 引《春秋考异邮》曰："鲸鱼死而彗星出。"《太平御览》卷 875 引《春秋考异邮》作"鲸鱼死彗星合"，宋均注："鲸鱼，阴物，生于水。今出而死，是时有兵相杀之祥也。故天应之以妖彗也。"④

《论衡·乱龙》所谓"夫东风至酒湛溢，鲸鱼死彗星出，天道自然，非人事也"的判断，否定了以为"鲸鱼死，彗星出"是政治灾异的认识，体现了"天道自然"并不与"人事"必然对应的清醒认识。这种对"自然"现象、"自然"规律的

---

① 《汉书》，第 1431 页。王子今：《鲸鱼死岸：〈汉书〉的"北海出大鱼"记录》，《光明日报》2009 年 7 月 21 日。
② 《后汉书》，第 3317 页。
③ 刘文典：《淮南鸿烈集解》，第 83—84、195 页。
④ （宋）李昉等撰：《太平御览》，第 34、4167、3881 页。

完全"自然"的感觉，应是建立在熟悉海洋环境的"自然"经验的心理基础之上的。①

七、"海内""海外"与"裨海""瀛海"

《论衡·书虚》写道："舜之与尧，俱帝者也，共五千里之境，同四海之内。"②指出先古圣王"尧""舜""俱帝"，其执政区域之"共""同"空间，乃"四海之内"。又《论衡·艺增》："《论语》曰：'大哉！尧之为君也，荡荡乎民，无能名焉。'"王充写道："言荡荡，可也；乃欲言民无能名，增之也。四海之大，万民之众，无能名尧之德者，殆不实也。"也说"四海"。而《论衡·艺增》又说："《尚书》'协和万国'，是美尧德致太平之化，化诸夏并及夷狄也。言协和方外，可也；言万国，增之也。夫唐之与周，俱治五千里内。周时诸侯千七百九十三国，荒服、戎服、要服及四海之外不粒食之民，若穿胸、儋耳、焦侥、跂踵之辈。并合其数，不能三千、天之所覆，地之所载，尽于三千之中矣。而《尚书》云'万国'，褒增过实，以美尧也。"③王充澄清儒家经典"美尧"、"美尧德""褒增过实"的宣传时，也涉及"四海"与"万国"对应的语言习惯。

《论衡·谈天》同样指出"儒书""久远之文"的不合理："儒书言：'共工与颛顼争为天子，不胜，怒而触不周之山，使天柱折，地维绝。女娲销炼五色石以补苍天，断鳌足以立四极。天不足西北，故日月移焉；地不足东南，故百川注焉。'此久远之文，世间是之言也。文雅之人，怪而无以非，若非而无以夺，又恐其实然，不敢正议。以天道人事论之，殆虚言也。与人争为天子，不胜，怒触不周之山，使天柱折，地维绝，有力如此，天下无敌。以此之力，与三军战，则士卒蝼蚁也，兵革毫芒也，安得不胜之恨，怒触不周之山乎？

① 《白孔六帖》卷98引《庄子》曰："吞舟之鱼失水，则蝼蚁而能制之。"(唐)白居易原本，(宋)孔传续撰：《白孔六帖》，《四库类书丛刊》，上海古籍出版社据文渊阁《四库全书》本1992年5月影印版，第594页。可见相关现象是滨海"自然"观察的经验。《文选》卷2张衡《西京赋》描述宫苑中仿照海域营造的"太液沧池"所谓"鲸鱼失流而蹉跎"，也并不以这一现象与政治局势相联系而理解为"妖"。(梁)萧统编，(唐)李善注：《文选》，第42页。张衡著述在王充之后，或许受到王充的影响。

② 黄晖撰：《论衡校释》(附刘盼遂集解)，第174页。

③ 黄晖撰：《论衡校释》(附刘盼遂集解)，第388、381—383页。

且坚重莫如山，以万人之力，共推小山，不能动也。如不周之山，大山也。使是天柱乎？折之固难。使非〔天〕柱乎？触不周山而使天柱折，是亦复难。信，颛顼与之争，举天下之兵，悉海内之众，不能当也，何不胜之有！"①王充在与"儒书"的论辩中用"举天下之兵，悉海内之众"语，"天下"与"海内"对应。这正是汉代政论的语言定式。

　　"海内"，当时已经成为与"天下"对应的语汇。《史记》卷 118《淮南衡山列传》所谓"临制天下，一齐海内"就是典型的例证。② 当时以大一统理念为基点的政治理想的表达，已经普遍取用涉及海洋的地理概念。政治地理语汇"海内"与"天下"的同时通行，在某种意义上反映了在中原居民的世界观和文化观中，海洋已经成为空间界定的重要坐标。贾谊《新书·时变》有"威振海内，德从天下"之说。③《淮南子·要略》曾言"天下未定，海内未辑"。④《盐铁论·轻重》可见"天下之富，海内之财"语。⑤ 在这种语言形式背后，是社会对海洋的共同关心。"海内"和"天下"形成严整对应关系的文例，《汉书》中即可以看到："贞天下于一，同海内之归。"⑥"临制天下，壹齐海内。"⑦"天下少双，海内寡二。"⑧"威震海内，德从天下。"⑨"海内为一，天下同任。"⑩"海内晏然，天下大洽。"⑪这一语言现象，体现了当时中原居民的海洋意识出现了历史性的变化。

　　《论衡·解除》写道："行尧、舜之德，天下太平，百灾消灭，虽不逐疫，

---

①　黄晖撰：《论衡校释》（附刘盼遂集解），第 469—470 页。

②　《史记》，第 3090 页。

③　（汉）贾谊撰，阎振益、钟夏校注：《新书校注》，第 96 页。

④　刘文典：《淮南鸿烈集解》，第 709 页。

⑤　王利器校注：《盐铁论校注》（定本），第 180 页。

⑥　《汉书》卷 21 上《律历志上》，第 972 页。

⑦　与《史记》卷 118《淮南衡山列传》"临制天下，一齐海内"同。《汉书》卷 45《伍被传》，第 2172 页。

⑧　《汉书》卷 64 上《吾丘寿王传》，第 2795 页。

⑨　《汉书》卷 48《贾谊传》，第 2244 页。

⑩　《汉书》卷 52《韩安国传》，第 2399 页。

⑪　《汉书》卷 65《东方朔传》，第 2872 页。

鬼不往。行桀、纣之行，海内扰乱，百祸并起，虽日逐疫，疫鬼犹来。"①是以"天下太平，百灾消灭"与"海内扰乱，百祸并起"形成对照。"天下"与"海内"对仗。《论衡·宣汉》："今上即命，奉成持满，四海混一，天下定宁。"则以"四海"与"天下"对应。② 而《论衡·定贤》："上赐寿王书曰：子在朕前时，辐凑并至，以为天下少双，海内寡二……"③其中"天下少双，海内寡二"语，与前引《汉书》卷64上《吾丘寿王传》文辞竟然完全相同。

"海"与空间意识、地理认知、世界观念之间的关系，由"四海""天下"、"海内""天下"的语言定式得以反映。《论衡》是我们考察汉代相关文化现象的一件重要的标本。

《史记》卷112《平津侯主父列传》载严安上书，回顾秦史的教训："及至秦王，蚕食天下，并吞战国，称号曰皇帝，主海内之政，坏诸侯之城，销其兵，铸以为钟虡，示不复用。元元黎民得免于战国，逢明天子，人人自以为更生。向使秦缓其刑罚，薄赋敛，省繇役，贵仁义，贱权利，上笃厚，下智巧，变风易俗，化于海内，则世世必安矣。秦不行是风而循其故俗，为智巧权利者进，笃厚忠信者退；法严政峻，谄谀者众，日闻其美，意广心轶。欲肆威海外，乃使蒙恬将兵以北攻胡，辟地进境，戍于北河，蜚刍挽粟以随其后。又使尉屠睢将楼船之士南攻百越，使监禄凿渠运粮，深入越，越人遁逃。旷日持久，粮食绝乏，越人击之，秦兵大败。秦乃使尉佗将卒以戍越。当是时，秦祸北构于胡，南挂于越，宿兵无用之地，进而不得退。行十余年，丁男被甲，丁女转输，苦不聊生，自经于道树，死者相望。及秦皇帝崩，天下大叛。陈胜、吴广举陈，武臣、张耳举赵，项梁举吴，田儋举齐，景驹举郢，周市举魏，韩广举燕，穷山通谷豪士并起，不可胜载也。"④即以兼并"诸侯"称"主海内之政"，而北河南海的进取，即"北攻胡"，"南攻百越"，称"欲肆威海外"。

---

① 黄晖撰：《论衡校释》(附刘盼遂集解)，第1043页。
② 黄晖撰：《论衡校释》(附刘盼遂集解)，第822页。
③ 黄晖撰：《论衡校释》(附刘盼遂集解)，第1108页。
④ 《史记》，第2958页。

除"海内""四海之内"而外，《论衡》也说到"海外""四海之外"。如前引《论衡·艺增》所谓"四海之外不粒食之民，若穿胸、儋耳、焦侥、跂踵之辈"。①又《论衡·谈天》又言及邹衍学说："邹衍之书，言天下有九州，《禹贡》之上，所谓九州也。《禹贡》九州，所谓一州也。若《禹贡》以上者，九焉。《禹贡》九州，方今天下九州也，在东南隅，名曰赤县神州。复更有八州，每一州者四海环之，名曰裨海。九州之外，更有瀛海。此言诡异，闻者惊骇，然亦不能实然否，相随观读讽述以谈。故虚实之事，并传世间，真伪不别也。世人惑焉，是以难论。"黄晖校释解说"裨海"："有裨海环之。《史记·孟子传》《索隐》曰：'裨海，小海也。'"关于"九州之外，更有瀛海"，黄晖说："此天地之际。《汉·艺文志》《阴阳家》：'《邹子》四十九篇，《邹子终始》五十六篇。'《封禅书》言其著《终始五德之运》。今并不传。其瀛海神州之说，只见于史迁、桓宽、仲任称引，不知出其何著。然据《史记·孟子传》言其作《终始大圣之篇》，先序今以上至黄帝，推而远之，至天地未生，先列中国名山大川，因而推之及海外，以为中国者，于天下乃八十一分居其一分耳。又《盐铁论·邹篇》云：'邹子推终始之运，谓中国，天下八十一分之一。'则知其大九州说，出自《邹子·终始》。仲任时，当尚及见之。"②

邹衍学说所谓"每一州者四海环之，名曰裨海。九州之外，更有瀛海"，其实是大略符合现今地理知识的。王充说到邹衍之说的可疑："案邹子之知不过禹。禹之治洪水，以益为佐。禹主治水，益之记物。极天之广，穷地之长，辨四海之外，竟四山之表，三十五国之地，鸟兽草木，金石水土，莫不毕载，不言复有九州。淮南王刘安召术士伍被、左吴之辈，充满宫殿，作道术之书，论天下之事。《地形》之篇，道异类之物，外国之怪，列三十五国之异，不言更有九州。邹子行地不若禹、益，闻见不过被、吴，才非圣人，事非天授，安得此言？案禹之《山经》，淮南之《地形》，以察邹子之书，虚妄之言也。太史公曰：'《禹本纪》言河出昆仑，其高三千五百余里，日月所于辟隐为光明也，其上有玉泉、华池。今自张骞使大夏之后，穷河源，恶睹《本纪》所谓昆

---

① 黄晖撰：《论衡校释》（附刘盼遂集解），第 382 页。
② 黄晖撰：《论衡校释》（附刘盼遂集解），第 473—474 页。

仑者乎？故言九州山川，《尚书》近之矣。至《禹本纪》、《山海经》所有怪物，余不敢言也。'夫弗敢言者，谓之虚也。昆仑之高，玉泉、华池，世所共闻，张骞亲行无其实。案《禹贡》九州山川，怪奇之物，金玉之珍，莫不悉载，不言昆仑山上有玉泉、华池。案太史公之言，《山经》、《禹纪》，虚妄之言。凡事难知，是非难测。"以多家学说对照邹衍所论，以为"虚妄"。尤其引"太史公曰"所谓"今自张骞使大夏之后，穷河源"，以新的海外考察实践收获作为"余不敢言也"的意识基础，尤其值得重视。

　　然而，王充又有讨论："极为天中，方今天下在天极之南，则天极北必高多民。《禹贡》'东渐于海，西被于流沙'，此则天地之极际也。日刺径十里，今从东海之上会稽鄞、鄮，则察日之初出径二尺，尚远之验也。远则东方之地尚多。东方之地尚多，则天极之北，天地广长，不复訾矣。夫如是，邹衍之言未可非。《禹纪》、《山海》、《淮南·地形》未可信也。"指出"邹衍之言"未可否定。王充又写道："邹衍曰：'方今天下在地东南，名赤县神州。'天极为天中，如方今天下在地东南，视极当在西北。今正在北，方今天下在极南也。以极言之，不在东南。邹衍之言非也。如在东南，近日所出，日如出时，其光宜大。今从东海上察日，及从流沙之地视日，小大同也。相去万里，小大不变，方今天下得地之广，少矣。"所谓"今从东海上察日，及从流沙之地视日，小大同也"，其中前者，应是于其居地观察的实际感觉。王充又说："雒阳，九州之中也。从雒阳北顾，极正在北。东海之上，去雒阳三千里，视极亦在北。推此以度，从流沙之地视极，亦必复在北焉。东海、流沙，九州东、西之际也，相去万里，视极犹在北者，地小居狭，未能辟离极也。日南之郡，去雒且万里。徙民还者，问之，言日中之时，所居之地未能在日南也。度之复南万里，地在日之南。是则去雒阳二万里，乃为日南也。今从雒地察日之去远近，非与极同也，极为远也。今欲北行三万里，未能至极下也。假令之至，是则名为距极下也。以至日南五万里，极北亦五万里也。极北亦五万里，极东、西亦皆五万里焉。东、西十万，南、北十万，相承百万里。邹衍之言：'天地之间，有若天下者九。'案周时九州，东西五千里，南北亦五千里。五五二十五，一州者二万五千里。天下若此九之，乘二万五千里，二十二万五千里。如邹衍之书，若谓之多，计度验实，反为少焉。"①王充以更广阔的视角观察，竟然得到幅员超过"邹衍之书"的对更广阔的"天下"的认识。

王充的考察包括"从东海之上会稽鄞、鄮""察日"，"从东海上察日"，应当是亲身所为。又有对于"日南""徙民还者，问之"的调查，更超越了对于"东海之上"的思考，而至于"复南万里，地在日之南"的南海。王充对于"天下"的理解，在当时的情况下自有局限，然而这种通过海洋考察认识"天下"的方式是值得赞许的。

《论衡·对作》写道："俗传既过，俗书又伪。若夫邹衍谓今天下为一州，四海之外有若天下者九州。""世间书传，多若等类，浮妄虚伪，没夺正是。心溃涌，笔手扰，安能不论？论则考之以心，效之以事，浮虚之事，辄立证验。"②可见对邹衍学说的辨析，王充心存批判意识。所谓"心溃涌，笔手扰，安能不论"，动机在于求"正是"，斥"浮虚"。其认识路径，是"考之以心，效之以事"，以"证验"求其真实。其实，邹衍的"浮虚"也是相对的。而王充以"海"为考察基本参照的研究方式，不仅值得地理学者重视，也值得海洋史与海洋文化研究者注意。

八、《论衡》言海洋神仙信仰与海洋资源开发

王充《论衡》有关"海"的文字，反映了汉代社会对"海"的多方面的关心。这种关心在精神信仰层面和物质追求层面，都有所表现。

《论衡》有关论辩，透露出与当时社会盛行的海洋神仙信仰的文化继承关系。如《论衡·无形》："图仙人之形，体生毛，臂变为翼，行于云，则年增矣，千岁不死"，"海外三十五国，有毛民、羽民，羽则翼矣"。③《论衡·道虚》言"儒书言：卢敖游乎北海，经乎太阴"或说"卢敖学道求仙，游乎北海"，及见"能轻举入云中者""食合梨"，"食合蜊之肉"事。"合梨""合蜊"，被解释为

---

① 黄晖撰：《论衡校释》（附刘盼遂集解），第 474—480 页。
② 黄晖撰：《论衡校释》（附刘盼遂集解），第 1183 页。
③ 黄晖撰：《论衡校释》（附刘盼遂集解），第 66—67 页。

"海蚌"①，应即蛤蜊。《艺文类聚》卷61引徐幹《齐都赋》可见"玄蛤""駮蚌"。②
徐幹以此作为海产"宝玩"，但是当时人们食用蛤蚌，是可以确定的。宋人夏
僎《夏氏尚书详解》卷6《夏书·禹贡》说："海物，即水族之可食者，所谓蠯嬴
蜃蚳之属是也。"③又如元人吴澄《书纂言》卷2《夏书》："海物，水族排蜃罗池
之类。"④这里所谓"海物"包括各种海洋"水族"。而"蜃"受到共同的重视。汉
景帝阳陵陵园内封土东侧外藏坑 K13、K14 和 K16 发掘收获包括多种动物骨
骼。有学者介绍了其中 K16 和 K14 盗洞中发现的动物骨骼，而所谓"海相的
螺和蛤"的出土尤为引人注目。研究者指出，"海洋性动物螺和蛤共计 4 个种
12 个个体，是这批动物骨骼的一大显著特征。"⑤王充就卢敖故事发表议
论："……且凡能轻举入云中者，饮食与人殊之故也。龙食与蛇异，故其举措
与蛇不同。闻为道者，服金玉之精，食紫芝之英。食精身轻，故能神仙。若
士者，食合𧏠之肉，与庸民同食，无精轻之验，安能纵体而升天？闻食气者
不食物，食物者不食气。若士者食物，如不食气，则不能轻举。"王充又写道：
"或时卢敖学道求仙，游乎北海，离众远去，无得道之效，惭于乡里，负于论
议，自知以必然之事见责于世，则作夸诞之语，云见一士。其意以为有仙，
求之未得，期数未至也。淮南王刘安坐反而死，天下并闻，当时并见，儒书
尚有言其得道仙去、鸡犬升天者，况卢敖一人之身，独行绝迹之地，空造幽
冥之语乎？"⑥卢敖事迹，被指为"夸诞之语""幽冥之语"，然而也许"夸诞""幽
冥"的神秘故事中，可以透露出当时社会对于"仙"的崇拜。而仙人的神秘光
辉，有海色背景。王充所谓"卢敖学道求仙，游乎北海"，使这一故事的文化
背景得以明朗。他说："食精身轻，故能神仙。若士者，食合𧏠之肉，与庸民

---

① 黄晖校释："按：'合梨'读作'蛤𧏠'。《淮南》作'蛤梨'。高注：'海蚌也。'"《论衡校
释》(附刘盼遂集解)，第 321—322、324—325 页。
② (唐)欧阳询撰，汪绍楹校：《艺文类聚》，第 1103 页。
③ (宋)夏僎：《尚书详解》，《丛书集成初编》第 3606 册，第 150 册。
④ (元)吴澄：《书纂言》，《景印文渊阁四库全书》第 61 册，第 52 页。
⑤ 胡松梅、杨武站：《汉阳陵帝陵陵园外藏坑出土的动物骨骼及其意义》，《考古与文
物》2010 年第 5 期。
⑥ 黄晖撰：《论衡校释》(附刘盼遂集解)，第 321—325 页。

同食，无精轻之验，安能纵体而升天?"大概在王充生活的时代，"食合蛪之肉"，已经是海滨"庸民"饮食等级。但是在汉初或者至于《淮南子》成书时代的社会观念中，这可能是具有一定神秘意味的特殊食品，借此可以获得"精轻之验"，能够进入"轻举入云中"、"纵体而升天"的境界。

《论衡·乱龙》还写道："上古之人有神荼、郁垒者，昆弟二人，性能执鬼，居东海度朔山上，立桃树下，简阅百鬼。鬼无道理，妄为人祸。荼与郁垒，缚以卢索，执以食虎。"[①] 看来，当时社会信仰世界中"神仙"与"海"的关系，在《论衡》中是有多种表现的。

关于海洋资源开发的经济意义，王充亦曾予以重视。前引《论衡·别通》所谓"东海之中，可食之物，杂糅非一"及"海水精气渥盛，故其生物也众多奇异"，且与"耕夫多殖嘉谷，谓之上农"[②]对应之外，《论衡·说日》说到"珠"这种奢侈品的生产："海外西南有珠树焉，察之是珠，然非鱼中之珠也。"又言"珠树似珠非真珠"。[③] 又《论衡·率性》讨论《禹贡》曰'璆琳琅玕'者"时，说到"鱼蚌之珠"。[④]《论衡·自纪》"珠匿鱼腹"，非"珠师"则"莫能采得"之说[⑤]，也值得研究者考察海珠生产方式时注意。

《史记》卷129《货殖列传》："九疑、苍梧以南至儋耳者，与江南大同俗，而杨越多焉。番禺亦其一都会也，珠玑、犀、瑇瑁、果、布之凑。"[⑥]《汉书》卷28下《地理志下》明确说："处近海，多犀、象、毒冒、珠玑、银、铜、果、布之凑。"[⑦]"处近海"的空间指示意义十分明确。"珠玑"作为海产，是当时的经济地理常识。《汉书》卷6《武帝纪》说"定越地"后设南海九郡，其中有"珠崖"。关于"珠崖"，颜师古注引应劭曰："在大海中崖岸之边。出真珠，故曰珠崖。"又引张晏曰："在海中"，"珠崖，言珠若崖矣"。[⑧] 关于汉代采珠生产

① 黄晖撰：《论衡校释》(附刘盼遂集解)，第 699 页。
② 黄晖撰：《论衡校释》(附刘盼遂集解)，第 595 页。
③ 黄晖撰：《论衡校释》(附刘盼遂集解)，第 511 页。
④ 黄晖撰：《论衡校释》(附刘盼遂集解)，第 76 页。
⑤ 黄晖撰：《论衡校释》(附刘盼遂集解)，第 1195 页。
⑥ 《史记》，第 3268 页。
⑦ 《汉书》，第 1670 页。
⑧ 《汉书》，第 188 页。

的较早史料，有扬雄《校猎赋》有关"流离""珠胎"的著名文句："方椎夜光之流离，剖明月之珠胎……"颜师古注："珠在蛤中若怀妊然，故谓之胎也。"①《汉书》卷 100 上《叙传上》："……随侯之珠藏于蟇蛤虖？"②也体现人们对"珠"的生成缘由以及"采珠"的技术方式都是熟悉的。"珠胎"的生动比喻，有孔融所谓"不意双珠，近出老蚌"语。③

关于"珠"的生产，人们尤熟知"珠还合浦"的故事。其史实基点，即《后汉书》卷 76《循吏列传·孟尝》："(孟尝)迁合浦太守。郡不产谷实，而海出珠宝，与交阯比境，常通商贩，贸籴粮食。先时宰守并多贪秽，诡人采求，不知纪极，珠遂渐徙于交阯郡界。于是行旅不至，人物无资，贫者饿死于道。尝到官，革易前敝，求民病利。曾未逾岁，去珠复还，百姓皆反其业，商货流通，称为神明。"④这是有关南海产珠之海产开发史的明确资料。《论衡》"鱼蚌之珠"与"珠匿鱼腹"说与所谓"珠胎"即"珠在蛤中若怀妊然"以及"珠藏于蟇蛤"等说法稍有误差，然而"海水精气渥盛，故其生物也众多奇异"的意见，却反映了来自海产史的真知。《三国志》卷 53《吴书》裴松之注引《吴书》："海产明珠，所在为宝。"⑤《艺文类聚》卷 61 引晋左思《吴都赋》也说到"蟇蛤珠胎"⑥，都反映王充生活的会稽地方，应当有"海出珠宝"的经济收益。

此外，《论衡·言毒》说到"路畏入南海，鸩鸟生于南，人饮鸩死"⑦，可以理解为"南海"航行艰险的交通史信息。⑧而有关"鸩"的言说，也可以看作在博物学初步兴起的文化背景下，王充海洋学知识构成在《论衡》一书中的反映。

---

① 《汉书》卷 87 上《扬雄传上》载录《校猎赋》，第 3550、3552 页。
② 《汉书》，第 4231 页。
③ 《三国志》卷 10《魏书·荀彧传》裴松之注引孔融与(韦)康父端书："前日元将来，渊才亮茂，雅度弘毅，伟世之器也。昨日仲将又来，懿性贞实，文敏笃诚，保家之主也。不意双珠，近出老蚌，甚珍贵之。"第 312—313 页。
④ 《后汉书》，第 2473 页。
⑤ 《三国志》，第 1243 页。
⑥ (唐)欧阳询撰，汪绍楹校：《艺文类聚》，第 1107 页。
⑦ 黄晖撰：《论衡校释》(附刘盼遂集解)，第 956 页。
⑧ 《汉书》卷 28 下《地理志下》说到南海航道的艰险："又苦逢风波溺死，不者数年来还。"第 1671 页。

　　王充海洋意识的发生和发育，自有会稽作为滨海地方之海洋文化的背景。全面认识这一背景，应当进行多视角的考察。

　　西汉时期，北起辽东，南至会稽滨海 18 郡国，占《汉书·地理志》所载"迄于孝平，凡郡国一百三"的 17.48％。民户则占全国总数的 20.78％ 至 20.88％，人口占全国总数的 18.45％ 至 19.33％。① 大致在战国、秦及西汉时期，这一地区的户口密度高于全国平均水平。② 这正是与当时这一地区经济较为发达的状况相一致的。秦王朝"使天下蜚刍挽粟，起于黄、腄、琅邪负海之郡，转输北河"③，汉武帝时频繁发起远程运输，"千里负担馈粮"，"人徒之费"的调发，往往"东至沧海之郡"④，汉宣帝曾"增海租三倍"⑤。秦与西汉王朝对滨海地区的剥夺，体现其经济的相对稳定。

　　陈寅恪在著名论文《天师道与滨海地域之关系》中曾经指出，汉时有所谓"滨海地域之学说"。他认为，神仙学说之起源及其道术之传授，必然与滨海地域有关，自东汉顺帝起至北魏太武帝、刘宋文帝时代，凡天师道与政治社会有关者，如黄巾起义、孙恩作乱等，都可以"用滨海地域一贯之观念以为解释"，"凡信仰天师道者，其人家世或本身十分之九与滨海地域有关"。他指出，两晋南北朝时期，"多数之世家其安身立命之秘，遗家训子之传，实为惑世诬民之鬼道"，"溯其信仰之流传多起于滨海地域，颇疑接受外来之影响。盖二种不同民族之接触，其关于武事之方面者，则多在交通阻塞之点，即山岭险要之地。其关于文化方面者，则多在交通便利之点，即海滨湾港之地"。"海滨为不同文化接触最先之地，中外古今史中其例颇多。"⑥王充《论衡》的文化创获，应当与这一文化条件有关。陈说"颇疑接受外来之影响"，启示我们

---

① 《汉书》卷 28《地理志》载全国户口总数和各郡国户口合计数字有出入，故有两种统计结果。
② 王子今：《秦汉区域文化研究》，第 82—86 页。
③ 《史记》卷 112《平津侯主父列传》，第 2954 页。
④ 《史记》卷 30《平准书》，第 1421 页。
⑤ 《汉书》卷 24 上《食货志上》，第 1141 页。
⑥ 陈寅恪：《天师道与滨海地域之关系》，《"中央研究院"历史语言研究所集刊》第 3 本第 4 分册，收入《金明馆丛稿初编》(陈寅恪文集之二)，上海古籍出版社 1980 年版，第 1—40 页。

相关思索可以联系丝绸之路史的考察。

第六节　西北的"鲍鱼"

一种特殊的水产品"鲍鱼"，战国秦汉时期作为饮食消费品出现在历史遗存之中。我们注意到，秦始皇人生悲剧最后一幕的演出，"鲍鱼"曾经作为重要道具，形成了普及性非常强的社会熟知度。居延汉简中发现了有"鲍鱼"文字的简例，颇为引人注目。考察"鲍鱼"名义，可以推知大致是经过腌制处理的渔产收获。现在看来，河西简文所见"鲍鱼"，仍然不能完全排除出于海产的可能。如果简文所见"鲍鱼"确实指代海洋渔产，难免会引起人们的疑惑。距离海洋甚远的西北边地，何以出现有关海产品的文字记录？就此进行考察，可以增进我们对于当时海洋探索与海洋开发的认识，而对北边社会生活情状的理解，也可以因此深化。

一、居延出土"鲍鱼"简文

居延汉简中可以看到出现"鲍鱼"字样的简文。

汉简文字"鲍鱼"的发现，提示我们关注水产品在河西社会饮食生活中的意义。"鲍鱼"简文可见：

(1)鲍鱼百头(263.3)①

又居延新简亦有：

(2)不能得但以鲍鱼☒(EPF22：480)②

---

① 谢桂华、李均明、朱国炤：《居延汉简释文合校》，第 437 页。谢桂华等按："头"，《居延汉简甲乙编》作"☐"(中华书局 1980 年版)，《居延汉简考释·释文之部》作"愿"(台北 1960 年重订本)。简牍整理小组编《居延汉简(叁)》亦作"鲍鱼百头"。"中央研究院"历史语言研究所专刊之一〇九，"中央研究院"历史语言研究所 2016 年版，第 153 页。

② 甘肃省文物考古研究所、甘肃省博物馆、文化部古文献研究室、中国社会科学院历史研究所：《居延新简：甲渠候官》上册，第 225 页；张德芳：《居延新简集释(七)》，第 536 页。甘肃省文物考古研究所、甘肃省博物馆、文化部古文献研究室、中国社会科学院历史研究所《居延新简：甲渠候官与第四燧》释文作"不能得但以鲍鱼☐"，第 509 页。

肩水金关简也有出现"鲍鱼"字样的简例：

> （3）负鲍鱼十斤见五十头橐败少三斤给过客（73EJT33：88）①

所谓"给过客"，说明"鲍鱼"是接待性饮食服务的常规菜品。

由简（1）可知，"鲍鱼"的计量单位是"头"，简（3）则"斤"与"头"并用。由简文"见五十头橐败"，似可产生"鲍鱼"的包装方式用"橐"的联想。当然也可以作别的解说。

二、秦始皇辒车载"鲍鱼"

《史记》卷 6《秦始皇本纪》记述秦始皇三十七年（前 210）去世于出巡途中，行返咸阳的情形：

> 七月丙寅，始皇崩于沙丘平台。丞相斯为上崩在外，恐诸公子及天下有变，乃秘之，不发丧。棺载辒凉车中，故幸宦者参乘，所至上食。百官奏事如故，宦者辄从辒凉车中可其奏事。独子胡亥、赵高及所幸宦者五六人知上死。赵高故尝教胡亥书及狱律令法事，胡亥私幸之。高乃与公子胡亥、丞相斯阴谋破去始皇所封书赐公子扶苏者，而更诈为丞相斯受始皇遗诏沙丘，立子胡亥为太子。更为书赐公子扶苏、蒙恬，数以罪，赐死。语具在《李斯传》中。行，遂从井陉抵九原。会暑，上辒车臭，乃诏从官令车载一石鲍鱼，以乱其臭。

关于"一石鲍鱼"，张守节《正义》："鲍，白卯反。"②《史记会注考证》："百二十斤曰石。"③

"鲍鱼"，因此成为标志秦末历史记忆的特殊文化符号。唐人陈陶《续古二十八首》之十一："秦国饶罗网，中原绝麟凤。万乘巡海回，鲍鱼空相送。"④

---

①　甘肃简牍博物馆、甘肃省文物考古研究所、甘肃省博物馆、中国文化遗产研究院、中国社会科学院简帛研究中心编：《肩水金关汉简（肆）》下册，中西书局 2015 年版，第 7 页。

②　《史记》，第 264—265 页。

③　（汉）司马迁撰，［日］泷川资言考证，［日］水泽利忠校补：《史记会注考证附校补》，第 171 页。

④　（明）赵宦光、黄习远编定，刘卓英校点：《万首唐人绝句》，第 133 页。

韦楚老《祖龙行》诗："黑云兵气射天裂，壮士朝眠梦冤结。祖龙一夜死沙丘，胡亥空随鲍鱼辙。"①宋人刘克庄《读秦纪七绝》之二："匈奴驱向长城外，当日蒙恬计未非。欲被筑城夫冷笑，辒凉车载鲍鱼归。"②汪元量《阿房宫故基》诗："欲为不死人，万代秦宫主。风吹鲍鱼腥，兹事竟虚语。"③王十朋《望天台赤城山感而有作》诗："仙山不容肉眼见，天为设险藏神灵。山中采药使未返。鲍鱼向已沙丘腥。"④元人胡助《始皇》诗："可怜万世帝王业，只换一坑儒士灰。环柱中车几不免，沙丘同载鲍鱼回。"⑤郭钰《读史四首》之一："六国中深机，三山使未归。辒辌车上梦，受用鲍鱼肥。"⑥明人齐之鸾《始皇墓》诗："金泉已锢鲍鱼枯，四海骊山夜送徒。牧火燎原机械尽，祖龙空作万年图。"⑦杨慎《过秦论》写道："方架鼋鼍以为梁，巡海右以送日。俄而祖龙魂断于沙丘，鲍鱼腥闻乎四极矣。"⑧清人吴雯《祖龙行》诗也说："昨日徐郎有报书，帆樯将近羽人都。何事君王不相待，辒辌东来杂鲍鱼。"⑨又樊增祥《午公属题琅琊碑拓本敬赋长句奉呈》："由来天意当亡秦，辒辌已载鲍鱼去。篝火遂假妖狐言，泗亭白蛇肇大业。"⑩冯云鹏《饮马长城窟行》也写道："贻璧滴池君，今年祖龙死。可怜辒凉车，遗臭同鲍鱼。"⑪

"鲍鱼"作为具有历史纪念意义的文化标记，为历代学人所关注，也因此成为饮食史、日常生活史、资源开发史研究者瞩目的历史存在。

三、"嗜鲍鱼"故事与"鲍鱼之肆"

《太平御览》卷935引《国语》说到周武王早年曾经有特殊的语言嗜好："周

---

①　（宋）计有功：《唐诗纪事》下册，上海古籍出版社2013年版，第860页。

②　（宋）刘克庄著，辛更儒笺校：《刘克庄集笺校》，中华书局2011年版，第2100页。

③　（宋）汪元量撰，孔凡礼辑校：《增订湖山类稿》，中华书局1984年版，第91—92页。

④　（宋）王十朋：《梅溪集》卷4，梅溪集重刊委员会编：《王十朋全集》，第59页。

⑤　（元）胡助：《纯白斋类稿》卷17，《景印文渊阁四库全书》第1214册，第612页。

⑥　（元）郭钰：《静思集》卷10，《景印文渊阁四库全书》第1219册，第242页。

⑦　（清）陈田：《明诗纪事》戊签卷6，《续修四库全书》第1711册，第158页。

⑧　（明）杨慎：《升庵集》卷70，《景印文渊阁四库全书》第1270册，第691页。

⑨　（清）吴雯：《莲洋诗钞》卷2，《景印文渊阁四库全书》第1322册，第313页。

⑩　（清）樊增祥：《樊山续集》卷7《柳下集》，《续修四库全书》第1574册，第634页。

⑪　（清）冯云鹏：《扫红亭吟稿》卷1，《续修四库全书》第1491册，第179页。

文太子发耆鲍鱼，太公为其傅，曰：'鲍鱼不登俎豆，岂有非礼而可养太子？'"①贾谊《新书》卷 6《礼》："昔周文王使太公望傅太子发，嗜鲍鱼②，而公弗与。太公曰：'礼：鲍鱼不登于俎。岂有非礼而可以养太子哉？'"③同样可以看作上层社会食用"鲍鱼"的例证。

马王堆一号汉墓出土记载随葬器物名称与数量的"遣策"中，也可见"鲍鱼"。如：

    （4）鹿肉鲍鱼笋白羹一鼎（1109）
    （5）鲜鰿禺鲍白羹一鼎（1114）④

这当然也是说明汉初上层社会喜爱"鲍鱼"之风习的文物实例。简（5）"鲍白羹"，就是"鲍鱼白羹"。《汉书》卷 28 下《地理志下》："寿春、合肥受南北湖皮革、鲍、木之输，亦一都会也。"颜师古注："鲍，鲍鱼也。"⑤可知"鲍鱼"可以简称"鲍"。

《吴越春秋》卷 3《王僚使公子光传》有渔父"持麦饭、鲍鱼羹、盎浆"饷伍子胥故事⑥，说到民间饮食生活中的"鲍鱼"。渔父所持"鲍鱼羹"可以与马王堆汉墓"鲍鱼笋白羹""鲍白羹"对照理解。看来以"鲍鱼"加工制作的"羹"，是上至"侯"者下至"渔父"们共同习惯享用的食品。

"鲍鱼"在礼制传统中虽"不登俎豆""不登于俎"，却为不同社会等级的人们所"嗜"。《论衡·四讳》言及民间食"腐鱼之肉""鲍鱼之肉"事。⑦ 在当时的

---

① （宋）李昉等撰：《太平御览》，第 4154 页。文渊阁《四库全书》本"耆"作"嗜"。《景印文渊阁四库全书》第 901 册，第 345 页。
② 宋人王观国《学林》卷 5《好癖》将"周太子嗜鲍鱼"列为"凡人有所好癖者，鲜有不为物所役"一例。（宋）王观国撰，田瑞娟点校：《学林》，第 179 页。
③ （汉）贾谊撰，阎振益、钟夏校注：《新书校注》，第 214 页。《艺文类聚》卷 46 引《贾谊书》曰："昔文王使太公望傅太子，发嗜鲍鱼而公不与。文王曰：'发嗜鲍鱼，何为不与？'太公曰：'礼：鲍鱼不登乎俎。岂有非礼而可以养太子哉？'"（唐）欧阳询撰，唐绍楹校：《艺文类聚》，第 823 页。
④ 李均明、何双全编：《散见简牍合辑》，文物出版社 1990 年版，第 109 页。
⑤ 《汉书》，第 1668 页。
⑥ 周生春：《吴越春秋辑校汇考》，第 29 页
⑦ 黄晖撰：《论衡校释》，第 976 页。

社会生活中，"鲍鱼"作为消费面颇为广大的食品，其地位之重要，是不可以忽视的。

《孔子家语》卷4《六本》："子曰：……与不善人居，如入鲍鱼之肆，久而不闻其臭，亦与之化矣。"①《太平御览》卷406引《大戴礼》："与小人游，如入鲍鱼之肆，久而不闻其臭，则与之俱化矣。"②所谓"鲍鱼之肆"的说法，出于鲁地儒者言。宋人王楙《野客丛书》卷15"曾子之书"条说，"与小人游，如入鲍鱼之肆，久而不闻，则与之化矣"，"见曾子之书，诸书所引，盖本于此"。③据《史记》卷67《仲尼弟子列传》："曾参，南武城人。"司马贞《索隐》："按：武城属鲁，当时鲁更有北武城，故言南也。"张守节《正义》："《括地志》云：'南武城在兖州……'"④如果确实"诸书所引，盖本于此"，即本于"曾子之书"，因曾子出身齐鲁地方近海，有关"鲍鱼之肆"的说法由这里传布到其他地方，也是符合文化区域传播的逻辑的。《日知录》卷31"曾子南武城人"条就此有所讨论，其中写道："《春秋》襄公十九年'城武城'，杜氏注云：'泰山南武城县。'然《汉书》泰山郡无南武城，而有南成县，属东海郡。《续汉志》作'南城'，属泰山郡。至晋始为南武城。此后人之所以疑也。"论证"武城之即为南武城也"，"曾子所居之武城，费邑也"，"南成之即南城而在费"。⑤ 春秋时期的"费"，一在今山东费县北，一在今山东东乡东南。"武城"在今山东费县西南。⑥ 西汉时，这一地方属东海郡。⑦ 而"鲁"与"东海"有密切关系，被看作儒学文化基地之一。⑧

《说苑·杂言》也说到"鲍鱼之肆"。⑨ 可知服务于"嗜鲍鱼"风习，有满足相关需求专门从事这种食品之购销的商业经营。

---

① 杨朝明、宋立林：《孔子家语通解》，齐鲁书社2013年版，第187页。
② （宋）李昉等撰：《太平御览》，第1877页。
③ （宋）王楙撰，王文锦点校：《野客丛书》，第170页。
④ 《史记》，第2205页。
⑤ （清）顾炎武著，黄汝成集释，栾保群、吕宗力校点：《日知录集释》（全校本），第1735—1736页。
⑥ 谭其骧主编：《中国历史地图集》第1册，第26—27页。
⑦ 谭其骧主编：《中国历史地图集》第2册，第19—20页。
⑧ 《汉书》卷28下《地理志下》："汉兴以来，鲁东海多至卿相。"第1663页。
⑨ （汉）刘向撰，赵善诒疏证：《说苑疏证》，第514页。

河西汉简所见"鲍鱼"简文，增益了我们有关汉代"鲍鱼"加工、流通与消费的知识。然而同时似乎也使"鲍鱼"名义的判定更增加了复杂性。

四、"鲍鱼"名义

《释名·释饮食》："鲍鱼，鲍，腐也。埋藏奄，使腐臭也。"①"奄"应即"腌"。"埋藏"，应指制作程序中的密闭形式。"腐臭"，指出腌制导致产生的特殊气味。

《说苑·指武》："颜渊曰：'回闻鲍鱼、兰芷不同箧而藏；尧、舜、桀、纣，不同国而治……'"《说苑·杂言》载孔子曰："与善人居，如入兰芷之室，久而不闻其香，则与之化矣；与恶人居，如入鲍鱼之肆，久而不闻其臭，亦与之化矣。"②"鲍鱼"有通常人们难以习惯的特殊气味。《论衡·四讳》："凡人所恶，莫有腐臭。③ 腐臭之气，败伤人心，故鼻闻臭，口食腐，心损口恶，霍乱呕吐。夫更衣之室，可谓臭矣；鲍鱼之肉，可谓腐矣。然而有甘之更衣之室，不以为忌，肴食腐鱼之肉，不以为讳。意不存以为恶，故不计其可与不也。"④所谓"鲍鱼之肉"的"腐臭之气"相当强烈，所以秦始皇人生政治演出的最后一幕，才会有"会暑，上辒车臭，乃诏从官令车载一石鲍鱼，以乱其臭"的情节。

《史记》卷129《货殖列传》说，拥有"鲐鲞千斤，鲰千石，鲍千钧"者，其资产可"比千乘之家"。注家对"鲰""鲍"有所解说。裴骃《集解》："徐广曰：'鲰音辄，脯鱼也。'"司马贞《索隐》："鲰音辄，一音昨苟反。鲰，小鱼也。鲍音抱，步饱反，今之鲰鱼也。脯音铺博反。案：破鲍不相离谓之脯，鱼渍云鲍。声类及韵集虽为此解，而'鲰生'之字见与此同。案：鲰者，小杂鱼也。"张守节《正义》："鲰音族苟反，谓杂小鱼也。鲍，白也。然鲐鲞以斤论，鲍鲰以千钧论，乃其九倍多，故知鲐是大好者，鲰鲍是杂者也。徐云鲰，脯鱼也。脯，并各反。谓破开中头尾不相离为鲍，谓之脯关者也，此亦大鱼为之也。"⑤《汉

---

① 任继昉纂：《释名汇校》，第223页。
② （汉）刘向撰，赵善诒疏证：《说苑疏证》，第413、514页。
③ 刘盼遂说："'有'当为'若'，形近之误也。"黄晖撰：《论衡校释》，第976页。今按：文渊阁《四库全书》本作"莫如腐臭"。
④ 黄晖撰：《论衡校释》，第976页。
⑤ 《史记》，第3274、3276页。

书》卷91《货殖传》言拥有"鲐鲞千斤，鮿鲍千钧"者，"亦比千乘之家"。颜师古注："鮿，膊鱼也，即今不著盐而干者也。鲍，今之鲵鱼也。鮿音辄。膊音普各反。鲵音于业反。而说者乃读鲍为鲍鱼之鲍，音五回反，失义远矣。郑康成以为鲵于煏室干之，亦非也。煏室干之，即鮿耳。盖今巴荆人所呼鳠鱼者是也。音居偃反。秦始皇载鲍乱臭，则是鲵鱼耳。而煏室干者，本不臭也。煏音蒲北反。"①《资治通鉴》卷7"秦始皇三十七年"："会暑，辒车臭，乃诏从官令车载一石鲍鱼以乱之。"胡三省注引孟康曰："百二十斤曰石。"又引《汉书》卷91《货殖传》颜师古注言及"鲍""鮿""鲵""鲍"之说。②

　　清代学者王士禛《香祖笔记》卷10写道："鰒鱼产青莱海上，珍异为海族之冠。《南史》有饷三十枚者，一枚直千钱。今京师以此物馈遗，率作鲍鱼，则讹作秦始辒辌中物，可笑。"③可能"秦始辒辌中物"之"鲍鱼"与后来"京师"相互"馈遗"之所谓"珍异为海族之冠"者，名同而其实有异。后者王士禛指为"鰒鱼"。"鰒鱼"与"膊鱼"音近。

　　其实，对"会暑，上辒车臭，乃诏从官令车载一石鲍鱼，以乱其臭"的"鲍鱼"进行明确的海洋生物学定义，似乎还不是简单的事。《史记》卷129《货殖列传》司马贞《索隐》"鱼渍云鲍"的说法，《史记》卷91《货殖传》颜师古注"鲍，今之鲵鱼也"的说法，都值得注意。

　　《说文·鱼部》："鲍，饐鱼也。"段玉裁注："饐，饭伤湿也。故盐鱼湿者为饐鱼。"《说文·食部》："饐，饭伤湿也。"段玉裁注："《鱼部》曰：'鲍，饐鱼也。'是引伸之凡淹渍皆曰饐也。《字林》云：'饐，饭伤热湿也。'混饐于饖。葛洪云：'饐，饭馊臭也。'本《论语》孔注而非许说。"④有学者据"鲍，饐鱼也"之说分析："即是说鲍鱼就是经盐腌的湿咸鱼"。⑤ 就前引简（1）"鲍鱼百头"

① 《汉书》，第3687、3689页。
② （宋）司马光编著，（元）胡三省音注，"标点资治通鉴小组校点"：《资治通鉴》，第250页。
③ （清）王士禛撰，湛之点校：《香祖笔记》，上海古籍出版社1982年版，第199页。
④ （汉）许慎撰，（清）段玉裁注：《说文解字注》，第580、222页。
⑤ 丁邦友、魏晓明：《汉代鱼价考》，《农业考古》2008年第4期。

(263.3)，有学者判断，"鲍鱼是用盐腌的咸鱼。"①"鲍"与"鲍鱼"即"盐渍"的
"鱼"，简(1)"鲍鱼百头"(263.3)的"鲍鱼"与《秦始皇本纪》"车载一石鲍鱼，以
乱其臭"的"鲍鱼"都是一种物品。② 这样的认识可能相当接近汉代饮食史的实
际，然而未能提供确切的论证。

《风俗通义》卷9《怪神》"鲍君神"条写述了一个关于"鲍鱼"的故事："谨按：
汝南鲖阳有于田得麕者，其主未往取也，商车十余乘经泽中行，望见此麕著
绳，因持去，念其不事③，持一鲍鱼置其处。有顷，其主往，不见所得麕，
反见鲍君④，泽中非人道路，怪其如是，大以为神，转相告语，治病求福，
多有效验。因为起祀舍，众巫数十，帷帐钟鼓，方数百里皆来祷祀，号鲍君
神。其后数年，鲍鱼主来历祠下，寻问其故，曰：'此我鱼也，当有何神。'上
堂取之，遂从此坏。《传》曰：'物之所聚斯有神。'言人共奖成之耳。"⑤其中
"反见鲍君"，吴树平作"反见鲍鱼"。所谓"鲍鱼"，吴树平注："'鲍鱼'，盐渍
的鱼。"⑥

五、《齐民要术》"裛鲊""渴鲊"

前引《说文·鱼部》："鲍，饐鱼也。"段玉裁注："饐，饭伤湿也。故盐鱼
湿者为饐鱼。"此说"盐鱼"，指出了以盐腌制的加工方式。然而段玉裁还有更
具体的考论："《周礼·笾人》有'鲍'。注云：'鲍者，于煏室中煏干之。出于
江淮。'师古注《汉书》曰：'鲍，今之鲲鱼也。郑以为于煏室干之，非也。秦始
皇载鲍乱臭，则是鲲鱼耳。而煏室干者，本不臭也。'鲲于业反。按《玉篇》作

---

① 魏晓明：《汉代河西地区的饮食消费初探》，《农业考古》2010 年第 4 期。简号误作
"(263.4 页)"。

② 京都大学人文科学研究所简牍研究班编：《汉简语汇·中国古代木简辞典》，岩波
书店 2015 年版，第 519 页。

③ 文渊阁《四库全书》本作"念其幸获"。《景印文渊阁四库全书》第 862 册，第 404 页。

④ 王利器注："朱藏元本、仿宋本、《两京》本、胡本、郎本、程本、钟本、《辩惑编》、
《广博物志》十四，'君'作'鱼'。"(汉)应劭撰，王利器校注：《风俗通义校注》，中华
书局 1981 年版，第 404 页。

⑤ (汉)应劭撰，王利器校注：《风俗通义校注》，第 403 页。

⑥ (东汉)应劭撰，吴树平校释：《风俗通义校释》，天津人民出版社 1980 年版，第
341—342 页。

裹鱼。皆当作浥耳。浥，湿也。《释名》曰：'鲍，腐也'。埋藏淹使腐臭也。"①段玉裁似赞同颜师古"鲍，今之鲍鱼也"，"秦始皇载鲍乱臭，则是鲍鱼耳"的说法，又指出"鲍鱼"就是"裹鱼"，"鲍""裹""皆当作浥耳"。而前引《说文·鱼部》"鲍，饐鱼也"及《说文·食部》"饐，饭伤湿也"，又："饐……从食，壹声。"②"饐"与"鲍""裹"字音亦应相近。王利器《风俗通义校注》在"鲍鱼神"条的注文中即指出："饐即鲍之变文。"③

《齐民要术》卷8《作鱼鲊》开篇写道："凡作鲊，春秋为时，冬夏不佳。"注："寒时难熟。热则非咸不成，咸复无味，兼生蛆；宜作裹鲊也。"缪启愉校释："'裹'，院刻、明抄、湖湘本同，金抄不清楚，像'裏'。黄麓森校记：'乃裏之讹。'日译本改为'裏'字。按：《要术》中并无裏鲊法，下条就是'作裹鲊法'，此字可能是'裹'字之误。不过考虑到下篇有：'作浥鱼法'，注明可以'作鲊'，'浥'同'裹'，则亦不排斥以浥鱼作的鲊称为'裹鲊'，故仍院刻之旧。"可见"作裹鲊法"。所谓"裏鲊"可能应为"裹鲊"。

有关"作裹鲊法"的内容也可以参考："作裹鲊法：脔鱼，洗讫，则盐和糁。十脔为裹，以荷叶裹之，唯厚为佳，穿破则虫入。不复须水浸、镇迮之事。只三二日便熟，名曰'暴鲊'。荷叶别有一种香，奇相发起香气，又胜凡鲊。有茱萸、橘皮则用，无亦无嫌也。""裹鲊法"所以称"裹鲊"，或与"十脔为裹，以荷叶裹之"的制作方式有关。然而据缪启愉校记，"十脔为裹"的"裹"，也有作"浆""里""穰"者。④《齐民要术》卷8《脯腊》有"作浥鱼法"⑤，缪启愉以为与"作裹鲊"有关，是有道理的。

———————

① (汉)许慎撰，(清)段玉裁注：《说文解字注》，第580页，

② (汉)许慎撰，(清)段玉裁注：《说文解字注》，第222页，

③ (汉)应劭撰，王利器校注：《风俗通义校注》，第404页。

④ (后魏)贾思勰原著，缪启愉校释：《齐民要术校释》，中国农业出版社1998年版，第573—575页。

⑤ 《齐民要术》卷8《脯腊》"作浥鱼法"："作浥鱼法：凡生鱼悉中用，唯除鲇、鳢耳。去直鳃，破腹作鲅，净疏洗，不须鳞。夏月特须多著盐；春秋及冬，调适而已，亦须倚咸；两两相合。冬直积置，以席覆之；夏须瓮盛泥封，勿令蝇蛆。瓮须钻底数孔，拔，引去腥汁，汁尽还塞。肉红赤色便熟。食时洗去盐，煮、蒸、炮任意，美于常鱼。作鲊、酱、爊、煎悉得。"(后魏)贾思勰原著，缪启愉校释：《齐民要术校释》，第580页。

前引颜师古注"鲍，今之鲍鱼也"，"裛鲊""浥鱼"之称，或许与"鲍鱼"有关。

六、海产品进入河西饮食消费生活的可能

虽然王士禛以为将"产青莱海上，珍异为海族之冠"的"鳆鱼"与"鲍鱼"相混同"可笑"，但是确有较早以为"鲍鱼"属于"海族"的实例。《太平御览》卷940《鳞介部》十二"鲲鲍鱼"条引《临海水土记》曰："鲲鲍鱼，似海印鱼。"目录则作"鲲炮鱼"。又"印鱼"条引《临海异物志》："印鱼，无鳞，形似鳕形。额上四方如印，有文章。诸大鱼应死者，印鱼先封之。"①《临海水土记》或《临海异物志》记录的"鱼"，无疑都是"海族"。而自沿海地方经九原行咸阳的秦始皇车队所载"鲍鱼"，作为海鱼的可能性极大。前引"万乘巡海回，鲍鱼空相送"诗句，应当也体现了这样的认识。

秦汉时期西北地区饮食生活中有海产品消费，可能性是很大的。我们在汉代遗存的考古发掘收获中，看到了相关例证。

汉景帝阳陵陵园内封土东侧外藏坑 K16 和 K14 盗洞中发现的动物骨骼，有所谓"海相的螺和蛤"。研究者指出："海洋性动物螺和蛤共计 4 个种 12 个个体，是这批动物骨骼的一大显著特征。""这些海相的蛤（文蛤）和螺（珠带拟蟹守螺、扁玉螺、白带笋螺）绝不可能产于本地，可能是当时沿海郡国供奉给皇室的海产品，也不排除作为商品进行贸易的可能。这些海相的贝和螺均为海相经济软体动物②，尤其文蛤的肉是非常鲜美的，享有'天下第一鲜'的盛名。有些贝壳如白带笋螺还有观赏的价值。从动物考古方面讲，这些海产品的出现是很有意义的。"③动物考古学者指出，"文蛤除在汉阳陵出土外，还在长安沣西马王村周代晚期灰坑 H9 中出土过"，有的研究者"认为是文化交流

---

①　(宋)李昉等撰：《太平御览》，第 4177、4175 页。

②　原注：胡松梅. 陕北靖边五庄果墚动物遗存及古环境分析[J]. 考古与文物，2005（6）：72—84.

③　胡松梅、杨武站：《汉阳陵帝陵陵园外藏坑出土的动物骨骼及其意义》，《考古与文物》2010 年第 5 期。

的结果"。①

　　位于关中平原中部汉景帝阳陵的外藏坑出土来自东海的蛤、螺遗存的考古发现，说明了西北地区饮食消费生活有海产品介入的历史事实。② 河西地方自然较关中地区距海洋更为遥远。但是河西汉简资料中发现有关"海贼"的文字，说明这里与海洋也存在特殊的文化牵连。③ 而来自海滨地方的服役人员与"客民"把家乡的饮食习惯带到河西，也是可能的。这种饮食习惯或许可以刺激西北地区和东海沿岸之间的商运。《说文·鱼部》载录出自距离中原十分遥远，位处朝鲜半岛的"貉国""乐浪东暆""乐浪潘国""薉邪头国"的10个鱼种。④ 来自朝鲜半岛东部海域的渔产能够进入中原人许慎的视野，并列载于《说文》中，这一情形提示我们，对当时社会海产品的收获以及加工、储存、运输等诸多能力的估计，不宜失之于保守。

---

① 胡松梅、杨武站：《汉阳陵帝陵陵园外藏坑出土的动物骨骼及其意义》，《考古与文物》2010年第5期。原注：袁靖. 沣西出土动物骨骼研究报告[J]. 考古学报，2000(2).

② 王子今：《汉景帝阳陵外藏坑出土海产品遗存的意义》，《汉阳陵与汉文化研究》第3辑，陕西科学技术出版社2016年版。

③ 王子今、李禹阶：《汉代的"海贼"》，《中国史研究》2010年第1期；王子今：《居延简文"临淮海贼"考》，《考古》2011年第1期。

④ (汉)许慎撰，(清)段玉裁注：《说文解字注》，第579页，

附论一　伏波将军马援的南国民间形象

马援是古代军人中罕见的功名卓著、声威显赫者，在文化史上也有重要的影响。"伏波"成为他历史贡献的标志性符号，是因为楼船军交州之战在他军事生涯中有特别的地位。考察相关现象，有益于增进对中国古代边疆史、海洋史以及社会意识史的理解。而"伏波将军"作为后世南国民间纪念对象备受尊崇，也是值得重视的历史文化现象。若干自然地理标志被冠以"伏波"名号，各地有关马援的纪念性建筑及祭祀场所，马援本人形象的英雄化表现，都值得历史学者和社会学、文化学研究者关注。

一、楼船远征

据《后汉书》卷 1 下《光武帝纪下》，建武十六年（40），天下初定①，"春二月，交阯女子征侧反，略有城邑"。"（建武十八年夏四月）遣伏波将军马援率楼船将军段志等击交阯贼征侧等。"②"（建武十九年春正月）伏波将军马援破交阯，斩征侧等。因击破九真贼都阳等，降之。"《后汉书》卷 22《刘隆传》："以中郎将副伏波将军马援击交阯蛮夷征侧等，隆别于禁溪口破之，获其帅征贰，斩首千余级，降者二万余人。"③由此可大致得知战役的规模和进程。

《后汉书》卷 24《马援传》关于伏波将军马援率军远征交阯、九真事，有这

---

① 《后汉书》卷 1 下《光武帝纪下》：建武十三年（37），"夏四月，大司马吴汉自蜀还京师，于是大飨将士，班劳策勋"。"十四年春正月……匈奴遣使奉献"，"秋九月，平城人贾丹杀卢芳将尹由来降"。"莎车国、鄯善国遣使奉献"。十五年（39）十二月，"卢芳自匈奴入居高柳"。十六年（40），"卢芳遣使乞降。十二月甲辰，封芳为代王"。第62—67页。

② 《后汉书》，第69页，马援、段志远征，有刚刚经历皖城之战平定李广的背景。《后汉书》卷 1 下《光武帝纪下》：建武十七年（41），"秋七月，妖巫李广等群起据皖城，遣虎贲中郎将马援、骠骑将军段志讨之。九月，破皖城，斩李广等"。第68页。"击交阯贼征侧等"与平定皖城，仅仅间隔六个月。

③ 又《后汉书》卷 24《马援传》："斩首数千级，降者万余人。"第70、781、838页。

样的记载："……又交阯女子征侧及女弟征贰反，攻没其郡，九真、日南、合浦蛮夷皆应之，寇略岭外六十余城，侧自立为王。于是玺书拜援伏波将军，以扶乐侯刘隆为副①，督楼船将军段志等南击交阯。军至合浦而志病卒，诏援并将其兵。遂缘海而进，随山刊道千余里。十八年春，军至浪泊上，与贼战，破之，斩首数千级，降者万余人。援追征侧等至禁溪，数败之，贼遂散走。明年正月，斩征侧、征贰，传首洛阳。②封援为新息侯，食邑三千户。"于是，"援乃击牛酾酒，劳飨军士"。又有就此战功与属下有关人生志向的从容言谈："吾从弟少游常哀吾慷慨多大志，曰：'士生一世，但取衣食裁足，乘下泽车，御款段马，为郡掾史，守坟墓，乡里称善人，斯可矣。致求盈余，但自苦耳。'当吾在浪泊、西里间，虏未灭之时，下潦上雾，毒气重蒸，仰视飞鸢跕跕堕水中，卧念少游平生时语，何可得也！今赖士大夫之力，被蒙大恩，猥先诸君纡佩金紫，且喜且惭。"马援的真诚感叹据说引致吏士欢呼。

马援随即又进军九真："援将楼船大小二千余艘，战士二万余人，进击九真贼征侧余党都羊等，自无功至居风③，斩获五千余人，峤南悉平。援奏言西于县户有三万二千，远界去庭千余里，请分为封溪、望海二县④，许之。援所过辄为郡县治城郭，穿渠灌溉，以利其民。条奏越律与汉律驳者十余事，与越人申明旧制以约束之，自后骆越奉行马将军故事。"

前后历时不过一年半，马援班师，"二十年秋，振旅还京师，军吏经瘴疫死者十四五。赐援兵车一乘，朝见位次九卿"。⑤据说主要由于"瘴疫"⑥，部

---

① 李贤注："扶乐，县名，属九真郡。"第 839 页。
② 李贤注："《越志》云：'征侧兵起，都麊泠县。及马援讨之，奔入金溪究中，二年乃得之。'"第 839 页。
③ 李贤注："无功、居风，二县名，并属九真郡。居风，今爱州。"第 840 页。
④ 据谭其骧主编《中国历史地图集》，西于，在今越南民主共和国河内市东英西；封溪，在永富省福安；望海，在河北省北宁西北。第 2 册，第 63—64 页。
⑤《后汉书》，第 838—840 页。
⑥ 理解所谓"瘴疫"，应注意马援"下潦上雾，毒气重蒸，仰视飞鸢跕跕堕水中"语。"毒气重蒸"，《后汉纪》写作"毒气浮蒸"。参见王子今：《汉晋时代的"瘴气之害"》，《中国历史地理论丛》2006 年第 3 期。又《后汉书》卷 86《南蛮传》记载，汉顺帝永和二年(137)"日南、象林徼外蛮夷"反，"烧城寺，杀长吏。交阯刺史樊演发交阯、九真二郡兵万余人救之。兵士惮远役，遂反，攻其府。二郡虽击破反者，而贼势转盛。会侍御史贾昌使在日南，即与州郡并力讨之，不利，遂为所攻。(转下页)

队减员数量甚多，然而战事顺利，马援受到嘉奖。[①]

与其他军事征服行为有异，马援"破交阯，斩征贰等"之后，我们又看到他在当地进行行政建设、法制宣传和经济开发等"以利其民"的工作的历史记录。

马援受命"督楼船将军段志等南击交阯"，然而"军至合浦而志病卒，诏援并将其兵"。随后的进军路线，据《后汉书》卷24《马援传》记述，"遂缘海而进，随山刊道千余里"。主力似是由陆路"缘海"行军，有"随山刊道"的情节。"十八年春，军至浪泊上，与贼战，破之。"[②]马援进一步平定九真，则由海路南下，

(接上页)围岁余而兵谷不继，帝以为忧。"明年，议发荆、杨、兖、豫四万人赴之。大将军从事中郎李固提出七条反驳意见，其中所谓"南州水土温暑，加有瘴气，致死亡者十必四五"，也可以参考。第2837—2838页。此所谓"加有瘴气，致死亡者十必四五"，应是记取了马援事迹所谓"军吏经瘴疫死者十四五"的历史教训。

① 关于"征侧"身世行迹，李贤注有所说明："征侧者，麓泠县雒将之女也，嫁为朱鸢人诗索妻，甚雄勇。交阯太守苏定以法绳之，侧怨怒，故反。"《后汉书》，第839页。《马援传》"都羊"，或作"都阳"。《后汉书》卷1下《光武帝纪下》："因击破九真贼都阳等，降之。"《后汉书》卷86《南蛮传》："进击九真贼都阳等，破降之。徙其渠帅三百余口于零陵，于是领表悉平。"《后汉书》，第70、2836页。考察马援击九真事，应注意这一背景：《后汉书》卷1下《光武帝纪下》：建武十二年（36），"九真徼外蛮夷张游率种人内属，封为归汉里君"。第60页。《后汉书》卷86《南蛮传》："光武中兴，锡光为交阯，任延守九真，于是教其耕稼，制为冠履，初设媒娉，始知姻娶，建立学校，导之礼义。建武十二年，九真徼外蛮里张游，率种人慕化内属，封为归汉里君。""蛮里张游"，李贤注："里，蛮之别号，今呼为俚人。"第2836—2837页。

② 清人吴裕垂《史案》卷15"始海运"条："马伏波讨交阯，缘海而进。厥后交阯贡献皆从东治泛海而至，尔时海运之行概可知也。"《四库未收书辑刊》第4辑，第20册，第389页。薛福成亦言马援开辟的通路后世长期沿用："昔汉伏波将军马援南征交阯，由合浦缘海而进，大功以成。厥后水军入交，皆用此道。诚以廉州北海一日形势稳便，海道顺利，驶往越南各海口皆不过一二日海程，必以此为会师之地也。"《庸庵文编》外编卷3，《清代诗文集汇编》第738册，第240页。然而前者言"泛海而至""海运之行"，后者言"水军""海程"、"海道顺利"，均理解"缘海而进"为循近海航道航行。如此则不合"随山刊木"文意。薛福成所谓"会师之地"，似说海陆两军在合浦"会师"，随后皆由"海道""入交"。这也是对"遂缘海而进，随山刊道千余里"的误解。明人唐胄《琼台志》卷6《儋州》引王桐乡的说法是正确的："史称'缘海而进'，乃循北海以进，道非渡海也。"(明)唐胄纂，彭静中点校：《正德琼台志》上册，第110页。

"援将楼船大小二千余艘，战士二万余人，进击九真贼征侧余党都羊等，自无功至居风，斩获五千余人，峤南悉平"。① 无功和居风都距离海岸数十千米，然而均临江河。《汉书》卷28上《地理志上》"益州郡"题下"来唯"条："劳水出徼外，东至麋泠入南海，过郡三，行三千五百六十里。"②劳水至麋泠后分两流，南流一支过"无功"。今称马江者流经"居风"。③ 马援"进击九真贼征侧余党都羊等，自无功至居风"，楼船军可以由海入江，实施军事进攻。例如，龙编东汉时曾经是交阯郡治所在。在秦汉南洋贸易中，龙编又始终是重要的中间转运港。船队可以乘潮迎红河直抵城下。郡属有定安县。《续汉书·郡国志五》交阯郡定安条下刘昭注引《交州记》曰："越人铸铜为船，在江潮退时见。"④这种当地人铸造的铜船，可能是与航运有关的水文标记。

二、"伏波将军"名号

汉武帝时代的名将路博德曾经称"伏波将军"。《史记》卷22《汉兴以来将相名臣年表》："（元鼎五年）卫尉路博德为伏波将军，出桂阳；主爵杨仆为楼船将军，出豫章，皆破南越。"⑤《史记》卷111《卫将军骠骑列传》："将军路博德，平州人，以右北平太守从骠骑将军有功，为符离侯。骠骑死后，博德以卫尉为伏波将军，伐破南越，益封。其后坐法失侯，为强弩都尉屯居延卒。"⑥《史记》卷113《南越列传》："元鼎五年秋，卫尉路博德为伏波将军，出桂阳，下汇水⑦；主爵都尉杨仆为楼船将军，出豫章，下横浦；故归义越侯二人为戈船、下厉将军，出零陵，或下离水，或抵苍梧；使驰义侯因巴蜀罪人，发夜郎兵，下牂柯江：咸会番禺。"⑧路博德得"伏波将军"称号，设定进军路线却是"出桂阳，下汇水"，不由海路。然而楼船将军杨仆"出豫章，下横浦"，其实仍然是

---

① 《后汉书》，第838—839页。

② 《汉书》，第1601页。言水路"行"若干"里"者，通常可以理解为航程数据。

③ 谭其骧主编：《中国历史地图集》第2册，第63—64页。

④ 《后汉书》，第3532页。

⑤ 《史记》，第1140页。

⑥ 《史记》，第2945页。

⑦ 裴骃《集解》："徐广曰：一作湟。"骃案：《地理志》曰：桂阳有汇水，通四会，或作淮字。"司马贞《索隐》："刘氏云：汇当作湟。《汉书》云'下湟水'也。"今按《汉书》卷95《南粤传》作"下湟水"。第3857页。

⑧ 《史记》，第2975页。

利用海上航路进击的。路博德的"伏波"军号，可能体现了战略策划者在这支部队南下临海之后发挥海战能力的战略期待。而南越割据势力败亡，吕嘉、建德等"亡入海，以船西去"，确是伏波将军属下成功执行追捕。

马援是继路博德之后又一位特别能够克服交通险阻的名臣，又是名声最为响亮的"伏波将军"。马援指挥海上远征的成功，使得"伏波将军"名号有了特定的军事史意义和航海史意义。

两汉有"两伏波"。① 而后世"伏波将军"益多。三国时曹魏政权和孙吴政权得"伏波将军"名号者，有夏侯惇②、甄像③、陈登④、孙礼⑤、满宠⑥、孙匡⑦、孙秀⑧等。晋"伏波将军"则有卢钦⑨、陶延⑩、葛洪⑪、郑攀⑫等。此后自南北朝至五代，历朝多有"伏波将军"。后世许多军人虽然获有"伏波将军"名义，其实并没有水战和海上航行的经历。考后世所谓"伏波将军"，"伏波"语义或已有变化。而起初称"伏波将军"者，其"伏波"名号应是强调对海上风浪的征服。

---

① （宋）孙奕《示儿编·正误》有"两伏波"条："或人问汉有两伏波，海宁令王约作《忠显王庙记》以为'马伏波'，琼州守李时亮作《庙记》以为'路伏波'，苏子瞻作《庙记》则以为'马伏波'，夏侯安雅作《庙记》又以为'马伏波'，纷纷孰是？曰：尝考之两汉，有二伏波。前汉伏波将军邳离路博德，武帝时讨南越相吕嘉之叛，遂开九郡。后汉伏波将军新息马援，光武时讨交阯二女子侧贰之叛，遂平其地。则是二人皆有功于南粤。东坡之说，渠不信夫？"（南宋）孙奕撰，唐子恒点校：《新刊履斋示儿编》，凤凰出版社 2017 年版，第 149—150 页。

② 《三国志》卷1《魏书·武帝纪》裴松之注引《魏书》载公令，卷9《魏书·夏侯惇传》及裴松之注引《魏略》，卷19《魏书·陈思王植传》裴松之注引《魏略》。第 40、268—269、562 页。

③ 《三国志》卷5《魏书·后妃传·文昭甄皇后》，第 162 页。

④ 《三国志》卷7《魏书·陈登传》及裴松之注引《先贤行状》，第 229—230 页。

⑤ 《三国志》卷24《魏书·孙礼传》，第 691 页。

⑥ 《三国志》卷26《魏书·满宠传》，第 722 页。

⑦ 《三国志》卷51《吴书·宗室传·孙匡》裴松之注引《晋诸公赞》，第 1214 页。

⑧ 《晋书》卷66《陶侃传》言"伏波将军孙秀以亡国支庶，府望不显"，第 1768 页。又《晋书》卷88《孙晷传》称"吴伏波将军孙秀"，第 2284 页。

⑨ 《晋书》卷44《卢钦传》，第 1255 页。

⑩ 《晋书》卷66《陶侃传》，第 1772 页。

⑪ 《晋书》卷72《葛洪传》，第 1911 页。

⑫ 《晋书》卷100《杜弢传》，第 2624 页。

　　《史记》卷114《东越列传》记载，平定南越时，"东越王余善上书，请以卒八千人从楼船将军击吕嘉等。兵至揭阳，以海风波为解，不行，持两端，阴使南越。及汉破番禺，不至。"①《汉书》卷28下《地理志下》"南海郡"条："揭阳，莽曰南海亭。"②王先谦《汉书补注》："先谦曰：东越王余善击南海，兵至此，以海风波为解。见《东越传》。"③《汉书》卷95《闽粤传》关于"海风波"有同样记载。东越"持两端，又阴使南越"④，立场不明确甚至暗自勾结敌方的情形，使得"楼船将军杨仆使使上书，愿便引兵击东越"。对于所谓"以海风波为解"，颜师古有这样的说明："解者，自解说，若今言分疏。"⑤余善"兵至揭阳，以海风波为解"，可能是中国古代最早的关于"海风波"迫使航海行为不得不中止的文字记录。虽然我们现在还不能清楚地说明此"海风波"的性质和强度，但是这一记载在航海史上依然有特别值得重视的意义。《汉书》卷28下《地理志下》言南洋航路上船人"苦逢风波溺死"情形。⑥ 所谓"风波"，也值得关注。海上"风波"或称"海风波"，《宋书》和《梁书》则写作"大海风波"。⑦ "伏波将军"之所谓"伏波"，应当就是指对这种"风波""海风波""大海风波"的镇伏。宋人孙逢吉《职官分纪》卷34"伏波将军"条引《环济要略》曰："'伏波'者，船涉江海，欲使波浪伏息也。"⑧"伏波"名号，显然体现了对优越的海上航行能力的肯定。

　　马援曾经击乌桓，击武陵蛮，然而战功之中，以交阯远征最为显赫。《后汉书》卷24《马援传》载朱勃上书称颂马援击交阯、九真功绩："出征交阯，土

---

① 《史记》，第2982页。

② 《汉书》，第1628页。

③ （清）王先谦：《汉书补注》，第821页。

④ 《汉书》卷95《闽粤传》所谓"阴使南粤"，颜师古注："遣使与相知。"第3861页。闽越和南越之间的"使"，不能排除循海上航路往来的可能。

⑤ 《汉书》，第3861页。

⑥ 《汉书》，第1671页。

⑦ 《宋书》卷97《夷蛮列传》载呵罗单国王毗沙跋摩奉表曰："意欲自往，归诚宣诉，复畏大海，风波不达。"第2382页。言南洋商运，则曰"商货所资，或出交部，泛海陵波，因风远至"。第2399页。《梁书》卷54《诸夷列传·海南诸国》记载"在南海中"之狼牙修国王婆伽达多遣使奉表，有"欲自往，复畏大海风波不达"语。第796页。

⑧ （宋）孙逢吉：《职官分纪》，《景印文渊阁四库全书》第923册，第645页。

多瘴气。援与妻子生诀，无悔吝之心。遂斩灭征侧，克平一州。"李贤注："南海、苍梧、郁林、合浦、交阯、日南、九真，皆属交州。"①

三、"马伏波"的历史光荣及其民间形象化记忆

因有关"伏波将军"马援事迹之历史记忆的深刻，"马伏波"后来成为一种特殊的文化符号。

杜甫诗《奉寄别马巴州》写道："勋业终归马伏波，功曹非复汉萧何。② 扁舟系缆沙边久，南国浮云水上多。"③所谓"扁舟系缆"，所谓"南国浮云"，所谓"沙边""水上"，均使读者联想到马援远征交阯、九真事迹。"勋业终归马伏波"句影响久远，屡为诗人袭用。如元人贡性之诗："到时定有平淮策，勋业终归马伏波。"④明人董其昌诗："勋业终归马伏波，闲身孰与钓台多。"⑤江源诗："壶觞须就陶彭泽，勋业终归马伏波。"⑥清人赵文楷诗："治功谁奏黄丞相，勋业终归马伏波。"⑦

明人潘恩《三峰歌》写道："桂山削出金芙蓉，紫云碧草浮青空。中峰委蛇若凤举，左右离立盘双龙。矫矫将军廊庙姿，英声四十动南维。星河光摇夜

---

① 《后汉书》，第847—848页。
② 以萧何与马援并说，又有明茅大方诗："关中事业萧丞相，塞外功勋马伏波。"(明)张朝瑞撰：《忠节录》卷2《副都御史茅大方》，《续修四库全书》第537册，第35页。"方"，原注："一作'芳'。"
③ (唐)杜甫撰，(宋)蔡梦弼笺：《杜工部草堂诗笺》卷20，《续修四库全书》第1307册，第150页。
④ (元)贡性之：《送别》，《南湖集》卷上，《景印文渊阁四库全书》第1220册，第16页。
⑤ (明)董其昌：《读寒山子诗漫题十二绝》之五，(明)董其昌著，邵海清点校：《容台集》诗集卷4，西泠印社出版社2012年版，第125页。
⑥ (明)江源：《京中钱别张挥使邝大尹》，《桂轩稿》卷10，明弘治庐渊刻本，第94页。
⑦ (清)赵文楷：《重度仙霞关》，《石柏山房诗存》卷3《闽游草》，《续修四库全书》第1485册，第47页。同样情形，又见于清人史策先《白水寺谒汉光武帝祠集唐十二律》："客星辞得汉光武(徐寅)，勋业终归马伏波(杜甫)。"(清)丁宿昌辑：《湖北诗征传略》卷37，《续修四库全书》第1707册，第730页。又梁章钜录陈莲史辑五七言旧句联："诗情逸似陶彭泽(梦得)，勋业终归马伏波(少陵)。"《楹联续话》卷4《集句》，(清)梁章钜辑，王承略、布吉帅点校：《楹联丛话 楹联续话》，凤凰出版社2016年版，第235页。

谈剑，羽帐风清日赋诗。树立奇勋还自许，高山争雄气如虎。千载应传马伏波，朱方铜柱高嵯峨。"①

仅据《嘉庆重修一统志》记录，可知各地因纪念"马伏波"出现的地名甚多，有"伏波庙"6处②，"伏波将军庙"3处③，"马伏波庙"1处④，"伏波祠"5处⑤，"伏波将军祠"1处⑥，"马伏波祠"8处⑦，又有"伏波山"⑧、"伏波桥"⑨、"伏波村"⑩、马援坝⑪、马援城⑫等。这当然只是不完全的统计。历史上虽然"伏波将军"不在少数，但是这些纪念性遗存所言"伏波"，多是专指"马伏波"。

分析这些纪念"马伏波"的遗存，大致有这样几类：

1. 自然地貌命名

如"伏波山"等。

2. 纪念性地名

如"伏波桥""伏波村""马援坝""马援城"等。

3. 祠庙

如"伏波庙""伏波将军庙""马伏波庙""伏波祠""伏波将军祠"等。

"马伏波"纪念之多还由于马援在多方面表现的政治智慧和人生智慧。但是相关纪念性地名多集中在他"出征交阯"经行地方，反映了对"马伏波"远征"南海"的历史功绩的怀念。有学者指出，自唐至宋元、明清，马援的功绩在

---

① （清）汪森编：《粤西诗载》卷8《七言古》，《景印文渊阁四库全书》第1465册，第103页。

② 永顺府、雷州府、桂林府、南宁府、郁林府、思南府。

③ 宝庆府、沅州府、干州厅。

④ 郴州。

⑤ 桂阳州、重庆府、酉阳州、太平府、大理府。

⑥ 辰州府。

⑦ 凤翔府、汉阳府、安陆府、荆州府、长沙府、岳州府、常德府、广西府。

⑧ 桂林府。

⑨ 广州府。

⑩ 凤翔府。

⑪ 重庆府。

⑫ 澧州。参见《嘉庆重修一统志》第35册，中华书局1986年版，第463、1295、1300页。

"国家祭祀与地方秩序构建互动中"被"不断放大"，出现"伏波信仰"，形成了"以北部湾乃至琼州海峡、雷州半岛为中心的祭祀带"。虽然又有"西江流域"和"湘沅流域"祀"伏波神"的礼俗，形成"三大伏波信仰的中心"，然而，"值得注意的是，宋元至清康熙年间，'而二伏波将军者，专主琼海。其祠在徐闻，为渡海之指南'"。① 这应当看作与"南海"相关的区域文化研究的重要发现。

这一情形作为一种文化表现，或许反映了我们民族心理对"南海"的长久而密切的关注。从这一角度看，研究马援出征交阯、九真的成功，特别是于军事史、战争史和边疆史、民族史的考察之外，以航海史和文化史的视角深入研究马援"楼船军"南下史事，是有积极的学术意义的。

四、文与武：由马援言汉代"名臣列将"形象

汉代已经重视肖像画的创作。纪念性的功臣肖像陈列于宫廷。《汉书》卷54《苏武传》："甘露三年，单于始入朝。上思股肱之美，乃图画其人于麒麟阁，法其形貌，署其官爵姓名。唯霍光不名，曰大司马大将军博陆侯姓霍氏，次曰卫将军富平侯张安世，次曰车骑将军龙額侯韩增，次曰后将军营平侯赵充国，次曰丞相高平侯魏相，次曰丞相博阳侯丙吉，次曰御史大夫建平侯杜延年，次曰宗正阳城侯刘德，次曰少府梁丘贺，次曰太子太傅萧望之，次曰典属国苏武。皆有功德，知名当世，是以表而扬之，明著中兴辅佐，列于方叔、召虎、仲山甫焉。② 凡十一人，皆有传。自丞相黄霸、廷尉于定国、大司农朱邑、京兆尹张敞、右扶风尹翁归及儒者夏侯胜等，皆以善终，著名宣帝之世，然不得列于名臣之图，以此知其选矣。"关于"麒麟阁"，颜师古注："张晏曰：'武帝获麒麟时作此阁，图画其象于阁，遂以为名。'师古曰：'《汉宫阁疏名》云萧何造。'"③确实汉初应当就已经有图画功臣像"表而扬之"，以

---

① 原注："（清）屈大均：《广东新语》卷6《神语·海神》，中华书局1985年版，第205页。"王元林：《水利神灵在地方秩序构建中的作用：以伏波神信仰地理为例》，《广西民族研究》2010年第2期；《中国历史地理研究》第5辑，西安地图出版社2013年版。

② 颜师古注："三人皆周宣王之臣，有文武之功，佐宣王中兴者也。言宣帝亦重兴汉室，而霍光等并为名臣，皆比于方叔之属。召读曰邵。"

③ 《汉书》，第2468—2469页。

为纪念事。所以司马迁在《史记》卷55《留侯世家》中写道："余以为其人计魁梧奇伟，至见其图，状貌如妇人好女。盖孔子曰：'以貌取人，失之子羽。'留侯亦云。"①

马援是东汉建国功臣。最早关于马援肖像的历史记录见于《后汉书》卷34《马援传》：

> 永平初，援女立为皇后。显宗图画建武中名臣、列将于云台，以椒房故，独不及援。东平王苍观图，言于帝曰："何故不画伏波将军像?"帝笑而不言。②

云台"图画建武中名臣、列将"中没有"伏波将军像"，是因为外戚身份，即所谓"以椒房故"。

我们今天能够看到的有关马援形象的历史遗存均年代偏晚。有意思的是，古来文献中所见马援像，多以文臣形象传世。如《三才图会》等图籍以及国家博物馆藏清人绘马援像等，都是如此。然而近世以来绘制的马援画像，塑造的马援雕像，却都突出其勇武精神，往往持兵披甲，甚至跃马挽弓。

这是为什么呢？关于汉代人才分布，曾经有"山东出相，山西出将""关西出将，关东出相"的说法。前者言："赞曰：秦汉已来，山东出相，山西出将。秦将军白起，郿人；王翦，频阳人。汉兴，郁郅王围、甘延寿，义渠公孙贺、傅介子，成纪李广、李蔡，杜陵苏建、苏武，上邽上官桀、赵充国，襄武廉褒，狄道辛武贤、庆忌，皆以勇武显闻。苏、辛父子著节，此其可称列者也，其余不可胜数。何则？山西天水、陇西、安定、北地处势迫近羌胡，民俗修习战备，高上勇力鞍马骑射。故《秦诗》曰：'王于兴师，修我甲兵，与子皆行。'其风声气俗自古而然，今之歌谣慷慨，风流犹存耳。"③后者言："嗟曰：'关西出将，关东出相。'观其习兵壮勇，实过余州。今羌胡所以不敢入据三辅，为心腹之害者，以凉州在后故也。其土人所以推锋执锐，无反顾之心者，

---

① 《史记》，第2049页。
② 《后汉书》，第851—852页。
③ 《汉书》卷69《赵充国辛庆忌传赞》，第2998—2999页。

为臣属于汉故也。"关于"嗳曰：'关西出将，关东出相'，李贤注："《说文》曰：'嗳，传言也。'《前书》曰：'秦、汉以来，山东出相，山西出将。'秦时郿白起，频阳王翦；汉兴，义渠公孙贺、傅介子，成纪李广、李蔡，上邽赵充国，狄道辛武贤：皆名将也。丞相，则萧、曹、魏、丙、韦、平、孔、翟之类也。"①可知史家言秦汉事，"将""相"区分是大致明晰的。

马援确实亦"以勇武显闻"，所谓"慷慨"，所谓"壮勇"，均彪炳史册。然而古来画师描绘马援，多作文臣装束，或许与光武时代崇尚儒学品格有关。赵翼《廿二史札记》卷4"东汉功臣多近儒"条写道："西汉开国，功臣多出于亡命无赖，至东汉中兴，则诸将帅皆有儒者气象，亦一时风会不同也。光武少时，往长安，受《尚书》，通大义。及为帝，每朝罢，数引公卿郎将讲论经理。故樊准谓帝虽东征西战，犹投戈讲艺，息马论道。是帝本好学问，非同汉高之儒冠置溺也。而诸将之应运而兴者，亦皆多近于儒。"引说邓禹、寇恂、冯异、贾复、耿弇、祭遵、朱佑、郭凉、窦融、王霸、耿纯、刘隆、景丹诸将事迹，又言："是光武诸功臣，大半多习儒术，与光武意气相孚合。盖一时之兴，其君与臣本皆一气所钟，故性情嗜好之相近，有不期然而然者，所谓有是君即有是臣也。"②相关情形，亦见于宋代史家的分析，不过着眼点有所不同。钱时讨论邓禹、李通、贾复东汉建国后待遇，曾经这样写道："收功臣兵柄，罢将军官，不用为三公，足以革先汉之弊，垂后代之法矣。此虽光武识见度越，有此举措，而邓、贾诸公俨然儒者气象，知几远嫌，释兵崇学，以成光武之志，亦岂绛、灌辈所可企及！然则忠臣义士，捐躯徇国，有土宇大功者，宜知所以自处哉。"③其中"儒者气象"语，似为赵翼所承袭。

可以体现"先汉"风习的相关情形，可以例举张骞形象。现今我们认识的张骞，是影响历史走向的著名外交家。如图画其"状貌"，似乎当是文臣。但

① 《后汉书》卷58《虞诩传》，第1866页。
② （清）赵翼著，王树民校证：《廿二史札记校证》（订补本），中华书局1984年版，第90—91页。有学者分析东汉功臣的文化资质，亦涉及马援。张齐政：《"东汉功臣多近儒"辨析》，《衡阳师范学院学报》2007年第2期。
③ （宋）钱时：《两汉笔记》卷8"光武"，《景印文渊阁四库全书》第686册，第523页。

是《史记》关于张骞生平的完整记述，则见于卷111《卫将军骠骑列传》中"两大将军""诸裨将"事迹中："将军张骞，以使通大夏，还，为校尉。从大将军有功，封为博望侯。后三岁，为将军，出右北平，失期，当斩，赎为庶人。其后使通乌孙，为大行而卒，冢在汉中。"①张骞是以高级军官身份见诸史籍的。这一现象，也值得我们注意。

① 《史记》，第 2941、2944 页。

附论二　"海"和"海子"："北中"语言现象

探索语言与民族历史、区域历史的关系，"海子"可以看作一个标本。元耶律铸《干海子》诗序："北中凡陂泺皆谓之'海子'。"①所谓"北中"，见于《宋史》《金史》等正史文献②，应看作中古通用地理概念③，其指代对象大致可以理解为北方游牧文化与农耕文化较密切交接的区域。较"北中"称谓通行更早的历史时期，"北边"地区曾经称自然水面湖泊池沼为"海"。④　这一情形与上

---

① （元）耶律铸：《双溪醉隐集》卷 2《乐府》，《景印文渊阁四库全书》第 1199 册，第 405 页。

② 如《宋史》卷 373《朱弁传》："自建炎己酉出使，至是还，留北中凡十五年。"中华书局 1977 年版，第 11561 页。《金史》卷 111《纥石烈牙吾塔传》："北中亦遣唐庆等往来议和。"卷 112《完颜合达传》："北中大臣有以舆地图指示之曰：'商州到此种军马几何？'"卷 113《完颜按春传》："复自北中逃回。""自北中来……"卷 116《蒲察官奴传》："以吾母自北中来，疑我与北有谋……"第 2459、2468、2483、2484、2548 页。

③ 宋人笔记多见"北中"。如钱易《南部新书》戊可见"北中白石英"，《丛书集成初编》第 2847 册，商务印书馆 1936 年版，第 42 页。周密《癸辛杂识》别集卷下"一膃"条："北中谓一聚马为'膃'，或三百疋，或五百疋。"《景印文渊阁四库全书》第 1040 册，第 141 页。（宋）周密撰，吴企明点校：《癸辛杂识》，"北中"作"虏中"。第 279 页。李如箎《东园丛说》卷下"记时事"条："既自北中逃归……"《景印文渊阁四库全书》第 864 册，第 227 页。何薳《春渚纪闻》卷 6《东坡事实》"翰墨之富"条："自北中还。"施德操《北窗炙輠录》卷上："始陷北中时……"《景印文渊阁四库全书》第 1039 册，第 371 页。

④ "北边"之称可能先秦时期已经出现，《史记》卷 81《廉颇蔺相如列传》："李牧者，赵之北边良将也。"然而此所谓"北边"，所指称的地域幅面，显然较秦汉所谓"北边"狭小。秦汉时期，"北边"通常已用以指代具有大致共同的经济文化特征的北部边地。司马迁《史记》已多见"北边"之称，如"始皇巡北边"（卷 6《秦始皇本纪》），汉武帝"北至朔方，东到太山，巡海上，并北边以归"，"匈奴数侵盗北边"，"匈奴绝和亲，侵扰北边"，"北边未安"（卷 30《平准书》），"北边萧然苦兵矣"（卷 122《酷吏列传》），"数苦北边"（卷 99《刘敬叔孙通列传》），"吾适北边"（卷 88《蒙恬列（转下页）

古中原人有关"四海"的观念有某种内在关联。就此进行考察，亦有助于认识中国社会传统海洋意识。这种"海"或称"海子"，可以看作发生于游牧民族和农耕民族文化碰撞最频繁、交融最密切的地区的特殊的语言文化现象。以"子"为名词后缀，体现了北族语言文化的历史痕迹。

"北中""海子"应当成为历史时期水资源和盐资源考察关注的对象。随着草原民族文化对中原地区的强劲影响，"海子"作为自然地理符号又具有了人文地理意义，成为更广阔地域普遍使用的概念。历史学、民族学、语言学、地理学乃至生态学研究者都应当关注相关历史文化信息。

一、"四海""天下"意识与"北海""西海"方位

中原人的世界观中早有"四海"意识。中原地方被看作"四海之内"或说"海内"。《尚书·大禹谟》："都帝德广运，乃圣乃神，乃武乃文，皇天眷命，奄有四海，为天下君。"《尚书·益稷》有"决九川，距四海"语，又曰："州十有二师，外薄四海。"又《尚书·禹贡》也以"四海会同"称颂先古圣王的政治成功。此外，《胤征》"惟仲康肇位四海"，《伊训》"始于家邦，终于四海"，《说命下》"四海之内，咸仰朕德"等[1]，也表现了大致同样的意识。《山海经》以"海内""海外"名篇。[2]《孟子·梁惠王下》："海内之地，方千里者九。"[3]《墨子·辞过》也有"四海之内"的说法。《非攻下》则谓"一天下之和，总四海之内"。[4]《荀子·不苟》亦言"揔天下之要，治海内之众"。[5]《韩非子》则可见"明照四海之

（接上页）传》），"历北边至九原"（卷28《封禅书》）等。此外，又可以看到"北边郡"（卷17《汉兴以来诸侯王年表》），"北边骑士"（卷30《平准书》）的说法。《史记》，第252、1441、1419、1421、1422页。第3141、2719、2570、1399、803、1430页。

[1] （清）阮元校刻：《十三经注疏》，第134、136、141、143、152—153、157、163、176页。

[2] 袁珂校注：《山海经校注》，第181、207、229、251、267、285、305、327、441页。

[3] 焦循《正义》："古者内有九州，外有四海。""此'海内'，即指四海之内。"（清）焦循撰，沈文倬点校：《孟子正义》，第91页。

[4] （清）孙诒让著，孙以楷点校：《墨子间诂》，第34、130页。

[5] 梁启雄：《荀子简释》，第31页。

内"①、"富有四海之内"②、"独制四海之内"③等体现在统一理想的表述中对极端权力之向往的语句。顾颉刚、童书业说："最古的人实在是把海看做世界的边际的，所以有'四海'和'海内'的名称。（在《山海经》里四面都有海，这种观念实在是承受皇古人的理想。）《尚书·君奭篇》说：'海隅出日罔不率俾。'（从郑读）《立政篇》也说：'方行天下，至于海表，罔有不服。'这证明了西方的周国人把海边看做天边。《诗·商颂》说：'相土烈烈，海外有截。'（《长发》）这证明了东方的商国（宋国）人也把'海外有截'看做不世的盛业。《左传》记齐桓公去伐楚国，楚王派人对他说：'君处北海，寡人处南海，唯是风马牛不相及也；不虞君之涉吾地也。'（僖四年）齐国在山东，楚国在湖北和河南，已经是'风马牛不相及'的了。齐桓公所到的楚国境界还是在河南的中部，从山东北部到河南中部，已经有'南海''北海'之别了，那时的天下是何等的小？"④

上文说到《韩非子·奸劫弑臣》"明照四海之内"，其完整文句是："明主者，使天下不得不为己视，天下不得不为己听。故身在深宫之中而明照四海之内，而天下弗能蔽、弗能欺者何也？暗乱之道废，而聪明之势兴也。"⑤可知"海内"和"天下"的对应关系。"海内"与"天下"地理称谓往往同时出现于政论和其他辩说中，说明当时内陆居民海洋意识的历史性进步。

顾炎武《日知录》卷22"四海"条写道："《书正义》言天地之势，四边有水。《邹衍书》言九州之外，有大瀛海环之，是九州居水内，故以州为名。⑥ 然'五经'无'西海'、'北海'之文，而所谓'四海'者，亦概万国而言之尔。""宋洪迈谓海一而已，地势西北高，东南下，所谓东、北、南三海，其实一也。北至于青沧，则曰'北海'；南至于交广，则曰'南海'；东渐吴越，则曰'东海'。无缘有所谓'西海'者。《诗》《书》《礼》经之称'四海'，盖引类而言之，至如庄

---

① 《韩非子·奸劫弑臣》，陈奇猷校注：《韩非子集释》，第247、256页。

② 《韩非子·六反》，陈奇猷校注：《韩非子集释》，第952页。

③ 《韩非子·有度》，陈奇猷校注：《韩非子集释》，第88页。

④ 顾颉刚、童书业：《汉代以前中国人的世界观与域外交通的故事》，《禹贡半月刊》第5卷第3、4合期（1936年4月）。

⑤ 陈奇猷校注：《韩非子集释》，第247页。

⑥ 原注："'州'，古'洲'字。"

子所谓'穷发之北有冥海'及屈原所谓'指西海以为期'，皆寓言尔。"而顾炎武否定"四海""寓言"之说，指出古籍可见"西海"："程大昌谓条支之西有海，先汉使固尝见之，而载诸史。① 后汉班超又遣甘英辈亲至其地。而西海之西，又有大秦，夷人与海商皆常往来。"又言"北海"："霍去病封狼居胥山，其山实临瀚海。苏武、郭吉皆为匈奴所幽，置诸北海之上。而《唐史》又言突厥部北海之北有骨利干国，在海北岸。"顾氏写道："然则《诗》《书》所称'四海'，实环华裔而四之，非寓言也。然今甘州有居延海，西宁有青海，云南有滇海，安知汉唐人所见之海，非此类邪？"②

关于"北海"，其实有相当悠远的意识渊源。《庄子·应帝王》："北海之帝为忽。"③《史记》卷1《五帝本纪》："申命和叔；居北方，曰幽都。"司马贞《索隐》："《山海经》曰'北海之内有山名幽都'，盖是也。"《史记》卷60《三王世家》载庄青翟等上奏："内襃有德，外讨强暴。极临北海，西溱月氏，匈奴、西域，举国奉师。"也说到"北海"。张守节《正义》："《匈奴传》云霍去病伐匈奴，北临瀚海。"④《史记》卷110《匈奴列传》言匈奴"奇畜""騊駼"，司马贞《索隐》："《山海经》云'北海有兽，其状如马，其名騊駼'也。"《匈奴列传》还记载："汉骠骑将军之出代二千余里，与左贤王接战，汉兵得胡首虏凡七万余级，左贤王将皆遁走。骠骑封于狼居胥山，禅姑衍，临瀚海而还。"关于"瀚海"，裴骃《集解》："如淳曰：'瀚海，北海名。'"张守节《正义》："按：瀚海自一大海名，群鸟解羽伏乳于此，因名也。""苏武、郭吉皆为匈奴所幽，置诸北海之上"之所谓"北海"，《匈奴列传》载："是时天子巡边，至朔方，勒兵十八万骑以见武节，而使郭吉风告单于。"郭吉语激怒单于，"立斩主客见者，而留郭吉不归，

---

① 原注："《史记·大宛传》：于阗之西则水皆西流，注西海。又曰：奄蔡在康居西，北可二千里临大泽，无崖，盖乃北海云。《汉书·西域传》：条支国，临西海。《史记》卷123《大宛列传》："于阗之西，则水皆西流，注西海；其东水东流，注盐泽。""条枝在安息西数千里，临西海。"

② （清）顾炎武著，（清）黄汝成集释，秦克诚点校：《日知录集释》，第 769 页。

③ 郭庆藩辑，王孝鱼整理：《庄子集释》，第 309 页。

④ 《史记》，第 17、19、2109 页。

迁之北海上"。张守节《正义》："北海即上海也,苏武亦迁也。"①《汉书》卷54《苏武传》："徙武北海上无人处,使牧羝,羝乳乃得归。"②关于苏武"北海",齐召南说:"《苏武传》'乃徙武北海上',按'北海'为匈奴北界,其外即丁令也。塞外遇大水泽通称为'海'。《唐书·地理志》'骨利干都播二部落北有小海,冰坚时,马行八日可渡,海北多大山'③,即此'北海'也。今曰白哈儿湖,在喀尔喀极北,鄂罗斯国之南界。"④以为苏武事迹中涉及的"北海"即贝加尔湖。《史记》卷123《大宛列传》:"奄蔡在康居西北可二千里,行国,与康居大同俗。控弦者十余万。临大泽,无崖,盖乃北海云。"⑤此"北海"应非郭吉、苏武所居"北海"。

程大昌、顾炎武说"西海"即"条支之西"之"海"。其实战国秦汉时期尚有相对明确的"西海"。《史记》卷78《春申君列传》:"王之地一经两海。"司马贞《索隐》:"谓西海至东海皆是秦地。"张守节《正义》:"广言横度中国东西也。"⑥但是此"西海"所指尚未可确知。《史记》卷49《外戚列传》:"(李夫人)其长兄广利为贰师将军,伐大宛,不及诛,还,而上既夷李氏,后怜其家,乃封为海西侯。"张守节《正义》:"汉武帝令李广利征大宛,国近西海,故号'海西侯'也。"⑦此"西海"近"大宛",空间方位大致可以推定。顾炎武言"甘州有居延海,西宁有青海",所谓"青海",王莽时代曾经明称"西海"。《汉书》卷12《平帝纪》:"(元始四年)置西海郡,徙天下犯禁者处之。"《汉书》卷28下《地理志下》:"金城郡,昭帝始元六年置。莽曰'西海'。"⑧

---

① 《史记》,第2879—2880、2911、2912—2913页。

② 《汉书》,第2463页。

③ 《新唐书》卷43下《地理志下》:"骨利干都播二部落北有小海,冰坚时,马行八日可度,海北多大山。"第1146页。

④ 《前汉书》卷54《苏武传》附(清)齐召南《考证》,《景印文渊阁四库全书》第250册,第325页。

⑤ 《史记》,第3161页。

⑥ 《史记》,第2393页。

⑦ 《史记》,第1980—1981页。

⑧ 《汉书》,第357、1610页。

被称作"北海""西海"者，与"东海""南海"不同，只是《新唐书》卷43下《地理志下》所谓"小海"，即湖泊。宋吴仁杰《两汉刊误补遗》卷8"北海"条写道："奄蔡国临大泽，无崖，盖北海云。周日用曰：闻苏武牧羊之所只一池，号'北海'。《容斋随笔》曰：蒲昌非西海，疑亦亭居一泽耳。仁杰读《禹贡正义》：江南水无大小，皆呼为'江'。《太康地记》：河北得水名'河'，塞外得水名'海'。因是悟大泽蒲昌名'海'者如此。又吐番、吐谷浑有烈谟海、恕谌海、拔布海、青海、柏海、乌海，匈奴中有翰海、勃鞮海、私渠海、伊连海，与于阗、条支所谓两'西海'，及北匈奴所谓两'北海'，皆薮泽或海曲耳，非真'西海''北海'也。"①言中原西北方向的所谓"西海"、"北海"，不过"薮泽或海曲"而已。

指代这些"泽""池""小海""薮泽或海曲"的语言形式，大致中古以后出现了"海子"称谓。

二、"海子"透露的地理史和生态史信息

被指为"西海""北海"地方的自然水面，或大或小，后世常常称之为"海子"。"海子"作为水文地理符号在北方许多地方通行。

正如前引元耶律铸《干海子》诗序所说："北中凡陂洖皆谓之'海子'。"元王充耘《读书管见》卷上《禹贡》"南北方言"条写道："南方流水通呼为'江'，北方流水通呼为'河'。南方止水深阔，通谓之'湖'；北方止水深阔，通谓之'海子'。"②又元梁益《诗传旁通》卷13《周颂》之《闵予小子之什·般》"海"条写道："海，晦也。纳百川之水，包九州之广，暗晦难知也。东海曰'沧海'，曰'渤海'，曰'渤澥'；南海曰'涨海'；西海曰'青海'；北海曰'瀚海'。大抵西海绝远，不可至。东南之海，水多倾泄就下，所谓地不满东南者，谓皆水也。""又今北方有小水，辄谓之'海子'。按《史记》注'塞内得水为河，塞外得水为海'。其小水'海子'之称，自古已然。因并记之。"③

其中"今北方有小水，辄谓之'海子'"，"小水'海子'之称，自古已然"之

---

① （宋）吴仁杰：《两汉刊误补遗》，徐蜀选编：《二十四史订补》第4册，第1062页。
② （元）王充耘：《读书管见》，《景印文渊阁四库全书》第62册，第459页。
③ （元）梁益：《诗传旁通》，《景印文渊阁四库全书》第76册，第963页。

所谓"古"，就汉地地理名谓而言，其实时代似乎并不是很早。而吴仁杰所谓"泽""池"及"小水"，规模定语"小"其实也是相对的。《说郛》卷34上康誉之《昨梦录》："大陂池，郡人呼为'海子'。"①或说"汪洋如海，都人因名焉"。②有人形容有的"海子"之辽阔形势："海子甚阔，望之者无畔岸，遥望水高如山，但见白浪隐隐，自高而下。"③

"海子"之中，又有"盐海子"。明金幼孜《北征录》："十五日早发金刚阜，午次小甘泉。有海子颇宽，水甚清，咸不可饮。中多水鸟，骑士云：此云'鸳鸯海子'。疑即鸳鸯泺也。《地志》云：鸳鸯泺在宣府。此去宣府盖远，未敢必其然否。"又写道："有盐海子，出盐，色白莹洁如水晶，疑即所谓水晶盐也。"④又有称"捞盐海子"者⑤，更强调这种水面"出盐"的经济资源意义。《太平御览》卷82引《尸子》曰："昔者桀纣纵欲长乐以苦百姓，珍怪远味，必南海之荤，北海之盐。"⑥说明中原人早已有"北海之盐"的消费体验。司马迁《史记》卷129《货殖列传》写道："夫天下物所鲜所多，人民谣俗，山东食海盐，山西食盐卤，领南、沙北固往往出盐，大体如此矣。"关于"沙北""出盐"，张守节《正义》："谓西方咸地也。坚且咸，即出石盐及池盐。"⑦

---

① （明）陶宗仪等编：《说郛三种》，第1565页。

② （清）高士奇：《金鳌退食笔记》卷下，《景印文渊阁四库全书》第588册，第420页。

③ （明）陆楫编《古今说海》卷1《说选一》引明金幼孜《北征录》，第11页。（清）姚之骃《元明事类钞》卷2《地理门》"水高如山"条引《北征录》："经阔滦海子，遥望水高如山，但见白浪隐隐，自高而下。"《景印文渊阁四库全书》第884册，第23页。

④ （明）陆楫编：《古今说海》卷1《说选一》，第7页。（明）陆容《菽园杂记》卷1："环庆之墟有盐也，产盐皆方块，如骰子，色莹然明彻，盖即所谓水晶盐也。池底又有盐根如石，土人取之，规为盘盂，凡煮肉贮其中，抄匀皆有咸味，用之年久则日渐销薄。甘肃灵夏之地，又有青、黄、红盐三种，皆生池中。"（明）陆容撰，李健莉校点：《菽园杂记》，上海古籍出版社2012年版，第2—3页。

⑤ （明）于谦《忠肃集》卷2《北伐类》："今年正月内将平章放回，往南行到捞盐海子。""景泰二年十月，内有额森将都尔本平章人马约有四五千人，放回捞盐海子北边住札。"（明）于谦著，魏得良点校：《于谦集》上册，浙江古籍出版社2016年版，第58页。

⑥ （宋）李昉等撰：《太平御览》，第382页

⑦ 《史记》，第3269页

"盐海子"或"捞盐海子""出盐"，是可以反映历史时期气候环境变化的信息。《简明不列颠百科全书》"全新世"（Holocene Epoch）条写道，此类信息来源"最主要的是太阳辐射记录"。此外，"还有许多记载的迹象也是有用的，如日本京都的樱花花期节日的时间、湖泊的封冻、洪水事件、暴风雪或旱灾、收成、盐的蒸发生产等"。① "沙北固往往出盐"所体现"盐的蒸发生产"对于说明环境变迁的意义，值得我们注意。"盐海子"或"捞盐海子"提供的生态环境史信息，应予认真发掘分析。②

"干枯消失"的"海子"，又称"干海子"。元人耶律铸有《干海子》诗，序文写道："余因六盘之变，经西夏信都府，过干海子。是夏其地无雨，草萎水涸。"其诗曰："沙葱焦枯沙蓬干，海子干枯龙子殚。顾非海变桑田日，如何一旦无涓滴。琴高控鲤游何许，好探麻姑问消息。"③ "海子""水涸""干枯"的历史变化，是生态环境史研究的课题。

三、"海子"语言特征的北族风格

"海"与"海子"的区别，在于后者添加了"子"以为后缀。以"子"字作为名词后缀的这种语言现象，似是中古时期兴起。考察其发生渊源和传布路径，应当关注"北中"即游牧民族文化与农耕民族文化接触最方便的地区的交通地理、文化地理和语言地理形势。

对于"海子"，有的辞书解释为"古时北方人对湖沼的称呼"。④

《现代汉语词典》"子"条写道："子·zi①名词后缀：a)加在名词性词素后：帽～｜旗～｜桌～｜命根～。b)加在形容词或动词性词素后：胖～｜矮～｜

---

① 中国大百科全书出版社《简明不列颠百科全书》编辑部译编：《简明不列颠百科全书》第 6 卷，中国大百科全书出版社 1986 年版，第 719 页。

② 王子今：《"居延盐"的发现——兼说内蒙古盐湖的演化与气候环境史考察》，《盐业史研究》2006 年第 2 期。

③ (元)耶律铸：《双溪醉隐集》卷 2《乐府》。原注："龙子，马名也。"《景印文渊阁四库全书》第 1199 册，第 405 页。

④ 三民书局大辞典编纂委员会编辑：《大辞典》中册，第 2049 页。

垫～｜掸～。"①《汉语大字典》"子"条也说："助词。1. 构词后缀。a. 加在名词之后。如：桌子；刀子。《旧唐书·张浚传》：'贼平之后，方见面子。'宋方岳《酹江月·寿父老》：'唱个典儿，吃些酒子。'……"②我们这里主要讨论第一种"子"作"名词后缀"即所谓"加在名词性词素后"或"加在名词之后"的情形。五代马缟《中华古今注》卷中曾经说"花子""衫子""背子"，曰始自秦始皇时。③谓"袄子"始自汉文帝时。④ 其说未提供充分证据。《汉语大词典》"子"条"名词后缀"一解，年代最早的书证为："《宋书·朱龄石传》：'龄石使舅卧于听事一头，剪纸一方寸，帖着舅枕，自以刀子悬掷之。'"⑤这种语言方式在史籍中的频繁出现，大致始于两晋南北朝时期。

后世常用称谓之"汉子"，曾多有学者在有关"汉人""汉族"称谓出现时代的讨论中有所关注。这一称谓应始自北族。《北齐书》卷 23《魏兰根传》："明朗从弟恺，少抗直，有才辩。魏末辟开府行参军，稍迁尚书郎、齐州长史。天保中聘陈使副迁青州长史。固辞不就，杨愔以闻。显祖大怒，谓愔云：'何物汉子！我与官不肯。……'"⑥《北齐书》卷 45《文苑列传》可见"广平郡孝廉李汉子"⑦，说明"汉子"名谓已经通行于社会。宋陆游《老学庵笔记》卷 3 写道："今人谓贱丈夫曰'汉子'，盖始于晋室南渡时。北齐魏恺自散骑常侍迁青州长史，固辞之。宣帝大怒曰：'何物汉子！与官不就。'此其

---

① 中国社会科学院语言研究所词典编辑室编：《现代汉语词典》(修订本)，商务印书馆 2000 年版，第 1664 页。

② 汉语大字典编辑委员会编著：《汉语大字典》，四川辞书出版社、湖北辞书出版社 1993 年版，第 423 页。

③ (五代)马缟撰：李成甲校点：《中华古今注》，辽宁教育出版社 1988 年版，第 22 页。(宋)高承《事物纪原》卷 3《衣裘带服部》言"衫子"始见秦始皇令，"背子"始见秦二世诏。(宋)高承撰，金圆、许沛藻点校：《事物纪原》，中华书局 1989 年版，第 150、151 页。

④ (宋)高承《事物纪原》卷 3《衣裘带服部》言始见《旧唐书·舆服志》。(宋)高承撰，金圆、许沛藻点校：《事物纪原》，第 149 页。

⑤ 罗竹风主编：《汉语大词典》第 4 卷，汉语大词典出版社 1991 年版，第 165 页。

⑥ 《北齐书》，中华书局 1972 年版，第 332 页。事又见《北史》卷 56《魏兰根传》，第 2048 页。

⑦ 《北齐书》，第 614 页。

证也。"①南北朝时代入居中原的北族民众，很可能将这种语言习惯带到了
更广阔的地方。

与"汉子"类同的民族称谓，有"蜀子"②"俚子"③"獠子"④"狫子"⑤等。起
初似乎均是北人对南族的蔑称。"獠子"，段成式《酉阳杂俎》卷4《境异》称作
"獠"，后缀"子"字，应是特定条件下出现的称谓形式。《魏书》卷96《僭晋司马
叡传》言及"巴蜀蛮獠溪俚"，又说："中原冠带呼江东之人皆为'貉子'，若狐
貉类云。"《北史》卷62《王罴传》："便袒身露髻徒跣，持一白棒，大呼而出。谓
曰：'老罴当道卧，貉子那得过！'"⑥也是称敌方为"貉子"一例。

作为社会称谓的"大老子"，指代谨厚老人。例见于《宋书》卷54《沈昙庆
传》："昙庆谨实清正，所莅有称绩。常谓弟子曰：'吾处世无才能，政图作大

---

① （宋）陆游撰，李剑雄、刘德权点校：《老学庵笔记》，中华书局1979年版，第29
  页。《说郛》卷52上，王仁裕《开元天宝遗事》"痴贤"条："右拾遗张方回精神不
  爽，时人呼为'痴汉子'。"（明）陶宗仪等编：《说郛三种》，第2378页。（宋）孙奕
  《示儿编》卷17《杂记》"痴"条："张方回痴汉子。《天宝遗事》。"（南宋）孙奕撰，唐
  子恒点校：《新刊履斋示儿编》，第228页。《说郛》卷45下，钱世昭《钱氏私志》
  载佛印致书东坡写道："子瞻胸中有万卷书，笔下无一点尘，到这地位，不知性
  命所存，一生聪明，要做甚么三世诸佛，只是一个有血性的汉子。子瞻若能脚下
  承当，把一二十年富贵功名贱如泥土，努力向前，珍重珍重。"（明）陶宗仪等编：
  《说郛三种》，第2015页。
② 《晋书》卷100《谯纵传》："进不能战，退无所资，二万余人，因为蜀子虏耳。"第
  2637页。亦见《宋书》卷49《刘钟传》，第1439页。《魏书》卷79《董绍传》："臣当出
  瞎巴三千，生啖蜀子。"中华书局1974年版，第1759页。
③ （晋）张华撰，范宁校证《博物志校证》："交州夷名曰'俚子'。"第25页。
④ 《太平御览》卷360引《蜀郡记》曰："诸山夷獠子……"（宋）李昉等撰：《太平御览》，
  第1660页。（晋）张华撰，范宁校证《博物志校证》卷2《异俗》："荆州极西南界至
  蜀，诸民曰'獠子'。"第24页。《太平御览》卷361引《博物志》曰："蜀郡诸山夷名曰
  '獠子'。"（宋）李昉等撰：《太平御览》，第1664页。
⑤ （唐）段成式撰，方南生点校《酉阳杂俎》卷4《境异》"獠"，卷8《黥》："南中绣面獠
  子。"中华书局1981年版，第45、79页。《子史精华》卷80《边塞部四·外域下》及
  《佩文韵府》卷34之五《上声四纸韵五·子》引作"狫子"。《景印文渊阁四库全书》
  第1009册，第205页；第1018册，第152页。
⑥ 《魏书》，第2093页。《北史》，第2202页。

老子耳。'世以长者称之。"①及《齐民要术》卷6《养羊》："牧羊必须大老子心性宛顺者，起居以时，适其宜适。"②

大致在魏晋时期开始通行的这种语言特点，又被用于更广泛的用途，比如植物、动物、日常生活中的杂物等，具体而言，表现为植物名号"树子"③"棘子"④"竹子"⑤"麦子"⑥"杏子"⑦等，动物名号"骓子"⑧"犊子"⑨"蛤子"⑩等。日常生活中杂物现象名号，又有"瓦子"⑪"弹子"⑫"丁子""杷子"⑬"孔子"

① 汪维辉：《〈齐民要术〉词汇语法研究》，上海教育出版社2007年版，第184页。

② 吴金华：《〈三国志〉解诂》，《南京师大学报》1981年第3期。

③ 《晋书》卷56《孙绰传》："所居斋前种一株松，恒自守护。邻人谓之曰：'树子非不楚楚可怜，但恐永无栋梁日耳。'"第1544页。

④ 《晋书》卷95《艺术列传·佛图澄》："季龙大享群臣于太武前殿。澄吟曰：'殿乎殿乎，棘子成林，将坏人衣。'"第2490页。

⑤ 《晋书》卷94《隐逸列传·董京》："后数年遁去，莫知所之。于其所寝处，惟有一石竹子及诗二篇。"第2427页。

⑥ 《齐民要术》卷3《杂说》："可粜粟、黍、大小豆、麻、麦子等。"（后魏）贾思勰著，缪启愉校释：《齐民要术校释》，第164页。

⑦ 《伤寒论·辨太阳病脉证并治法上》："喘家作桂枝汤，加厚朴杏子佳。"（汉）张机撰，（晋）王叔和编，（金）成无己注：《伤寒论注释》，《景印文渊阁四库全书》第734册，第231页。

⑧ 《南史》卷53《梁武帝诸子列传·豫章王综》："湘州益阳人任焕，常有骓马乘之。退走，焕脚为抄所伤，人马俱弊。焕于桥下歇，抄复至。焕脚痛不复得上马，于是向马泣曰：'骓子！我于此死矣。'马因跪其前脚，焕乃得上马，遂免难。"第1317页。

⑨ 《晋书》卷106《石季龙载记上》："刘琨送勒母王及季龙于葛陂，时年十七矣。性残忍，好驰猎，游荡无度，尤善弹，数弹人。军中以为毒患。勒白王将杀之，王曰：'快牛为犊子时，多能破车。汝当小忍之。'"第2761页。

⑩ 《北齐书》卷33《徐之才传》："为剖得蛤子二，大如榆荚。"第446页。

⑪ 《三国志》卷29《魏书·方技传·管辂》："取一瓦子，密发其碓屋东头第七椽，以瓦著下。"第829页。

⑫ 《金匮要略·血痹虚劳病脉证并治》："炼蜜和丸，如弹子大。"何任主编：《金匮要略校注》，人民卫生出版社2013年版，第56页。

⑬ 《齐民要术》卷5《种红蓝花栀子》："鸡舌香，俗人以其似丁子，故为'丁子香'也。""以杷子就瓮中良久痛抨，然后澄之。"又见《齐民要术》卷6《养羊》。（后魏）贾思勰原著，缪启愉校释：《齐民要术校释》，第367、437页。

"块子"①"皮子"②"杓子"③"算子"④"碗子"⑤"瓮子"⑥等。

《齐民要术》所见相关数据比较集中，体现了北朝社会生活语汇的区域特色、民族特色和时代特色。⑦ 从该书的主题性质分析，我们还可以推知这种语言习惯可能较早已在下层劳动群众和基本生产实践中普及。

陆游《老学庵笔记》卷3说："南人谓之'简版'，北人谓之'牌子'。"注意了名物符号的"南""北"差异。确实正如有的研究者所指出的："'牌子'之称似带有北方地域的特色。"⑧

又如"师子"，《汉书》卷96上《西域传上》："乌弋地暑热莽平，其草木、畜产、五谷、果菜、食饮、宫室、市列、钱货、兵器、金珠之属皆与罽宾同，而有桃拔、师子、犀牛。"《汉书》卷96下《西域传下》："巨象、师子、猛犬、大雀之群食于外囿。"⑨"师子"名号在班固时代即已传入中原，东汉起被社会普遍接受。这一语汇自西域而来，也很可能经由"北中"地区向更广阔的方向传播。⑩

------

① 《齐民要术》卷8《作酢法》："经宿，酳孔子下之。""绸幂曲破，勿令有块子。"《齐民要术校释》，第555、548页。

② 《齐民要术》卷2《种瓜》："削去皮子。"又见《齐民要术》卷4《柰、林檎》。《齐民要术校释》，第163、297—298页。

③ 《齐民要术》卷9《作饼法》："以小杓子挹粉着铜钵内。"《齐民要术校释》，第636页。

④ 《齐民要术》卷9《素食》："算子切，不患长，大如细漆箸。"又见《齐民要术》卷9《作菹藏生菜法》。《齐民要术校释》，第653、665页。

⑤ 《齐民要术》卷9《炙法》："碗子底按之令拗。"又见《齐民要术》卷9《素食》《作菹藏生菜法》。《齐民要术校释》，第623、653、665页。

⑥ 《齐民要术》卷3《蔓菁》："漉着一斛瓮子中。"又见《齐民要术》卷7《笨曲并酒》，卷8《作酱等法》，卷8《作鱼鲊》。《齐民要术校释》，第188、514、540、574页。

⑦ 参见汪维辉：《〈齐民要术〉词汇语法研究》，上海教育出版社2007年版，第192、266、243、245、268、288、298、308、309—310页。

⑧ 张小艳：《敦煌书仪语言研究》，商务印书馆2007年版，第147页。

⑨ 《汉书》，第3889、3928页。

⑩ 敦煌书仪所见对僧人的称呼"阿师子"，是另外的情形。有研究者指出："称谓语既加前缀'阿'，又附后缀'子'，在唐代较为习见，书仪中还有'阿嫂子'之称。"张小艳：《敦煌书仪语言研究》，第270页。如果我们更多思考与本书讨论主题关系更密切的"称谓语""附后缀'子'"的情形，应注意这种语言文化现象与"海子"是相近的。

四、"北中"地区的语言传播：以名词后缀"子"为例

有学者讨论"泛河套文化圈"的语言现象时，关注内蒙古西部汉语方言中的圪字头语词，列举后缀"子"的词例颇多。如"圪包子"、"圪台子"、"圪扭子"（"圪钮子"）、"圪角子"、"圪钉子"（"圪疔子"）、"圪刷子"、"圪抽子"、"圪杵子"、"圪枝子"、"圪沓子"（"圪諮子"、"圪嗒子"、"圪蠹子"）、"圪狯子"（"狨狯子"）、"圪绌子"（"圪麑子"）、"圪垛子"、"圪垯子"、"圪星子"、"圪柚子"、"圪痂子"、"圪都子"（"圪嘟子"）、"圪兜子"、"圪裆子"（"圪褙子"）、"圪渣子"、"圪销子"（"老鸦嘴子"）、"圪榄子"（"杆子"）、"圪锥子"、"圪折子"、"圪镂子"、"圪踏子"、"圪鬘子"、"圪针茇子"、"圪钉瓮子"（"牛头瓮子"）、"圪钉盆子"、"圪偻老子"（"圪溜老子"）等。① 如果这些语言现象可以看作区域历史文化遗存，或许可以帮助我们理解以"子"作为名词后缀这一语言习惯的传播可能以在民族交往史中作用突出的河套地区作为中继地的情形。

同样作为地名，战国秦汉县名以"子"字为后缀的情形，特别值得我们在讨论"海子"时关注。"蒲子""长子""宋子""房子"诸县名各有战国文字证据，亦有学者指出秦代均曾置县。② 据《汉书》卷28上《地理志上》，河东郡有"蒲子"县，上党郡有"长子"县，巨鹿郡有"宋子"县（"莽曰'宜子'"），常山郡有"房子"县（"莽曰'多子'"）。《续汉书·郡国志一》：河东郡"蒲子"。刘昭注补："《左传》曰晋文公居蒲城，杜预曰：今蒲子县。"据《续汉书·郡国志二》，巨鹿郡无"宋子"县，然而"下曲阳有鼓聚，故翟鼓子国"。刘昭注补："杜预曰县西南有肥累城。古肥国，白狄别种。""翟鼓子国"与"白狄别种"的关系发人深思。常山国有"房子"县。《续汉书·郡国志五》：上党郡有"长子"县。③

县名"蒲子""长子""宋子""房子"均以"子"字为后缀，虽然不一定与"海子"构词规律完全相同，却有形式近似的特征。而"翟鼓子国"与所谓"白狄别

---

① 杜华、谭士俊：《内蒙古西部汉语方言中的圪字头语词研究》，第九届中国·河套文化研讨会暨河套文化研究会年会论文，呼和浩特，2013年12月。

② 后晓荣：《秦代政区地理》，社会科学文献出版社2009年版，第309—310、329—330、348—349、354—355页。

③ 《汉书》，第1550、1553、1575、1576页。《后汉书》，第3398、3401、3433、3434、3521页。

种"有一定关系，也是值得注意的。此四例名号后缀"子"的县均在先秦赵地。赵国早期行政经营即有"计胡、翟之利"，"开于胡、翟之乡"的说法，体现少数民族曾经十分活跃的历史。"蒲子""长子""宋子""房子"县名，也许应当从民族关系史的视角予以理解。

《史记》卷43《赵世家》："(敬侯)十年，与中山战于房子。"张守节《正义》："赵州房子县是。""(成侯)五年，伐齐于鄄。魏败我怀。攻郑，败之，以与韩，韩与我长子。"裴骃《集解》："《地理志》曰上党有长子县。""(赵武灵王十九年)王北略中山之地，至于房子。"赵武灵王决意胡服骑射，有"今中山在我腹心……东有胡，西有林胡、楼烦"的形势分析。而赵武灵王言"虽驱世以笑我，胡地中山吾必有之"之所谓"胡地中山"，提示了"房子"县名的"胡"族文化因素。①

有学者说，"内蒙古西部方言属于晋语"。② 我们姑且暂不考虑语言传播的方向问题，但是应当指出，这一西北—东南文化交汇带各个地点语言特征的亲近，是显而易见的事实。

五、较广阔区域"海子"语言符号的使用

河套以西地方湖沼亦称"海子"。

《禹贡锥指》卷10写道："旧志谓白亭海即猪野泽。今按《元和志》，白亭军在姑臧县北三百里马城河东岸，因'白亭海'为名。'白亭海'一名'会水'，在肃州酒泉县东北百四十里。以北有白亭，故名'白亭海'。是军与海东西相距八九百里，徒遥取为名耳。后人以军在姑臧，而名'白亭'，遂混为一处。《陕西行都司志》云：'白亭海'一名'小阔端海子'，五涧谷水流入此海。盖误以休屠泽为'白亭海'也。"③所论"白亭海"名义以及"'白亭海'一名'小阔端海子'"的说法都值得我们注意。"白亭海"在河西地方，应是汉语地名，"小阔端海子"名称则体现少数民族语言因素。但是"海"和"海子"称谓，体现出融合而一的语言史印迹。

---

① 《史记》，第1798、1799、1800、1805、1806、1807页。
② 杜华、谭士俊：《内蒙古西部汉语方言中的圪字头语词研究》，第九届中国·河套文化研讨会暨河套文化研究会年会论文，呼和浩特，2013年12月。
③ (清)胡渭著，邹逸麟整理：《禹贡锥指》，第321页。

《辞源》说"海子"："北方称湖沼为海子。"书证为："元赵孟頫《松雪斋集》五《初至都下即事》诗'半生落魄江湖上，今日钧天一梦同'自注：'北方谓水泊为海子。'"①《汉语大词典》释"海子"，第一条解释即："方言。湖泊。宋沈括《梦溪笔谈·杂志一》：'中山城北园中有大池，遂谓之海子。'明徐弘祖《徐霞客游记·滇游日记三》：'坠峡而下，又见东麓海子一围，水光如黛，浮映山谷。'清纪昀《阅微草堂笔记·如是我闻四》：'后汉燉煌太守裴岑《破呼衍王碑》，在巴里坤海子上关帝祠中，屯军耕垦，得之土中。'"②可知新疆地方湖沼亦称"海子"。这或许可以理解为源自所谓"北中"地方，语言文化的影响沿着古丝绸之路的走向也向西扩展的体现。

《徐霞客游记》记录"滇游"体验说到"海子"。前引顾炎武《日知录》以"云南有滇海"与"甘州有居延海，西宁有青海"并说，以为《诗》《书》所称'四海'，实环华裔而四之"。明谢肇淛《滇略》卷4《俗略》分析云南民族方言，曾涉及"海子"称谓："方言夷㑩则侏僂不可晓。汉人多江南迁徙者，其言音绝似金陵。但呼院曰'万街'，曰该鞋曰'孩虹'，曰水椿松炬曰'明子'，蓄水曰'海子'，岭曰'坡子'，沟曰'龙口'，民呼官太守以下皆曰'父母'，监司以上皆曰'祖'。"所谓"曰水椿松炬曰'明子'，蓄水曰'海子'，岭曰'坡子'"③，都以"子"为名词后缀。这一情形，应与"汉人多江南迁徙者"没有直接关系，或体现了北来语言习惯的扩展。北方少数民族文化对西南地方的影响，一条十分重要的路径，应当是通过草原通路实现的。④

《汉书》卷28上《地理志上》"蜀郡旄牛"条下说到"鲜水"。谭其骧主编《中国历史地图集》标定"鲜水"的空间位置，在今四川康定西。⑤ 即今称"立启河"者。然而于雅江南美哲和亚德间汇入主流的"雅砻江"支流，今天依然称"鲜水

---

① 《辞源》修订本，商务印书馆1981年版，第1802页。
② 罗竹风主编：《汉语大词典》第5卷，第1219页。
③ （明）谢肇淛：《滇略》，《景印文渊阁四库全书》第494册，第143页。
④ 参见王子今：《康巴民族考古与交通史的新认识》，《中国文物报》2005年10月5日；王子今、王遂川：《康巴草原通路的考古学调查与民族史探索》，《四川文物》2006年第3期。均收入《穿越横断山脉——康巴地区民族考古综合考察》，天地出版社2008年版。
⑤ 谭其骧主编：《中国历史地图集》，第2册第29—30页。

河"。今"鲜水河"上游为"泥曲"和"达曲"，自炉霍合流，即称"鲜水河"。今"鲜水河"流经炉霍、道孚、雅江。道孚县政府所在地即"鲜水镇"，显然因"鲜水河"得名。又有西海"鲜水"。《汉书》卷12《平帝纪》记载，汉平帝元始四年（4），"置西海郡，徙天下犯禁者处之"。① 清代学者齐召南《前汉书考证》关于"置西海郡"事写道："按莽所置西海郡在金城郡临羌县塞外西北。《地理志》可证。西海曰'仙海'，亦曰'鲜水海'，即今青海也。"②王先谦《汉书补注》："莽诱塞外羌献鲜水海、允谷盐池。"又有张掖"鲜水"。《山海经·北山经》："……又北百八十里，曰北鲜之山，是多马。鲜水出焉，而西北流注于涂吾之水。"郭璞注："汉元狩二年，马出涂吾水中也。"③《史记》卷110《匈奴列传》司马贞《索隐》引《山海经》："北鲜之山，鲜水出焉，北流注余吾。""余吾"应当就是"涂吾"。《史记》卷2《夏本纪》张守节《正义》引《括地志》云："兰门山，一名合黎，一名穷石山，在甘州删丹县西南七十里。《淮南子》云：'弱水源出穷石山。'"又云："合黎，一名羌谷水，一名鲜水，一名覆表水，今名副投河，亦名张掖河，南自吐谷浑界流入甘州张掖县。"④相隔相当距离的几处"鲜水"使用同样的名称，很可能与民族迁徙的历史现象有关。这一情形告诉我们，北方少数民族文化对其他地方包括对西南方向的影响，是包括语言文化因素的。⑤

---

① 《汉书》，第 357 页。

② 《前汉书》卷十二《武帝纪》附（清）齐召南《考证》，《景印文渊阁四库全书》第 249 册，第 183 页。

③ （清）王先谦：《汉书补注》，第 143 页。

④ 《史记》，第 2918、70 页。

⑤ 参见王子今、高大伦：《说"鲜水"：康巴草原民族交通考古札记》，《中华文化论坛》2006 年第 4 期，收入《穿越横断山脉——康巴地区民族考古综合考察》，天地出版社 2008 年版，收入《巴蜀文化研究集刊》第 4 卷，巴蜀书社 2008 年版。

附论三 中国古代文献记录的南海"泥油"发现

中国古代文献可见利用南海"泥油"以为能源的资料，就此进行考察分析，有助于理解和说明南海石油早期发现的历史。海洋资源之深度开发体现的文明进步，也许可以将"泥油"记录看作纪念性标志之一。"泥油"发现与海洋开发进程中的"海底"探索有关。考察珍珠和珊瑚的获取方式，可以得知关注"海底"的技术努力，可以在秦汉时期发现渊源。

一、中原人最初得识的"猛火油""泥油"

《太平寰宇记》卷 179《四夷八·南蛮四》"占城国"条记述了后周显德五年（958）占城国王进贡"猛火油"事："占城国，周朝通焉。显德五年，其王释利因得漫遣其臣蒲诃散等来贡方物……进猛火油八十四琉璃瓶。是油得水而愈炽，彼国凡水战则用之。"①《宋史》卷 489《外国列传五·占城》关于当地物产，也说到"得水而愈炽"的"猛火油"："其国前代罕与中国通。周显德中，其王释利因得漫遣其臣莆诃散贡方物，有云龙形通犀带、菩萨石。又有蔷薇水洒衣经岁香不歇，猛火油得水愈炽，皆贮以瑠璃瓶。"②出产"猛火油"的"占城"，在今越南中南部。有学者指出："占城一名，最早见于唐代刘恂之《岭表录异》，其文云：'乾符四年（877 年）占城国进驯象。'"③《四库全书总目》卷 70

---

① （宋）乐史撰，王文楚等点校：《太平寰宇记》，第 3435 页。

② 《宋史》，第 14079 页。

③ （宋）范成大著，胡起望、覃光广校注：《桂海虞衡志辑佚校注》，四川民族出版社 1986 年版，第 276 页。（唐）刘恂《岭表录异》卷上："乾符四年，占城国进驯象三头。当殿引对，亦能拜舞。后放还本国。"校补者言：《通典》有：'占城在中国之南，东至海，西至云南，南至真腊。'……商璧、潘博校补：《岭表录异校补》，广西民族出版社 1988 年版，第 74 页。其说误。所据应为《续通典》卷 148《边防·正南》"占城"条。题注："即杜《典》'林邑'。"文渊阁《四库全书》本。今按：杜佑《通典》卷 188《边防四·南蛮下》作"林邑"。（唐）杜佑撰：《通典》，第 1007 页。

《史部·地理类三》"《岭表述异》三卷"条以为"殆书成于五代时矣"。① 中国史籍又称林邑国、环王国、占婆国，或简称为占城、占国。②

明人何汝宾《兵录》卷11"火攻药性"："……他如猛火油，出占城国，得水愈炽，可烧湿物。"③这种可作燃料的"得水愈炽"的"猛火油"，亦称"泥油"。明代学者黄衷著《海语》卷中"猛火油"条写道："猛火油……一名泥油。出佛打泥国。"④"佛打泥国"在今泰国南部北临暹罗湾的北大年地方。

《新五代史》卷74《四夷附录》记载，这种物品的正式"入贡"，在五代后周显德五年(958)："占城，在西南海上。其地方千里，东至海，西至云南，南临真腊，北抵驩州。……自前世未尝通中国。显德五年，其国王因德漫遣使者莆诃散来，贡猛火油八十四瓶、蔷薇水十五瓶，其表以贝多叶书之，以香木为函。猛火油以洒物，得水则出火。蔷薇水，云得自西域，以洒衣，虽敝而香不灭。"⑤这是对于相关现象最早的明确的历史记录。应当注意，此说"猛火油以洒物，得水则出火"，与"是油得水而愈炽""猛火油得水愈炽"有所不同。

北宋时期，"猛火油"已经成为中原人关于"占城"方向的地理知识的重要内容之一。

二、南海"泥油"与西北"石漆"

形容"猛火油"物性之所谓"得水愈炽"，作为当时语言习惯，又见于《太平寰宇记》卷152《陇右道三·肃州》"酒泉县"条关于"石漆"的文字："延寿城中有山，出泉注地，其水肥如牛汁。燃之如油，极明，但不可食。此方人谓'石漆'，得水愈炽也。"⑥《续汉书·郡国志五》"酒泉郡"条下"延寿"，刘昭注补引《博物记》曰："县南有山，石出泉水，大如筥箄，注地为沟。其水有肥，如煮

---

① （清）永瑢等撰：《四库全书总目》，第 623 页。

② 陈佳荣、谢方、陆峻岭：《古代南海地名汇释》，中华书局 1986 年版，第 277 页。

③ （明）何汝宾：《兵录》，《四库禁毁书丛刊》子部第 9 册，北京出版社 2000 年版，第 637 页。

④ （明）黄衷：《海语》，《景印文渊阁四库全书》第 594 册，第 128 页。

⑤ （宋）欧阳修撰，（宋）徐无党注：《新五代史》，中华书局 1974 年版，第 922 页。

⑥ （宋）乐史撰，王文楚等点校：《太平寰宇记》，第 2946 页。

肉洎，兼兼永永，如不凝膏，然之极明，不可食，县人谓之'石漆'。"①更早的信息见于《水经注·河水三》引《博物志》："故言高奴县有洧水，肥可蘸。水上有肥，可接取用之。《博物志》称酒泉延寿县南山出泉水，大如筥，注地为沟。水有肥，如肉汁。取著器中，始黄后黑，如凝膏。然极明，与膏无异。膏车及水碓缸甚佳。彼方人谓之'石漆'。水肥亦所在有之，非止高奴县洧水也。"②宋杨彦龄《杨公笔录》："今鄜州出石烛，风雨点之不灭。欲然，先以水浸之则愈明。按古延寿县有火泉，经地为沟，其水有垢，如煮肉脂。接取著器中，始黄，小停之黑如凝膏。然之极明，方人谓之'石漆'。"③《太平御览》卷70引《郡国志》也说"石漆"，并使用"得水愈炽"字样："肃州延寿城有山，出泉注地，水肥如肉汁。燃之，极明，与膏无异，但不可食。此方人谓'石漆'，得水愈炽。"④描述对象"石漆"，显然是石油。⑤

明代学者陈耀文于《天中记》卷10《火》言"猛火油"，叙说中与"西北"石油资源相联系："周显德中，占城贡猛火油，得水愈炽，贮以琉璃瓶。五代西北边防城库，皆掘地作大池，纵广丈余，以蓄猛火油。"⑥将"占城"与"西北边防"所出，均称作"猛火油"。清俞浩《西域考古录》卷6《安西州》"玉门"条写道："俞方毅《特健药斋随笔》：沙州玉门县出一种石漆，如外国猛火油之类。"⑦也以"外国猛火油"与"石漆"类比。

"猛火油""泥油"很可能即石油的认识，又明确见于清人汪仲洋编列于《简

---

① 《后汉书》，第 3521 页。

② （北魏）郦道元著，陈桥驿校证：《水经注校证》，第 86 页。

③ （宋）杨彦龄：《杨公笔录》，《丛书集成新编》，新文丰出版公司 1985 年版，第 86 册，第 535 页。

④ （宋）李昉等：《太平御览》，第 332 页。

⑤ （清）许鸣磐《方舆考证》卷 42《安西州·山川》："《元和志》：玉门县。石脂水，在县东南一百八十里，泉中有苔，如肥肉。然之极明。水上有黑脂，人以草盖取用，涂鸱夷酒囊及膏车。周武帝宣政中，突厥围酒泉，取此脂然火焚其攻具，得木逾明。酒泉赖以获济。按《明统志》，石油河出肃州南山，然之极明。不可食。石脂水在玉门县东南，与今石油河方位适合。且石漆、石脂、石油，义本相同，其为然膏旧迹无疑。"清济宁潘氏华鉴阁本，第 1773 页。

⑥ （明）陈耀文：《天中记》，《景印文渊阁四库全书》第 965 册，第 464 页。

⑦ （清）俞浩：《西域考古录》，《四库未收书辑刊》第 9 辑，第 7 册，第 610 页。

州盐井》和《富顺火井》之后的《油井》诗："但讶火在井，谁信油可汲。我行亲
见之，梦想杳不及。番舶泥油干，延州石油湿。非石亦非泥，井油足鼎立。
臭味颇难近，黝黑色惮捪。试以添灯檠，居然焰烁熠。晦迹藏聪明，怀才不
滞涩。光芒偶吐露，星月同出入。……"①诗人明确将四川"油井"所出与"番
舶泥油""延州石油"并列，又指出其"臭味"和"黝黑色"都相近。我们理解诗人
的意思，是将"泥油"看作"石油"一类物产的。

对于"泥油"性质，曾经有"树津"的误解。《海语》卷中、《玉芝堂谈荟》
卷 27 引《华夷考》②等均提出这种认识。清人赵学敏《本草纲目拾遗》卷 2 则否
定《东西洋考》"以为'树津'，故取附'石脑油'下"的处理方式，明确指出："按
此即'石油'，观其一名'泥油'，可知非树脂也。"③这显然是清醒的判断。清
代学者俞樾据宋张世南《游宦纪闻》"猛火油以洒物，得水则出火"之说，以为
"猛火油疑即今洋油之类，今洋油得水则益炽，因有'得水则出火'之说矣"。
又据明陶宗仪《元氏掖庭侈政》"猛火油""得水益炽"之说，更断言"猛火油即今
洋油"。④ 于是准确判定了所谓"猛火油""泥油"的品质。

三、南番"泥油"与东洋"泥油"

黄衷《海语》卷中《物产》"猛火油"条说"猛火油"即"泥油"，"燃置水中，光
焰愈炽。蛮夷以制火器，其烽甚烈，帆樯楼橹，连延不止，虽鱼鳖遇者无不
燋烁也"。他又引录了另一种说法，以为这种可作为燃料的物产来自东洋：
"一云出高丽之东。盛夏日初出时，烘石极热，则液出。他物遇之，即为火。"
但是黄衷本人并不同意此说，以为"此未必然"。⑤"烘石极热，则液出"的说

---

① （清）汪仲洋：《心知堂诗稿》卷 2《下峡集上》，《续修四库全书》第 1502 册，第
15 页。
② （明）黄衷：《海语》，《景印文渊阁四库全书》第 594 册，第 128 页。（明）徐应秋：
《玉芝堂谈荟》卷 27，《景印文渊阁四库全书》第 1502 册，第 15 页。
③ （清）赵学敏：《本草纲目拾遗》，《续修四库全书》第 994 册，第 573 页。
④ （清）俞樾：《茶香室丛钞》卷 20，清光绪二十五年刻《春在堂全书》本。贞凡、顾馨、
徐敏霞点校本《茶香室丛钞》卷 20"猛火油"条作："宋张世南《游宦纪闻》云：唐显德
五年，占城国王遣使者来贡：猛火油八十四瓶，蔷薇水十五瓶。猛火油以洒物，
得水则出火，蔷薇水洒衣，虽敝而香不减。按猛火油疑即今洋油之类，今洋油得
水则益炽，因有得水则出火之说矣。"中华书局 1995 年版，第 428 页。
⑤ （明）黄衷：《海语》，《景印文渊阁四库全书》第 594 册，第 128 页。

法，明确以为矿产。

明代科学家方以智《物理小识》卷 2《风雷雨旸类》"贮火油与灭火法"条指出
"出高丽之东"的说法出自宋康誉之《昨梦录》："高丽之东出猛火油，盛夏日力
烘石极热，则出液。他物遇之则为火，惟真琉璃器可贮之。"①所谓"宋康誉之
《昨梦录》"，明人徐应秋《玉芝堂谈荟》卷 27 引作"宋康举之《昨梦录》"。《四库
全书总目》卷 143"小说家类存目一"作"《昨梦录》一卷，编修程晋芳家藏本，宋
康与之撰"。又评价此书品质，以为"连篇累牍，殆如传奇，又唐人小说之末
流，益无取矣"，所凭据之一，即"其西北边城贮猛火油事，《辽史》先有是说，
然疑皆传闻附会。终辽宋之世，均未闻用此油火攻致胜。且所产之地在高丽
东，高丽去中国至近，亦不闻产此异物也"。②

就对于《昨梦录》"猛火油"记录只是基于"未闻""不闻"的质疑，学者当然
也是可以提出质疑的。《辽史》卷 71《后妃传·太祖淳钦皇后述律氏》记载："吴
主李昇献猛火油，以水沃之愈炽，太祖选三万骑以攻幽州。"③对于这样的史
籍记录，司马光并不以为"传闻附会"，《资治通鉴》卷 269"后梁均王贞明三年"
予以取信："吴主遣使遗契丹主以猛火油，曰：'攻城以此油然火焚楼橹，敌
以水沃之，火愈炽。'契丹主大喜，即选骑三万欲攻幽州。"胡三省注："《南蕃
志》：'猛火油出占城国，蛮人水战，用之以焚敌舟。'"④所谓"未闻用此油火
攻致胜"有可能与其物希贵，并非常备兵具有关。而产地"在高丽东"之说，或
许反映远国奇物辗转舶来，不免路径曲折的情形。清秦嘉谟《月令粹编》卷 10

①　(明)方以智：《物理小识》，《景印文渊阁四库全书》第 867 册，第 783—784 页。
②　(清)永瑢等撰：《四库全书总目》，第 1217 页。
③　《辽史》，中华书局 1974 年版，第 1200 页。"太祖选三万骑以攻幽州"句后又记载：
　　"后曰：'岂有试油而攻人国者？'"
④　(宋)司马光编著，(元)胡三省音注：《资治通鉴》，第 8814 页。《契丹国志》卷 13
　　后妃传·太祖淳钦皇后述律氏："吴王遣使遗太祖以猛火油，曰：'攻城以油然
　　火，焚楼橹，敌以水沃之，火愈炽。'太祖大喜，即选骑二万欲攻幽州。后哂之曰：
　　'岂有试油而攻一国乎？'"(宋)叶隆礼撰，贾敬颜、林荣贵点校：《契丹国志》，中
　　华书局 1985 年版，第 138—139 页。(清)吴任臣《十国春秋》卷 2《吴二·高祖世
　　家》："(天佑十四年)是岁，王遣使遗猛火油于契丹，且曰：'攻城用油然火，焚其
　　楼橹，敌人以水沃之，火愈炽。'契丹主大喜。"《景印文渊阁四库全书》第 465 册，
　　第 64 页。

《六月令·物候》引《昨梦录》言"猛火油出高丽东数千里"①，则可澄清《四库全书总目》"高丽去中国至近，亦不闻产此异物也"的疑问。所谓"出高丽东数千里"，指出是远海产物。

言"高丽之东"出"猛火油"的说法见于宋人笔记。而黄衷以为所谓"猛火油"就是"出佛打泥国"的"泥油"。方以智又说"周显德中，越裳献猛火油"，亦说来自东南。又引《马潜草》曰："南番泥油，水不能灭，干泥、龟灰可扑。"且与"四川井油，见水愈炽；三佛齐献火油"并说②，以为"皆同一类"，与石油相联系，其明确的空间指向，是"南番"。

我们不能排除"高丽之东"与"南番"均曾发现"泥油"的可能。但是中国古籍记录的比较集中的信息，反映南海"泥油"受到更多的重视。

四、"入海浅番船皆蓄之"

方以智《通雅》卷48《金石》集中载录矿业学知识，其中提供了更明确的有关"泥油"的认识："越裳，今占城，有'猛火油'。周显德中来献。三佛齐，宋淳熙时献'火油'。南海诸国又有'泥油'，并船则用之。"此条开头言"有火井，有刚火，有井油，有然石"，应是指天然气、石油、油页岩等，"泥油"列于其后，是值得深思的。《太平寰宇记》关于"占城国""猛火油"言"彼国凡水战则用之"。《通雅》卷48《金石》又写道："《寰宇记》：'三齐海中石，有小焰，得而烧之，有硫黄气。能制铅汞。"③其中"海中"二字，明确体现"猛火油""泥油"发现是海洋探索与海洋开发的成就。

明代学者陈耀文《天中记》卷9"泥油"条有这样的内容："南海诸国有'泥油'，今入海浅番船皆畜之。浅番船相遇海中，视其力之强弱则战，谓之并船。凡并船，则用四人立于柂斗上，以泥油著小瓶中，槟榔皮塞其口，燃火于槟榔皮上，自高投之。泥油著板，令人即仆。又火得泥油，遍延不息。如

---

① （清）秦嘉谟：《月令粹编》，《续修四库全书》第885册，第807页。
② （明）方以智：《物理小识》卷2，《景印文渊阁四库全书》第867册，第783—784页。
③ （明）方以智：《通雅》，《景印文渊阁四库全书》第857册，第910页。

以水沃之愈炽。所制者干泥与灶灰耳。今官兵船不能近浅番者，正畏此物也。"①这段文字较具体地描写了所谓"蛮夷以制火器"，用以火攻的实际情形。"所制者干泥与灶灰"即《物理小识》所谓"干泥、龟灰可扑"。"龟灰"可能是"竈灰"即"灶灰"的错写，因"龜""竈"字形相近致误。

所谓"入海浅番船皆蓄之"，以及前引《资治通鉴》胡三省注引《南蕃志》所谓"蛮人水战，用之以焚敌舟"，也说明这种"泥油"应当来自"海中"。

黄衷《海语》卷中将"猛火油"列为物产。"此物"的发现，可能会引起重视，随即作为重要的海洋资源得以开发。

五、"唐船""舟师""舵工"发现的可能

南海地方多有石油资源。元人汪大渊《岛夷志略》"苏门傍"条说其地"贸易之货"有"涂油"。"涂油出于东埕涂中，熬晒而成。""苏门傍"，或以为即与爪哇岛仅隔一狭隘海峡的马都拉岛。有学者说："涂油指石油。马来语、爪哇语名石油曰 minyak tanah，后一字义为地为泥，前一字义为油。汉语'涂'一字从土，训地，训泥，故涂油即石油。今爪哇仍有产油区域。"论者又解说"东埕涂"名义："'涂'字，本指泥土，此处指含有石油质之土，故有东埕涂之名。"②如此释说"泥油"，可以得到新的理解。不过，方以智《通雅》卷48《金石》与"火油"并说，言"南海诸国有'泥油'"③，应当不是没有缘由的。"泥油"，大概不是"含有石油质之土"。

考察"泥油"的性质，似未能排除是"海人"发现海底油气藏石油自然逸散的可能。有海洋地球物理学者指出，"中国近海新构造断裂""使已形成的油气藏中油气发生逸散"，这种因"晚期断裂沟通上覆地层的封闭性"条件变化发生

---

① （明）陈耀文：《天中记》，《景印文渊阁四库全书》第 965 册，第 395 页。（明）徐应秋《玉芝堂谈荟》卷 27 引《癸辛杂识》文字略异："南海诸国又有'泥油'，今入海浅番船皆蓄之。浅番船相遇海中，视其力之强弱则战，谓之并船。凡并船，则用四人力拖斗上，以泥油着小瓶中，槟榔皮塞口。燃槟榔皮，自高投之。泥油着板，遍延不息，以水沃之愈炽。所制者干泥与灶灰。今官兵船不能近浅番者，正畏此物耳。"《景印文渊阁四库全书》第 883 册，第 651 页。而《癸辛杂识》没有这段文字。（清）陈元龙《格致镜原》卷 50《日用器物类二·油附膏》引据《天中记》。《景印文渊阁四库全书》第 1032 册，第 42 页。

② （元）汪大渊著，苏继庼校释：《岛夷志略校释》，第 184—186 页。

③ （明）方以智：《通雅》，《景印文渊阁四库全书》第 857 册，第 910 页。

的"散失",如果"新的充注"不足,以致"大于供聚",会致使"油气藏充满度低,甚至遭到完全破坏"。① 但是这一情形,也有利于油气藏的发现。有的海洋资源学论著认为这种情形的发现有利于"勘探近海油田"。导致海底油气逸散的岩层裂隙被称作"油口"。据说中国海底油气田的发现,就始于1957年4月海南莺歌海潜水勘察获得的逸散天然气及"含石油的砂岩"采样。② 前引"三齐海中石,有小焰,得而烧之,有硫黄气"的说法,揭示了古人发现的海中自海底向上泄露天然气的现象,或亦即"含石油的砂岩"。宋人朱彧《萍洲可谈》卷2说到航海技术人员"舟师"判定方位,除了"观星""观日""观指南针"外,还有一种借助"海底泥"判定空间位置的特殊的方式:"舟师识地理,夜则观星,昼则观日,阴晦观指南针,或以十丈绳钩取海底泥,嗅之便知所至。"③可知"钩取海底泥"是必要的航海技能。由此获得"海底"矿产发现,可能性是相当大的。

清人魏源《海国图志》卷9《东南洋四》也引颜斯综《南洋蠡测》曰:"唐船单薄,舵工不谙天文,惟凭吊铊验海底泥色,定为何地。"④这条史料明确指出"唐船""舵工"借助"海底泥色"判定方位的技术,特别值得重视。由此可知,尽管相关信息多将"猛火油""泥油"与"番船"相联系,人们注意到,南海石油的早期发现和早期利用有"蛮夷""南番"的贡献,然而"猛火油""泥油"进入远洋水手观察海上事物的视野,不能排除应归功于"唐船"驾驶者的可能。

"泥油"的获取即生产,或许可以理解为事实上的海底石油储藏"露头"或称"矿苗"的发现和利用。中原人有关"泥油"的知识始自五代宋,正与南海贸易的繁荣形成时代对应,应当不是偶然的。

六、南海石油的早期开发和早期利用

前引汪仲洋《油井》诗写道:"物亦有品性,乃能备缓急。"说到地下石油能源的开发和利用。明人张燮撰《东西洋考》卷2《西洋列国考·占城·物产》说到

---

① 高金耀、刘保华等编著:《中国近海海洋:海洋地球物理》,海洋出版社2014年版,第288—289页。

② 沈顺根编著:《资源海洋:开发利用富饶的蓝色宝库》,海潮出版社2012年版,第125、137—139页。

③ (宋)朱彧撰,李伟国校点:《萍洲可谈》,上海古籍出版社2013年版,第29页。

④ (清)魏源:《海国图志》,《魏源全集》第4册,第434页。

"猛火油"："周时入贡，《宋史》曰'得水愈炽'，国人用以水战。"《东西洋考》卷3《西洋列国考·旧港（詹卑）·物产》："猛火油。《华夷考》曰树津也，一名泥油……燃置水中，光焰愈炽。蛮夷以制火器，其烽甚烈，帆樯楼橹，连延不止，鱼鳖遇者无不燋烁。"①"旧港"，在今印度尼西亚苏门答腊岛东南部，即巨港。亦前引《通雅》言"三佛齐，宋淳熙时献'火油'"之"三佛齐"所在。②"詹卑"，"在今印度尼西亚苏门答腊岛的占碑（Jambi）一带。或谓宋代时的詹卑为三佛齐国的都城"。③

清人魏源《海国图志》卷21《西南洋》"乌土国"条引《海录》说，其物产有"泥油"，列于"玉、宝石、银燕窝、鱼翅、犀角"之后。又说："泥油出上中，可以燃灯。"④清人杨炳南《海录》原文，则言"泥油出土中，可以燃灯"。⑤内地同样以为照明燃料的应用，见于汪仲洋"试以添灯檠，居然焰烁熠"诗句。"乌土国"，即今缅甸。⑥看来，至迟在公元10世纪，中原王朝已经得到了"猛火油""泥油"等海洋石油制品，并有以应用。

前引黄衷《海语》所谓"燃置水中，光焰愈炽"，"蛮夷以制火器，其烽甚烈"，说"泥油"一旦燃烧，火力甚强。这一技术很早亦为中原王朝军人掌握。

《四库全书总目》质疑《昨梦录》价值，以为"无取"，说到"其西北边城贮猛火油事"，以为"终辽宋之世，均未闻用此油火攻致胜"，怀疑相关记录"皆传闻附会"。其实，除了《辽史》记载而《资治通鉴》未疑的"吴主遣使遗契丹主以猛火油"建议用以"攻城"的史实外，宋人著作如王得臣《麈史》卷1《朝制》说，"广备攻城作"即"东西广备隶军器监"所经营军械武备，包括"火药"与"猛火油"。⑦曾公亮等撰《武经总要》前集卷12《守城并器具图附》有"猛火油柜筒柜子装成样"，"放猛火油以熟铜为柜"，结构颇复杂，使用时配合"火药"。又写

---

① （明）张燮著，谢方点校：《东西洋考》，中华书局1981年版，第28、64页。
② 陈佳荣、谢方、陆峻岭：《古代南海地名汇释》，第272、129—130页。
③ 陈佳荣、谢方、陆峻岭：《古代南海地名汇释》，第272、809页。
④ （清）魏源：《海国图志》，《魏源全集》第5册，第708页。
⑤ （清）谢清高等著，钟楚河等点校：《海录（附三种）》，岳麓书社2016年版，第20页。
⑥ 陈佳荣、谢方、陆峻岭：《古代南海地名汇释》，第214页。
⑦ （宋）王得臣撰，俞宗宪点校：《麈史》，上海古籍出版社1986年版，第5页。

道："凡敌来攻城及大壕内及傅城上颇众，势不能过，则先用藁秸为火牛缒城下，于踏空版内放猛火油，中人皆糜烂，水不能灭。若水战，则可烧浮桥、战舰。于上流放之，先于上流簸糠粃熟草以引其火。"又有"贼以冲车等进，则穿以铁环木镵，放猛火油"的战术。① 大概"猛火油"确实曾经较普遍地应用于军事实践中。使用"军器"也包括"沥青"，联系"西北边城贮猛火油事"，可推想此"猛火油"产地或在西北，然而联系"吴主遣使遗契丹主以猛火油"唆使"攻城"的故事，也不能排除即来自"南海"之"泥油"的可能。

中国古代文献保存了有关"南海""泥油"发现以及开发利用的历史记录，无疑应当看作可以为世界海洋史研究与世界海洋学研究提供重要信息的值得珍视的宝贵文化遗产。

七、技术史思考：对"海底"的早期关注可以追溯至秦汉

唐宋诗作已见有关"海底泥"的文句。如唐人僧皎然《杂兴二首》之一："人生分已定，富贵岂妄来。不见海底泥，飞上成尘埃。"②宋人李廌《忆吾庐》诗："吾心如皦日，外物任浮云。""愿为海底泥，肯羡山上尘?"③在诗人的文化视野中，"海底泥"成为象征世情人生的代表性符号，应当不是偶然的。《宋史》卷206《艺文志五》"蓍龟类"有"《通玄海底眼》一卷"④，文献题名所谓"海底眼"，也透露出人们对"海底"世界观察的兴趣。

前引《萍洲可谈》所谓"以十丈绳钩取海底泥，嗅之便知所至"，《南洋蠡测》所谓"惟凭吊铊验海底泥色，定为何地"，可推知"泥油"的直接发现，很可能与"舟师""舵工"对"海底泥"的关注有一定关系。考察历史上的海洋资源开发，我们还看到，人们因生产和生活的需要，曾经获得有关"海底"的多方面的知识。《尔雅·释草》："薅，海藻。"郭璞注："药草也，一名海罗，如乱发，

---

① （清）曾公亮等：《武经总要》前集，《中国兵书集成》第3册，解放军出版社、辽沈书社1988年版，第642、643、650页。

② （明）赵宧光、黄习远编定，刘卓英校点：《万首唐人绝句》，第173页。（清）彭定求编《全唐诗》卷818题《杂兴》，中华书局1960年版，第9226页。

③ （宋）李廌：《济南集》卷1，《景印文渊阁四库全书》第1115册，第713页。

④ 《宋史》，第5265页。

生海中，《本草》云。"①宋罗愿《尔雅翼》卷 6《释草》"薅"条："海人取大叶藻，正月，深海底，以绳系腰没水下，刈得旋系绳上。五月已后，当有大鱼伤人，不可取也。"②宋唐慎微《证类本草》卷 3《玉石部上品》列有"晕石"："晕石，无毒，主石淋。磨服之，亦烧令赤，投酒中服。生大海底。"③又唐段成式《酉阳杂俎》卷 10《物异》："石栏干，生大海底，高尺余，有根，茎上有孔如物点，渔人网罥取之。初出水正红色，见风渐渐青色，主石淋。"④从所谓同样"主石淋"以及均"生大海底"看，药性与出产地的一致，说明"晕石"可能就是"石栏干"。看来自"大海底"获取这种药材的历史，至少可以上溯至唐代。

宋范成大《桂海虞衡志·志虫鱼》："珠出合浦海中，有珠池。疍户投水采蚌取之。岁有丰耗，多得谓之珠熟。相传海底有处所，如城郭，大蚌居其中，有怪物守之，不可近。蚌之细碎蔓延于外者，始得而采。"⑤言"合浦海中"之"珠"产自"海底"。宋人蔡绦《铁围山丛谈》卷 5 记述了"疍户""疍丁""采珠"的艰险："采珠弗以时。众咸裹粮会，大艇以十数环池，左右以石悬大絙至海底，名曰定石。则别以小绳系诸疍腰，疍乃闭气，随大絙直下数十百丈，舍絙而摸取珠母。曾未移时，然气已迫，则亟撼小绳。绳动，舶人觉，乃绞取人缘大絙上，出辄大叫，因倒死，久之始苏。下遇天大寒，既出而叫，必又急沃以苦酒可升许，饮之醨，于是七窍为出血，久复活。其苦如是，世且弗知也。"蔡绦写道，曾读《熙陵实录》记载，太平兴国七年（982）某月甲子，"海门采珠场献真珠五千斤，皆径寸者"。⑥ 采珠业的规模，使得相当数量的生产者经历至于"海底"的探索。明人方以智《物理小识》卷 2《地类》"潮汐"条："采

① （宋）邢昺疏："薅，又名海藻。郭云'药草也，一名海萝，如乱发，生海中，《本草》云'者。案《本草》一名落首，一名薄陶。注云：生海岛上，黑色，如乱发，而大少许，叶大都似藻叶。"（清）阮元校刻：《十三经注疏》，第 2629 页。
② （宋）罗愿撰，石云孙点校：《尔雅翼》，黄山书社 1991 年版，第 63 页。
③ （宋）唐慎微撰，尚志钧等校点：《证类本草》第 90 页。
④ （唐）段成式撰，方南生点校：《酉阳杂俎》，第 99 页。
⑤ （宋）范成大撰，严沛校注：《桂海虞衡志校注》，广西人民出版社 1986 年版，第 65—66 页。
⑥ （宋）蔡绦撰，冯惠民、沈锡麟点校：《铁围山丛谈》，中华书局 1983 年版，第 99—100 页。

珠者入海底，间遇潮，则水涌而下虚焉。潮高十丈，下所虚亦十丈。"①"入海底"的生产方式，不仅需潜水"直下数十百丈"，克服难以承受的水深压力，也要挑战气象条件和水文条件。宋人有"猎珊瑚于海底"的说法。②《物理小识》卷 7《金石类》"珊瑚"条："珊瑚如小树，在海底，布铁网以取之。"清人王世禛《香祖笔记》卷 8 写道："《岭海见闻》言：铁树生海底石上，干类珊瑚，尾如彗，千年则成珊瑚，其旁有蚌守之。往往得铁树则兼得珠，是铁树与珊瑚同类，俱生于海。"③

　　据《淮南子·人间》，秦始皇因"利越之犀角、象齿、翡翠、珠玑"④，于是发军远征岭南。《汉书》卷 96 上《西域传上》说到罽宾宝物有"珠玑、珊瑚"。⑤《汉书》卷 28 下《地理志下》则说出自南海，并指出南洋商路开通的动机，包括"入海市明珠、璧流离、奇石异物"，"大珠至围二寸以下"。⑥ 可能属于"奇石异物"的"珊瑚"，已见于《史记》卷 117《司马相如列传》载《上林赋》，言"珊瑚丛生"。张守节《正义》："郭云：'珊瑚生水底石边，大者树高三尺余，枝格交错，无有叶。"⑦"生水底"，也就是"生海底"。《三国志》卷 30《魏书·乌丸鲜卑东夷传》裴松之注引《魏略·西戎传》说，远海"出珊瑚、真珠"。⑧《三国志》卷 53《吴书·薛综传》说，九真、日南地方"贵致远珍名珠……珊瑚"。⑨看来，因"珊瑚、真珠"或说"名珠……珊瑚""珠玑、珊瑚"之产形成的"海底""大海底"的探索经验，至迟自秦汉时期起就已经初步形成。考察南海"泥油"发现的技术条件，不能忽略这一历史文化背景。

---

① （明）方以智：《物理小识》，《景印文渊阁四库全书》第 867 册，第 789 页。
② （宋）谢采伯：《密斋笔记》卷 3，《丛书集成初编》，商务印书馆 1936 年版，第 2872 册，第 33 页。
③ （明）方以智：《物理小识》，《景印文渊阁四库全书》第 867 册，第 889 页。（清）王士禛撰，湛之点校：《香祖笔记》，第 152 页。
④ 高诱注："圆者为珠，颛者为玑。"何宁撰：《淮南子集释》，第 1289 页。
⑤ 《汉书》，第 3885 页。
⑥ 《汉书》，第 1671 页。
⑦ 《史记》，第 3026、3028 页。
⑧ 《三国志》，第 862 页。
⑨ 《三国志》，第 1252 页。

附论四　汉与罗马海洋交通比较

位于世界西方的罗马帝国和东方的汉帝国作为强大的政治实体，均以交通建设的成就，实现了行政效率的提升，维护了社会经济的进步，显示出军事实力的充备，形成了文化影响的扩张。从交通史视角进行比较，是深化如钱穆所谓"历史智识""历史的智识"①非常必要的工作。主要交通干线往往由国家营建，政府在规划、修筑、管理、养护诸多方面起主导作用。罗马帝国的商人比较汉帝国的商人曾经有较高的地位和较活跃的表现。但是在交通建设的主动性方面，同样落后于行政力量。较高等级的道路、驿馆、车辆、船舶均优先为政治军事提供服务。海上交通方面，罗马帝国有更为优越的传统，更为先进的条件。社会普遍对海上航行予以更多的重视。但是在整个中国古代史进程中，汉帝国统治时期的海上航运开发曾经居于明显领先的地位，也体现出较好的发展前景。海盗在罗马帝国与汉帝国均曾活跃。罗马帝国与汉帝国时代，打击海盗的行动均由政府组织。注意交通条件首先作为行政基础，其次才促进经济运行的情形，有益于理解古罗马与汉代中国的历史实际。进行汉与罗马交通史及行政史的相互作用的比较，还需要做进一步的工作。从交通史视角进行罗马帝国与汉帝国历史比较研究，是有重要意义的学术主题。工作的深入，期待考古事业的新收获。

一、交通基本建设的国家行政主导

"罗马帝国的成就"，体现为"将纷繁复杂的地中海地区和欧洲北部大部分地区同化为单一的政治、行政体系"。② 为了维护这一"体系"的运行，必须建设交通条件以为保障。

就陆路交通而言，"罗马人修建的道路""直接将相隔遥远的不同地区连接

---

①　钱穆：《国史大纲》修订本，商务印书馆 1996 年版，第 1—2 页。

②　[英]约翰·博德曼、贾斯珀·格里芬、奥斯温·穆瑞编：《牛津古罗马史》，郭小凌等译，北京师范大学出版社 2015 年版，第 423 页。

在一起，其发达程度在近代以前无可匹敌"。"在对不列颠境内罗马时代道路进行航空俯瞰的时候，观察者经常会注意到一种鲜明的对比，一边是罗马人笔直的、功能一目了然的大道，专供长途运输使用；另一边是把它们联系起来的，建于中世纪和近代早期英格兰的乡间小路和田地边界（它们反映了总体上更具地方性特色的经济体之间的界限）。"①修建于秦代，汉代依然在使用的自九原（今内蒙古包头）直抵甘泉宫（在今陕西淳化）的秦直道，也是"笔直的、功能一目了然的大道"。②

蒙森《罗马史》第四卷《革命》写道：在这一时期初叶，道路建设有非常大的规模，"公共建筑的经营规模极大，特别是造路，没有像这时期这样努力的。在意大利，南行大道可能源于前代，这条道是亚庇路的延长线，由罗马经卡普亚、贝内文托和维努西亚而到塔兰托和布隆迪西乌姆两港，属于此路的有 622 年即前 132 年执政官普布利乌斯·波皮利乌斯（Pubulius Popillius）所造自卡普亚至西西里海峡的支线"。"埃特鲁里亚的两条大道"之一即"卡西乌斯路经苏特里乌姆（Sutrium）和克卢西乌姆（Clusium）通到阿雷提乌姆和罗马伦提亚，此路的建筑似不在 583 年即前 171 年之前——大约在这时候才被认为罗马的公路。"③在中国秦汉时代，结成沟通全国交通网的"驰道"，规模宏大，然而因使用等级的限定，严格说来，是不可以称作"公路"的。④ 古罗马

---

① ［英］约翰·博德曼、贾斯珀·格里芬、奥斯温·穆瑞编：《牛津古罗马史》，第 427 页。
② 史念海：《秦始皇直道遗迹的探索》，《陕西师范大学学报》1975 年第 3 期，《文物》1975 年第 10 期，收入《河山集》四集，陕西师范大学出版社 1991 年版。
③ ［德］特奥多尔·蒙森：《罗马史》第 3 册，李稼年译，商务印书馆 2017 年版，第394—395 页。
④ 《史记》卷 6《秦始皇本纪》记载：秦始皇二十七年（前 220），"治驰道"。第 241 页。驰道的修筑，是秦汉交通建设事业中最具时代特色的成就。通过秦始皇和秦二世出巡的路线，可以知道驰道当时已经结成全国陆路交通网的基本要络。曾经作为秦中央政权主要决策者之一的左丞相李斯被赵高拘执，在狱中上书自陈，历数功绩有七项，其中包括"治驰道，兴游观，以见主之得意"。《史记》卷 87《李斯列传》，第 2561 页。可见修治驰道是统治短暂的秦王朝行政活动的主要内容之一。然而云梦龙岗秦简可见禁行"驰道中"的法令。西汉依然推行这样的制度，《汉书》卷 45《江充传》颜师古注引如淳曰："《令乙》：骑乘车马行驰道中，已论者没入车马被具。"第 2177 页。未经特许，驰道甚至不允许穿行。汉成帝为太子时，元帝急召，他以太子身分，仍"不敢绝驰道"，绕行至直城门，"得绝乃度"。此后元帝"乃著令，令太子得绝驰道云"。《汉书》卷 10《成帝纪》，第 301 页。

"在各省建造帝国大道",据说始于盖乌斯·拉格古,有学者认为"毫无疑义"。
"长期经营之后,多米提亚路成为自意大利至西班牙的一条安全陆路","伽比
路和埃纳提路自亚得里亚沿岸要地……通到内地"。"625 年即前 129 年设立亚
细亚省,曼尼乌斯·阿奎利乌斯(Manins Aquillius)即刻修大路网,由省会埃
菲苏取种种方向通至帝国边界。此等工程的的起源不见于本期残缺的记载,
可是它们必与本期高卢、达尔马提亚和马其顿的战事有关,对于国家的中央
集权和蛮夷区域被征服后的进入文明,必有极重大的关系。"①秦始皇"驰道"
和"直道"的建设,在汉代仍然得以维护使用,当然也与"国家的中央集权""有
极重大的关系"。汉代帝王也同样将交通建设看作治国的重要条件,表现出最
高执政集团对交通建设的特殊重视。主要交通干线的规划、施工和管理,往
往由朝廷决策。汉武帝元光五年(前 130)"发巴蜀治南夷道,又发卒万人治雁
门阻险",元封四年(前 107)"通回中道"等事,都录入《汉书》帝纪。据《史记》
卷 29《河渠书》,作褒斜道,通漕渠,也由汉武帝亲自决策动工。汉平帝元始
五年(5),王莽"以皇后有子孙瑞,通子午道"。② 也是典型的史例。汉武帝
"通西南夷道"以及打通西域道路,就发起者的主观动机而言,也与"蛮夷区域
被征服后的进入文明""有极重大的关系"。③

　　关于盖乌斯·拉格古"致力于改进意大利的道路"的"另一方式",有学者
说:"分田时,他指定受路旁田地的人有世世修理道路的义务,因此使乡间大
道得有相当的修治。""他规定田间须有好路,以便振兴农业。""立里程碑和以
正式界碑表示地界等习惯,似乎都由他而来,至少由分田部门而来。"④有学
者认为,这确实是曾经普遍推行的制度。在罗马帝国的行政格局之中,"这些
道路一旦修建起来,保养工作立刻便成为它们途经地段的当地居民的义务,
他们自然也要承担建设沿途支路、驿站和桥梁的劳动。"⑤汉帝国的情形也是

---

　　① ［德］特奥多尔·蒙森:《罗马史》第 3 册,第 395—396 页。
　　② 《汉书》卷 99 上《王莽传上》,第 4076 页。
　　③ 王子今:《秦汉交通史稿》(增订版),中国人民大学出版社 2013 年版,第 24—38、
　　　 292—298 页。
　　④ ［德］特奥多尔·蒙森:《罗马史》第 3 册,第 395 页。
　　⑤ ［英］约翰·博德曼、贾斯珀·格里芬、奥斯温·穆瑞编:《牛津古罗马史》,第
　　　 427 页。

如此。秦律已经有田间道路养护责任的规定。汉代法令也有相关内容。从汉代买地券的内容看，地界往往以道路划分。汉代地方行政区划有界碑发现，应当都树立于交通道路旁侧。而"里程碑"的使用，没有文物发现以为证明。河西汉简资料可见道路里程的记录。较长路段的里程，则有《汉书》卷96《西域传》"去长安"若干里等记载。

古罗马驿递系统是最高执政者创立的。据说，"奥古斯都创立了公差（国家运输或帝国邮政），即一种当政官员使用的驿递系统：它是使用军用道理传递信息的一种手段，被用来递送军事和政府公文以及法律方面的重要信息……还用来运送国有的辎重和军事给养；满足军粮（annona militaris）供给也是公差的指责"。驿道沿途有驿站。"主干道沿线每隔一段距离修建驿站（mansions），有些以城镇为基地。"①

这种驿递系统有较高的效率，管理方式也比较严格。"起初，公差的信使为赛跑者，但很快便被沿途驻扎的牲畜和车辆所取代。"

《史记》卷6《秦始皇本纪》记载：秦始皇二十七年（前220），"治驰道"。②驰道的修筑，是秦汉交通建设事业中最具时代特色的成就。通过秦始皇和秦二世出巡的路线，可以知道驰道当时已经结成全国陆路交通网的基本要络。曾经作为秦中央政权主要决策者之一的左丞相李斯被赵高拘执，在狱中上书自陈，历数功绩有七项，其中包括"治驰道，兴游观，以见主之得意"。③ 可见修治驰道是秦王朝行政活动的主要内容之一。秦始皇时代的交通网建设，据说"为驰道于天下，东穷燕齐，南极吴楚，江湖之上，濒海之观毕至"。④辽宁绥中发现分布密集的秦汉高等级建筑遗址，其中占地达15万平方米的石碑地遗址，有人认为"很可能就是秦始皇当年东巡时的行宫"，即所谓"碣石

---

① ［英］莱斯莉·阿德金斯、罗伊·阿德金斯：《古代罗马社会生活》，张楠、王悦、范秀琳译，商务印书馆2016年版，第239页。
② 《史记》，第241页。
③ 《史记》卷87《李斯列传》，第2561页。
④ 《汉书》卷51《贾山传》，第2328页。

宫"。① 对于这样的认识虽然存在不同的意见②，但是与陕西临潼秦始皇陵园出土物相类似的所谓"高浮雕夔纹巨型瓦当"的发现，说明这处建筑遗址的性质很可能确实与作为天下之尊，"意得欲从，以为自古莫及己"③的秦皇帝的活动有关。

二、交通系统的服务主体

"罗马元首派出使团，让他们沿着帝国境内的驿路，穿越风平浪静的海面前往四面八方。他可以放心，无论使臣们途经何等多样的文化区和语言区，负责接待的人们必然能够接到并领会他们传达的旨意。反之(或许有过之而无不及)，行省的行政机构也可以向罗马政府派遣使节，并且确信(在凡人意志、能力的正常范围内和允许出现极个别意外的情况下)，这些使者将安然抵达目的地；同时也明白，通过由希腊—罗马文化建立，由知识精英们维系着的交流模式，统治者可以理解他们的吁请。这种由显要公民代表其居住地区进行的出使行为是罗马社会最显而易见的市政功能之一。"④

古罗马奥古斯都时代的所谓"公差(国家运输或帝国邮政)"是"一种当政官员使用的驿递系统"，"出公差的旅行者(主要是军队人员)持有一份特许文书(diploma)，他们可在驿站休息并更换牲畜"。⑤ 汉王朝的情形与此相同。据说，"从君士坦丁一世开始，公差被神职人员广为利用"。⑥ 汉武帝时代，方士同样曾经得以享用最高等级的交通工具，"予方士传车及间使求仙人以千数"。⑦

古罗马公民有权利利用国家交通体系。有学者指出，"圣保罗在旅途中充

---

① 辽宁省文物考古研究所：《辽宁绥中县"姜女坟"秦汉建筑遗址发掘简报》，《文物》1986 年第 8 期。
② 参见董宝瑞：《"碣石宫"质疑》，《河北大学学报》1987 年第 4 期；《"碣石宫"质疑：兼与苏秉琦先生商榷》，《河北学刊》1987 年第 6 期。
③ 《史记》卷 6《秦始皇本纪》，第 258 页。
④ [英]约翰·博德曼、贾斯珀·格里芬、奥斯温·穆瑞编：《牛津古罗马史》，第 427—428 页。
⑤ [英]莱斯莉·阿德金斯、罗伊·阿德金斯：《古代罗马社会生活》，第 239 页。
⑥ [英]莱斯莉·阿德金斯、罗伊·阿德金斯：《古代罗马社会生活》，第 239 页。
⑦ 《史记》卷 28《封禅书》，第 1397—1398 页。

分利用了其作为罗马公民的体面社会地位"。①

秦汉驿传系统有服务于执政集团消费需求的任务。传说尉佗曾向刘邦进献"鲛鱼、荔枝"。② 南海郡"有圃羞官"，交趾郡赢陵"有羞官"③，可能都曾作为亚热带地区特产果品北运的供应基地。汉代远路岁贡荔枝，"邮传者疲毙于道，极为生民之患"。④《后汉书》卷4《和帝纪》：

> 旧南海献龙眼、荔支，十里一置，五里一候，奔腾阻险，死者继路。时临武长汝南唐羌，县接南海，乃上书陈状。帝下诏曰："远国珍羞，本以荐奉宗庙。苟有伤害，岂爱民之本。其敕太官勿复受献。"由是遂省焉。

李贤注引《谢承书》："唐羌字伯游，辟公府，补临武长。县接交州，旧献龙眼、荔支及生鲜，献之，驿马昼夜传送之，至有遭虎狼毒害，顿仆死亡不绝。道经临武，羌乃上书谏曰：'臣闻上不以滋味为德，下不以贡膳为功，故天子食太牢为尊，不以果实为珍。伏见交趾七郡献生龙眼等，鸟惊风发。南州土地，恶虫猛兽不绝于路，至于触犯死亡之害。死者不可复生，来者犹可救也。此二物升殿，未必延年益寿。'帝从之。"⑤

三、陆路交通对海路交通的策应

古罗马驿递系统的效率相当高。"信使每天平均行程 75 公里(46 英里)，但最快速度可达 200 公里(124 英里)。"⑥

古罗马的驿递系统采用不同的动力方式，"最初，公差的信使为赛跑者，但很快便被沿途驻扎的牲畜和车辆所取代，由它们把信使从起点送到行程终点"。⑦

古罗马驿递系统的车辆，"轮子的类型各异。原始的实心轮继续使用……

---

① ［英］约翰·博德曼、贾斯珀·格里芬、奥斯温·穆瑞编：《牛津古罗马史》，第 423 页。
② 《西京杂记》卷 3："尉佗献高祖鲛鱼、荔枝。"(汉) 刘歆撰，(晋) 葛洪集，王根林校点：《西京杂记》，上海古籍出版社 2012 年版，第 26 页。
③ 《汉书》卷 28 下《地理志下》，第 1628、1629 页。
④ 《三辅黄图》卷 3《甘泉宫》"扶荔宫"条，何清谷校注：《三辅黄图校注》，三秦出版社 1995 年版，第 196 页。
⑤ 《后汉书》，第 194—195 页。
⑥ ［英］莱斯莉·阿德金斯、罗伊·阿德金斯：《古代罗马社会生活》，第 239 页。
⑦ ［英］莱斯莉·阿德金斯、罗伊·阿德金斯：《古代罗马社会生活》，第 239 页。

但有辐条的轮子却更普遍"。① 古罗马"轮车的设计从凯尔特人那里引进"，"在艺术形式中出现的客车比商用车更常见。上层结构轻巧灵活，有时用柳条制品制成。由于不使用悬架装置，旅行一定很不舒服"。② 汉代迎送高等级知识分子的车辆用蒲草减震，称作"蒲轮"。如汉武帝"始以蒲轮迎枚生"。③

古罗马用于交通运输的"大多数马科动物没有马蹄铁，但对此难以获得精确的信息。道路两旁的小道会比坚硬的路面更适合动物行走。有关马蹄铁的证据多源于凯尔特人和不列颠地区（因为马蹄在潮湿的天气里变得非常软，会很快破裂）。有考古发现证明凯尔特人在罗马时代之前已有马蹄铁，罗马境内也曾发现一些马蹄铁，但公元 5 世纪才普及开来。马蹄铁有波浪形或平滑的边缘，上面打孔。马匹也可以穿上轻便的鞋子：草鞋（solea spartca）用坚韧的织草或其他合适的材料制成，铁头鞋（colea ferrae）是带铁底的铁（偶尔也有皮革的）掌，用绳线或皮绳固定在马蹄上。这些鞋子是兽医用来保护因没有钉掌而疼痛的马蹄或固定敷料而准备的用具。"④汉王朝用于交通动力的马匹使用蹄铁的例证还没有发现。但是有的学者认为《盐铁论·散不足》"今富者连车列骑，骖贰辎辒。中者微舆短毂，繁髦掌蹄"之所谓"掌蹄"，体现了保护马蹄的方式。王利器校注引孙人和曰："'掌'读为'觉'，《说文》：'觉，距也。'觉蹄，以物饰其蹄也。"王利器说："'觉蹄'，今犹有此语，就是拿铁觉钉在马蹄上来保护它。走马之觉蹄，正如斗鸡之距爪一样。"⑤《盐铁论》所谓"掌蹄"，有人直接解释为"马蹄钉铁掌"。如《汉语大词典》就是这样对"掌蹄"进行说明的："［掌蹄］钉铁掌于马蹄。汉桓宽《盐铁论·散不足》：'今富者连车列骑，骖贰辎辒。中者微舆短毂，烦尾掌蹄。夫一马伏枥，当中家六口之食，亡丁男一

---

① 汉代的独轮车起初也是使用这种车轮。《盐铁论·散不足》："古者椎车无柔。"或以为"柔"同"鞣"。张敦仁《盐铁论考证》说："椎车者，但斲一木使外圆，以为车轮，不用三材也。"萧统《文选序》也说："椎轮为大辂之始。"西汉的早期独轮车，车轮制作可能和这种原始车轮相近，即直接截取原木并不进行认真加工，轮体有一定厚度，正便于推行时操纵保持平衡。由于车轮浑整厚重酷似辘轳，因而得名辘车。王子今：《秦汉交通史稿》（增订版），第 117—118 页。
② ［英］莱斯莉·阿德金斯、罗伊·阿德金斯：《古代罗马社会生活》，第 241 页。
③ 《史记》卷 112《平津侯主父列传》，第 2964 页。
④ ［英］莱斯莉·阿德金斯，罗伊·阿德金斯：《古代罗马社会生活》，第 240 页。
⑤ 王利器校注：《盐铁论校注》（定本），第 368 页。

人之事。'"①这样的认识，现在看来还需要提供更有说服力的证明。②

秦汉时期新的车型如独轮车、双辕车的普及，体现出交通技术水准的显著提升。丝绸之路开通之后，"骡驴馲驼，衔尾入塞"③，这些西方奇畜成为中原交通动力。

古罗马"至少在意大利，大规模的排水工程与修路工程同时并进"。"645年即前 109 年，与建筑北意大利的大路同时并进，完成帕尔玛与普拉森提亚间低地的泄水工程。"④汉武帝时代开通的漕渠，是一方面"径，易漕"，另一方面"又可得以溉田……而益肥关中之地，得谷"，于便利交通与发展水利两个方面同时取得经济效应的工程。⑤

古罗马帝国"政府大修罗马城的水道，这对于首都的卫生和安适绝不可少，而且费用很大"⑥，汉长安城的排水系统与交通设施相结合，城中大道两侧的排水沟是明沟，而与宫廷道路相关的排水设施等级更高。⑦

作为重要工程，古罗马"水道"的建设保留了引人瞩目的宏大遗存。"自 442 年即前 312 年和 492 年即前 262 年即已存在的两条水道——一条是阿庇安水道，一条是阿尼奥水道——又在 610 年即前 144 年彻底重修，而且造了两条新水道。610 年即前 144 年造马尔库斯水道，水质甚好，水量丰富，以后无以复加；十九年以后，又造所谓喀里达(Calida)水道。"⑧古罗马"水道"工程并

---

① 汉语大词典编纂委员会、汉语大词典编纂处：《汉语大词典》第 6 卷，第 633 页。

② 王子今：《〈盐铁论〉"掌蹄""革鞮"推考》，见《朱绍侯九十华诞纪念文集》，河南大学出版社 2015 年版。

③ 《盐铁论·力耕》，王利器校注：《盐铁论校注》(定本)，第 28 页。

④ [德]特奥多尔·蒙森：《罗马史》第 3 册，第 396 页。

⑤ 《史记》卷 29《河渠书》："是时郑当时为大农，言曰：'异时关东漕粟从渭中上，度六月而罢，而漕水道九百余里，时有难处。引渭穿渠起长安，并南山下，至河三百余里，径，易漕，度可令三月罢；而渠下民田万余顷，又可得以溉田：此损漕省卒，而益肥关中之地，得谷。'天子以为然，令齐人水工徐伯表，悉发卒数万人穿漕渠，三岁而通。通，以漕，大便利。其后漕稍多，而渠下之民颇得以溉田矣。"第 1409—1410 页。

⑥ [德]特奥多尔·蒙森：《罗马史》第 3 册，第 396 页。

⑦ 王仲殊：《汉长安城考古的初步收获》，《考古通讯》1957 年第 5 期；王仲殊：《汉长安城考古工作收获续记》，《考古通讯》1958 年第 4 期。

⑧ [德]特奥多尔·蒙森：《罗马史》第 3 册，第 396 页。

非交通建设事业，但是修造效率必然与交通条件有关。而秦代作为水利工程的"水道"，有李冰"穿郫江、检江，别支流双过郡下，以行舟船。岷山多梓、柏、大竹，颓随水流，坐致材木，功省用饶"。沫水"水脉漂疾，破害舟船，历代患之"，李冰于是"发卒凿平溷崖，通正水道"。① 能够"水通粮"，是秦人通过交通动力开发形成国力优势的显著表现。②

古罗马交通道路的建设注重沿海道路的规划与通行。上文说到"622 年即前 132 年执政官普布利乌斯·波皮利乌斯(Pubulius Popillius)所造自卡普亚至西西里海峡的支线"，据研究者介绍，"在东海岸，迄今只有自法努姆至阿里米努姆作为弗拉米尼路的一段，现在沿海路线向南延长，直至阿奎莱亚，至少由阿里米努姆至哈特里亚一段也是上述波皮利乌斯同年所造。埃特鲁里亚的两条大道——一条是沿海路，又名奥勒里路自罗马达庇萨和卢那，建于 611 年即前 123 年间……"③秦汉帝国交通建设可以与这种"沿海路"比较的是"并海道"。秦始皇、秦二世和汉武帝都曾经循并海道巡行。④ 并海道有益于海港之间的沟通及近海航行的开拓⑤，对于沿海区域文化的形成也有积极的作用。就沿海区域控制而言，并海道也有重要的意义。⑥

秦汉陆路交通与海路交通形成了相互策应的格局。汉武帝击南越，击东越，击朝鲜，以及汉光武帝时马援击交阯、九真，都取海路和陆路并进的方式。⑦ 可以说明这一事实。

《汉书》卷 28 下《地理志下》记录的南洋通道，采用"船行""步行"相接递的

---

① (晋)常璩撰，任乃强校注：《华阳国志校补图注》，第 133 页。

② 《战国策·赵策一》记载，赵豹警告赵王应避免与秦国对抗："秦以牛田，水通粮，其死士皆列之于上地，令严政行，不可与战。王自图之!"(西汉)刘向集录：《战国策》，第 618 页。王子今：《秦统一原因的技术层面考察》，《社会科学战线》2009 年第 9 期。

③ [德]特奥多尔·蒙森：《罗马史》第 3 册，第 395 页。

④ 王子今：《秦汉时代的并海道》，《中国历史地理论丛》1988 年第 2 期。

⑤ 王子今：《秦汉时期的近海航运》，《福建论坛》1991 年第 5 期。

⑥ 王子今：《秦汉帝国执政集团的海洋意识与沿海区域控制》，《白沙历史地理学报》第 3 期(2007 年 4 月)。

⑦ 王子今：《秦汉闽越航海史略》，《南都学坛》2013 年第 5 期；《论杨仆击朝鲜楼船军"从齐浮渤海"及相关问题》，《鲁东大学学报(哲学社会科学版)》2009 年第 1 期；《马援楼船军击交阯九真与刘秀的南海经略》，《社会科学战线》2015 年第 5 期。

交通方式①，也可以说明海陆交通条件相互结合相互补益的实际状况。

四、交通与商业

对于古罗马是否持续坚持"罗马商业霸权主义"，"表现出商业扩张主义精神"，对于"罗马对外政策的发展演变过程中""罗马商业与资本利益所扮演的重要角色"，由于问题复杂②，难以作出明朗的判断。有的学者指出，282 年，"罗马的船队第一次访问意大利东南部的海面"，罗马建造"巨大的军用舰队"时代稍晚，"如果罗马是一个商业强国的话，这些事实怎么可能呢"？③

古罗马国家设置的驿递系统服务于军事、政治。也有民间类似的交通设置。"除了属于公差（cursus）的驿站以外，还有一系列私人经营的客栈为市民提供食宿。"④

有学者指出，"罗马人修建的道路""最初是军用的，但自然地很快地被转作经济用途"⑤，民间社会经济生活利用国家道路，确实是很"自然"的事。汉王朝也有这样的情形。在交通条件未必最为优越的北边道上，乌桓入侵云中，一次即"遮截道上商贾车牛千余两"⑥，也可以说明当时商运发达的情形。

有古罗马史学者指出："在行省处境普遍改善，运输发展，交通道路安全情况增长等等的背景上，地方生产的发展使帝国时期意大利与行省的和行省与行省之间的商业大大地活跃起来了。""在这一区域与区域之间的贸易里的商品不单单是奢侈品。""帝国的对外贸易也不次于国内贸易。"⑦汉王朝各地之间的民间贸易联系在重农抑商行政原则的影响下受到压抑，而"对外贸易"的发达程度尤其逊色。

---

① 《汉书》卷 28 下《地理志下》："自日南障塞、徐闻、合浦船行可五月，有都元国；又船行可四月，有邑卢没国；又船行可二十余日，有谌离国；步行可十余日，有夫甘都卢国。自夫甘都卢国船行可二月余，有黄支国……自黄支船行可八月，到皮宗；船行可二月，到日南、象林界云。"第 1671 页。
② ［美］腾尼·弗兰克：《罗马帝国主义》，宫秀华译，上海三联书店 2012 年版，第 270—286 页。
③ ［俄］科瓦略夫：《古代罗马史》，上海书店出版社 2007 年版，第 190 页。
④ ［英］莱斯莉·阿德金斯、罗伊·阿德金斯：《古代罗马社会生活》，第 239 页。
⑤ ［英］约翰·博德曼、贾斯珀·格里芬、奥斯温·穆瑞编：《牛津古罗马史》，第 427 页。
⑥ 《后汉书》卷 90《乌桓传》，第 2983 页。
⑦ ［俄］科瓦略夫：《古代罗马史》，第 696 页。

汉帝国对于商人利用交通条件予以限制。汉高帝八年(前199)春三月,令"贾人毋得衣锦绣绮縠絺纻罽,操兵,乘骑马"。①《史记》卷30《平准书》:"天下已平,高祖乃令贾人不得衣丝乘车,重租税以困辱之。"②汉武帝推行"算缗""告缗"制度,对商人的交通能力予以剥夺式打击:"商贾人轺车二算;船五丈以上一算。匿不自占,占不悉,戍边一岁,没入缗钱。有能告者,以其半畀之。"③与汉帝国不同,古罗马对于商人似乎没有交通条件方面的歧视性限制。"坎尼一战(539年即前215年)以后不久,通过一个人民法令,禁妇女戴金饰、穿彩衣或乘车",然而"与迦太基结和(559年即前195年)以后","她们竟能促成此法令的废止"。④

五、海洋航行与海盗的发生和除灭

由于阿尔卑斯山、亚平宁山等地理条件的限制,正如有的学者所指出的,意大利不能从这些方向"得到文明要素","意大利古代所吸收的外国文化,都由东方的航海民族带来"。⑤

有学者指出,海上航行是古罗马行政实践的重要条件。"罗马元首派出使团,让他们……穿越风平浪静的海面前往四面八方。"⑥政令的传达,需要通过海路。而汉帝国主要疆域在大陆,但是秦始皇、汉武帝均非常重视海洋的探索。秦始皇统一天下之后5次出巡,其中4次来到海上。汉武帝又远远超过了这一记录,一生中至少10次巡行海滨。他最后一次行临东海,已经是68岁的高龄。⑦

海上航运得以发展的同时,可见海盗的活跃。有的罗马史论著指出:"从可以追溯到的最早的海盗活动开始,海盗便犹如一种挥之不去的顽疾,始终影响着古代的海上航运。""(海盗)严重危及地中海东部的船运安全。这一地区

---

① 《汉书》卷1下《高帝纪下》,第65页。
② 《史记》,第1418页。
③ 《汉书》卷24下《食货志下》,第1166—1167页。
④ [德]特奥多尔·蒙森:《罗马史》第2册,第400页。
⑤ [德]特奥多尔·蒙森:《罗马史》第1册,第135页。
⑥ [英]约翰·博德曼、贾斯珀·格里芬、奥斯温·穆瑞编:《牛津古罗马史》,第427页。
⑦ 王子今:《略论秦始皇的海洋意识》,《光明日报》2012年12月13日;《秦皇汉武的海上之行》,《中国海洋报》2013年8月28日。

的海岸和通商航行经常遭受海盗袭击。自远古时代起，劫持绑架一直是古代海盗活动的重要形式，海盗通过勒索赎金或将俘虏卖身为奴的方式获得丰厚利润。就这一点而言，罗马的经济发展很大程度上刺激了海盗经济学。""海盗对贸易和运输造成的严重困扰"，"促使元老院决定开展打击海盗的行动"。"公元前102年，元老院授予马尔库斯·安东尼厄斯（Marcus Antonius）总督治权（proconsular imperium），目的是让他捣毁西西里和旁非利亚（Pamphylian）沿海的海盗巢穴，肃清海盗在那里的主要据点。这次行动只取得了局部胜利，最多短期内对遏制海盗起到一定作用"，"罗马与米特拉达梯交战期间以及罗马内战时期，海盗乘隙将势力范围由地中海东部向西部扩张，西西里和意大利沿海地区也不免受到海盗舰队的袭击"。海盗活动蔓延到整个地中海地区。"公元前76年，庞培就是在这种形势下加入打击海盗的行动的。""有关授予庞培抗击海盗特别指挥权的法律""获得通过"。① "庞培以几乎无限的全权率兵征讨海盗"。② 他"在整个帝国范围内调动资源"，征调了500艘战船和12.5万名步兵，在海战中获胜，又摧毁了海盗的真正据点。③ "不久，堡垒和山岳中的海盗大众不再继续这绝望的战争，听命投降。""前67年夏季，即在开战后三个月，商业交通又走入常规。"④

　　记录东汉历史的文献中可以看到"海贼"称谓。如《后汉书》卷5《安帝纪》："（永初三年）秋七月，海贼张伯路等寇略缘海九郡。遣侍御史庞雄督州郡兵讨破之。"四年（110）春正月，"海贼张伯路复与勃海、平原剧贼刘文河、周文光等攻厌次，杀县令。遣御史中丞王宗督青州刺史法雄讨破之。"⑤《后汉书》卷38《法雄传》有关于法雄镇压"海贼"的内容："永初三年，海贼张伯路等三千余人，冠赤帻，服绛衣，自称'将军'，寇滨海九郡，杀二千石令长。初，遣侍御史庞雄督州郡兵击之，伯路等乞降，寻复屯聚。明年，伯路复与平原刘文河等三百余人称'使者'，攻厌次城，杀长吏，转入高唐，烧官寺，出系

①　［德］克劳斯·布尔格曼：《罗马共和国史：自建城至奥古斯都时代》，刘智译，华东师范大学出版社2014年版，第270—273页。

②　［德］特奥多尔·蒙森：《罗马史》第4册，第111页。

③　［德］克劳斯·布尔格曼：《罗马共和国史：自建城至奥古斯都时代》，第274页。

④　［德］特奥多尔·蒙森：《罗马史》第4册，第110页。

⑤　《后汉书》，第213—214页。

囚，渠帅皆称'将军'，共朝谒伯路。"①"海贼"的活动直接冲击"滨海"地区社会治安。

居延汉简中可以看到出现"海贼"字样的简文："书七月己酉下ㄷ一事丞相所奏临淮海贼ㄷ乐浪辽东得渠率一人购钱卅万诏书八月己亥下ㄷ一事大"（33.8）。"购钱卅万"赏格之高，远远超出其他反政府武装首领"五万""十万"的额度，可知"海贼"对行政秩序的危害非常严重。由简文"临淮"字样，可以根据地方行政区划的变化推知这一有关"海贼"史料的出现，早于《后汉书》的记载。②

六、立国形态与交通理念异同

钱穆说："凡治史有两端：一曰求其'异'，二曰求其'同'。"③他是指史学的纵向比较。进行横向的比较，也应当"求其'异'"，"求其'同'"。钱穆写道："姑试略言中国史之进展。就政治上言之，秦、汉大一统政府之创建，已为国史辟一奇迹。近人好以罗马帝国与汉代相拟，然二者立国基本精神已不同。罗马乃以一中心而伸展其势力于四围。欧、亚、非三洲之疆土，特为一中心强力所征服而被统治。仅此中心，尚复有贵族、平民之别。一旦此中心上层贵族渐趋腐化，蛮族侵入，如以利刃刺其心窝，而帝国全部，即告瓦解。此罗马立国形态也。秦、汉统一政府，并不以一中心地点之势力，征服四围，实乃由四围之优秀力量，共同参加，以造成一中央。且此四围，亦更无阶级之分。所谓优秀力量者，乃常从社会整体中，自由透露，活泼转换。因此其建国工作，在中央之缔构，而非四围之征服。罗马如于一室中悬巨灯，光耀四壁；秦、汉则室之四周，遍悬诸灯，交射互映；故罗马碎其巨灯，全室即暗，秦、汉则灯不俱坏光不全绝。因此罗马民族震铄于一时，而中国文化则辉映于千古。我中国此种立国规模，乃经我先民数百年惨淡经营，艰难缔构，仅而得之。以近世科学发达，交通便利，美人立国，乃与我差似。如英、法诸邦，则领土虽广，惟以武力贯彻，犹惴惴惧不终日。此皆罗马之遗式，非

---

① 《后汉书》，第 1277 页。

② 王子今、李禹阶：《汉代的"海贼"》，《中国史研究》2010 年第 1 期；王子今：《居延简文"临淮海贼"考》，《考古》2011 年第 1 期。

③ 钱穆：《国史大纲》修订本，第 11 页。

中国之成规也。"①这样的认识，可以启示我们在比较汉与罗马立国形态的区别时有所深思。

有学者认为，古罗马时代，通过"资本势力"的作用和"商业兴隆"，"罗马始成为地中海各国的京都，意大利成为罗马的市郊"。②"罗马资本家由这些巨大营业所得的全部赢利，终久必总汇于罗马城，因为他们虽然常到海外，却不易定居于海外；他们早晚必归罗马，或把所获的财产换成现钱而在意大利投资，或以罗马为中心，用这种资本和他们既得的联络继续营业。因此，对文明世界的其余部分，罗马在金钱上的确占优势，完全不亚于其在政治和军事上的确占优势。在这方面，罗马对他国的关系略如今日英国对大陆的关系……"③

古罗马的经济生活有颇为先进的形式。"特别在航海和其他大有危险的营业，合股制应用极广，以致实际代替上古所无的保险业。最普通的无过于所谓'航海借款'即近代的'船舶押款'，把海外商业的损失和盈余按比例分配到船只和载运货的所有者以及为这次航行而放款的一切资本家。然而罗马的经济有一条通则：一个人宁愿参加许多投机事业的小股份，而不独营投机业；加图劝资本家勿以资金专配备一只船，而应协同另外四十九个资本家排除五十艘船，收取每艘船的赢利达五十分之一。这样，营业必更趋繁复，罗马商人以其敏捷的努力工作和用奴隶以及解放人的营业制度却能胜繁巨——由纯粹资本家的观点看，这种营业制度远胜于我们的账房制度。""罗马财富的持久性由这一切奠定了基础，其持久性较其宏伟尤堪注意。罗马有个或属举世无双的现象，即大家巨室的状况历数百年殆无改变……"④

与罗马形成鲜明对比的是，汉帝国商人"财富的持久性"不能得到保障。元鼎四年(前 114)，汉武帝推行"算缗"。具体政策包括"船五丈以上一算"。⑤这样的规定必然会压抑海上交通能力的提升。汉武帝随后又下令实行"告缗"，鼓励民间相互告发违反"算缗"法令的行为。规定将没收违法商人资产的一半

---

①　钱穆：《国史大纲》修订本，第 13—14 页。

②　[德]特奥多尔·蒙森：《罗马史》第 2 册，第 379 页。

③　[德]特奥多尔·蒙森：《罗马史》第 2 册，第 374 页。

④　[德]特奥多尔·蒙森：《罗马史》第 2 册，第 377 页。

⑤　《史记》卷 30《平准书》，第 1430 页。

奖励给告发者。于是,在"告缗"运动中,政府没收的财产数以亿计,没收的奴婢成千上万,没收的私有田地,大县数百顷,小县百余顷。中等资产以上的商贾,大多都被告发以致破产。"算缗""告缗"推行之后,政府的府库得到充实,商人受到沉重的打击。① 专制主义中央集权制度的空前加强,得到了强有力的经济保障。商人的地位、商业经济的地位、市场的社会作用,在汉帝国与罗马帝国的不同,通过比较可以得到清晰的认识。这一差异与交通的关系,也可以发人深省。②

---

① 《史记》卷30《平准书》:"杨可告缗遍天下,中家以上大抵皆遇告。杜周治之,狱少反者。乃分遣御史廷尉正监分曹往,即治郡国缗钱,得民财物以亿计,奴婢以千万数,田大县数百顷,小县百余顷,宅亦如之。于是商贾中家以上大率破,民偷甘食好衣,不事畜藏之产业,而县官有盐铁缗钱之故,用益饶矣。"第1435页。
② 王子今:《汉与罗马:交通建设与帝国行政》,《武汉大学学报(哲学社会科学版)》2018年第6期。

主要参考书目

〔英〕崔瑞德、〔英〕鲁惟一编：《剑桥中国秦汉史》，杨品泉等译，中国社会科学出版社 1992 年版。

Denis Twitchett，Michael Loewe 编：《剑桥中国史》第一册《秦汉篇》（前 221—220），韩复智主译，南天书局 1996 年版。

（清）段玉裁注：《说文解字注》，上海古籍出版社 1981 年版。

（清）胡渭：《禹贡锥指》，邹逸麟整理，上海古籍出版社 1996 年版。

〔日〕安居香山、中村璋八辑：《纬书集成》，河北人民出版社 1994 年版。

（汉）司马迁撰，〔日〕泷川资言考证，〔日〕水泽利忠校补：《史记会注考证附校补》，上海古籍出版社 1986 年版。

〔日〕藤田丰八：《中国南海古代交通丛考》，何建民译，商务印书馆 1936 年版。

〔英〕约翰·迈克：《海洋——一部文化史》，冯延群、陈淑英译，上海译文出版社 2018 年版。

〔英〕詹姆斯·乔治·弗雷泽：《金枝：巫术与宗教之研究》，许育新等译，大众文艺出版社 1998 年版。

陈佳荣、谢方、陆峻岭：《古代南洋地名汇释》，中华书局 1986 年版。

陈业新：《灾害与两汉社会研究》，上海民出版社 2004 年版。

陈寅恪：《金明馆丛稿初编》（陈寅恪文集之二），上海古籍出版社 1980 年版。

陈垣：《二十史朔闰表》，中华书局 1962 年版。

陈直：《居延汉简研究》，天津古籍出版社 1986 年版。

陈直：《史记新证》，天津人民出版社 1979 年版。

陈直：《两汉经济史料论丛》，陕西人民出版社 1980 年版。

方诗铭：《曹操·袁绍·黄巾》，上海社会科学院出版社 1996 年版。

费振刚、仇仲谦、刘南平校注：《全汉赋校注》，广东教育出版社 2005 年版。

费振刚、胡双宝、宗明华辑校：《全汉赋》，北京大学出版社 1993 年版。

冯承钧：《中国南洋交通史》，谢方导读，上海古籍山版社 2005 年版。

高莉芬：《蓬莱神话——神山、海洋与洲岛的神圣叙事》，陕西师范大学出版总社有限公司 2013 年版。

葛剑雄：《中国移民史》第 1 卷，福建人民出版社 1997 年版。

葛剑雄、曹树基、吴松弟：《简明中国移民史》，福建人民出版社 1993 年版。

龚克昌、苏瑞隆等评注：《两汉赋评注》，山东大学出版社 2011 年版。

顾颉刚：《顾颉刚读书笔记》，联经出版事业公司 1990 年版。

顾颉刚：《秦汉的方士与儒生》，上海古籍出版社 1978 年版。

顾实编：《穆天子传西行讲疏》，中国书店 1990 年版。

郭松义、张泽咸：《中国航运史》，文津出版社 1997 年版。

华林甫：《中国地名学源流》，湖南人民出版社 1999 年版。

黄今言：《秦汉军制史论》，江西人民出版社 1993 年版。

吉成名：《中国古代食盐产地分布和变迁研究》，中国书籍出版社 2013 年版。

金德建：《司马迁所见书考》，上海人民出版社 1963 年版。

金惠编著：《创造历史的汉武帝》，台湾"商务印书馆"1984 年版。

金秋鹏：《中国古代的造船和航海》，中国青年出版社 1985 年版。

劳榦：《劳榦学术论文集甲编》，艺文印书馆 1976 年版。

李学勤：《东周与秦代文明》，上海人民出版社 2016 年版。

林富士：《汉代的巫者》，稻乡出版社 1999 年版。

林剑鸣：《雄才大略的汉武帝》，陕西人民出版社 1987 年版。

刘凤鸣：《山东半岛与东方海上丝绸之路》，人民出版社 2007 年版。

刘乐贤，《睡虎地秦简日书研究》，文津出版社 1994 年版。

刘迎胜：《海路与陆路——中古时代东西交流研究》，北京大学出版社 2011 年版。

刘昭瑞：《汉魏石刻文字系年》，新文丰出版公司 2001 年版。

陆人骥编：《中国历代灾害性海潮史料》，海洋出版社 1984 年版。

马非百：《管子轻重篇新诠》，中华书局 1979 年版。

马非百：《秦集史》，中华书局 1982 年版。

逄振镐：《秦汉经济问题探讨》，华龄出版社 1990 年版。

齐涛：《汉唐盐政史》，山东大学出版社 1994 年版。

钱锺书：《管锥编》，中华书局 1979 年版。

曲英杰：《先秦都城复原研究》，黑龙江人民出版社 1991 年版。

史念海：《河山集》二集，生活·读书·新知三联书店 1981 年版。

史念海：《河山集》四集，陕西师范大学出版社 1991 年版。

史为乐主编：《中国历史地名大辞典》，中国社会科学出版社 2005 年版。

宋正海、郭永芳、陈瑞平：《中国古代海洋学史》，海洋出版社 1989 年版。

宋正海等：《中国古代自然灾异动态分析》，安徽教育出版社 2002 年版。

宋正海等：《中国古代自然灾异群发期》，安徽教育出版社 2002 年版。

宋正海等：《中国古代自然灾异相关性年表总汇》，安徽教育出版社 2002 年版。

苏德昌：《〈汉书·五行志〉研究》，台湾大学出版中心 2013 年版。

谭其骧：《长水集》，人民出版社 1987 年版。

谭其骧主编，张锡彤、王钟翰、贾敬颜、郭毅生、陈连开等著：《〈中国历史地图集〉释文汇编·东北卷》，中央民族学院出版社 1988 年版。

谭其骧主编：《中国历史地图集》，地图出版社 1982 年版。

王国维：《王国维遗书》，上海古籍书店 1983 年版。

王仁湘、张征雁：《盐与文明》，辽宁人民出版社 2007 年版。

王赛时：《山东海疆文化研究》，齐鲁书社 2006 年版。

王迅：《东夷文化与淮夷文化研究》，北京大学出版社 1994 年版。

王仲殊：《王仲殊文集》，社会科学文献出版社 2014 年版。

王子今：《秦汉交通史稿》(增订版)，中国人民大学出版社 2013 年版。

王子今：《秦汉区域文化研究》，四川人民出版社 1998 年版。

王子今：《史记的文化发掘》，湖北人民出版社 1997 年版。

闻人军：《考工司南：中国古代科技名物论集》，上海古籍出版社 2017 年版。

吴春明：《环中国海沉船——古代帆船、船技与船货》，江西高校出版社 2003 年版。

吴春明、林果：《闽越国都城考古研究》，厦门大学出版社 1998 年版。

吴春明等编著：《海洋考古学》，科学出版社 2007 年版。

吴春明主编：《海洋遗产与考古》，科学出版社 2012 年版。

吴荣曾：《先秦两汉史研究》，中华书局 1995 年版。

席龙飞：《中国造船史》，湖北教育出版社 2000 年版。

谢治秀主编：《中国文物地图集·山东分册》，中国地图出版社 2007 年版。

辛德勇：《秦汉政区与边界地理研究》，中华书局 2009 年版。

邢义田：《天下一家：皇帝、官僚与社会》，中华书局 2011 年版。

熊铁基：《秦汉军事制度史》，广西人民出版社 1990 年版。

徐锡祺：《西周(共和)至西汉历谱》，北京科学技术出版社 1997 年版。

严耕望：《中国地方行政制度史》上编"秦汉地方行政制度史"，"中央研究院"历史语言研究所专刊之四十五，"中央研究院"历史语言研究所 1961 年版。

杨宽：《战国史》(增订本)，上海人民出版社 1998 年版。

杨生民：《汉武帝传》，人民出版社 2001 年版。

袁维春：《秦汉碑述》，北京工艺美术出版社 1990 年版。

曾延伟：《两汉社会经济发展史初探》，中国社会科学出版社 1989 年版。

张光明：《齐文化的考古发现与研究》，齐鲁书社 2004 年版。

张铁牛、高晓星：《中国古代海军史》，解放军出版社 2006 年版。

张维华：《论汉武帝》，上海人民出版社 1957 年版。

张炜、方堃主编：《中国海疆通史》，中州古籍出版社 2003 年版。

章巽：《章巽集》，海洋出版社 1986 年版。

中国航海学会编：《中国航海史（古代航海史）》，人民交通出版社 1988 年版。

中国社会科学院考古研究所编著：《胶东半岛贝丘遗址环境考古》，社会科学文献出版社 2007 年版。

中国社会科学院考古研究所编著：《中国考古学·秦汉卷》，中国社会科学出版社 2010 年版。

朱亚非：《古代山东与海外交往史》，中国海洋大学出版社 2007 年版。

索　引

后　记

　　我的一本专著《东方海王：秦汉时期齐人的海洋开发》2015 年 9 月由中国社会科学出版社出版。书中标注：教育部人文社会科学重点研究基地山东师范大学齐鲁文化研究中心基地基金重点项目"秦汉时期齐人的海洋开发"（项目编号：QL08l01）最终成果；国家社科基金重点项目"秦汉时期的海洋探索与早期海洋学研究"（项目批准号：13AZS005）阶段性成果。也就是说，这部书是放在我们面前的《秦汉海洋文化研究》的前期成果。大致同时，我还承担了 2006 年度国家社科基金特别项目"新疆历史与现状综合研究项目"2007 年子课题"匈奴经营西域研究"（项目编号：A2007－01），最终成果为学术专著《匈奴经营西域研究》（中国社会科学出版社 2016 年 12 月）。当时的想法，是在多年前完成国家社科基金一般项目"秦汉区域文化研究"（项目编号：92BZS012），最终成果学术专著《秦汉区域文化研究》（四川人民出版社 1998 年 10 月）出版之后，继续进行具体的秦汉区域研究，选择的空间位置，取秦汉帝国一东一西两个方向。秦汉民间社会有"东王公""西王母"崇拜，于当时的信仰世界中，正是一东一西两个神学重心。"西域"方向和"东海"方向，也恰恰对应中原文化对外联系的两条重要通道草原丝绸之路和海洋丝绸之路的文化走向。

　　应当承认，《东方海王：秦汉时期齐人的海洋开发》一书的初步探索，思考的出发点仍然是"齐"地的区域文化特色研究。而这部《秦汉海洋文化研究》作为"秦汉时期的海洋探索与早期海洋学研究"的工作总结，更切实地面对"海洋"这个历史文化主题。英国学者约翰·迈克在《海洋———一部文化史》一书中引导读者关注"海洋的多样历史"。他认为,"从历史的角度思考大海,具有十分重要的意义"①。通过秦汉时期这一历史片段分析人对"大海"的认识,人和"大海"的关系,讨论当时政治格局、经济形态、文化风格以"海"为背景的生成和发育,对于秦汉史研究来说"具有十分重要的意义",对于海洋史和海洋学史研究来说,也"具有十分重要的意义"。

本书作者就此进行的学术努力或许可以对这一工作的总体收获有纤碎的增益,但是必定多有缺憾。好在这一学术主题对笔者依然有吸引力,今后可能还会继续就有兴趣的问题进行考察。

我在《东方海王:秦汉时期齐人的海洋开发》"后记"中写道:"我生在东北,长在西北,很晚才第一次见到海。作为个人,我们在海面前实在是太渺小了。但是回顾历史,我们民族曾经有面对海洋高大强劲、积极有为的时代。比如秦汉时期,辛劳的'海人',多智的方士,勤政的帝王,他们在海上的活动,称得上是中国海洋探索史和海洋开发史上真正的'大人'和'巨公'。这本《东方海王:秦汉时期齐人的海洋开发》试图将这样的历史真实,将面对海洋的齐人的光荣、秦汉的光荣告知大家。当然,这只是我的心愿。书中的浅见谬识甚至硬伤,若得方家指正,将不胜感激。"好友吕宗力在该书序文中说:"几十年来,子今其实去过世界上的许多地方,其中不少地方是能见到大海的。但他在香港科技大学客座半年,所住的宿舍就坐落在清水湾畔,他天天去锻炼的泳池俯临大海,这应该是他一生中与大海为邻最久也印象最深刻的经历了。"我于是在"后记"中写道:"(吕序)说到香港科技大学住处俯临大海语句,读来颇感亲切,一如再次迎沐那清新的海风。"这两段话移录在此,用以寄托同样的心情。

感谢为本书完成直接提供学术帮助的姜守诚、曾磊、孙闻博、熊长云、孙兆华、李兰芳、邱文杰、王泽等青年学者。

感谢北京师范大学出版社谭徐锋先生的支持和鼓励。

王子今

2019 年 10 月 5 日

北京大有北里

---

① [英]约翰·迈克:《海洋——一部文化史》,第 9 页。

图书在版编目(CIP)数据

秦汉海洋文化研究/王子今著 .—北京：北京师范大学出版社，
2021.4

（国家哲学社会科学成果文库）

ISBN 978-7-303-26924-2

Ⅰ.①秦… Ⅱ.①王… Ⅲ.①海洋－文化史－研究－中国－
秦汉时代 Ⅳ.①P7－092

中国版本图书馆 CIP 数据核字（2021）第 052656 号

营　销　中　心　电　话　　010-58808006
北京师范大学出版社谭徐锋工作室微信公众号　新史学 1902

QINHAN HAIYANG WENHUA YANJIU

出版发行：北京师范大学出版社 www.bnupg.com
　　　　　北京市西城区新街口外大街 12－3 号
　　　　　邮政编码：100088

印　　刷：北京盛通印刷股份有限公司
经　　销：全国新华书店
开　　本：710 mm×1000 mm　1/16
印　　张：37.75
字　　数：638 千字
版　　次：2021 年 9 月第 1 版
印　　次：2021 年 9 月第 1 次印刷
定　　价：165.00 元

策划编辑：谭徐锋　　　　　　　责任编辑：王艳平
美术编辑：王齐云　　　　　　　装帧设计：肖　辉　王齐云
责任校对：陈　民　　　　　　　责任印制：马　洁